深入理解复杂网络

网络和信号处理视角

[印度] B. S. 马努基（B. S. Manoj） 阿布舍克·查克拉博蒂（Abhishek Chakraborty） 拉胡尔·辛格（Rahul Singh） 著

印度空间科学与技术研究所

邢长友 涂文燕 译

Complex Networks

A Networking and Signal Processing Perspective

机械工业出版社
China Machine Press

图书在版编目（CIP）数据

深入理解复杂网络：网络和信号处理视角 /（印）B. S. 马努基（B. S. Manoj）等著；邢长友，淦文燕译．—北京：机械工业出版社，2019.10
（计算机科学丛书）
书名原文：Complex Networks: A Networking and Signal Processing Perspective

ISBN 978-7-111-63725-7

I. 深… II. ①B… ②邢… ③淦… III. ①计算机网络 ②信号处理 IV. ①TP393 ②TN911.7

中国版本图书馆 CIP 数据核字（2019）第 208016 号

本书版权登记号：图字　01-2018-3138

本书阐明了复杂计算机网络和图信号处理系统的设计和特性，涵盖了图论和复杂网络的基本概念，以及当前的理论和研究。本书讨论了复杂网络中的网络测度、社区发现、网络分类、谱、从结构数据中提取信息的图信号处理方法以及用于多尺度分析的先进技术，详细描述了创建和转换各种复杂网络的技术以及涉及的开放性研究问题。附录中还汇总了相关的基本概念和定义、常用复杂网络分析软件工具、可供复杂网络研究的数据集等。

本书适合作为高等院校高年级本科生和研究生的教材，也可作为相关领域研究人员和从业人员的参考书。

出版发行：机械工业出版社（北京市西城区百万庄大街 22 号　邮政编码：100037）
责任编辑：唐晓琳　　责任校对：李秋荣
印　　刷：北京瑞德印刷有限公司　　版　　次：2019 年 10 月第 1 版第 1 次印刷
开　　本：185mm×260mm　1/16　　印　　张：24
书　　号：ISBN 978-7-111-63725-7　　定　　价：139.00 元

客服电话：（010）88361066　88379833　68326294　　投稿热线：（010）88379604
华章网站：www.hzbook.com　　读者信箱：hzjsj@hzbook.com

出版者的话

文艺复兴以来，源远流长的科学精神和逐步形成的学术规范，使西方国家在自然科学的各个领域取得了垄断性的优势；也正是这样的优势，使美国在信息技术发展的六十多年间名家辈出、独领风骚。在商业化的进程中，美国的产业界与教育界越来越紧密地结合，计算机学科中的许多泰山北斗同时身处科研和教学的最前线，由此而产生的经典科学著作，不仅擘划了研究的范畴，还揭示了学术的源变，既遵循学术规范，又自有学者个性，其价值并不会因年月的流逝而减退。

近年，在全球信息化大潮的推动下，我国的计算机产业发展迅猛，对专业人才的需求日益迫切。这对计算机教育界和出版界都既是机遇，也是挑战；而专业教材的建设在教育战略上显得举足轻重。在我国信息技术发展时间较短的现状下，美国等发达国家在其计算机科学发展的几十年间积淀和发展的经典教材仍有许多值得借鉴之处。因此，引进一批国外优秀计算机教材将对我国计算机教育事业的发展起到积极的推动作用，也是与世界接轨、建设真正的世界一流大学的必由之路。

机械工业出版社华章公司较早意识到“出版要为教育服务”。自1998年开始，我们就将工作重点放在了遴选、移译国外优秀教材上。经过多年的不懈努力，我们与Pearson、McGraw-Hill、Elsevier、MIT、John Wiley & Sons、Cengage等世界著名出版公司建立了良好的合作关系，从它们现有的数百种教材中甄选出Andrew S. Tanenbaum、Bjarne Stroustrup、Brian W. Kernighan、Dennis Ritchie、Jim Gray、Afred V. Aho、John E. Hopcroft、Jeffrey D. Ullman、Abraham Silberschatz、William Stallings、Donald E. Knuth、John L. Hennessy、Larry L. Peterson等大师名家的一批经典作品，以“计算机科学丛书”为总称出版，供读者学习、研究及珍藏。大理石纹理的封面，也正体现了这套丛书的品位和格调。

“计算机科学丛书”的出版工作得到了国内外学者的鼎力相助，国内的专家不仅提供了中肯的选题指导，还不辞劳苦地担任了翻译和审校的工作；而原书的作者也相当关注其作品在中国的传播，有的还专门为其书的中译本作序。迄今，“计算机科学丛书”已经出版了近500个品种，这些书籍在读者中树立了良好的口碑，并被许多高校采用为正式教材和参考书籍。其影印版“经典原版书库”作为姊妹篇也被越来越多实施双语教学的学校所采用。

权威的作者、经典的教材、一流的译者、严格的审校、精细的编辑，这些因素使我们的图书有了质量的保证。随着计算机科学与技术专业学科建设的不断完善和教材改革的逐渐深化，教育界对国外计算机教材的需求和应用都将步入一个新的阶段，我们的目标是尽善尽美，而反馈的意见正是我们达到这一终极目标的重要帮助。华章公司欢迎老师和读者对我们的工作提出建议或给予指正，我们的联系方法如下：

华章网站：www.hzbook.com

电子邮件：hzjsj@hzbook.com

联系电话：（010）88379604

联系地址：北京市西城区百万庄南街1号

邮政编码：100037

华章科技图书出版中心

推荐序

复杂网络是一个与人类社会、自然界密切相关的研究领域。从概念上讲，任何包含大量组成单元（或子系统）的复杂系统（如互联网、朋友圈、生态系统、食物链、蛋白质等），若将组成单元抽象为节点，单元之间的相关关系抽象为边，都可以作为复杂网络来研究。复杂网络关注的是系统中个体相互关联作用的拓扑结构，研究复杂网络的规律是利用网络来描述物理、生物和社会现象的预测模型的科学。

目前已有不少复杂网络或网络科学的著作或教材面市，这些书籍大多是以概念介绍和现象叙述为主。而这本由培生集团推出的复杂网络著作，用一种新颖的方式研究了复杂网络。本书作者 Manoj 教授等人是在互联网领域研究成果丰硕、技术视野开阔的专家，他们从工程学角度重点关注通信、网络以及信号处理等方面，利用图论和矩阵论等数学工具定量分析复杂网络的特征，对于深入分析复杂系统和复杂网络内在规律提出了新方法，本书值得相关学科的学生、教师和研究人员学习和参考。

本书的译者邢长友、涂文燕两位博士是陆军工程大学副教授，长期从事计算机网络、无人系统、分布式系统等领域的研究，对复杂网络有深入理解和研究。为了向读者奉献一本高质量的专业技术译著，他们在忠实原文、准确达意和便于中国读者理解等方面花费了大量精力，相信本书中译本的出版能够推动我国复杂网络的研究水平更上一层楼。

陈　鸣

2019.8.28 于南京

译者序

复杂网络是一门涉及数学、物理学、非线性科学、信息科学和生物科学等众多学科的交叉学科，本质上刻画了系统内各元素之间复杂和不规则的交互关系。该理论一经诞生，便被作为探索各类系统复杂性的一种新途径，在自然科学与社会科学等领域掀起了研究热潮。

关于复杂网络的研究历史，尽管之前有一些相关领域的工作，但学术界一般认为，美国康奈尔大学博士生 Watts 及其导师 Strogatz 教授于 1998 年 6 月在《 Nature 》杂志上发表的"小世界网络的集体动力学"，以及美国圣母大学物理系的 Barabasi 教授等人于 1999 年 10 月在《 Science 》杂志上发表的"随机网络中标度的涌现"这两篇论文标志着复杂网络系统性研究工作的开启。经过 20 年左右的研究，复杂网络的理论模型和分析方法都取得了长足进展，形成了大量的研究成果，并有力指导了其他学科的发展。

相对于现有的各类复杂网络著作，本书作者另辟蹊径，从网络和信号处理的视角对复杂网络技术进行分析。本书具有如下一些特点：

- 从全新的视角讨论了复杂网络技术，将网络、信息科学、信号处理和统计物理学等领域的研究结合在一起，从通信、网络以及信号处理等方面对复杂网络技术进行分析，为理解复杂网络提供了一种新颖的方式。尤其是本书中复杂网络的图信号处理技术，是近年来发展起来的一种分析复杂网络的全新手段，对于读者深入了解这一领域具有非常大的帮助。
- 采用循序渐进的方法组织内容，对复杂网络的形成与演进过程进行了系统的讨论，能够帮助读者快速理解复杂网络的形成、发展和典型场景等，使读者不仅知其然，更知其所以然。
- 分析了多种物理世界复杂网络的例子。作者在本书中对复杂网络的讨论并不局限于概念模型，而是将该技术与无线网状网、无线传感器网络等结合在一起，更加直观地给出了复杂网络在物理世界中的形成背景及其作用价值等。

本书作者 Manoj 教授的研究领域涵盖了复杂网络理论以及各种互联网络技术，在相关领域成果颇丰，相信他这本从全新视角出发的复杂网络著作能够为读者带来不一样的体验和收获。

感谢陆军工程大学指挥控制工程学院有关领导和同事对本书翻译给予的支持，感谢机械工业出版社为我国读者引进这本优秀的著作，感谢编辑的辛勤和出色工作，也感谢译者的家人对译者的支持。本书的第 1~7 章由陆军工程大学邢长友副教授翻译，第 8～11 章以及附录部分由陆军工程大学淦文燕副教授翻译，南京航空航天大学陈鸣教授审阅了全稿并提出了很多建设性的意见。

专业著作的翻译是一项对译者要求很高的工作，在翻译过程中，译者力求以信达雅的方式将原著意思表达出来，但限于时间与水平，本书翻译可能存在不妥、不到甚至错漏之处，请识者指正。

邢长友

2019 年 7 月于南京

前 言

复杂网络是一种具有复杂和不规则连接模式的网络。与在节点和边的组织上具有清晰模式的正则网络不同，理解和刻画复杂网络是一件非常困难的工作。由于复杂网络在我们的生活中随处可见，例如生物网络、分子网络、社交网络、交通网络、电网、通信网络以及因特网等都属于复杂网络的范畴，因此研究复杂网络具有十分重要的意义。事实上，大多数物理和生物系统都呈现为一种复杂网络，它们由子系统及子系统之间的连接所构成。因此复杂网络建模涉及大量的自然网络和人造网络，对复杂网络的研究有助于大多数物理系统的研究。此外，互联网、社交网络、生物网络和计算机网络以巨型网络的形式促进了大数据的发展。本书试图将网络、信息科学、信号处理和统计物理学的研究团体结合在一起。

本书从工程学角度重点关注通信、网络以及信号处理等方面，为理解复杂网络提供了一种新颖的研究方式。本书的内容主要面向高年级本科生以及研究生教学，同时可以作为相关领域研究人员和从业人员的参考书目。为了满足课堂教学的需求，我们提供了大量的例子和章末习题。对于相关研究人员，书中每一章都包含了很多如开放性研究问题这类讨论主题。

这本书主要是为高年级本科生和研究生设计的课堂教材。为了更适合教学，本书包含100多个例子、200多张图以及20多个对照表。从第3章开始，每一章都有一节列出相应的开放性研究问题并提供一组练习题。此外，本书的附录部分包括以下附加信息：相关基本概念和定义；顶级研究会议列表；研究期刊列表；常用复杂网络分析软件工具列表；可供复杂网络研究的数据集；来自世界各地的复杂网络知名研究团队。

我们所提供的主要教辅资料[⊖]包括：为教师提供的习题解答；每章附有LaTeX源码的演示幻灯片；部分图、仿真和例子的代码段；除了出版社所提供的在线信息外，我们还提供了一个网站（https://complexnetworksbook.github.io）用于分享有关复杂网络的最新信息。

我们要感谢我们的同行、同事和学生，他们在本书撰写过程中的反馈极大地帮助了我们。感谢印度班加罗尔印度科学研究所的K. R. Ramakrishnan教授在澄清图信号处理某些特征方面的帮助；真诚感谢美国艾奥瓦州立大学的Aleksandar Dogandžić教授在图信号处理方面所进行的讨论；感谢我们在印度空间科学与技术研究所（IIST）的同事Deepak Mishra教授、Gorthi Sai Subramanyam教授以及Vineeth Bala Sukumaran教授在图信号处理和复杂网络方面的帮助；感谢我们的合作者C. Siva Ram Murthy教授、Ramesh Rao教授、Bheemarjuna Reddy Tamma教授和Venkata Ramana Badarla教授；感谢Theodore S. Rappaport教授采用我们的书作为其备受推崇的Prentice Hall通信工程和新技术系列讲座的部分内容；感谢Chetan Kumar Verma先生、Aditi Verma女士、Sarath Babu先生、Nivedita Gaur女士、Gaurav Jain先生和Priti Singh女士。培生公司的组稿编辑Kim Boedigheimer女士在这项工作中为我们提供了所有必要的支持。我们在IIST系统与网络实验室的辅导员Divya R. S.女士在编写本书期间提供了很多后勤帮助。我们感谢IIST图书馆及其图书管理员Abdunnasar先生和IIST图书馆复印科的工作人员在本书编写过程中给予我们的复印

[⊖] 关于本书教辅资源，只有使用本书作为教材的教师才可以申请，需要的教师请联系机械工业出版社华章公司，电话010-88378991，邮箱wangguang@hzbook.com。——编辑注

支持。

同时要感谢我们的家人在本书的撰写过程中所给予的默默支持。

感谢位于特里凡得琅的印度空间科学与技术研究所及其主任 Vinay Kumar Dadhwal 博士允许我们出版这本书。

我们也感谢培生公司及相关机构的审稿人和编辑在审阅、编辑和出版本书过程中给予的帮助。我们特别感谢 Angela Urquhart、Julie Nahil 和 Andrea Archer 协助我们按时完成了这本书。

这本书综述或引用了 200 多部科学著作。然而，在复杂网络领域，讨论所有相关的贡献并不现实，我们根据本书的重点和结构做出了选择。无论如何，我们的主题选择并不意味着书中未包含的作品价值不够高，我们事先向所有认为自己的作品被忽视的研究人员和学生道歉。

在书中我们已经非常谨慎地避免印刷错误、图片错误和其他不一致的地方。然而，书中难免还有一些错误未被发现，请读者通过电子邮件或其他联系方式告知可能的任何错误。作者简介中提供了我们当前的电子邮件地址，读者可以通过该地址与我们联系，提出咨询、评论、建议或报告错误。

B. S. Manoj
Abhishek Chakraborty
Rahul Singh

致 谢

我们按字母顺序列出并感谢所有帮助我们理解和构建了本书内容的科学家、工程师、学者、专业人士和研究生。

- Réka Albert, Department of Physics, Pennsylvania State University, University Park, PA, USA.
- Babak Ayazifar, Department of Electrical Engineering and Computer Science, University of California, Berkeley, CA, USA.
- Venkataramana Badarla, Indian Institute of Technology Jodhpur, Ratanada, Rajasthan, India.
- Paolo Banelli, Department of Electronic and Information Engineering, University of Perugia, Perugia, Italy.
- Albert Lászlo Barabási, Department of Physics, Northeastern University, Boston, MA, USA.
- Sergio Barbarossa, Department of Information Engineering, Electronics and Telecommunications, Sapienza University of Rome, Italy.
- Danielle S. Bassett, Department of Bioengineering, University of Pennsylvania, Philadelphia, PA, USA.
- Pierre Borgnat, Laboratoire de Physique, ENS de Lyon, Lyon, France.
- Michael M. Bronstein, Institute of Computational Science, Universita della Svizzera Italiana, Lugano, Switzerland.
- Joan Bruna, Courant Institute of Mathematical Sciences, New York University, New York, NY, USA.
- G. Caldarelli, Department of Physics, IMT School for Advanced Studies Lucca, LU, Italy.
- Paulo Cardieri, Department of Communications, State University of Campinas, São Paulo, Brazil.
- Rajarathnam Chandramouli, Department of Electrical and Computer Engineering, Stevens Institute of Technology, Hoboken, NJ, USA.
- Fan R. K. Chung, Department of Mathematics, University of California, San Diego, CA, USA.
- Ronald Coifman, Department of Mathematics, Yale University, New Haven, CT, USA.
- Pamela Cosman, Department of Electrical and Computer Engineering, University of California, San Diego, San Diego, CA, USA.
- Mark Crovella, Department of Computer Science, Boston University, Boston, MA, USA.
- Uday B. Desai, Department of Electrical Engineering, Indian Institute of Technology Hyderabad, Khandi, Telengana, India.

- Sujit Dey, Department of Electrical and Computer Engineering, University of California, San Diego, San Diego, CA, USA.
- Aleksandar Dogandžić, Department of Electrical and Computer Engineering, Iowa State University, Ames, IA, USA.
- Sergey Dorogovtsev, Department of Physics, University of Aveiro, Aveiro, Portugal.
- Pier Luigi Dragotti, Department of Electrical and Electronic Engineering, Imperial College London, London, United Kingdom.
- Magnus Egerstedt, School of Electrical and Computer Engineering, Georgia Institute of Technology, Atlanta, GA, USA.
- Ernesto Estrada, Department of Mathematics and Statistics, University of Strathclyde, Glasgow, UK.
- Antonio Luis Ferreira, Department of Physics, University of Aveiro, Aveiro, Portugal.
- Eric Fleury, Computer Science Department, ENS Lyon, Lyon, France.
- Massimo Franceschetti, Department of Electrical and Computer Engineering, University of California, San Diego, San Diego, CA, USA.
- Antony Franklin, Department of Computer Science and Engineering, Indian Institute of Technology Hyderabad, Khandi, Telengana, India.
- Pascal Frossard, Institute of Electrical Engineering, École Polytechnique Fedérale de Lausanne (EPFL), Switzerland.
- Georgios B. Giannakis, Department of Electrical and Computer Engineering, University of Minnesota, Minneapolis, MN, USA.
- Benjamin Girault, Department of Electrical Engineering, University of Southern California, Los Angeles, CA, USA.
- Kwang-Il Goh, Department of Physics, Korea University, Seoul, South Korea.
- Alexander Goltsev, Department of Physics, University of Aveiro, Aveiro, Portugal.
- Paulo Gonçalves, INRIA, France.
- Sai Subrahmanyam Gorthi, Department of Avionics, Indian Institute of Space Science and Technology, Thiruvananthapuram, Kerala, India.
- Deepak Thazhungal Govindan, Department of Mathematics, Indian Institute of Space Science and Technology, Thiruvananthapuram, Kerala, India.
- Rajesh Gupta, Department of Computer Science and Engineering, University of California, San Diego, San Diego, CA, USA.
- Neelima M. Gupte, Department of Physics, Indian Institute of Technology Madras, Chennai, Tamil Nadu, India.
- Priyadarshanam Hari, Department of Avionics, Indian Institute of Space Science and Technology, Thiruvananthapuram, Kerala, India.
- César A. Hidalgo, Media Arts and Sciences, MIT, Cambridge, MA, USA.
- Tara Javidi, Department of Electrical and Computer Engineering, University of California, San Diego, San Diego, CA, USA.
- H. Jeong, Department of Physics, Korea Advanced Institute of Science and Technology,

Daedeok Innopolis, Daejeon, South Korea.

- Byungnam Kahng, Department of Physics and Astronomy, Seoul National University, Seoul, South Korea.
- Eric Kolaczyk, Department of Mathematics and Statistics, Boston University, Boston, MA, USA.
- Jelena Kovačević, Department of Electrical and Computer Engineering, Carnegie Mellon University, Pittsburgh, PA, USA.
- Dilip Krishnaswamy, IBM India Research, Bangalore, Karnataka, India.
- Anurag Kumar, Department of Electrical Communication Engineering, Indian Institute of Science, Bangalore, Karnataka, India.
- C. V. Anil Kumar, Department of Mathematics, Indian Institute of Space Science and Technology, Thiruvananthapuram, Kerala, India.
- Shine Lal E., Department of Mathematics, Government College Chittur, Palakkad, Kerala, India.
- Yann LeCun, Facebook AI Research, New York, NY, USA.
- Geert Leus, Faculty of Electrical Engineering, Mathematics and Computer Science, Delft University of Technology, The Netherlands.
- Laszlo Lovász, Department of Computer Science, Eotvos Loránd University, Budapest, Hungary.
- Mauro Maggioni, Department of Mathematics, Johns Hopkins University, Baltimore, MD, USA.
- D. Manjunath, Department of Electrical Engineering, Indian Institute of Technology Bombay, Mumbai, Maharashtra, India.
- Antonio G. Marques, Department of Signal Theory and Communications, King Juan Carlos University, Madrid, Spain.
- Gonzalo Mateos, Department of Electrical and Computer Engineering, University of Rochester, Rochester, NY, USA.
- Jose Fernando Mendes, Department of Physics, University of Aveiro, Aveiro, Portugal.
- Mehran Mesbahi, Department of Aeronautics and Astronautics, University of Washington, Seattle, WA, USA.
- Deepak Mishra, Department of Avionics, Indian Institute of Space Science and Technology, Thiruvananthapuram, Kerala, India.
- José M. F. Moura, Department of Electrical and Computer Engineering, Carnegie Mellon University, Pittsburgh, PA, USA.
- C. Siva Ram Murthy, Department of Computer Science and Engineering, Indian Institute of Technology Madras, Chennai, Tamil Nadu, India.
- Hema A. Murthy, Department of Computer Science and Engineering, Indian Institute of Technology Madras, Chennai, Tamil Nadu, India.
- Selvaganesan Narayanasamy, Department of Avionics, Indian Institute of Space Science and Technology, Thiruvananthapuram, Kerala, India.

- Mark Newman, Department of Physics, University of Michigan, Ann Arbor, MI, USA.
- Antonio Ortega, Signal and Image Processing Institute, Department of Electrical Engineering, University of Southern California, Los Angeles, CA, USA.
- Romualdo Pastor-Satorras, Department of Physics, Universitat Politècnica de Catalunya, Barcelona, Catalonia, Spain.
- Michael Rabbat, Department of Electrical and Computer Engineering, McGill University, Montreal, Canada.
- K. R. Ramakrishnan, Department of Electrical Engineering, Indian Institute of Science, Bengaluru, Karnataka, India.
- Kannan Ramchandran, Department of Electrical Engineering and Computer Science, University of California, Berkeley, CA, USA.
- Sheeba Rani J., Department of Avionics, Indian Institute of Space Science and Technology, Thiruvananthapuram, Kerala, India.
- Bhaskar Rao, Department of Electrical and Computer Engineering, University of California, San Diego, San Diego, CA, USA.
- Ramesh R. Rao, Department of Electrical and Computer Engineering, University of California, San Diego, San Diego, CA, USA.
- Balaraman Ravindran, Department of Computer Science and Engineering, Indian Institute of Technology Madras, Chennai, Tamil Nadu, India.
- Sidney Redner, Department of Physics, Santa Fe Institute, Santa Fe, NM, USA.
- Alejandro Ribeiro, Department of Electrical and Systems Engineering, University of Pennsylvania, Philadelphia, PA, USA.
- Santiago Segarra, Institute for Data, Systems, and Society, Massachusetts Institute of Technology, Cambridge, MA, USA.
- David Shuman, Department of Mathematics, Statistics, and Computer Science, Macalester College, Saint Paul, MN, USA.
- Aarti Singh, Machine Learning Department, Carnegie Mellon University, Pittsburgh, PA, USA.
- Daniel A. Spielman, Department of Computer Science, Yale University, New Haven, CT, USA.
- Steven Strogatz, Department of Mathematics, Cornell University, Ithaca, NY, USA.
- Vineeth Bala Sukumaran, Department of Avionics, Indian Institute of Space Science and Technology, Thiruvananthapuram, Kerala, India.
- Arthur Szlam, Facebook AI Research, New York, NY, USA.
- Bheemarjuna Reddy Tamma, Department of Computer Science and Engineering, Indian Institute of Technology Hyderabad, Khandi, Telengana, India.
- Yuichi Tanaka, Graduate School of BASE, Tokyo University of Agriculture and Technology, Tokyo, Japan.
- Gabriel Taubin, School of Engineering, Brown University, Providence, RI, USA.
- David B. H. Tay, Department of Engineering, La Trobe University, Melbourne, VIC, Australia.

- Gabor Timar, Department of Physics, University of Aveiro, Aveiro, Portugal.
- Mohan Trivedi, Department of Electrical and Computer Engineering, University of California, San Diego, San Diego, CA, USA.
- P. P. Vaidyanathan, Department of Electrical Engineering, California Institute of Technology, Pasadena, CA, USA.
- Pierre Vandergheynst, Institute of Electrical Engineering, Ecole Polytechnique Federale de Lausanne (EPFL), Switzerland.
- Nalini Venkatasubramanian, Department of Computer Science, University of California, Irvine, Irvine, CA, USA.
- Venkatesh T., Indian Institute of Technology Guwahati, North Guwahati, Assam, India.
- Duncan J. Watts, Microsoft Research, New York, NY, USA.
- ZhengdaoWang, Department of Electrical and Computer Engineering, Iowa State University, Ames, IA, USA.
- Jingxin Zhang, School of Software and Electrical Engineering, Swinburne University of Technology, Melbourne, VIC, Australia.
- Xiao-Ping Zhang, Department of Electrical and Computer Engineering, Ryerson University, Toronto, Canada.

B. S. Manoj　目前是位于印度特里凡得琅的印度空间科学与技术研究所（Indian Institute of Space Science and Technology，IIST）航空电子部负责人、教授。2011～2016 年期间，在该所担任副教授。

2000～2003 年，Manoj 在位于印度金奈的印度理工学院（IIT）马德拉斯分校计算机科学与工程系攻读博士学位，其间，他的主要研究领域包括 ad hoc 无线网络体系结构和协议设计以及下一代混合无线网络体系结构。2004 年，他在印度理工学院马德拉斯分校获得计算机科学与工程博士学位。1998 年，他在印度庞迪切里中央大学庞迪切里工程学院以第二名的成绩获得电子与通信工程硕士学位。

Manoj 于 1998～2000 年间在印度金奈 Banyan 网络有限公司担任高级工程师，主要负责设计和开发在数据网络中支持实时流量的协议。2004～2005 年，担任印度 IIT 马德拉斯分校项目主管。2005～2011 年，他在美国加州大学圣地亚哥分校从事博士后研究工作，后成为该校助理研究员和讲师。

他曾与人合著了教科书《Ad Hoc 无线网络：体系结构与协议》(Ad Hoc Wireless Networks: Architectures and Protocols)(Prentice Hall，2004)。2016 年 Manoj 与他人合著的论文《基于有向拉普拉斯变换的图傅里叶变换》(Graph Fourier Transform Based on Directed Laplacian) 在印度班加罗尔举行的第 11 届信号处理与通信国际会议（SPCOM）上，获得了 Springer 最佳学生论文奖。他与人合著的论文《ARIMA 与 ANFIS 模型对无线网络流量时间序列建模的比较评价》(Comparative Evaluation of ARIMA and ANFIS for Modeling of Wireless Network Traffic Time Series) 发表在《EURASIP 无线通信与网络杂志》(2014) 上，并被该杂志评为高访问量论文。2006 年发表的论文《ad hoc 无线网络服务质量保证：问题与解决方案综述》(Quality of Service Provisioning in Ad Hoc Wireless Networks: A Survey of Issues and Solutions) 为 Manoj 及其合作者赢得 Elsevier《ad hoc 网络》期刊的 2005～2010 年度高引用论文奖。在 2008 年第 5 届 IEEE 消费者通信和网络会议（IEEE CCNC 2008）上，他与人合著的论文《无线 mesh 网络非渐进吞吐量优化研究》(On Optimizing Non-Asymptotic Throughput of Wireless Mesh Networks) 获得了最佳论文奖。在 2004 年第 11 届高性能计算国际会议（HiPC 2004）上，他与合著者凭借《一种新型 ad hoc 无线网络电量感知 MAC 协议》(A Novel Battery Aware MAC Protocol for Ad Hoc Wireless Networks) 获得了最佳论文奖。Manoj 与人合著的论文《多跳蜂窝网络：尽力而为与实时通信架构与协议》(Multi-hop Cellular Networks: Architecture and Protocols for Best-effort and Real Time Communication) 在 2002 年首届计算机科学专业研究所间学生研讨会（IRISS 2002）上获得了最佳论文奖。

Manoj 在 2015 年获得 IEEE 自然计算国际会议（ICNC）杰出领导奖，2004 年获得 IBM 优秀博士论文奖，2003 年获得印度科学大会协会（ISCA）杰出青年科学家奖。

Manoj 的研究领域包括复杂网络、网络安全、认知网络、ad hoc 无线网络、无线 mesh

网络、软件定义网络、延迟容忍网络和无线传感器网络。读者可以通过邮件 bsmanoj@ieee.org 与他联系。

Abhishek Chakraborty　最近刚刚完成在 IIST 航空电子部的博士研究工作。他目前在 IIST 担任高级项目研究员，主要负责设计高效的技术型复杂网络。Chakraborty 于 2007 年和 2012 年分别在 Maulana Abul Kalam Azad 理工大学（原西孟加拉理工大学）和 Birla 理工学院获得电子与通信工程学士学位和硕士学位。2007～2009 年，他在印度加尔各答的 Cognizant 公司担任程序员分析师。2012～2013 年，他在 IIST 担任 IEEE 学生分会主席。2016 年他与人合著的一篇论文在印度班加罗尔举行的第 11 届信号处理与通信国际会议上，被选为 Springer 最佳学生论文奖。他的研究领域包括复杂网络、无线通信、无线网络、无线 mesh 网络、无线传感器网络和网络信号处理。读者可以通过邮件 abhishek2003slg@ieee.org 与他联系。

Rahul Singh　于 2015 年在 IIST 获得硕士学位。他目前是 IIST 航空电子部的高级项目研究员，主要从事复杂网络方面的相关研究。2011～2013 年，他在 Tata 咨询服务有限公司工作。目前，他正在美国艾奥瓦州立大学攻读博士学位。Singh 是 2016 年在印度班加罗尔举行的第 11 届信号处理与通信国际会议最佳学生论文奖的获得者。他目前的研究重点是统计信号处理和网络信号处理。读者可以通过邮件 rahul.s.in@ieee.org 与他联系。

目 录

概　　述

网络无处不在！网络是一个由特定实体和它们之间的交互所组成的系统。一个典型的物理系统网络的例子就是由电厂、配电线路、控制电力传输的交换节点以及用户设备所组成的电网。关于网络的另一个典型例子就是诸如因特网这样的计算机网络，包括服务器、客户机、交换机以及路由器等，且这些设备经过光纤、同轴电缆、以太网电缆、无线链路以及卫星链路等多种通信链路互联在一起。其他例子还包括多种多样的物理网络，如生物网络、社交网络以及技术网络等。很难找到一个不相互连接形成网络的物理世界系统。网络可以被描述为一个图 $\mathcal{G}=\{\mathcal{V}, \mathcal{E}, \boldsymbol{W}\}$，其中 $\mathcal{V}$ 代表顶点或节点集合，$\mathcal{E}$ 代表边集合，而 $\boldsymbol{W}$ 是一个权重矩阵，用于描述与边相关的一些属性。图的顶点代表实体，而边则代表特定实体之间的交互。

1.1　复杂网络

任意复杂物理系统的抽象模型都构成一个复杂网络模型。通过建模复杂系统所得到的网络将会使节点（顶点）之间通过边（连接或者弧）呈现出复杂的交互关系。这类复杂物理系统的模型形成了复杂网络。图 1.1 给出了一个由 Wayne W. Zachary 所研究的复杂网络，该网络描述了在 1970 年至 1972 年间某个大学空手道俱乐部社交网络的情况 [1]，网络共具有 34 个节点和 78 条边，其中每个节点代表空手道俱乐部中的一个成员，而任意两个节点间的一条边代表两个个体之间在正常俱乐部活动之外的相互联系。在这一网络中，节点 1 代表俱乐部的教练，节点 34 代表俱乐部管理员。在研究之初，俱乐部管理员与教练之间具有一些冲突，该问题最终导致了俱乐部的分裂。基于这一网络模型，通过复杂网络分析，Zachary 能够非常准确地预测不同成员如何加入分裂后的俱乐部。

在图 1.1 中，顶点间的相互连接（边）并非像图 1.2 所示的正则网络那样简单。比起复杂网络来说，分析和理解正则网络的特性要简单一些，其原因在于正则网络顶点之间具有一定的连通顺序。对一些特定的人造网络而言，形成正则网络是可能的，并且在这些情况下，研究和刻画它们相对比较简单。与正则网络非常类似的一个真实世界网络例子就是良好规划的城市区域内的道路网络，例如纽约曼哈顿的道路网络。在许多自然系统中，形成复杂网络是一种非常普遍的现象。因此，刻画它们变得十分有挑战性。对复杂网络的刻画要远比对正则网络的刻画有挑战性。

许多物理系统都可以表示为一个复杂网络。在物理世界系统的许多方面都可以找到复杂网络的影子。以下是一些典型的复杂网络例子：在自然网络方面，包括生物网络、食物链网络、蛋白质相互作用网络、疾病网络 [2]，以及生态网络等；在人造网络方面，包括作者引用网络 [3-4]、因特网、万维网（WWW）[5]、电力网、交通网络以及移动通信网络 [6-11] 等。

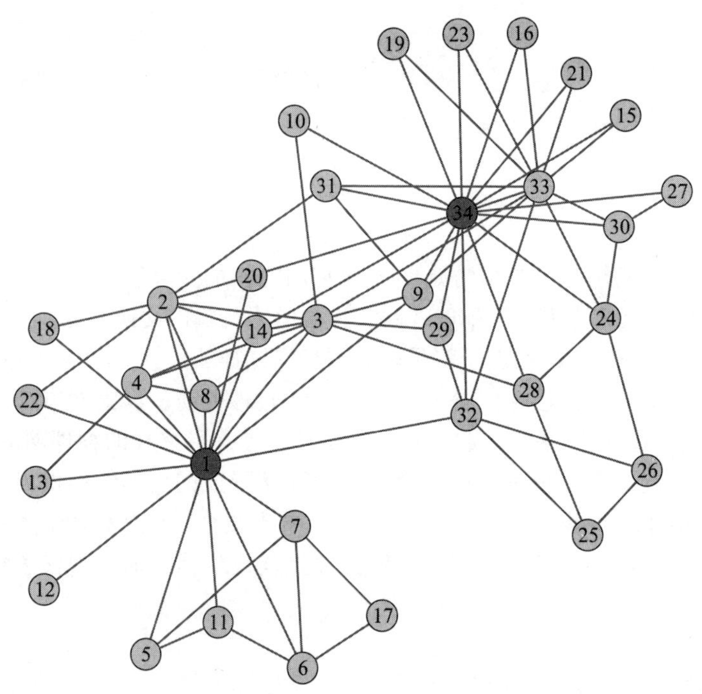

图 1.1　真实世界复杂网络的例子：具有 34 个节点和 78 条边的 Zachary 空手道俱乐部网络[1]。节点 1 代表俱乐部教练，节点 34 代表俱乐部管理员（主席）

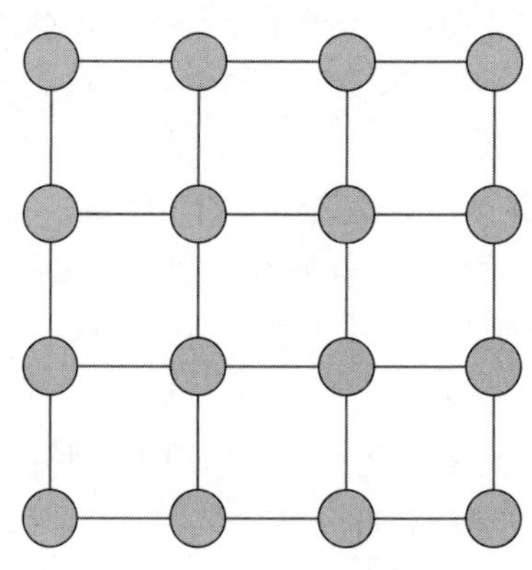

2

图 1.2　正则网络例子

1.2　复杂网络类型

复杂网络可以分为如下几个主要类型：随机网络、小世界网络以及无标度网络（也称为无尺度网络）。

随机网络作为一种模型适合描述这样一类物理系统：其子系统之间的连通性具有概率分布特性。换句话说，随机网络包含一个图的概率模型，其中的边按照一定的概率值 p 确定。

类似的物理系统可以按照一定的概率相互作用，而对这一交互过程进行建模就能够得到一个随机图。例如，考虑一个包含人和人之间社会关系的社交网络，许多情况下，社交活动可能基于随机事件产生，并且当我们建模社交关系时，它可以是一个由概率 p 或者概率分布函数所刻画的随机函数。许多物理参数之间的交互可以按照同样的方式考虑。在诸如 ad hoc 无线网络这种由通过无线信道通信的高度移动节点所组成的通信网络中 [12]，网络拓扑可能会频繁变化。进一步说，对于任意 ad hoc 网络节点而言，无线信道限制了其可能的通信范围。因此，该 ad hoc 无线网络在任意时刻的网络拓扑同样可以视为一个随机网络。

另一复杂网络的例子就是具有各种拓扑结构的道路网络，这种拓扑结构在世界上许多
城市的道路网络中随处可见。图 1.3 展示了美国、欧洲和印度许多城市的道路和交叉口的网
络表示。其中美国的城市包括纽约、曼哈顿行政区、洛杉矶以及底特律。图中给出 13 种道
路类型，注意，纽约和曼哈顿的道路网络更接近于一个正则网络拓扑。与美国的道路网络相 3
比，欧洲城市的道路网络在视觉表示上具有非常大的不同，这一点可以通过图 1.3 中伦敦、
巴黎、米兰和柏林的城市地图看出。大量的人行道、轨道、台阶、小路等使得欧洲城市具有
完全不同的样子。与美国和欧洲城市的网络相比，诸如班加罗尔、金奈、加尔各答以及新德
里等印度城市的道路网络又具有十分不同的视觉呈现。尽管这些网络在视觉呈现上各不相
同，但正如文献 [13] 所示，其图论特征并没有显著差别。所有这些道路网络都可以看作随
机网络拓扑的具体实例。

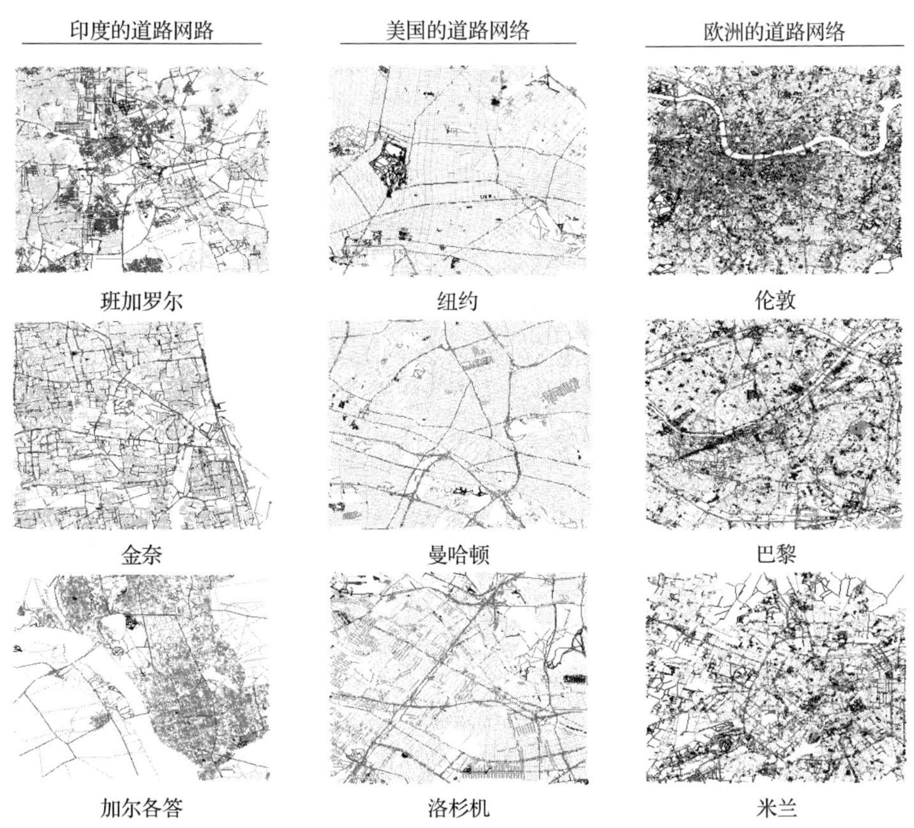

图 1.3　道路网络的例子，其中道路类型通过上标 1～13 表示（该图引自文献 [13]，© [2016] IEEE，转载已获作者授权）

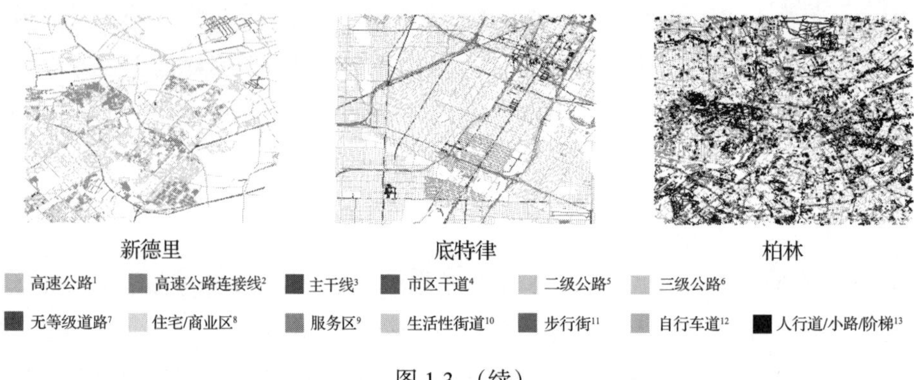

图 1.3 （续）

由数学模型所创建的图同样可以视为随机网络，例如，为了通过数学分析研究网络的行为，可以通过节点对之间网络边的数学模型来创建图。研究这类数学建模技术有助于揭示具有相似网络结构的复杂系统属性。

小世界网络的形成有两种典型途径：自然形成或者利用专门生成小世界特征的网络设计过程来人工创建。小世界属性中最重要的元素就是平均路径长度（Average Path Length, APL）小于正则网络的 APL。除了较低的 APL 之外，小世界网络还具有较低的平均聚类系数（Average Clustering Coefficient, ACC）。许多大规模自然网络尽管其网络规模很大，但却具有 $O(\log N)$ 这样非常小的 APL，其中 N 代表网络中节点的数目。并且，正则网络可以进行一定的变换，通过增加一些远程链路（Long-ranged Link，LL）来降低 APL。在真实世界的网络中，小世界网络具有许多应用。第 4 章将讨论更多关于小世界网络的细节，第 6 章和第 7 章将讨论无线 mesh 网络（WMN，无线网状网络）和无线传感器网络（WSN）的小世界变换。

复杂网络研究组织对小世界网络的研究有一个非常重要的发现：许多真实世界的网络都具有无标度特性，其中网络节点的度分布在对数坐标上呈现直线特征。也就是说，在一个无标度网络中，找到一个具有特定度的节点的概率随着度的增高而显著降低。换句话说，度为 D 的节点比例 $P(D) \sim D^{-\gamma}$（$1 \leqslant \gamma \leqslant 3$ 是标度指数）。无标度网络具有许多有趣的特性，其中一个就是超小世界特征，使得网络具有 $O(\log \log N)$ 的 APL，其中 N 是网络中节点的数目。识别一个真实世界的网络服从无标度分布将有助于快速描述网络的属性。第 5 章将详细介绍无标度网络。

1.3　研究复杂网络的好处

4~5 考虑研究复杂网络所带来的好处也十分有意思。将复杂网络方法应用到真实世界问题中，最大的好处就是获得了一组重要工具集来研究物理世界的各种复杂系统。也就是说，通过将真实世界问题建模为复杂网络模型，我们能够更加深入地分析真实世界问题的本质特征。一般而言，研究复杂网络具有如下一些好处：建模和刻画复杂物理世界系统；设计高效物理世界系统；制定复杂真实世界问题的解决方案；通过分子网络建模提高生物医学研究水平；发展网络医学；摧毁反社会网络；通过社交网络强化社会科学研究。这里给出复杂网络模型可能发挥作用的众多领域的一个简要描述。

1.3.1　建模和刻画复杂物理世界系统

研究和分析复杂物理系统十分具有挑战性，但在日常生活中又不可避免。随着计算、通信以及物理系统变得越来越复杂，需要引入新的技术和方案来建模和刻画它们。信息交换量以及因特网中通信设备的种类已经变得十分巨大。例如，20 多年前因特网只有不到 100 个节点，但今天已经具有超过 60 亿个互联设备。因特网的发展直接导致了物联网（Internet of Things, IoT）的出现。IoT 由大量的传统物理对象（或者称之为物体）所组成，例如各类家具、厨房用具、电灯、风扇以及其他类似电器，诸如自动门这样的机电装置同样也被接入到因特网中。据预测，到 2020 年 IoT 节点数量将超过 500 亿个。鉴于这样一个快速发展的复杂性，分析其拓扑和其他一些特性同样十分复杂。因此，复杂网络分析对于建模和刻画不断发展的因特网至关重要。类似地，复杂网络分析也提供了一种手段来建模、刻画以及理解许多类似的复杂物理世界系统。

1.3.2　设计新的高效物理世界系统

研究复杂网络能够帮助建立新的系统设计方法，以及改进许多物理系统的设计、开发和部署过程。以无线传感器网络的设计和部署为例，高效的小世界无线传感器网络（SWWSN）系统不仅能够提升系统的节能效果和性能，还有助于延长网络生存时间。另一个例子就是设计小世界无线 mesh 网络（SWWMN），能够优化网络的吞吐量、时延以及 APL 性能等，因此具有更高的网络容量。社交网络是能够通过网络增强机制获得大量好处的另一个领域。例如，可以利用社交网络的复杂网络本质特征来改进其消息传播性能。因此，在物理世界的许多应用领域，可以利用复杂网络建模和分析技术设计和部署更加高效的复杂系统。类似地，6
利用从复杂网络中获取的知识，也可以为未来小镇和城市设计更好的道路网络。

1.3.3　制定复杂真实世界问题的解决方案

在为许多真实世界问题制定解决方案的过程中，将复杂物理系统表示为一个复杂网络模型十分有帮助。例如，复杂导航地形中的路由问题可以通过诸如最短路由或者全部节点间的最短路由等图论方法来解决。类似地，在社交网络中，当需要确定销售广告和商业促销信息时，诸如如何寻找联系最紧密的社交网络成员等问题就非常有用。另一个例子是使用复杂网络分析来优化无线或者有线计算机网络的性能。

1.3.4　通过分子网络建模提高生物医学研究水平

复杂网络分析在生物医学工程和生物医学研究中有着广泛的应用，这些应用都依赖于对分子网络进行建模和分析。分子网络是生化家族内以及不同生化家族间分子的网络表示。生化化合物的特征取决于其中各种分子的相互作用，而分子间的相互作用又是生化化合物内蛋白质 - 蛋白质间的相互作用。词汇“作用体”（ineractome）就专门用于描述蛋白质 - 蛋白质相互作用网络（PPIN）。

1.3.5　发展网络医学

复杂网络分析方法可以通过仔细选择网络和分析技术来诊断、预防以及治愈疾病[2]。例如，蛋白质 - 蛋白质相互作用网络或者代谢网络能够用于消除网络的特定部分，从而达到准确治愈疾病的目标。另一个例子就是使用复杂网络方法来研究特定疾病在社交网络中的传播，并研发新技术阻止其传播。

1.3.6 摧毁反社会网络

社交网络分析是许多发达国家执法机构的一项重要活动。通过社交网络分析，可以识别和摧毁那些由反社会成员组成、目标是开展各种颠覆活动的社交网络，诸如国际恐怖组织网络、毒品交易渠道、人口贩运网络和非法黑手党网络等，都能够通过对其社交网络进行复杂
7 网络分析来识别。在摧毁这类网络的过程中，最重要的问题就是识别这些反社会网络中的关键个体，从而可以通过最小行动来达到期望的效果。对其中的个体进行中心性分析可以识别反社会网络中的关键人物，从而有助于摧毁整个网络。

1.3.7 通过社交网络强化社会科学研究

在2000年之前，大多数社会研究都是通过社会实验、游戏或者直接收集特定社会成员的调查信息等方式进行，这些数据通过社交网络分析的方式进行采集和分析。随着因特网、万维网以及诸如Facebook和Twitter等基于Web的社交网络服务的发展，社会成员之间的交互行为大部分迁移到虚拟世界中。因此，当前进行的许多社会科学研究都依赖于从这些基于Web的服务所形成的社交网络中得到的信息。从这些信息源获得的数据具有数据量巨大和多维等特征。今天，大多数社会科学研究都依赖于社交网络中的数据。因此，在深度分析社交网络的过程中，对社交网络数据进行复杂网络建模和分析变得十分重要。

1.4 复杂网络研究面临的挑战

尽管复杂网络方法对于许多研究和应用领域都非常有用，在使用过程中仍面临许多挑战。以下是研究复杂网络过程中面临的主要挑战：

- **高数据量**。大多数真实世界的复杂网络包括大量的节点，并且网络中边的复杂呈现方式导致巨大的数据量。例如，因特网具有数十亿节点和边，存储和处理这样大量的数据要求复杂的存储资源。此外，根据现有的复杂网络数据集分析方法，中间处理过程要求的数据存储更加巨大。例如，图信号处理方法要求计算特征向量和特征值，从而需要很大的存储空间。
- **物理系统到真实复杂网络模型映射过程中的复杂性**。复杂网络分析的另一个主要问题就是将真实世界问题转化为复杂网络模型的过程中所面临的困难。在许多真实世界场景下，当进行复杂网络建模时，只能获取物理世界系统节点和边的有限信息。例如，考虑一个蛋白质－蛋白质相互作用网络，其中的边需要在蛋白质间十分有限的相互作用信息的基础上进行建模。实际上，蛋白质－蛋白质的相互作用十分复杂，在模型中反映出其实际的复杂程度十分具有挑战性。
8
- **高计算复杂性**。为了刻画真实世界复杂网络，我们需要大量的计算资源。因此，算法必须高效，并能够处理大规模网络。在大的复杂网络数据集之上运行复杂网络算法的计算代价昂贵，诸如图信号处理等方法需要使用大量的计算能力来对真实世界的图进行复杂网络分析。

1.5 本书内容概述

本书从复杂网络的网络和信号处理视角展开讨论。在本书中，复杂网络的网络方面主要集中在引出计算机网络和复杂网络之间的交集。因特网和万维网的发展导致了许多新的复

杂网络的出现，如由相互连接的计算机所组成的复杂物理网络、相互间超级链接的网站以及基于 Web 的社交网络等。在设计计算机网络时，可以利用复杂网络的工具和技术实现计算机网络的性能效益，这些网络包括但不限于网络基础设施体系结构、基于 Web 的社交网络、WSN、WMN 以及因特网。进一步说，分析这样大规模的计算机网络需要使用复杂网络领域的概念。因此，关于复杂网络的网络方面，本书中给出了在无标度网络、小世界网络、SWWMN、SWWSN 等方面的已有知识。

由于复杂网络中的节点产生大量的数据，从复杂网络节点生成的数据中提取信息也非常有意义。图信号处理将经典信号处理中的概念和工具（例如平移、卷积、傅里叶变换、滤波器组和小波变换）扩展到应用于任意网络中的数据。图信号处理领域还处于起步阶段，但已经吸引了来自网络、信息科学、信号处理和统计物理学等不同领域的研究人员。本书介绍过去 10 年来提出的各种图信号处理工具和概念。

1.6　本书内容组织

第 1 章介绍本书涵盖的内容，如与复杂网络相关的新兴应用等。

第 2 章给出一个有关图理论基础的基本讨论，这是掌握本书其余部分的必需内容。尽管图论是一个成熟领域，该章仅给出理解和学习复杂网络概念所必需的内容。

第 3 章介绍复杂网络，讨论真实世界中复杂网络的各种例子和应用。该章在结构上是本
书核心内容的导读。第 3 章还详细讨论随机网络的基础，与随机网络相对应的数学模型和随 9
机网络的估计特性是该章所涉及的重要话题。

第 4 章讨论小世界网络及其特性。许多真实世界的网络可以归类为小世界网络，该章给出它们的一些重要特征，如 APL、ACC 以及其他相关属性，还介绍了许多用于在正则网络之外创建小世界网络的技术。

第 5 章涵盖一个非常流行和有趣的复杂网络技术——无标度网络，该网络存在于许多自然和人造的物理世界网络中。结合真实世界网络的许多例子，第 5 章详细讨论形成无标度网络所需的演化特征。

小世界网络的一些应用可以在诸如 WMN 等无线网络中看到，**第 6 章**给出在 WMN 中使用小世界的概念创建 SWWMN 的方法。SWWMN 具有性能提升、低 APL 以及高效资源管理等优点。该章还对现有创建 SWWMN 的方法进行了分类。

与 SWWMN 相类似，小世界网络在无线网络中的另一个应用领域就是 WSN。WSN 用于在大规模传感器领域监测和控制环境参数，其中部署的传感器设备体积小、价格低廉，而且能够感知许多物理世界参数。这些 WSN 能够利用小世界的概念提升性能。**第 7 章**给出使用 SWWSN 的好处以及一系列开放性研究问题。

第 8～11 章主要关注于复杂网络谱分析与图信号处理。**第 8 章**给出与图或者复杂网络相关的多种矩阵的特征值和特征向量，该章还介绍图信号处理的基础知识。

第 9 章讨论在复杂网络上所定义数据（称之为图信号）的分析与处理。图信号的表示具有复杂和不规则的结构，需要新的处理技术，从而引出第 9 章中所讨论的图信号处理这一新兴领域。

第 10 章描述图信号处理的现有方法。目前主要有两类图信号处理的框架结构：第一种方法基于图的（对称）拉普拉斯矩阵；第二种方法被称为图离散信号处理（Discrete Signal Processing on Graph, DSPG）框架，来源于代数信号处理理论，并基于图移位算子。这两种

框架结构都在第 10 章详细地讨论。

第 11 章介绍复杂网络数据分析的多尺度变换。小波变换能够同时在时间和频率上定位信号内容，从而能够使我们从各种不同尺度上提取数据的信息。该章给出了用于复杂网络多
10 尺度分析的多种技术。

1.6.1　对本书内容的阅读建议

图 1.4 给出了本书各章的导览结构。入门章（第 1～3 章）给出了理解本书其他内容的基础，这些章提供了研究复杂网络的动机。第 2 章给出了图论的基础知识，第 3 章对复杂网络的简要技术进行介绍。熟悉图论及其基本原理的人可以跳过第 2 章直接阅读第 3 章。

在完成第 1～3 章的学习后，读者可以选择两个主要方向：复杂网络以及图信号处理。第 4 章与第 5 章概括了小世界网络与无标度网络。在对小世界网络有一些基础之后，读者可以继续沿着计算机网络的方向进行阅读，其中给出了小世界方法在无线网络中的许多应用，包括 SWWMN 及 SWWSN。

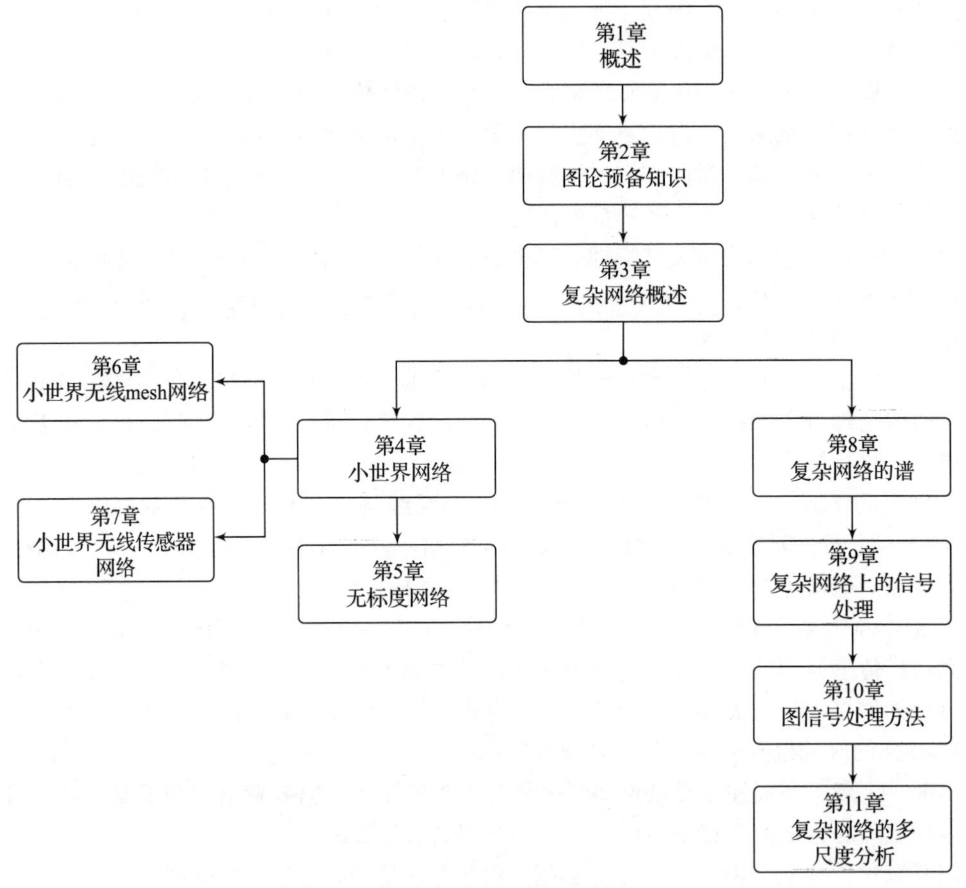

11 图 1.4　对本书内容的建议阅读顺序

计算机相关人员在开始第 6 章和第 7 章的学习之前，可以先从第 3 章和第 4 章开始阅读。

在结束第 3 章的学习后，读者也可以继续学习第 8～11 章，其中给出了对多种复杂网络的图信号处～理方法。对于那些熟悉复杂网络并希望学习图信号处理概念的读者而言，可以

直接阅读第 8～11 章。

尽管每一章都以独立的方式编写，但针对其他章或者研究文献中所讨论的相关内容，本书还是提供了一些必要的参考引用。因此，独立阅读任何一个章节都不困难。

1.7 面向教师的辅助材料

本书为教师提供了许多辅助材料[⊖]。第一，每章均有对应的 PPT，其中包括所有的图片和 LaTeX 源代码，教师可以根据课堂教学情况，附加一些额外的信息对 PPT 进行定制。

第二，提供了一个涵盖大部分章末练习题的答案，教师可以向出版社索取习题答案。基于计算机的练习题（以💻符号标识）要求在计算机上执行，读者随后可以获得答案。挑战性练习（以★符号标识）是一些目前并没有答案的难题，这些题目可以作为有激情的研究者的挑战性研究课题。除了那些基于计算机的练习题和挑战性练习之外，习题答案给出了所有其他练习题的解答或者提示。

第三，可以通过本书的网站下载部分算法 / 编程练习的代码片段，额外的编程示例、练习和支持材料也将通过课程网站在线提供。

最后，除了出版商所提供的有关本书的一些在线信息之外，作者还维护了一个支持网站（https://complexnetworksbook.github.io）来提供如下内容：发现错误之后的勘误信息；相关章节有帮助的附加练习问题；教材的 PPT；新的数据集和工具的更新；有关复杂网络研究领域新兴课题的信息。建议读者每过一段时间检查一下支持网站。

1.8 小结

复杂网络存在于物理世界的许多领域。将真实世界的复杂系统建模为图模型产生了复杂网络，研究这种复杂网络模型有助于确定现有复杂系统的特征。本章回顾了复杂网络的一些特点、应用和挑战，并介绍了本书所涵盖的主要内容。 12

⊖ 关于本书教辅资源，只有使用本书作为教材的教师才可以申请，需要的教师请联系机械工业出版社华章公司，电话 010-88378991，邮箱 wangguang@hzbook.com。——编辑注

图论预备知识

图提供了一种最简单的方法来表示和分析复杂网络，因此，为了研究那些建模为复杂网络的系统的属性，需要对图论的知识有一个基本的了解。图论提供了用于分析图结构和了解其内部细节的工具。本章将主要介绍那些对于理解复杂网络至关重要的基本图论定义和概念。

2.1 引言

图论的历史可以追溯到 18 世纪，当时的瑞士数学家欧拉通过将陆地和桥表示为一个图，解释了著名的**哥尼斯堡七桥问题**。普雷格尔河将哥尼斯堡城（现在的俄罗斯加里宁格勒）分成了四个部分，这四个部分通过 7 座桥连接在一起，如图 2.1a 所示。居民希望知道是否可以从一个点出发，通过每座桥刚好一次最终回到出发点。在 1735 年，欧拉指出不存在这样的路径。他将桥和陆地表示为一个图，如图 2.1b 所示，其中每个圆圈代表一块陆地，而每条边代表两块陆地之间的桥。欧拉证明了所期望的遍历不存在，从而奠定了图论的基础。在 1847 年，基尔霍夫把电网描绘成一个图，并用树的概念来说明每一支路和每一回路的电流流动。

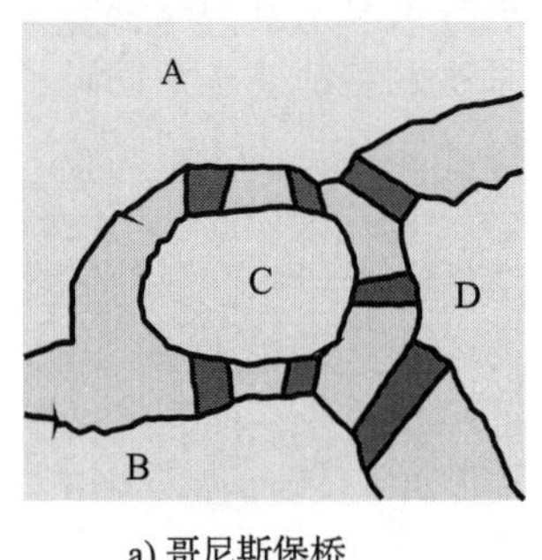

a) 哥尼斯堡桥

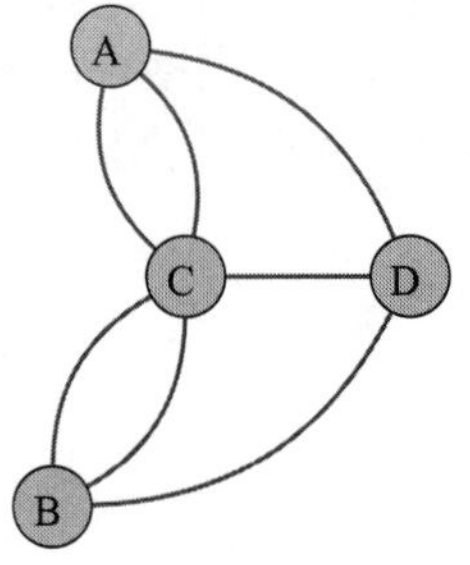

b) 对应图

图 2.1　将哥尼斯堡桥建模为图

在图论中，词汇图并不是指诸如条形图和线状图之类的数据图表，而是指一组顶点（节点）和连接这些顶点的一组边（连接），如图 2.1b 所示。当一个图表示一个复杂网络时，图的顶点可能代表社交网络中的人、电网中的发电站、道路网络中的交叉口或者因特网中的 Web 页面，而图的边可能代表人之间的朋友关系、发电站之间的传输线、交叉口之间的道路或者 Web 超级链接。

在特定场景下，图中的所有边都相似，也就是说，它们只是表明了各个顶点间的连接关系，例如，假设电网中的所有传输线都具有相同的容量，那么在对应图中所有的边都可以被看作是相似的。然而，有时在一对顶点之间可能存在两条或更多条边，或者一条边可能代表比其他边更强（或更弱）的连接关系。例如，当电网的传输线路具有不同的容量时，则相应的边不能被认为是等同的。在这种情况下，可以将权重分配给与相应传输线路的容量成比例的每条边，此时所得到的图称为加权图。此外，有时边也可能包含方向性信息，例如，道路网络中的单行道或无线网络中广播节点和接收节点之间的互连。这种情况可以通过为边指定适当的方向来处理，得到的图称为有向图。

本章给出了与图论相关的基本定义。图通过将实体表示为节点并将实体之间的关系表示为边来建模物理和虚拟系统。本章给出了一组基本的定义和属性来帮助理解图论中所使用的术语。图在计算机的存储器中用矩阵表示，如邻接矩阵、关联矩阵、权重矩阵、度矩阵以及拉普拉斯矩阵等。本章还给出了一套重要的图理论度量和图类型描述，以便为理解图论的概念提供必要的工具。

除了复杂网络，图论在计算机科学、建筑学、运筹学、社会科学、遗传学和化学等领域都具有广泛的应用。图论提供了一种简单的方法来表示和分析实体及其关系。一些应用包括：航空网络，其目标可以是以高效的方式连接大量的城市，以便使得大多数乘客的旅程都尽可能短；智能交通系统，其目标可以是向驾驶员提供最快捷的路线，以便减少总体流量；集成电路设计，其目标可以是优化各个组件之间的大量连接以提高性能；搜索引擎，其目标是为搜索提供最佳的网页链接；等等。 13～14

本书只提供了关于图论的有限知识，读者可以参考文献 [14-16] 获取关于图论的更多详细信息。

2.2　图

图 $\mathcal{G}$ 可以表示为 $\mathcal{G}=(\mathcal{V},\mathcal{E},\boldsymbol{W})$，其中 $\mathcal{V}=\{v_1,v_2,\cdots,v_N\}$ 是图中 N 个节点的集合，$\mathcal{E}=\{e_1,e_2,\cdots,e_E\}$ 是图中 E 条边的集合，而 $\boldsymbol{W}$ 是权重矩阵，代表图中每条边的权重。权重矩阵 $\boldsymbol{W}$ 的每个元素 W_{ij} 表示连接节点 v_i 和 v_j 的边的权重。图 2.2a 给出了一个所有边都相同的图，即该图是一个非加权图（所有边都具有相同的单位权重）。顶点用圆圈表示，而边用连接相应顶点的线表示。

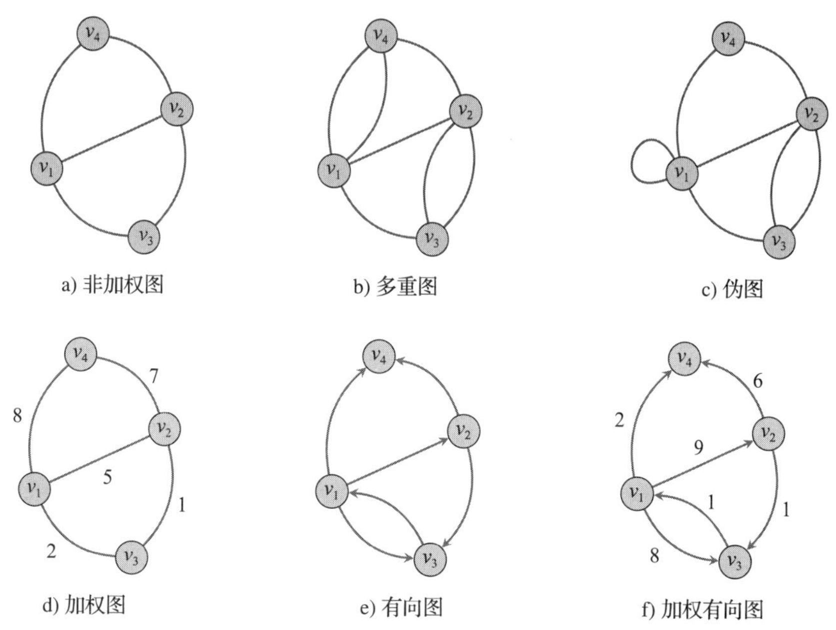

a) 非加权图　b) 多重图　c) 伪图

d) 加权图　e) 有向图　f) 加权有向图

图 2.2　不同图的例子

当一个节点对通过一条边互连时，称该节点对为邻接节点或者邻居节点。在图 2.2a 中，节点 v_1 和 v_4 相邻接，或者说节点 v_1 和 v_4 互为邻居。节点 v_2、v_3 和 v_4 都是节点 v_1 的邻居，但节点 v_3 不是节点 v_4 的邻居。

如果在两个节点之间存在多条边，称该图为多重图（multigraph），见图 2.2b。进一步地，如果存在自环（一条边连接某个顶点自身），则称该图为伪图（pseudograph）。图 2.2c 给出了一个伪图的例子，其中顶点 v_1 存在一个自环。图 2.2d 给出了一个加权图的例子，其中
15 每条边并不相同，在该图中，节点 v_2 与 v_4 之间边的权重为 7。

在有向图中，边具有附加在它们上面的方向信息。图 2.2e 给出了一个有向图，其中方向信息通过箭头表示。图 2.2f 给出了一个加权有向图的例子。

图 2.3 给出了一些简单的图拓扑结构，图 2.3a 表示一个路图，其中除了两个端节点外，每个节点都与另外两个节点相连接。如果我们将路图中的两个端节点相连接，则可以得到图 2.3b 所示的环图。矩形网格图是路图向两个维度的扩展，图 2.3c 给出了一个 3 × 3 的矩形网格图。图 2.3d 给出了一个星形图，其中只有一个节点与所有其他节点相连接。

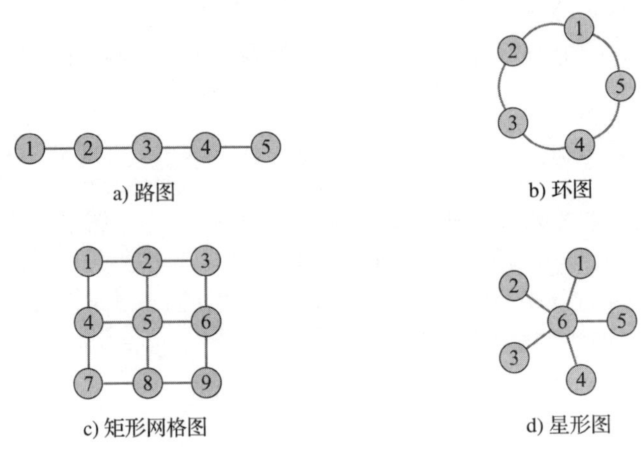

a) 路图　b) 环图　c) 矩形网格图　d) 星形图

图 2.3　一些简单的图拓扑

在随后的讨论中，当提到图时，除非特别指出，通常假设其为无向非加权图。

2.2.1　子图

图 $\mathcal{G}$ 的子图表示一个顶点和边都是 $\mathcal{G}$ 的子集的图。如果 $\mathcal{G}'=(\mathcal{V}',\mathcal{E}')$ 是 $\mathcal{G}=(\mathcal{V},\mathcal{E})$ 的子图，则 $\mathcal{V}'\subset\mathcal{V}$，$\mathcal{E}'\subset\mathcal{E}$。包含原始图所有顶点的子图称为生成子图（spanning subgraph）。对于图 2.4a 中的图 $\mathcal{G}$ 而言，图 2.4b 与图 2.4c 分别给出了其子图和生成子图的一个例子。需要注意的是，图 2.4d 中的图并不是图 $\mathcal{G}$ 的子图，因为它包含了节点 2 与节点 5 之间的一条边，而该边在原始图 $\mathcal{G}$ 中并不存在。

导出子图

若 $\mathcal{V}'$ 中顶点之间所有在 $\mathcal{E}$ 中的边同样在 $\mathcal{E}'$ 中存在，则子图 $\mathcal{G}'=(\mathcal{V}',\mathcal{E}')$ 称为图 $\mathcal{G}=(\mathcal{V},\mathcal{E})$ 的导出子图（induced subgraph）。导出子图可以通过移除顶点和所有与这些被移
16 除顶点相关联的边来构建。若移除了一些额外的边，则该子图不再是导出子图。

以图 2.5a 中的图 $\mathcal{G}$ 为例，其导出子图的一个例子如图 2.5b 所示，该导出子图通过移除顶点 v_4 和所有与 v_4 相关联的边而创建。然而，图 2.5c 中的图并非图 $\mathcal{G}$ 的导出子图，原因在

于边 v_1v_3 在子图中缺失了。

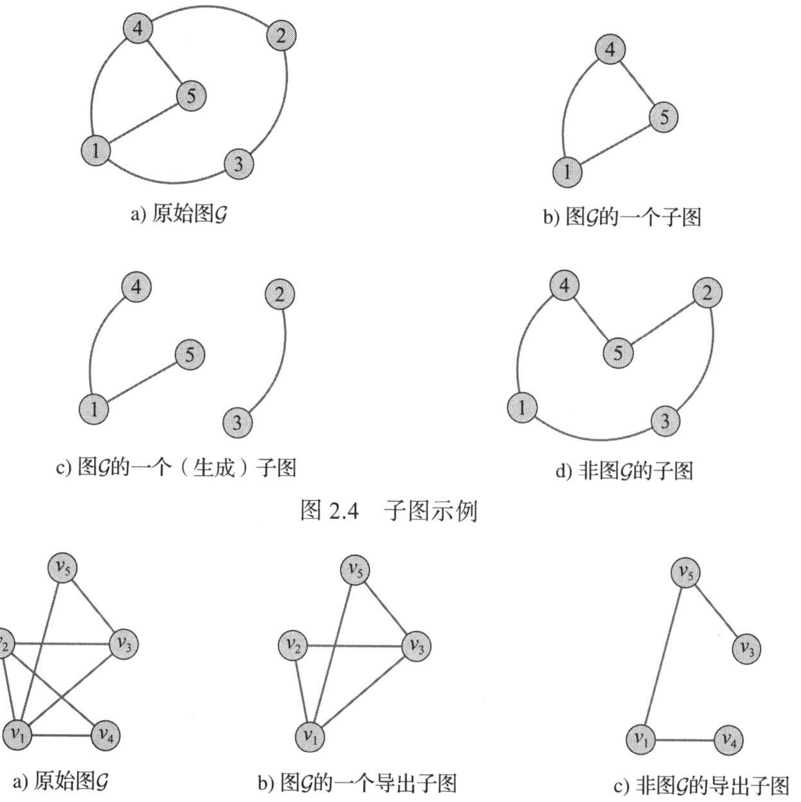

a) 原始图$\mathcal{G}$　b) 图$\mathcal{G}$的一个子图

c) 图$\mathcal{G}$的一个（生成）子图　d) 非图$\mathcal{G}$的子图

图 2.4　子图示例

a) 原始图$\mathcal{G}$　b) 图$\mathcal{G}$的一个导出子图　c) 非图$\mathcal{G}$的导出子图

图 2.5　导出子图示例

2.2.2　补图

图 $\mathcal{G}$ 的补图是指与图 $\mathcal{G}$ 具有同样的顶点集，但边集中的边则由那些在图 $\mathcal{G}$ 中不存在的边组成。如果在原始图 $\mathcal{G}$ 中节点 i 和 j 之间不存在边，则在图 $\mathcal{G}$ 的补图中节点 i 和 j 之间具有边。图 $\mathcal{G}$ 的补图通常表示为 $\overline{\mathcal{G}}$，有时也称为反向图（inverse graph）。图 2.6 给出了一个图
及其补图的例子。需要注意的是，一个连通图的补图可能会变得不连通。 17

a) 原始图$\mathcal{G}$　b) 补图 $\overline{\mathcal{G}}$

图 2.6　图及其补图示例

2.3　与图相关的矩阵

图在计算机内存中以矩阵或者链表的方式存储。尽管图的权重矩阵足以确定一个图，但仍有许多其他与图相关的矩阵，如邻接矩阵、关联矩阵、拉普拉斯矩阵和随机游走矩阵等。

这些矩阵在确定图的多种拓扑属性方面十分有用。

2.3.1 权重矩阵

图的权重矩阵包含图中相应边的权重。对于一个含有 N 个节点的图而言，权重矩阵 $\boldsymbol{W}$ 是一个 $N \times N$ 的矩阵，其中元素 w_{ij} 表示节点 i 和 j 之间边的权重。如果该图是有向图，则 w_{ij} 表示从节点 j 到节点 i 的边的权重。图 2.7 给出了一些图和对应权重矩阵的例子。

a) 无向图

$$\boldsymbol{W}=\begin{bmatrix}0 & 7 & 0 & 9\\ 7 & 0 & 0.4 & 1\\ 0 & 0.4 & 0 & 0\\ 9 & 1 & 0 & 0\end{bmatrix}$$

b) 无向图的权重矩阵

c) 有向图

$$\boldsymbol{W}=\begin{bmatrix}0 & 0 & 0 & 9\\ 7 & 0 & 0.4 & 0\\ 0 & 0.4 & 0 & 0\\ 9 & 1 & 0 & 0\end{bmatrix}$$

d) 有向图的权重矩阵

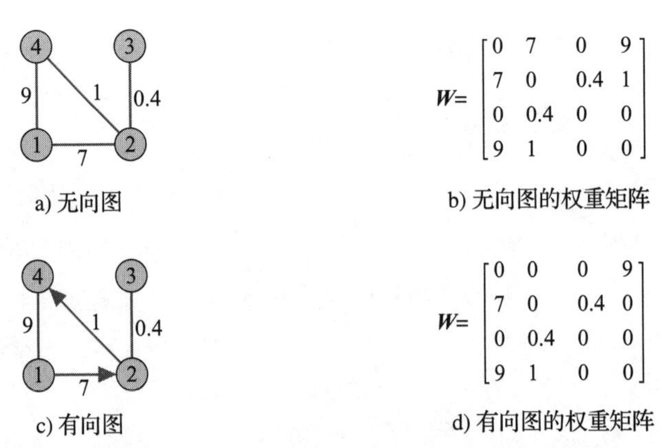

图 2.7 图及对应的权重矩阵

18 需要指出的是，权重矩阵是图的拓扑结构的完整表示。所有其他的矩阵（邻接、度、拉普拉斯）都可以通过权重矩阵推导得出。并且，对于非加权图而言，权重矩阵和邻接矩阵是一样的。

2.3.2 邻接矩阵

对于一个具有 N 个节点的图 $\mathcal{G}$，其邻接矩阵 $\boldsymbol{A}$ 是一个包含了图中连接信息的 $N \times N$ 矩阵。如果节点 i 与 j 之间存在一条连接，则元素 a_{ij} 为单位值；若对应节点间无连接，则该值为 0。图 2.8b 展示了图 2.8a 中图的邻接矩阵。需要指出的是，如果图中的顶点不存在自环，则邻接矩阵所有对角线上的元素应为 0。

a) 图$\mathcal{G}$

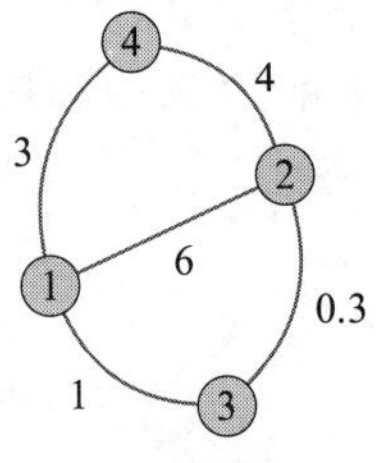

$$\boldsymbol{A}=\begin{bmatrix}0 & 1 & 1 & 1\\ 1 & 0 & 1 & 1\\ 1 & 1 & 0 & 0\\ 1 & 1 & 0 & 0\end{bmatrix}$$

b) 图$\mathcal{G}$的邻接矩阵

图 2.8 加权图及对应的邻接矩阵

邻接矩阵给出了两个节点间不同途径数目（途径的定义参见 2.5.1 节）的信息。节点 i 和 j 之间长度为 k 的不同途径数目等于 $\boldsymbol{A}^k$ 中第 i 行第 j 列元素的值。如图 2.8a 所示，其节点 3 与 4 之间长度为 2 的途径数目为 2（3–1–4 与 3–2–4），该数值也是 $\boldsymbol{A}^2$ 中第 3 行第 4 列元素的值。

$$\boldsymbol{A}^2=\begin{bmatrix}3 & 2 & 2 & 1\\ 2 & 3 & 1 & 1\\ 1 & 1 & 2 & 2\\ 1 & 1 & 2 & 2\end{bmatrix}$$

2.3.3　关联矩阵

对于一个具有 N 个节点和 E 条边的图而言，其关联矩阵 $\boldsymbol{C}$ 是一个具有如下约束的 $N\times E$ 矩阵。

$$c_{ij}=\begin{cases}1, & \text{顶点 } i \text{ 与边 } j \text{ 相关联}\\ 0, & \text{其他}\end{cases} \tag{2.3.1}$$

在关联矩阵中，每一行对应图中的一个顶点，而每一列对应图中的一条边。图 2.9b 给出了图 2.9a 的关联矩阵。注意，$\boldsymbol{C}$ 的每一列刚好有两个元素的值为 1，原因在于每条边均与 19
两个顶点相关联。进一步地，若某一行所有元素的值均为 0，则表明对应的顶点在图中是孤立的。

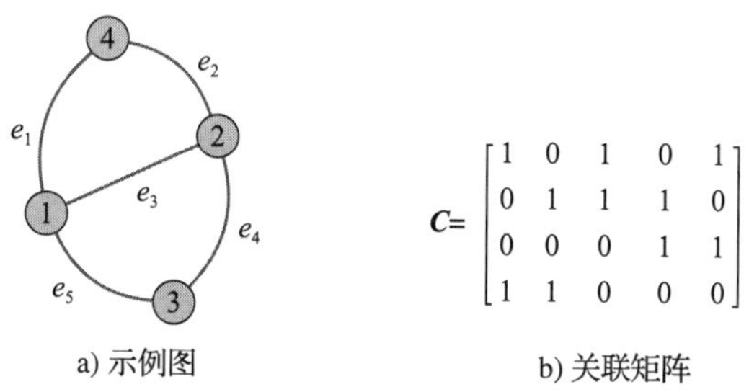

图 2.9　加权图及对应的关联矩阵

2.3.4　度矩阵

图的度矩阵是一个对角矩阵，在对角线上包含了顶点的度，表示为 $\boldsymbol{D}$=diag[d_1, d_2, ⋯, d_N]，其中 d_i 是第 i 个节点的度。节点的度是所有与该节点相关联的边的权重之和。图 2.10a 给出的图的度矩阵为 $\boldsymbol{D}$=diag[3, 2, 2, 1, 0]。

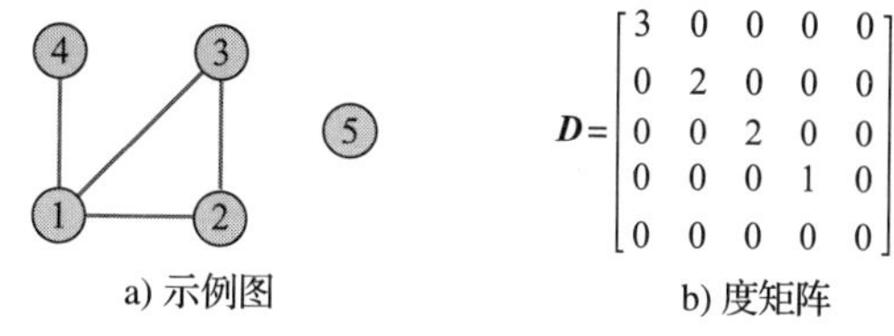

图 2.10　图及对应的度矩阵

需要指出的是，一些大的网络通常通过度的频率分布来刻画。

2.3.5　拉普拉斯矩阵

图的拉普拉斯矩阵定义为

$$\boldsymbol{L}=\boldsymbol{D}-\boldsymbol{W} \tag{2.3.2}$$

其中 $\boldsymbol{D}$ 为图的度矩阵，而 $\boldsymbol{W}$ 为图的权重矩阵。图 2.11 给出了一个权重矩阵和相应拉普拉斯矩阵的例子。 20

具有正边权重的无向图的拉普拉斯矩阵的一些基本性质如下：

- 拉普拉斯矩阵具有对称性。
- 拉普拉斯矩阵的每一行之和为 0。
- 拉普拉斯矩阵具有奇异性，即 det($\boldsymbol{L}$)=0。
- 拉普拉斯矩阵是半正定的。
- 拉普拉斯矩阵的特征值是非负实数。

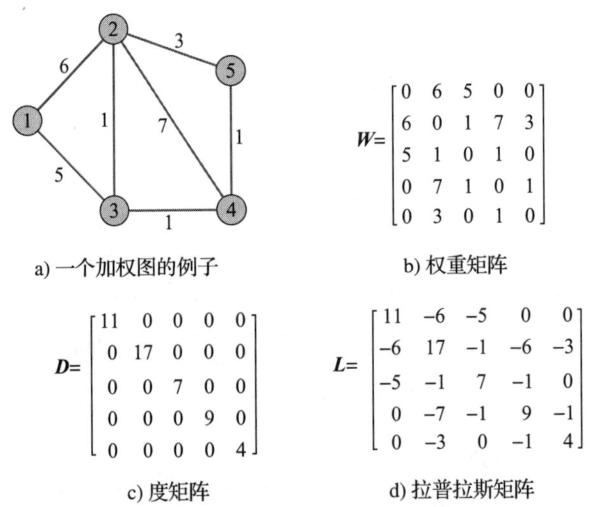

a) 一个加权图的例子　　b) 权重矩阵

c) 度矩阵　　d) 拉普拉斯矩阵

图 2.11　加权图及对应的矩阵

如果所有的边权重为负数，则拉普拉斯矩阵变为半负定。8.5 节详细讨论了拉普拉斯矩阵的特征值。

1. 归一化拉普拉斯矩阵

拉普拉斯矩阵通常基于度进行归一化，图的归一化拉普拉斯矩阵定义为

$$\boldsymbol{L}^{\text{norm}}=\boldsymbol{D}^{-1/2}\boldsymbol{L}\boldsymbol{D}^{-1/2} \tag{2.3.3}$$

其中 $\boldsymbol{D}$ 代表图的度矩阵。对于图 2.11a，可以计算得到其归一化拉普拉斯矩阵：

21

$$\boldsymbol{L}^{\text{norm}}=\begin{bmatrix}1/\sqrt{11}&0&0&0&0\\0&1/\sqrt{17}&0&0&0\\0&0&1/\sqrt{7}&0&0\\0&0&0&1/\sqrt{9}&0\\0&0&0&0&1/\sqrt{4}\end{bmatrix}\begin{bmatrix}11&-6&-5&0&0\\-6&17&-1&-7&-3\\-5&-1&7&-1&0\\0&-7&-1&9&-1\\0&-3&0&-1&4\end{bmatrix}\begin{bmatrix}1/\sqrt{11}&0&0&0&0\\0&1/\sqrt{17}&0&0&0\\0&0&1/\sqrt{7}&0&0\\0&0&0&1/\sqrt{9}&0\\0&0&0&0&1/\sqrt{4}\end{bmatrix}$$

2. 有向拉普拉斯矩阵

无向图的拉普拉斯矩阵的定义本质上是一个差分算子 $\boldsymbol{L}=\boldsymbol{D}-\boldsymbol{W}$，该定义可以扩展到有向图。然而，在有向图中，权重矩阵 $\boldsymbol{W}$ 是非对称的。此外，顶点的度也可以以两种方式定义——入度和出度。节点 i 的入度定义为 $d_i^{\text{in}}=\sum_{j=1}^{N}w_{ij}$，也就是说，入度表示该节点所有入边的权重之和。反之，节点 i 的出度可以通过公式 $d_i^{\text{out}}=\sum_{j=1}^{N}w_{ji}$ 计算，代表该节点所有出边的权重之和。在图 2.12a 中，节点 4 的入度是 7（4+2+1），而出度则为 3。需要注意的是，在权

重矩阵中，w_{ij} 表示从节点 j 到节点 i 的边的权重。如图 2.12a 所示，从节点 1 到节点 4 的有向边的权重为 2，因此 $w_{41}=2$。

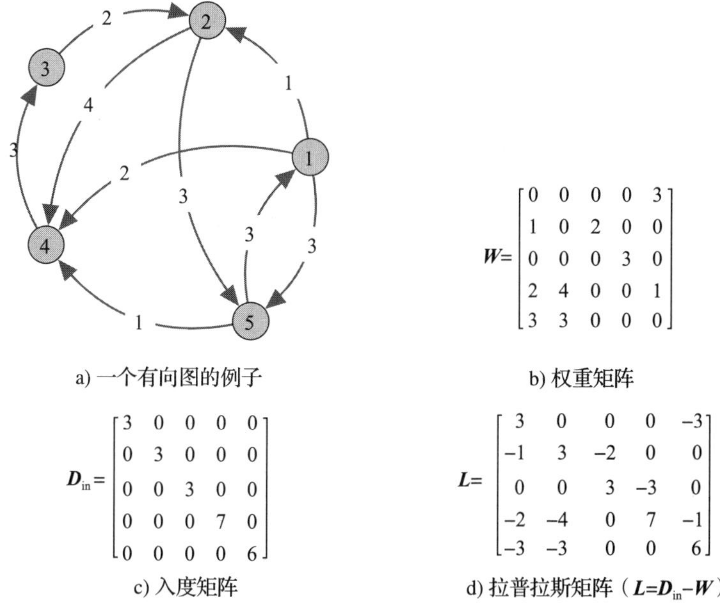

a) 一个有向图的例子　　b) 权重矩阵

c) 入度矩阵　　d) 拉普拉斯矩阵（$\boldsymbol{L}=\boldsymbol{D}_{\text{in}}-\boldsymbol{W}$）

图 2.12　有向图及对应的矩阵

有向图的有向拉普拉斯矩阵 $\boldsymbol{L}$ 定义为⊖

$$\boldsymbol{L}=\boldsymbol{D}_{\text{in}}-\boldsymbol{W} \tag{2.3.4}$$

其中 $\boldsymbol{D}_{\text{in}}=\operatorname{diag}(\{d_i^{\text{in}}\}_{i=1}^{N})$ 代表图的入度矩阵，该矩阵是一个对角矩阵，对角线上的元素代表对应节点的入度。图 2.12a 中有向图的一些对应矩阵如图 2.12b～图 2.12d 所示。显然，有向图 22
的拉普拉斯矩阵是非对称的，然而，它同样展示了一些重要属性：每一行之和为 0，因此，$\lambda=0$ 是特征值；对于一个具有正边权重的图而言，矩阵特征值的实部是非负的。

2.4　基本图测度

有许多用于度量图的属性的常用测度，包括：平均邻居度（AND）、平均聚类系数（ACC）、平均路径长度（APL）、平均边长度（AEL），以及图的直径和体积。

2.4.1　平均邻居度

对于一个具有 N 个节点的图 $\mathcal{G}$ 而言，其平均邻居度（AND）定义如下：

$$\text{AND}(\mathcal{G})=\frac{1}{N}\sum_{i=1}^{N}d_i \tag{2.4.1}$$

其中 d_i 为节点 i 的度。例如，图 2.1b 中所示的哥尼斯堡七桥问题所对应图的 AND 为 $(3+3+5+3)/4=3.5$。

2.4.2　平均聚类系数

平均聚类系数（ACC）表示相互连接的邻居节点比例在整个网络中的平均值。因此，

⊖ 有向图的拉普拉斯矩阵也可以定义为 $\boldsymbol{L}=\boldsymbol{D}_{\text{out}}-\boldsymbol{W}$。

ACC 描述了一个网络图的局部连通性属性。通过对每个节点的聚类系数求和，随后再根据整个网络中的节点数量求平均即可得到 ACC。因此，对于一个具有 N 个节点的网络而言，其 ACC 可以计算如下：

$$\mathrm{ACC}=\frac{1}{N}\times\sum_{\substack{i\in N\\ \forall m_i}}\frac{2e_{pq},v_p,v_q\in V_{m_i},e_{pq}\in E}{n_{m_i}\times(n_{m_i}-1)} \tag{2.4.2}$$

在公式（2.4.2）中，m_i 代表网络中第 i 个节点的一跳邻居节点（直接邻居）数目，e_{pq} 为邻居 p 和 q（节点 v_p 和 v_q）之间的一跳连接。因此，该求和公式表示在 n_{m_i} 个邻居之间总的邻居连接数目除以这些邻居间最大可能的连接数目。在公式（2.4.2）中，系数 2 是因为连接的双向特征（对于有向连接，在 n_{m_i} 个邻居之间可能形成的连接数目为 [$n_{m_i}\times(n_{m_i}-1)$]）。然
23 而，对于只有一个邻居的节点，其 ACC 值被定义为 0。图 2.13 给出了计算 ACC 的示意图。

a) $\mathcal{G}_1$　　b) $\mathcal{G}_2$

图 2.13　用于 ACC 计算的示意图

在图 2.13a 中，节点 v_5 具有 4 个邻居，因此为了计算节点 v_5 的聚类系数，可以发现这四个邻居之间可能的连接数目为 6，而图中这些邻居节点之间只存在 4 条连接，因此节点 v_5 的聚类系数值为 $\frac{4}{6}$。通过对每个节点的聚类系数取平均可以得到网络的 ACC。对于 $\mathcal{G}_1$ 中的网络而言，每个节点的聚类系数如下：$v_1=\frac{2}{3},v_2=\frac{3}{6},v_3=\frac{3}{6},v_4=\frac{2}{3},v_5=\frac{4}{6},v_6=1$。因此，可以计算得到图 $\mathcal{G}_1$ 的 ACC 值为 $\frac{2}{3}$。类似地，对于图 2.13b 中的图 $\mathcal{G}_2$，其 ACC 值为 $\frac{2}{9}$。

在正则网络中，ACC 的值一般位于小到中等之间，其原因在于邻居节点之间也具有很好的连通性。然而，在随机网络中邻居节点之间并非均匀连接，因此其 ACC 值一般都比较小。

2.4.3　平均路径长度

平均路径长度（APL）是一个全局网络属性，表示网络图中所有节点两两之间距离的平均值。对于一个包含 N 个节点的网络而言，其 APL 可以计算如下：

$$\mathrm{APL}=\frac{2}{N\times(N-1)}\sum_{i\neq j}d(i,j) \tag{2.4.3}$$

其中 $d(i,j)$ 表示节点 v_i 和 v_j 之间的距离，因此在计算 APL 的过程中，可以对网络中所有可能的距离求和，随后再根据所有可能的连接数目求平均（在公式（2.4.3）中，由于网络中连接的双向性，需要引入系数 2）。

在正则网络环境中，网络节点之间并非随机进行连接，由于一些远程节点对之间的距离可能比较大，因此其 APL 值相对较高。然而，在随机网络中，其 APL 值则远小于正则网络中的，其原因在于该网络中节点之间的连接具有随机性特征。

小世界网络介于正则网络和随机网络之间，包含了两个网络的最佳特性。因此，小世界网络具有较低的 APL 值和中等的 ACC 值。

1. 网关 APL

网关 APL（G-APL）是在计算无线 mesh 网络（WMN）APL 值时的一个特例。在 WMN 中，网状路由器是一些静止设备，用于计算从一个网状客户端到其他网状客户端的路由。与之相反，网状客户端是一些通过静止网状路由器进行通信的移动设备。然而，每个路由器需要通过网关路由器节点连接到因特网[17]。因此，G-APL 表示在整个网络中网状路由器和网关路由器之间的平均端到端跳数距离。 24

图 2.14 给出了一个场景，其中不同的网状路由器经过 1 跳或者多跳连接到网关路由器。为了计算 G-APL，需要对所有网状路由器与网关路由器之间的距离求和，随后再根据到网关路由器可能的连接数求平均（与公式（2.4.3）相类似）。因此，对于一个客户端设备而言，由于网关路由器直接与因特网相连接，该客户端设备到因特网的 APL 值可以表示为 G-APL+1（见图 2.14）。

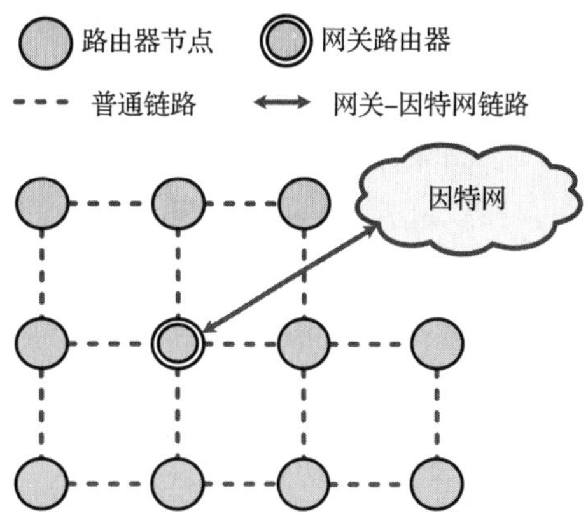

图 2.14　用于计算 G-APL 的 WMN 示例

2. 到基站的 APL

在一个具有 N 个节点的网络中，到基站的 APL（APLB）与 G-APL 相似，其计算公式如下：

$$\text{APLB} = \frac{\sum_{\forall i} d(i, \text{BS})}{N} \qquad (2.4.4)$$

其中 $d(i, \text{BS})$ 代表传感器节点 i 与基站（BS）之间以跳数表示的最短路径长度。APLB 主要应用在无线传感器网络（WSN）环境中，其中节点感知到的数据需要传输至 BS。图 2.15 给出了一个线性拓扑结构的 WSN。WSN 中所部署的传感器节点通常用于追踪或者监测的目标，所有这些传感器节点需要与 BS 通信来处理感知到的数据。因此，在一个 WSN 中，APLB 通过估算网络中传感器节点和 BS 之间的平均跳数距离来计算 APLB。 25

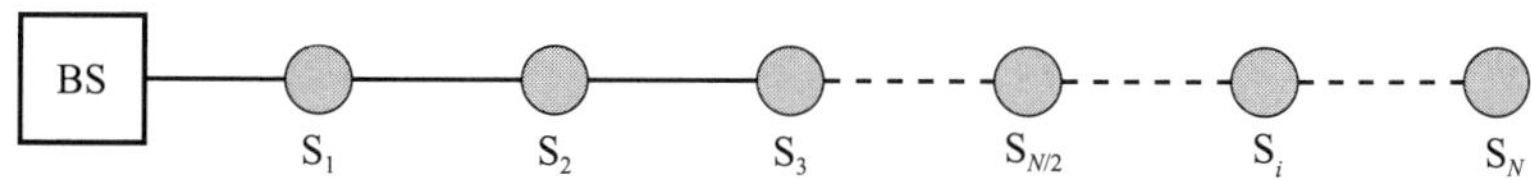

图 2.15　具有 N 个节点的线性拓扑 WSN，其 APLB 可以近似表示为 $N/2$

图 2.15 展示了一个线性拓扑结构的传感器节点部署模型，其中 BS 位于 WSN 的一端。因此，APLB 通过计算所有传感器节点到 BS 的端到端跳数距离得到，近似为 $N/2$。

2.4.4 平均边长度

平均边长度（AEL）可以通过网络中每条边的长度之和与总边数之间的比值来衡量。对任意网络而言，其 AEL 的值总是大于或等于 1。一个网络的 AEL 可以根据如下公式计算：

$$\text{AEL} = \frac{\sum \text{每条边的长度}}{\text{总边数}} \tag{2.4.5}$$

图 2.16 给出了如何计算 AEL 的一个例子。图 2.16a 给出了一个 5 节点的网络。为了计算该网络的 AEL，通过跳数值来衡量每条边的长度，因此在该图中，每条边的长度均为 1，其原因在于节点只需要 1 跳即可到达其邻居节点。故而通过公式（2.4.5），可以计算得到其 AEL 值为 (1+1+1+1)/4=1。

然而，如图 2.16b 所示，当在节点 1 与节点 4 之间增加一条长边之后，AEL 值变为 (1+1+1+1+3)/5=1.4。注意，节点 1 与节点 4 之间的长边长度为 3（（4−1）跳或者说 3 跳），因此当增加一条新的边之后，AEL 值也随之增加。

a)　　b)

图 2.16　a）具有 5 个节点、AEL 值为 1 的路径图；b）当在节点 1 与节点 4 之间增加一条新的边之后，AEL 值变为 1.4

2.4.5　图的直径与体积

图 $\mathcal{G}$ 的直径等于图中任意两个顶点之间距离的最大值，表示为 $D(\mathcal{G})$。令 $d(i, j)$ 代表图中节点 i 与 j 之间的距离，则

$$D(\mathcal{G}) = \max_{\forall i,\, j}\{d(i, j)\} \tag{2.4.6}$$

换句话说，$d(i, j)$ 代表节点 i 与 j 之间的最短路径，直径则代表所有最短路径中的最大值。

26　进一步地，图 $\mathcal{G}$ 的体积表示所有顶点度的和，即 $\text{vol}(\mathcal{G}) = \sum_{i=1}^{N} d_i$。

2.5　图的基本定义与属性

下面我们讨论一些图的基本定义与属性，包括连通性、同构性、平面性、可着色性以及可遍历性，这些属性对于理解图论至关重要。

2.5.1　途径、路径以及回路

图 $\mathcal{G}$ 中的一个途径（walk）是顶点与边的交替序列，形成了穿越图的一种路由。一个途径的源点和终点均为顶点，所涉及的边的个数称为该途径的长度。在图 2.17a 中，$v_1v_4v_2v_5v_4v_1v_3$ 是一个长度为 6 的途径。没有重复边的途径称为一条迹（trail）。在图 2.17b 中，$v_1v_4v_2v_5v_4$ 是一条迹。进一步地，既没有重复边又没有重复顶点的途径称为路径（path）。在图 2.17c 中，$v_1v_4v_2v_5$ 是一条路径。如果路径是闭合的，则称为回路（circuit）或者环（loop）。在图 2.17d 中，$v_2v_5v_4$ 是一个回路。

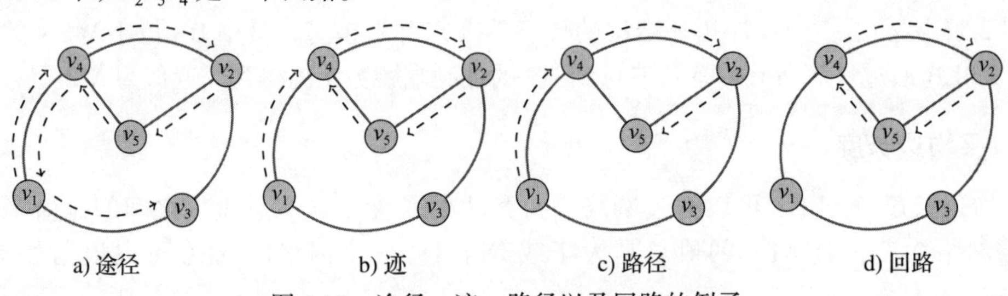

a) 途径　b) 迹　c) 路径　d) 回路

图 2.17　途径、迹、路径以及回路的例子

图中两个顶点之间的距离是该顶点对之间最短路径的长度。在图中两个顶点之间可能存在多条路径，其中最短路径是指具有最少组成边的路径。如果图是一个加权图，则两个顶点间的最短路径是指组成边的权重之和最小的路径。

2.5.2 连通性

若图中任意节点对之间均存在一条路径，则称该图是*连通的*。图 2.18a 给出了一个连通图。然而，图 2.18b 是非连通的，其原因在于没有路径连接节点 3 与节点 4。一个非连通图包含多个连通子图，其中每个子图称作该图的一个*连通分支*（component）。图 2.18b 包含两 27
个连通分支。为了定量评价图的连通性，顶点与边连通度的概念十分有用。

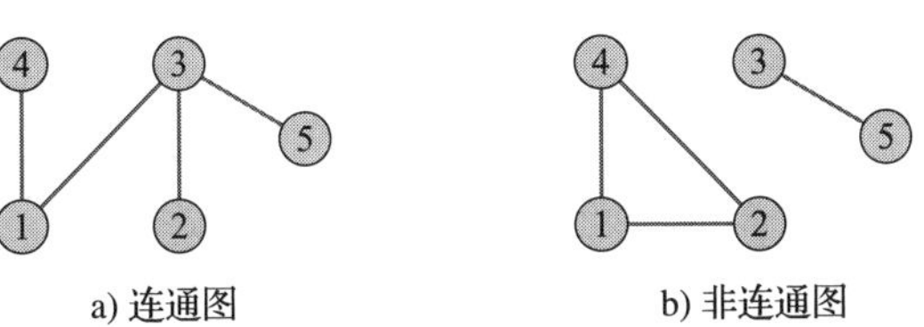

图 2.18 连通图与非连通图

1. 顶点和边的连通度

图的*顶点连通度*是指为使图变得不连通所需的最小节点数目，表示为 $v(\mathcal{G})$。例如，对于一个具有 N 个节点的完全图而言，其顶点连通度是 $N-1$。进一步地，对于一个星形结构的图或者路图而言，其顶点连通度为 1。

图的*边连通度*是指为使图变得不连通所需的最小边数目，表示为 $e(\mathcal{G})$。需要指出的是，非连通图的边连通度为 0，而路图以及星形图的边连通度为 1。

若 $d_{\min}$ 代表图的最小连通度，则如下不等式成立：

$$v(\mathcal{G}) \leqslant e(\mathcal{G}) \leqslant d_{\min} \tag{2.5.1}$$

对于图 2.19 所示的图 $\mathcal{G}$，移除节点 v_2 将使图变得不连通，因此其顶点连通度 $v(\mathcal{G})=1$。进一步地，需要至少移除两条边才能够使图变得不连通（移除 v_2v_6 和 v_2v_7，或者移除 v_2v_3 和 v_2v_1），因此其边连通度 $e(\mathcal{G})=2$。

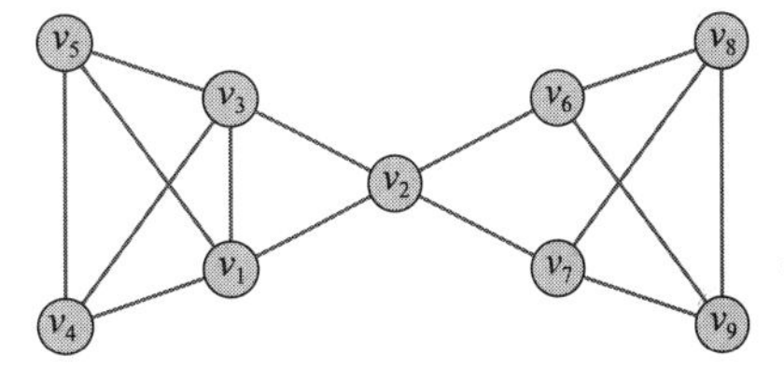

图 2.19 顶点连通度与边连通度的例子：$v(\mathcal{G})=1$，$e(\mathcal{G})=2$，$d_{\min}=3$

2. 割点、桥和块

图的*割点*（cut-vertex）是一个顶点，当移除该顶点后图将变得不连通。若某条边被移除后使图变得不连通，则该边称为图的*桥*（bridge）。 28

对于一个图而言，可能存在多个割点与桥，图 2.20a 具有两个割点（v_2 和 v_5）以及一个桥（边 v_2v_5）。

在一个图中，最大的不可分子图称为*块*（block）。图 2.20b 具有 3 个块：$\mathcal{B}_1$、$\mathcal{B}_2$ 和 $\mathcal{B}_3$。

3. 割集

一个连通图的*割*（cut）是边或者顶点的一个子集，移除该子集将导致图变得不连通。若移除一个顶点子集能够使图变得不连通，则称该顶点子集为*点割集*（vertex-cut）。类似地，若移除一个边子集能够使图变得不连通，则称该边子集为*边割集*（edge-cut）。

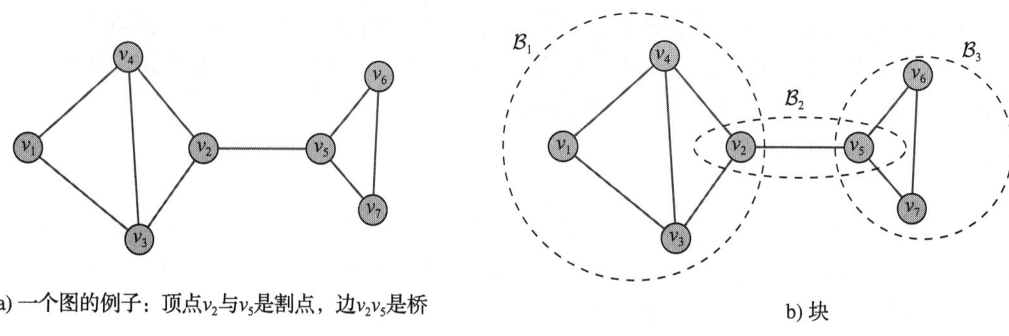

a) 一个图的例子：顶点v_2与v_5是割点，边v_2v_5是桥　　b) 块

图 2.20　割点、桥和块

2.5.3　无环性

无环图指一个图不包含回路或者环，例如，树可以视为一个具有典型无环属性的图。无环属性只与有向图相关联。一个没有环路的有向图被称为有向无环图（Directed Acyclic Graph，DAG）。在一个小规模的图中，无环状态可以很容易进行验证，然而，在一个复杂图中，需要进行无环性测试来确定无环属性。

29 图 2.21a 给出了一个不包含环路的有向图，该图是一个 DAG。相反，图 2.21b 给出了一个包含环路（1 → 2 → 4 → 1）的有向图。检查图的无环属性在很多应用中都十分有意义，例如确定资源管理应用程序中的优先级顺序等。

a) 无环图　　b) 有环图

图 2.21　无环图与有环图的例子

无环性测试

可以在有向图上执行无环性测试以确定图中是否存在环。无环性测试的三个主要步骤如下：

1）获取有向图 $\mathcal{G}$ 的一个深度优先搜索（Depth-First Search，DFS）遍历的输出。

2）按照在 DFS 过程中的访问顺序为这些节点进行编号。

3）检查 DFS 输出中反向边的存在，如果 DFS 输出结果中没有反向边，则表明该图不存在环。出现一个或者多个反向边则意味着图中存在环。

下面对无环性测试的三个步骤进行详细阐述。

- **步骤 1 和步骤 2**：对图 $\mathcal{G}$ 进行 DFS 并为节点编号。

  算法 2.2 可以针对图 $\mathcal{G}$ 给出带 DFS 编号的 DFS 输出。例如，图 2.21a 的 DFS 输出和编号如图 2.22a 所示。注意，DFS 的输出是一棵树（实线边），图 2.22a 同样以虚线形式给出了非 DFS 输出部分的剩余边，如节点 3 与节点 4 之间的边被当作一个非树的转发边。

算法 2.1 DFS 编号算法

要求：

```
初始化：dfsnumber=0。

for all nodes in V do DFS_number[V]=0;
end for
for Each node not v in V not visited do DFS(v)
end for
```
30

算法 2.2 DFS 过程

要求：

```
Node x。

Mark node v as visited;
DFS_number[v]= dfsnumber;
dfs_number++;
for each unvisited node x ∈ DirectedNeighbor[v] do
    DFS(x); // 递归 DFS 函数
end for
```

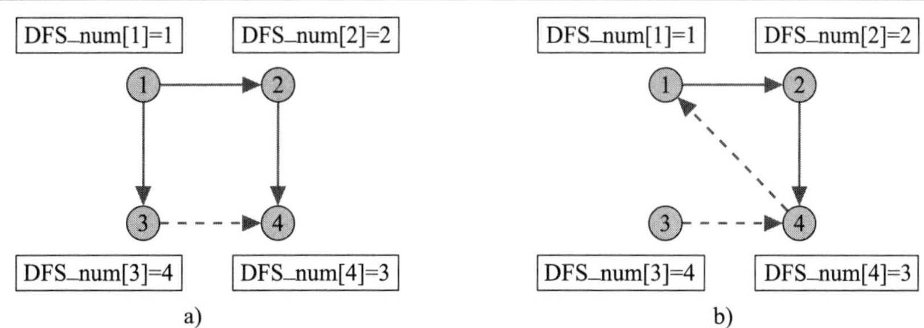

图 2.22 图 2.21a 与图 2.21b 对应的 DFS 输出与 DFS 编号

- **步骤 3**：在 DFS 输出结果中确定反向边。

  DFS 中的边（弧）可以分为 3 类：树边，转发边，反向边。

  树边是 DFS 输出结果的一部分，该有向边的尾部可能位于具有较小 DFS 编号的节点处，而箭头位于具有较高 DFS 编号的节点处。例如，以图 2.22a 中节点 2 与节点 4 之间的边为例，该有向边的尾部位于节点 2 处，而有向边的箭头则位于节点 4 处。并且，节点 2 的 DFS 编号为 2，小于节点 4 的 DFS 编号。非树边在图 2.22a 中以虚线表示。当满足下述条件时，可将非树边视为*转发边弧*：边的两端节点均为树的一部分；与箭头端节点相比，边的尾部节点具有较小的 DFS 编号。*反向边*是具有如下特征的非树边：边的尾部节点与箭头节点均为树的一部分；尾部节点相对于箭头节点具有一个较大的 DFS 编号。

  无环性测试的本质就是检查在 DFS 输出中是否存在反向边。例如，图 2.22b 给出了图 2.21b 的 DFS 输出，可以看出在节点 4 与节点 1 之间存在一条反向边。也 31
  就是说，节点 4 与节点 1 之间的边是一条非树边，并且节点 1 与节点 4 均是树的一部分，该边尾部节点（节点 4）的 DFS 编号（其值为 4）大于箭头节点（节点 1）的 DFS 编号。因此，该图至少具有一个环。在大型图中，无环性测试可以以非常高效的方式揭示存在回路 / 环等属性。

2.5.4 同构

单词 isomorphism（同构）来自希腊语 iso 和 morphosis，前者的意思是相同，而后者的意思是形态。图 $\mathcal{G}_1=(\mathcal{V}_1, \mathcal{E}_1)$ 与图 $\mathcal{G}_2=(\mathcal{V}_2, \mathcal{E}_2)$ 具有相同的顶点数，且这些顶点具有相同的连接方式时，称它们是*同构的*。同构通过符号 ≡ 表示。换句话说，如果 $\mathcal{G}_1 \equiv \mathcal{G}_2$，则 $\mathcal{G}_1$ 是 $\mathcal{G}_2$ 的一个调整版本。在同构图中，它们的顶点之间存在一对一的对应关系，而邻接矩阵也被保留下来。在图 2.23 中，图 $\mathcal{G}_1$ 与图 $\mathcal{G}_2$ 同构，而图 $\mathcal{G}_1$ 与图 $\mathcal{G}_4$ 并不同构。

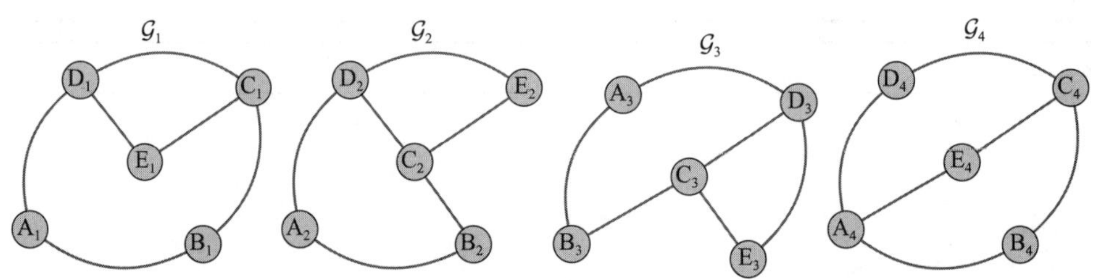

图 2.23　同构的例子：$\mathcal{G}_1$、$\mathcal{G}_2$ 与 $\mathcal{G}_3$ 同构，而 $\mathcal{G}_1$ 与 $\mathcal{G}_4$ 不同构

2.5.5 平面性

若图 $\mathcal{G}$ 能够在一个平面上绘制且任意两条边之间不存在相交，则称 $\mathcal{G}$ 为*平面图*（planar graph）。根据图顶点和边的位置，可以在平面上以各种方式绘制图，每一种绘制方式称为图的一个*嵌入*（embedding）。对于一个平面图，至少存在一种嵌入方式使得没有边相交。当按照没有边相交的方式绘制平面图时，所得到的嵌入称为图的*平面嵌入*（planar embedding）。如果某个图的任何一个拓扑表示（嵌入）都无法在一个在二维平面上按照边不相交的方式绘制出来，则称该图为*非平面图*。图 2.24a 中给出的图 $\mathcal{G}_1$ 是一个平面图，尽管在该图的绘制方式中边 v_1v_3 与边 v_2v_4 存在相交，但它存在一种平面嵌入方式，如图 2.24b 所示。图 2.24c 中给出的图 $\mathcal{G}_3$ 是一个非平面图，因为它不存在一个边不相交的绘制方式。平面网络是对基础设施网络和交通网络的一个很好的近似，这一概念在生物方面也有一些应用，如可以用来描
32 述叶子或昆虫翅膀的脉络模式等 [18]。

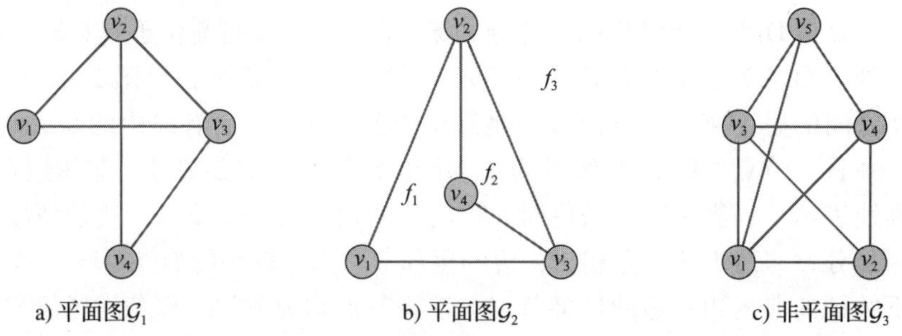

图 2.24　平面图与非平面图的例子。图 $\mathcal{G}_1$ 和 $\mathcal{G}_2$ 是同一个图拓扑的两种不同嵌入，它们是平面图；图 $\mathcal{G}_3$ 是一个非平面图

在平面图的平面嵌入中，图的边将平面划分为不同的区域，这些区域被称为*面*（face），外部的无穷区域也会被当作一个面，并特别定义其为*外部面*（exterior face）。图 2.24b 具有 3 个面 f_1、f_2 与 f_3，其中面 f_1 以边 v_1v_2、v_2v_4、v_4v_3 以及 v_3v_1 为边界，面 f_2 以边 v_3v_2、v_2v_4 以及 v_4v_3 为边界，而面 f_3 是一个外部面。一个平面图所具有的面的数目可以通过欧拉公式计算得到。

1. 欧拉公式

如果一个连通平面图 $\mathcal{G}$ 具有 N 个节点、E 条边和 F 个面，则

$$N-E+F=2 \tag{2.5.2}$$

在图 2.24b 中，$N-E+F=4-5+3=2$。

2. 对偶图

一个平面图 $\mathcal{G}$ 的对偶图 $\mathcal{G}^*$ 是一个顶点与图 $\mathcal{G}$ 的面相对应的图。此外，如果在图 $\mathcal{G}$ 中两个面之间共享一条边，则在对偶图中对应顶点之间存在一条边。对偶图中在一个顶点对之间可能会存在多条边。图 2.25a 与图 2.25b 分别给出了一个平面图及其对偶图。在对偶图中，顶点 v_1^*、v_2^* 以及 v_3^* 分别对应于平面图 $\mathcal{G}$ 中的面 f_1、f_2 以及 f_3，顶点 v_1^* 与 v_3^* 之间存在两条边是因为在原始图中面 f_1 与 f_3 共享两条边（v_1v_2 与 v_1v_3）。

令 N^*、E^* 与 F^* 分别代表对偶图的顶点数、边数以及面数，则

$$N^*=F, E^* = E, F^* = N$$

因此，使用欧拉公式，

$$N^*+F^*-E^*=2 \tag{2.5.3}$$ 33

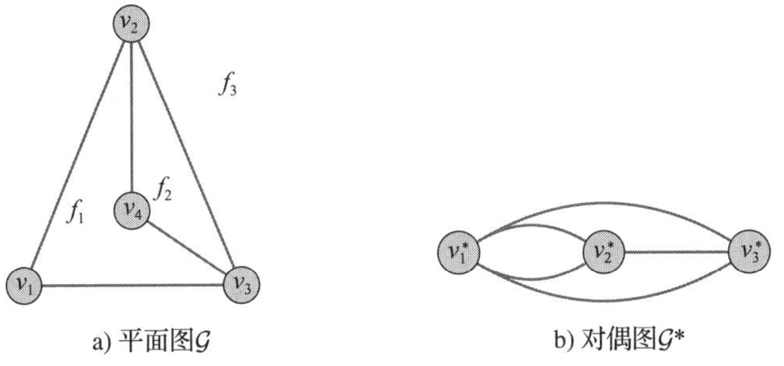

a) 平面图$\mathcal{G}$　　b) 对偶图$\mathcal{G}^*$

图 2.25　对偶图示例

2.5.6 可着色性

图的顶点着色是将图的顶点映射为不同的颜色，使得任意两个相邻顶点之间具有不同的颜色。图着色所需的最小颜色数称为图的着色数（色数）。图 $\mathcal{G}$ 的色数表示为 $\gamma(\mathcal{G})$。如果一个图能够使用 n 种颜色着色，则称之为可 n 着色的，任何一种可（$n-1$）着色的图也是可 n 着色的。例如，一个路图是可 2 着色图，同样也可以使用 3 种颜色着色。更具体而言，对任意图 $\mathcal{G}$，只要 $n \geqslant \gamma(\mathcal{G})$，则该图就是可 n 着色的。

图的 n 着色将图的顶点划分为 n 个顶点子集，其中每个顶点子集具有一种颜色。例如，考虑图 2.26a 所示的图 $\mathcal{G}$，$\mathcal{G}$ 可以使用 3、4、5 等不同种颜色着色，并保证没有任何两个相邻节点具有相同的颜色。图 2.26b 与图 2.26c 分别给出了图 $\mathcal{G}$ 的 3 着色与 4 着色结果，其中图 2.26b 给出的图 $\mathcal{G}$ 的 3 着色将图顶点分为 3 个子集：$\{v_1, v_4\}$、$\{v_2, v_5\}$ 以及 $\{v_3\}$。图 2.26c 给出的 4 着色将顶点分为 4 个子集：$\{v_1, v_5\}$、$\{v_2\}$、$\{v_3\}$ 以及 $\{v_4\}$。注意，在为 $\mathcal{G}$ 着色时最少需要 3 种颜色，因此图 $\mathcal{G}$ 的色数为 3。

五色定理

平面图的色数可以取最大值 5，即一个平面图始终可以使用五种不同的颜色着色，其证明过程见文献 [19]。

也有一个四色猜想指出平面图可以用四种颜色着色，尽管尚未得到证实，但大多数平面

图都服从四色猜想。一个由多个连续地区（州）所组成的国家的政治地图（可以表示为平面图）可以利用四种不同的颜色着色，且保证任何两个相邻区域都具有不同的颜色。

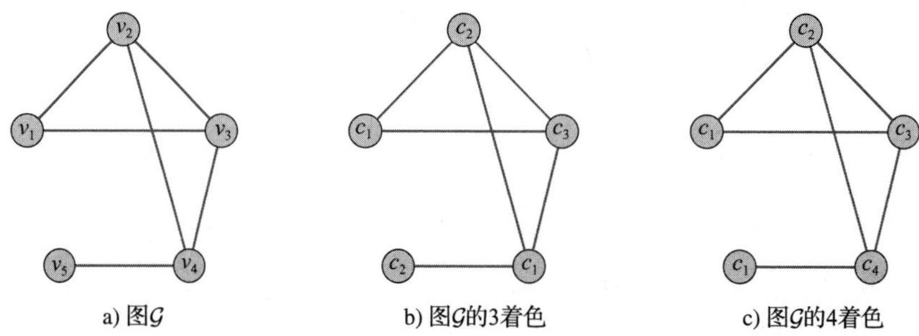

a) 图$\mathcal{G}$　　b) 图$\mathcal{G}$的3着色　　c) 图$\mathcal{G}$的4着色

图 2.26　图着色示例。在 a 中顶点标记为 v_1～v_5，在 b 和 c 中，颜色标记为 c_1～c_5，而顶点的位置保持与 a 中相一致。也就是说，在 b 的 3 着色例子中，顶点 v_2 与 v_5 以颜色 c_2 着色

2.5.7　可遍历性

如果某个图存在包含所有顶点但不重复经过边的路径，则称该图为可遍历的。

哥尼斯堡七桥问题可以以图论的术语描述如下：给定一个图，确定是否存在经过所有顶点并在起始点结束的途径，并且恰好遍历每条边一次。这样的图被称为欧拉图。欧拉指出与哥尼斯堡七桥问题相对应的图（见图 2.1b）不存在欧拉途径。

1. 欧拉回路

欧拉图有一个封闭的迹，其中包含图的所有顶点和边。图 2.27a 给出了欧拉图的一个例子，其中 $v_1v_4v_3v_2v_4v_5v_3v_1v_2v_6v_1$ 是一个欧拉途径。事实上它还是一个欧拉回路，因为它最终结束于起始节点。图 2.27b 给出了一个非欧拉图的例子。一个连通图是欧拉图当且仅当图的所有顶点的度为偶数。如果至少存在 1 个顶点的度为奇数，则该图就不可能是欧拉图。

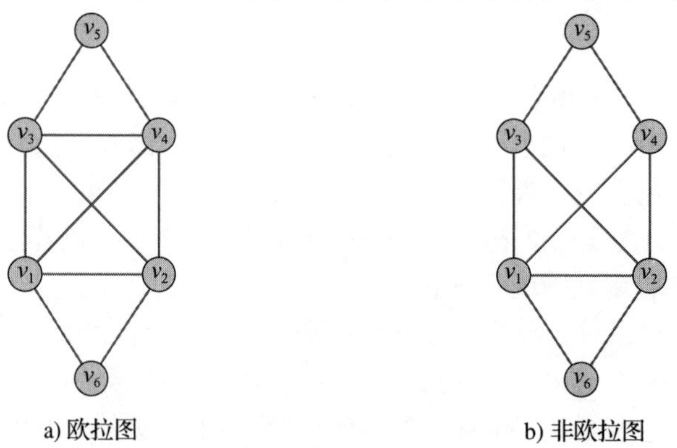

34～35　a) 欧拉图　　b) 非欧拉图

图 2.27　欧拉图示例

2. 哈密顿回路

与可遍历性有关的另一个重要问题是遍历图中的所有顶点。遍历图的所有顶点恰好一次的途径称作哈密顿路径（Hamiltonian path）。如果哈密顿路径结束于起始顶点，则称之为哈密顿环或者回路。一个包含哈密顿路径的图称为哈密顿图。在图 2.28 中，图 $\mathcal{G}_1$ 和 $\mathcal{G}_2$ 是哈密顿图，而 $\mathcal{G}_3$ 不是哈密顿图。图 $\mathcal{G}_1$ 具有一条哈密顿路径 $v_5v_3v_1v_2v_4$，但它没有哈密顿回路，而图 $\mathcal{G}_2$ 具有一条哈密顿回路 $v_5v_3v_1v_2v_4v_5$。

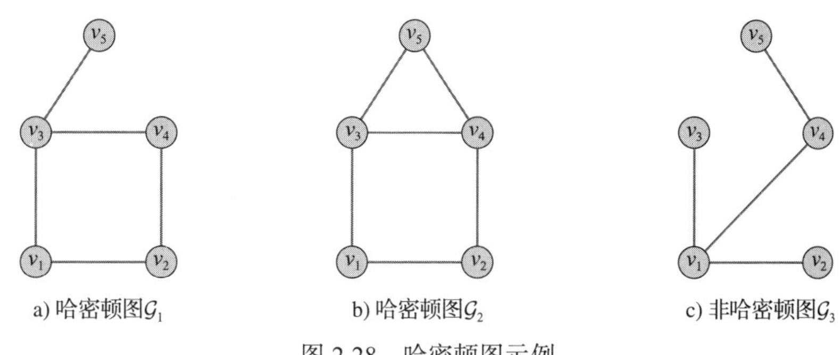

a) 哈密顿图$\mathcal{G}_1$　　b) 哈密顿图$\mathcal{G}_2$　　c) 非哈密顿图$\mathcal{G}_3$

图 2.28　哈密顿图示例

2.5.8　网络流

对于各种应用，我们需要研究具有源节点和汇聚节点的网络中的流量。例如，电网中的电子流、通信网络中的信息流以及道路网络中的交通流均涉及处理流量速率的问题（单位时间内电子、信息或者卡车的数量）。以图 2.29a 所示的道路网络为例，其中卡车从 S 进入，从 T 离开。每条路上标识的数字代表每分钟可以通过该道路的最大卡车数目，即道路的容量（最大流速率）。假设我们希望找出每分钟能够进入和离开该网络的最大卡车数目，该问题即为经典的*最大流问题*，可以通过如图 2.29b 所示的网络流图（或者简称流图）进行建模。

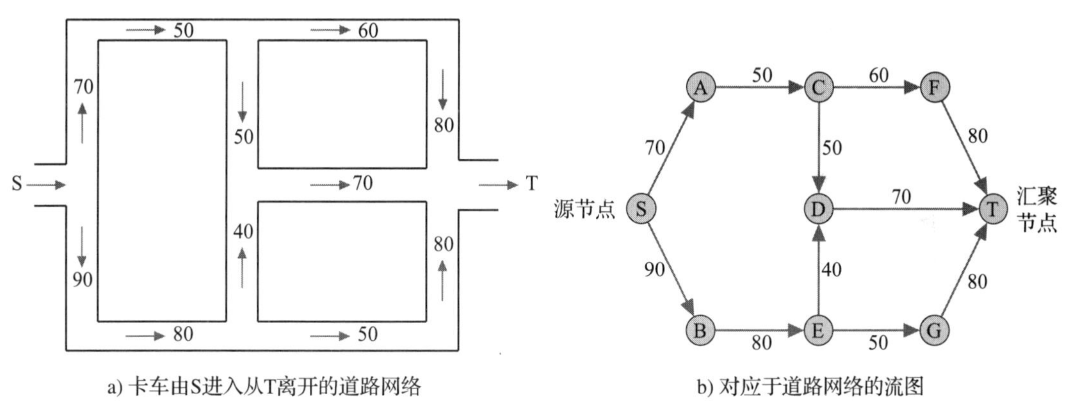

a) 卡车由S进入从T离开的道路网络　　b) 对应于道路网络的流图

图 2.29　网络流示例

流图是一个有向图 $\mathcal{G}=(\mathcal{V},\mathcal{E})$，其中给出了两个特殊的节点——源节点和汇聚节点，图的每条边 e 给定了一个非负容量值 $C(e)\geqslant 0$。边的容量值表示该边所能够支持的最大流速率。最大流问题就是在如下两个约束条件下最大化从源节点到汇聚节点的总流量：除源节点和汇聚节点之外，每个节点的入流量等于出流量；经过某条边的流量不能超过该边的容量。Ford-Fulkerson 算法 [20] 是寻找网络中最大流的有效算法。

最大流问题也可以表述为*最小割问题*。割是一组有向边的集合，去除这一集合将完全切断从源节点到汇聚节点的流量。一个割中边容量之和称为*割容量*（cut capacity），而最小割问题就是找出网络中所有可能的割中具有最小割容量的割。图 2.30 给出了流图的一些割，其中割 L_1、L_2、L_3 的容量分别为 150、130 以及 200。在所有可能的割中，割 L_2 具有最小的容量，因此 L_2 是该流图的最小割。 36~37

最大流最小割定理

在具有单个源节点和单个汇聚节点的网络中，从源节点到汇聚节点的最大可能流量等于网络中所有可能的割中的最小割容量。

对于图 2.29a 所示的道路网络，割 L_2（见图 2.30）为最小割，其容量为 130。根据最大流最小割定理，网络中的最大流即为最小割的容量 130。因此，该道路网络可以支持每分钟最多 130 台卡车。在最大流的情况下，流在网络中的一种可能分配方案如图 2.31 所示。需要指出的是，其中一些边（AC、BE、ED 以及 DT）达到了其最大容量，称这些边已饱和（saturated）。

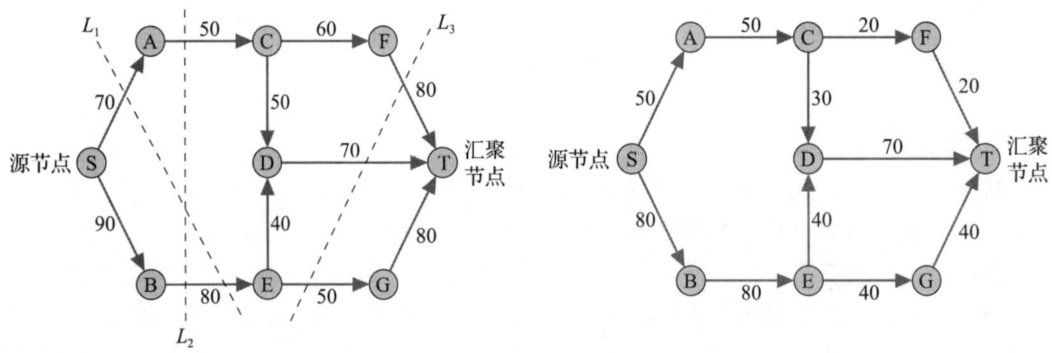

$C(L_1)$=70+80=150，$C(L_2)$=50+80=130，
$C(L_3)$=80+70+50=200

图 2.30　流图中的割示例

图 2.31　最大流情况下一种可能的边流分配方案

2.5.9　乘积图

38 考虑两个分别具有 N_1 和 N_2 个节点的图 $\mathcal{G}_1=(\mathcal{V}_1, \boldsymbol{W}_1)$ 和 $\mathcal{G}_2=(\mathcal{V}_2, \boldsymbol{W}_2)$，乘积图 $\mathcal{G}$ 是一个具有 N_1N_2 个顶点的图，其权重矩阵由 $\mathcal{G}_1$ 和 $\mathcal{G}_2$ 的权重矩阵所导出。

1. 克罗内克积

两个图的克罗内克（Kronecker）积表示为 $\mathcal{G}=\mathcal{G}_1\otimes\mathcal{G}_2$，其权重矩阵通过权重矩阵 $\boldsymbol{W}_1$ 与 $\boldsymbol{W}_2$ 进行克罗内克积运算得到。

$$\boldsymbol{W}=\boldsymbol{W}_1\otimes\boldsymbol{W}_2 \tag{2.5.4}$$

两个矩阵 $\boldsymbol{X}\in\mathbb{C}^{K\times L}$ 与 $\boldsymbol{Y}\in\mathbb{C}^{M\times N}$ 的克罗内克积是一个 $KM\times LN$ 的矩阵，具有如下的块结构。

$$\boldsymbol{X}\otimes\boldsymbol{Y}=\begin{bmatrix} X_{11}\boldsymbol{Y} & X_{12}\boldsymbol{Y} & \cdots & X_{1L}\boldsymbol{Y} \\ X_{21}\boldsymbol{Y} & X_{22}\boldsymbol{Y} & \cdots & X_{2l}\boldsymbol{Y} \\ \vdots & \vdots & & \vdots \\ X_{K1}\boldsymbol{Y} & X_{K2}\boldsymbol{Y} & \cdots & X_{KL}\boldsymbol{Y} \end{bmatrix} \tag{2.5.5}$$

图 2.32 给出了两个图的克罗内克积，其中图 2.32c 中给出的乘积图的权重矩阵按照如下方式计算得到。

$$\boldsymbol{W}=\begin{bmatrix} 0 & 1 \\ 1 & 0 \end{bmatrix}\otimes\begin{bmatrix} 0 & 1 & 1 \\ 1 & 0 & 1 \\ 1 & 1 & 0 \end{bmatrix}=\begin{bmatrix} 0 & 0 & 0 & 0 & 1 & 1 \\ 0 & 0 & 0 & 1 & 0 & 1 \\ 0 & 0 & 0 & 1 & 1 & 0 \\ 0 & 1 & 1 & 0 & 0 & 0 \\ 1 & 0 & 1 & 0 & 0 & 0 \\ 1 & 1 & 0 & 0 & 0 & 0 \end{bmatrix}$$

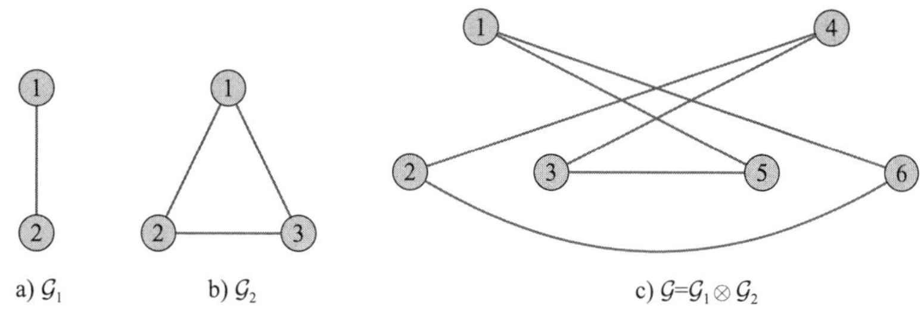

a) $\mathcal{G}_1$　b) $\mathcal{G}_2$　c) $\mathcal{G}=\mathcal{G}_1 \otimes \mathcal{G}_2$

图 2.32　图的克罗内克积示例

2. 笛卡儿积

两个图的笛卡儿积表示为 $\mathcal{G}=\mathcal{G}_1 \times \mathcal{G}_2$，其权重矩阵通过如下运算得到：

$$\boldsymbol{W}=\boldsymbol{W}_1 \otimes \boldsymbol{I}_{N_2}+\boldsymbol{I}_{N_1} \otimes \boldsymbol{W}_2 \tag{2.5.6}$$

其中 ⊗ 代表两个矩阵的克罗内克积运算。 39

图 2.33 给出了两个图的笛卡儿积，其中图 2.33c 中给出的乘积图的权重矩阵按照如下方式计算得到。

$$W=\begin{bmatrix}0&1\\1&0\end{bmatrix}\otimes\begin{bmatrix}1&0&0\\0&1&0\\0&0&1\end{bmatrix}+\begin{bmatrix}1&0\\0&1\end{bmatrix}\otimes\begin{bmatrix}0&1&1\\1&0&1\\1&1&0\end{bmatrix}=\begin{bmatrix}0&1&1&1&0&0\\1&0&1&0&1&0\\1&1&0&0&0&1\\1&0&0&0&1&1\\0&1&0&1&0&1\\0&0&1&1&1&0\end{bmatrix}$$

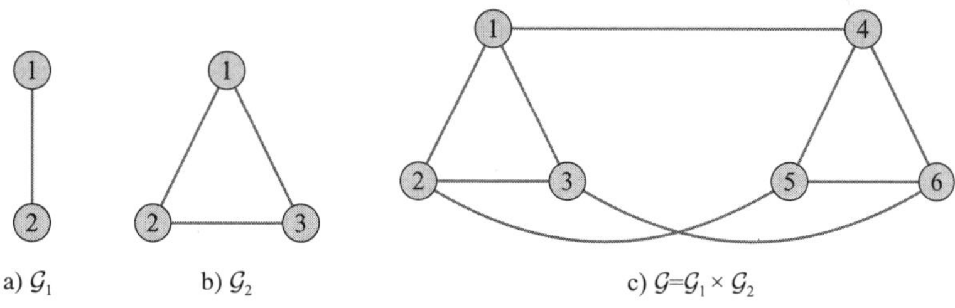

a) $\mathcal{G}_1$　b) $\mathcal{G}_2$　c) $\mathcal{G}=\mathcal{G}_1 \times \mathcal{G}_2$

图 2.33　图的笛卡儿积示例

3. 强积

两个图的强积表示为 $\mathcal{G}=\mathcal{G}_1 \boxtimes \mathcal{G}_2$，其权重矩阵通过如下运算得到：

$$\boldsymbol{W}=\boldsymbol{W}_1 \otimes \boldsymbol{W}_2+\boldsymbol{W}_1 \otimes \boldsymbol{I}_{N_2}+\boldsymbol{I}_{N_1} \otimes \boldsymbol{W}_2 \tag{2.5.7}$$

其中 ⊗ 代表两个矩阵的克罗内克积运算。强积也被称为正态乘积（normal product）或者 AND 乘积。图 2.34 给出了两个图的强积。基于公式（2.5.7），乘积图的权重矩阵如下所示：

$$\boldsymbol{W}=\begin{bmatrix}0&1&0&1&1&0\\1&0&1&1&1&1\\0&1&0&0&1&1\\1&1&0&0&1&0\\1&1&1&1&0&1\\0&1&1&0&1&0\end{bmatrix}$$

40 对应的乘积图如图 2.34c 所示。

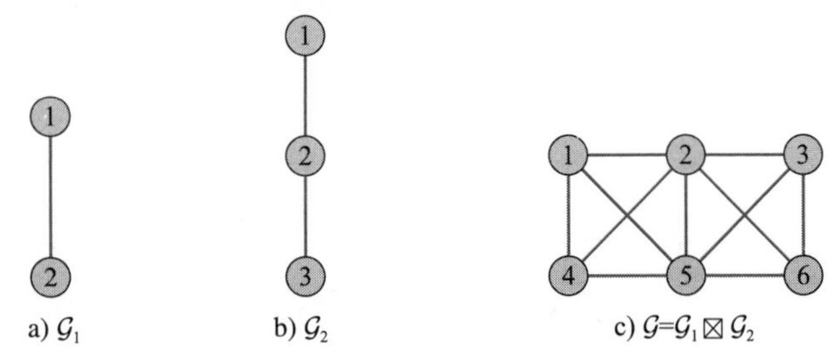

图 2.34　图的强积示例

需要指出的是，上述 3 种乘积图的维度均为 $N_1N_2 \times N_1N_2$。

2.6　图的类型

本节给出一些特定类型图的细节，包括正则图、二分图、树、完全图以及线图等。

2.6.1　正则图

正则图（regular graph）是每个节点都具有相同数目邻接节点的图，换句话说，每个节点都具有相同的度。如果在正则图中每个顶点的度是 r，则称之为 r-正则图。环形图是一个 2-正则图。图 2.35 给出了一个 4-正则图的例子。

第 4 章将展示如何使用正则图生成小世界网络。

2.6.2　二分图

二分图（bipartite graph）是一个满足如下条件的图：可以将图划分为两个不相交的集合，且任何节点对之间的边都不会位于同一个集合内。图 2.36 给出了一个二分图的例子，其中图被划分为两个不相交集合，节点 1、2、3、4 位于一个集合内，而节点 5、6、7 位于另一个集合内。注意，位于同一个集合内的节点间不存在边。二分图也被称为可 2 着色图，因为我们只需要两种颜色为节点着色，就可以保证没有任何两个邻接节点之间具有相同的颜色。许多真实世界的系统可以建模为二分图，例如，能够建模为树的层次化系统即为二分图。

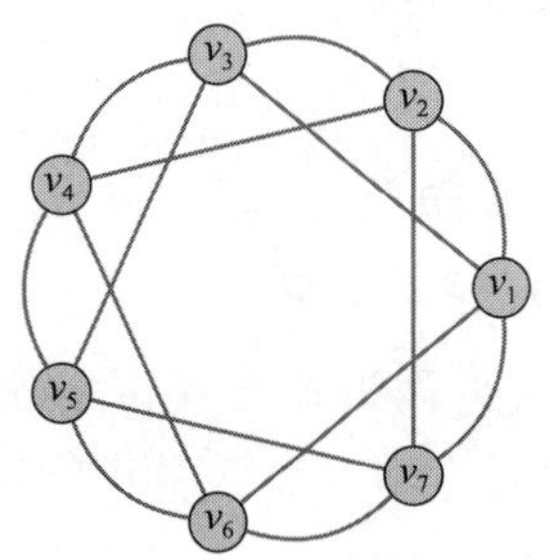

图 2.35　4-正则图

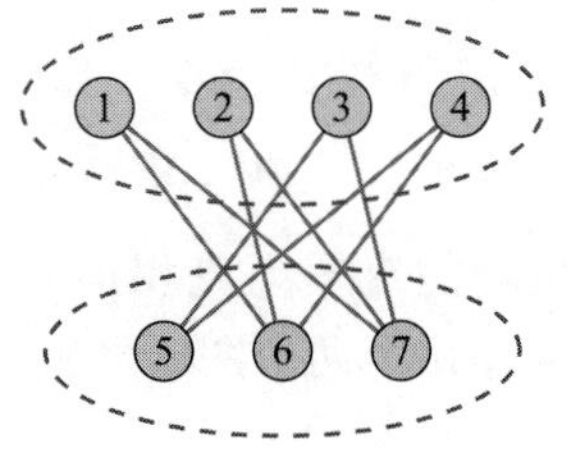

图 2.36　二分图

二分图的邻接矩阵可以表示为如下形式：

$$\boldsymbol{A}=\begin{bmatrix} 0 & \boldsymbol{B} \\ \boldsymbol{B}^{\mathrm{T}} & 0 \end{bmatrix} \tag{2.6.1}$$

2.6.3 完全图

在完全图中，每个节点都与图中所有其他节点相连接。图 2.37 给出了一个完全图的例子。在一个具有 N 个节点的完全图中，每个顶点的度是 $N-1$，且总的边数为 $N(N-1)/2$。完全图的邻接矩阵具有如下形式：

$$\boldsymbol{A} = \boldsymbol{K} - \boldsymbol{I} \qquad (2.6.2)$$

其中 $\boldsymbol{K}$ 是一个所有元素都为 1 的矩阵。

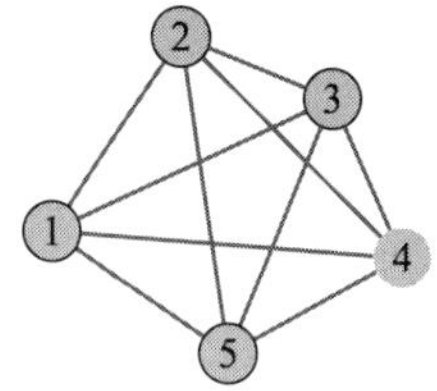

图 2.37 完全图

2.6.4 树

树是一个不包括回路的连通图。各个连通分支均为树的图（可能并不连通）称为森林（forest）。图 2.38 给出了一些树的例子。树的一些属性如下所示：

- 在树的每个顶点对之间存在一个唯一的路径。
- 一棵具有 N 个节点的树包含 $N-1$ 条边。 41~42
- 树是可 2 着色的，也就是说，树的色数为 2。
- 为树增加一条边将导致出现一个环。
- 具有两个或两个以上顶点的树有一个顶点的度为 1。
- 树是二分图。

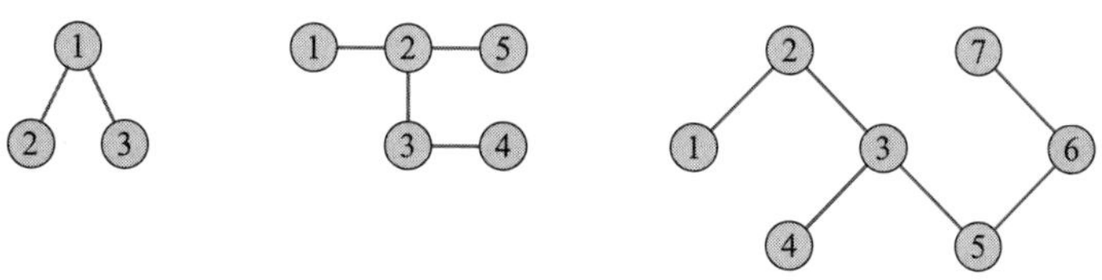

图 2.38 树的示例

1. 生成树

连通图 $\mathcal{G}$ 的生成树作为其子图 $\mathcal{H}$，是一棵包含了 $\mathcal{G}$ 的所有顶点的树。图 2.39a 给出了一个连通图，其一种可能的生成树如图 2.39b 所示。然而，图 2.39c 给出的图不是一棵生成树，因为其中节点 2 到节点 5 之间的边形成了一个环路，这在树中是不允许的。

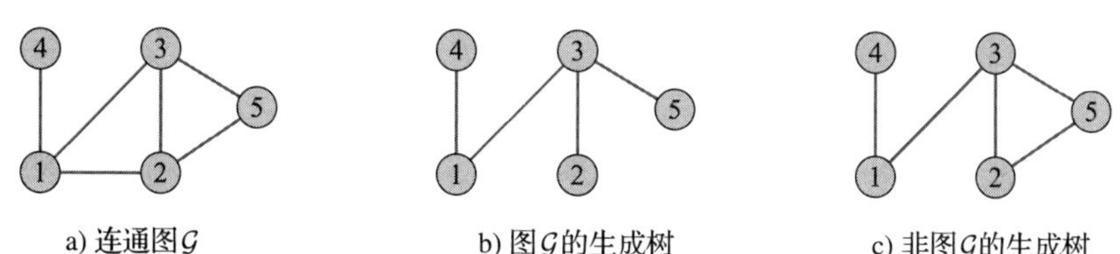

图 2.39 生成树的示例

对于一个具有 N 个节点和 E 条边的连通图而言，其生成树只有 $N-1$ 条边，因此在构造生成树的过程中需要从原始图中移除 $E-N+1$ 条边。为了得到一棵生成树而需要移除的边的数目称为图的圈数（circuit rank）。例如，对于图 2.39a 中的连通图而言，其圈数为 $6-(5-1) = 2$。

一个图所对应的生成树数目可以通过 Kirchhoff **矩阵树定理**得到。根据该定理，生成树的数目等于该图所对应的拉普拉斯矩阵的任何余子式⊖（cofactor）。图 2.39a 的拉普拉斯矩阵如下所示：

$$L=\begin{bmatrix}3 & -1 & -1 & -1 & 0\\ -1 & 3 & -1 & 0 & -1\\ -1 & -1 & 3 & 0 & -1\\ -1 & 0 & 0 & 1 & 0\\ 0 & -1 & -1 & 0 & 2\end{bmatrix}$$

43 删除第一行和第三列之后，我们得到其余子式：

$$L^*=\begin{bmatrix}-1 & 3 & 0 & -1\\ -1 & -1 & 0 & -1\\ -1 & 0 & 1 & 0\\ 0 & -1 & 0 & 2\end{bmatrix}$$

其行列式的值为 8，因此，图 2.39a 具有 8 棵可能的生成树。

2. 最小生成树

一个具有非负权重的加权连通图可能存在多棵生成树，在这些生成树中，边权重之和最小的生成树称为*最小生成树*（Minimum Spanning Tree, MST）。在通信网络中，连接所有通信节点的 MST 代价最小（如果权重正比于代价）。Kruskal 算法是一种高效且广泛使用的最小生成树寻找算法。

3. Kruskal 最小生成树算法

Kruskal 算法（见算法 2.3）计算图的最小生成树。运行该算法需要预先获知整个网络的拓扑信息。因此，在它的当前形式下，该算法是一个集中式算法。

在算法 2.3 的第一阶段，将网络的边按照非减顺序进行排序，并将 ClusterPopulation 变量初始化为网络中节点的总数 N。ClusterPopulation 初始化代表每个节点都独自位于一个簇内。

算法从具有最小权重的边开始，假设为（x_1, y_1），其中 x_1 与 y_1 是形成连接（x_1, y_1）的两个节点。如果节点 x_1 与 y_1 属于不同的簇，则算法将该边加入 MST，并合并 x_1 与 y_1 所在的簇。假设边（x_2, y_2）是排序后的第二条边，算法随后将处理该边。若 x_2 与 y_2 属于不同的簇，则同样将该边加入 MST，并将相应的簇合并。因此，在算法的每一步骤中，可能将一个新的边加入 MST。当网络连通后算法即可终止，此时在 MST 中仅存在一个簇。

下面考虑图 2.40a 所给出的简单例子。基于给定的边权重，排序后的边为 (v_1, v_4)、(v_1, v_2)、(v_2, v_4)、(v_1, v_3)、(v_3, v_4)、(v_3, v_5) 以及 (v_1, v_5)。根据 Kruskal 算法，首先将第一条边 (v_1, v_4) 加入 MST，如图 2.40b 所示，且将由顶点 v_1 和 v_2 所形成的子图簇合并在一起。在下一步骤中，将权重第二小的边 (v_1, v_2) 加入 MST。随后考虑权重第三小的边 (v_2, v_4)，其权
44 重值为 3。可以发现，将边（v_2, v_4）加入只是连接了在前述步骤中已经位于 MST 同一个簇内的两个节点，因此该边应当排除在 MST 之外。进一步按照代价升序的方法添加新的连接不在同一个簇内的节点的边，最后的 MST 如图 2.40b 所示。当所有的边都被处理过之后算法终止。MST 的代价就是其中所有边的权重之和，例如在图 2.40b 中，MST 的代价为 17。

⊖ 矩阵的余子式是通过删除该矩阵的任何行和列所得到的矩阵。

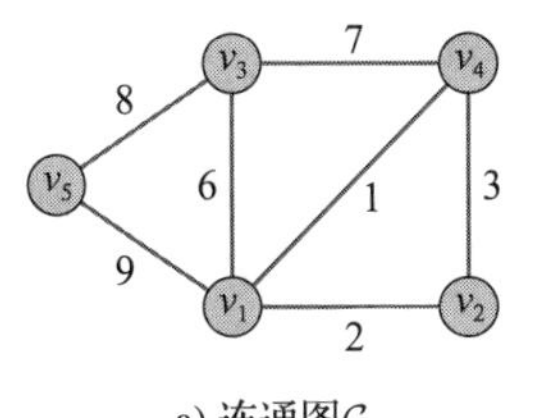

a) 连通图$\mathcal{G}$

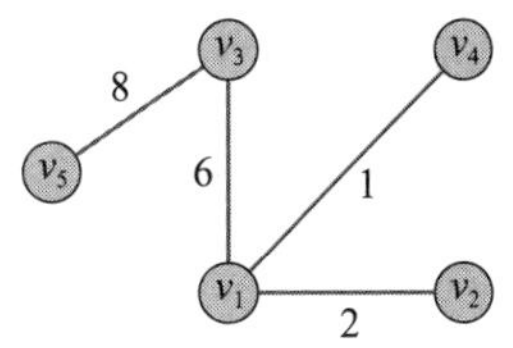

b) 图$\mathcal{G}$的最小生成树

图 2.40　最小生成树示例

算法 2.3　Kruskal MST 算法

要求：

$\mathcal{G}=(\mathcal{V},\mathcal{E})$——一个具有 $\mathcal{V}$ 个节点和 $\mathcal{E}$ 条边的网络图，其中每条边 (x, y) 都为加权边。

```
以连接权重非减的顺序将 ℰ 中的所有边排序。节点 x 与 y 之间连接的权重 Weight(x, y) 即为该连接的边权重。
初始化 N 个连通子图或者簇，每个连通子图包括 1 个节点。
ClusterPopulation ← N                    //ClusterPopulation 维护了算法执行过程中图簇的数量
while ClusterPopulation >1 do
    for (x, y) in sorted ℰ do
        if Cluster(x) ≠ Cluster(y) then
            Merge Cluster(x) and Cluster(y)
        end if
    end for
    Return
end while
```

2.6.5　线图

图 $\mathcal{G}$ 的线图 $L(\mathcal{G})$ 是将原始图 $\mathcal{G}$ 的边变换为顶点，并且若图 $\mathcal{G}$ 中的两条边存在一个共同顶点，则在线图中这两条边所变换的顶点之间存在一条边。图 2.41a 与图 2.41b 分别给出了 45
一个图及其对应线图的例子。若图 $\mathcal{G}$ 具有 N 个节点和 E 条边，则其线图的边数为

$$E'=\frac{1}{2}\sum_{i=1}^{N}d_i^2-E \tag{2.6.3}$$

其中 d_i 是原始图 $\mathcal{G}$ 中顶点 i 的度。对于一个连通平面图而言，其线图同样是一个连通平面图。需要指出的是，并非每个图都能够是一个线图，例如如果一个 4 节点星形图是图 $\mathcal{G}$ 的一个导出子图，则图 $\mathcal{G}$ 就不可能是一个线图。图 2.42 给出了一个不是任何图的线图的例子。

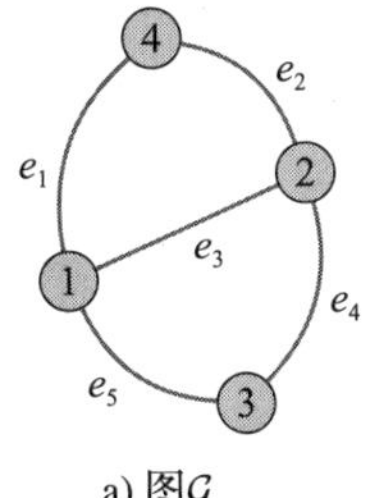

a) 图$\mathcal{G}$

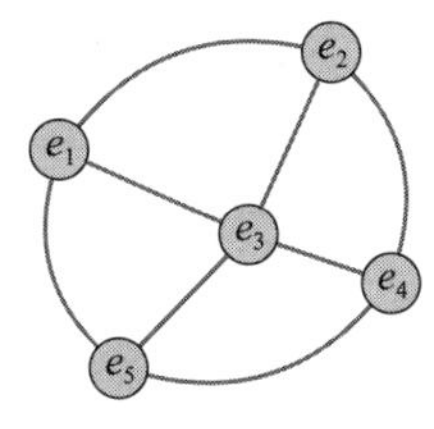

b) 线图$L(\mathcal{G})$

图 2.41　线图示例

图 2.42　一个无法作为线图的例子

图的线图表示了原始图中边的交互。有许多应用需要获得图的边之间的交互，例如为了

表示交通网络中道路上的流量，需要将原始网络转换为线图，然后将每条道路上的流量赋予线图中对应的顶点。

2.6.6 冲突图

冲突图[21-22]主要用于在无线网络中评估由于其他节点对同时进行通信而对某两个节
46 点间链路的干扰或者影响。图 2.43a 中图 $\mathcal{G}$ 的边在图 2.43b～图 2.43d 中表示为节点。以图 2.43 所示的具有 6 个节点的图 $\mathcal{G}$ 为例，图 2.43b 给出了其 1 跳冲突图 $\mathcal{G}_1'$，可以看出图 2.43a 中的边在图 2.43b 中表示为节点，若在原始图 $\mathcal{G}$ 中两条边具有一个共同节点，则在冲突图 $\mathcal{G}_1'$ 对应的两个节点之间建立一条边。例如，在图 $\mathcal{G}$ 中边 a 与 b 都与节点 2 相连，因此在 $\mathcal{G}_1'$ 中节点 a 与 b 之间存在一条边。可以认为 1 跳冲突图与前一小节讨论的线图等价。

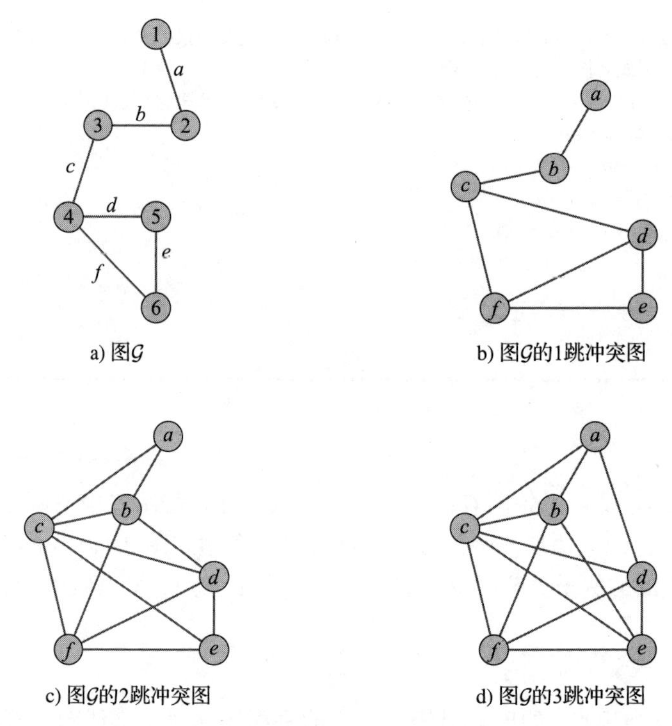

图 2.43 冲突图示例

若图 2.43a 中的两条边在两跳内相邻，则图 2.43c 对应的两个节点间存在一条边，从而形成了一个 2 跳冲突图 $\mathcal{G}_2'$。类似地，图 2.43d 给出了 3 跳冲突图 $\mathcal{G}_3'$，其中考虑了图 2.43a 中 3 跳内相邻边之间的冲突而在图 2.43d 的相应节点间创建边。在冲突图中连接节点的边表示原始图中节点在一定距离内的影响情况。

冲突图建模在许多应用中都非常有用，例如：无线网络的信道分配方法，资源管理系统
47 中的调度机制，复杂网络中的社区发现。

2.7 图的其他重要测度

在前面的章节中，我们讨论了许多用于研究图结构的简单的图理论测度和属性，本节将讨论诸如 Cheeger 常数、团数、色数等其他一些重要的测度。

2.7.1 Cheeger 常数

考虑一个顶点集为 $\mathcal{V}$、边集为 $\mathcal{E}$ 的 N 节点图 $\mathcal{G}$，对于任意一个顶点子集 $\mathcal{A}\subset\mathcal{V}$，令 $\partial\mathcal{A}$ 代表从集合 $\mathcal{A}$ 中顶点到集合（$\mathcal{V}$–$\mathcal{A}$）中顶点的边的集合，即

$$\partial\mathcal{A}=\{(i,j)\in\mathcal{E}:i\in\mathcal{A},j\in(\mathcal{V}-\mathcal{A})\} \tag{2.7.1}$$

鉴于子集 $\mathcal{A}$ 是顶点集 $\mathcal{V}$ 的子集，因此 $|\mathcal{A}|\leqslant|\mathcal{V}|$，图的 Cheeger 常数或者等周常数定义如下：

$$h_{\mathcal{G}}=\min\left\{\frac{|\partial\mathcal{A}|}{\mathcal{A}}\right\} \tag{2.7.2}$$

Cheeger 常数也可以作为将图大部分断开的难易度的一种度量。相应地，对于一个非连通图，$h(\mathcal{G})=0$。

2.7.2 团数

图中的一个完全子图称为团（clique）。i– 团表示一个具有 i 个顶点的团。因此，1– 团的数量与图的节点数相同，而 2– 团的数量与图的边数相同。

当一个团无法再通过增加邻接顶点来增大时，称之为极大团（maximal clique）。一个具有最大顶点数的团称为最大团（maximum clique）。因此，最大团一定是极大团，但反之不成立。一个图中最大团的节点数目称为该图的团数（clique number），表示为 $\omega(\mathcal{G})$。图 2.44 中给出的图包括两个最大团（$\{v_1,v_2,v_3\}$ 和 $\{v_4,v_5,v_6\}$）以及一个极大团（$\{v_3,v_4\}$）。由于最大团具有 3 个顶点，因此该图的团数为 3。 48

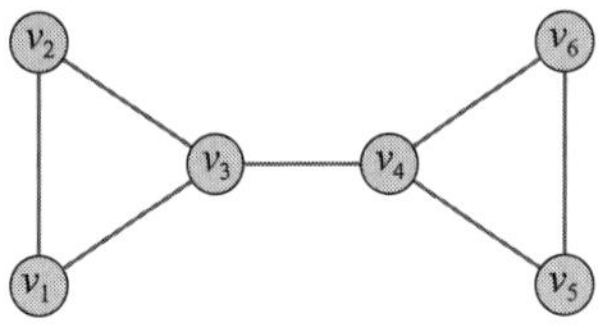

图 2.44 团：$\{v_3,v_4\}$ 只是极大团，$\{v_1,v_2,v_3\}$ 与 $\{v_4,v_5,v_6\}$ 是两个最大团

需要注意的是，一个团内可能会包含多个团。事实上，团的每个子图同样是一个团，例如，团 $\{v_1,v_2\}$、$\{v_2,v_3\}$ 以及 $\{v_1,v_3\}$ 均为最大团 $\{v_1,v_2,v_3\}$ 的子图。

色数与团数的关系

图 $\mathcal{G}$ 的色数是对图的顶点进行着色（标记）所需的颜色（标签）的最小数量，以便使得没有两个相邻顶点具有相同的颜色（标签），可以表示为 $\gamma(\mathcal{G})$。对于一个具有 N 个节点的图而言，当其为完全图时色数最大（为 N）。

注意，图的色数始终大于等于其团数，即 $\gamma(\mathcal{G})\geqslant\omega(\mathcal{G})$，原因在于该图包含了一个具有 $\omega(\mathcal{G})$ 个顶点的完全子图，因此至少需要 $\omega(\mathcal{G})$ 种颜色来对图进行着色。

2.8 图寻路算法

*寻路算法*可以帮助我们找出网络中源节点 S 与目的节点 D 之间的可行路径。一个连通网络能够确保在任意节点对之间提供一条路径。对于一条在源节点和目的节点之间的路径，可以计算其耗费以找出最短路径或者最低耗费路径。通常情况下，路径的耗费为组成该路径的每条边耗费的一个函数。每条边的权重（也称为*连接测度*或者*边测度*）是一个代表与使用该条边相关联的值或者权重。例如，边权重可以代表物理距离、通信时延、链路带宽、链路可靠性或者边所连接节点之间关系的紧密性等。

计算一对节点之间具有最低耗费的路径十分重要，取决于图的物理世界含义，这样一个

最低耗费路径具有许多优点。例如，在道路网络中，两个节点间的最低耗费路径可能表示行人或者车辆可以使用的最短路由。在计算机网络中，两台计算机之间的最短路径可以帮助它们之间以最小资源消耗在网络中进行通信。在社交网络中，两个个体之间的最短路径给出了在他们之间通信最可能发生或者疾病最可能传播的路径。算法 2.4 给出了 Dijkstra 最短路径算法。

算法 2.4 Dijkstra 最短路径算法

要求：

$\mathcal{G} = (\mathcal{V}, \mathcal{E})$——具有 $\mathcal{V}$ 个节点和 $\mathcal{E}$ 条边的网络图，其中每条边 (x, y) 的权重为该边的耗费。

Dist[]——节点 i 维护的一个数组，用于存储到其他节点的距离。

1: **for** each node $j \in \mathcal{V}$ and $j \neq i$ **do**
2: Dist[j] =$W[i, j]$; // 利用到每个邻居节点的边的权重初始化 Dist 数组，非邻居节点的距离值设置为 ∞
3: **end for**
4: $P = \{i\}$
5: $T = \mathcal{V} - P$ //P 为算法每一轮迭代中所选择节点组成的集合，初始情况下只包括节点 i。T 为有待加入集合 P 中的节点集合，初始情况下包含除节点 i 之外的所有节点
6: **for** All nodes $j \in \mathcal{V}$ and $j \neq i$ **do**
7: Choose node $x \in T$ such that Dist[x] minimum
8: $P \leftarrow P|x$ // 将新选择的节点 x 加入集合 P 中
9: $T \leftarrow T - x$
10: **for** each node $r \in T$ **do**
11: **if** Dist[x] + $W[x, r]$ <Dist[r] **then**
12: Dist[r] = $W[x, r]$ + Dist[x] // 更新集合 T 中所有节点的耗费
13: $P[r] = x$ // 更新前驱信息
14: **end if**
15: **end for**
16: **end for**

2.8.1 Dijkstra 最短路径算法

Dijkstra 最短路径算法（见算法 2.4）是一个计算图中两个节点间最短路径的高效算法。开始时，该算法首先用边权重耗费（算法 2.4 中的第 1～3 行）初始化距离数组（Dist）。当节点对之间没有直接相连的边时，其距离耗费被视为 ∞。随后算法建立两个节点集合 P 与 Q，在当前迭代中，到集合 P 中所包含节点的距离耗费已经计算得出，而到集合 Q 中节点的耗费仍有待计算（第 4～5 行）。集合 P 初始时只有节点 i，代表运行该算法的节点。也就是说，当算法成功运行结束后，其输出包括一个从节点 i 到网络中每个节点的最短路径。第 6～16 行通过一系列的迭代来更新到集合 P 中每个节点所估计的耗费，包括从集合 Q 到 P 的最低耗费节点。T 代表集合 P 与 Q 之间的差异。此外，在每一轮迭代中，由于加入了新的节点，到集合 T 中节点的耗费需要进行更新。例如，在第 7～9 行，集合 T 中的最低耗费节点已经被找出并添加到集合 P 中。在第 10～14 行，对于集合 T 中的每个节点 r，如果 Dist[x] + $W[x, r]$ 小于当前 Dist[r] 中存储的从节点 i 到节点 r 在前面迭代中计算得到的耗费，则需要更新其耗费值。这里 $W[x, r]$ 代表节点 x 与 r 之间边的权重值，若可以通过节点 x 以最低耗费到达
49～50 节点 r，则节点 x 被标记为节点 r 的前驱（第 13 行）。

当算法 2.4 运行结束后，Dist 矩阵包含了从节点 i 到每个目的节点的最低耗费信息。此

外，前驱数组记录了通过最短路径到达每个节点的前驱节点。因此，找出到一个目的节点的实际路径需要一个列举算法按照从目的节点到源节点的方式确定路径中的前驱节点序列。

算法 2.5 给出了能够确定路径中前驱节点序列的前驱列举算法。例如，假设我们希望确定从源节点 S 到目的节点 D 的最短路径，通过前驱列举，可以确定目的节点 D 的前驱节点（假设为 k）。随后，我们可以进一步找出节点 k 的前驱节点（假设为 l），如果节点 l 的前驱节点就是源节点 S，则可以确定该最短路径为 $S \to l \to k \to D$。

算法 2.5 给出了列举从源节点 S 到目的节点 D 最短路径的过程，这里首先将目的节点 D 的前驱节点存储在一个名为 tempNode 的临时变量中。在循环过程中（第 1～11 行），通过迭代的方式输出从目的节点开始的前驱节点序列，直至 tempNode 中包含源节点 S，此时过程结束，节点序列中即包括了从源节点 S 到目的节点 D 的路径。

算法 2.5　确定最短路径的前驱列举过程

要求：

前驱数组 $\mathcal{P}$——其中包含了由运行算法 2.4（Dijkstra 最短路径算法）所得到的前驱信息。

$\mathcal{S}$——Dijkstra 算法和前驱数组的源节点。

$\mathcal{D}$——所期望列举出的最短路径的目的节点。

$\mathcal{G}=(\mathcal{V},\mathcal{E})$——一个具有顶点集 $\mathcal{V}$ 和边集 $\mathcal{E}$ 的网络图，$N=|\mathcal{V}|$。

tempNode——一个用于记录节点的临时变量。

```
1: tempNode = P[D]            // 将 tempNode 初始化为目的节点 D 的前驱
2: for j = 1 to N do
3:   t = tempNode
4:   if tempNode == S then
5:     Print S                // 输出源节点 S
6:     Return
7:   else
8:     Print tempNode
9:     tempNode = P[t]        // 输出中间前驱节点
10:  end if
11: end for
12: Return                    // 路径按照相反的顺序列出
```

51

2.8.2 所有节点对之间的最短路径算法

算法 2.4 给出的 Dijkstra 最短路径算法能够找出从一个给定节点到网络中其他节点之间的最短路径，但在应用领域有时需要网络中所有节点两两之间的最短路径，这种场景下可以使用 Floyd 的全部节点对最短路径（APSP）算法。算法 2.6 给出了 APSP 算法。

APSP 算法的工作过程如下：第 1～3 行更新节点到自身的边权重，第 4～9 行根据输入图矩阵 $\mathcal{G}_{in}$ 初始化输出图矩阵 $\mathcal{G}_{out}$，第 10～19 行是算法的核心，其中对于从一个给定节点到某个特定目的节点，若存在一个经过某中间节点的更优耗费路径，则更新路径的耗费值。例如，考虑第 13～16 行，其中将源节点 p 到目的节点 q 当前路径的耗费 $\mathcal{G}_{out}[p,q]$ 与经过某个中间节点 r 的路径的耗费进行比较，随后根据比较情况更新耗费值。如果 $\mathcal{G}_{out}[p,r]+\mathcal{G}_{out}[r,q]$ 小于 $G_{out}[p,q]$，则更新耗费值，并通过 PR$[p,q]=r$ 更新前驱节点。当算法终止时，$\mathcal{G}_{out}$ 矩阵包括了所有节点对之间的最短路径信息。

算法 2.6　全部节点对最短路径算法

要求：

$\mathcal{G}_{in}$——图 $\mathcal{G}$ 的邻接矩阵，其顶点集为 $\mathcal{V}$，边集为 $\mathcal{E}$，权重矩阵为 $\boldsymbol{W}$。

$\mathcal{G}_{out}$——输出的最短路径耗费矩阵。

N——顶点集 $\mathcal{V}$ 的基数。

p、q、r——临时变量。

PR——存储前驱信息的矩阵。

```
for p = 1 to N do
  G_out[p, p] = 0                              // 将自己的耗费初始化为 0
end for
for p = 1 → N do
  for q = 1 → N do
    G_out[p, q] = G_in[p, q]                   // 初始化输出最短路径耗费矩阵 G_out
    PR[p, q] = 0                               // 初始化前驱矩阵
  end for
end for
for r = 1 → N do
  for p = 1 → N do
    for q = 1 → N do
      if G_out[p, r] + G_out[r, q] < G_out[p, q] then
        G_out[p, q] = G_out[p, r] + G_out[r, q]   // 更新 G_out
        PR[p, q] = r
      end if
    end for
  end for
end for
```

2.9　小结

通过将真实世界系统描述为一个称为图 $\mathcal{G}$ 的抽象数学表示（包括节点集 $\mathcal{V}$ 和边集 $\mathcal{E}$），图论能够有效处理对真实世界系统进行建模与研究的问题。复杂网络可以通过图论模型进行研究，图论可以帮助我们探索复杂网络许多已知与未知的特征。本章给出了图论预备知识的
52~53 介绍，在本章的开始部分首先讨论了基础的测度、参数以及属性，随后给出了一些更加复杂的属性。

练习题

1. 给出哥尼斯堡七桥问题所对应图的邻接矩阵。
2. 给出图 2.45 中两图的权重矩阵、邻接矩阵以及拉普拉斯矩阵。

a) $\mathcal{G}_1$　　b) $\mathcal{G}_2$

图 2.45　练习题 2 对应的图

3. 画出如下权重矩阵的图，并讨论图的类型。

$$
\boldsymbol{W}_1=\begin{bmatrix}0&2&3&0\\2&0&5&0\\3&5&0&1\\0&0&1&0\end{bmatrix}\qquad
\boldsymbol{W}_2=\begin{bmatrix}0&3&-1&0\\3&1&0&2\\-1&0&0&2\\0&2&2&0\end{bmatrix}\qquad
\boldsymbol{W}_3=\begin{bmatrix}0&0&4&0\\3&0&0&2\\1&8&0&2\\0&0&1&3\end{bmatrix}
$$

4. 温度传感器被部署在一个如图 2.46 所示的地理区域内，其中的圆点代表传感器节点。每一个小方框面积为 100 平方英里[⊖]，画出传感器节点间的连接图，其中两个传感器节点 i 与 j 之间边的权重服从如下公式：

$$
w_{ij}=\begin{cases}\exp\left(-\dfrac{[\mathrm{dist}(i,j)]^2}{2}\right), & \mathrm{dist}(i,j)<22\text{英里}\\ 0, & \text{其他}\end{cases}
$$

其中 $\mathrm{dist}(i,j)$ 表示两个传感器之间的物理距离。

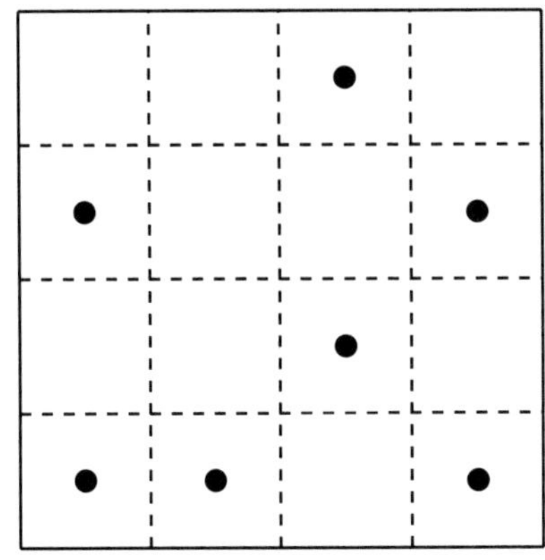

图 2.46 在一个地理区域内的传感器部署（练习题 4） 54

5. 画出如下拉普拉斯矩阵的图（假设不存在自环）。

$$
\boldsymbol{L}_1=\begin{bmatrix}5&-1&-4&0\\-1&8&-5&-2\\-4&-5&8&1\\0&-2&1&1\end{bmatrix}\qquad
\boldsymbol{L}_2=\begin{bmatrix}5&-2&-3&0\\-1&8&-3&0\\1&-5&8&-4\\0&-2&1&1\end{bmatrix}
$$

若没有“不存在自环”这一假设，结果如何？在这种情况下图是否能够唯一确定？

6. 对于一个具有 3 个连通分量的非连通图，其权重矩阵和拉普拉斯矩阵具有哪些特点？

7. 根据图 2.47 给出的图 $\mathcal{G}$，回答如下问题：

（a）$\mathcal{G}$ 是否为平面图？若是，画出 $\mathcal{G}$ 的一个平面嵌入。

（b）找出图 $\mathcal{G}$ 的平面嵌入中全部的面，并验证欧拉公式。

（c）画出图 $\mathcal{G}$ 的对偶图 $\mathcal{G}^*$。

（d）给出 $\mathcal{G}^*$ 的对偶图 $(\mathcal{G}^*)^*$，是否 $(\mathcal{G}^*)^*\equiv\mathcal{G}$？

⊖ 1 平方英里 =2.589 99 × 10^6 平方米。——编辑注

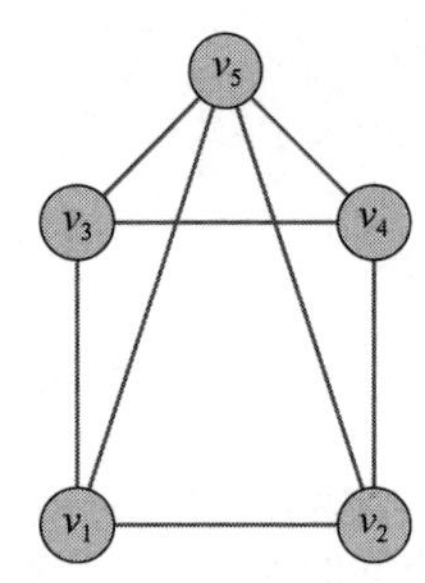

图 2.47　图 $\mathcal{G}$（练习题 7）

8. 画出色数分别为 1、2、3、4、5 的 5 节点连通平面图。

55 9. 给出图 2.48 中图 $\mathcal{G}$ 的全部极大团和最大团，该图的团数是多少？

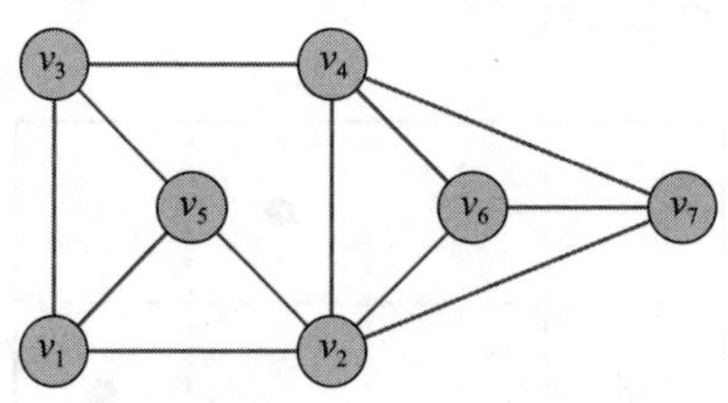

图 2.48　图 $\mathcal{G}$（练习题 9）

10. 如果移除树的一条边，将会出现什么情况？如果在树中任意节点对之间增加一条边，将会出现什么情况？
11. 证明树是一个二分图。
12. 给出图 2.47 的生成树数目。
13. 画一个具有如下特征的图：其线图与该图同构。
14. 画出两个不可能是线图的 5 节点图。
15. 检查图 2.49 中是否有环。

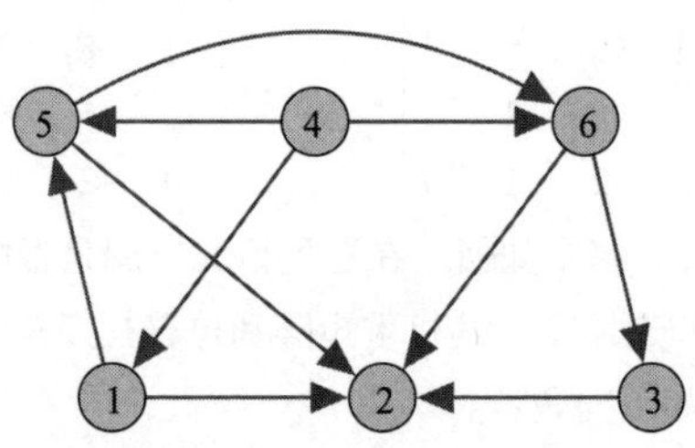

图 2.49　图 $\mathcal{G}$（练习题 15）

16. 根据如下给出的有向图 $\boldsymbol{A}$ 的邻接矩阵，编写一个 MATLAB 程序图形化显示该图。在你给出的图形中：

(a) 判断能否通过可视化的方式发现环。

(b) 利用 MATLAB 实现无环性测试算法，并对其进行无环性测试。

(c) 设计一个更大的邻接矩阵并进行无环性测试。

$$A=\begin{bmatrix}0&0&1&1&1\\0&0&0&1&1\\0&1&0&1&0\\0&0&0&0&1\\0&0&1&0&0\end{bmatrix}$$ 56

下述 MATLAB 2016a 命令可以用来可视化图：

```
view(biograph(DG))
```

要检查一个图是否是有向无环图，可以使用以下命令：

```
graphisdag(DG)
```

其中 DG 是表示有向图的 $N\times N$ 稀疏矩阵，矩阵 DG 中的非零项表示存在边。

17. 证明当在有向图的 DFS 输出中存在一条反向边时，足以说明图中存在环。
18. 当边权重存在负值时，Dijkstra 最短路径算法是否还能有效工作？证明你的结论。
19. 给出 Dijkstra 最短路径算法的正确性证明。
20. 对比求解所有节点对之间的最短路径的 Dijkstra 最短路径算法和 Floyd 全部节点对最短路径算法的时间复杂度。 57~58
21. 编写一个简单的计算机程序求解所有节点对之间的最短路径。

第 3 章

Complex Networks: A Networking and Signal Processing Perspective

复杂网络概述

当将许多真实世界的物理系统建模为图时，由于它们的非平凡网络拓扑，将会产生复杂网络[⊖]。在许多自然和技术网络中可以大量找到真实世界复杂网络的例子，例如社交网络、生物网络、交通网络、电信网络和计算机网络等。将给定的大型复杂网络划分为特定类型有助于充分理解它。本章将介绍不同类型的复杂网络，并给出与分类相关的重要测度。本章还讨论复杂网络中的社区发现、复杂网络熵和随机网络，最后提出了一些开放性研究问题。

3.1　复杂网络的主要类型

复杂网络在网络节点连通性方面具有复杂与非正则的模式，以至于无法直接运用普通的图论方法来理解这些网络的特性。也就是说，与正则网络相比，其拓扑特征可以被认为是非平凡的。正则网络中的节点以正则模式相连接，因此不存在连接的随机性。在许多情况下，非平凡连接模式随着网络规模的增大而加剧，这里网络规模主要体现在节点和边的数量上。当复杂的物理系统（如生物网络、社交网络、技术网络和因特网）被建模为图时，就会产生复杂网络 [23-24]。

复杂网络具有许多应用：表征和研究复杂的物理世界系统，从而提高我们对周围世界的理解；设计新的高效技术网络，如道路网络和计算机网络；为许多现实世界的复杂问题找出
59 解决方案，例如发现社区网络中最有影响力的人，或检测某个癌细胞以控制其在人体其他器官中的进一步扩散；通过理解能够导致疾病的细菌演化特征来研制新药；更好地理解动物和人类的社会行为；消除恐怖主义社交网络。

现有的真实世界复杂网络可以大致分为三类：随机网络、小世界网络；以及无标度网络。在下文中将对每个类别进行简要的说明。

3.1.1　随机网络

随机网络通过在网络中现有节点对之间创建随机连接而形成。由于在随机网络中并不限制在远程节点对之间创建连接，因此其平均路径长度（APL）的值要明显低于正则图，后者 APL 值较高的原因在于其远程节点对间的距离大致与它们之间的跳数相当。Erdös-Rényi（ER）网络模型是一种被广泛研究的随机网络模型。

在 ER 网络中，节点之间以某个概率 p 进行随机连接，该值就是任意两个节点之间存在边的概率。图 3.1 给出了一个由 50 个节点组成的 ER 图，其中以概率 p=0.06 随机连接不同的节点对。

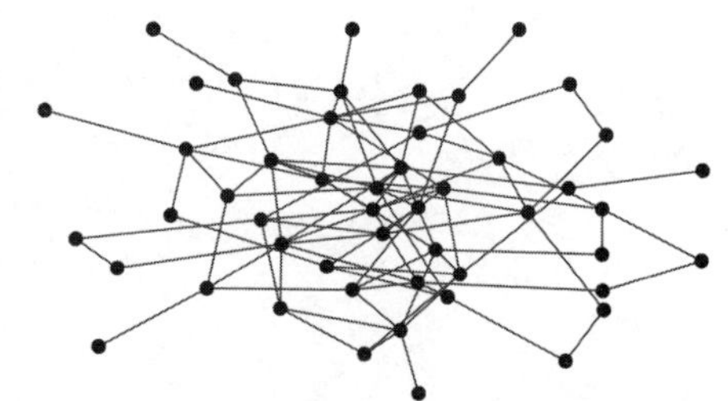

图 3.1　一个具有 50 个节点的 ER 网络例子，其中添加连接的概率 p=0.06

⊖ 在本章及本书以后的章节中，将互换使用术语网络与图。

如图 3.1 所示，ER 网络中直接邻居（就距离而言的邻近节点）之间可能并不相连。因此，随机网络的平均聚类系数（ACC）值较低[25]。但是，由于在远程节点对之间存在一些远程链路（LL），ER 网络的 APL 值被显著降低。3.5 节将详细讨论随机网络的一些性质。

3.1.2 小世界网络

小世界网络可以通过较低的 APL 值和低到中等的 ACC 值等特征来描述。因此，小世界 60
网络介于正则网络和随机网络之间，并且具有来自这两类网络的最佳特性。在小世界网络中，一些节点具有到网络中远程节点的远程链路，而其余的连接则与正则网络相类似。由于 LL 的存在降低了 APL 值，所以小世界网络与低 APL 的正则网络具有相同的特性。图 3.2 给出了小世界网络的一个例子。需要注意的是，该图中的网络由 50 个节点组成，它们之间的拓扑连接方式类似于正则网格网络。然而，网络中还存在三个有助于降低网络 APL 值的远程链路，从而使得网络具有小世界特性。第 4 章将详细讨论一些现实世界中的小世界网络、小世界网络特征以及小世界网络演进模型。

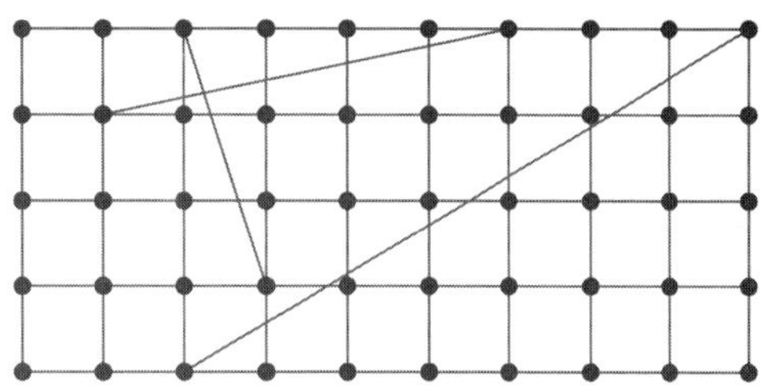

图 3.2 具有 50 个节点以及 3 条远程链路的小世界网络的例子

3.1.3 无标度网络

若网络度的分布服从幂律，则称该网络为无标度网络（或无尺度网络）。幂律度分布可以描述为 $P(D) \sim D^{-\gamma}$，其中 D 代表节点的度，$P(D)$ 代表度为 D 的节点的比例，γ 则表示分布的标度指数。图 3.3 给出了一个无标度网络的例子，其中大多数节点只有少
量的连接，而少数节点则具有大量的连接。 61
具有大量连接的节点称为中心节点（hub node），在图 3.3 中每个中心节点均通过一个圆圈来标识。无标度网络在许多社会网络中十分常见：因特网和万维网（WWW）、作者引用网络以及多种生物网络等[26]。第 5 章将讨论多种具有无标度网络特征的现实世界网络以及现有无标度网络的演进模型。

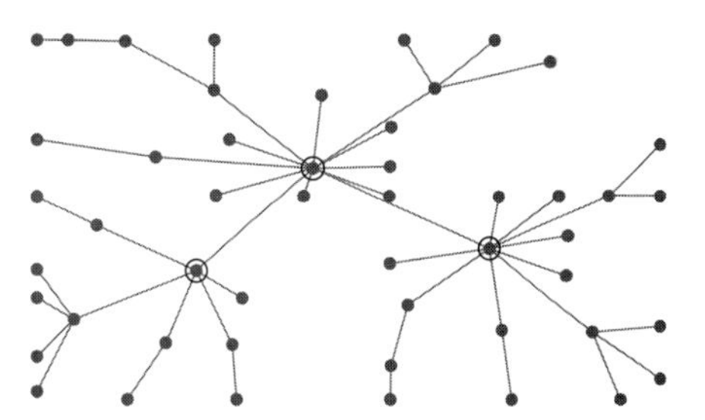

图 3.3 具有 50 个节点的无标度网络的例子。中心节点在图中通过圆圈标识，其特征就是具有大量的边

3.2 复杂网络测度

有许多用来识别和表征复杂网络类型的流行测度，其中一些复杂网络测度包括：平均邻居度，平均路径长度，网络直径，平均聚类系数，度分布，中心性测度，度 – 度相关性，节点临界性，以及网络电阻距离。下面将逐个讨论上述复杂网络测度。

3.2.1 平均邻居度

网络的平均邻居度（Average Neighbor Degree，AND）定义为网络中所有节点的度的平均值。AND 刻画了网络的局部特性，有助于确定网络的类型。关于 AND 的详细讨论请参见 2.4.1 节。

3.2.2 平均路径长度

平均路径长度（Average Path Length, APL）是网络中所有可能节点对之间的端到端路径长度的平均值。由于 APL 是基于网络中所有节点间的距离计算得到，因此其为一个全局测度。在确定一个复杂网络的类型的过程中，APL 是一个十分重要的测度。2.4.3 节对 APL 进行了详细讨论。

3.2.3 网络直径

网络直径是网络中所有节点对中所有可能的最短路径距离的最大值。较小的网络直径表示网络中的远程节点可以更快地到达，降低网络直径将能够改善网络中的传输延迟。关于网络直径的进一步细节可以在 2.4.5 节中找到。

3.2.4 平均聚类系数

平均聚类系数（Average Clustering Coefficient, ACC）代表一个节点的邻居彼此间也是邻居的数目的平均值。ACC 主要用来刻画网络的健壮性和冗余性。也就是说，较高的 ACC 值
62 意味着有多个可能的路径到达网络中的特定节点。因此，如果网络的 ACC 值越高，则其被断开的机会就越少。关于 ACC 的详细讨论请参见 2.4.2 节。

3.2.5 度分布

网络的度分布反映了网络的整体连通性。也就是说，度分布表示在网络中有多少个节点具有相同的度。因此，为了描述多少个节点具有度 D，需要首先统计网络中具有度 D 的节点总数。度为 D 的节点数目一般表示为 $P(D)$，它也可以表示为归一化的值。度分布是识别网络类型的一个非常重要的测度。例如，小世界网络服从高斯分布，而无标度网络具有幂律度分布特征。

3.2.6 中心性测度

对重要性或中心性进行度量是理解复杂网络结构和动态特性的基础。度量网络中的节点的中心性，本质上就是量化网络中节点的*重要性*，并且这种量化可以基于多种特征来完成。这些特征可以是邻居数量、节点与其他节点通信的速度、在其他节点进行流量控制时节点扮演的角色，或者节点的邻居节点的重要性。在文献中介绍过许多中心性测度，但一个最基本的问题就是：哪个中心性测度是最好的？这一问题的答案取决于应用类型。某个中心性测度在一些应用中可能使用得很好，但在另一些应用中可能就无法使用。下面将讨论一些典型的中心性测度。

1. 度中心性

度中心性（Degree Centrality, DC）是一种最简单的中心性测度，节点的 DC 定义为所有与该节点关联的边的权重之和。某一节点 i 的 DC 可以通过如下公式计算得出：

$$\mathrm{DC}(i)=\sum_{j} e_{ij}, \quad \forall e_{ij}\in E, \quad i, j\in\mathbb{R} \tag{3.2.1}$$

对于任意一个 N 节点的网络，DC 的归一化值可以通过比较该网络中节点的中心性与具有 N 个节点的星形网络的中心节点的中心性得到（星形网络中心节点具有最高的度 $N-1$）。因此，任意一个网络的归一化 DC（$\mathrm{DC}'(i)$）可以通过第 i 个节点的度除以星形网络中心节点

的度得到，如下述公式所示。

$$\mathrm{DC}'(i)=\frac{\sum_{j} e_{ij}}{N-1},\quad \forall e_{ij}\in E,\quad i,j\in\mathbb{R} \tag{3.2.2}$$ 63

图 3.4 给出了一个非加权网络及对应邻接矩阵的例子，其中节点的 DC 值如表 3.1 所示。可以发现节点 C 的 DC 值最高，意味着节点 C 是网络中最中心的节点（按照这一中心性测度评价）。

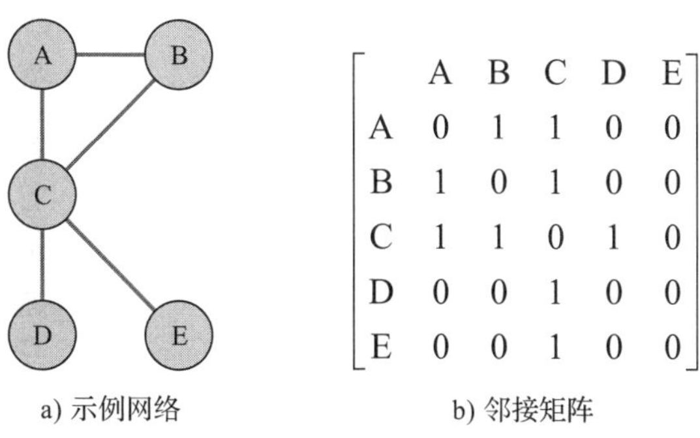

a) 示例网络　　b) 邻接矩阵

图 3.4　网络及其邻接矩阵的例子

表 3.1　度中心性

节点	DC	DC′
A	2	2/4
B	2	2/4
C	4	1
D	1	1/4
E	1	1/4

2. 接近中心性

接近中心性（Closeness Centrality, CC）描述了在网络中一个节点与其他节点的接近程度。网络中的临近节点可以与它们的邻居节点快速交互。CC 还度量了在向网络中的其他节点扩散信息时节点的重要性。在一个 N 节点的网络中，第 i 个节点的 CC 可以通过下述公式计算得到：

$$\mathrm{CC}(i)=\frac{1}{\sum_{j=1}^{N} d(i,j)} \tag{3.2.3}$$

其中 $d(i,j)$ 是节点 i 和 j 之间最短路径的长度。为了得到相对于星形拓扑网络的归一化 CC 值（$\mathrm{CC}'(i)$），可以使用下述公式 [27]：

$$\mathrm{CC}'(i)=\frac{N-1}{\sum_{j=1}^{N} d(i,j)} \tag{3.2.4}$$ 64

图 3.5 给出了一个无权网络及对应最短路径耗费矩阵的例子。节点的 CC 分数如表 3.2 所示。可以看出，根据 CC 测度值，节点 C 是整个网络最中心（最重要）的节点。需要进一

步指出的是，节点 C 之所以具有最大的 CC 分数 1，是因为它与网络中所有其他节点都直接相连。

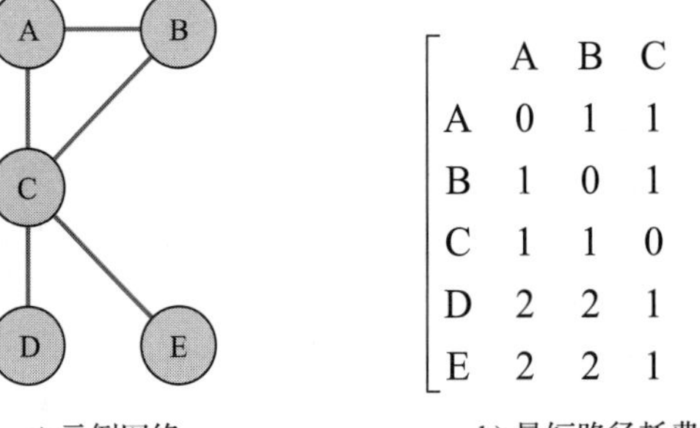

a) 示例网络　　b) 最短路径耗费矩阵

图 3.5　一个网络及其最短路径耗费矩阵的例子

表 3.2　接近中心性

节点	$\sum_j d(i,j)$	CC	CC′
A	6	1/6	4/6
B	6	1/6	4/6
C	4	1/4	1
D	7	1/7	4/7
E	7	1/7	4/7

3. 介数中心性

网络中的两个非相邻节点之间的通信是通过多个连接节点实现的。介数中心性（Betweenness Centrality, BC）度量了网络中一个节点位于其他节点最短路径上的程度。因此，BC 能够刻画节点在实现网络长距离通信中的重要性。可以通过计算经过特定节点 i 的所有可能的最短路径来得到节点 i 的介数中心性，如公式（3.2.5）所示。

$$\mathrm{BC}(i)=\sum_{i\neq j\neq k}\frac{g_{jk}(i)}{g_{jk}} \tag{3.2.5}$$

其中 g_{ik} 是在一个 N 节点的网络中从节点 j 到节点 k 最短路径的总数，$g_{jk}(i)$ 则为这些最短路径中经过节点 i 的总数。可以通过公式（3.2.6）来归一化节点的 BC 值[27]。

$$\mathrm{BC}'(i)=\frac{\mathrm{BC}(i)}{[(N-1)(N-2)/2]} \tag{3.2.6}$$

在图 3.6 所示的网络中，节点 1、2、4、5 并未出现在网络中任何节点对之间的任何最短路径中，因此正如表 3.3 所示，这些节点的 BC 值为 0。反之，节点 3 出现在多个最短路径中，其 BC 值可以按照如下方式进行计算：

$$\mathrm{BC}(3)=\frac{g_{12}(3)}{g_{12}}+\frac{g_{14}(3)}{g_{14}}+\frac{g_{15}(3)}{g_{15}}+\frac{g_{24}(3)}{g_{24}}+\frac{g_{25(3)}}{g_{25}}+\frac{g_{45(3)}}{g_{45}}$$
$$=0+\frac{1}{1}+\frac{1}{1}+\frac{2}{2}+\frac{2}{2}+\frac{1}{1}=5$$

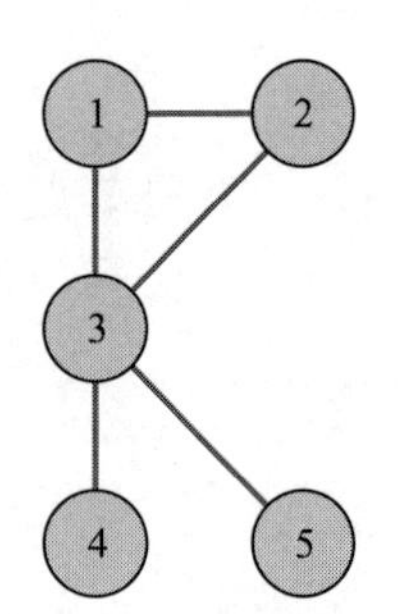

图 3.6　一个计算介数中心性的示例网络

因此，

$$
\begin{aligned}
\mathrm{BC}'(3) &= \frac{\mathrm{BC}(3)}{(5-1)(5-2)/2} \\
&= \frac{5}{6}
\end{aligned}
$$

表 3.3　介数中心性

节点	BC	BC′
1	0	0
2	0	0
3	5	5/6
4	0	0
5	0	0

65~66

然而，在许多诸如疾病或谣言传播、信息流等现实世界场景中，未必严格遵守最短路径传播的方式，这种情况下可以采用基于随机游走的 BC[28] 来度量节点的 BC 值。为了计算节点 i 基于随机游走的 BC 值，需要计算源 - 目的节点对之间经过节点 i 的随机游走的总数，并在全网范围内求平均值。需要注意的是，基于最短路径和基于随机游走的 BC 度量最核心的差异就是后者中路径并不要求一定是最优路径。而且，由于随机性的引入，信息的传播可能没有固定的目的地。

4. 图中心性

图中心性（Graph Centrality, $\mathrm{GC}_{\mathrm{metric}}$）是另一个重要的测度，给出了网络特征的简明视图。也就是说，图中心性基于节点级的信息来标识网络的中心化程度。结合 DC、CC、BC 等不同的节点中心性测度的定义，一个 N 节点网络的 $\mathrm{GC}_{\mathrm{metric}}$ 可以通过下述公式计算得到。

$$
\mathrm{GC}_{\mathrm{metric}} = \frac{\sum_{i=1}^{N}[\mathrm{GC}_{\mathrm{metric}}(x^*) - \mathrm{GC}_{\mathrm{metric}}(x_i)]}{\mathrm{Max}\sum_{i=1}^{N}[\mathrm{GC}_{\mathrm{metric}}(x^*) - \mathrm{GC}_{\mathrm{metric}}(x_i)]} \tag{3.2.7}
$$

其中 $\mathrm{GC}_{\mathrm{metric}}(x_i)$ 表示节点 i 的中心性，$\mathrm{GC}_{\mathrm{metric}}(x^*)$ 代表 N 节点网络中节点中心性的最大值，而 metric 可以是前面提到的任意一种中心性测度。公式（3.2.7）的分母表示节点中心性的最大差异值 [27]。

$\mathrm{GC}_{\mathrm{metric}}$ 本质上是对 $\mathrm{GC}_{\mathrm{metric}}(x^*)$ 与网络中其他节点偏离程度的一种度量，图中心性测度的取值范围是 $0 \leqslant \mathrm{GC}_{\mathrm{metric}} \leqslant 1$，这里 $\mathrm{GC}_{\mathrm{metric}}$ 值为 0 表示网络中所有节点都具有相同的重要性，而 $\mathrm{GC}_{\mathrm{metric}}=1$ 则表示具有最高中心性数值的节点占据了主导地位。对于一个 N 节点的图，可以采用如下公式分别计算其不同的图中心性 $\mathrm{GC}_{\mathrm{DC}}$、$\mathrm{GC}_{\mathrm{CC}}$ 以及 $\mathrm{GC}_{\mathrm{BC}}$。

$$
\mathrm{GC}_{\mathrm{DC}} = \frac{\sum_{i=1}^{N}[\mathrm{GC}_{\mathrm{DC}}(x^*) - \mathrm{GC}_{\mathrm{DC}}(x_i)]}{N^2 - 3N + 2} \tag{3.2.8}
$$

$$
\mathrm{GC}_{\mathrm{CC}} = \frac{\sum_{i=1}^{N}[\mathrm{GC}_{\mathrm{CC}}(x^*) - \mathrm{GC}_{\mathrm{CC}}(x_i)]}{(N^2 - 3N + 2)/(2N - 3)} \tag{3.2.9}
$$

$$\mathrm{GC_{BC}}=\frac{\sum_{i=1}^{N}[\mathrm{GC_{BC}}(x^*)-\mathrm{GC_{BC}}(x_i)]}{N^3-4N^2+5N-2} \tag{3.2.10}$$

67 对这些闭合解表达式的推导将留作本章的练习题。

5. 特征向量中心性

DC 在设置权重时同等对待每个直接连接的节点（或者根据相邻节点所连接边的权重进行设置），与之不同，特征向量中心性（Eigenvector Centrality, EC）根据相邻节点的中心性来对其进行加权[29-31]。节点 i 的 EC 与连接到节点 i 的其他节点的中心性之和成正比。在一个具有邻接矩阵 $\boldsymbol{A}$ 的网络中，节点 i 的 EC 可以计算如下：

$$\mathrm{EC}(i)=\frac{1}{\lambda}\sum_{j}A_{ij}\mathrm{EC}(j) \tag{3.2.11}$$

其中 λ 是一个常数。计算 EC 的方程也可以描述为矩阵形式 $\lambda\boldsymbol{x}=\boldsymbol{A}\boldsymbol{x}$，其中 $\boldsymbol{x}=[\mathrm{EC}(1)\ \mathrm{EC}(2)\ \cdots\ \mathrm{EC}(N)]^{\mathrm{T}}$ 是一个描述网络节点 EC 值的向量。尽管任何特征向量均可以作为一种中心性度量，通常采用与邻接矩阵最大特征值所对应的特征向量[29]。因此，网络中节点 i 的 EC 值就是与节点 i 上邻接矩阵的最大特征值所对应的特征向量的值。

如果一个节点连接到多个其他节点，或者连接到一个具有较高中心性值的顶点，则该节点就会有一个比较大的 EC 值。有人可能会讲，节点的 EC 不仅取决于与其直接相连的节点，还取决于一些非直接相连的节点，也就是说，EC 值将整个网络的拓扑结构都考虑在内。在 Google 的 PageRank 算法和其他 Web 搜索引擎算法中使用的中心性度量与 EC 有十分紧密的关系[32]。

6. GFT 中心性

图傅里叶变换（Graph Fourier Transform, GFT）是对图拓扑进行的信号处理变换，对于研究图的许多属性非常有价值。第 9 章对 GFT 进行了详细的讨论。GFT 中心性（GFT-C）利用图谱来确定节点在图中的中心性。GFT-C 同时考虑给定节点的局部和全局影响，以便计算其中心性或影响。关于 GFT-C 的详细信息可以参见 9.7 节。

前述提及的中心性度量主要用于无权网络，然而，这些度量指标也已经被扩展到加权网络中[33-35]。还有许多其他的中心性度量指标，如 Katz 中心性[36]以及子图中心性[37]。

3.2.7 复杂网络中的度 – 度相关性

度 – 度相关性描述了一个相互连接的节点对之间的关系，在确定网络结构中扮演着重要的角色[38]。基于度 – 度相关性，可以将网络划分为两种类型：同配网络（assortative network）与异配网络（disassortative network）。

68 在同配网络中（也称作*节点的同配组合*），节点最有可能关联到那些与它具有相似的度的节点。因此，在同配组合中，一个具有大量连接的中心节点[39]倾向于与其他中心节点建立连接。类似地，具有较小度的节点与其他具有类似较小度的节点之间具有连接。另一方面，异配网络具有完全不同的结构特征，其中具有较小度的节点更倾向于与那些具有较大度的节点建立连接。

可以看出，当考虑到同配网络及异配网络时，大部分现有的中心性度量无法有效判断度 – 度相关性的类型[40-41]。对此，可以在无向网络中应用 Pearson 相关性系数（PCC）来判别网络的度 – 度相关性[42]。一个无向网络的 PCC (η) 可以采用下述公式进行计算：

$$\eta=\frac{\sum_{mn}mn(e_{mn}-p_m p_n)}{\sigma_p^2} \tag{3.2.12}$$

在公式（3.2.12）中，e_{mn} 代表将度为 m 和 n 的节点连接起来的边的比例，$p_m=\sum_n e_{mn}$，$p_n=\sum_m e_{mn}$，σ_p 代表分布 p_n 的标准差。$-1 \leqslant \eta \leqslant 1$，其中 $\eta>0$ 表示同配组合，而 $\eta<0$ 表示异配组合。

3.2.8 节点临界性

对一个节点 k 而言，节点临界性[43]定义为通过节点权重归一化后的节点随机游走介数，也就是说，节点 k 的临界性 N_{ck} 可以表示为

$$N_{ck}=\frac{B_k}{W_k} \tag{3.2.13}$$

其中 B_k 与 W_k 分别代表节点 k 的随机游走介数和节点权重。节点权重 W_k 可以通过对节点 k 到其邻居节点集合 $N(k)$ 的所有边的权重求和得到。也就是说，$W_k=\sum_{i\in N(k)}W_{ki}$。

对于一个给定的节点 k，其随机游走介数（B_k）可以通过图中所有源 - 目的节点对之间的随机游走来确定。也就是说，节点 k 的随机游走介数 B_{skd} 表示一个始于源节点 s、经过节点 k 到达目的节点 d 的概率。换句话说，它描述了从源节点 s 经过节点 k 到达目的节点 d 的随机游走数目。

始于源节点 s 的一个随机游走以概率 p_{sid} 选择邻居节点 i，其中 p_{sid} 可以表示为

$$p_{sid}=\frac{w_{si}}{\sum_{j\in N(s)}W_{sj}} \tag{3.2.14}$$

在公式（3.2.14）中，$N(s)$ 代表节点 s 的邻居集合，而 W_{sj} 代表节点 s 和 j 之间边的权重。当游走到达目的节点 d 时，p_{sid}=0。因此，节点 d 也被看作是一个等价马尔可夫系统的吸收状态。 69

节点 k 总的随机游走介数可以通过对所有 B_{skd} 求和得到，其中 s 和 d 代表网络中所有的节点对。

3.2.9 网络电阻距离

在一个连通网络中，两个节点间的电阻距离[44-46]表示将所有的边替换为代表性电阻所得到的节点间的等效电阻，也就是说，可视其为当图被变换为电阻网络时两点之间的合成电阻。在一个图中两个顶点 a 和 b 的网络电阻距离可以通过下述公式得到：

$$\Omega_{a,b}=\frac{\det(\boldsymbol{L}(-a,-b))}{\det(\boldsymbol{L}(-a))} \tag{3.2.15}$$

这里 $\boldsymbol{L}$ 是图的拉普拉斯算子。在无权图中，$\boldsymbol{L}=\boldsymbol{D}-\boldsymbol{A}$，其中 $\boldsymbol{D}$ 代表邻居度矩阵，而 $\boldsymbol{A}$ 代表邻接矩阵；在加权图中，$\boldsymbol{L}=\boldsymbol{D}-\boldsymbol{W}$，其中 $\boldsymbol{W}$ 是权重矩阵。$\boldsymbol{L}(-a)$ 和 $\boldsymbol{L}(-a,-b)$ 分别表示在去除拉普拉斯矩阵的第 a 列以及第 a 列和第 b 行之后得到的结果矩阵。计算拉普拉斯算子的详细内容可以参见 2.3.5 节。网络电阻距离在许多领域都具有多种应用，包括电气工程、计算机科学、物理以及化学等领域。

3.3　复杂网络中的社区发现

分簇和分组模式是在人工和自然网络中观察到的常见现象之一，研究这样的簇和组有助于理解复杂网络的结构特征。因此，可以通过分析一组节点来理解整个网络，而不用单独研究网络中每个节点的行为。网络中节点的子集称为社区，诸如蛋白质相互作用网络、万维网以及其他类型的网络形成了许多这样的社区。社区揭示了复杂网络特性的丰富信息。因此，复杂网络中的社区发现是描述具有相似属性的节点组的一种重要方法。

网络可以被描述为 $\mathcal{G}(\mathcal{V}, \mathcal{E})$，其中 $\mathcal{V}$ 是顶点集，而 $\mathcal{E}$ 为边集。社区代表顶点具有相似属性的子图 $\mathcal{G}'(\mathcal{V}', \mathcal{E}')$[47]。社区在 $\mathcal{G}'$ 中具有密集的社区内连接，而在 $\mathcal{G}\backslash\mathcal{G}'$ 则只具有稀疏的连接。尽管目前并没有普遍接受的社区定义，不同的应用和社区发现策略从自己的视角对社区进行了定义。在网络领域，社区通常指一组具有强簇内连接和稀疏簇间连接的节点簇。例如，在
70 社交网络中，社区结构决定了网络中节点间关系的强弱。在其他技术和生物网络中，这些子图提供了关于网络增长的重要信息，例如在万维网上具有共同话题的页面形成一个社区。社区还反映了网络中的层次化行为。进一步地，社区揭示了复杂网络大量的信息，从而能够帮助我们更好地理解网络。

尽管存在许多应用相关的社区发现算法，但它们大部分都存在计算代价昂贵的问题[48-50]。每种方法采用一个独特的参数来进行高效的社区推断，如边介数[48]、中心性[49]以及聚类系数[50]等。然而，一些社区发现算法需要事先知道网络中社区数目的期望值。因此，每种算法都具有自身的局限性。一些算法更适合于小规模网络，而另外一些算法可能无法发现小的社区，或者无法生成稳定的划分结果。针对多种复杂网络社区发现技术，这里给出 3 种典型的方法：模块度最大化、Surprise 最大化以及基于冲突图变换的社区发现(CTCD)。

3.3.1　模块度最大化

模块度是一个帮助推断网络中存在的社区结构的测度，其定义如下所示[51]：

$$M = \sum_{p}(E_{pp} - \epsilon_{p}^{2})$$

$$\epsilon_{p} = \sum_{q} E_{pq} \tag{3.3.1}$$

其中 p 代表社区编号、E_{pp} 表示社区 p 内的一条边，而 E_{pq} 表示穿越两个社区 p 和 q 的一条边。简言之，公式（3.3.1）对比了一个图中社区之间边的密度和社区内边的密度。换句话说，模块度 M 表示位于社区内的边减去边在没有社区结构而随机分布情况下的期望。也就是说，在不考虑任何重要社区结构的情况下随机分配边将会导致模块度 M=0，而一个完全的社区结构将会使图的 M 值变得很大。

对于一个给定的社区划分方案，其对应的模块度估计值 M 表明了社区的强度。因此，模块度最大化的社区发现方法能够在所有可能的社区结构中找出最大化模块度 M 的社区结构。也就是说，通过在所有可能的社区划分中优化 M 值，达到获得图的最佳社区结构的目的。对于任意一个图，找到能够最大化 M 的社区的时间复杂度上界为 $O(2^{E})$，其中 E 是图中边的数目。相关研究结果显示，对于一个社区而言，M>0.3 表明这是一个与随机分配边完全
71 不同的好的社区划分。

3.3.2 Surprise 最大化

Surprise 是一个判断网络中给定社区分布质量的测度，可以通过下述公式计算得到[52]：

$$S = -\log \sum_{i=p}^{\min(\mathbb{K},l)} \frac{\binom{\mathbb{K}}{i} \times \binom{\mathbb{Q}-\mathbb{K}}{l-i}}{\binom{\mathbb{Q}}{l}} \qquad (3.3.2)$$

这里 Q 是网络中最大可能链路数，在一个 k 节点的网络中，其值为 $k(k-1)/2$，$\mathbb{K}$为社区内链路的最大值，l 为网络中实际的链路数，p 为在一个划分方案中社区内实际的链路数。Surprise 值度量了在一个特定社区内节点和链路的确切分布概率。

可以发现最大化 S 比最大化模块度 $\mathbb{K}$具有更好的收益，这是因为$\mathbb{K}$不受社区内节点数量的影响，而 S 取决于每个社区内的链路数和节点数。在一个特定的网络中，计算每一个候选图的 S 值，并选出能够最大化 S 值的网络划分方案作为最佳社区。

3.3.3 基于冲突图变换的社区发现

冲突图可以用来判别社区，它将每个节点的邻域影响考虑在内，并判别节点间的相互关系。在许多社区发现策略中，均包括基于所选参数（如节点或边的介数中心性）识别最重要的节点或边。基于这些参数判别社区中的节点需要获得全局层面的网络信息。冲突图将节点的 n 跳影响考虑在内，以便提升社区分布的质量。因此，若利用考虑 n 跳影响的冲突图来进行社区发现，则所发现的一组社区中将包括不同的节点子集，其中每个节点和它的至多 n 跳邻居将会位于相同的子集中。进一步地，多跳冲突图还采集了影响度信息，能够识别在不同层次具有较大或较小规模的层次化社区分布。关于冲突图的定义已经在 2.6.6 节进行了讨论。

冲突图[53]用于理解无线链路的干扰问题，一个无线链路可能会受邻居中同时使用相同频率或信道进行通信的无线链路的干扰。图 3.7 给出了如何从一个给定的网络拓扑构造冲突图的例子。为了从图 3.7a 获得冲突图，在图 3.7b 到图 3.7d 中，将图 3.7a 的链路表示为节 72
点。如果图 3.7a 中对应的链路间彼此相邻，则图 3.7b 中两个节点之间将存在一条链路。类似地，对于图 3.7c 和图 3.7d 所示的 2 跳和 3 跳冲突图，将在分别考虑链路在图 3.7a 中 2 跳和 3 跳影响的基础上，在图 3.7c 和图 3.7d 中对应节点之间创建链路。因此，冲突图中的链路代表了节点在原始网络中的影响。

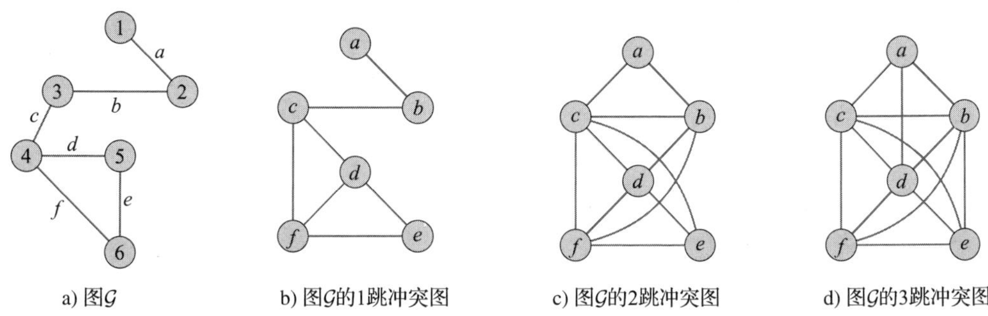

a) 图$\mathcal{G}$　b) 图$\mathcal{G}$的1跳冲突图　c) 图$\mathcal{G}$的2跳冲突图　d) 图$\mathcal{G}$的3跳冲突图

图 3.7　图及其冲突图的例子

冲突图的使用主要受冲突图能够反映邻域关系这一事实的推动，这对社区发现至关重要。在算法 3.1 中提出了一种 CTCD 算法，该算法给出了复杂网络中一种有效的社区分布方法。

算法 3.1 包括如下主要步骤：

1）获取网络 $\mathcal{G}$ 的 n 跳冲突图 $\mathcal{G}_n'$。

2）采用模块度最大化方法识别 $\mathcal{G}_n'$ 中的社区 C_m'。

3）对冲突图社区 C_m' 进行反向变换，将其中的每个节点变换为一条边，从而获得网络 $\mathcal{G}$ 中一个新的重叠社区 C。这里重叠社区意味着一些节点同时位于多个社区中。

73 4）找出属于多个社区的节点，并将其仅保留在该节点具有最大链路数目的社区中。

算法 3.1　基于冲突图变换的社区发现算法

要求：

$\mathcal{G}=(\mathcal{V}, \mathcal{E})$——具有 $\mathcal{V}$ 节点和 $\mathcal{E}$ 链路的网络图。

N——网络 $\mathcal{G}$ 中的节点数。

$\mathcal{G}_n'$——$\mathcal{G}$ 的 n 跳冲突图。

C——$\mathcal{G}$ 中社区的集合。

C_m'——$\mathcal{G}_n'$ 中社区的集合。

D_{ij}——第 i 个节点在第 j 个社区中的度。

1：变换 $\mathcal{G} \rightarrow \mathcal{G}_n'$
2：利用**模块度最大化**算法发现 $\mathcal{G}_n'$ 中的社区 C_m'
3：$k=|C_m'|$
4：**for** $i = 1 \rightarrow k$ do　　　// **反向变换：冲突社区→图社区**
5：　将 C_{mi}' 中的每个节点变换为边
6：　$C_{mi}' \rightarrow C_i$
7：**end for**
8：**for** $i = 1 \rightarrow N$ **do**
9：　**if** $i \in$ Multiple communities (say, x) in $\mathcal{G}$ **then**
10：　　Find $X_i = \max\{D_{ij}, j \in C_K \quad \forall K \in \{1, 2, \cdots, x\}\}$
11：　　**if** $|X_i| == 1$ **then**
12：　　　第 i 个节点只属于社区 X_i
13：　　**else**
14：　　　从 X_i 中随机选择一个社区，并指定第 i 个节点只属于所选择的社区
15：　　**end if**
16：　　将节点 i 从其他重叠社区中移除
17：　**end if**
18：**end for**

使用 Surprise 测度 [55]，将删除重叠节点后获得的最终社区分布与直接应用模块度最大化算法 [54] 获得的社区分布进行比较。

在算法 3.1 的第 1 行，采用图 $\mathcal{G}$ 的邻接矩阵创建了一个 n 跳冲突图 $\mathcal{G}_n'$。在该 n 跳冲突图中，图 $\mathcal{G}$ 中的链路转化为 $\mathcal{G}_n'$ 中的节点，如果图 $\mathcal{G}$ 中两条链路之间的跳数小于或等于 n，则中 $\mathcal{G}_n'$ 两个对应节点之间存在一条链路。在第 2 行，采用模块度最大化方法获取 $\mathcal{G}_n'$ 中的社区。在第 4～7 行，$\mathcal{G}_n'$ 的社区 $\{C_{m1}', C_{m2}', \cdots, C_{mk}'\}$ 中的节点和链路被反向转换回去，从而得到图 $\mathcal{G}$ 的社区 $\{C_1, C_2, \cdots, C_k\}$。反向转换的社区可能存在重叠行为，因此，在第 8～17 行基于一些条件去除了重叠节点。去除的原则是：对于在多个社区重叠的节点，仅将其保留在该节
74 点具有最大链路数目的社区中。

后续章节所讨论的实验中用到的 CTCD 算法（算法 3.1）是基于模块度最大化方法 [54] 所

实现的。模块度最大化是一个能够应用于大型网络的快速算法，采用 Surprise 测度[55]作为评价指标，来对比变换后的社区分布与直接在网络 $\mathcal{G}$ 上采用模块最大化方法所得到的社区分布的差异。为了理解算法 3.1 的性能，在一些合成网络（如图 3.8 的正则网络、图 3.9 的小世界网格网络以及图 3.10 的无线 mesh 网络（WMN））上开展了相应的模拟研究。

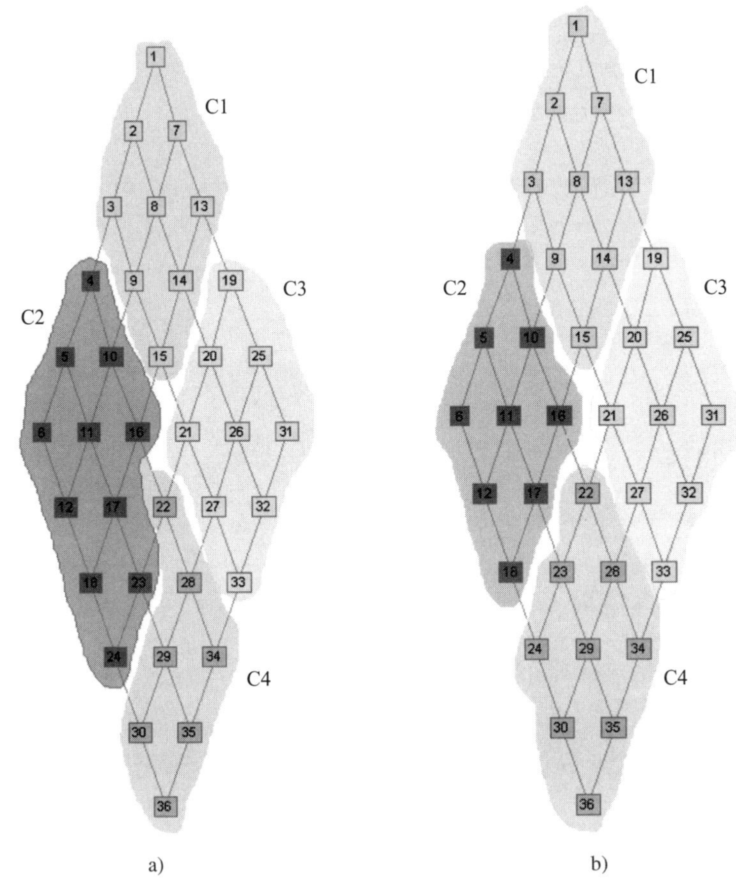

图 3.8　a) 直接使用模块度最大化得到的社区分布；b) 采用基于冲突图变换的社区发现算法（算法 3.1）得到的社区分布（该图引自文献 [22]，© [2016] IEEE，转载已获作者授权） 75

1. 正则网格网络中的 CTCD

如图 3.8 所示，考虑一个具有 36 个节点和 60 条边的正则网格网络。在该网络中，在 $\mathcal{G}_1'$ 中的节点数为 60，即等于原始网络 $\mathcal{G}$ 中总的边数。图 3.8 给出了直接使用模块度最大化和使用 1 跳或 2 跳冲突图变换所得到的社区分布的对比情况。

图 3.8a 中社区分布的 Surprise 值为 47.71，而图 3.8b 中该值为 52.05。更高的 Surprise 值意味着更好的社区分布。在图 3.8a 中，节点 23 和 24 包含在社区 C2 中，导致出现一个非对称的社区分布模式，进而降低了 Surprise 值。在图 3.8b 中，节点 23 和 24 都被正确地归类到社区 C1 中，从而产生一个更好质量的社区分布模式。

2. 小世界网格网络中的 CTCD

图 3.9 的小世界网格网络在正则网格网络的基础上包括一些长距离边（LL），因此降低了整个网络的 APL。然而，这类网络的聚类系数却非常低。给定的小世界网格网络包括 36

个节点，其中在 4% 的节点上创建 LL。可以从图 3.9a 中发现，通过直接应用模块度最大化算法得到的社区分布的 Surprise 值为 39.76，而在图 3.9b 中，采用算法 3.1 的 2 跳冲突图方法可以得到一个更好的社区分布，最终的 Surprise 值为 42.52。在这样的小世界网格网络中，对于那些参与创建 LL 的节点，在定义其社区成员关系时会存在一些歧义。在图 3.9a 与图 3.9b 中，节点 22 与节点 1 建立了一个 LL，从而将节点 22 划分到社区 C3 会导致出现较低的 Surprise 值，而采用算法 3.1 将节点 22 划分到 C1 社区会形成一个更高的 Surprise 值。由于节点 22 在 C1 社区中具有 2 条链路，而在 C3 社区中仅有 1 条链路，因此将其划分至 C1 社区更加合适，通过 CTCD 算法可以很容易实现这一目标。

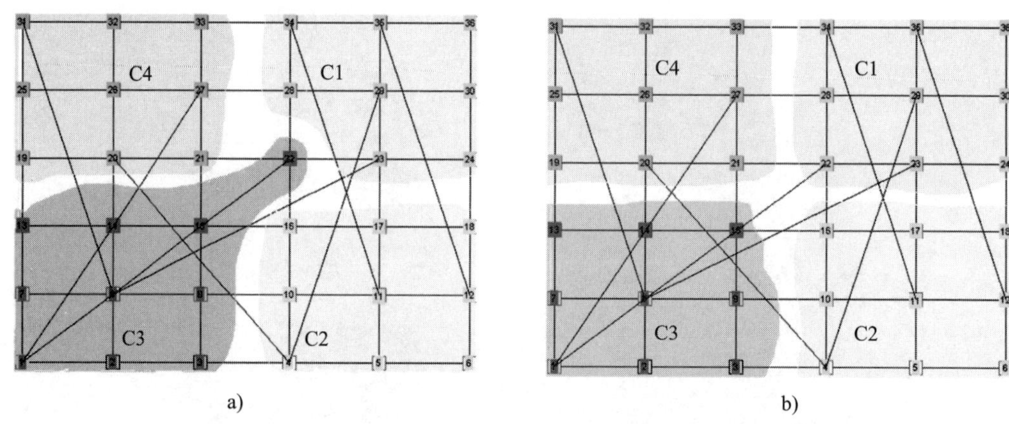

图 3.9　a) 在小世界网格网络中直接使用模块度最大化得到的社区分布；b) 采用 2 跳冲突图变换得到的社区分布（该图引自文献 [22]，© [2016] IEEE，转载已获作者授权）

3. 无线 mesh 网络中的 CTCD

无线 mesh 网（WMN）是一个无线多跳中继网络，其中的 mesh 节点形成一个 mesh 拓扑。WMN 包括 mesh 客户端、mesh 路由器、以及网关路由器 [17]。在 WMN 中，每个 mesh 节点都可以参与数据传输，从而可以提高网络的传输速率。

图 3.10 是一个由 17 个节点组成的无线 mesh 网络。有 6 个静止路由器节点，其余是移动节点。图 3.10a 中获得的社区分布的 Surprise 值是 28.50，而使用算法 3.1 单跳（1 跳）冲突图所获得的社区分布能够得到 29.65 这一更高的 Surprise 值。这里，节点 9 是具有最大连接数目的节点，在对其进行社区划分时出现了不一致情况。如图 3.10b 所示，对节点 9 归属社区的调整导致社区分布具有更高的 Surprise 值。这里，相对于 C1 社区，节点 9 与 C2 社区的连接数更多。因此在图 3.10a 直接采用模块度最大化得到的社区发现结果中，节点 9 的
76~77 归属关系并不准确，而如图 3.10b 所示，CTCD 采用 1 跳冲突图可以成功地将节点 9 划归到 C2 社区，从而得到更高的 Surprise 值。

4. 刻画 CTCD 的多跳影响

由上一节的分析可以发现，在小世界网格网络环境中 2 跳冲突图社区转换方法有利于改善 Surprise 值（见图 3.9）。而在 WMN 的情况下，通过将网络转换为 1 跳冲突图社区则可以有效改善 Surprise 值，如图 3.10 所示。另一方面，对于常规网格网络而言，无论转换为 1 跳或 2 跳冲突图社区对最终结果都非常有益（见图 3.8）。因此，选择合适的冲突图可能会受到网络类型的影响。

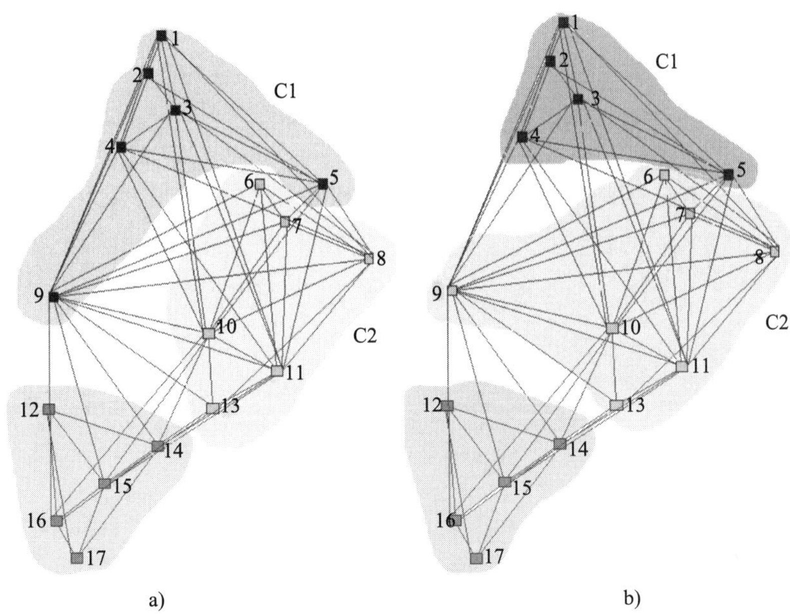

图 3.10　a）在无线 mesh 网络中直接使用模块度最大化得到的社区分布；b）采用 1 跳冲突图变换得到的社区分布（该图引自文献 [22]，© [2016] IEEE，转载已获作者授权）

在不同类型的冲突图中，能够改变 Surprise 值的观测参数之一是 ACC，对于一个特定节点，首先计算该节点的多少邻居彼此间也是邻居，随后在全网对该值取平均即可得到 78
ACC 的值。在图 3.8 和图 3.9 所示的例子中，小世界网格网络和正则网格网络的 ACC 值均为 0，而 WMN 的 ACC 值则高很多，接近 0.8。因此，可以选择 ACC 作为决定冲突图类型的区分参数之一，以便能够基于该冲突图获得具有更高 Surprise 值的特定社区分布。为了研究小范围 ACC 值变化与采用 n 跳冲突图得到的 Surprise 值变化情况，将以 ER 网络 [56] 和小世界网格网络作为研究对象。ER 网络和小世界网格网络都具有较低的 ACC 值，将其用于观察分别采用 1 跳、2 跳以及 3 跳冲突图所获得的 Surprise 值变化情况。

这里 ER 网络包括 500 个节点，节点间的连接概率在 0.01～0.19 之间变化。链路概率值从 0.01 到 0.19，按照 0.01 的步长进行变化，在每个链路概率值处考虑大约 10 个不同的 ER 网络配置，以便获得 Surprise 值变化的平均拟合值。使用以下四种不同的社区分布场景，针对不同链路概率值设置下的每个网络配置来计算 Surprise 值。

- **场景 1**：直接应用模块度最大化方法获得社区分布。
- **场景 2**：采用具有 1 跳冲突图的 CTCD 算法获得社区分布，这里 1 跳冲突图仅考虑直接相邻邻居的影响。
- **场景 3**：采用具有 2 跳冲突图的 CTCD 算法获得社区分布，这里 2 跳冲突图考虑了 2 跳范围内邻居的影响。
- **场景 4**：采用具有 3 跳冲突图的 CTCD 算法获得社区分布，这里 3 跳冲突图考虑了 3 跳范围内邻居的影响。

图 3.11a 给出了上述四种场景下的 Surprise 值变化。可以看出，使用 2 跳冲突图获得的社区分布的 Surprise 值明显优于其他情况下获得的社区分布。此外，在不同链路概率下网络对应的 ACC 值如图 3.11b 所示。可以看出，尽管链路概率值在 0.01 到 0.19 之间变化，但在 ER 网络中获得的 ACC 值一直都很小。因此，可以得出结论：在具有较低 ACC 值的网络中，

使用具有 CTCD 方法的 2 跳冲突图所获得的社区分布优于其他方法。

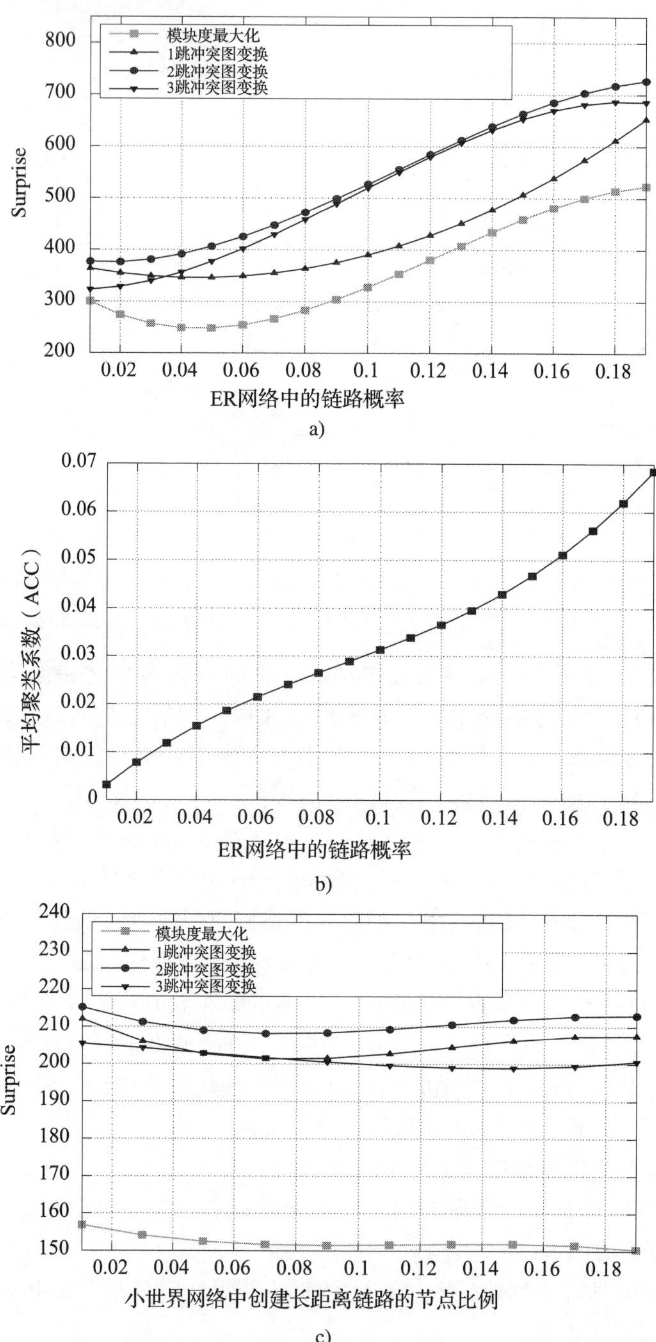

图 3.11 a）不同场景下 ER 网络中 Surprise 值随链路概率的变化情况；b）ER 网络中平均聚类系数（ACC）随链路概率的变化情况；c）不同场景下小世界网格网络中 Surprise 值随链路概率的变化情况。无论网络中长距离链路的概率如何变化，小世界网格网络的 ACC 值都接近于 0（该图引自文献 [22]，© [2016] IEEE，转载已获作者授权）

可以使用由 200 个节点组成的小世界网格网络进行类似的分析，其中网络的 ACC 值接近于 0。在小世界网格网络中，创建 LL 的节点占网络总节点的百分比从 1% 到 20% 不等。针对每一种百分比生成十种不同的配置。使用上面在 ER 网络的环境中讨论的四种场景，根 79~80
据每种网络配置所获得的社区分布来计算其 Surprise 值。

在图 3.11c 中，与其他情况相比，使用 2 跳冲突图获得的社区分布在整个范围内具有更高的 Surprise 值，而直接使用模块度最大化是最不可靠的方法，因为在这种情况下获得的社区分布具有最小的 Surprise 值。因此可以发现，在较低 ACC 值的情况下，通过使用 2 跳冲突图的 CTCD 方法，可以得到具有更高 Surprise 值更好的社区分布。在具有较低 ACC 值的网络中，与在社区发现算法中仅考虑相邻节点相比，将 2 跳邻域影响包括在内将能够更有效地对节点进行分组。而对于具有较高 ACC 值的网络（如图 3.10 中网络的 ACC 值等于 0.8），使用 1 跳冲突图变换能够得到更好的社区分布。表 3.4 总结了在具有较低或较高 ACC 值的网络中如何考虑多跳影响，以获得更高质量的社区分布。相对于具有较低 ACC 值的网络，具有较高 ACC 值的网络中节点间连接度更加密集，这将使得所发现的社区规模随着跳数影响的增加而增加。因此，若采用多跳冲突图，将会减少网络的整体分割数量并导致较低的 Surprise 值。故而在 WMN 的情况下，2 跳或 3 跳冲突图变换都会出现较低的 Surprise 值，如图 3.10 所示。

表 3.4　多跳影响在获得更好社区分布质量时的作用（该表引自文献 [22]，© [2016] IEEE，转载已获作者授权）

网络类型	ACC	合适的冲突图类型
ER 网络	≤0.07	2 跳冲突图
小世界网格网络	0	2 跳冲突图
无线 mesh 网络	0.8021	1 跳冲突图

5. 应用于现实世界网络

通过研究一些真实数据集来评估 CTCD 算法在有效社区发现中的性能。各种社区发现算法都利用这些数据集来比较其算法的效率。通常，数据集刻画了在社交网络或其他技术或生物网络中发现的实际关系。

6. Zachary 的空手道俱乐部网络

Zachary 的空手道俱乐部网络 [1] 由 34 个节点和 78 条边组成。空手道俱乐部网络是表示俱乐部成员之间的关系模式的社交网络。当俱乐部分裂为两组时，Zachary 能够判断出空手
道俱乐部的两个社区。从此，各种社区发现算法都被应用于这个网络来得到一个更好的社区 81
划分。这里，将对比分析基于 CTCD 方法与基于聚类系数方法得到的社区分布 [50]。

针对使用聚类系数方法和使用 CTCD 方法获得的社区分布，分别计算其 Surprise 值。结果显示，空手道俱乐部原始的两个社区、使用聚类系数方法获得的社区分布以及使用 CTCD 获得的社区分布的 Surprise 值分别是 13.61、16.36 和 17.60。

Zachary 的原始网络仅由两个社区组成，但 CTCD 和聚类系数方法都发现了额外的社区，从而表明其中存在小的子群。这些小的子群形成于一个更大的社区内部，并针对俱乐部网络中的分组模式提供了更进一步的视角。使用 CTCD 获得的社区分布具有比使用文献 [50] 中的聚类系数方法获得结果具有更高的 Surprise 值。因此，CTCD 算法（算法 3.1）能够发现 Zachary 空手道俱乐部网络更详细的社区分布。

7. 美国足球网络

美国足球网络[57]由115支球队组成，共开展了600场比赛。球队分为11个小组，这样一支球队可以与属于其家乡地区的球队进行更多比赛，而与属于其他地区的球队的比赛相对少一些。表3.5显示了通过应用模块度最大化和CTCD方法获得的Surprise值。如前所述，由于网络的ACC非常高，采用1跳冲突图的实现具有更好的性能。并且，使用CTCD获得的社区数量为11，与足球网络中存在的原始社区数量相同，而使用模块度最大化获得的社区数量为10。

表3.5　高ACC网络中社区发现的Surprise值对比（该表引自文献[22]，© [2016] IEEE，转载已获作者授权）

网络	ACC	模块度最大化	CTCD
美国足球网络	0.4032	364.78	385.08
悲惨世界网络	0.7375	95.72	118.60
82 网络科学中的共同作者	0.8782	4880.76	4884.93

8. 悲惨世界网络

悲惨世界网络[58]由77个节点和254条边组成，该网络代表了维克多·雨果的小说《悲惨世界》中人物之间的关系。每个节点代表小说中的一个人物，两个节点之间的边表示两个人物在小说的同一章节中出现。Newman在文献[48]中基于边介数方法确定了11个社区。这里，通过使用模块度最大化和CTCD分别发现了6个和8个社区，其中使用具有CTCD的1跳冲突图获得的社区分布具有更高的Surprise值，如表3.5所示。

9. 网络科学中的共同作者

共同作者网络[59]由1589个节点组成，其中节点代表科学家，边表示两者是某篇论文的共同作者。如表3.5所示，使用算法3.1获得的社区分布的Surprise值再次高于使用模块度最大化获得的社区分布。

10. 基于CTCD的层次化社区发现

在许多情况下，复杂网络中的社区结构也可能呈现出层次化组织结构。这里层次化组织结构是指网络是由其他社区内的社区所组成的。层次化社区分布有助于帮助我们有效地理解系统，因为通过将小的组件在不同层次结构中组合在一起可以更好地了解那个社区。

使用CTCD，可以在网络中识别这种层次化组织结构。在图3.12中，采用具有100个节点的ER网络来判断跳数增加所带来的社区数变化，其中每个跳数所获得的社区数量都采用10个不同时刻的值进行平均。这里，n跳影响中的n作为解析参数以判别一个组织的不同层次化结构。如图3.12所示，随着n值的增加，影响范围也将扩大，此时使用CTCD所获得的社区规模也会相应增加，从而产生宏观社区。而较小的n值则会产生一些微社区，即规模较小的社区。

图3.13显示了在悲惨世界网络中获得的层次化分布，在利用1跳、2跳和3跳冲突图的情况下，使用CTCD可以分别识别出7个、4个和2个社区。因此，通过考虑冲突图中较多跳数的影响，将能够得到较大的子群，而这些子群描绘了角色之间的远程关系。类似地，当仅考虑冲突图中较少跳数的影响，将能够得到较小的子群，而它们描绘了角色之间更加频繁的交互情况。因此，使用CTCD，可以通过调整n值以获得从较小到较大具有不同影响程度的社区。
83 的社区。

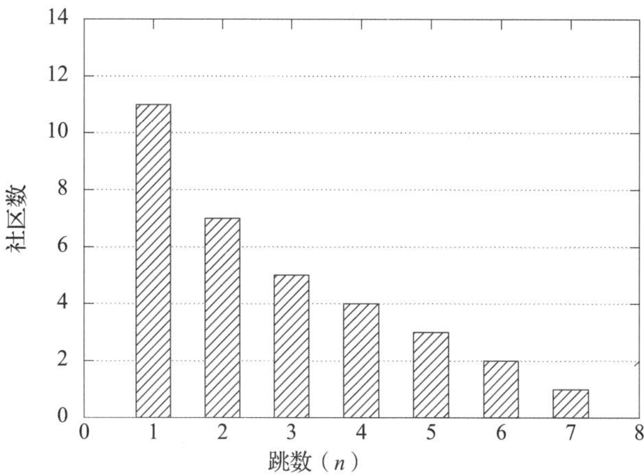

图 3.12 跳数变化情况下的社区规模分布（该图引自文献 [22]，© [2016] IEEE，转载已获作者授权）

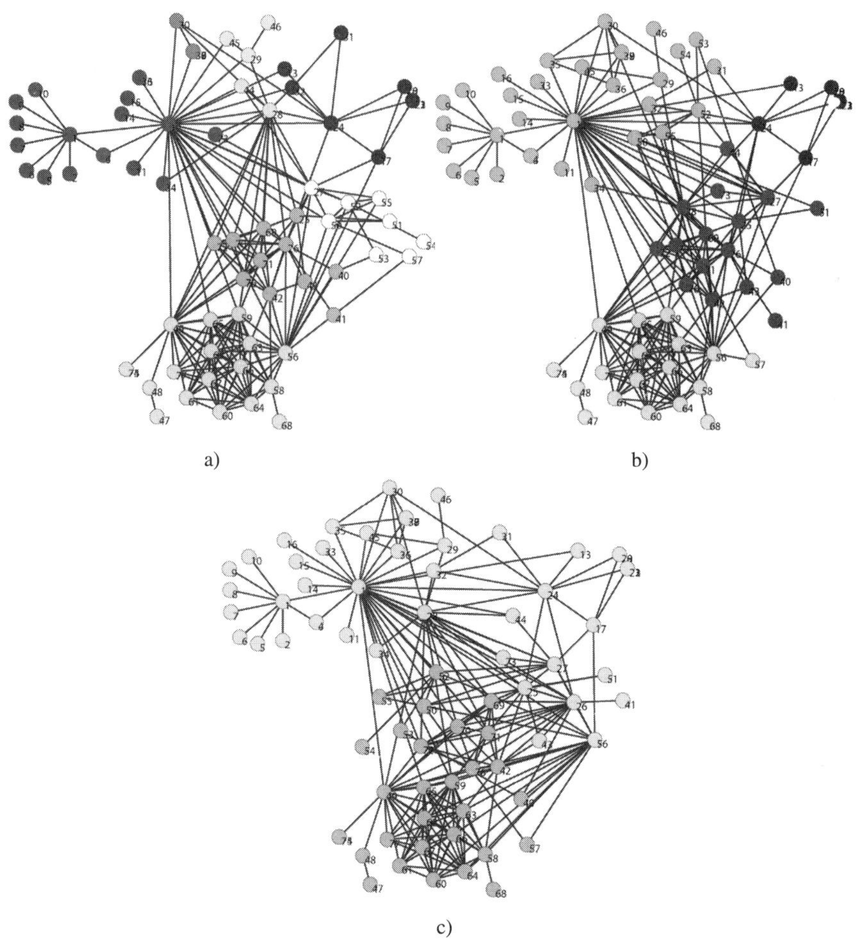

图 3.13 在悲惨世界网络进行层次化社区发现分析，分别采用：a）1 跳冲突图获得 7 个不同的社区；b）2 跳冲突图获得 4 个不同的社区；c）3 跳冲突图获得 2 个不同的社区（该图引自文献 [22]，© [2016] IEEE，转载已获作者授权）

3.4 复杂网络中的熵

在信息论中，熵度量了消息中所包含的平均信息量。最近一些年，网络熵被越来越多地用于理解网络属性以及刻画不同类型的网络。例如，采用基于熵的度量来描述网络中每条链路的影响，并用于区分具有相似的度分布的网络。因此，熵提供了一个很好的描述手段来刻画链路和节点的特征。

3.4.1 网络熵

网络熵基于节点和链路等网络参数来创建概率测度，这一概率测度为每个网络状态分配一个概率，并通过从所有状态中收集一个平均数量的信息来理解整个网络的行为。

网络熵定义为对网络不确定性的一个度量。香农熵定义为 $H(\cdot)=-\sum p(\cdot)\log(p(\cdot))$，其中 $H(\cdot)$ 代表网络的平均信息量，$p(\cdot)$ 是某一状态发生的概率，对 $p(\cdot)$ 的倒数求 log 的函数给出了状态中包含的自信息。网络状态对应于：节点度；链路或边属性；节点的连通性或中心性；社交网络中的分簇、回路或者环；拓扑配置；网络中节点的可导航性。

3.4.2 节点度熵

84~85 节点度熵（Nodal Degree Entropy，NDE）[60] 是复杂网络的一种熵度量，其中的熵基于节点的邻居度计算得到。NDE 对于评价邻居度意义上的节点异构性非常有效。NDE 的计算表达式为 $H=-\sum_i p_i\log p_i$，其中 p_i 为第 i 个节点度的概率描述，可以表示为如下形式：

$$p_i=\frac{\sum_{j=1}^{N}d_j}{d_i}\tag{3.4.1}$$

这里 d_i 是在一个 N 节点网络中节点 i 的邻居数目。在一个 r– 正则网络中，所有节点都具有相同的度 r，相对于邻居度具有很强动态性的网络，该网络的熵值一般会更大。

3.4.3 链路长度变化熵

链路长度变化熵（Link Length Variability Entropy, LLVE）[60] 度量了复杂网络中链路长度的变化情况，这里链路长度能够影响网络的一些特性。链路长度变化熵定义为 $H=-\sum_{i\neq j}p_{ij}\log p_{ij}$，其中 p_{ij} 是连接两个节点 i 和 j 的链路的长度变化概率，如公式（3.4.2）所示。

$$p_{ij}=\frac{|L_a-D_{ij}|}{\sum_{i\neq j}|L_a-D_{ij}|}\tag{3.4.2}$$

其中 L_a 代表网络的平均链路长度，D_{ij} 代表连接相邻节点 i 和 j 的链路的长度。LLVE 的一个好处就是刻画了链路长度的行为，并在对网络进行分类的过程中使用这一特征。在一些受控实验中发现，对于空间无线网络，其链路长度变化熵具有最大值，而对于网格网络等正则网络，则能够观察到其链路长度变化熵具有最小值。关于 LLVE 的额外信息可以参考文献 [60]。

3.4.4 链路影响熵

网络中链路的影响或者重要性会随着其在网络中的位置而变化。长距离边 LL(快捷链路)

的存在将会影响信息在网络中的传播方式。在网络中添加或者移除特定的链路将会影响网络的 APL。链路影响熵（LInE）通过比较网络中某一链路存在与否而导致的 APL 变化情况来度量每条链路的影响。

1. LInE 测度

网络 APL 定义为网络中节点对间的平均跳数距离，其计算方法为 $\mathrm{APL}=2\times\sum_{i\neq j}d(i,j)/(n\times(n-1))$，其中 $d(i,j)$ 是节点对 (i,j) 之间以跳数来度量的路径长度，n 是网络中的节点总数。在这里的讨论中，考虑到一个具有双向链路的网络，该公式引入因子 2 来处理双向性。由于数据传输过程中较低的端到端时延和更好的服务质量，一个具有较低 APL 的网络相对 86
于较高 APL 的网络更加高效。链路的 LInE 行为主要受网络 APL 和链路位置的影响，可以通过公式（3.4.3）进行计算。

$$H=-\sum_{i\neq j}p_{ij}\log p_{ij} \tag{3.4.3}$$

其中 H 是网络的 LInE、p_{ij} 是位于节点对 (i,j) 之间链路的影响概率，可以采用公式（3.4.4）实现。

$$p_{ij}=\frac{|\mathrm{APL}-\mathrm{APL}_{\overline{ij}}|}{\sum_{i\neq j}|\mathrm{APL}-\mathrm{APL}_{\overline{ij}}|} \tag{3.4.4}$$

这里 $\mathrm{APL}_{\overline{ij}}$ 指在移除网络中节点 i 和 j 之间的链路后整个网络的 APL 值，公式（3.4.4）中的分母 $\sum_{i\neq j}|\mathrm{APL}-\mathrm{APL}_{\overline{ij}}|$ 是一个归一化项，将移除网络中每条边后 APL 的变换情况汇总求和，因此公式（3.4.4）反映了网络中第 i 个和第 j 个节点之间链路的实际影响。

如果一个节点或者节点集合通过单一一条链路连接到网络的其他部分，该链路称为桥接链路。因此，移除桥接链路将会导致网络不连通的问题。对于这些桥接链路同样可以计算其 LInE 值。移除一条桥接链路将会使网络中出现不连通区域，移除这类桥接链路时会出现两种场景：

1）在图 3.14a 所示的 2 个不连通区域之间，一个网络分区（图 3.14a 中的分区 II）相对于另一包含多数节点（如超过 80%）的分区（分区 I）可能具有更少的节点（例如小于 20%）。在这一场景下，p_{ij} 可以基于其中一个分区计算得到（如图 3.14a 中的分区 I），并能够正确反映桥接链路在网络中的影响。因此，可以通过只考虑 $\mathrm{APL}_{\overline{ij(I)}}$ 而非 $\mathrm{APL}_{\overline{ij}}$，基于公式（3.4.4）计算得到 p_{ij}，这里 $\mathrm{APL}_{\overline{ij(I)}}$ 代表在移除桥接链路后分区 I 的 APL 值。

2）当两个非连通分区中任何一个节点数目都大于 20% 时，$\mathrm{APL}_{\overline{ij}}$ 将通过计算两个网络分区的平均值得到。因此，在这种情况下，p_{ij} 的值按照如下方式进行计算：$\mathrm{APL}_{\overline{ij}}=\dfrac{\mathrm{APL}_{\overline{ij(I)}}+\mathrm{APL}_{\overline{ij(II)}}}{2}$。

图 3.15 给出了一个网络的例子来展示 LInE 如何判别网络中链路和节点的重要性，该图给出了 3 个度量给定的 7 节点网络 LInE 值的例子。在图 3.15a 中，通过移除节点 2 和 87
3 之间的链路 p 来计算其在网络中的影响，得到链路 p 的影响概率为 0.0242。类似地，在图 3.15b 中，节点 3 和 4 之间的链路 q 被移除，可以计算得到其影响概率为 0.0970，这一值高于链路 p 的影响。在图 3.15c 中，当移除链路 r 后，网络将被分割为两个部分，因此 r 为

网络中的桥接链路。LInE 准确地判别了链路 r 的重要性，其影响概率为 0.4667，明显高于链路 p 和 q。

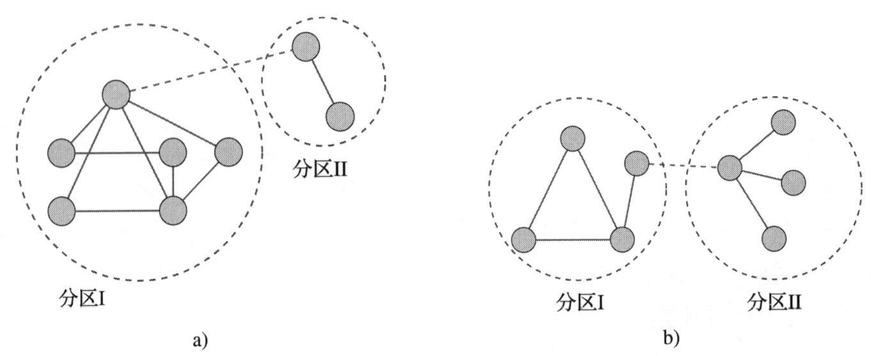

图 3.14 确定分割网络的 APL 值取决于不同网络分区的大小。桥接链路标记为虚线。a）在这种类型的网络分割中，网络的 APL 值定义为较大网络分区（包括超过 80% 节点的分区）的 APL 值；b）当任意一个分区的规模都超过总节点数的 20% 时，网络的 APL 值定义为两个不连通分区 APL 的平均值

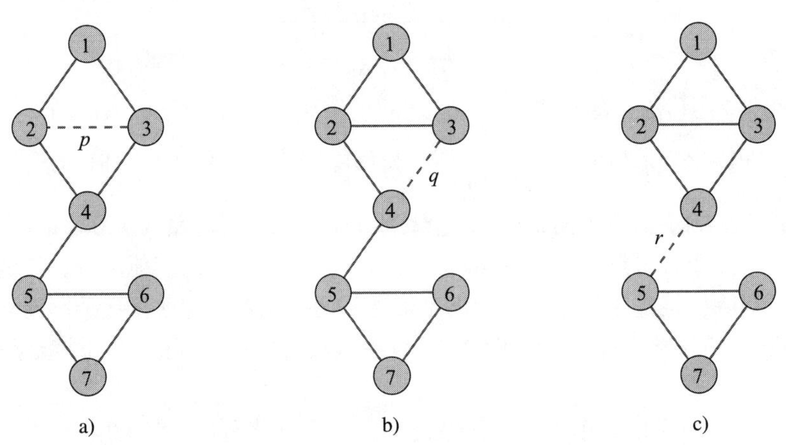

图 3.15 网络中链路影响的例子。给出了计算 a、b、c 三个网络 LInE 值（该值为 1.6805）的实例。a）移除虚线表示的链路 p，随后计算其影响；b）～c）分别移除链路 q 和 r，从 LInE 的角度计算它们在网络中的影响

88

2. 利用 LInE 确定节点影响

网络中节点 i 的影响可以通过综合与节点 i 相连的链路的影响计算得到。因此，给定链路影响 $p_{ij}\forall(i, j)$，网络中第 i 个节点的影响可以通过公式（3.4.5）计算得到：

$$p_i = \frac{\sum_j p_{ij}}{2}, \quad 0 \leqslant p_i \leqslant 1 \tag{3.4.5}$$

其中 p_i 代表节点 i 的影响概率，因此，通过综合链路行为来确定节点影响，我们可以在分析节点级信息的基础上更好地了解网络。实验结果也显示，节点影响比传统的节点中心性测度（度中心性、介数中心性等）在判别网络特征方面具有更好的参考价值。表 3.6 给出了图 3.15 中所有节点的影响，由该表可以看出，相对于网络中的其他节点，节点 4 和 5 具有较高的影响。

表 3.6 图 3.15 网络中节点基于 LInE 的影响值。在这一网络中，节点 5 和 4 是具有最大和次大影响的节点（转载自 Elsevier Physica A:Statistical Mechanics and its Applications, Volume 465, January 2017, P. Singh,A. Chakraborty, and B. S. Manoj, Link influence entropy, Pages 701-713, Copyright(2017), 已获得 Elsevier 出版公司许可）

	节点 1	节点 2	节点 3	节点 4	节点 5	节点 6	节点 7
节点影响（公式（3.4.5））	0.02	0.07	0.07	0.33	0.35	0.07	0.07

例如，基于度的熵分析[61]通过节点度的变化情况描述网络的异构性和同构性。然而，基于度的熵可能存在无法区分两种网络的情况。如图 3.16a 和图 3.16b 所示，当考虑到邻居节点间的距离时，同构性并没有得到维护。

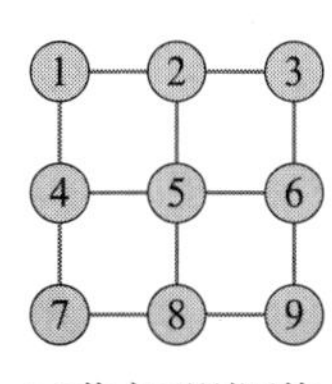

a) 9节点正则网络

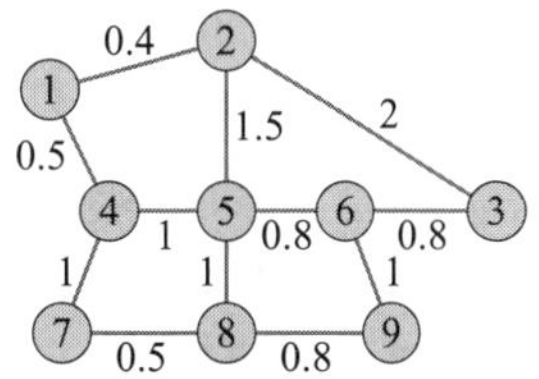

b) 非对称网络

图 3.16 两种具有相同度分布的网络的例子。这里基于度的熵无法判断出非对称网络中节点 6（图 3.16b）的重要性。然而，LInE 能够成功地区分出节点 6 为网络中的有影响节点

然而，在图 3.16a 和图 3.16b 中，尽管邻居节点间链路的组织和距离在图 3.16b 中有所变化，但两幅图中的节点具有相同的度分布。基于度中心性，两种情况下网络的熵是相同的。然而，LInE 却能够区分这两种具有相同度分布的网络。在图 3.16a 中，节点 5 是最重要的节点，因为其具有最大的度，而在图 3.16b 中，由于链路权重的变化，基于公式（3.4.5），节点 6 成为了网络中最有影响的节点。因此，基于度的熵分析在准确计算节点特征和网络熵的过程中存在不足。BC 也度量了节点在网络中的影响，但其无法综合网络中每条链路的影响。LInE 将每条与节点相连链路的影响都考虑在内，从而能够更好地计算该节点在网络中的重要性。

3. 动态网络中的 LInE

为了研究动态网络中的 LInE，需要计算第 i 个和第 j 个节点间链路的链路概率 p_{ij} 在特定时刻 k 的值 p_{ij}^k，其定义如公式（3.4.6）所示。

$$p_{ij}^k = \frac{|\mathrm{APL}^k - \mathrm{APL}_{\overline{ij}}^k|}{\sum_{i\neq j}|\mathrm{APL}^k - \mathrm{APL}_{\overline{ij}}^k|} \quad (3.4.6)$$

其中 APL^k 和 $\mathrm{APL}_{\overline{ij}}^k$ 采用与公式（3.4.4）相同的方法针对时刻 k 计算。因此，动态网络在时刻 k 的 LInE 可以通过公式（3.4.7）计算得到。

$$H^k = -\sum_{i\neq j} p_{ij}^k \log p_{ij}^k \quad (3.4.7)$$

相应地，在动态网络中，每个节点在时刻 k 的影响同样可以采用下述方式计算。

$$p_i^k = \frac{\sum_j p_{ij}^k}{2}, \quad 0 \leqslant p_i^k \leqslant 1 \quad (3.4.8)$$

89~90

4. 动态网络中的影响稳定性

除了度量节点的重要性，LInE 还可以用于计算网络影响的稳定性。如公式（3.4.6）所示，在动态网络中，节点的影响在不同的时刻会有所变化。节点影响的变化给出了该节点随时间的影响稳定性的估计。如果在不同时刻，连接到节点的所有链路的影响保持不变，则节点更稳定。这里的稳定节点是指其影响随时间变化最小的节点。连接到节点的链路的影响出现最大变化将会导致形成最不稳定的节点。

节点的影响稳定性 δ_i 定义为在最坏情况下节点影响最大变化的倒数，如公式（3.4.9）所示：

$$\delta_i = \frac{1}{\max(\Delta p_i^k / \Delta k)} \tag{3.4.9}$$

其中，Δp_i^k 表示节点 i 的影响 p_i 在时刻 k 偏离平均值的程度，而 Δk 表示动态网络拓扑在 k 时刻与 k–1 时刻的差异。因此，$\max(\Delta p_i^k / \Delta k)$ 表示在 k 时刻观察到的节点影响最大平均变化。节点影响的急剧变化意味着从影响角度评价，节点在网络中具有非常强的动态性。另一方面，网络中稳定节点的节点影响不会随着时间的变化而频繁变化。

5. 复杂网络的 LInE 行为

图 3.17 给出了 ER、无标度以及空间无线网络的熵值，其中节点随机分布，并通过 10 个时刻的值进行平均。在图 3.17a 中，LInE 显示了不同网络模型的熵之间的显著差异。可以发现，正则网格网络具有最大熵，因为该网络中大多数节点都具有相等的影响概率。空间无线网络具有最小熵，其原因在于不同节点之间的影响值具有较大的差异。在小世界网格网络中，与正则网络的熵值相比，远程链路（LL）的添加导致熵值的小幅降低。如图 3.17b 所示，由于所有网络都显示类似的熵值，基于度的熵不能用于区分网络模型。如图 3.17c 所示，基于 BC 的熵变化不能区分无标度网络和 ER 网络。

如图 3.17a 所示，根据 LInE 来评价，复杂网络具有如下的顺序，正则网络 > 小世界网络 >ER 网络 > 无标度网络 > 空间无线网络。

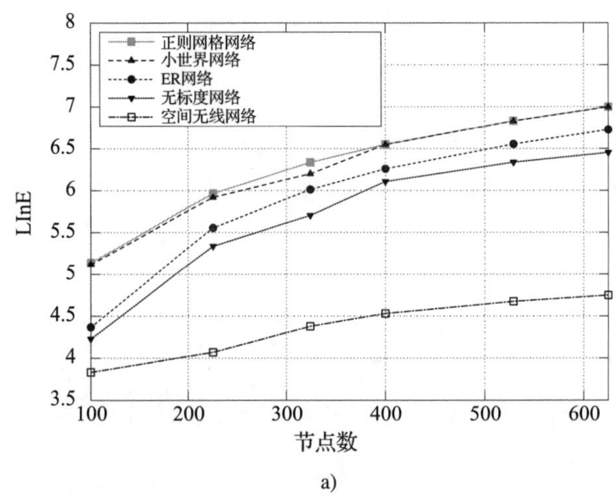

图 3.17　a）各种节点情况下 LInE 与节点数的对比；b）各种节点情况下基于度的熵与节点数的对比；c）各种节点情况下基于介数中心性的熵与节点数的对比（转载自 Elsevier Physica A:Statistical Mechanics and its Applications, Volume 465, January 2017, P. Singh,A. Chakraborty, and B. S. Manoj, Link influence entropy, Pages 701-713, Copyright(2017)，已获得 Elsevier 出版公司许可）

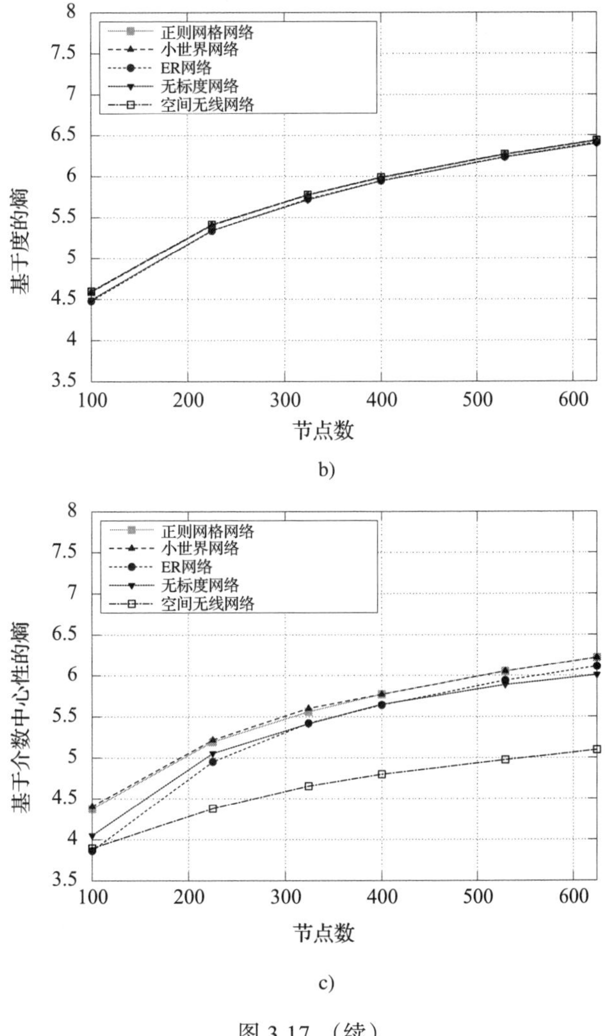

b)

c)

图 3.17 （续）

6. 现实世界网络中的 LInE 行为

Zachary 空手道俱乐部网络[1]是 20 世纪 70 年代美国大学空手道俱乐部中一个具有 34 名成员的社交网络例子。第 1 章的图 1.1（参见 1.1 节）展示了该空手道俱乐部网络，其中节 91~92 点代表俱乐部成员，而每条加权链路代表两个成员之间的通信频率。这里管理员被指定为节点 1，而空手道教练标记为节点 34。

为了理解 Zachary 空手道俱乐部网络中每个节点的影响，图 1.1 中每个节点的影响都采用基于 LInE、基于度、基于 BC 等不同方式进行了计算。从图 3.18a、图 3.18b、图 3.18c 可以看出，管理员和教练仍是网络中非常重要的人物。图 3.18a 和图 3.18c 显示空手道俱乐部的管理员比教练具有更大的重要性。然而，从基于度的概率来看（见图 3.18b），教练是网络中更加重要的人物。进一步地，当采用 LInE 和基于 BC 概率度量时，节点 20 和 32 同样被识别为网络中的重要节点。另一方面，在基于度的概率度量中，认为节点 2、3、4 以及 33 比节点 20 和 32 更加重要。因此，LInE 能够正确地判断出诸如 Zachary 空手道俱乐部等现实世界网络中的节点影响。

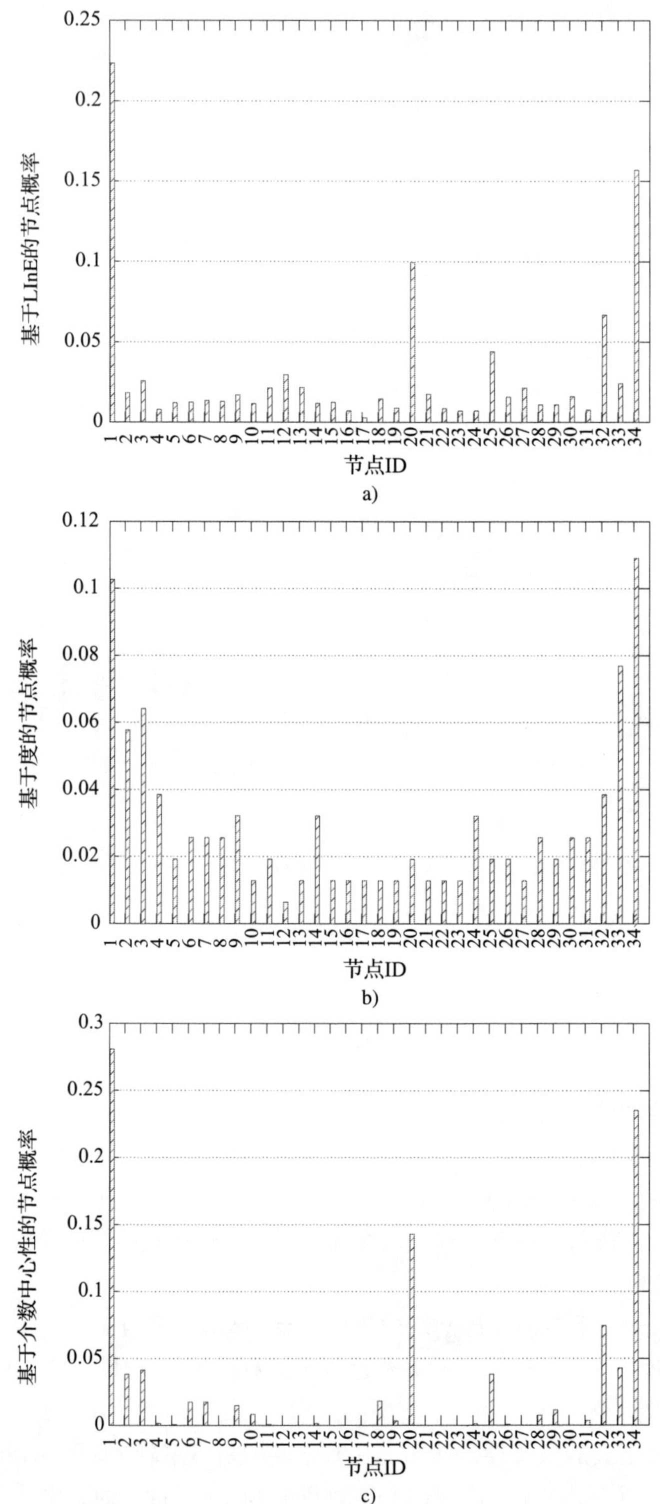

图 3.18　基于不同模型的 Zachary 空手道俱乐部网络的节点影响概率，a）LInE ；b）度；c）介数中心性（转载自 Elsevier Physica A:Statistical Mechanics and its Applications, Volume 465, January 2017, P. Singh,A. Chakraborty, and B. S. Manoj, Link influence entropy, Pages 701–713, Copyright(2017)，已获得 Elsevier 出版公司许可）

7. 动态网络中的 LInE 行为

这里，通过在不同时刻捕获复杂网络的拓扑，进而确定链路影响的变化。链路影响的变化决定了节点的不稳定性。若网络中随时间发生变化的链路较少，则节点在网络中更稳定。可以使用公式（3.4.9）计算节点的影响稳定性。

在图 3.19 中，在 ER、无标度和空间无线网络的背景下，对节点影响稳定性分布进行了分析。对于节点位置固定的正则网格和小世界网格等网络，没有观察到节点的动态特性。在 10 个不同时刻观察特定网络类型中节点的影响，并从中计算得到平均节点影响。例如，在 k 时刻计算与平均节点影响的偏差（对于第 i 个节点而言即为 p_i^k）。节点影响值的最大变化被认为是最坏情况，并用公式（3.4.9）计算影响稳定性。图 3.19 描述了分别使用基于 LInE、基于 BC 以及基于度的概率度量时，不同复杂网络的影响稳定性分布情况比较。基于 LInE 的影响稳定性与基于 BC 的节点影响稳定性值非常相似，而基于度的策略在准确估计网络中所有节点的影响稳定性方面效率很低。 93~94

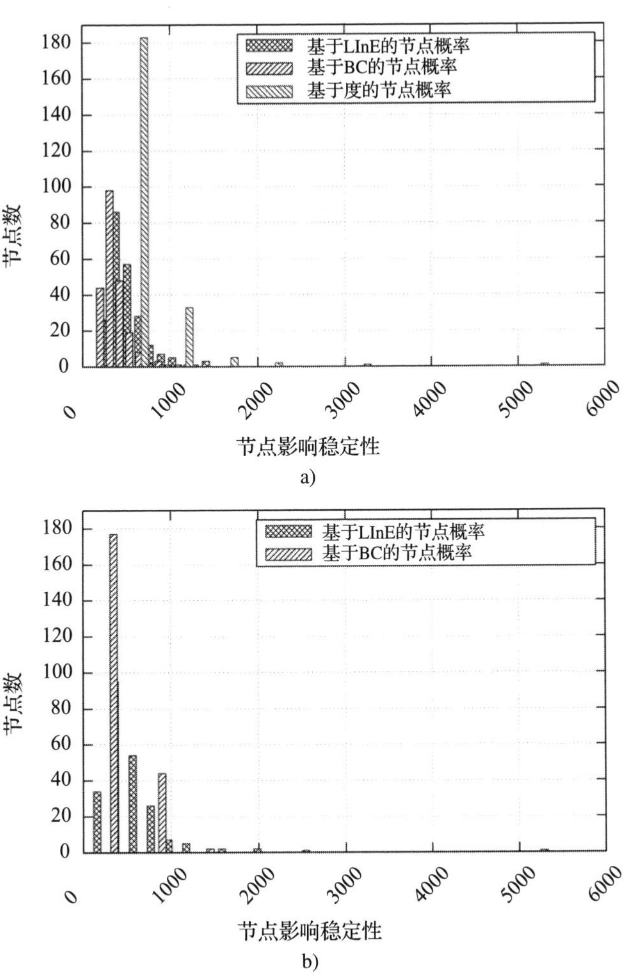

图 3.19　a）Erdös-Rényi（ER）网络中节点影响稳定性分布；b）无标度网络中节点影响稳定性分布；c）空间无线网络中节点影响稳定性分布（转载自 Elsevier Physica A:Statistical Mechanics and its Applications, Volume 465, January 2017, P. Singh, A. Chakraborty, and B. S. Manoj, Link influence entropy, Pages 701–713, Copyright(2017)，已获得 Elsevier 出版公司许可）

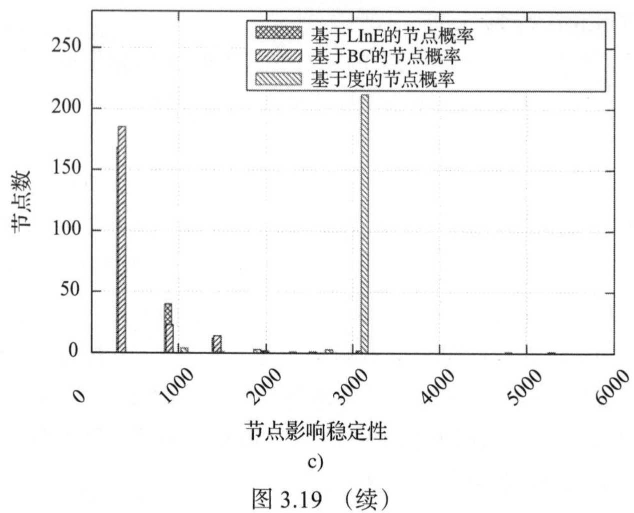

c)

95 图 3.19 （续）

在图 3.19a 和图 3.19c 中，基于度的度量无法捕获网络中节点的动态行为，因为连接到节点的链路可能在不同的时刻保持相同的度。例如，在两个不同时刻，特定节点的度可能保持不变，但是该节点的邻居可能变化。邻居情况的变化将会导致连接到该节点的相应链路影响发生变化。因此，LInE 有效地捕获了动态网络中节点影响的变化，而基于度的方法无法区分节点影响。由于不能有效观察节点影响的变化，基于度的方法不能有效地识别网络中节点的不稳定性。然而，LInE 能够有效地度量不同时刻链路影响的变化，并且能够正确估计节点影响的稳定性。如图 3.19a 和图 3.19c 所示，当考虑到 ER 和空间无线网络的影响稳定性分布时，LInE 非常类似于基于 BC 的节点影响稳定性值。

无标度网络的影响稳定性分布如图 3.19b 所示。当使用基于 BC 的策略时，网络中约 80% 的节点具有相同的影响稳定性值。然而，LInE 可以识别无标度网络环境中不同节点的影响稳定性。因为节点影响在不同时刻不会发生显著的变化，图 3.19b 中并未给出基于度的影响稳定性值，这也会导致对节点影响稳定性形成一些不准确的解释。

3.5 随机网络

本节简要介绍一种最早的复杂网络模型，称为随机网络。随机网络及其特性将在以下部分中讨论。

3.5.1 随机网络的演进

随机网络可以通过在网络中所有可能的节点对中随机选择一组节点对来演进。特别地，如果 N 个节点形成一个随机网络，这些节点可以基于两种不同的方法来相互连接：

- 如果总的链路数（M）已定，则可以基于生成函数 $\mathcal{G}(N, M)$ 来生成网络模型。也就是说，随机网络可以通过在 $\binom{N}{2}$ 种可能的选择中随机增加 M 条链路来创建。
- 如果在节点对之间创建链路的概率已定（p），则可以基于概率 p 增加新的链路来演进生成随机网络。这一模型可以表示为生成函数 $\mathcal{G}(N, p)$。该随机网络创建方法也被大家熟知为 Erdös-Rényi（ER）随机网络模型 [56, 62]。

3.5.2 Erdös-Rényi 随机网络模型

在 ER 随机网络创建过程中，N 个节点基于概率 p 随机地进行连接，算法 3.2 给出了创建 ER 网络的步骤。

算法 3.2 Erdös-Rényi（ER）随机网络模型

要求：

$\mathcal{G}$——具有 N 个节点的网络图。

p——链路增加概率。

$\mathcal{G}(N, p)$——生成一个具有 N 个节点和链路增加概率 p 的随机图。

rand(x, y)——生成一个位于 x 和 y 之间的随机数。

(x, y)——$\mathcal{G}$ 中的一个节点对。

初始化——$\mathcal{G}(N, p)$。

```
for i=1 → N do
  for j=1 → N do
    利用 rand(0, 1) 生成一个随机数
    if rand(0, 1) ≥ p then
      连接节点对 (i, j)
    end if
  end for
end for
```

算法 3.2 按照如下方式工作。在每一次从 $\binom{N}{2}$ 种可能中选择一个节点对创建链路的过程中，算法生成一个随机数，并比较该随机数与链路增加概率 p，若产生的随机数大于等于 p，则将对应节点对连接起来；若随机数小于 p，则节点对之间不增加链路。

ER 随机网络模型复杂性

运行算法 3.2 的时间复杂性可以按照下述方式估算。所有可能的节点对可以在 $O(N^2)$ 时间内得到，而判断是否需要将特定的节点对连接只需要 $O(1)$ 的时间，因此 ER 算法的时间复杂性为 $O(N^2+1)$，或者说是 $O(N^2)$。

3.5.3 随机网络的属性

基于性能评价测度可以判别随机网络的一些特征，下面将讨论一组随机网络的性能测度，包括：期望网络规模、平均邻居度、网络直径、平均路径长度、聚类系数、度分布、巨型分支的形成。

1. 期望网络规模

为了估算一个 N 节点随机网络的期望规模，需要衡量网络中总的链路数目。假设 M 是随机网络中的总链路数，且该网络基于生成函数 $\mathcal{G}(N, p)$ 产生。因此，生成具有 M 条链路的网络的概率可以计算为： 96~97

$$P(M) = \binom{\binom{N}{2}}{M} p^M (1-p)^{\binom{N}{2}-M} \tag{3.5.1}$$

链路总数的期望值可以计算为：

$$< M >= \sum_{M=0}^{\binom{N}{2}} MP(M) = p\binom{N}{2} \tag{3.5.2}$$

2. 平均邻居度

邻居度表示节点与网络中其他节点的连接数。也就是说，节点的度描述了它到网络其余部分的连通性。平均邻居度（AND）可以通过将链路数目期望值的 2 倍除以节点总数得到。AND（或者 <d>）可以采用下述方式得到

$$< d >= \frac{2 < M >}{N} = \frac{2p\binom{N}{2}}{N} = (N-1)p \simeq Np \tag{3.5.3}$$

3. 网络直径

网络直径是网络中所有可能的最短路径距离中的最大值，它反映了网络中节点的紧密程度。随机网络的网络直径 D 可以通过如下方式进行估算，给定

$$< d >^{D} = N \tag{3.5.4}$$

D 的值可以通过在两端取自然对数得到。

$$D = \frac{\ln N}{\ln < d >} \tag{3.5.5}$$

这里 N 是网络中节点的数目，<d> 代表节点的平均邻居度，D 表示网络的分离程度。

4. 平均路径长度

网络的平均路径长度（APL）可以通过计算网络中所有可能节点对之间端到端跳数距离的平均值得到。APL 是另一种反映网络节点间紧密性的网络特性，随机网络的 APL 值可以使用如下公式计算 [63]：

$$\text{APL} = \frac{\ln(N) - \epsilon}{\ln(< d >)} + \frac{1}{2} \tag{3.5.6}$$

98 在公式（3.5.6）中，$\mathcal{E}$ 代表欧拉常数，其取值约为 0.5772。

5. 聚类系数

网络的聚类系数可以通过计算其中的总团数来测量。也就是说，节点的聚类系数是对节点的邻居是否也互为邻居的一种估计。聚类系数能够反映网络的冗余度和健壮性。在随机网络环境中，可以采用如下方式估计聚类系数的值。

对于一个节点 x 而言，其链路数的期望值可以表示为 $p_x\binom{N_x}{2}$，其中 N_x 为节点 x 可能的邻居，而 N_x 个节点总的连接概率为 $\binom{N_x}{2}$，因此节点 x 的聚类系数值可以表示为：

$$\text{CCoff}_x = \frac{p_x\binom{N_x}{2}}{\binom{N_x}{2}} = p_x \tag{3.5.7}$$

这里，节点 x 的聚类系数等于链路增加概率 p_x。因此，在随机网络中，若链路增加概率为 p，则所有节点的聚类系数也同样为 p。

6. 度分布

度分布是对网络连接模式的一种估计，可以通过评估网络中存在多少具有相同度值的节点来计算度分布。一个网络的度分布可以描述为 P_k，表示有多少比例的节点具有度 k。对于一个随机网络而言，其 P_k 值可以采用如下方式计算。

在一个 N 节点随机网络中，存在 $\binom{N-1}{k}$ 种以链路增加概率 p 选择 k 个邻居的可能。因此，恰好有 N–1–k 个节点的度不为 k。这种情况下，随机选择节点并基于链路增加概率 p 将它们连接起来，将会导致任意节点具有 k 个邻居的概率如下所示：

$$P_k = \binom{N-1}{k} p^k (1-p)^{N-1-k} \tag{3.5.8}$$

公式（3.5.8）是一个二项分布函数，当 $N \to \infty$ 时，$N \times p \cong <d>$，当 $p \to 0$ 时，可以得到：

$$P_k \approx \frac{<d>^k e^{<d>}}{k!} \tag{3.5.9}$$

需要注意的是，公式（3.5.9）是泊松分布函数。可以看到，ER 随机网络的度分布服从泊松分布。$<d>$ 是网络的平均邻居度，可以通过公式（3.5.3）计算得到。并且，许多现实世界的随机网络也呈现出与 ER 网络相似的度分布。 99

7. 巨型分支的形成

从前述讨论中可以发现，新链路增加概率 p 和平均邻居度 $<d>$ 对于随机网络的演进至关重要。当 p=0 时，根据公式（3.5.3）可知，网络的平均度也为 0。因此，网络节点间保持不连通。另一方面，当 p=1 时，网络变得完全连通，此时 $<d>=N-1$。因此，链路增加概率 p 在随机网络演进模型中具有重要意义。

当 p 的值增加时，随机网络的连通性也得到了加强，逐渐演进出一个大的节点簇。这一大的节点簇包括大量的连接，并可以称为巨型分支（giant component）。根据前面的研究可以发现，形成一个巨型分支的关键值就是 $<d> \geq 1$[62]。因此，为了得到一个连通的 N 节点随机网络，链路增加概率必须满足 $p \geq \frac{1}{N-1} \simeq \frac{1}{N}$。

3.6 开放性研究问题

在复杂网络及其分析领域存在许多开放性研究问题。这里基于本章的内容讨论了一些开放性的研究问题。在后续章节的结尾处还将详细讨论一些相关的开放性研究问题。

- 复杂网络中的一个具有挑战性的问题是高效地检测社区。对于一个 N 节点图，估计其最优社区结构的模块度最大化机制具有指数时间复杂度 $O(2^N)$。尽管存在许多提高社区发现计算效率的启发式方法，例如 Newman-Girvan 方法和 CTCD 等，但是开发更快的社区发现算法仍然是一个开放的研究领域。
- 许多复杂的分析方法（例如 LInE 估计等）需要在网络分割的过程中计算网络的 APL 值。但是，由于 APL 是网络的全局属性，因此计算大型网络的 APL 比较耗时。原始的 APL 估计算法具有 $O(N^3)$ 的时间复杂度，而优化后的算法时间复杂度仍为 $O(N^2 \log N)$。对于大型网络而言，APL 计算的时间复杂度仍太高。设计和开发更快的算法来估计 APL 仍然是一个开放的研究问题。

- 另一个有趣的研究问题就是提出一个统一的中心性测度，既具有较低的时间复杂度，又能够用于判别节点的局部和全局影响。GFT-C 测度在判别节点中心性的同时还能够处理本地属性和全局属性。但对于大型网络而言，由于计算大型网络的特征值需
100 要较高的计算时间，GFT-C 在计算中心性方面的时间复杂度过高。因此，具有较低时间复杂度的中心性测度设计将是一个有趣的研究问题。
- 复杂网络中现有的社区发现算法经常试图找到严格不相交的社区。然而，在现实世界的网络中，节点可能同时是多个社区的一部分，而现有的社区发现算法无法定量描述这种重叠参与多个社区的情况。因此，需要设计新的测度来描述这种重叠参与情况，并设计新的社区发现算法以有效识别社区及其重叠情况。
- ER 网络模型不能描述许多真实世界随机网络的形成以及演进行为。例如，在节点数量以规则或不规则的间隔随时间变化的网络中，ER 以及类似的网络模型无法有效描述这一网络模型。设计开发新的能够解释时间依赖网络演进的网络模型仍然是一个开放的研究问题。

3.7 小结

复杂网络是以图形方式描述复杂系统中的实体数量和它们之间的交互关系。由于系统连接关系的复杂性，复杂网络的拓扑结构本质上是非平凡的。本章简要介绍了复杂网络、研究复杂网络的重要测度、识别复杂网络中节点之间交互的社区发现技术，以及基于网络熵方法对复杂网络中节点和链路影响的研究。本章还简要介绍了随机网络，并在最后以一系列开放
101 性的研究问题结束。

练习题

1. 对于图 3.20 所给定的网络，计算下述测度：度中心性（DC）；接近中心性（CC）；介数中心性（BC）。

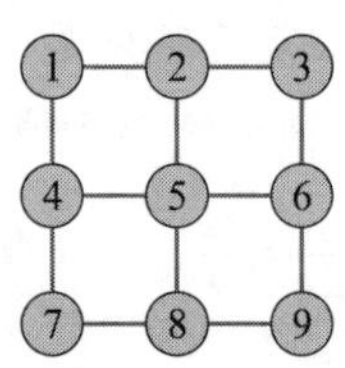

图 3.20　练习题 1 的无权网格网络拓扑

2. 对于图 3.21 所给定的网络，计算下述测度：图的度中心性（$\mathcal{G}_{DC}$）；图的接近中心性（$\mathcal{G}_{CC}$）；图的介数中心性（$\mathcal{G}_{BC}$）。

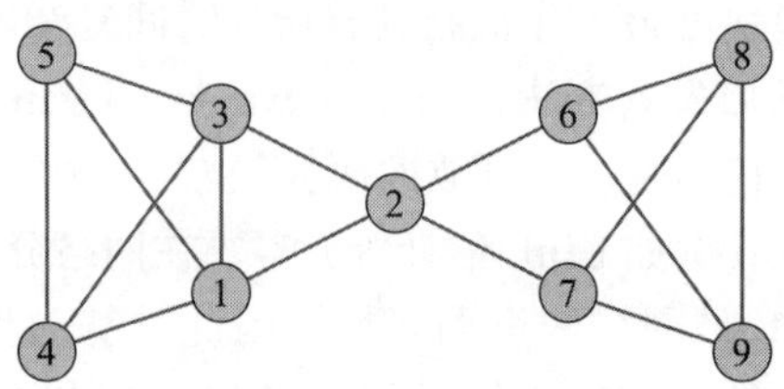

图 3.21　练习题 2 的网络

C 3. 基于 $\mathcal{G}$(10000, 0.1) 建立一个大型的 ER 网络，并计算下属参数：图的度中心性（$\mathcal{G}_{DC}$）；图的接近中

心性（$\mathcal{G}_{CC}$）；图的介数中心性（$\mathcal{G}_{BC}$）。

4. 推导出下述测度的闭式表达式：图的度中心性（$\mathcal{G}_{DC}$）；图的接近中心性（$\mathcal{G}_{CC}$）；图的介数中心性（$\mathcal{G}_{BC}$）。
5. 对于图 3.20 的网络，计算：特征向量中心性（EC）；图傅里叶变换中心性（GFT-C），并对网络中最中心的节点给出自己的观察。考虑必要的假设。
6. 对于图 3.22a 和图 3.22b 所示的网络，计算其度相关性。并对这两个网络的度相关性给出自己的观察。
7. 计算如下的网络电阻距离：图 3.22a 和图 3.22b 中的节点 12、20、11 和 9，以及在图 1.1 中描述的 102
Zachary 空手道俱乐部网络中的节点 1（俱乐部教练）和节点 34（俱乐部管理员）。

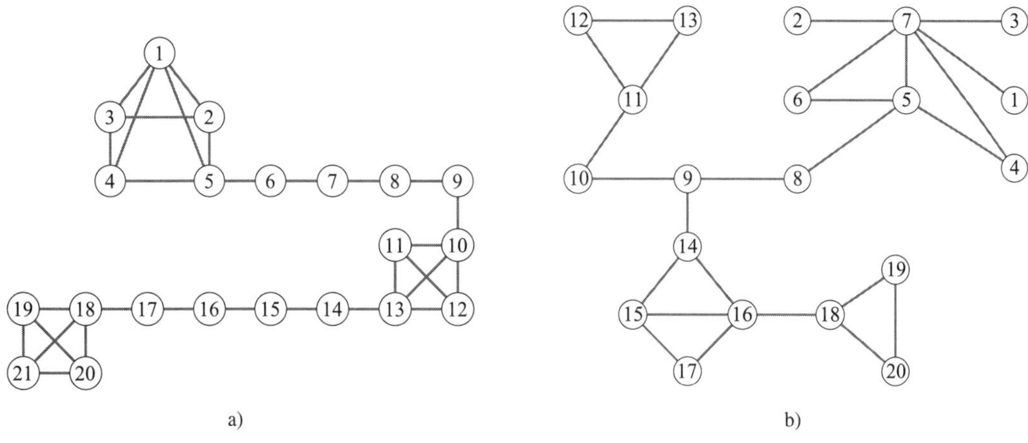

图 3.22　练习题 6 与 7 的网络示例

8. 对于一个 8 节点路径图，计算 1 跳、2 跳以及 3 跳冲突图。
9. 考虑一个现实世界的社交网络——爵士音乐家网络，并实现模块度最大化方法及 CTCD 方法，随后比较这两种方法检测出的社区之间的显著差异（提示：参考 https://github.com/gephi/gephi/wiki/Datasets 获取爵士音乐家网络的数据集）。
10. 考虑图 3.7a 所示的网络及其在图 3.7b～图 3.7d 中所描述的冲突图，计算原始网络以及多个冲突图的 NDE。对于那些增加步长来生成的不同冲突图，观察其 NDE 值看有什么特征。 103
11. 对图 3.8a 给出的 36 节点小世界网格网络，计算其 NDE 和 LLVE。在计算 LLVE 过程中，节点位置可以假设位于一个合适的 2D 笛卡儿坐标中。比较 NDE 和 LLVE 的熵值。
12. 对于图 3.20 和图 3.23 给出的网络，以及一个无权 8 节点路径网络，计算其 LInE 测度。

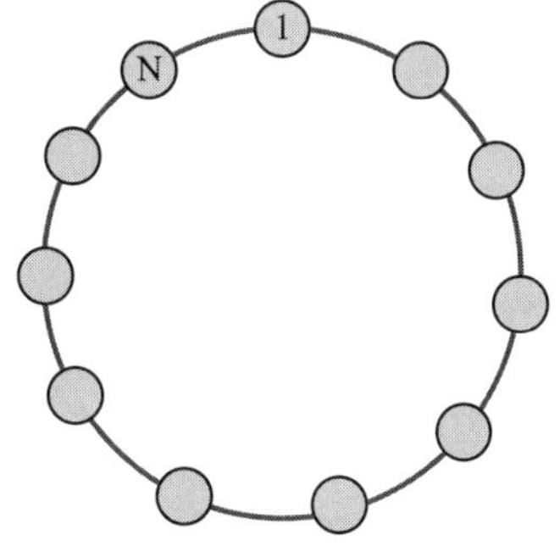

图 3.23　练习题 12 的网络拓扑

13. 考虑图 3.7b 至图 3.7d 中所示的网络拓扑。假设这些网络受网络的动态属性影响，估计这些网络的影响稳定性。

14. 随机网络服从二项分布，然而对于具有链路增加概率非常小的大规模随机网络，度分布由二项分布变为泊松分布。通过分析证明这一度分布的转变过程。

15. 通过生成函数 $\mathcal{G}(N, p)$ 生成一个随机网络，其中 N=1000，p=0.1，对所生成的随机网络计算下述参数：平均节点度；平均路径长度；度分布。根据上述计算结果进行自己的观察，并做出必要的假设。

16. 对于一个 N 节点随机网络，详细证明其平均网络直径 D 可以表示为 $\frac{\ln N}{<d>}$，其中 $<d>$ 为平均节点度。

17. 考虑具有 10 000 个节点的大型网络，通过不同的链路增加概率生成随机网络模型，$p \in \{0.0.1, 0.05, 0.10, 0.15, 0.20\}$，对每一个网络模型画出其度分布。对所有随机网络模型中巨型分支的形成情况进
104 行自己的观察，并做出必要的假设。

18. 对于图 3.7a 中的网络，计算两个社区情况下其模块度以及 Surprise 值：社区 A 包括节点 1、2、3；社区 B 包括节点 4、5、6。

19. 对于一个具有 1000 节点的 ER 网络，若链路增加概率 p=0.05，计算下述测度：平均节点度、网络直径、APL。当链路增加概率 p 调整为 0.1 之后，观察上述测度的改进情况。

20. ✩模拟一个与 ER 模型略有偏差的随机网络模型，其变化情况如下。网络具有 N 个节点，且 N 的值非常大（N>1000），链路创建概率 p 非常小（p<0.1），随着时间的推移，在一些特定时刻有些链路
105~106 按照 p/4 的概率从网络中移除。计算在 k 个时刻（k=1, 2, 5, 10）之后一些特征的变化情况，如平均节点度、APL 以及度分布参数。

小世界网络

正则网络都是以特定的模式（例如，2D 网格网络）来构造，其中每个节点都始终与其直接邻居相连。这里的直接邻居是 2D 网络中在所有方向上具有最短欧氏距离的节点。相反，当节点间以特定概率 $p \in [0,1]$ 相互连接时，则将形成随机网络。然而，随机网络中的节点可能与其直接邻居并不相连。本章将介绍小世界网络的概念。这里的术语小世界是指从源节点只需要很少的跳数即可到达一个远程节点。小世界网络的特性介于正则网络和随机网络之间，对前者而言，节点按照特定的模式组织在一起，而对后者而言，节点间相互随机连接。小世界网络的主要优点是它结合了正则网络和随机网络的优秀网络特性。本章介绍小世界网络的特点，随后给出一些现实世界的例子。本章还讨论小世界网络环境中的各种创建和演化模型、路由策略以及渐近容量界限。最后，本章以一系列开放性的研究问题结束。

4.1 引言

1967 年，一位名叫 Stanley Milgram 的社会心理学家进行了一项消息传递实验，以研究美国的社会关系及其动态性。然而，Milgram 惊讶地发现，大量人群可以通过极少数的中间熟人（中位数为 5 到 9）连接起来[64]。随后小世界这个术语开始被用来描述这一紧密连接的特殊特征。

在 20 世纪 90 年代后期，小世界的概念在许多研究领域开始流行。特别是科学家发现小世界特征可以在许多方面得到应用，如可以有效地设计通信、交通和现实世界的社交网络。人们也发现许多自然网络也遵循小世界特征。Watts 和 Strogatz 首先在一些自然网络中观察到了这一特征（例如，秀丽线虫细菌的神经网络、美国西部的电网网络以及电影演员的合作图谱）[6]。网络的小世界特征可以通过低到中等的平均聚类系数（ACC）以及低平均路径长度（APL）来刻画。

ACC 是相互连接的邻居节点比例在全网范围内的平均值。因此，ACC 揭示了网络图的本地连通性属性。在计算过程中，可以通过对网络中所有节点的聚类系数之和取平均来度量网络的 ACC 值。相比之下，APL 是一个全局网络属性。APL 有时又被称为特征路径长度，是通过对所有源节点和目的节点之间的路径长度取平均值得到的。有关 ACC 和 APL 的详细讨论请参见 2.4 节。

小世界网络介于正则网络和随机网络之间，拥有两个网络的最佳特性。在正则网络中，大多数节点的连通性都很好。因此，正则网络中任意节点的邻居节点之间也大多数相互连接，因此该网络的 ACC 值高。但是，由于需要多跳才能到达远程节点，因此 APL 在正则网络环境中也很高。在随机网络中，因为节点是随机连接的，故而 ACC 值相对很低。然而，通常可以通过少数几跳到达远程节点，因此随机网络的 APL 很低。

在小世界网络中，节点间以正则网络拓扑的形式相互连接，并且在远程节点对之间存在少量的远程链路（LL）㊀。因此，小世界网络具有较低的 APL 值以及中等的 ACC 值。表 4.1

㊀ 添加到现有网络拓扑的新连接称为远程连接（LL）或简称为新连接。在整本书中，LL 和新连接可互换使用。

给出了三种网络拓扑结构在 ACC 和 APL 方面的比较。

表 4.1 本表基于平均聚类系数（ACC）和平均路径长度（APL）两个测度对比分析了正则网络、小世界网络和随机网络。在正则网络的情况下，ACC 和 APL 值都呈现中等到高的特征。然而，由于存在随机连接，随机网络的 APL 和 ACC 值都较低。小世界网络继承了正则网络和随机网络的最佳特性，由于存在少量的远程链路，使其具有较低的 APL 和中等 ACC 值。本表还给出了各类网络 APL 值的渐进值

参数	正则网络	小世界网络	随机网络
ACC	中等	中等	低
APL	高	低	低
APL 值的界	$O(N)$	$O(\log N)$	$O(\log N)$

由表 4.1 可以看出，当考虑网络拓扑时，正则网络和随机网络是两种极端情况，而小世
108 界网络则融合了这两种极端网络拓扑的一些最佳特性。

4.2 Milgram 小世界实验

如前所述，1967 年，社会心理学家 Stanley Milgram 在哈佛大学的消息传递实验中首次观察到了小世界的特征。为了进行这项实践活动，选择了各行各业的人来参与两组不同的消息传递实验。第一个实验是从堪萨斯州威奇托发送信息到马萨诸塞州剑桥，第二个实验是从内布拉斯加州奥马哈发送信息到马萨诸塞州波士顿 [64]。为了判断消息到达目的地所需的跳数，在消息信封上记录了以下内容：

1）消息接收者的姓名以及有关此人的必需信息。

2）消息的接收和发送日志，发送者和中间处理者在其中记录他们的名字，以便跟踪消息在到达目的地过程中所经历的跳数。此外，日志还能够帮助发件人避免向已经在日志中的人发送相同的消息，从而防止循环。

消息转发过程如下：假设必须通过一系列熟人将消息从用户 A 传递给用户 B。唯一的条件是，在将消息传递给最近的熟人或直接传递给目的用户时，消息传递者必须非常熟悉彼此⊖。否则消息传递者必须将消息转发给另一个最近的人，由其负责随后的消息传递工作，并最终使消息到达目的地。

图 4.1 给出了一个与 Milgram 实验相类似的在社交网络中进行消息传递实验的例子。其中消息需要从源节点 SN 发送至目的节点 DN。从图中可以看出 SN 和 DN 之间没有直接连接，因此需要一些中间节点来转发消息。在图 4.1 中，如果两个节点或人员相互认识，则相互之间存在一条虚线。因此，为了分发消息，SN 首先将其转发到节点 A（表示为 Hop#1），节点 A 又转发到节点 B（表示为 Hop#2）。由于节点 B 认识 DN，因此它直接将消息发送给 DN（表示为 Hop#3）。可见，消息从 SN 转发到 DN 一共只需要三跳。

消息传递实验揭示了美国社会中的许多社会模式 [64]。由于该研究是通过选择不同阶层的人进行的，在许多情况下，由于缺乏中间熟人，因此消息没有能够到达目的地。但也有消息的确以不同的跳数最终到达了目的节点。在堪萨斯州的研究和内布拉斯加州的研究中，发

⊖ 这里在消息传递实验中非常熟悉彼此的意思是某一个体 Alice A 与另一个体 Bob B 熟知对方并且关系友好。也就是说，Alice 在开始消息传递实验之前就已经十分了解 Bob。

现中间所经历的熟人个数通常在 2 到 10 之间变化，而中位数则接近 5。这种特征通常称为 109
六度分隔，这意味着即使在大量人口中，任何两个人也可以通过少量的中间联系人来相互认识。在许多现实世界的网络中也可以看到小世界特征：尽管拓扑结构很大，但是节点可以通过少量中间跳数与其他节点进行通信。

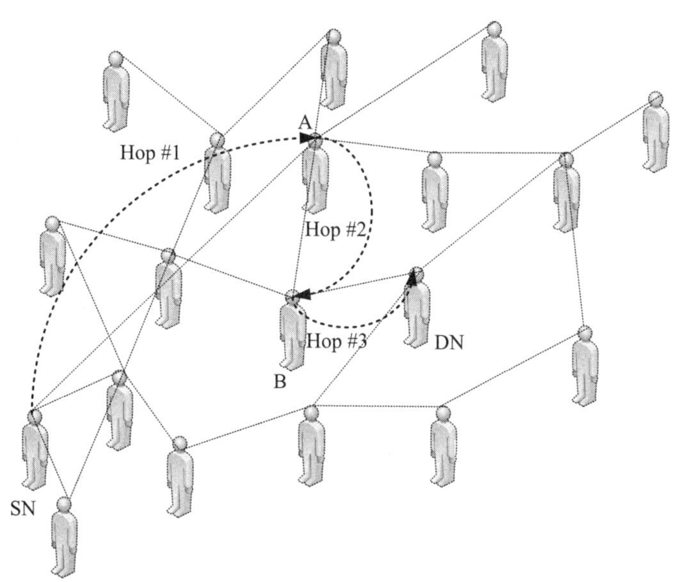

图 4.1 在社交网络中从源节点 SN 到目的节点 DN 的消息传递实验示例。消息转发路径以黑色虚线箭头表示。在此示例中，需要三跳才能将消息从 SN 传递到 DN

可以通过随机创建少量的 LL 将正则网络转化为小世界网络，所增加的 LL 能够在保持 ACC 值几乎不变的情况下显著降低网络的 APL。在下一节中，将讨论小世界网络的一些关键特征。

4.3 小世界网络的特征

通过重连少量的现有普通链路（NL）或新添加几条 LL，即可将正则网络转化为小世界
网络。小世界网络的关键特征就是具有低 APL 以及低到中等 ACC。图 4.2a 展示了一个 10 110
节点的 4- 正则网络，其 APL=1.67 且 ACC=0.50。然而，当以重连概率 p=0.2 调整少量现有的 NL 后（4.5.1 节将对重连进行详细的讨论），所得到的网络 APL=1.58，ACC=0.34，如图 4.2b 所示。

可以发现当图 4.2a 中的网络规模比较小时，以重连概率 0.2 调整后网络的整体 APL 变化并不大（仅为 6.59%）。但随着网络规模的增加，APL 值的改进将变得越来越明显。表 4.2 给出了针对不同规模的 4- 正则网络重连后的一些数值结果（网络规模分别为 100、200、300、400 以及 500）。需要注意的是，表 4.2 是以不同的重连概率将一些 NL 重连后得到的结果，$p \in \{0.05, 0.1, 0.2, 0.5\}$。

APL 描述了网络中所有节点对之间的端到端跳数距离（EHD）的平均值，其数学表达式如公式（2.4.3）所示。由表 4.2 可以看出，随着网络规模的增加，APL 值的降低程度也逐渐明显。例如，在一个 100 节点的网络中，当重连概率 p=0.05 时，其 APL 值仅为同样规模正则网络的 44.18%。

表 4.2 本表显示了从不同规模的 4- 正则网络（N）以不同的重连概率转化为小世界网络后的数据。在表中，$N \in \{100, 200, 300, 400, 500\}$，$p \in \{0.05, 0.10, 0.20, 0.30, 0.40, 0.50\}$。平均聚类系数（ACC）的值在重连操作之前均为 0.5。可以看出随着 p 的增加，平均路径长度（APL）的值显著下降。本表还给出了 APL 值相对于重连之前降低的百分比

节点数目	重连概率（p）	重连前的 APL 值	重连后的 APL 值	APL 降低的百分比	重连后的 ACC 值
100	0.05	12.88	7.19	44.18	0.45
	0.10		4.55	64.67	0.32
	0.20		4.01	68.87	0.24
	0.50		3.50	72.83	0.07
200	0.05	25.38	7.40	70.84	0.43
	0.10		6.04	76.20	0.36
	0.20		4.91	80.65	0.25
	0.50		4.17	83.57	0.09
300	0.05	37.88	9.77	74.21	0.44
	0.10		6.57	82.66	0.36
	0.20		5.20	86.27	0.24
	0.50		4.55	87.99	0.09
400	0.05	50.38	9.29	81.56	0.43
	0.10		7.58	84.95	0.38
	0.20		5.93	88.23	0.29
	0.50		4.73	90.61	0.06
500	0.05	62.88	11.68	81.42	0.45
	0.10		7.64	87.85	0.37
	0.20		5.86	90.68	0.25
	0.50		5.00	92.05	0.08

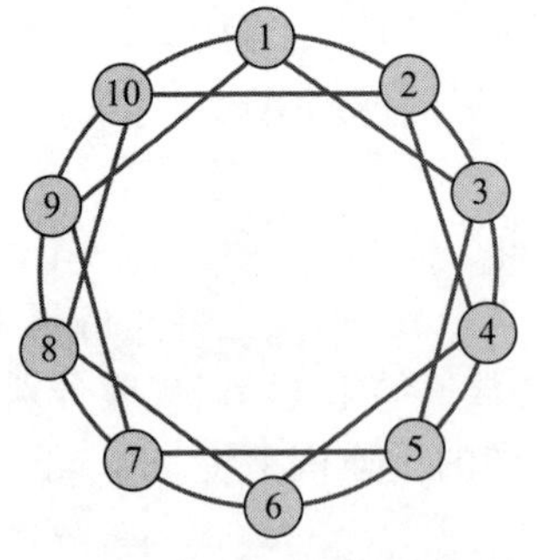

a) APL=1.67，ACC=0.50

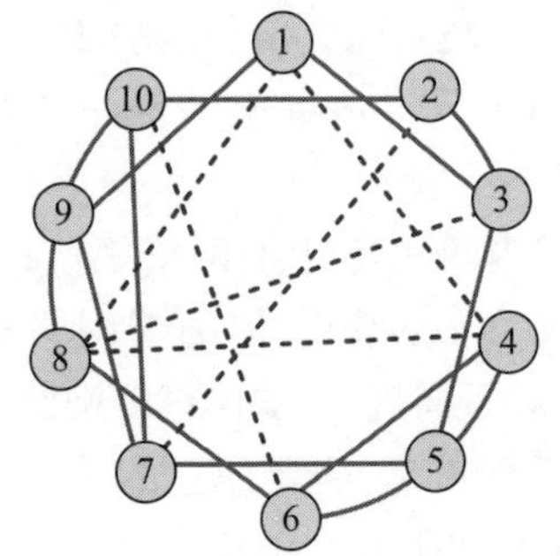

b) APL=1.58，ACC=0.34

图 4.2 a）4– 正则网络的例子；b）图 a 中的一部分普通链路以概率 p=0.2 进行重连，所生成的网络转化为一个小世界网络

另一方面，评价网络中一个节点的邻居之间连通性的 ACC 不会像 APL 那样大幅度地减

少。例如，在 100 节点网络中重连概率 p=0.05 时，ACC 降低的值仅约为 10%。然而，如前所述，APL 值的改善远远大于 ACC 值的改变。

从表 4.2 可以看出，随着重连概率的增加，APL 值将会得到显著改善。然而，网络也逐渐变得更加稀疏，因为在重连之后一些直接邻居可能不再相连。造成的结果就是 ACC 也随着重连概率 p 的增加而减少。因此，在较小的重连概率作用下，正则网络将被转化为小世界网络，而随着重连概率的增加，小世界网络将逐渐转变为随机网络。

在将正则网络转化为小世界网络的过程中，也可以采用向正则网络中添加新的 LL 而非
重连现有 NL 的方式。但是，随着时间的推移和 LL 的数量不断增加，网络最终将会成为一 111
个完全连接的网状网络。 ~112

1. 度分布

图 4.3 给出了一个 500 节点小世界网络的度分布情况，该网络是通过对 500 节点的 4- 正则网络进行重连部分 NL 得到的。图 4.3 展示了不同重连概率 p=0.05, 0.10, 0.20, 0.50 情况下的度分布。这里 k 代表网络中节点的度，而 $P(k)$ 代表网络中有多少个节点的度数为 k。

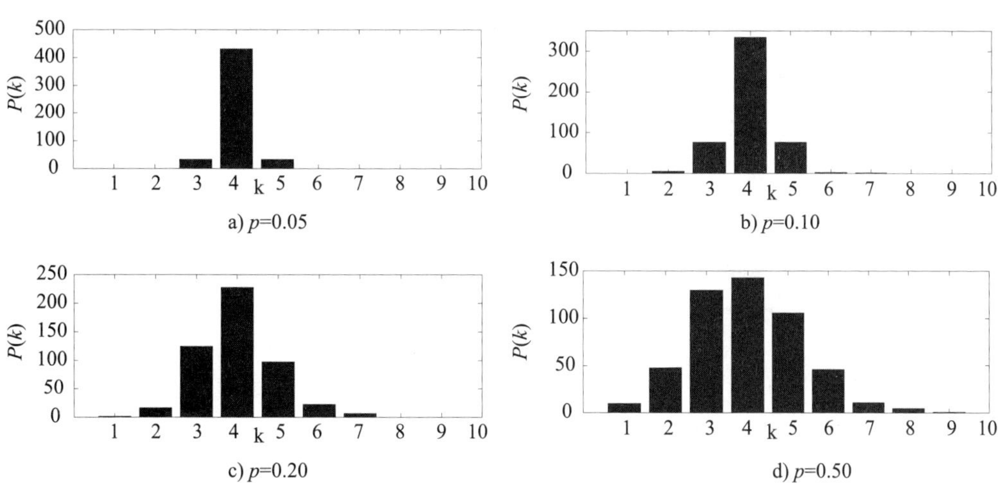

图 4.3 对 500 节点的 4- 正则环形拓扑网络进行重连后度分布的例子，其中重连操作分别根据下述重连概率进行：a) p=0.05；b) 0.10；c) 0.20；d) 0.50。度分布服从钟形曲线，均值为 4

由图 4.3 可以发现，所有的分布均服从均值为 4 的正态分布，但 APL 的值却得到了显著的降低，正如表 4.2 所示（例如，在 p=0.2 的情况下，500 节点网络的 APL 变为 5.86，相对于正则网络优化了接近 90.68%）。

2. 图的谱分布

网络图也可以表示为一组可以从结构矩阵中计算得到的特征值，这些结构矩阵包括邻接矩阵、拉普拉斯矩阵以及网络的随机游走矩阵等。结构矩阵的特征值集合称为网络的谱。对于大型网络，可以通过研究谱分布以得到网络特征及其拓扑特征。在小世界网络中，当考虑到基于邻接矩阵的谱分布时，可以在较小的特征值对应位置观察到多个尖峰。而基于拉普拉斯矩阵的谱分布则呈现出以大的特征值为中心的特征。关于小世界网络的详细谱行为可以参
见 8.4 节和 8.6 节。 113

4.4 现实世界的小世界网络

小世界网络的 APL 渐进值可以近似为 $O(\log N)$，其中 N 为网络的规模。这里，我们将讨论一组遵循小世界特征的现实世界网络。对于本节讨论的所有现实世界的小世界网络，表 4.3 中列出了对应的各种网络参数值，如平均直径、平均节点度、APL 和 ACC。需要注意的是，本节中讨论的所有现实世界网络都是使用图形可视化分析工具 Gephi 0.9.1 来实现的，且所绘制现实世界网络的颜色分布取决于其模块化分数。高模块化分数意味着更好的内部社区结构，这有助于确定子网划分。有关社区结构的更多详细信息请参见 3.3 节。

表 4.3　多种具有小世界特征的现实世界网络的例子。朋友关系网络是一个人类社交网络的例子；海豚网络是一个海洋社交网络的例子；悲惨世界网络对小说网络进行了刻画；疾病网络展示了生物网络的例子；而电力网络则描述了发电站之间的网络互连情况。尽管这些网络的规模差异很大（从 53 到 4941），但其 APL 值都非常小

网络名称	网络类型	节点（N）	边	直径	平均度数	平均路径长度	平均聚类系数	$\log N$	$\log\log N$
朋友关系 [65]	有向的	53	179	8	3.38	3.38	0.15	3.97	1.38
海豚 [66]	无向的	62	159	8	5.13	3.36	0.30	4.13	1.42
悲惨世界 [58]	有向的	77	254	5	3.30	2.40	0.29	4.34	1.47
疾病 [67]	无向的	1419	2738	15	3.86	6.78	0.82	7.26	1.98
电力网 [6]	无向的	4941	6594	46	2.67	18.99	0.11	8.51	2.14

1. 朋友关系网络

图 4.4 中的朋友关系网络是基于 1880—81 级德国男子学校的 53 名学生所生成的 [65]，该网络描述了那些年间这些学生在学校中相互交往的情况。节点代表学生，两个节点之间的链路代表他们之间存在交往。从表 4.3 可以看出，朋友关系网络是一个网络直径为 8 的有向网络，平均节点度为 3.38。还需要注意的是，网络的 APL 值是 3.38，近似于 $\log N$ 的值，因此朋友关系网络表现为典型的小世界网络。

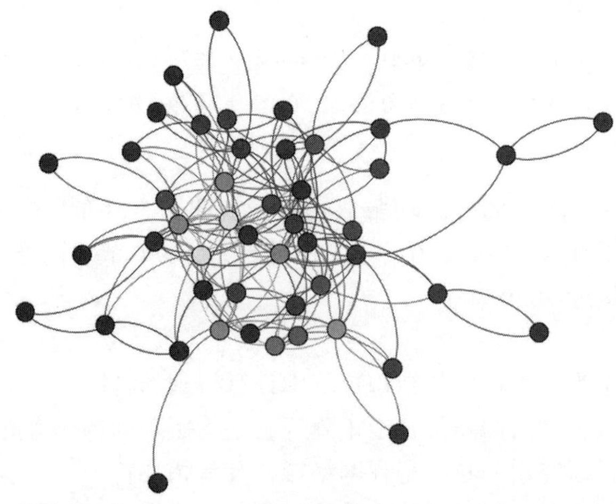

图 4.4　朋友关系网络由 53 个节点和 173 条链路组成，该有向网络显示了 1880 年至 1881 年间德国男子学校中学生之间的交往情况。该图由 Gephi 0.9.1 生成，网络布局采用 Yifan Hu Proportional 布局算法

2. 海豚网络

海豚网络是一个无向的社交网络，刻画了在新西兰神奇峡湾（Doubtful Sound）附近海豚社区中 62 只海豚之间的经常性联系 [66]。该网络中的节点代表海豚，两只海豚之间的联系由链路表示（见图 4.5）。从表 4.3 可以看出，该网络的 APL 值为 3.36，近似于海豚网络的 log N 值。

图 4.5 海豚网络由 62 个节点和 159 条链路组成，该网络展示了新西兰神奇峡湾海豚社区中海豚之间的频繁联系。该图由 Gephi 0.9.1 生成，网络布局采用 Yifan Hu Proportional 布局算法

3. 悲惨世界网络

悲惨世界网络 [58] 由 77 个节点和 254 条有向链路组成（见图 4.6），该网络描述了维克多·雨果的小说《悲惨世界》中人物之间的关系。网络的每个节点代表小说中的一个角色，两个节点之间的边表示两个角色在小说的同一章节中出现。从表 4.3 可以看出，小说的社交网络表现出小世界的特征：APL 值为 2.40，非常接近 log N 值。

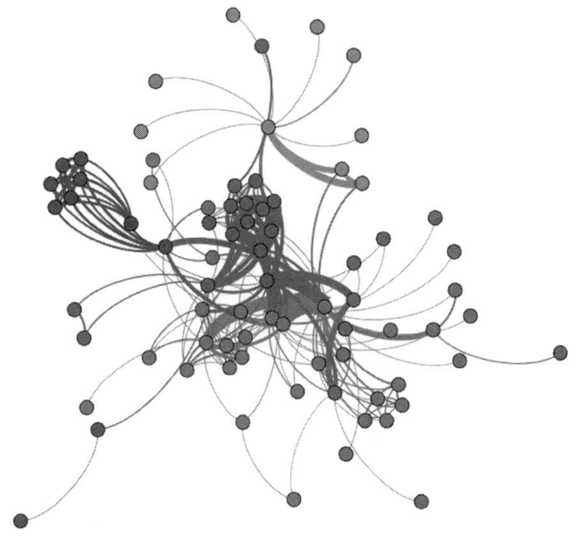

图 4.6 悲惨世界网络由 77 个节点和 254 条有向链路组成，网络描述了两个角色在小说同一章节出现的情况。该图由 Gephi 0.9.1 生成，网络布局采用 Yifan Hu Proportional 布局算法

4. 疾病网络

疾病网络是生物网络的一个例子。在该网络中，节点代表疾病和疾病基因，疾病和基因之间的联系被描述为一条链路（见图 4.7）。“疾病 – 基因”间的关联揭示了许多疾病的共

同遗传起源。可以发现，网络中有一些类似的致病基因之间存在更高的相互关联机会，因此网络形成了许多与特定疾病相关的不同功能模块[67]。从表 4.3 中可以发现该网络 APL 值为 6.78，非常接近 $\log N$ 值。

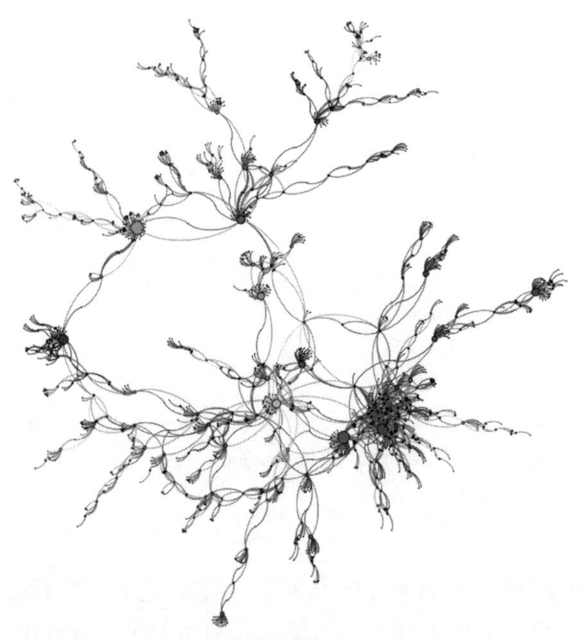

图 4.7 疾病网络由 1419 个节点和 2738 条链路组成，该网络描述了疾病和疾病基因之间的关联关系。该图由 Gephi 0.9.1 生成，网络布局采用 Yifan Hu Proportional 布局算法

5. 西部电网

西部电网是一个无向网络，描述了美国西部电网的拓扑结构[6]。这里，发电站表示为节点，发电站之间的连接表示为网络中的链路（见图 4.8）。表 4.3 给出了多种网络参数，从中可以看出，尽管网络规模很大，但其 APL 值仅为 18.99，十分接近网络的渐近 APL 值。

图 4.8 电网网络由 4941 个节点和 6594 条链路组成。该网络显示了美国西部电网的发电站及其连接关系。该图由 Gephi 0.9.1 生成，网络布局采用 Yifan Hu Proportional 布局算法

4.5　小世界网络的生成与演进

通过在正则网络中创建非常少的 LL 即可生成小世界网络。大多数现实世界的网络都包含一些远程连接，因而具有了一些小世界特征。在人造的小世界网络中，LL 的实现方式有两种：重连现有的 NL，或者在正则网络中添加一些新的 LL。重连 NL 意味着移除 NL 的一端，然后将其连接到远程节点。下面将讨论基于 NL 重连和 LL 添加的现有小世界网络生成策略。

4.5.1　重连现有链路

重连是将正则网络转化为小世界网络的方法之一。在重连中，一些现有的 NL 基于随机 114~119
概率 p（$0 \leqslant p \leqslant 1$）重新连接到其他节点[6]。在重连过程中，正则网络（p=0）也可以转化为完全随机网络（p=1）。在从正则网络向完全随机网络的转化过程中，当 $0<p<1$ 时，可以得到小世界网络的特征，该情况如图 4.9 所示。图 4.9a 给出了一个 p=0 的正则网格网络，其平均邻居度处于中等水平，而由于图 4.9a 中 EHD 的值较高，因此 APL 值比较大。

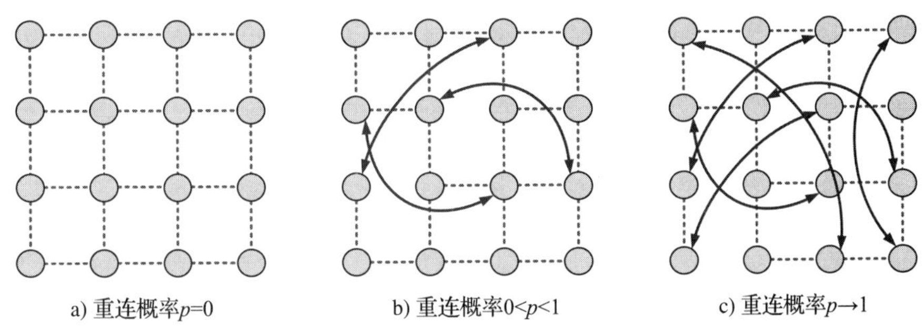

图 4.9　在正则网格网络中进行重连。a）重连概率 p=0 的正则网格；b）当重连概率 $0<p<1$ 时转化为小世界网络；c）当重连概率 $p \to 1$ 时转化为随机网络。这里虚线代表普通链路（NL），而双向链路代表远程链路（LL）

当一些 NL 根据概率 $0<p<1$ 被移除和重连到一些远程节点并形成 LL（图 4.9b 中的双向实线）后，网络的 APL 将会降低。因此，在重连一小部分现有 NL 的过程中，可以获得更低的 APL。然而，与原有的正则网络相比，ACC 的值几乎保持不变。如图 4.9c 所示，当 NL 以概率 $p \to 1$ 进行重连时，正则网格网络将转化为具有最低 APL 的随机网络，但 ACC 的值也会随之减小。因此，正如图 4.9b 所示，为了得到小世界网络，有限数目的 LL 已经足够。

4.5.2　纯随机添加新的 LL

在这种链路添加技术中，可以基于新的链路添加概率 $p \in [0, 1]$[68] 或基于纯随机决策在网络中任意两个远程节点之间添加新的 LL。从前面的讨论中可以看到，重连[6] 需要移除现有 NL 的一端，然后将开放端连接到网络中的远程节点。可见，重连等同于动态地改变现有网络的拓扑，网络的状态也随着 NL 的改变而持续变化。与之相反，纯随机 LL 添加不涉及移除现有的 NL。

在第一种方法中，以链路添加概率 p 在网络中添加少量新链路。也就是说，以概率 q 随 120
机选择网络中的两个远程节点，如果链路添加概率 p 满足条件 $q \leqslant p$，则在该节点对之间创建 LL。因此，与现有 NL 的重连方式相比，纯随机链路添加技术的操作复杂性较低。

另一方面，第二种方法随机选择两个远程节点，如果它们之间不存在链路，则为其增加一条新链路。图 4.10 描绘了由 40 个节点组成的线性拓扑网络（仅显示了相关节点）。算法 4.1 给出了对应的随机 LL 添加算法。

○ 节点　——或- - -普通链路（NL）◂ i ▸ 第i条远程链路（LL_i）

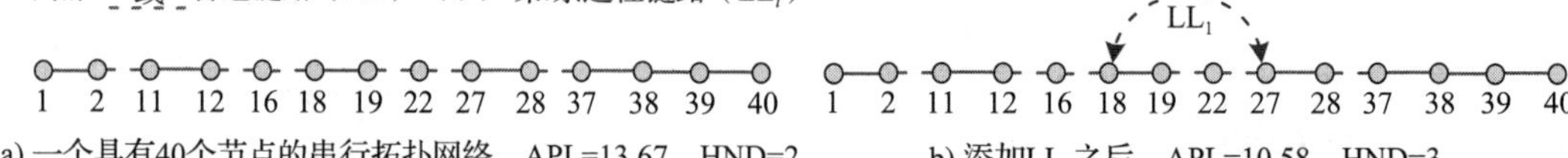

a) 一个具有40个节点的串行拓扑网络，APL=13.67，HND=2　　b) 添加LL_1之后，APL=10.58，HND=3

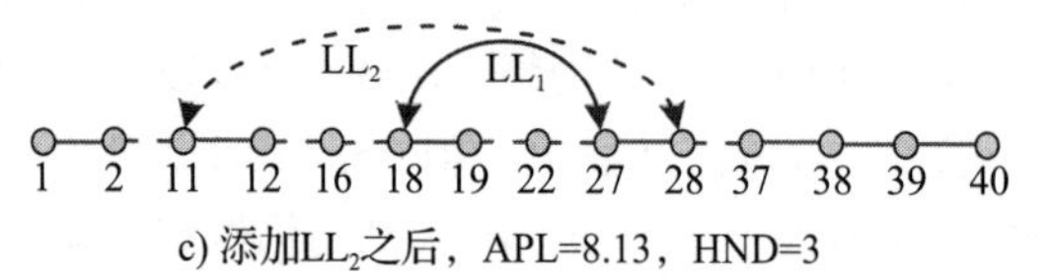

c) 添加LL_2之后，APL=8.13，HND=3

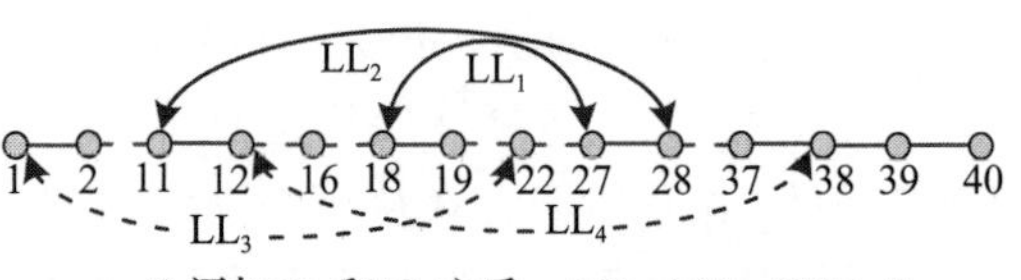

d) 添加LL_3和LL_4之后，APL=6.03，HND=3

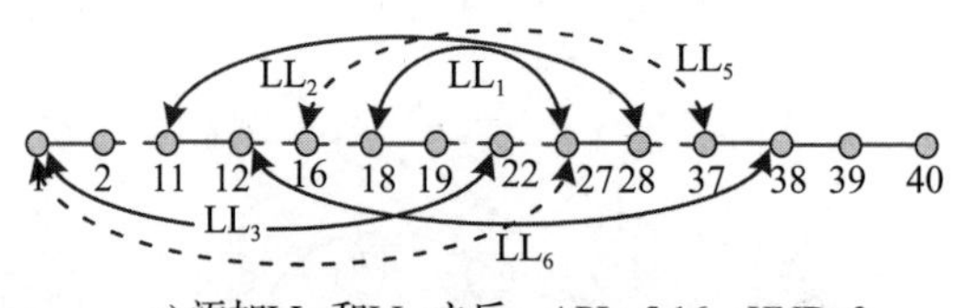

e) 添加LL_5和LL_6之后，APL=5.16，HND=3

图 4.10　通过一个具有 40 个节点的无向线性拓扑网络展示纯随机链路添加策略的例子。a）在执行纯随机链路添加操作之前的线性拓扑网络，平均链路长度（APL）值为 13.67，最大节点度（HND）为 2。HND 描述了具有最大连接数的节点情况。b）在节点 8 和 27 之间随机添加了第一条远程链路 LL_1，双向虚线表示的就是新添加的远程链路，在添加第 1 条随机链路后，APL 值降低为 10.58，HND 变为 3。类似地，c）～e）给出了添加 2、4、6 条 LL 之后网络的演进情况。可以看出在添加新的链路后对应的 APL 值同样得到了降低

算法 4.1　随机链路添加算法

要求：

$\mathcal{G}=(\mathcal{V},\mathcal{E})$——具有 $\mathcal{V}$ 个节点和 $\mathcal{E}$ 条边的网络图。

(u,v)——节点 u 和 v 之间的链路。

k——需要在 $\mathcal{G}$ 中添加的 LL 数目。

Possible_{LL}——图 $\mathcal{G}$ 中节点对之间的一组 LL 概率。

1: **for** $i = 1 \rightarrow k$ **do**
2: 　$\text{Possible}_{LL} = \{(u,v) \mid (u,v) \notin \mathcal{E}\}$
3: 　$(u,v) \leftarrow \text{random}(\text{Possible}_{LL})$
4: 　$\mathcal{E} \leftarrow \mathcal{E} \cup (u,v)$
5: **end for**

根据算法 4.1，在具有 N 个节点的网络中可以基于纯随机决策添加一条 LL，其基本过程如下：首先从网络中所有可能添加新链路的候选集中随机选择一个节点对，然后在该节点对之间添加 LL（参见第 2～3 行）。算法 4.1 在网络中随机添加 k 条 LL 的复杂度为 $O(k)$。图 4.10b～图 4.10e 显示了在具有 40 个节点的线性拓扑网络中随机添加 6 条 LL 的过程。图 4.10a～图 4.10e 还给出了每种情况的 APL 和最高节点度（HND）。这里，HND 是网络中

具有最多边数的节点的邻居度。

在图 4.10b 中，根据算法 4.1 的随机链路添加策略，首先在具有 40 个节点的线性拓扑网络的节点 18 和 27 之间添加 LL_1，随后 LL_2 也基于随机 LL 添加方法部署在网络中，如图 4.10c 所示。在图 4.10d～图 4.10e 中，随着网络中其他 LL 的随机添加，APL 值出现了一定程度的降低，从而呈现出了小世界特征。

纯随机 LL 添加后的节点度分布

基于包含 10～50 个节点不等的线性拓扑网络，对随机 LL 添加策略的性能进行了研究。这里持续向网络中添加 LL，直至网络变得全连通或者 LL 的总数达到 *N*/2 个，其中 *N* 是线性拓扑网络中的节点数。图 4.11 给出了基于随机 LL 添加策略向网络中添加一定数量的 LL 之后节点度分布情况。

图 4.11 绘制了五组结果（10、20、30、40 和 50 节点的线性拓扑网络）的度分布情况。可以看出，每个度分布曲线都遵循钟形模式，因为大多数节点的度数都以图 4.11 中分布的 121～122
均值为中心。

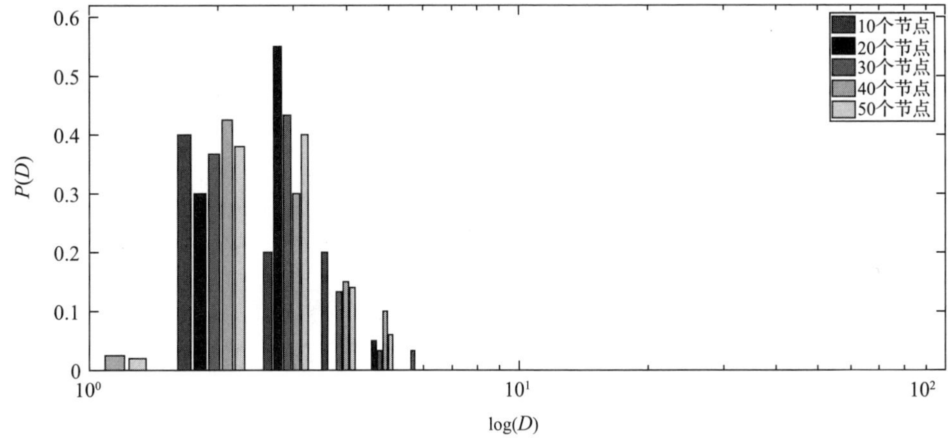

图 4.11　针对不同规模（*N*）的线性拓扑网络，分别采用算法 4.1 纯随机策略增加 *N*/2 条新链路后的度分布情况。图采用了半对数坐标形式，其中 *X* 轴以对数坐标描述了节点的度数值（*D*），*Y* 轴以线性坐标的形式表示了有多少个节点具有度数 *D*（*P*(*D*)）。本图展示了 10、20、30、40 和 50 节点网络的度分布情况，可以看出，由于大多数节点具有相同的度，这里所有的分布曲线都遵循钟形分布

表 4.4 给出了在图 4.10 中每次添加新链路后所有节点的介数中心性（BC）$^{\ominus}$的值。当从网络中任意一个节点通过最短路径到另一个远程节点时，节点的 BC 反映了这些最短路径经过该节点的次数，因此能够标识出网络中最重要的一个或一组节点。BC 的值越高，则节点越处于网络的中心位置。此外，如果新添加的 LL 连接了两个重要节点，则可以形成新的最短路径，进而又增加了该节点对的 BC 值。然而，这里是采用纯随机决策的方式在线性拓扑网络中添加新的链路，因此并不保证一定寻找到能够改善网络 EHD 的最佳节点对位置来添加新的 LL。从表中可以看出，当采用基于随机决策的新链路添加策略时，图 4.10 的线性网络中没有哪个节点具有很高的 BC 值[27]。

$\ominus$　关于介数中心性的详细讨论，请参见 3.2.6 节。

表 4.4　针对图 4.10a 中的线性拓扑网络，采用算法 4.1 纯随机链路添加策略每次添加一条远程链路（LL）之后相关节点的介数中心性（BC）情况如下所示。需要注意的是，只有那些添加了 LL 的节点的 BC 值有所增加，然而，由于链路是随机增加的，因此 BC 值大幅度提升的情况并未出现

采用纯随机决策添加新链路后的结果

总节点数目 =40

添加的新 LL 数目 =6

（每个 LL 连接的节点对以粗体方式显示）

节点数 \ LL_i	1	2	8	11	12	14	16	18	20	22	26	27	28	32	37	38	39	40
LL_1	0	0.05	0.30	0.39	0.42	0.46	0.49	**0.58**	0.09	0.02	0.13	**0.55**	0.44	0.33	0.15	0.10	0.05	0
LL_2	0	0.05	0.30	**0.48**	0.11	0.04	0.04	0.25	0.08	0.01	0.15	0.41	**0.64**	0.33	0.15	0.10	0.05	0
LL_3	**0.11**	0.08	0.15	0.33	0.10	0.03	0.05	0.26	0.12	**0.16**	0.14	0.38	0.55	0.33	0.15	0.10	0.05	0
LL_4	0.11	0.08	0.16	0.43	**0.33**	0.05	0.05	0.23	0.12	0.15	0.14	0.35	0.42	0.07	0.12	**0.24**	0.05	0
LL_5	0.11	0.08	0.15	0.34	0.21	0.02	**0.18**	0.26	0.14	0.16	0.12	0.26	0.31	0.05	**0.20**	0.18	0.05	0
LL_6	**0.26**	0.14	0.08	0.32	0.22	0.02	0.16	0.22	0.02	0.10	0.08	**0.43**	0.36	0.05	0.18	0.17	0.05	0

4.5.3　基于欧氏距离添加新的链路

123~124 在这一 LL 添加策略中，新的链路（LL）可以基于欧氏距离或者曼哈顿距离进行添加 [69]，这一策略有时也称为 Kleinberg 模型，源于其最早由 Jon Kleinberg 提出。两个节点间的欧氏距离或者曼哈顿距离通过它们坐标的绝对差异值来表示。添加一条 LL 的概率可以描述为 $p = d(u,v)^{-\alpha} / \sum_{v \neq u} d(u,v)^{-\alpha}$，其中 $d(u, v)$ 代表节点 u 和 v 之间的欧氏距离（见图 4.12），并通过将该值对所有节点对之间的距离（至少节点对的距离≥2）取平均来得到归一化的概率。这里 α 是聚类指数，其值等于网络的维度。Kleinberg 发现对于一个 2D 网格网络，α =2 能够得到最低的 APL。

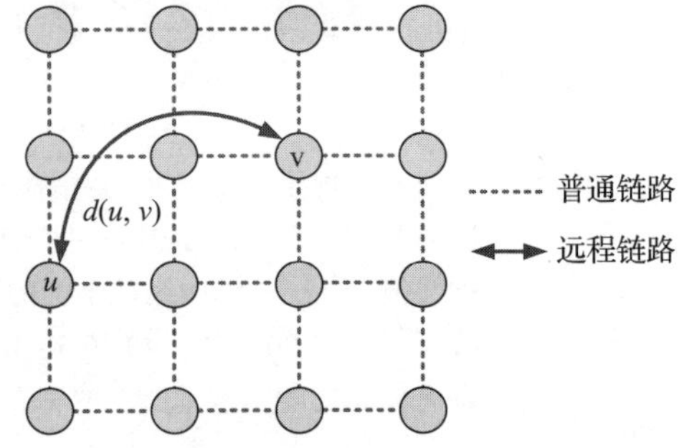

图 4.12　在二维网格网络中根据 Kleinberg LL 添加策略添加一些远程链路（LL）。在节点 u 和 v 之间添加 LL 的概率 $p = \dfrac{d(u,v)^{-\alpha}}{\sum_{u \neq v} d(u,v)^{-\alpha}}$，其中 α 为聚类指数

在 Kleinberg 模型中，LL 的添加概率取决于节点对之间的欧氏距离以及聚类指数 α。因此，需要远程节点的位置信息来测量欧氏距离，故而在实现 LL 添加策略的过程中需要预先获得网络拓扑的一些信息。

4.6　基于容量的确定性新链路添加

前面章节主要讨论了通过构建小世界网络来获得减小 APL 和改进端到端时延等收益。此外，还可以通过将网络转化为小世界网络来提升网络容量。这里网络容量可以通过流传输能力进行计算。

4.6.1　最大流最小割定理

最大流最小割定理有助于估计网络的最大流量。最大流最小割定理[70]表明：源节点和目的节点（SN-DN）对之间流量的最大值可以计算为将网络中的源节点与目的节点分开的所 125
有割⊖的容量的最小值。为了说明最大流最小割定理，图 4.13 给出了一个 5 节点无向加权网络。

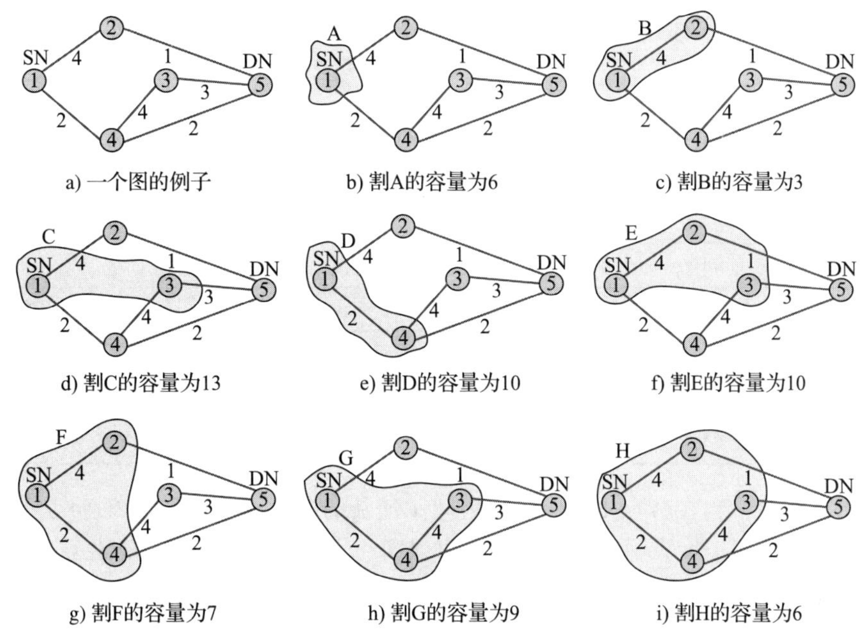

a) 一个图的例子　b) 割A的容量为6　c) 割B的容量为3

d) 割C的容量为13　e) 割D的容量为10　f) 割E的容量为10

g) 割F的容量为7　h) 割G的容量为9　i) 割H的容量为6

图 4.13　一个 5 节点加权无向图及其在 {SN, DN} 之间所有可能的割的例子。a 给出了图本身，从 b 到 i 列举了节点 1（源节点）和节点 5（目的节点）之间所有可能的最小割。根据这些所有可能的最小割可以看出，c 对应的割具有最小值 3，因此节点 1 和节点 5 之间的最大流容量为 3 个单位

在图 4.13a 中，每个链路的权重都标注了出来，它代表了网络中的最大链路容量。在本例子中，源节点与目的节点分别是节点 1 与节点 5。当一个割将源节点与目的节点分开时，该割对应的最大流容量可以通过将其所有对外链路的容量相加得到。在图 4.13a 中，假设所有链路都是无向的。因此，为了获得对应割的最大流容量，需要将源自该割的所有链路的权重相加。

设 P 是一个包含节点 1（源节点，在图中标记为 SN）的节点集，而 $\bar{P}$ 是 P 的补集，且必须包含节点 5（图中目的节点 DN）。此时，对应割的容量可以计算为集合 P 中节点与 $\bar{P}$
中节点之间存在的链路容量之和。由于在计算割容量时源节点和目的节点必须固定不变，因 126
此在 N 节点网络中，至多存在 $2^{(N-2)}$ 个可能的集合。图 4.13b～图 4.13i 给出了节点 1 和节点 5 之间所有可能的割，并标注出了对应的流容量值，详细信息也可以参见表 4.5。

例如，图 4.13b 显示了一个割 $P = \{1\}$，其对应的流容量为（4 + 2）或 6 个单位。类似地，对于另一个割 $P = \{1,3\}$，其流容量为（4 + 2 + 4 + 3）或 13 个单位（见图 4.13d）。

在表 4.5 中，一共存在 8 个割，而其中的割 $P=\{1,2\}$ 具有最小的容量，因此根据最大流

⊖　关于图的割的详细内容参见 2.5 节。

最小割定理[70]，节点 1 和节点 5 之间最大可能的容量即为 3 个单位（见图 4.13c）。因此，如果在节点 1 和节点 3 之间添加一条容量为 3 的链路，则网络的最大流容量（SN-DN 节点对为 {1, 5} 的情况下）将会增加为 6，如图 4.14 所示。注意，在这个例子的场景中，我们添加了一条容量为 3 的链路，因为受其他割的影响，下一个最小割的容量不可能超过 6。

表 4.5 在源节点和目的节点之间所有可能的流容量。这里列举了图 4.13a 中节点 1（源节点）和节点 5（目的节点）之间所有可能的流容量。割通过 P 和 $\bar{P}$ 来标识，它们之间的容量如表所示

割 ID	节点集 P	节点集 $\bar{P}$	容量
A	{1}	{2, 3, 4, 5}	6
B	{1, 2}	{3, 4, 5}	3
C	{1, 3}	{2, 4, 5}	13
D	{1, 4}	{2, 3, 5}	10
E	{1, 2, 3}	{4, 5}	10
F	{1, 2, 4}	{3, 5}	7
G	{1, 3, 4}	{2, 5}	9
H	{1, 2, 3, 4}	{5}	6

还要注意的是，当在节点 1 和节点 3 之间添加新的链路时，网络 APL 将变得小于原始网络。因此，在构建小世界网络的过程中也可以同时达到增加网络容量和降低 APL 的双重目标。

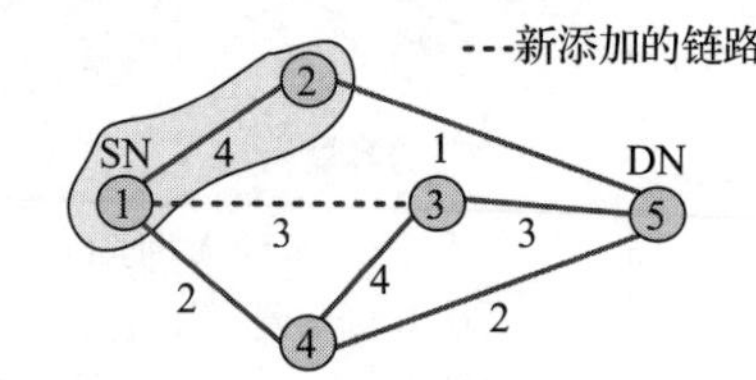

图 4.14 在节点 1 和节点 3 之间添加一条容量为 3 的链路，可以将 {SN, DN} 之间的流容量增加为 6。这里新添加的链路通过虚线的方式表示

平均网络流容量

在前面对最大流最小割定理的讨论中，具体解释了计算一对节点之间的最大流量的过程。现在，为了计算整个网络的*网络流容量*（Network Flow-Capacity, NFC），需要对网络中的所有可能节点对之间的最大流容量值进行求和。因此，NFC 是所有可能节点对之间最大流容量的累积和，而 N 节点网络的平均网络流容量（ANFC）可以表示如下：

$$\text{ANFC} = \frac{\text{NFC}}{{}^{N}C_2} \tag{4.6.1}$$

此外，之所以引入 ANFC 而非简单使用*流容量*的一个原因在于，在基于最大化流容量的 LL 添加策略中，经常会出现选择网络中的*悬挂节点*[⊖]添加 LL 的现象，这是因为最大流容量评价指标本身所存在的局限性，根据该指标，最大可能的网络容量即为网络的最小割[70]。因此，所得到的结论在现实世界网络中可能存在没有价值和实用性的问题。然而，由于悬挂节点在增加整个网络的流容量方面贡献并不大，ANFC 可以有效避免选择悬挂节点现象的出现，从而有助于设计更加高效的网络。

⊖ 这里悬挂节点是指网络中仅有 1 条链路的节点（即节点的度为 1）。

4.6.2 基于最大流容量策略的链路添加

最大流容量算法（MaxCap）[⊖]在一个加权无向网络中确定性地最大化 ANFC 的值。MaxCap 算法每一步都添加一个 LL 以便最大化网络的 ANFC。算法 4.2 给出了该算法的具体描述。

算法 4.2 基于 MaxCap 的链路添加算法

要求：

$\mathcal{G}=(\mathcal{N},\mathcal{E},\mathcal{C})$——具有 N 个节点、E 条链路以及链路容量 $\mathcal{C}$ 的网络。

(i,j)——节点 i 和 j 之间的一条链路。

ANFC——图 $\mathcal{G}$ 的平均网络流容量。

$\mathcal{C}_{var}$——远程链路（LL）的可变容量值。

$\mathcal{C}_{fix}$——远程链路（LL）的固定容量值。

max_cap——ANFC 的最大值。

max_cap_LL——获得 max_cap 时对应的 LL 位置。

k——网络 $\mathcal{G}$ 中需要添加的 LL 数目。

初始化——max_cap ← 0 且 max_cap_LL ← ϕ。

```
1: for i = 1 → k do
2:   for p = 1 → N−1 do
3:     for q = p → N do
4:       if (p, q) ∉ ℰ then
5:         在 𝒢 中节点对 (p, q) 之间添加一条 LL
6:         为 LL 分配 𝒞var 或者 𝒞fix          // 根据容量分配策略确定
7:         计算 ANFC
8:         if ANFC >max_cap then
9:           max_cap ← ANFC
10:          max_cap_LL ← (p, q)
11:        end if
12:        移除 LL
13:      end if
14:    end for
15:  end for
16:  在 max_cap_LL 的节点对之间增加第 i 条 LL
17:  分配相应的 𝒞var 或者 𝒞fix
18:  更新网络图 𝒢
19:  max_cap ← 0
20:  max_cap_LL ← ϕ
21: end for
```

对于每一次的 LL 添加，算法 4.2 搜索所有可能的节点对来添加一个 LL，这里算法并不考虑并行链路或者自环的情况。在初始化阶段，算法 4.2 初始化两个参数 max_cap 以及 max_cap_LL，前者记录了网络中 ANFC 的最大值，而后者记录了对应的 LL 位置。MaxCap 算法按照如下的方式执行。

为了选择一个能够最大化 ANFC 值的 LL 位置，算法 4.2 对网络中所有可能的 LL 位置进行一个完全搜索（第 2～15 行）。为了给新添加 LL 分配一个相应的链路流容量值，算法采

⊖ 在本章的后面部分，基于 MaxCap 的 LL 添加策略和 MaxCap 表示同一个含义并互换使用。

用了两种不同的策略（见第5～6行）：

1）在为新添加的LL采用可变链路容量分配的情况下，将C_{var}的值设置为所有与LL任意一个端节点相连的链路的流容量的最大值。

2）在采用固定容量C_{fix}进行链路容量分配的情况下，将所有LL的容量均设置为一个固定值。

在为添加的LL分配链路容量后，可以采用Edmond-Karp算法[71]计算ANFC，并随后判断是否大于现有的max_cap值。若大于该值则通过当前的ANFC值更新max_cap，并将对应的LL位置存储在max_cap_LL中（第7～11行）。选择能够返回最大ANFC的LL后，
127～129 将为其分配对应的链路容量（根据容量分配策略采用C_{var}或者C_{fix}）（第16～18行）。完成这一步之后，max_cap和max_cap_LL重新被相应初始化为0和null，以便搜索网络中下一个确定的LL（第19～20行）。算法4.2持续搜索下一个能够最大化容量的确定性LL，直至在网络中添加k条LL。图4.15给出了在3个道路网络中基于MaxCap分别添加10条LL的例子，每条LL都具有一个可变流容量。

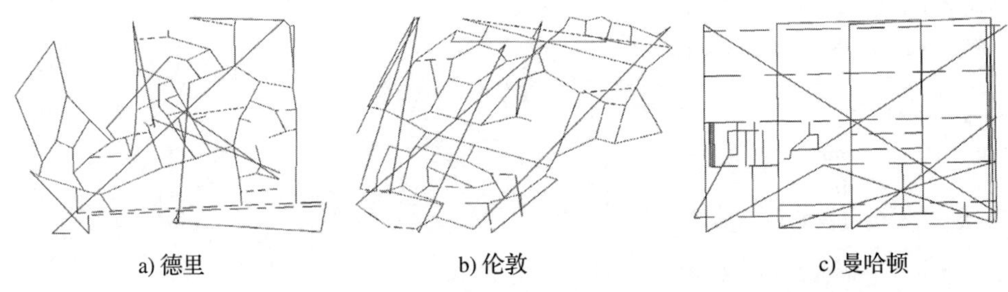

图4.15　三个道路网络：a）德里，b）伦敦，c）曼哈顿，分别采用可变流容量值的MaxCap策略为它们添加10条LL。这里黑线是采用MaxCap在网络中添加的LL

MaxCap算法的时间复杂度

为了估算MaxCap策略在一个N节点网络中添加k条LL的时间复杂度，需要首先明确推断节点对之间流容量所需的时间复杂度。这里，在每一步中，针对每一个可能的LL位置，MaxCap采用Edmond-Karp算法[71]计算节点对之间的流容量，其时间复杂度为$O(N^3)$ ⊖。因此，MaxCap算法需要检查所有可能的LL以找出能够得到最大ANFC值的那个LL，因此添加一条LL的时间复杂度为$O(N^2 \times N^3)$。而为了添加k条LL，算法4.2总的时间复杂度为$O(k \times N^5)$。

4.7　建立确定性的小世界网络

为了建立一个确定性的小世界网络，可以在网络中添加LL以优化某些网络特性，例如APL、平均边长度（AEL）、网络BC和网络接近中心性（CC）。确定性LL添加需要对LL所有可能的位置进行穷举搜索，因此用于找到最佳LL位置的时间复杂度很高。后面小节中给出了一组基于最小APL（MinAPL）、最小AEL（MinAEL）、最大BC（MaxBC）和最大CC
130（MaxCC）的确定性LL添加策略。

4.7.1　基于最小APL的链路添加

基于MinAPL的新链路（或LL）添加策略的目标是最小化网络APL。为了最小化APL

⊖　参见附录D的时间复杂度分析。

的值，可以采用最优或者近似最优的方式添加新的 LL。MinAPL 策略采用近似最优的确定性 LL 添加策略。

MinAPL LL 添加机制在能够实现最低网络 APL 值的节点对之间创建 LL。为了在 N 节点网络中添加第一个 LL，每个节点穷举地搜索 $N\times(N-1)$ 个可能的 LL 连接，并针对每种可能估计对应的 APL 值，然后在形成最小 APL 值的节点之间添加相应的 LL。

1. 最优 LL 添加

可以采用最优 LL 添加算法在网络中添加 k 条 LL，具体过程如算法 4.3 所示。

算法 4.3 穷举搜索所有可能的 LL 位置，以便添加 k 条能够最小化 APL 值的新链路(见第 1 行)。如果存在不止一种可能性来添加 k 条 LL，则最优算法将搜索每一种可能性，并选择最优的 LL 连接位置（第 3 行）。

2. 最优 LL 添加的时间复杂性分析

算法 4.3 最优确定性 LL 添加策略的时间复杂度可以通过如下方式确定。在一个 N 节点的网络中基于最优策略添加一条 LL 时，共存在 N^2 种可能性。进一步地，为了识别 N 节点网络中所有节点对之间的最短路径（All-Pair Shortest Path, APSP），最优策略采用 Dijkstra 最短路算法 [20, 215]，其确定 APSP 的时间复杂度为 $O(N^2 \log N)$。因此算法 4.3 中添加第 1 条最优 LL 的时间复杂度为 $O(N^2\times N^2 \log N)$，即 $O(N^4 \log N)$。为了在 N 节点网络中添加 2 条最优 LL，共存在 $\begin{pmatrix}N^2\\2\end{pmatrix}$ 种可能性，因此时间复杂度变为 $O\left(\begin{pmatrix}N^2\\2\end{pmatrix}\times N^2\log N\right)$，即 $O(N^6 \log N)$。类似地，添加 3 条最优 LL 需要时间为 $O(N^8 \log N)$。因此，为了添加 k 条最优 LL，算法 4.3 需要 $O\left(\begin{pmatrix}N^2\\k\end{pmatrix}\times N^2\log N\right)$ 的时间，简化为 $O(N^{2k+2} \log N)$。事实上，鉴于其时间复杂度，在现实世界的 APL 最优确定性 LL 部署中，该算法的实现并非一个可行的解决方案。

算法 4.3　最优链路添加算法

要求：
$\mathcal{G}=(\mathcal{V},\mathcal{E})$——网络图。
k——需要在 $\mathcal{G}$ 中添加的远程链路数目。

1：检查在 $\mathcal{G}$ 中添加 k 条 LL 的所有可能方案，以获得最小的 APL 值
2：**if** 存在不止 1 种添加 k 条 LL 的方案 **then**
3：　选择具有最小化 $\mathcal{G}$ 中 APL 值的方案
4：**end if** 131

3. 基于顺序 MinAPL 的确定性链路添加

基于顺序 MinAPL 的链路添加是一种近似最优的算法，具体描述见算法 4.4，该算法是一种非计算密集型的策略。MinAPL 策略⊖同样通过搜索 N 节点网络中可能的节点对来添加能够获得最小 APL 值的第 i 条 LL。然而，如算法 4.4 所示，在添加第 i 条 LL 的过程中若存在不止一种可能性，算法将随机选择一个节点对。在随后添加第 i+1 条 LL 时，由于第 i 条 LL 的位置已经固定，因此第 i+1 条 LL 的选择空间将小于前一小节中最优情况下的选择空间。可见，与算法 4.3 中的最优链路添加算法相比，近似最优方案以有限和顺序的方式来使用穷举策略。

⊖ 基于顺序 MinAPL 的链路添加策略也被称为基于 MinAPL 的 LL 添加策略，或者简称为 MinAPL 策略。

算法 4.4　基于顺序 MinAPL 的链路添加算法

要求：

$\mathcal{G} = (\mathcal{V}, \mathcal{E})$——网络图。

k——需要在 $\mathcal{G}$ 中添加的远程链路数目。

```
1: for i = 1 → k do
2:   在 G 的 N 个节点中检查所有构造第 i 条 LL 的可能性
3:   对于上一步中的每种可能性，计算网络的 APL 值
4:   if 存在不止 1 种形成最低 APL 的 LL 可能性 then
5:     随机选择一个能够形成最低 APL 的节点对
6:   end if
7:   在所选择的能够形成最低 APL 的节点对之间添加第 i 条 LL
8:   更新网络图 G
9: end for
```

如前所述，通过穷举搜索特定 LL 的 $N\times(N-1)$ 种可能的连接位置，算法 4.4 以顺序的方式添加新链路。然而，当存在多种 LL 连接的可能性时，MinAPL 策略将随机选择一个 LL 连接位置，从而降低了计算复杂性（第 4～6 行）。

4. 基于顺序 MinAPL 的确定性链路添加的时间复杂性分析

算法 4.4 的时间复杂性可以通过下述方式进行分析。由于 APSP 算法的时间复杂性为 $O(N^2 \log N)$[20]，顺序 MinAPL 策略需要 $O(N^2\times N^2 \log N)$，或者说 $O(N^4 \log N)$ 的时间来在一个 N 节点的网络中添加 1 条 LL[72]。因此，当采用 MinAPL 策略顺序添加 k 条 LL 时，总的计算复杂性变为 $O(k\times N^4 \log N)$，远远小于算法 4.3 中讨论的最优 LL 添加策略。图 4.16 给出了基于算法 4.4，在一个 30 节点的线性拓扑网络中添加 6 条 LL 的例子。MinAPL 的近似最优属性表明在添加 k 条 LL 后，我们得到的 APL 值与最优 APL 值非常接近。

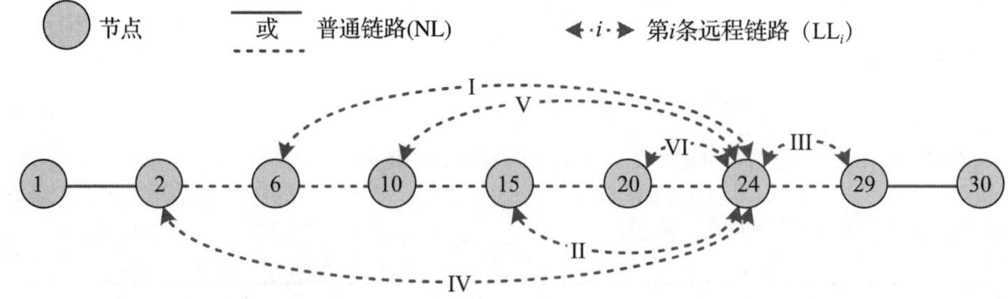

图 4.16　在一个 30 节点线性拓扑网络中基于顺序 MinAPL 的确定性新链路（或者 LL）添加。每次顺序添加的链路通过罗马数字进行标记。可以看出节点 24（N=30 情况下 0.8N）吸引了所有的顺序添加的链路。事实上，在一个 N 节点的线性拓扑网络中，第 1 条链路始终被添加到从节点 1 开始的 0.2N（这里为节点 6）和 0.8N（节点 24）之间，处于 0.2N 和 0.8N 位置的节点称为锚点。图中只画出了相关的节点

可以看到，在线性拓扑网络中，第 1 条 LL 始终连接从节点 1 开始的 0.2N 和 0.8N 这两个节点。在图 4.16 中，第 1 条 LL 添加到了节点 6 和节点 24 之间。即使 N 发生了变化，第 1 条 LL 的位置也始终位于 0.2N 和 0.8N 之间。因此，处于 0.2N 和 0.8N 位置的节点称为锚点（anchor point），关于它们的具体分析可以参见 4.8 节和附录 C。

4.7.2 基于最小 AEL 的链路添加

网络的平均边长度（Average Edge Length, AEL）可以表示为网络中所有链路距离的总和与链路总数的比率（详细信息请参阅 2.4 节）。在基于最小 AEL（MinAEL）的新链路添加策略中，在节点对之间添加能够最小化 AEL 值的链路。由于 AEL 体现了两个节点之间的物理隔离情况，且该情况对于所有的流量都是等同的，因此基于 MinAEL 的确定性链路添加策略能够在保持流量公平性的情况下将小世界特性引入运输或通信网络中。 132~133

在一个 N 节点网络中，MinAEL 策略通过搜索 $N\times(N-1)$ 种可能性来添加第一条链路，因此 MinAEL 策略在添加一条 LL 时的时间复杂度[72]为 $O(N^2)$。添加 k 条 LL 的时间复杂度变为 $O(k\times N^2)$。MinAEL 的计算复杂度相对较低，但同时其对 APL 的降低效果也不如基于 MinAPL 的 LL 添加策略。

4.7.3 基于最大 BC 的链路添加

BC[27] 通过统计节点在形成最短路径中的出现情况来判断节点的重要性，关于 BC 的详细讨论可以参见 3.2.6 节。MaxBC 策略在节点对之间添加能够最大化网络中任意节点的 BC 值的 LL。

在一个 N 节点网络中，添加一条基于 MaxBC 的确定性 LL 的计算复杂度可以采用如下方式分析。为了添加第一条 LL，MaxBC 采用贪心策略搜索 $N\times(N-1)$ 个可能的位置，并估计在每一个位置添加情况下的 BC 值，其时间复杂度为 $O(N^4\log N)$[72]。因此，采用 MaxBC 策略添加 k 条 LL 的总时间复杂度为 $O(k\times N^4\log N)$。

4.7.4 基于最大 CC 的链路添加

CC[27] 度量了一个节点与网络中其余节点的接近程度。通过将某一特定节点到网络中所有其他节点的最短路径之和求倒数，即可得到该节点的 CC 值。有关 CC 的详细讨论请参见 3.2.6 节。基于 MaxCC 的策略在节点对之间添加能够最大化网络中任意节点的 CC 值的 LL。最大化节点的 CC 值将使得该节点更接近网络中的所有其他节点，从而降低网络上平均端到端跳数距离。因此，基于 MaxCC 的 LL 添加能够通过降低网络直径来提高网络的效率（有关网络直径的更多详细信息，请参见 2.4 节）。

在一个 N 节点网络中，每个节点的 CC 值可以通过 APSP 算法计算得到，其时间复杂度[73]为 $O(N^2\log N)$。为了采用 MaxCC 策略添加第一条 LL，对于 LL 的 $N\times(N-1)$ 个可能的位置，都需要分别计算每个节点的 CC 值，因此计算复杂度[72]为 $O(N^4\log N)$。而采用基于 MaxCC 的策略添加 k 条 LL 时，总的计算复杂度为 $O(k\times N^4\log N)$。

4.8 线性拓扑小世界网络的锚点

在前述章节的讨论中可以看到，在 N 节点线性拓扑网络中采用基于顺序 MinAPL 的 LL 添加策略时，第一条 LL 始终被添加在第 $0.2N$ 个节点和第 $0.8N$ 个节点之间[74]。图 4.17 给出了一个基于 MinAPL 策略在 40 节点的线性拓扑网络中添加 6 条 LL 的例子。

如图 4.17 所示，根据 MinAPL 策略，所有 6 条 LL 都连接到节点 32（网络中的第 $0.8N$ 个节点）。如果添加的 LL 数目小于网络中的节点数目，则所有的 LL 都将连接到 1 个或 2 个节点上，即第 $0.2N$ 个节点和第 $0.8N$ 个节点，称这两个节点为*中心节点*（hub node）或者*锚* 134
点（anchor point）。即使在 N 变化的情况下，以 N 的比例形式所描述的这两个节点的位置也

几乎保持不变。由于中心节点固定了最优添加的链路，因此在原始网络中将其识别出来具有重要作用。

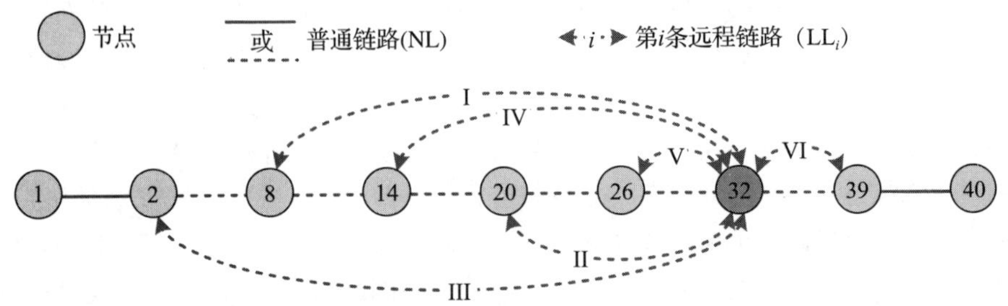

图4.17　在添加6条LL（I～VI）后40节点线性网络的网络拓扑。可以发现，最优LL添加使得一个固定节点成为了中心节点，在本图中即为节点32，亦即第0.8N个节点。进一步可以发现，在N节点网络中，第一条LL始终连接第0.2N个节点和第0.8N个节点（在本图中，第一条LL连接了节点8和节点32）。在固定比例位置的节点称为锚点

4.8.1　锚点的重要性

线性拓扑网络中锚点的识别可以有许多用途。例如，在具有线性拓扑的社区宽带网络中，其中一个锚点可以作为到因特网的网关，进而优化社区宽带网络中的整体数据传输时间。此外，当将ad hoc通信网络应用于军事通信或者应急响应场景中时，可以通过将其中一个锚点作为中心节点来添加一些LL，从而能够创建具有小APL值的网络拓扑。

锚点的识别也有利于智能车队（platoon）中的车辆间通信[75]。在智能车队⊖中，车队控制器必须实时获知其他车辆的位置、车辆速度和总体燃料消耗等情况，以便有效地控制整个交通网络。该实时信息通过不可靠的无线信道传输到控制器会存在较大的时延。在识别智能车队中的锚点的基础上，通过定向天线系统添加相应的LL则可以最小化时延，进而增强了
135 控制器精确维持智能车队系统的能力。

在社交网络中，可以利用线性图中节点间的线性顺序对这样一类节点进行建模：不同节点间根据它们加入网络的时间或者在网络中的层次结构形成顺序关系。在这样的网络中，锚点可以看作是为了增加网络影响力而其他节点必须连接的时刻点（从时间上考虑）或者位置点（从层次结构上考虑）。因此，锚点在通信和社交网络中具有至关重要的作用。

4.8.2　锚点的位置

为了在线性拓扑网络中通过解析方法找出锚点，令$\mathcal{G}=(\mathcal{V}, \mathcal{E})$为一个线性图，假设$p_1$和$p_2$是两个锚点，也就是说，如果在$p_1$和$p_2$之间添加一条LL，则整个图的APL将得到优化。图4.18给出了锚点p_1、p_2的位置，并且随后的LL将会添加到其中一个节点上。因此，为了识别出线性图$\mathcal{G}$中的锚点，只需要找出为了最小化图的APL所添加的第一条LL的位置（即找出p_1和p_2）。

为了通过解析方法确定锚点p_1和p_2的位置，我们考虑一个具有单位直径和无穷节点的

⊖　智能车队是一个基于智能技术的交通系统，由一组配备了传感器设备的汽车组成，每辆汽车可以跟随并与其他汽车进行通信。

密集线性图。密集线性图 $\mathcal{G}$ 可以通过对一组线性图取极限得到，其中每个图均具有节点（1, 2, ⋯, N），且 $N \to \infty$。在密集线性图中可以假设节点 i 和 $i+1$ 之间的距离以及即将在节点 p_1 和 p_2 之间添加的链路距离均为 $\frac{1}{N}$。上述约束将得到一个由 [0, 1] 区间内连续节点所组成的极限图（见图 4.18）。

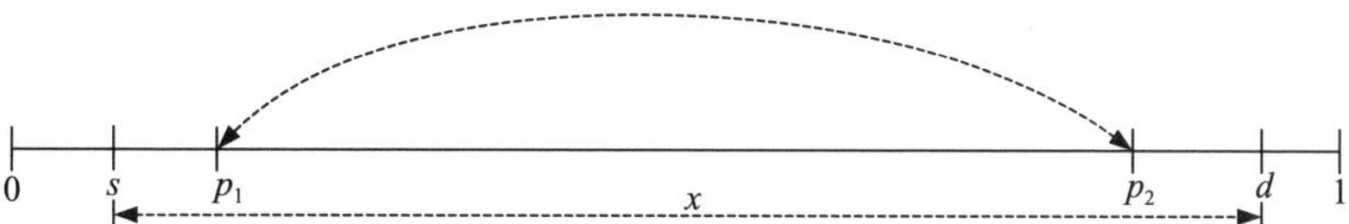

图 4.18 对 N 节点线性图取极限 $N \to \infty$ 得到的密集线性图。通过考虑两个锚点 p_1 和 p_2 的位置，并将其利用第一条优化添加的 LL 连接起来，从而使得平均路径长度（APL）得到优化。取决于源节点 s 的位置，最短路径长度 $p(s, d)$ 也具有不同的值。本图给出了 3 种情况中的一种，其中 s 位于 p_1 的左侧，即 $s \in [0, p_1]$。在分析过程中，针对此设置的闭合表达式被描述为 S_1。关于闭合表达式 S_1 的详细分析请参见附录 C

在极限图的单 LL 添加可以公式化为下述形式。假设 LL 添加到极限图中位置 p_1 和 p_2 之 136
间，$p_1, p_2 \in (0, 1)$，且 $p_1 < p_2$，节点 s（源节点）和 d（目的节点）之间的最短路径长度是下述三种场景的累积和：

- **场景 1**：源节点 s 位于锚点 p_1 的左侧，也就是说，s 的位置位于 $[0, p_1]$，如图 4.18 所示。
- **场景 2**：源节点 s 位于锚点 p_1 和 p_2 之间，也就是说，s 的位置位于（p_1, p_2），如图 4.19 所示。
- **场景 3**：源节点 s 位于锚点 p_2 的右侧，也就是说，s 的位置位于 $[p_2, 1]$，如图 4.20 所示。

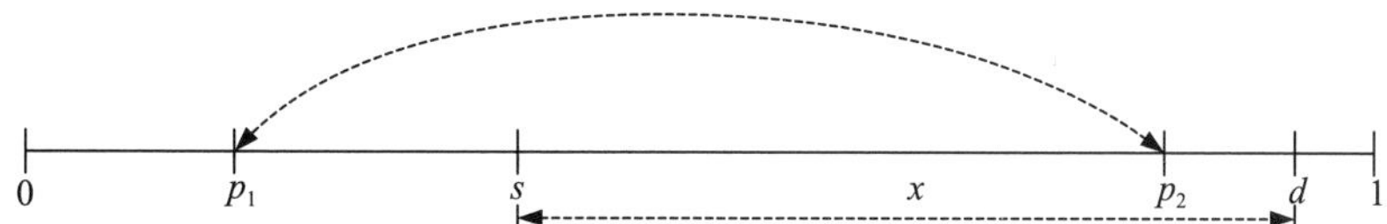

图 4.19 在本图中，s 位于锚点 p_1 和 p_2 之间，即 $s \in (p_1, p_2)$。在分析过程中，针对此设置的闭合表达式被描述为 S_2。关于闭合表达式 S_2 的详细分析请参见附录 C

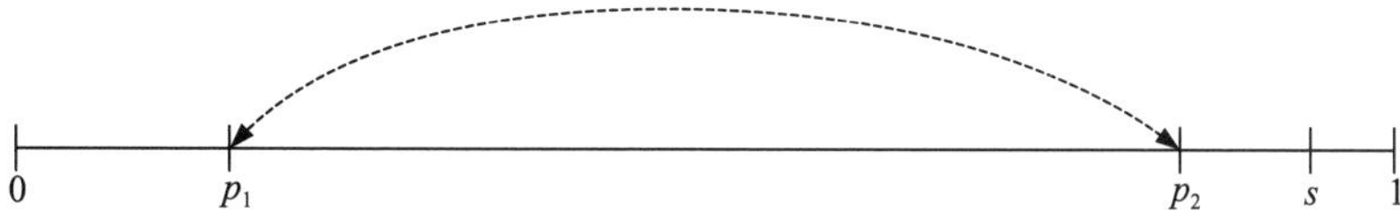

图 4.20 在本图中，s 位于锚点 p_2 的右侧，即 $s \in [p_2, 1]$。在分析过程中，针对此设置的闭合表达式被描述为 S_3。关于闭合表达式 S_3 的详细分析请参见附录 C

节点 s 和 d 之间的最短路径表示为 $p(s, d)$，显然 $p(s, d)$ 为 p_1 和 p_2 的函数。通过改变一些变量，可以将 $p(s, d)$ 变换为 $p(s, x)$，且 $x=d-s$。所有源于 s 的最短路径的总路径长度为（并且只考虑位于 s 右边的那些 d）$\int_{x=0}^{1-s} p(s, x)\mathrm{d}x$，总路径长度可以根据下述公式计算：

$$\int_{s=0}^{1}\int_{x=0}^{1-s} p(s, x)\mathrm{d}x\mathrm{d}s \tag{4.8.1}$$

137　注意，对于一个给定的图，最小化 APL 等价于最小化图的总路径长度。因此，问题转化为寻找能够最小化公式（4.8.1）中总路径长度的 p_1 和 p_2 的最佳点 p_1^* 和 p_2^*。至此为止，函数 $P(p_1, p_2)$ 的导出表达式可以表示为：

$$\int_{s=0}^{1}\int_{x=0}^{1-s} p(s,x)\mathrm{d}x\mathrm{d}s = S_1 + S_2 + S_3$$

$$\begin{aligned} P(p_1, p_2) = &\frac{5}{24}(p_2^3 - p_1^3) - \frac{1}{4}(p_2^2 - 3p_1^2) \\ &+ \frac{3}{8}p_1 p_2 (p_2 - p_1 - \frac{4}{3}) + \frac{1}{6} \end{aligned} \tag{4.8.2}$$

其中 S_1、S_2 和 S_3 是三种不同场景的表达式，具体如图 4.18、图 4.19 和图 4.20 所示。S_1、S_2 和 S_3 的闭合表达式可以参见附录 C。

因此，p_1 和 p_2 的最优值（即 p_1^* 和 p_2^*）可以通过公式（4.8.3）获得，该公式综合考虑了 s 位置的三种不同状态。最终定位锚点的优化问题可以表示为：

$$\begin{aligned} &\text{minimize} \quad P(p_1, p_2) \\ &\text{such that} \quad p_1, p_2 \in (0,1) \\ &\qquad\qquad\quad p_1 < p_2 \end{aligned} \tag{4.8.3}$$

根据公式（4.8.3），可以得到锚点的最优值为 0.2071 和 0.7929，且具有唯一性 [76]。

关于锚点的一些观察

为了理解为什么锚点的固定比例位置始终为 0.2*N* 或者 0.8*N*，我们将对比分析线性拓扑网络与环形拓扑网络中 APL 最优链路添加的情况（见图 4.21a）。假设两个网络中邻居节点之间的距离均为 1，并且对于环形网络，可以通过穷举搜索在第 0.25*N* 个节点和第 0.75*N* 个节点之间添加一条 APL 优化边。

如果将环形网络中节点 1 和 *N* 之间的边移除，则得到一个线性网络（见图 4.21b），并且所添加的 APL 优化边在网络中的位置也从 0.25*N* 变为 0.2*N*，以及从 0.75*N* 变为 0.8*N*（见图 4.21b）。

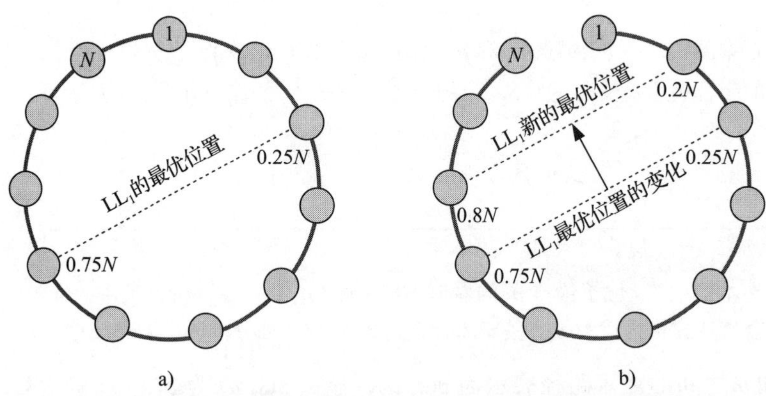

图 4.21　a）一个 N 节点环形网络的例子。这里以虚线形式给出了远程链路（LL_1）的第一个最优位置，位于第 0.25*N* 个节点和第 0.75*N* 个节点之间；b）可以通过移除一条链路将环形拓扑变换为线性拓扑，并将使得 LL_1 的位置从 0.25*N* 和 0.75*N* 变化为 0.2*N* 和 0.8*N*

表 4.6 给出了线性网络中的总路径长度（PL）在图 4.22 所示不同部分的分布情况。由表 4.6 可以发现 $PL_{1-0.2N}$（从节点 1 到节点 0.2N 部分）以及 $PL_{0.8N-N}$（从节点 0.8N 到节点 N 部分）在路径长度中的贡献相同（各占总的网络路径长度的 24.8%），而 $PL_{0.2N-0.8N}$ 部分大约占总的网络路径长度的 50.4%。由于靠近线性网络端点的节点对总路径长度的贡献更多（进而当 N 固定的情况下对 APL 的贡献也更多），线性网络中为优化目标而添加的第一条链路就相对于环形网络更靠近端节点。

表 4.6　在线性拓扑网络中总路径长度（PL）在不同部分的分布情况。这里给出了 20、40、60、80 和 100 节点的线性网络，可以看出 $PL_{1-0.2N}$ 和 $PL_{0.8N-N}$ 各贡献了总 PL 的 24.8%，而 $PL_{0.2N-0.8N}$ 贡献了总 PL 的接近 50.4%（该表引自文献 [76]，© [2016] IEEE，转载已获作者授权）

编号	节点数	$PL_{1-0.2N}$	$PL_{0.2N-0.8N}$	$PL_{0.8N-N}$
1	20	660	1340	660
2	40	5288	10 744	5288
3	60	17 852	36 276	17 852
4	80	42 320	86 000	42 320
5	100	82 660	167 980	82 660

138~139

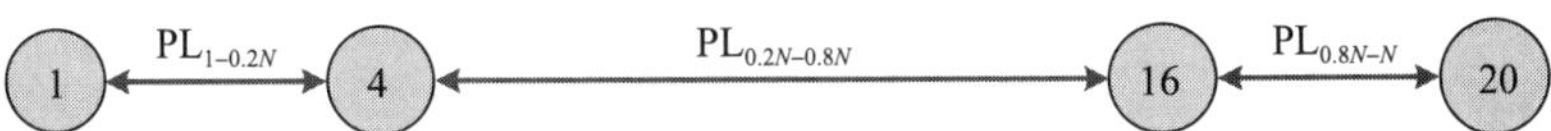

图 4.22　一个 20 节点有限线性拓扑的例子，N 节点网络的 $PL_{1-0.2N}$、$PL_{0.2N-0.8N}$ 以及 $PL_{0.8N-N}$ 各个部分的比例如图所示，这里 PL 代表路径长度。需要注意的是，这里 $PL_{1-0.2N}$ 是指从节点 1 到节点 0.2N（这里即为节点 4）的子串（该图引自文献 [76]，© [2016] IEEE，转载已获作者授权）

4.9　基于启发式方法的确定性链路添加

许多确定性链接添加策略（如 4.7 节中讨论的 MinAPL、MaxBC 以及 MaxCC）都具有非常高的时间复杂度。然而，在诸如灾难响应、应急响应或 ad hoc 军事通信网络等许多时间要求严格的场景中部署小世界网络时，高的时间复杂度并不可行。本节讨论两种确定性链路添加策略，即最大 CC 差异（Maximum CC Disparity, MaxCCD）和顺序确定性 LL 添加（Sequential Deterministic LL Addition, SDLA），这两种策略都是基于启发式方法在网络中添加新链路。

4.9.1　最大接近中心性差异

两个节点之间的*接近中心性差异*（CCD）定义为两个节点的 CC 值之间的差。在一个 N 节点网络中，每个节点都有一个可以使用以下公式计算得到的中心性值：

$$\mathrm{CC}(i)=\frac{1}{\sum_{j=1}^{N} d(i,j)} \tag{4.9.1}$$

基于 MaxCCD 的链路添加策略在具有最大 CCD 的节点对之间添加 LL。根据定义，具有最高 CC 值的节点可能出现在网络的许多最短路径中，而具有最低 CC 值的节点在网络的最短路径中出现的可能性非常低。连接具有最高和最低 CC 值的节点对实际上有利于减小具有最低 CC 值的节点的路径长度值。算法 4.5 描述了基于 MaxCCD 的确定性 LL 添加策略，该算法估计所有节点的 CC 值，并在具有最大 CCD 值的节点对之间创建 LL，重复添加 LL 的过程直到添加所有 k 条链路 [72]。

算法 4.5　基于 MaxCCD 的链路添加算法

要求：

$\mathcal{G} = (\mathcal{V}, \mathcal{E})$——具有 $\mathcal{V}$ 个节点和 $\mathcal{E}$ 条边的网络图。
k——需要在 $\mathcal{G}$ 中添加的 LL 数目。
(u, v)——节点 u 和 v 之间的链路。
CC(i)——节点 i 的接近中心性。
初始化——$\mathrm{CC}(i) = 0, \ \forall\, i \in \mathcal{V}$。

1: **for** $p = 1 \rightarrow k$ **do**
2: 　计算所有节点的 CC
3: 　$\mathrm{MaxCC}_{\mathrm{Node}} \leftarrow \max(\mathrm{CC})$
4: 　$\mathrm{MinCC}_{\mathrm{Node}} \leftarrow \min(\mathrm{CC})$
5: 　$\mathrm{Possible}_{\mathrm{LL}} = \{(u, v) \mid u \in \mathrm{MaxCC}_{\mathrm{Node}}, v \in \mathrm{MinCC}_{\mathrm{Node}}, (u, v) \notin \mathcal{E}\}$
6: 　$(u, v) \leftarrow \mathrm{random}(\mathrm{Possible}_{\mathrm{LL}})$
7: 　$\mathcal{E} \leftarrow \mathcal{E} \cup (u, v)$
8: **end for**

在 MaxCCD 策略中每一次添加新链路时，算法 4.5 使用公式（4.9.1）计算每个节点的 CC 值（第 2 行），然后算法搜索具有最大和最小 CC 值的节点（第 3～4 行），在找出具有最大和最小 CC 的所有节点对之后（第 5 行），在所有具有最大 CCD 差异的节点对集合中随机选择一个添加新链路（或 LL）(第 6～7 行)。重复执行这些步骤，直到将所有 LL 都添加到网络中。

MaxCCD 的时间复杂度可以通过如下方式进行分析。估计所有节点的 CC 需要 $O(N^2 \log N)$ 时间 [73]，一旦得到所有节点的 CC，算法需要 $O(N)$ 的时间找出 $\mathrm{MaxCC}_{\mathrm{Node}}$ 和 $\mathrm{MinCC}_{\mathrm{Node}}$。因此 MaxCCD 总的时间复杂度为 $O(N^2 \log N+N)$，可以简化为 $O(N^2 \log N)$。MaxCCD 具有与 MinAPL 策略相媲美的 APL 性能。

1. MaxCCD 与其他确定性链路添加策略的定量比较

本部分给出了一些通过在不同规模的线性拓扑网络上进行模拟实验而获得的定量比较结果，以便分析 MaxCCD 和其他确定性链路添加策略的性能。

2. APL 性能

APL 表示在整个网络上节点对之间的路径长度平均值。针对不同规模的线性拓扑网络，在采用 MinAPL、MinAEL、MaxBC、MaxCC 和 MaxCCD 这 5 种不同的策略添加 6 条 LL 之后，对其 APL 值进行分析。

图 4.23 显示了不同网络规模下采用不同策略得到的平均路径长度（APL）值。从图 4.23 可以看出，当目标是产生具有最低 APL 值的网络时，MinAPL 和 MaxCC 的 LL 添加策略是最优的。需要注意的是，与 MinAPL 策略相比，MaxCCD 策略所得到
140～141 的 APL 值只是稍有增加，范围从 1.27%（10 个节点情况下）到 18.92%（100 个节点情况下）。

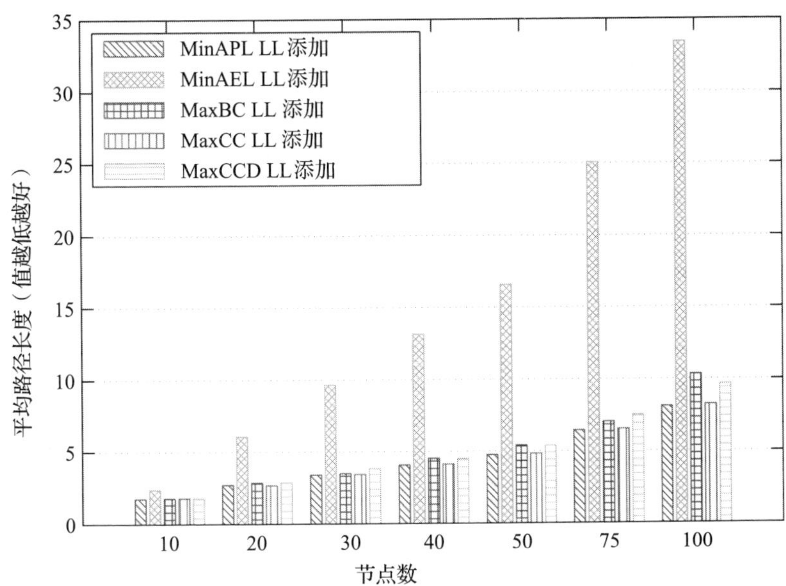

图 4.23　多种确定性 LL 添加策略的 APL 性能（该图引自文献 [72]，Copyright(2014)，转载已获 IEEE 授权）

3. AEL 性能

AEL 刻画了网络上平均每条链路的长度。由于 AEL 是链路距离的函数，因此增加新的 LL 会导致该值也随之增加。在分别采用不同的策略添加 6 条 LL 后测量网络的 AEL 值（见图 4.24）。从图 4.24 可以看出，随着网络规模的增加，基于 MinAPL 添加 LL 后所得到的 AEL 值也会增加。进一步还可以观察到，与其他策略相比，基于 MaxCCD 添加 LL 后降低了网络的 AEL 值。

基于 MinAEL 的 LL 添加策略在最小化网络 APL 和传输时延方面并不具有优势。因此，尽管 MinAEL 是计算效率最高的策略，但其无法获得时延优化的小世界网络。

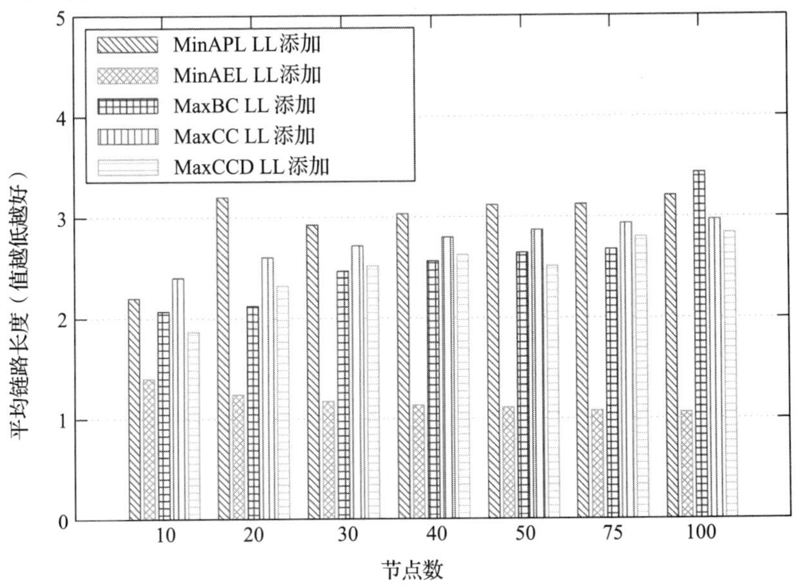

图 4.24　多种确定性远程链路（LL）添加策略的平均链路长度（AEL）性能（该图引自文献 [72]，Copyright(2014)，转载已获 IEEE 授权）

4. BC 性能

节点的 BC 值表示其在网络中的重要性。图 4.25 显示了针对不同规模的网络拓扑，在不同的 LL 添加策略下所得到的最大 BC 值。

可以看出，基于 MinAEL 的 LL 添加策略获得了最小的 BC 值，而在考虑 BC 性能时，基于 MaxBC 和 MaxCC 的 LL 添加策略相对是最优的。对于基于 MaxCCD 的 LL 添加策略而言，其相对于基于 MaxBC 的 LL 添加策略性能差异非常小，范围从 0.96%（10 个节点情况下）到 4.22%（100 个节点情况下）。

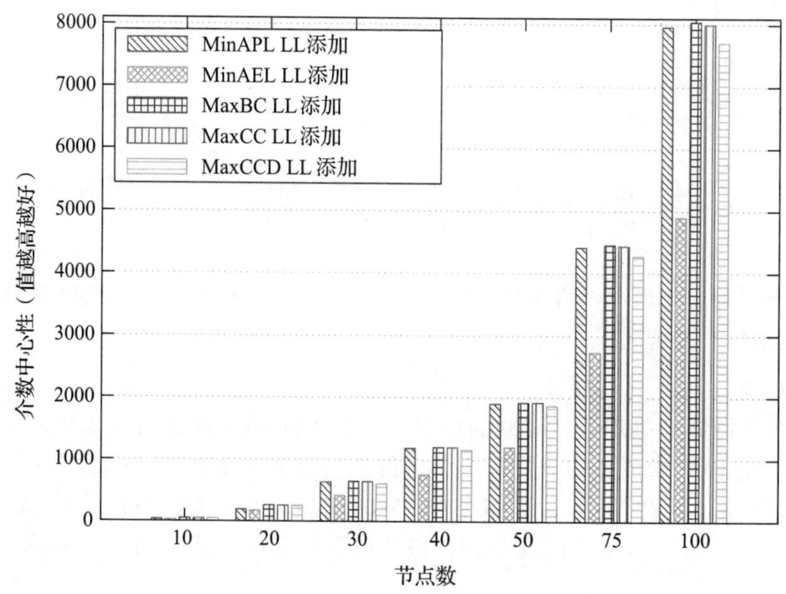

图 4.25　多种确定性远程链路（LL）添加策略的介数中心性（BC）性能（该图引自文献 [72]，Copyright (2014)，转载已获 IEEE 授权）

5. CC 性能

节点的 CC 值刻画了该节点与网络中其他节点的接近程度。图 4.26 显示了针对不同规模的网络拓扑，在不同的 LL 添加策略下所得到的 CC 值。

在图 4.26 中，随着节点数量的增加，网络变得越来越稀疏，从而使得所有 LL 添加策略的 CC 值都会降低。此外，随着网络规模的增加，MinAPL 和 MaxCC 的 LL 添加策略具有非常近似的性能。对于基于 MaxCCD 的 LL 添加策略而言，其相对于基于 MaxCC 的 LL 添加策略的性能差异范围从 9.08%（20 个节点情况下）到 17.14%（100 个节点情况下）。

6. 平均网络时延

平均网络时延（Average Network Delay, ANeD）度量了一组数据从源节点传播到目的节点所需的平均时间。ANeD 等于传播时延和传输时延之和，如公式（4.9.2）所示：

142~143

$$\mathrm{ANeD}=\frac{\mathrm{APL}\times\mathrm{AEL}}{v}+\frac{\mathrm{APL}\times L}{R} \tag{4.9.2}$$

其中 v 为信号在通信媒介中的传播速率，L 是数据分组的长度，R 为传输速率。在评价不同 LL 添加策略的 ANeD 时，传输时延 L/R 和传播速率 v 都设置为 1 个单位。图 4.27 给出了 ANeD 的对比情况。

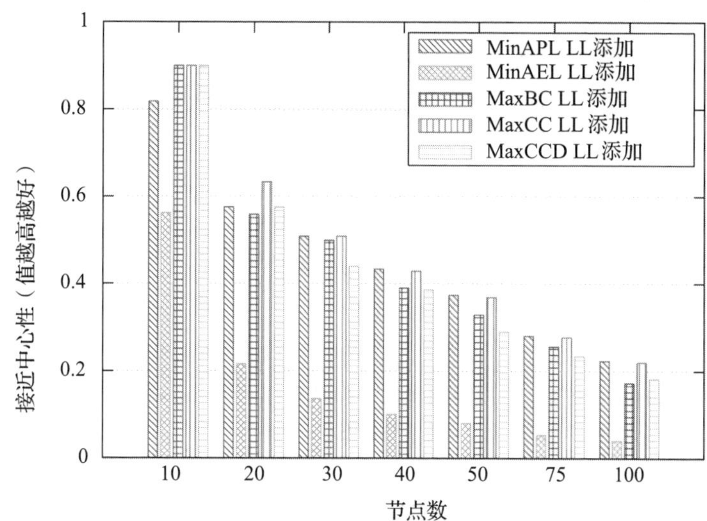

图 4.26　多种确定性远程链路（LL）添加策略的接近中心性（CC）性能（该图引自文献 [72]，Copyright(2014)，转载已获 IEEE 授权）

从图 4.27 可以看出，基于 MinAEL 的 LL 添加策略的 ANeD 性能最差。此外，随着节点数量的增加，基于 MaxCC 的 LL 添加策略的 ANeD 性能始终是最好的。与基于 MaxCC 的 LL 添加策略相比，基于 MaxCCD 的 LL 添加策略具有相近的 ANeD 性能，（在 100 个节点的情况下）偏差仅为 13.11%。

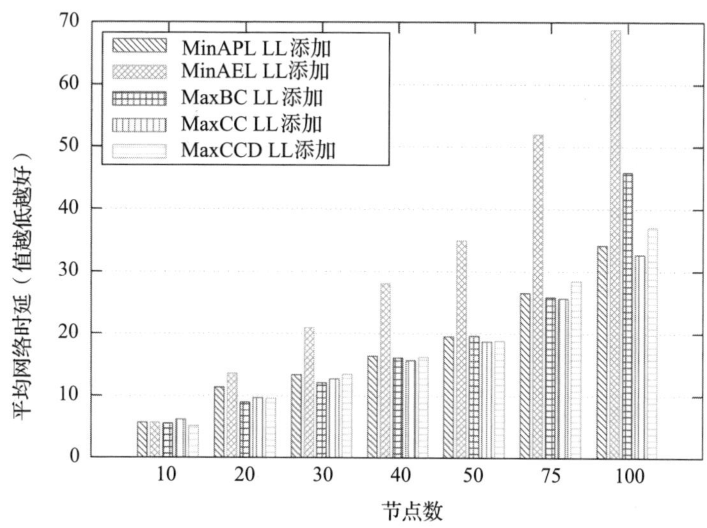

图 4.27　多种确定性远程链路（LL）添加策略的平均网络时延（ANeD）性能（该图引自文献 [72]，Copyright(2014)，转载已获 IEEE 授权）

7. 时间复杂度对比

基于 MaxCC 的 LL 添加策略所得到的 APL 值与基于 MinAPL 的 LL 添加策略所得到的 APL 值几乎相当。类似地，基于 MaxCC 的 LL 添加策略所得到的 BC 值相对于基于 MaxBC 的 LL 添加策略所得到的 BC 值偏差仅为 2.88%（10 个节点情况下）至 0.49%（100 个节点

144~145 情况下）。此外，基于 MaxCC 的 LL 添加策略在 ANeD 性能方面同样也非常出色。

当考虑到计算复杂性时，基于 MinAEL 的 LL 添加策略在所有策略中具有最低的复杂度。但是，该策略无法获得较低的 ANeD 值。并且，MinAEL 策略在 APL、BC 和 CC 值等其他测度方面也并不占优势。

基于 MaxCCD 的 LL 添加策略在计算复杂性方面相对更好（见表 4.7）。并且，与基于 MaxCC 的 LL 添加策略相比，MaxCCD 策略的 ANeD 性能仅增加了 13.11%（100 个节点的情况下）。此外，对于 APL、BC 和 CC 等其他一些测度，MaxCCD 策略的性能分别与 MinAPL、MaxBC 和 MaxCC 等策略相近。因此，基于 MaxCCD 的 LL 添加策略相对于其他 LL 添加策略更加高效。

表 4.7　采用不同的确定性 LL 添加策略添加一条远程链路（LL）的时间复杂度（该表引自文献 [72]，Copyright(2014)，转载已获 IEEE 授权）

策略	MinAPL	MinAEL	MaxBC	MaxCC	MaxCCD
时间复杂度	$O(N^4 \times \log N)$	$O(N^2)$	$O(N^4 \times \log N)$	$O(N^4 \times \log N)$	$O(N^2 \times \log N)$

8. MaxCCD 的不足

基于 MaxCCD 的 LL 添加策略的主要缺点就是将 LL 添加到网络中所需的时间复杂度较高。在 MaxCCD 中，必须计算每个节点的 CC 值，其时间复杂度大约为 $O(N^2 \log N)$。因此，随着 N 的增加，算法的时间复杂度也随之增大。当在大型网络中进行 LL 部署时，MaxCCD 并不够高效。因此，将其应用到大型网络中需要进行相应的改进。

4.9.2　顺序确定性 LL 添加

顺序确定性 LL 添加（SDLA）是另一种基于启发式的确定性 LL 添加方法，它将正则线性网络转化为由 k 条 LL 构成的小世界网络 [77]。以一个具有 N 个节点（编号从 1 到 N）的线性拓扑网络（STN）为例，算法 4.6 给出了在网络中添加 k 条 LL 的 SDLA 算法。

算法 4.6　顺序确定性 LL 添加（SDLA）算法

要求：

$\mathcal{G} = (\mathcal{V}, \mathcal{E})$——具有 $\mathcal{V}$ 个节点和 $\mathcal{E}$ 条边的网络图。
k——需要在 $\mathcal{G}$ 中添加的 LL 数目。
(u, v)——节点 u 和 v 之间的链路。
H——中心节点。
$\mathrm{SN}_{\mathrm{LL}(i)}$——第 i 条 LL 的源节点 ID。
$\mathrm{DN}_{\mathrm{LL}(i)}$——第 i 条 LL 的目的节点 ID。
$S_{\mathrm{DIST}}(j, j+1)$——第 j 个 LL 节点与第 j+1 个 LL 节点之间的跨度距离。

for $i = 1 \rightarrow k$ **do**
　if $i = 1$ **then**
　　$\mathrm{SN}_{\mathrm{LL}}(1) \leftarrow$第$\lceil 0.2 \times N \rceil$个节点
　　$\mathrm{DN}_{\mathrm{LL}}(1) \leftarrow$第$\lceil 0.8 \times N \rceil$个节点
　　$H \leftarrow \mathrm{DN}_{\mathrm{LL}}(1)$
　　$(u, v) \leftarrow (\mathrm{SN}_{\mathrm{LL}}(1), H)$
　　$\mathcal{E} \leftarrow \mathcal{E} \cup (u, v)$
　else

```
    for j = 1 → (N − 1) do
        找出 𝒢 中最大化
        S_DIST(j, j + 1) 的第 j 和 j +1 个节点组成的节点对
        if 存在多于 1 个具有最大值的 S_DIST then
            选择从 𝒢 中节点 1 观察到的最大 S_DIST
        end if
    end for
    SN_LL(i) ←第 ⌈ (SN_LL(j) +SN_LL(j+1)) / 2 ⌉ 个节点
    DN_LL(i) ← H
    (u, v) ← (SN_LL(i), DN_LL(i))
    ℰ ← ℰ ∪ (u, v)
  end if
end for
```

算法 4.6 中的第一条 LL（LL_1）是根据锚点位置的观察结果来添加的（参见 4.8 节）。搜索过程从线性网络的一端开始，并将第一个节点命名为节点 1。在距离节点 1 的距离为 $0.2N$ 和 $0.8N$ 的两个节点所形成的节点对之间添加 LL_1 [74, 76]。因此，近似最优算法添加的第一条 LL 连接存在唯一的节点对，故而在添加第一条 LL 时不存在随机性。并且，由于 LL_1 给出了小世界线性拓扑网络（SW-STN）的最小 APL 值，因而该添加过程是最优的。对于其余的 LL，通过测量两个连续 LL 节点对之间的跨度距离，采用 SDLA 算法将其顺序添加到网络中。图 4.28 给出了采用 SDLA 算法对一个 30 节点的 SW-STN 添加 6 条顺序 LL 的例子。

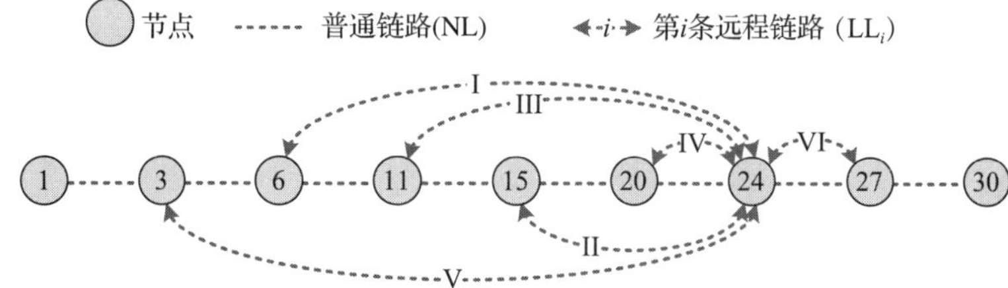

图 4.28　在一个 30 节点的线性拓扑网络中，采用 SDLA 算法添加 6 条链路。在一个 N 节点网络中，第一条 LL（LL_1）始终添加到第 $0.2N$ 个节点和第 $0.8N$ 个节点之间。在本例子中，LL_1 被添加到节点 6 和 24 之间（在图中表示为 I）。第 $0.8N$ 节点（也就是节点 24）成为了后续添加 LL 的中心节点。其他链路基于最大跨度距离进行添加。图中只画出并编号了相关节点

在图 4.29 中，在添加 LL1 之后，算法测量了节点对 (1, 6)、(6, 24) 以及 (24, 30) 之间的跨度距离 $S_{DIST}(j, j+1)$，以便添加下一条顺序 LL（即 LL_2）。在比较所有的跨度距离之后，SDLA 将最大的 S_{DIST} 划分为两个相等的部分，以便选择在第 j 和 j +1 个 LL 节点之间的中间节点，如图 4.29 所示。可以看出，节点对 (6, 24) 之间的跨度距离最大，因此为了在 SW-STN 中构建下一条顺序 LL，将中间节点（节点 15）与中心节点 H 相连接。SDLA 算法中 146~147 S_{DIST} 的计算过程在后面部分进行具体的解释。

为了在网络中添加后续的 LL（添加完 LL_1 之后），将第 $0.8N$ 个节点作为中心节点 H，随后 SDLA 通过 $S_{DIST}(j, j+1)$ 计算最大跨度距离，以便确定添加下一条 LL 的位置。S_{DIST} 通过第 j 个和第 j+1 个 LL 节点之间的跳数距离来度量。这里，第 j 个和第 j+1 个 LL 节点采用下

述方法中的一种确定。

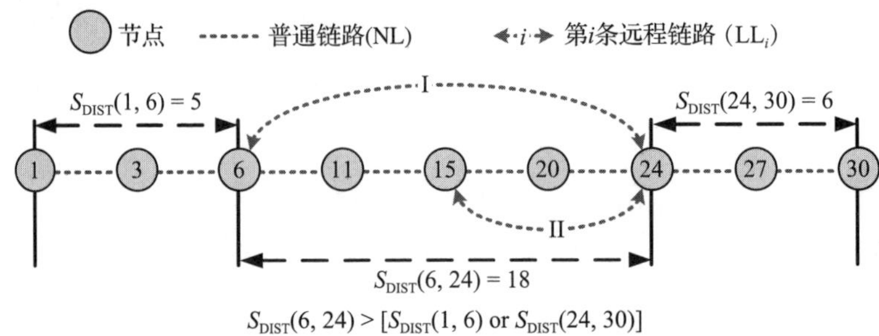

图 4.29　在一个 30 节点（N=30）的示例线性拓扑网络中确定跨度距离。第一条 LL（LL_1）被添加到节点 6（$0.2N$）和 24（$0.8N$）之间。LL_1 相对于网络规模的比例位置始终固定。第 $0.8N$ 个节点（在本例中为节点 24）被指定为中心节点，意味着所有后续的 LL 必须以该节点为终点。为了添加下一条 LL，首先计算 {(1, 6), (6, 24), (24, 30)} 的跨度距离（S_{DIST}）。由于 $S_{\mathrm{DIST}}(6, 24)$ 最大，因此将其划分为两个相等的部分，并将 LL_2 添加到该划分的中间节点（这里为节点 15）和中心节点之间。后续的 LL 可以采用同样的策略进行添加。图中只画出并编号了相关节点

1）第 j 个和第 j+1 个 LL 节点是 SW-STN 中位于不同 LL 连接的连续节点。这里节点的编号是从节点 1 开始计算的。

2）在 (j, j+1) 节点对中的一个节点是不位于任何 LL 的端节点（即节点 1 或者节点 N)，而另一个节点是网络中最近的 LL 连接节点。

从图 4.28 可以看出，LL_2 到 LL_6 均可通过计算最大跨度距离添加到网络中。SDLA 得到的 LL 位置与近似最优 LL 添加方法（见图 4.16）略有不同，然而，这种偏离只是在网络属性方面带来一些可忽略的差异。

1. SDLA 和近似最优 LL 添加的性能对比

图 4.30 给出了针对不同规模的 STN，在不同情况下 APL 值的对比分析：不添加 LL；随机添加 LL；基于近似最优 /MinAPL 添加 LL；基于 SDLA 添加 LL。100 个节点的 STN 的 APL 值超过 30，随机 LL 添加能够将 APL 值降低到约为 13，而近似最优和 SDLA 方法的性能非常近似，最后的 APL 值分别为 8.1 和 8.4。

由图 4.30 右侧的 Y 轴还可以看出，SDLA 与近似最优 LL 添加算法得到的 APL 值之间的相对偏差值在 5% 以内。SDLA 允许 LL 连接到 STN 中预先确定的位置，因此排除了性能相对较差的概率方法。如图 4.30 所示，由于 LL 添加的随机性，随机 LL 添加无法得到高效的结果。此外，SDLA 在时间复杂度方面相对于最优或者近似最优 LL 添加策略具有优势。SDLA 的时间复杂度为 $O(k \times N)$，而最优方法和近似最优方法的时间复杂度分别为 $O(N^{2k+2} \log N)$ 以及 $O(k \times N^4 \log N)$。因此，对于中等大小的 SW-STN 而言，SDLA 算法在计算的时间复杂度方面更加高效。并且针对各种网络特性，其相对于近似最优算法的偏差均可以忽略不计。

表 4.8 给出了一个 50 节点 SW-STN 的示例场景，展示了分别利用随机（20 次取平均）、近似最优、SDLA 算法添加不同数目的 LL 之后所得到的 APL 值，可以看到 SDLA 与近似最优算法得到的 APL 值的最大相对偏差为 6.17%，而随机 LL 添加策略得到的 APL 值严重偏离 SDLA 和近似最优方法得到的 APL 值。

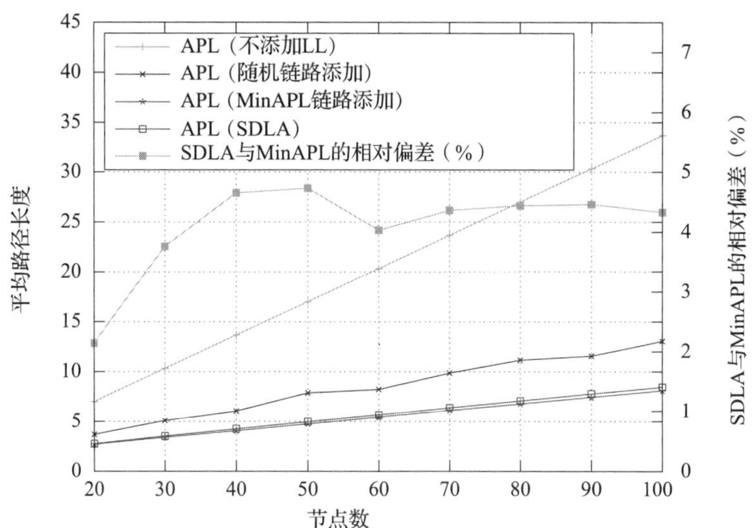

图 4.30　不同规模的线性拓扑网络在多种场景下 APL 值的变化情况：不添加 LL；随机添加 LL；基于近似最优算法添加 LL（算法 4.4）；基于 SDLA 添加 LL（算法 4.6）。右侧 *Y* 轴还给出了 SDLA 与近似最优 LL 添加算法得到的 APL 值偏差的相对百分比（该图引自文献 [77]，© [2015] IEEE，转载已获作者授权）

表 4.8　在一个 50 节点的线性拓扑网络中分别采用随机、MinAPL 以及 SDLA 策略添加 5、10、15、20、25 条远程链路（LL）后网络的平均路径长度（APL）值。由该表可以看出，MinAPL 和 SDLA 策略远远优于随机 LL 添加策略，并且 SDLA 与基于 MinAPL 策略得到的 APL 值的最大相对偏差小于 10%（表中该值为 6.17%，出现在添加 5 条 LL 时）（该表引自文献 [77]，© [2015] IEEE，转载已获作者授权）

添加的链路数	随机链路添加	MinAPL 链路添加	SDLA 链路添加	SDLA 与 MinAPL 的偏差（%）
5	8.21	5.50	5.84	6.17
10	6.10	3.90	4.13	6.06
15	4.82	3.25	3.33	2.49
20	4.35	2.90	2.99	2.89
25	3.91	2.72	2.81	3.24

148~150

2. 平均聚类系数以及多种中心性度量

ACC 反映了网络的局部连通性属性（有关 ACC 的详细讨论，请参见 2.4 节）。由于 SW-STN 是稀疏网络，因此在采用基于 MinAPL 或 SDLA 的 LL 添加策略添加 6 条 LL 之后，ACC 并没有明显的变化[77]。然而，在中心性度量方面却发生了重大的变化[27]。

表 4.9 给出了 SW-STN 的三个中心性度量：没有 LL、通过 MinAPL 策略添加 LL 以及通过 SDLA 添加 LL，其中网络节点在 20 到 100 之间变化。对于 20 个节点的情况，SDLA 策略得到的所有中心性测度的值均与 MinAPL 策略得到的值有很大偏差；但是，随着网络规模的增加，这些偏差的百分比也在不断降低。在所有的中心性度量中，随着第一条 LL（LL_1）添加到网络中，最大中心点[27]也相应转移到中心节点，因此就网络中心性而言，中心节点逐渐支配了整个网络。

表 4.9 针对不同规模线性拓扑网络的度中心性（DC）、接近中心性（CC）以及介数中心性（BC）度量。网络中心性度量基于三种不同的场景：无新链路添加；基于 MinAPL 链路添加策略添加 6 条 LL；基于 SDLA 策略添加 6 条 LL。可以看出，相对于无链路添加的场景，MinAPL 和 SDLA 策略改善了网络的中心性（该表引自文献 [77]，© [2015] IEEE，转载已获作者授权）

节点数量	网络的度中心性			网络的接近中心性			网络的介数中心性		
	无 LL 添加	MinAPL LL 添加	SDLA	无 LL 添加	MinAPL LL 添加	SDLA	无 LL 添加	MinAPL LL 添加	SDLA
20	0.006	0.205	0.322	0.087	0.423	0.512	0.203	0.504	0.679
30	0.002	0.209	0.209	0.058	0.431	0.414	0.190	0.721	0.720
40	0.001	0.155	0.155	0.043	0.369	0.351	0.184	0.735	0.724
50	0.0009	0.123	0.123	0.035	0.319	0.302	0.180	0.743	0.736
60	0.0006	0.102	0.102	0.029	0.281	0.269	0.178	0.747	0.741
70	0.0004	0.087	0.087	0.025	0.250	0.239	0.176	0.749	0.747
80	0.0003	0.076	0.076	0.022	0.227	0.216	0.175	0.752	0.746
90	0.0003	0.068	0.068	0.019	0.206	0.197	0.174	0.754	0.750
100	0.0002	0.061	0.061	0.017	0.190	0.181	0.173	0.754	0.751

3. SDLA 的不足

由于第 $0.8N$ 个节点（即中心节点）必须要处理更高的数据流量，SDLA 策略的主要问题就是流量公平性的问题。然而，在实际部署场景中，因为网络中节点的确切位置是已知的，可以很容易地提升第 $0.8N$ 个路由器节点的数据承载容量。因此，通过使一个路由器节点具有足够多的资源，可以以最小的部署时间复杂度来提高网络的整体性能。例如，在军事自组织 SW-STN 中，中心节点可以是一台能够承载许多无线电 / 网络收发器和更好能量源的车辆节点。

4.9.3 基于小世界特征的平均流容量增强

由 4.6.2 节可以看出，MaxCap 需要花费大量时间来确定 LL 的位置以最大化 ANFC 值。为了克服 MaxCap 的缺点，在对 MaxCap 策略所添加 LL 的位置进行分析的基础上，人们提出了基于小世界特征的平均流容量增强（ACES）启发式算法。算法 4.7 给出了相应的 ACES 策略。

算法 4.7 基于 ACES 的链路添加算法

要求：

$\mathcal{G} = (\mathcal{N}, \mathcal{E}, \mathcal{C})$——具有 $\mathcal{N}$ 个节点、$\mathcal{E}$ 条链路以及链路容量为 $\mathcal{C}$ 的网络。

min_degree——$\mathcal{G}$ 中节点的最小度。

$NE_{i(r)}$——节点 i 的 r 跳邻居。

$D(i)$——节点 i 的度。

node_set——创建远程链路 (LL) 的备选节点集。

$\mathcal{C}_{var}$——一条 LL 的可变容量值。

$\mathcal{C}_{fix}$——一条 LL 的固定容量值。

k——$\mathcal{G}$ 中需要添加的 LL 数目。

初始化——r, node_set ← ∅ 且 min_degree ← 0

1: min_degree ← min_degree +1
2: **for** $p = 1 \rightarrow N$ **do**
3: **if** $D(p)$ = min_degree **then**
4: node_set ← node_set ∪ p // 添加度为 min_degree 的节点
5: node_set ← node_set ∪ $NE_{p(r)}$ // 添加 r 跳邻居
6: **end if**
7: **end for**
8: count ← |node_set| //node_set 集合的势
9: **if** $|^{count}C_2 - \mathcal{E}| < k$ **then** //$|^{count}C_2 - \mathcal{E}|$ 来去除现有链路
10: **go to** 1
11: **end if**
12: 计算 node_set 中节点对之间的欧氏距离
13: 按照欧氏距离降序的方式对节点对进行排序
14: 为 node_set 中的前 k 个节点对添加 k 条 LL
15: 根据策略为每一条 LL 赋值 $\mathcal{C}_{var}$ 或 $\mathcal{C}_{fix}$

在算法 4.7 中，min_degree 表示当前所考虑节点的最小度，在 ACES 算法开始时 min_degree = 1。因此，该算法搜索度数为 1 的所有节点，并将它们存储在 node_set 中。ACES 还存储那些与度为 min_degree 的节点具有 r 跳距离的节点（第 2～7 行）。当搜索完成时，算法判断 node_set 中的节点间存在的潜在 LL 总数是否足以创建 k 条 LL（第 8～11 行）。如果存在 k 条潜在的 LL，则 ACES 计算 node_set 中所有可能节点对之间的欧几里得距离，然后在节点对之间按照欧氏距离的降序排列添加 k 条 LL，并对这些 LL 采用可变容量（$\mathcal{C}_{var}$）或固定容量（$\mathcal{C}_{fix}$）的方式对 LL 进行赋值（第 12～15 行）。

如果在 node_set 的可能节点对之间无法创建 k 条 LL，则算法 4.7 将 min_degree 值增加 1，以便通过在 node_set 中添加更多的节点来增大 LL 连接的可能性（第 8～11 行）。图 4.31 给出了在三种示例道路网络，其中基于 ACES 添加 10 条 LL，且为每个 LL 分配不同的流容量。

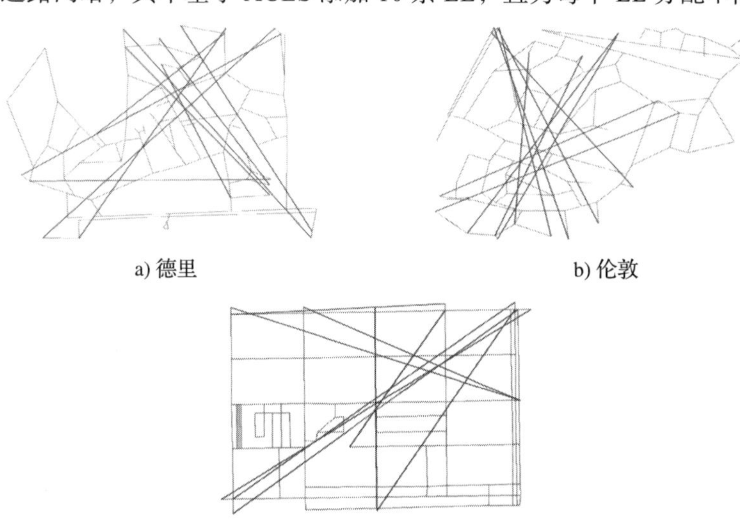

a) 德里　b) 伦敦　c) 曼哈顿

图 4.31 三种不同的道路网络：a）德里；b）伦敦；c）曼哈顿。采用基于小世界特征的平均流容量增强策略（ACES）分别为它们添加 10 条远程链路（LL），且每条 LL 都具有不同的流容量。黑色线代表在网络中基于 ACES 添加的 LL

1. ACES 的时间复杂度

ACES 算法（算法 4.7）的时间复杂度可以采用如下方式进行计算：在一个 N 节点网络中找出度为 min_degree 的节点加入集合需要 $O(N)$ 时间（第 2～7 行）。为了找到前 k 条 LL 的位置，需要在集合中根据可能的 LL 连接节点对的欧氏距离进行排序操作。因此可以在 $O(k \times N^2)$ 时间内找到前 k 条 LL 的位置（第 13～14 行）。算法 4.7 的其他操作均可以在 $O(1)$ 时间内完成。因此，利用 ACES 策略添加 k 条 LL 的时间复杂度为 $[O(N) + O(k \times N^2) + O(1)]$，或者简化为 $O(k \times N^2)$。

2. ACES 为什么有效

ACES 策略的启发式设计思想主要基于 MaxCap 算法的一些观察结果，其中 MaxCap 算法通过添加一些 LL 以最大化现实世界网络的 ANFC 值。观察发现，大多数 LL 都以悬挂节点或其邻居作为连接点之一，而 MaxCap 和 ACES 都可以成功地确定一些具有重要作用的悬挂节点，进而有效提高现实世界道路网络的 ANFC 值。然而，在 MaxCap 算法中，还是会
151～154 有一些 LL 被添加在地理位置较近的节点之间。

另一方面，ACES 找出网络中所有的悬挂节点及其 r 跳邻居，随后在具有最大地理距离的节点对之间添加一条 LL，这里所引入的 r 跳邻居能够帮助 ACES 在网络中高效搜索出 LL 的位置。

3. ACES 与其他确定性链路添加策略的性能对比

本部分给出了 ACES 与其他确定性链路添加策略（例如 MaxCap、MinAPL、MaxBC 和 MaxCC [72]）在提升网络 ANFC 方面的性能定量比较结果，以便对 ACES 的性能进行评价。如表 4.10 所示，实验过程中分别在 6 个真实世界道路网络（班加罗尔、德里、伦敦、巴黎、纽约和曼哈顿）中应用这些策略添加 10 条 LL。

表 4.10　道路网络的特征

城市名	节点数	链路数
班加罗尔	103	139
德里	101	120
伦敦	99	127
巴黎	103	119
纽约	100	136
曼哈顿	104	152

表 4.10 中列出的所有道路网络都导出自 openstreetmap.org，并提取所需的信息以创建相应的网络图。在此场景中，节点表示道路的交叉点，而链路则对应于连接两个交叉点的道路。每条链路的流容量则根据相应的道路类型设定。也就是说，在道路网络中道路越宽，为其分配的流容量值也越大，反之亦然。表 4.11 给出了所有可能的道路类型及相应的流容量值 [13]，其中道路类型是按照其宽度降序排列的。

表 4.11　不同道路类型及对应的流容量值

道路类型	流容量
高速公路	13
高速公路连接线	12

（续）

道路类型	流容量
干线公路	11
市区干道	10
二级公路	9
三级公路	8
无等级道路	7
住宅区 / 商业区	6
服务区	5
生活性街道	4
步行街	3
自行车道	2
人行横道 / 轨道 / 阶梯 / 小路	1

在 LL 添加实验中，根据 4.6.2 节的讨论，一条 LL 的流容量可以根据不同的策略进行分配。在固定流容量 ($\mathcal{C}_{fix}$) 分配场景中为 LL 分配的流容量值为 10，表示市区干道类型。选择该值主要考虑到现实世界道路网络中大部分道路均为市区干道。另一方面，在可变流容量 ($\mathcal{C}_{var}$) 分配场景中，为 LL 分配的流容量值等于与该 LL 的任意端点相连接的道路中的最宽道路所对应的值。需要注意的是，在所有的模拟实验中，ACES 只考虑 1 跳邻居信息，也就是对节点 i 而言，当计算 $NE_{i(r)}$ 时有 r=1（参见算法 4.7）。

4. ACES 性能：具有固定流容量的 LL

当在各种道路网络中添加具有固定流容量的 LL 时，MaxCap 能够将 ANFC 值提升到最大值。利用多种不同的 LL 添加策略（MaxCap、ACES、MinAPL、MaxBC 以及 MaxCC）在每种道路网络中添加 10 条 LL，且每条 LL 都具有固定的流容量值（在本模拟实验中，$\mathcal{C}_{fix}$ 设置为 10）。图 4.32 给出了在添加 10 条 LL 之后不同道路网络的 ANFC 改进情况。

由图 4.32 可以看出，对班加罗尔道路网络而言，相对于没有添加任何 LL（参见每个道路网络的第 1 个柱状图，以 Capacity 图例标识），MaxCap 策略将 ANFC 的值提升了近 42.73%。对于其他道路网络，相对于各自的原始网络，MaxCap 策略将 ANFC 的值提升了约 52.65%（德里）、63.34%（伦敦）、60.67%（巴黎）、28.09%（纽约）以及 29.40%（曼哈顿）。此外，基于 ACES 的 LL 添加策略所得到的结果与 MaxCap 结果之间的偏差只有 5.24%（班加罗尔）、12.36%（德里）、9.71%（伦敦）、13.13%（Paris）、3.00%（纽约）以及 5.91%（曼哈顿），而由图中还可以看出，其他 LL 添加策略对 ANFC 的提升效果远不如上述两种策略。

5. ACES 性能：具有可变流容量的 LL 155～156

进一步地，基于上述 5 种策略向道路网络中添加 10 条具有可变流容量值的 LL。图 4.33 给出了所有策略在提升 ANFC 方面的性能，可以看出 MaxCap 和 ACES 的性能同样远超其他几种 LL 添加策略。

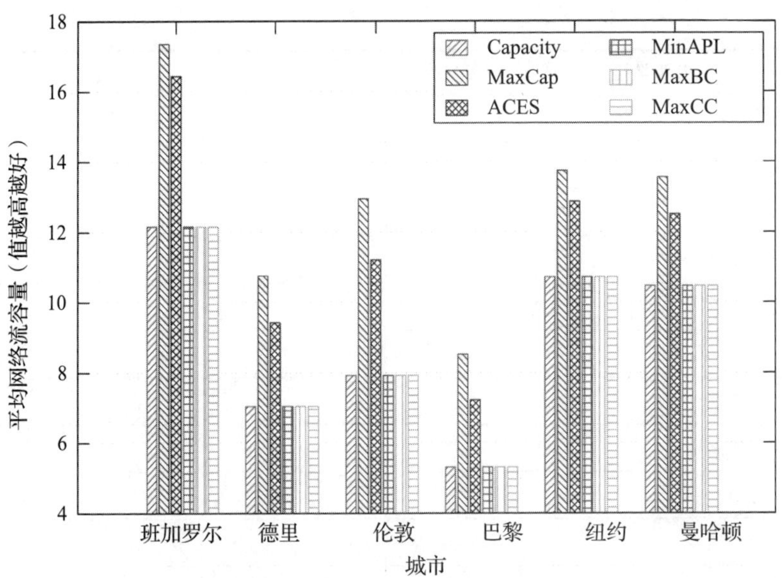

图 4.32 针对 6 种现实世界道路网络，比较不同远程链路（LL）添加策略的平均网络流容量（ANFC）性能，这里添加的 10 条 LL 具有固定的流容量值（每条 LL 的流容量值均为 10）

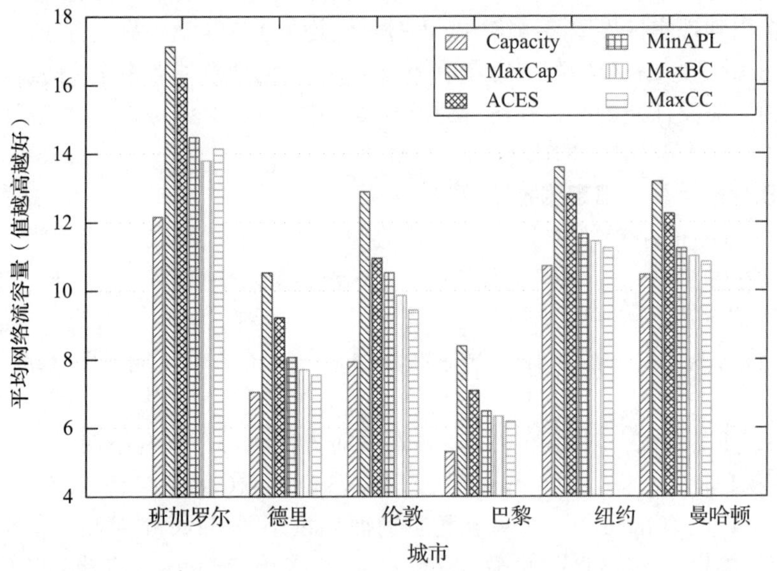

图 4.33 针对 6 种现实世界道路网络，比较不同远程链路（LL）添加策略的平均网络流容量（ANFC）性能，这里每条 LL 的流容量值等于与该 LL 的任意端点相连接链路的最大流容量值

6. ACES 性能：具有不同 *r* 跳邻居的 LL

在固定以及可变 LL 流容量分配的情况下，进一步分析不同的 r 跳邻居对 ACES 性能的影响。在模拟实验过程中分别考虑了悬挂节点的 1～8 跳邻居，表 4.12 和表 4.13 列出了在选择不同 r 跳邻居时的 ANFC 值，并给出了基于 ACES 的最高 ANFC 值（在表 4.12 和表 4.13 中以粗体显示）相对于基于 MaxCap 的 ANFC 值的偏差百分比。从两个表中可以看到，在不同道路网络中最高 ANFC 值所对应的邻居跳数 r 也并不相同。

表 4.12 具有 r 跳邻居的 ACES 算法性能：远程链路具有固定流容量的场景

城市	MaxCap 的 ANFC 值	具有 r 跳邻居的 ACES 的 ANFC 值								与 MaxCap 的偏差（%）
		1	2	3	4	5	6	7	8	
班加罗尔	17.35	**16.44**	16.28	16.40	16.42	16.42	16.42	16.42	16.42	5.24
德里	10.76	**9.43**	9.28	9.28	9.29	9.29	9.29	9.29	9.29	12.36
伦敦	12.95	11.21	11.31	11.30	11.46	11.46	11.48	11.53	**11.69**	9.71
巴黎	8.52	7.23	7.18	7.18	7.18	7.18	**7.40**	7.40	7.40	13.19
纽约	13.74	12.87	13.18	13.26	**13.32**	13.12	13.16	13.13	13.13	3.00
曼哈顿	13.55	12.51	12.74	12.69	12.70	**12.75**	12.75	12.75	12.75	5.91

表 4.13 具有 r 跳邻居的 ACES 算法性能：远程链路具有可变流容量的场景

城市	MaxCap 的 ANFC 值	具有 r 跳邻居的 ACES 的 ANFC 值								与 MaxCap 的偏差（%）
		1	2	3	4	5	6	7	8	
班加罗尔	17.12	16.20	15.98	16.19	**16.21**	16.21	16.21	16.21	16.21	5.33
德里	10.52	**9.21**	9.04	9.01	9.05	9.057	9.057	9.05	9.05	12.41
伦敦	12.89	10.96	11.03	11.03	11.18	11.16	11.20	11.31	**11.41**	11.45
巴黎	8.39	7.09	7.07	7.07	7.07	7.07	**7.29**	7.29	7.29	13.11
纽约	13.60	12.81	13.08	13.16	**13.23**	13.05	13.10	13.10	13.10	2.70
曼哈顿	13.18	12.24	12.43	12.44	12.46	**12.48**	12.48	12.48	12.48	5.33

7. ACES 的不足

在实际应用 ACES 策略时，主要关注于其对交通拥塞的改善情况。在道路网络中增加诸如立交桥等新的链路可能并不会提升 ANFC 值。此外，根据布雷斯悖论（Braess paradox），在网络中添加新的链路有时甚至会降低 ANFC。

布雷斯悖论是由德国鲁尔大学的数学家 Dietrich Braess 首先发现的，该悖论指出，如果道路网络中的每辆车都打算使用最优路径到达目的地，那么到达目的地所花费的时间可能并不是最优的 [78]。最终造成的结果会增加整个网络的拥塞状况。因此，考虑到布雷斯悖论的基本原则，可以改进 ACES 策略以便获得更好的 ANFC 性能和流量分布。

4.10 小世界网络中的路由

路由可以被定义为将网络中的特定信息（例如，计算机网络中的数据分组）从源节点转发到目的节点的过程。通常情况下，在路由过程中，源节点始终搜索将数据发送到目的节点的最佳路由。这里，最佳路由意味着基于诸如路径长度、网络时延、网络流量拥塞或者传输成本等参数而选择的最优路径。

图 4.34 给出了一个加权无向网络，在其中需要基于最短路径路由策略将一系列分组从节点 1（源节点 SN）发送至节点 5（目的节点 DN）。因此在这一场景中，需要首先从源节点到目的节点的所有可能路径中选择出最短路径。由该图可以看出，存在 3 条从源节点到达目的节点 5 的路径（分别为 1—2—5、1—4—5 以及 1—4—3—5），

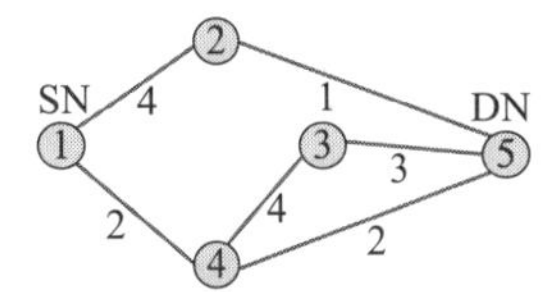

图 4.34 在小世界网络中选择路由的示意图

157~159 并且路径 1—4—5 具有最低的路径权重（权重值为 4），因此该路径即为到达目的节点的最短路径。类似地，基于其他测度或者参数也可以实现不同的路由策略。在本节的后面部分，将对小世界网络中一些典型的路由算法进行讨论。

4.10.1 分布式路由算法

分布式路由算法用于寻找从源节点 S 到达远程目的节点 D 的最短路径。为了介绍分布式算法的工作过程，首选给出如图 4.35 所示的 $N \times N$ 个节点的正方形网格网络，在该图中节点 u 以普适常量 $p \geqslant 1$ 具有一组普通链路 NL，该常量代表欧氏距离，定义为网络中两个节点间的物理或网格距离。节点间这些直接连接也被称为*局部联系*。针对普适常量 $q \geqslant 0$（LL 的数目）和 $r \geqslant 0$（聚类指数），节点 u 具有一组随机独立连接到网络中 q 个远程节点的 LL，且节点 u 和 v 之间的第 i 条 LL 正比于 $(u, v)^{-r}$，其中 (u, v) 代表节点 u 和 v 之间的距离。为了获得归一化的概率分布，利用适当的归一化常量 $\sum_{v}(u, v)^{-r}$ 除上述结果。因此，也经常将其称为反向 r 阶幂分布。

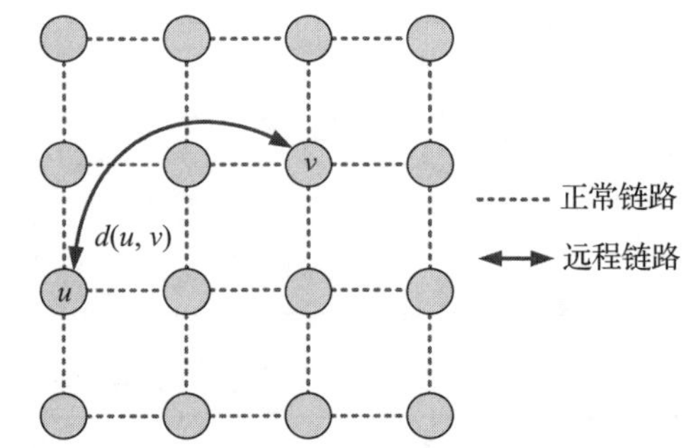

图 4.35　根据 Kleinberg 分布式 LL 添加策略在二维网格网络中添加一些远程链路（LL）。在节点 u 和 v 之间添加一条链路的概率为 $p = \dfrac{d(u, v)^{-r}}{\sum_{u \neq v} d(u, v)^{-r}}$，其中 r 代表聚类指数

图 4.35 网络中的一个节点可能具有一些欧氏距离 p 以内的局部联系，以及一些通过 LL 连接的远程邻居（例如 q）。如果 p 和 q 是固定常量，则可以通过调节 r 获得一个单参数网络模型。当 $r=0$ 时，LL 将在网络中均匀分布，因此节点 u 可以从网格中均匀地选择节点 v。随着 r 的增加，在采用该分布式算法时网络将变得更加具有聚集效果。

当 $r=0$ 时，可以在网络中均匀地选择 LL。对于任意一个源 - 目的对，它们之间将始终
160 存在上界为 $O(\log N)$ 的路径，该值远远小于总的节点数。一般而言，对于 k 维网络，当且仅当 $r=k$ 时，分布式算法可以找到长度为 $O(\log N)$ 的路径，在此情况下报文的期望传输时间 [79] 即为 $O(\log^2 N)$。

分布式算法也同样适用于由节点根据泊松随机过程所形成的泊松网络 [80]，并在 $r=2$ 时算法执行的时间复杂度为 $O(N)$。需要注意的是，在 N 节点泊松网络中，一个节点与位于半径 $r_N = \sqrt{c \log N}$ 范围内的所有邻居都具有连接，其中 $c \gg 1$。并且，该节点还可能具有一条与某个随机选择的远程节点连接的 LL。泊松模型和 Kleinberg 模型 [79] 的唯一区别就是，与 Kleinberg 网络模型的确定性结构相比，在泊松模型中节点可以具有一些随机数量的连接。

基于无关路由方案可以使分布式算法变得最优 [81]。在无关路由中，节点仅基于当前节点的路由表和目的节点的位置进行路由决策。特别地，如果网格中一个节点具有 $\beta \times (\log \log N)$ 层的扩展局部邻居信息（这里在 N 节点网络中 $1<\beta<2$），那么存在一个时间复杂度仅为 $O(\log N)$ 的分布式算法。

4.10.2 自适应分布式路由算法

在自适应分布式路由算法 [82] 中，通过在增强网格网络中使用分布式学习方法来研究 Kleinberg 所提出的分布式算法的界限 [79]。这里路由决策产生自一种名为*探索 - 利用专家*（Exploration-Exploitation Expert, EEE）方法的机器学习算法 [83]，该方法基于节点过去所采

取的动作来搜索最短路径。尤其，EEE 策略基于过去在网络中采用的探索行为获取知识，然后利用所获得的知识来确定可能的最优路径。EEE 是一种人工智能策略，可以部署在被动式环境中，以便加强在多阶段博弈中的合作。在自适应分布式算法中，EEE 在每个反馈阶段使用路径长度的倒数⊖。EEE 与自适应分布式算法中的其他专家策略一起，可以用于自适应分布式路由策略的每个执行阶段来帮助学习过程。

在基于 EEE 方法的算法中，源节点知道其位置（对于未知拓扑，假设其为 2D 空间），并且源节点通常从该位置搜索目的节点的最近区域而不是目的节点本身。为了找到一个区域，每个节点均识别出一组专家节点，由这些专家节点负责跟踪所发送的消息并基于 EEE 机器学习算法挑选一个特定的专家节点 [82]。从其他节点接收路径长度，随后计算其倒数值作为反馈信息，并在此基础上更新特定专家节点的值。初始情况下，所有专家节点基于邻居 161
节点和目的节点之间的欧氏距离的倒数来设置它们的值。而在路由搜索阶段，只有选定的专家节点才以上述能够反映网络中的平均反馈值的方式不断更新其值。如果在一个新的阶段某专家节点第一次被选中，则该阶段中的步骤数（stage）就等于该专家节点的计数器值。这里专家节点的计数器值表明了该专家节点被选中了多少次用于搜索 SN-DN 对之间的路由。算法 4.8 给出了自适应分布式路由算法的具体描述。

算法 4.8　自适应分布式路由算法

要求：

N——具有 N 个节点的网络 $\mathcal{G}$。
SN——源节点。
DN——目的节点。
Max_{steps}——到达 DN 的最大可能步数 = $\log_2^2 N$。
k——消息传输会话的总数。
$Count_{session}$——已完成的消息传输会话数。
初始化：$Count_{session} = 1$。

while $Count_{session} \leqslant k$ **do**
　选择一个 SN-DN 对来发送一个消息
　找出转发 SN 所发出消息的区域
　从一组专家节点集合中选定一个专家节点，并由其通过探索 - 利用专家 (EEE) 方法转发消息
　if DN 是所选定专家节点的一个邻居 **then**
　　专家节点直接将消息交付给 DN
　　DN 按照相反的路由发送确认给 SN
　　相应的专家节点更新其节点值
　　所有的间接确认转发节点都学习到了路由信息
　else if 转发步骤的次数 $\leqslant Max_{steps}$ **then**
　　消息到达目的节点 DN
　　DN 按照相反的路由发送确认给 SN
　　相应的专家节点更新其节点值
　　所有的间接确认转发节点都学习到了路由信息
　else
　　消息传输失败　　　　// 传输终止并声明不成功
　end if
　$Count_{session} = Count_{session} + 1$
end while

⊖ 路径长度的倒数可以通过对节点对之间的最短路径长度取倒数得到。如果两个节点之间不存在路径，则其路径长度的倒数为 0。

自适应分布式路由算法按照下述方式执行。算法 4.8 假设在 N 节点网络中每个节点具有
162 N 的多项式对数存储空间以及同样大小的头文件，用于存储消息传输路径。在自适应分布式路由算法中每个节点将网络划分为不同的不相交区域，并为每一个区域维护一组专家，如图 4.36 所示。

图 4.36 给出了一个示例场景，其中源节点将其周围节点划分为 4 个不相交区域，每个区域具有一组专家节点，它们用于将源节点的消息转发至远程目的节点。在每一个区域，有一个专家节点负责为输出链路保存当前的消息。基于目的节点的坐标和 EEE 机器学习方法，系统选择区域中的最优专家节点来转发消息（算法 4.8 的第 3～4 行）。如果目的节点是该专家节点的邻居，则专家节点能够自动选择目的节点并传递消息（第 5～9 行），否则专家节点在 Max_{steps} 范围内搜索目的节点（$\log_2^2 N$ 步）并转发消息（第 10～14 行）。另一方面，如果在 Max_{steps} 范围内无法找到消息的目的节点，则认为本次是一个失败的传输（第 16 行）。自适应分布式路由算法的时间复杂度作为课后练习留给读者来分析。

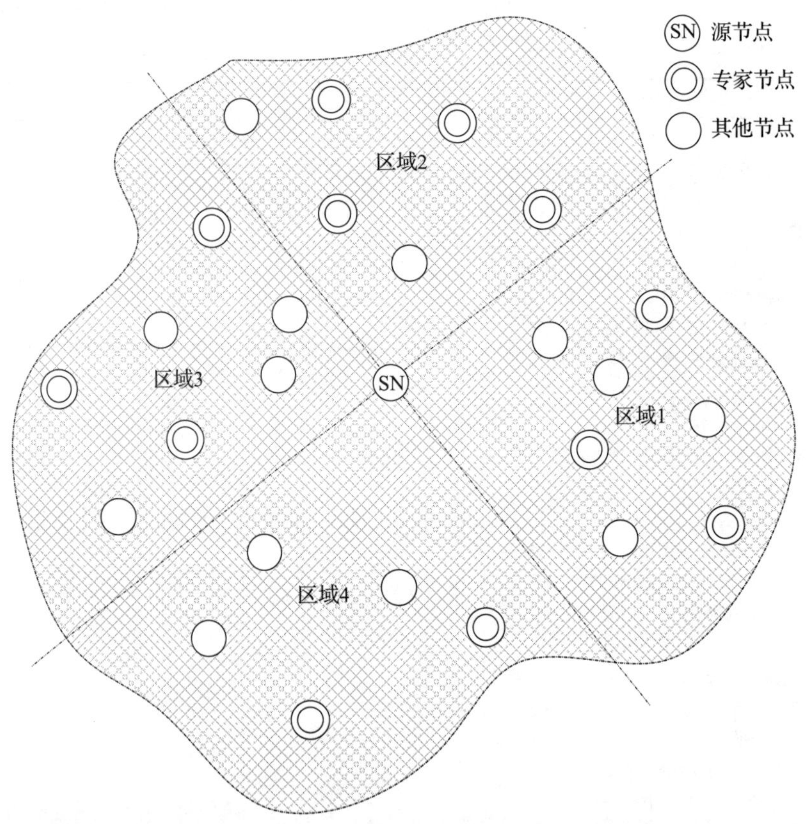

图 4.36 自适应分布式路由策略一个示例场景，其中源节点将其周围的节点划分到四个不相交的区域中。可以在图中看到，在每个区域内均存在一些专家节点。在从源节点到目的节点的消息传送过程中，源节点基于相应目的节点的位置信息来选择相应的区域

163 如果消息已正确到达目的节点，则向发送节点发送一个确认收据，该确认收据包含路由信息和传输过程中所涉及的步骤总数。当确认信息被发送到源节点时，可以基于路由信息更新相应的专家节点，并且设置它们用于这次传输的实际节点值。因此，自适应分布式路由算法中的确认阶段可以用于学习网络中 SN-DN 对之间的网络拓扑以及更好的路由路径。

4.10.3 前瞻式路由算法

当网络具有大量局部联系时，前瞻式路由算法就会非常有效。大多数现实世界的网络都拥有非常丰富的局部连接[84]，因此前瞻式路由策略应用在真实世界的网络中时非常高效。

前瞻式路由算法同样是一种基于贪心决策的方法，然而，由于它的前瞻式策略，它本质上并不是一种完全基于贪心策略的算法。相反，前瞻式路由算法通过仅考虑其邻域信息实现在网络中寻找目的节点的目标。算法 4.9 给出了前瞻式路由算法的工作原理。

算法 4.9 前瞻式路由算法

要求：

N——具有 N 个节点的网络 $\mathcal{G}$
SN——源节点
DN——目的节点
$r_{\text{lookAhead}}$——节点的 r 跳邻居， $\forall\ r_{\text{lookAhead}} \in \mathbb{Z}^{+}$
k——消息传输会话的总数
$\text{Count}_{\text{session}}$——已完成的消息传输会话的计数
初始化：$\text{Count}_{\text{session}} = 1$and $r_{\text{lookAhead}}$

1: **while** $\text{Count}_{\text{session}} \leqslant k$ **do**
2: 选择一个 SN-DN 对用于发送消息
3: 识别 SN 的所有 $r_{\text{lookAhead}}$ 邻居
4: **if** DN 是 SN 的 $r_{\text{lookAhead}}$ 邻居之一 **then**
5: 消息直接传送到 DN
6: **else**
7: 从 SN 中选择一个适当的 $r_{\text{lookAhead}}$ 邻居以转发消息
8: 查找中间转发节点的 $r_{\text{lookAhead}}$ 邻居
9: **if** DN 不是 $r_{\text{lookAhead}}$ 邻居 **then**
10: 消息直接传送到 DN
11: **else**
12: 将消息转发到下一个适当的 $r_{\text{lookAhead}}$ 中间节点
13: **go to** 8
14: **end if**
15: **end if**
16: $\text{Count}_{\text{session}} = \text{Count}_{\text{session}} + 1$
17: **end while**

在算法 4.9 中，假设需要在 SN-DN 对之间建立消息传输会话。为了从源节点传输消息，它首先找出所有的 r 跳邻居并在算法中将其指定为 $r_{\text{lookAhead}}$（第 3 行）。如果目的节点是源节点的这些邻居之一，则可以直接将消息交付至目的节点（第 4～5 行）。否则，根据目的节点的位置，源节点选择一个适当的邻居作为中间转发节点，并将消息转发给该中间转发节点（第 7 行）。随后，该中间转发节点搜索其 $r_{\text{lookAhead}}$ 邻居（第 8 行）并判断目的节点是否为这些邻居之一。如果是，则消息可以直接交付至目的节点。否则，该中间节点再次搜索下一个转发节点以将消息发送到目的地（第 8～13 行）。对前瞻式路由算法的时间复杂度估计同样留给读者作为课后练习。

在前瞻式路由算法中，术语前瞻针对的是节点在进行下一步处理时的可用信息范围，该信息随后被转发到下一跳节点或目的节点。因此，在该算法中，1- 前瞻意味着节点具有网络中其所有 1 跳邻居的信息。算法通过使用前瞻策略克服了贪心路由算法（可视为 0- 前瞻路由）所存在的不足 [84]。图 4.37 展示了前瞻算法的工作原理。

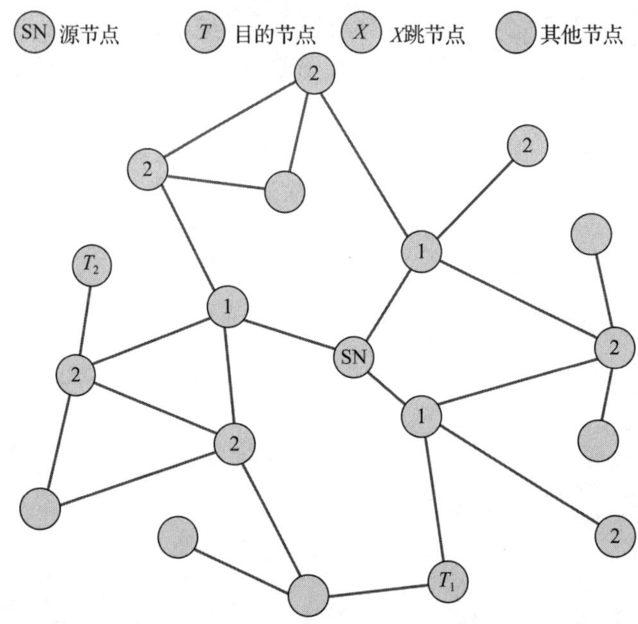

图 4.37 前瞻式路由是一种贪心算法，它完全基于节点可用的信息来确定将消息转发到目的节点的路径。在该图中，SN 是希望将信息发送到两个目的节点 T_1 和 T_2 的消息生成节点。该图还给出了 SN 的 1 跳和 2 跳邻居。在 1– 前瞻路由的情况下，SN 仅具有 1 跳邻居的信息，并且基于该信息贪心地选择下一个转发节点以使消息到达 T_1 或 T_2。在 2– 前瞻路由的情况下，SN 具有其所有 2 跳邻居的位置信息，并且基于增强的邻居位置知识，消息转发决策也相应地发生了改变

在图 4.37 中，为了将消息从源节点转发到 T_1 或 T_2，前瞻式路由算法基于其前瞻能力对路径进行贪心搜索。也就是说，对于 1– 前瞻，源节点使用其所有的 1 跳邻居信息将消息转发到目的节点。类似地，下一个节点同样在其所有的 1 跳邻居中搜索最优的下一跳，以便进一步在网络中转发消息。对于 2– 前瞻功能，源节点在搜索时则考虑其所有的 2 跳邻居。通过这种方式，利用不同的前瞻能力，前瞻式路由算法可以有效地找到远程节点对之间的路径。由于现实世界的网络通常具有丰富的局部连接，因此前瞻式算法可以部署为一个更加现实的模型，支持在 SN-DN 对之间贪心地找到最短路径。

4.11 小世界网络的容量

网络容量定义为可以在单位时间内从网络的一部分传输到另一部分的信息量。因此，在现实世界的网络中，增加网络容量是提高底层网络整体性能的关键挑战之一。

由于消息必须经过多跳才能到达其目的地，因此正则网络的容量相对较低。当一些 LL
164～166 被添加到正则网络之后，该网络将转化为小世界网络。最终结果是，通过在远程节点之间添加一些 LL，可以有效降低网络的 EHD 并提高网络容量。

在某些情况下，可以重连一些现有的 NL 构建小世界网络。然而，当基于重连方式 [6] 创建新的 LL 时，网络的总容量保持不变 [85-86]。后面部分具体讨论了小世界网络的容量情况，其中的小世界网络是由正则网络分别通过下述变换方式得到的：重连现有链路（即 NL）；添

加新链路（即 LL）。

4.11.1 以重连现有 NL 方式生成的小世界网络的容量

通过重连一些现有的 NL，可以将正则网络转化为小世界网络。例如，图 4.38a 的网络是一个 4- 正则网络，以重连概率 $p = 0.2$ 重连现有的 NL 并创建新的 LL，即可将该正则网络转化为小世界网络，如图 4.38b 所示。当通过重连 NL 创建小世界网络时，其全局最小割（C_{weighted}）的计算如下所示。

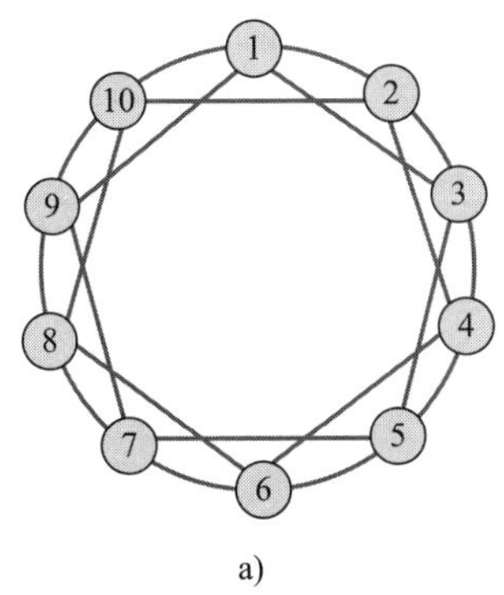

a)

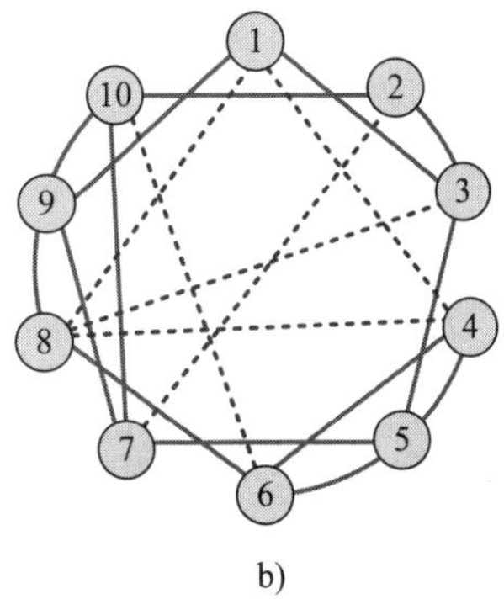

b)

图 4.38　a）一个 4- 正则网络的例子，其中所有链路都是双向的；b）通过 p=0.2 重连将网络转化为小世界网络，这里 1—2、3—4、6—7、7—8、8—10 以及 10—1 之间的链路被从节点 1、2、4、8 和 10 重连到节点 4、7、8、3、1 和 6，每一条重连链路都通过虚线表示，并且这里的重连链路同样是双向的

令 N 节点 r- 正则网络中的一个节点通过重连方式连接到 m 个其他节点（$1 \leqslant m \leqslant N\text{–}r\text{–}1$），因此任意一个节点被选中重连的概率为 $1/m$。在此情况下，一个节点对通过重连方式连接在一起的概率 [86] 为 $pr/(N\text{–}r\text{–}1)$。

为了计算 C_{weighted} 的值，将以概率 p 重连的链路设置为相同的权重 p，而非重连的链路权重设置为 $(1\text{–}p)$。因此，C_{weighted} 的值可以表示为 $C_{\text{weighted}} \geqslant r(1-p)+(N-r-1)\dfrac{pr}{N-r-1}=r$。注意， 167
这里 C_{weighted} 值是基于一个全连通的图拓扑得到的，因此代表了该值的下界。一个重连小世界网络的容量以很大概率介于 $(1-\zeta)r$ 和 r 之间，其中 $\zeta=\sqrt{2(d+2)\ln(N)/r}$ [86]。

4.11.2 以 LL 添加方式生成的小世界网络的容量

为了在添加 LL 之后确定小世界网络的容量范围，本节使用了基于最大流最小割的网络流方法 [87]。为了确定添加少量 LL 后网络容量的下界和上界，考虑一个 N 节点的 r- 正则环形拓扑网络 $\mathcal{G}$，如图 4.38a 所示，其中给出了一个 4- 正则的拓扑。

$\mathcal{G}$ 的每条边均通过采样概率 p 进行采样，最后得到的采样图为 $\mathcal{G}_{\text{sampled}}$（其容量为 C_{sampled}）。为了从 $\mathcal{G}$ 和 $\mathcal{G}_{\text{sampled}}$ 得到一个全连通的加权图 $\mathcal{G}_{\text{weighted}}$（全局最小割容量为 C_{sampled}），图中的每条链路均分配一个相应的概率 p。若 $\zeta=\sqrt{2(d+2)\ln(N)/C_{\text{weighted}}}$ [88]，其中 d 是一个自由参数，则 C_{sampled} 的值以很高的概率位于 $(1-\zeta)C_{\text{weighted}}$ 和 $(1+\zeta)C_{\text{weighted}}$ 之间。详细的推导可以参见文献 [89] 以及其中相应的参考文献。

当新的 LL 添加到 r- 正则环形网络中之后，C_{weighted} 可以通过如下方式计算：在 r- 正则网络中每条边的权重假设都为单位值，而新添加的 LL 具有权重 p（即与 LL 添加概率相同），如前所述。因此，全局最小割可以表示为 $C_{\text{weighted}}= r+(N-1-r)p$ [89]。

4.12 开放性研究问题

小世界网络是一个活跃的研究领域，其中存在许多开放性的研究问题。这里给出一些研究问题的简要描述。

- 当一个正则网络以概率 $p \in [0, 1]$ 重连时，该网络将逐渐变换为小世界网络。然而，随着 p 值的增加，邻居节点可能会变得不再连通，从而将小世界网络又变换为一个随机网络。因此，一个主要的挑战就是定量地识别从一个小世界网络到一个随机网络的过渡状态。
- 网络编码 [90-93] 对于无线 Mesh 网络等许多网络都十分有价值，在小世界网络中应用网络编码也可以提升网络容量，其应用范围可以从 LL 上简单的链路级数据压缩到跨多条链路的复杂编码。小世界网络中的一个开放性研究问题就是如何在小世界网络中以有效的方式应用网络编码。此外，建立一个网络编码友好的小世界网络也是一
168 个十分有趣的开放性研究问题。
- 另一个开放性研究问题是设计高效的算法或启发式机制，以创建能够提高网络容量的小世界网络。例如，为了添加一条 LL，基于 MinAPL 的链路添加策略时间复杂度为 $O(N^4 \log N)$。当 $N \to 200$ 或者更大的值时，该算法将非常耗时。而且，设计高效的算法来实现基于 MinAPL 的小世界网络在通信或交通网络中同样非常有价值。
- 当考虑到现实世界网络的低时间复杂度和高效 LL 部署的约束时，设计一种启发式方法来建模基于最大流量的高容量随机正则网络是另一个开放性研究问题。
- 另一个有趣的研究课题是对于给定的任意网络，找出能够最大化网络流容量的 LL 可能位置。该解决方案可以帮助设计更加高效的网络，例如找到建造立交桥的理想位置，以降低道路网络中的网络流量。
- 诸如 ACES 策略等确定性 LL 添加方法可以被部署在网络中，以增加任意网络（例如道路网络）的网络流容量。与基于穷举搜索的容量增强 LL 添加策略（例如 MaxCap 策略）相比，ACES 的时间复杂度也更低。然而，根据布雷斯悖论（该悖论指出，在网络中添加 LL 有可能增加网络的总体拥塞情况），在实际网络中部署这种 LL 添加策略可能并不能改善交通 / 拥塞情况。因此，设计一种更有效的容量增强 LL 添加算法来克服布雷斯悖论是另一个开放性研究问题。
- 大多数现有创建 LL 的解决方案都仅考虑了无权网络图。然而，在现实世界的网络中链路并非是无权的，因此一个开放性的问题就是如何为小世界网络的真实建模设计 LL 边权重。在创建一些具有真实边权的 LL 之后，研究这种网络的 APL 性能也是一个有趣的问题。
- 到目前为止，在线性拓扑网络图中可以看到，锚点的存在性问题在 2D 或 3D 网络中是未知的。因此，另一个非常引人注目的开放性问题就是 2D 或 3D 网络中是否存在锚点，如果存在，如何在这些网络中找到锚点的位置。

4.13 小结

169 本章讨论了一类特殊的复杂网络，即小世界网络，该网络具有两种极端情况（正则网络和随机网络）之间的一些网络特征。小世界网络的主要特征就是较低的 APL 值和低到中等

的 ACC 值。在本章中，首先针对小世界特征进行了详细讨论，随后研究了一组现实世界的小世界网络、小世界网络的生成和演进，以及小世界网络中的路由和容量增强。最后，还介绍了在小世界网络更广泛领域的一系列开放性研究问题。 170

练习题

1. 进行文献调查并给出一些本章未考虑的实际网络示例，并解释为什么所给出的这些现实世界网络属于小世界网络的范畴。

2. 针对如图 4.39 所示的网络，编写一个计算网络的 APL 和 ACC 的程序。该网络属于正则、小世界和随机网络中的哪种类别？

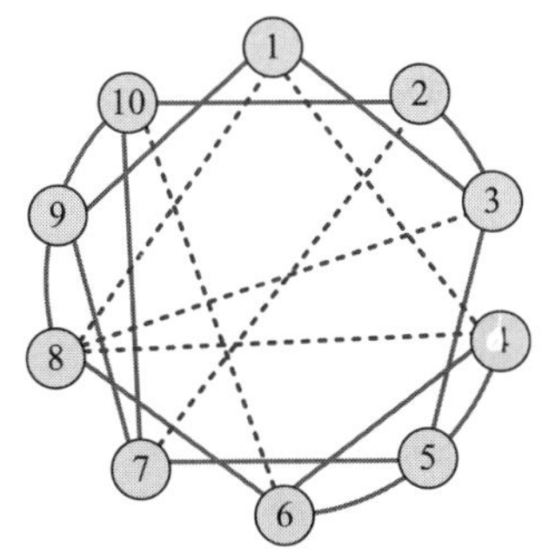

图 4.39　练习题 2 对应的网络

3. 针对图 4.40 所示的网络拓扑，编写一个计算所有节点的 BC 和 CC 的程序，并建立一个表来比较所有节点的 BC 和 CC 的值。

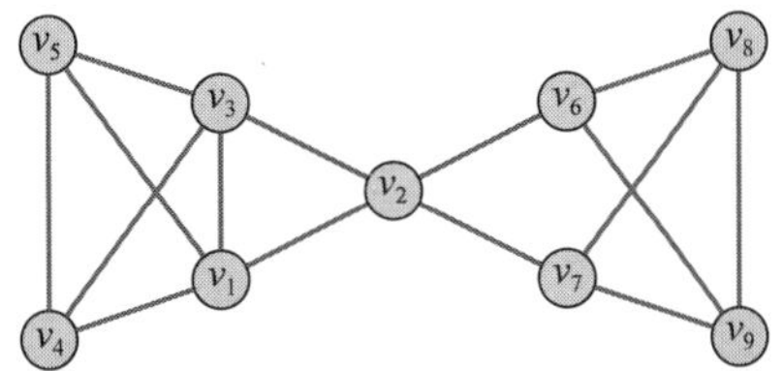

图 4.40　练习题 3 的网络拓扑

4. 考虑一个如图 4.41 所示的 N 节点环形拓扑网络，编写一个程序来生成 $N \in \{20, 40, 60, 80, 100\}$ 的环形拓扑。对每个拓扑，以添加概率 $p \in \{0.01, 0.05, 0.10, 0.20\}$ 通过纯随机策略添加 LL。在添加 LL 后，基于度分布图给出你的观察结果。

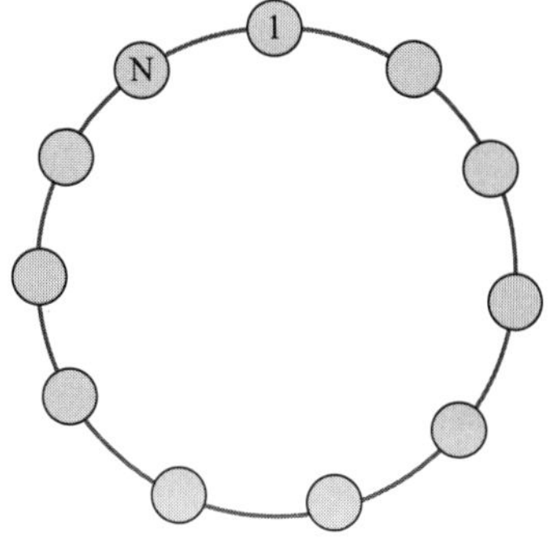

图 4.41　练习题 4 的网络拓扑

5. 在设计 Kleinberg 小世界模型时 α 的影响是什么？在 $\alpha \in \{1, 2, 3\}$ 的情况下解释你的观察结果。并
171 且，编写一个计算机程序来模拟 $\alpha \in \{1, 2, 3\}$ 情况下 Kleinberg 小世界模型的生成。

6. 在 ANFC 环境中，当一组 LL 连接到加权网络中的悬挂节点时会产生什么影响？你如何在无权网络中实现基于 MaxCap 的 LL 添加？生成一个具有 10 个节点的无权随机网络，并基于 MaxCap 策略为其添加三条 LL。

7. 编写一个计算机程序以实现如下启发式的 LL 添加：以概率 $p = 0.2$ 生成一个随机网络，并根据正态分布为每条链路分配权重。随后，在节点对之间添加 10 条能够最大化网络的 ANFC 值的 LL，且所添加 LL 的权重值固定等于网络中的 NL 的最大权重。估算算法的时间复杂度，以及每次添加 LL 之后的 ANFC 值。根据需要做出必要的假设。

8. 在时间复杂度、部署成本和整体网络性能方面对照比较确定性和随机 LL 添加策略。

9. 考虑一个如图 4.42 所示的无权 9 节点网格网络。编写一个程序，能够分别根据 MinAPL、MaxCC 和 Max-CCD 确定性链路添加策略在网络中添加两条 LL。估计三种方法的执行时间，并对比使用上述 LL 添加方法所获得的 APL。

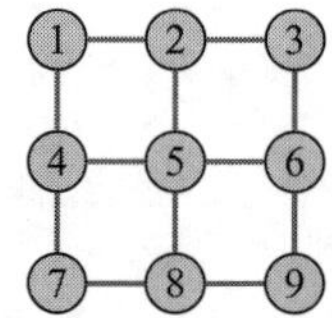

172 图 4.42　练习题 9 的无权网格网络拓扑

10. 考虑图 4.43 所示的线性网络，其中仅给出了 5 个节点。编写一个程序来生成具有 40 个节点的类似拓扑，并应用 SDLA 算法在网络中添加 5 条 LL。此外，分别应用 MinAPL、MaxBC 和 MaxCC 策略在网络中添加相同数量的 LL。比较分别采用上述不同策略在网络中添加 LL 后得到的 APL 值情况，每个 APL 值的偏差百分比是多少？进一步比较这些算法的执行时间。对这些策略的整体性能进行评价。

图 4.43　练习题 10 的示例线性网络

11. 采用基于 MinAPL 的策略在 N 节点网络中添加 k 条（$k \gg 1$）LL，且在每一步均一次添加 p 条 LL，而非单独添加 1 条 LL，估算这种方法的时间复杂度。

12. 编写一个计算机程序，根据最大平均介数中心性差异（MaxABCD）策略在 N 节点网络中添加 k 条顺序 LL。在 MaxABCD 中，在节点对之间添加那些能够最大化结果网络的 BC 值和原始网络的平均 BC 值的 LL。估计 MaxABCD 算法的时间复杂度。

13. 假设线性拓扑网络从节点 1 到节点 N 具有单调递增的边权重，模拟这样的网络并找出锚点的最佳位置，比较锚点位置的差异情况。

14. 考虑一个密集线性拓扑网络，其中节点数目 $N \to \infty$，如图 4.44 所示。通过考虑以下场景，以解析方法估计 p_1 和 p_2 的位置：源节点 s 位于点 p_1 的左侧（如图 4.44 所示），并且所有通信都是发往位于 1.0 位置（即整个拓扑的极限端点）的目的节点。

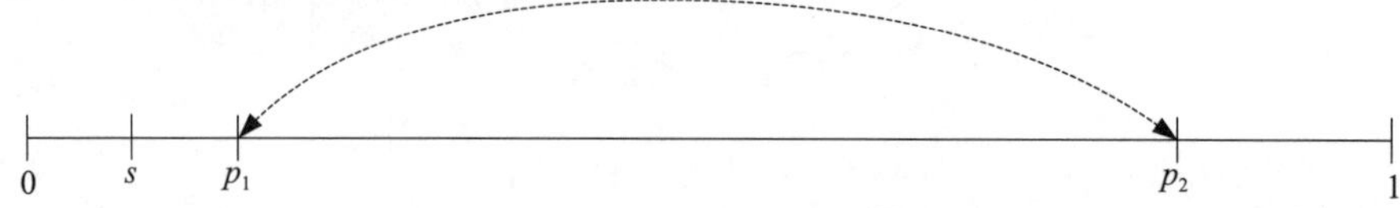

图 4.44　练习题 14 的线性网络例子

☆15. 在一个具有单位长度的密集线性拓扑网络中，通过解析方法找出在添加两个并发 LL 来最小化网络
APL 值时的最优 LL 位置，这里并发 LL 意味着一组 LL 在同一个时刻添加（在此问题中，LL 的并 173
发数量是 2）。

16. 对于一个如图 4.43 所示的 5 节点无权线性拓扑网络，计算其在下述场景的平均网络时延：节点传输 100 个大小为 100Kb 的数据分组，分组传输速率设置为 1Mbps，并且假设分组传播速率为单位值。

☆17. 修改 SDLA 策略，使其能够在任意加权线性拓扑网络中添加确定性 LL。

☆18. 设计一个启发式算法，在一个 $N \times N$ 的网格拓扑网络中添加 k 条顺序 LL，以便最小化 APL 值，其中 $k \geqslant 1$，且 $N \in \mathbb{R}$。在采用启发式算法添加 k 条 LL 之后，分析与采用基于 MinAPL 的 LL 添加算法添加同样数目的 LL 后网络 APL 值的对比情况。可以根据需要做出适当的假设。

C 19. 编写一个计算机程序，在 100 个节点的加权随机网络中实现基于 ACES 的 LL 添加。使用 Erdös-Rényi 模型创建随机加权网络，其中链路添加概率设置为 0.10。每条链路的权重可以根据 [1,10] 范围内的均匀分布来确定。随后，将 ACES 策略修改为下述形式：在具有最小欧几里得距离的节点对之间连接新的 LL。在添加 5 条 LL 之后，比较 ACES 和修改的 ACES 在改进 ANFC 值方面的性能。可以根据需要做出必要的假设。

20. 查阅相关文献并找出小世界网络中的各种路由策略。分布式和前瞻式路由算法之间有什么区别？ 174

21. 计算执行以下路由算法的时间复杂性：自适应分布式路由和前瞻式路由。

22. 讨论通过重连和新链路添加方式所形成的小世界网络的容量界限。

23. 对于图 4.45 给出的网络拓扑，计算源节点 SN 和目的节点 DN 之间的最小割容量。

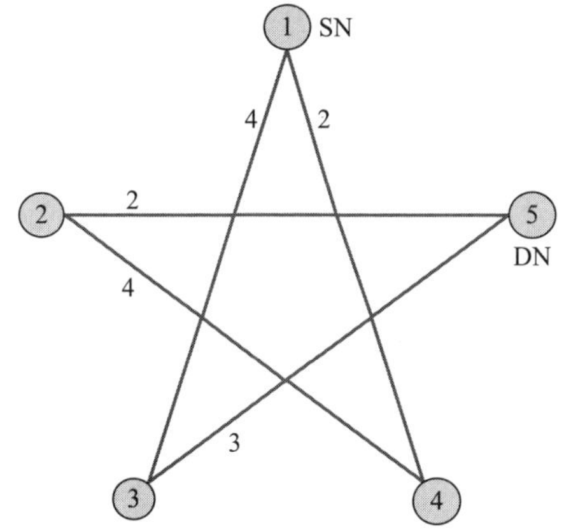

图 4.45　用于练习题 23 找出最小割容量的网络拓扑例子

24. 对于一个 200 节点的 4- 正则无权网络，计算其在下述场景中的全局最小割。根据需要做出适当的假设。

（a）一个节点最多可以重连到网络中的其他三个节点，且每条重连链路的权重设置为与重连概率
相同。 175~176

（b）以新链路添加概率 p=0.2 在网络中添加新的 LL，且设置相应边的权重为 p。

第 5 章

Complex Networks: A Networking and Signal Processing Perspective

无标度网络

第 4 章讨论了小世界网络，本章则探讨许多现实世界网络中普遍存在的无标度特征。在无标度网络中，某些节点具有大量的连接数，并且这些节点称为*中心节点*。由于存在这样的中心节点，这些网络的度分布遵循幂律模式。本章介绍了无标度网络的特点，并给出了一组现实世界的无标度网络例子和多种具有无标度特征的网络演进模型。在本章结尾还列出了一系列开放性研究问题。

5.1 引言

在小世界网络 [64] 中，节点通过少量的中间邻居彼此连接，从而形成了*六度分割*。当应用于自然界中存在的或来自复杂技术系统的现实世界复杂网络时，小世界特征能够带来许多好处。可以通过在现有正则网络中创建一些远程链路（LL）来产生复杂网络中的小世界特征 [6, 68-69, 94-96]。另一方面，自然界中广泛存在的无标度网络 [8, 25, 39, 97] 遵循幂律度分布。在一些最繁忙的机场的集中航线、细胞代谢中的生化反应、期刊引文网络以及因特网 [7-8, 97-98] 等之间的关系都是一些无标度网络的例子。

当网络的度分布服从幂律分布时，该网络可以看作是无标度网络。也就是说，若度为 D 的节点比例表示为 $P(D)$，则 $P(D) \sim D^{-\gamma}$，其中 γ 代表标度指数（scaling exponent）。无标度网络中节点的相对度大大超过平均度，因为网络中经常会存在具有大量连接的少数节点，这些节点也被称为中心节点。因此，无标度网络抗随机攻击的能力非常强大，因为这类攻击影响到少数中心节点的可能性相对较小。另一方面，在针对少数中心节点的集中攻击面前，无标
177 度网络又非常脆弱，因为攻击这些节点可能会导致整个网络功能瘫痪。

网络设计者研究了多种创建无标度网络的方法，其中最常见的方法是采用如下方式构建网络：通过偏好连接；通过基于适应度的模型；通过改变内在适应度；通过相似性和流行度的局部优化；使用度指数 1；通过贪心的全局优化。

在现实世界复杂网络中，可以通过偏好连接这种完全随机的现象以及网络增长 [98] 这一基本原则来形成中心节点。在偏好连接中，新引入的节点更加偏向于连接到网络中那些具有高连接度的节点。另一方面，节点适应度标识了节点在网络中吸引更多连接的能力，并最终将网络转化为无标度网络 [99]。

在为一个新加入的节点创建链路时，内在节点适应度模型仅考虑局部信息 [100]。在该方法中，可以基于某些节点特征将新节点连接到网络中现有的节点，从而使得所形成的节点对具有互利效果。

在网络中现有节点的相似性和流行度的优化框架驱动下，也可以创建中心节点 [101]。这里相似性可以通过新节点与网络中现有节点在某些特征上的接近度来衡量，而流行度则是对网络中节点度的度量。

无标度网络还可以通过将网络的度指数演进为接近于 1 的方式得到 [102]。网络演进模型展示了通过重连将网络演进到度指数为 1 的无标度网络的过程。

简单的贪心全局优化也可以导致某些节点出现高度的相似性和流行度[74]。贪心的全局决策或者优化是物理世界中形成无标度网络的一个自然原因，也就是说，最优或基于理性的决策将导致在现实世界网络中形成中心节点。

5.1.1 无标度的含义是什么

在研究无标度网络过程中，一个自然而然的问题就是使上述网络呈现无标度特征的原因是什么，而该问题的答案则在于这些网络的度分布特征。

网络的度分布表示网络中有多少或多大比例的节点具有相同的度。换句话说，如果 D 是某个网络节点的度，则 $P(D)$ 是网络中有多少节点具有度 D 的归一化表示。通常情况下，通过“对数 – 对数”坐标描绘 D 与 $P(D)$ 图。许多现实世界网络具有长尾度分布特征，它们的度分布服从幂律而非高斯分布（在高斯分布中，分布的尾部以指数方式快速衰减）。因此，许多现实世界网络的度分布可以表示为 $P(D)\sim D^{-\gamma}$，其中 γ 为标度指数。通过在两端同时取对数，可以发现 γ 代表了分布曲线的斜率。在许多现实世界网络中，标度指数 γ 近似为一个 178
与网络规模无关的常数。当标度不随网络规模的变化而变化时，称该网络为无标度网络。

无标度网络也无法根据中心极限定理（Central Limit Theorem, CLT）[103-105] 来解释，而该定理是具有高斯分布的网络的基础。CLT 指出，如果通过随机采样的方式收集大量值，那么它们之和将服从正态分布[105]。换句话说，对于大型数据集，大多数数据都靠近样本均值，故而该分布服从一个非常窄的钟形曲线。由于偏离样本均值的数据非常少，因此分布曲线呈指数方式快速下降。然而，由于无标度网络的异配特性，CLT 无法对其给出合理的解释。

异配特性是无标度网络中节点度之间相关性的一个标志，其产生原因可归结于那些具有大量连接的中心节点的存在⊖。由于中心节点的数量非常少，因此无标度网络服从幂律分布，其中无标度分布的尾部不会像指数分布那样快速消失。因此，在现实世界网络中，网络规模可能非常大（例如，因特网包括数十亿个节点），但其节点度分布服从具有长尾度分布的幂律分布。并且，由于存在度数非常高的中心节点，在大多数无标度网络中都可以发现长尾分布。

将这种具有幂律分布的网络称为*无标度*的另一个原因可以从以下方面理解：分布的 n 阶矩可以表示为 $\sum_{1}^{\infty} D^n P(D)$，这里假设网络最小的度为 1。然而，为了获得概率分布，n 阶矩方程需要转化为连续形式。在连续逼近形式中⊜，前述方程可以表示为 $\int_{1}^{\infty} D^n P(D)\mathrm{d}D$。这里 n=1, 2, 3 分别表示了网络的平均度、节点度的方差或者分散情况，以及度分布的偏态。可以看出，在节点数 $N\to\infty$ 的无标度网络中，第二和更高的矩没有结果[106]。因此，很难预测一个大规模无标度网络中节点的度。术语*无标度*来自于具有幂律分布的网络缺乏适度缩放这一事实，而在具有诸如高斯分布等分布的其他网络中该特征非常明显。

5.2 无标度网络的特征

无标度网络可以通过研究其网络特征来确定。使复杂网络成为无标度网络的主要特征 179

⊖ 关于度相关性的详细讨论可以参见 3.2.7 节。

⊜ 节点的度是一个正整数，然而，为了进行解析计算，可以将节点的度表示为一个正实数，随后即可通过连续逼近的方式计算概率密度函数。

是：中心节点的存在；小世界属性；超小网络直径；幂律度分布；基于邻接矩阵和基于拉普拉斯矩阵的谱分布。

1. 中心节点的存在

无标度网络的关键特征之一是存在中心节点。由于网络中存在中心节点，远程节点可以在无标度网络中以很少的跳数即可到达另一个远程节点。图 5.1 给出了现实世界网络（酵母的蛋白质 - 蛋白质相互作用网络）的一个例子，其中多个中心节点由较大的圆圈表示。在该图中，尽管网络规模很大，但任何两个节点之间都可以以很少的跳数相互到达（在该图中，平均跳数距离为 4.65）。通常情况下，现实世界无标度网络中的中心节点会与网络中的数百万个节点相连接，Google、Facebook 和 Twitter 就是因特网中典型的中心节点。

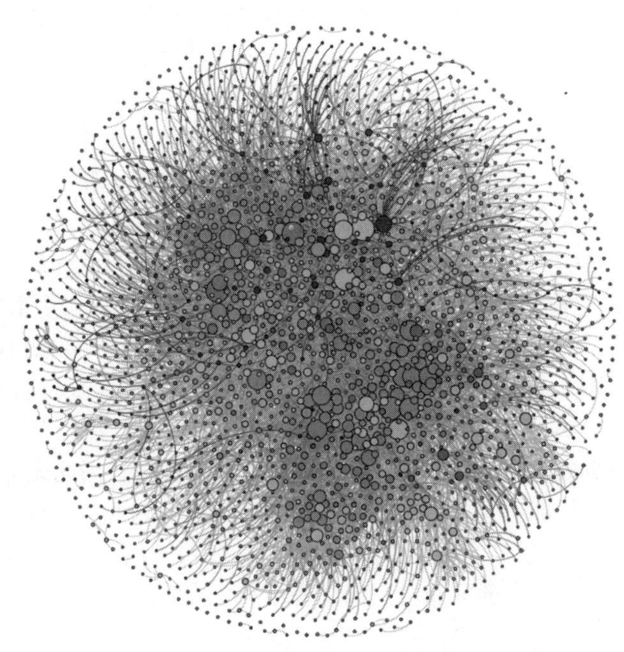

图 5.1 现实世界中具有部分中心节点的无标度网络的例子：具有 2361 个节点和 7182 条边的酵母蛋白质 - 蛋白质相互作用的网络 [107]。在此图中，较大的圆圈代表中心节点。尽管该网络具有 2361 个节点，但其平均路径长度仅为 4.65。该图由 Gephi 0.9.1 生成，网络布局采用 Fruchterman-Reingold 布局算法

中心节点影响度分布、网络直径和整体网络性能等一些网络特性。此外，由于中心节点的存在，无标度网络抵抗随机攻击的能力非常强大，因为即使在随机删除一些节点之后，网络仍保持连通。然而，无标度网络在有针对性的攻击面前又非常脆弱，因为如果任何中心节点出现故障，都将会导致网络丢失大量的连接。

2. 小世界属性

小世界网络可以通过如下定义来描述：任意节点都可以通过少数几跳到达任意其他节点的网络。社会心理学家 Stanley Milgram [64] 最早发现了小世界属性，该属性可以通过低平均路径长度（APL）和低到中等的平均聚类系数（ACC）来标识。

APL 可以定义为网络中所有节点对之间端到端跳数距离的平均值。较低的 APL 值对于运输或通信网络都十分有利，因为可以通过减少网络时延来提升整体网络的性能。在无标度网络中，因为大多数节点可以通过中心节点直接到达，节点对之间的端到端跳数距离得到了

很大的改善。无标度网络的渐进 APL 值为 $O(\log\log N)$，其中 N 为网络规模。

ACC 刻画了网络中每个节点有多少邻居彼此也是邻居的平均值。需要注意的是，ACC 是基于 1 跳邻居，因此在无标度网络中 ACC 值较低。许多远程节点直接与中心节点相连接，从而不能在网络中形成团结构，因此无标度网络中 ACC 的值相对较低。

3. 网络直径

较小的网络直径是无标度网络的另一个关键特性。网络直径可以定义为网络中可能的最长端到端距离。中心节点的存在导致网络的 APL 较低，从而大大降低了网络直径。因此，无标度网络也称为*超小型网络*，因为网络中任意一个节点都可以从任意其他节点以很少的跳数到达。由于超小网络直径，在这种网络中进行的传输也比其他类型的网络更快。例如，无论疾病还是信息在这种超小型网络中都可以传播得更快。180~181

4. 度分布

网络的度分布反映了网络的整体连通性情况。度分布统计了网络中具有相同度数的节点数。如果 k 代表节点的度，则 $P(k)$ 表示网络中度为 k 的节点的比例或概率，在绘制度分布图时通常取归一化的 $P(k)$ 值。图 5.2a 给出了均值为 0 的正态（高斯）分布图。

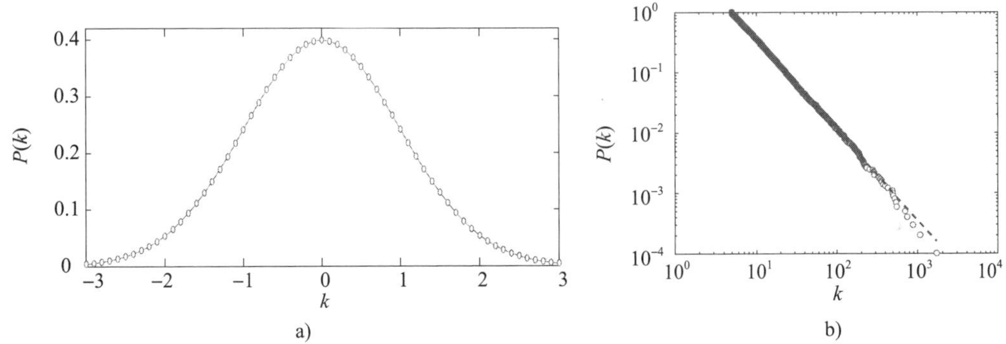

图 5.2　a）均值为 0 的正态度分布的例子；b）γ =2.5 的幂律度分布（log-log 坐标）的例子。这里 k 代表节点的度，$P(k)$ 代表找到度为 k 的节点的概率

然而，在无标度网络中，节点的度分布服从幂律分布而非正态分布。在幂律分布中，分布的梯度服从关系 $P(k)\sim k^{-\gamma}$ 或者 $P(k)=rk^{-\gamma}$，其中 r 是一个常数，而 $\gamma\in\mathbb{R}$。在公式的两端取对数，可以得到 $\log(P(k))=\log(r)-\gamma\log(k)$。因此，幂律分布具有负梯度 γ，并与 Y 轴相交于 $\log(r)$ 处。图 5.2b 给出了在 log-log 坐标中绘制的 γ =2.5 幂律分布的曲线。

由上述讨论可以看出，幂律分布的曲线与指数有很大差异，并在 k 值较高的一侧具有长尾特征（参见图 5.2b）。因此，幂律分布有时也被称为*长尾度分布*（long-tail degree distribution）。进一步地，由于无标度网络服从幂律分布，其中一些节点具有非常高的度，而其余节点的度则相对较低。

5. 图的谱分布

如 4.3 节所述，谱分布也有助于判别无标度网络。例如，无标度网络的谱分布具有三角形形状，并且其基于邻接矩阵的谱分布并不服从半圆定律。然而，在拉普拉斯矩阵的谱分布 182
中，在较小的特征值附近可见明显的峰值。有关无标度网络谱特征行为的信息请参见 8.4 节和 8.6 节。

5.3 现实世界的无标度网络

许多现实世界的网络均具有无标度特征。由于这些网络存在一些具有大量连接的节点，因此它们在面对集中式攻击时显得非常脆弱。这里讨论了三种现实世界的无标度网络：作者引用网络；因特网中的自治系统；空中交通网络。本节中讨论的所有现实世界网络都是使用 Gephi 0.9.1 图形可视化和分析工具来实现的㊀。

5.3.1 作者引用网络

共同作者网络是现实世界无标度网络的一个例子。在共同作者网络中，节点代表研究人员或作者，而当两位研究人员共同撰写一篇研究论文时，在他们之间将存在一条链路。圆圈的大小取决于该作者与其他研究人员共同撰写论文的篇数，根据圆圈的大小还可以确定特定专业领域的研究专家。由图 5.3 可以看出，只有少数几个节点有很多连接（大圆圈），它们在网络中充当中心节点，而大多数节点仅具有少量的链路。因此，在图中大圆圈代表特定领域（这里是网络）中非常有影响力的研究人员，许多研究人员与他们共同撰写论文。从图 5.3 中还可以看出，在网络理论这个更广泛的研究领域中存在着不同专业方向的几个科学社区。

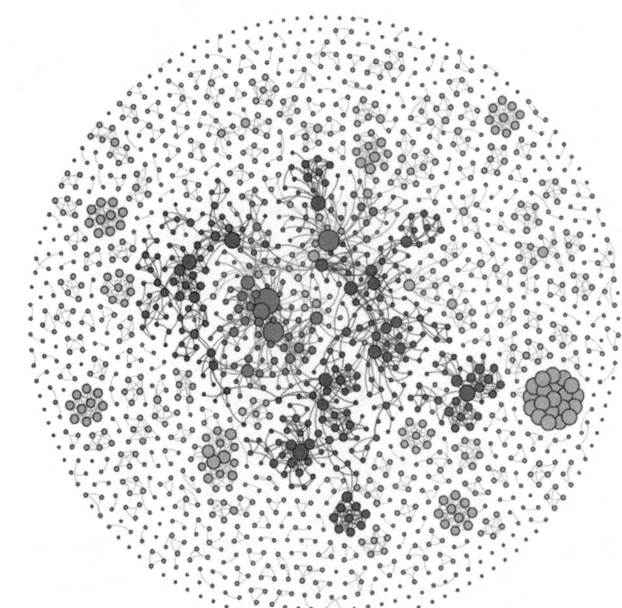

图 5.3　作者引用网络的例子。数据来源于网络理论领域的科学工作合作者网络。这里节点代表论文的作者，如果他们共同撰写了论文，则两个作者之间存在链路。该图由 Gephi 0.9.1 生成，并采用 Fruchterman-Reingold 网络布局算法

5.3.2 因特网中的自治系统

因特网是一种具有无标度特征的科技网络（见图 5.4）。由于因特网的规模太大，无法

㊀ 这里基于模块化分数来确定现实世界网络中的社区。模块化分数越高表明网络具有越好的内部社区结构，并有助于进行子网划分。有关社区结构的更多详细信息请参见 3.3 节。

在本书的页面中将其全部显示出来，图 5.4 仅给出了因特网的一部分结构。在该网络中，节点表示自治系统（Autonomous System, AS），并且通过链路来表示两个 AS 之间的连接关系。AS 是在同一个自治管理机构控制下的因特网的一部分，例如，一个机构的网络通常可以被视为一个 AS。与作者引用网络类似，因特网中的一些节点具有数百万个连接，而其余节点仅与少数邻居相连接。

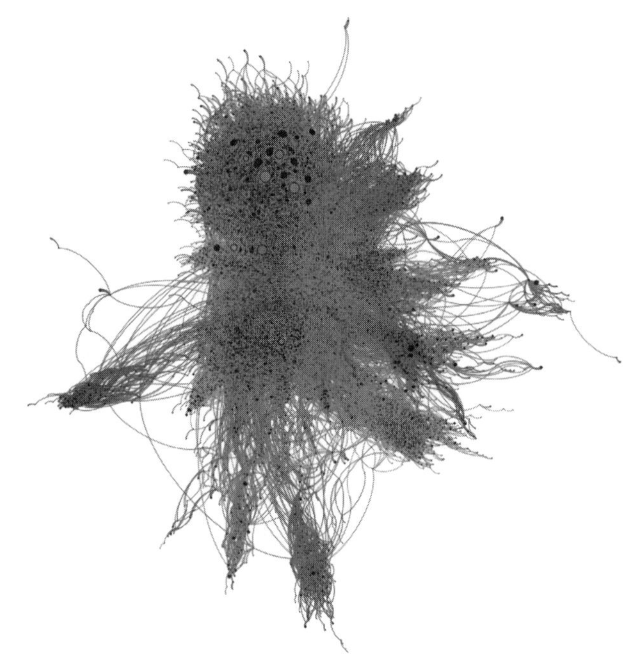

图 5.4　因特网中具有 22 963 个节点和 48 434 条链路的自治系统（AS）网络[108]，网络中的节点代表 AS，边代表两个 AS 之间的连接关系。该图由 Gephi 0.9.1 生成，并采用 ForceAtlas2 网络布局算法

5.3.3　空中交通网络

如图 5.5 所示，空中交通网络是另一个无标度网络的例子。这里网络中的节点代表机场，如果两个机场之间有航班，则在两者之间添加一条链路。在该图中可以看到，一些机场与大量的机场具有连接，从而在网络中充当中心节点（以包含了连接数的大圆圈来表示这些机场）。中心节点的关键作用之一就是能够形成一些最短路由，从而可以在空中交通网络中十分经济地到达大多数地点。

5.3.4　识别无标度网络

183~185

尽管无标度网络具有一些独特的性质，但准确地将该网络识别出来依然是一个非常具有挑战性的问题。在本节中，我们将讨论一组可归类为无标度网络的复杂网络，包括上一节中所讨论的三种网络，并通过网络直径、平均度、ACC 和 APL 等关键网络测度对这些网络进行了比较，以便对其进行定量分析判断（见表 5.1）。

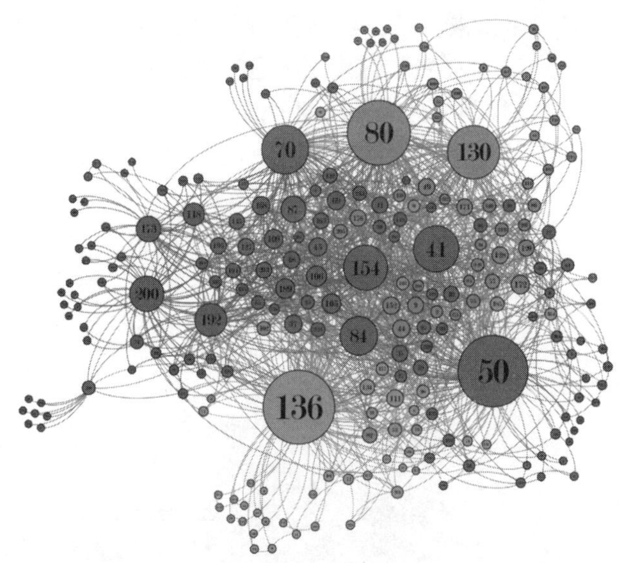

图 5.5 具有 235 个机场（节点）和 1297 条航线（边）的空中交通网络 [109]，这些机场分布于全世界许多地方。该图由 Gephi 0.9.1 生成，并采用 ForceAtlas2 网络布局算法

表 5.1 多种具有无标度特征的现实世界网络，包括社会、生物、虚拟以及技术网络等。尽管这些网络的规模都很大，但其 APL 值都很小，对于 N 节点的网络该值接近于 log log N

网络名称	网络类型	节点 (N)	边	网络直径	平均度	平均聚类系数	平均路径长度	log N	log log N
空手道俱乐部 [1]	有向的	34	78	3	2.29	0.29	1.27	3.53	1.26
全球贸易 [110]	无向的	80	875	3	21.85	0.75	1.72	4.38	1.48
词邻接 [111]	无向的	112	425	5	7.59	0.19	2.54	4.72	1.55
美国足球 [112]	无向的	115	613	4	10.66	0.40	2.51	4.74	1.56
爵士音乐家 [113]	有向的	198	2742	9	13.85	0.31	2.24	5.29	1.67
空中交通 [109]	无向的	235	1297	4	11.04	0.65	2.32	5.46	1.70
美国 Air-97[109]	无向的	332	2126	6	12.81	0.75	2.74	5.81	1.76
EuroSiS Web 映射 [109]	无向的	1285	7586	10	10.06	0.38	3.90	7.16	1.97
政治博客 [114]	有向的	1490	19 025	9	12.77	0.17	3.39	7.31	1.99
共同作者 [59]	无向的	1589	2742	17	3.45	0.88	5.82	7.37	2.00
酵母蛋白质－蛋白质相互作用网络 [107]	有向的	2361	7182	16	3.04	0.07	4.65	7.77	2.05
CPAN Explorer[109]	无向的	2724	5018	9	3.68	0.43	4.01	7.91	2.07
Twitter 爬行 [111]	有向的	3656	188 710	12	103.23	0.20	3.76	8.20	2.10
漫威宇宙 [109]	无向的	10 469	178 115	7	34.03	0.53	2.89	9.26	2.23
因特网自治系统网络 [108]	无向的	22 963	48 436	11	4.22	0.35	3.84	10.04	2.31

1. Zachary 的空手道俱乐部网络

Zachary 的空手道俱乐部网络 [1] 是复杂社交网络中一个非常著名的例子（见图 5.6），该网络是 20 世纪 70 年代美国大学空手道俱乐部中的 34 个人之间的友谊网络。由于一些冲突，俱乐部分裂为管理员和教练两个派别。从表 5.1 可以看出，空手道俱乐部网络服从幂律分

布，因为其 APL 值的上界是 $O(\log \log N)$，其中 N 是网络的大小。表 5.1 还给出了其他一些定量指标，如网络直径、平均度和 ACC 值等。可以发现，由于存在中心节点，该网络的网络直径（值 = 3）也很小。

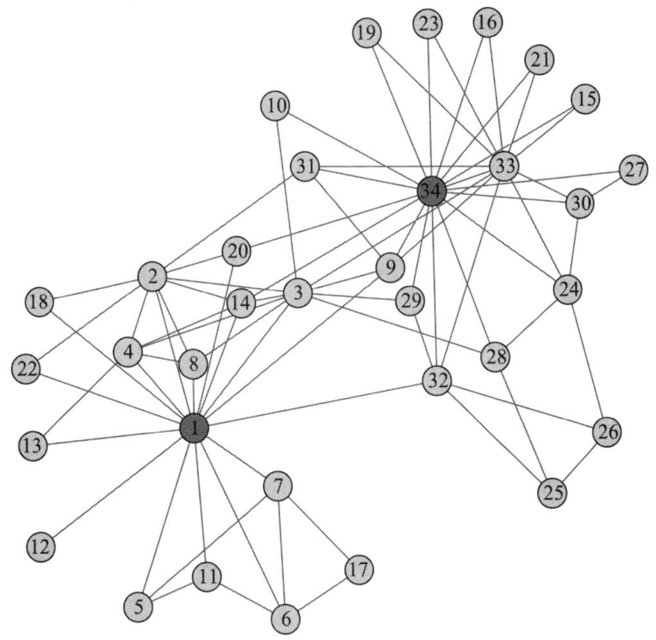

图 5.6 具有 34 个节点和 78 条边的 Zachary 空手道俱乐部网络

2. 全球贸易网络

全球贸易网络[110]描述了 20 世纪 90 年代 80 个国家的金属制造商的数据（见图 5.7）。网络中的节点代表国家，当它们相互之间存在贸易时则在这两个国家之间添加一条链路。从表 5.1 可以看出，该网络的 APL 值近似于 $\log \log N$，因此全球贸易网络可以被认为是一种 186~188
无标度网络。此外，该网络的 ACC 值也很高（0.75），表明网络是高度聚集的。

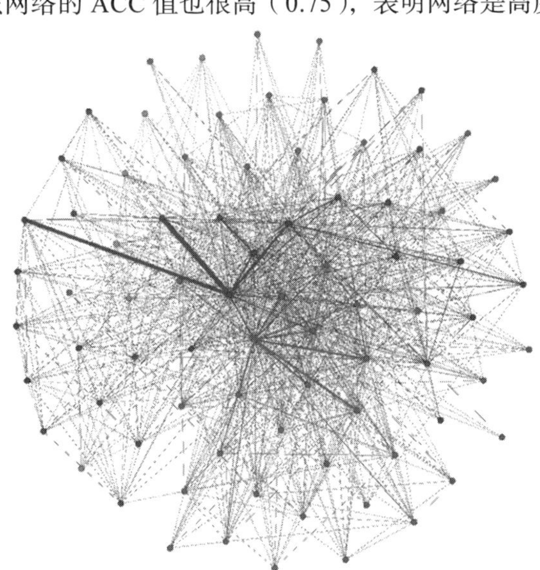

图 5.7 包含 80 个节点和 875 条边的全球贸易网络，描述了不同国家金属制造商之间的贸易关系。该图由 Gephi 0.9.1 生成，并采用 Fruchterman-Reingold 网络布局算法

3. 词邻接网络

词邻接网络 [111] 包含查尔斯·狄更斯的小说《大卫·科波菲尔》中名词和形容词之间的常用邻接关系。该网络中的节点表示一个词，当在小说中发现两个词彼此相邻时，则在相应的节点对之间建立一条链路（见图 5.8）。如表 5.1 所示，词邻接网络服从无标度分布。特别地，该网络的 APL 值是 2.54，近似遵循 N 节点网络中 APL 值为 $\log\log N$ 的幂律分布。

4. 美国足球网络

美国足球网络 [112] 描述了 115 支球队的 613 场比赛情况（见图 5.9）。球队分为 11 个小组，这样一支球队可以与属于其家乡区域的球队进行更多比赛，而与属于其他地区球队的比赛相对少一些。该数据集包含了 2000 年秋季赛期间 Division IA Colleges 之间的美国足球比赛网络。从表 5.1 可以看出，该网络的直径为 4，而 APL 值接近 2.51（服从 $\log\log N$），表明该网络具有幂律分布特征。

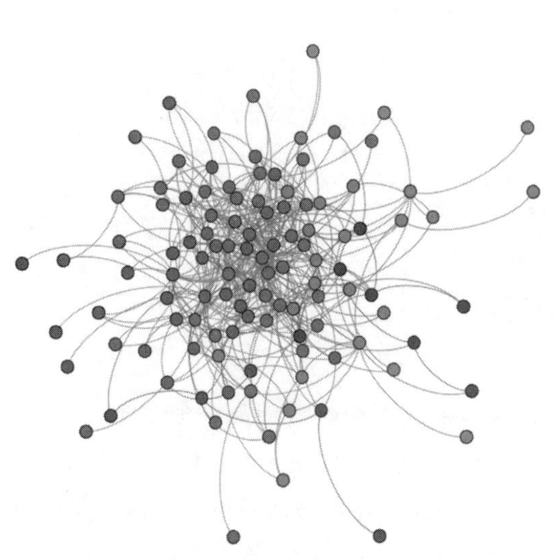

图 5.8 包含 112 个节点和 425 条边的词邻接网络，该图为查尔斯·狄更斯小说中两个词具有相邻关系的图形表示。该图由 Gephi 0.9.1 生成，并采用基于 Yifan Hu 比例的网络布局算法

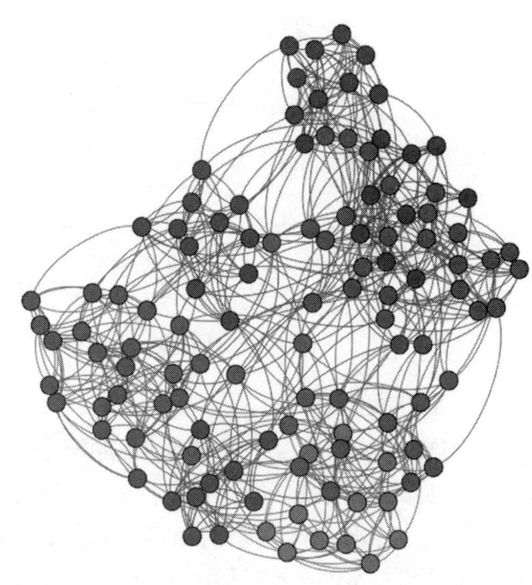

图 5.9 包含 115 个节点和 613 条边的美国足球网络。该图由 Gephi 0.9.1 生成，并采用基于 Yifan Hu 比例的网络布局算法

5. 爵士音乐家网络

爵士音乐家网络（见图 5.10）描述了 198 位爵士音乐家之间的合作情况 [113]，该网络中
189~190 的节点代表音乐家，如果音乐家之间进行过合作演出，则对应节点之间存在链路。从表 5.1 可以看出，该网络的 APL 值是 2.24，为 $\log\log N$ 的量级，因此爵士音乐家网络同样是一种无标度网络。并且由于存在中心节点，该网络直径也很低（值 = 9）。

6. 空中交通网络

空中交通网络 [109] 描述了全球或某些特定地区的大量机场之间的航班情况（见图 5.5）。从表 5.1 中可以看出，由于少数机场具有到网络中大多数机场的连接，因此该网络服从幂律分布，且这些机场形成了网络中的中心节点。从表 5.1 中还可以看出，该网络的 APL 值是 2.32，该值非常接近长尾分布的渐近 APL 值。

7. 美国 Air-97 网络

美国 Air-97 网络（见图 5.11）给出了一个基于北美交通地图数据（NORTAD）的交通网络蓝图 [109]。从表 5.1 可以看出，NORTAD 网络也是一个无标度网络，因为其 APL 值非常接近于无标度网络的渐近 APL 值。此外，高达 0.75 的 ACC 值从一个侧面表明了 NORTAD 网络拓扑结构的健壮性。

图 5.10　由 198 个节点和 2742 条边组成的爵士音乐家网络，需要注意的是这里网络是有向的。该图由 Gephi 0.9.1 生成，并采用基于 Yifan Hu 比例的网络布局算法

图 5.11　基于北美交通地图数据（NORTAD）的空中交通网络包括 332 个节点和 2126 条边。该图由 Gephi 0.9.1 生成，并采用基于 ForceAtlas 2 的网络布局算法

8. EuroSiS Web 映射网络

EuroSiS 网络（见图 5.12）描绘了 12 个欧洲国家的科研工作者在 Web 上的互动情况。表 5.1 给出了该网络的各种参数，网络的 APL 值为 3.90，接近于超小世界网络的渐近 APL 值。因此，该网络同样具有无标度网络的特征，且网络直径为 10，ACC 值为 0.38。

9. 政治博客的数量

2005 年的 political blogosphere [114] 给出了一个描述政治家政治倾向的网络（见图 5.13）。该数据集中的节点表示政治倾向，0 表示左或自由，而 1 则表示右或保守，链路代表了节点所对应博客间的联系，这里的一些博客是根据 2004 年美国总统大选期间博客上发表的帖子及相互间的链接情况人工标记的。由表 5.1 可以看出，该网络的 APL 值是 3.39，非常接近 191~192
于 log log N。因此，该网络也是无标度网络的一个例子。

10. 共同作者网络

共同作者网络 [59] 描述了从事网络理论研究的科学家之间的关系，其中网络节点代表科学家，如果两位科学家是同一篇科学论文的共同作者，则在两个节点之间存在一条链路（见图 5.3）。可以看出，针对某一个具体的研究领域，少数科学家拥有大量的共同作者，而这些拥有大量共同作者的科学家形成了网络中的中心节点。表 5.1 显示该网络的 APL 值较高，与 log log N 的值有一定的偏离，其原因可能是在只考虑无向边的情况下，网络中边的数量相对于作者数量并不是很高。

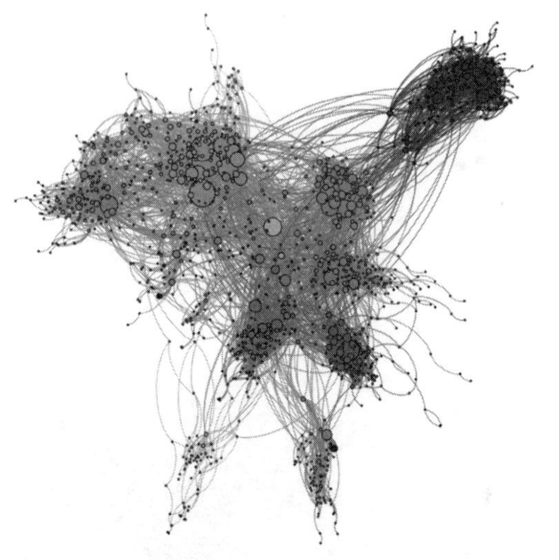

图 5.12 包含 1285 个节点和 7586 条边的 EuroSiS 网络，该网络描述了 12 个欧洲国家的科研工作者之间的 Web 交互情况。该图由 Gephi 0.9.1 生成，并采用基于 ForceAtlas 的网络布局算法

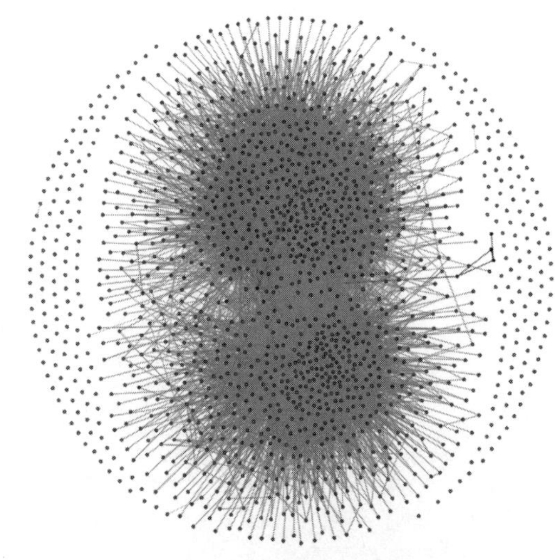

图 5.13 political blogoshere 网络包含 1490 个节点和 19 025 条边，该网络描述了对于自由或保守政党的政治态度。该图由 Gephi 0.9.1 生成，并采用基于 Fruchterman-Reingold 的网络布局算法

11. 酵母蛋白质 – 蛋白质相互作用网络

如表 5.1 所示，酵母中的蛋白质 – 蛋白质相互作用网络 [107] 同样是一个无标度网络，其 APL 值（APL = 4.65）十分接近于长尾网络的渐近 APL 值（见图 5.1）。蛋白质 – 蛋白质相互作用网络给出了蛋白质在酵母体内的生化反应期间所建立的联系，其中节点代表蛋白质分子，如果两个蛋白质分子之间存在化学作用，则在相应节点间添加一条边来表示该作用。

12. CPAN-Explorer

CPAN 表示综合 Perl 归档网络（comprehensive Perl archive network），用于管理用 Perl 编程语言编写的各个软件发行版本。CPAN-Explorer 是一个用于分析 Perl 开发人员和 Perl 软件包之间关系的可视化项目 [109]，见图 5.14。其中节点代表 Perl 模块的开发人员，当他们使用相同的 Perl 模块进行代码开发时，会在两个开发人员之间的形成一条链路。尽管该网络规模很大（包含 2724 个节点），但其 APL 仅为 4.01，而 log log N 的值为 2.07。因此，CPAN 也可以被视为无标度网络。

13. Twitter 爬行网络

Twitter 是一个社交网站，用户可以在该网站上对各种趋势、评论或事件发布不超过 140 个字节的短消息。这里节点代表用户，并且从用户 X 到另一个用户 Y 的有向链路表示 X 将消息发送给了 Y。表 5.1 给出了 Twitter 爬行数据的各种网络参数 [109]，从该表中可以看出，尽管网络节点的数量非常大，但网络的 APL 却仅为 3.76，非常接近于对应的渐近值 2.1。

14. 漫威宇宙网络

漫威宇宙网络是及时漫画公司 [109] 最初出版的漫画书中的超级英雄网络，网络中的节点

代表超级英雄和漫画，如果某个超级英雄出现在某一漫画中，则在两个节点之间建立一条连接（见图 5.15）。从表 5.1 中可以看出，漫威宇宙网络是一个无标度网络，原因在于该网络的 APL 值（APL = 2.89）更接近于幂律分布网络的渐进 APL 值 log log N。

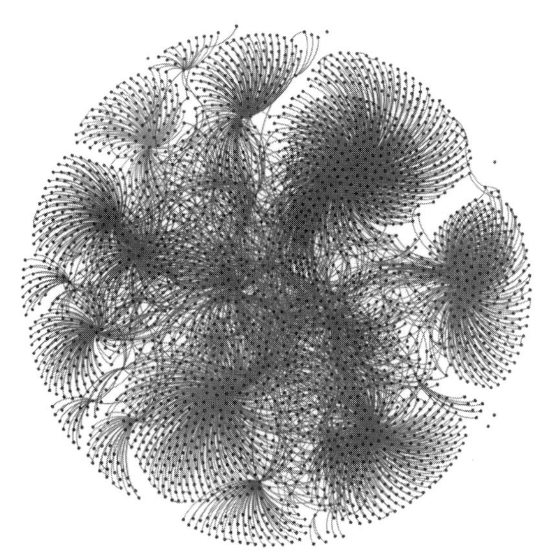

图 5.14 CPAN-Explorer 可视化网络包含 2724 个节点和 5018 条链路，该网络描述了 Perl 开发人员与 Perl 软件包之间的关系。该图由 Gephi 0.9.1 生成，并采用基于 Fruc-hterman-Reingold 的网络布局算法

图 5.15 漫威宇宙网络包含 10 469 个节点和 178 115 条链路，该网络描述了超级英雄与他们所出现的漫画书之间的关系。该图由 Gephi 0.9.1 生成，并采用基于 ForceAtlas 的网络布局算法

15. 因特网自治系统网络

在俄勒冈大学 Route View 项目 [108] 所发布的边界网关协议（BGP）路由表的基础上，重建了因特网 AS 结构的对称快照（见图 5.4），其中节点代表 AS，如果两个 AS 相互连接，则在对应节点间添加一条链路。因特网中的一些 AS 与大量其他的 AS 都存在连接关系，因此它们形成了网络中的中心节点，进而导致网络服从幂律分布。从表 5.1 可以看出，网络的 APL 值为 3.84，非常接近 2.31 的 log log N 值。此外，尽管网络中存在大量的节点（22 963），但网络直径仍然很低（仅为 11）。

5.4 无标度网络的形成

鉴于许多现实世界的自然和人造网络都具有无标度特征，科学研究界长期以来一直在探究无标度网络形成的原因。也就是说，当网络从仅包含少数节点的初始阶段演进为完全成熟的无标度网络时，演进过程中的哪些特征导致最终形成了无标度网络？准确回答形成无标度网络背后的原因也可以帮助解释自然界中许多复杂的生物和物理系统的演进。

最近的一些研究结果表明，在网络演进过程中，下述一些机制可能会形成一个无标度网络：增长和偏好连接；基于适应度的偏好连接；内在适应度的变化；相似性和流行度的优化；具有指数 1 的无标度网络；基于贪心全局优化的网络演进。在下文中，将逐个对这些策略进行详细解释。

5.4.1 通过偏好连接创建无标度网络

当以偏好连接的方式在网络中增加节点或链路时，我们即可将网络演进为无标度网络[39]。偏好连接策略也称为 Barabási-Albert（BA）模型。在 BA 网络演进模型中，当创建一些远程链路（LL）时，新加入网络的节点更倾向于连接到那些度数更高的节点。因此，网络中高度
195~196 数节点具有更高的机会连接到其他节点。根据 BA 模型，随着时间的推移，一些节点将逐渐演变为中心节点。5.5 节将对 BA 模型进行详细介绍。

5.4.2 通过适应度建模创建无标度网络

在这一无标度网络创建方式中，适应度[99]在网络演进过程中起着重要作用。通常而言，网络中现有的节点并不能以同等的概率获取新的连接。在基于偏好连接的模型中，节点在网络中的时间越长，其他节点连接到它的可能性就越大。但是，也有许多例子显示，一些新引入的节点同样会迅速获得许多连接。例如，一个新的网页可能在很短的时间内变得非常流行，一个人在社区中会迅速变得非常有影响力，以及一篇研究文章在非常短的时间内得到了大量的引用等，这类网络的一个共同点就是：某个节点或几个节点在短时间内变得非常流行。在研究基于适应度的模型过程中，可以结合适应度参数更好地理解这种网络演化情况，并给出 BA 模型中流行度突然增大的原因。

5.4.3 通过可变内在适应度创建无标度网络

在内在节点适应度模型[100]中，新加入的节点可以基于节点的某些特性与网络中的现有节点相连接，并使得两个节点彼此均受益。需要注意的是，内在适应度模型没有考虑诸如基于度的概率度量等全局信息，而在偏好连接和内在节点适应度网络演进模型中，均假设已经获取到这些信息，并在偏好连接模型的构建过程中综合考虑特定适应度参数的影响情况。例如，当一个新的成员加入社区时，他 / 她可能并没有社区中人际交往的信息。然而，该成员随后可以基于某些行为特征或社会影响与其他人建立联系，并在这一过程中获得一些社会优势。

可以看出，该决策过程仅基于网络中其他节点的内在特征，网络演进模型并不遵循基于偏好连接的链路创建思想。该方法同样与基于适应度的模型也有所不同，后者将适应度作为一个额外参数应用于基于增长和偏好连接的网络演化中。

5.4.4 通过优化创建无标度网络

在这一方法中，基于网络中现有节点的相似度和流行度的优化评分情况，将新节点添加到网络中[101]。这里，流行度代表节点在网络中的时间，因此类似于网络中节点的适应度。相似度用于衡量网络中的节点与新加入节点的接近程度，也就是说，如果新节点更接近网络中某一节点，则新节点连接到该现有节点的机会就更高。优化框架负责处理这两种动态指
197 标，以便将持续演进的网络最终变换为无标度网络。5.8 节详细讨论了该优化框架机制。

5.4.5 通过指数 1 创建无标度网络

在该无标度网络创建模型中，所生成的网络的度指数（γ）为 1[102]。具体而言，为了生成度指数为 1 的无标度网络，可以通过均衡网络模型来使得相应的度指数值为 1。网络演进模型可以通过重连的方法将网络转化为指数 1 的无标度网络。具体而言，通过应用随机映射

过程的概念即可生成 $\gamma=1$ 的无标度模型。在随机映射过程中，随机变量的波动范围与其在系统中的值成正比。在无标度网络建模过程中，将节点的度作为随机变量的值，并通过在每个时隙内重连一条连接的方式来产生波动，且不同链路的重连概率与节点在网络中度的分布成正比。5.9 节详细阐述了无标度网络的生成方法。

5.4.6 通过贪心全局决策创建无标度网络

通过一系列贪心全局决策添加一组 LL 之后，即可将小世界网络转化为无标度网络[74]。这里新添加的 LL 服从远程链路亲和性（Long-Ranged link Affinity, LRA）的约束，进而将网络演进为无标度网络。LRA 可以通过测量网络中每个节点的介数中心性值得到[27]。介数中心性描述了节点位于网络中不同节点间最短路径的情况，节点的介数中心性越高，则其与新节点建立连接的亲和力就越大，进而可以逐渐演进为网络中的中心节点。贪心全局链路添加策略选择具有最高介数中心性数值的节点来添加新 LL。该策略源于在一个 N 节点线性拓扑网络中添加 k 条 LL 使其成为小世界网络的实验。当基于随机或非贪心决策添加 k 条 LL 时，网络能够变换为小世界网络，但在网络中并未观察到无标度属性。当基于贪心全局决策添加 LL 时，网络逐渐转化为无标度网络。这里，贪心全局决策方法意味着在添加 LL 的每个步骤中，均选择添加能够最小化网络的 APL 的 LL。

5.5 基于偏好连接的无标度网络创建

Barabási 等人最早发现了无标度特性，并指出网络中中心节点的形成由网络增长和偏好连接所主导[39]。BA 模型是一个纯随机的过程，网络中的新节点连接到现有节点中那些具有较高节点连接概率的节点[98, 115]。由于无标度网络中心节点的出现，节点的度分布变得不再均匀。大多数节点具有很低的度，而少数节点在网络中具有大量的连接。因此，对于一个无标度网络，网络的度分布（以 $P(D)$ 表示）服从标度指数 $\gamma>1$ 的幂律分布（即 $P(D)\sim D^{-\gamma}$, 198
$\gamma\in\mathbb{R}$，其中 D 代表节点的度）。

5.5.1 Barabási-Albert 网络模型

下文讨论了一种基于平均场理论的方法，用于估计采用 Barabási-Albert（BA）网络演进模型时网络的标度指数 γ[116]。BA 网络演进模型使得网络形成了许多有趣的动态特性：在网络生成的早期阶段添加的节点具有更多的连接。在一个不断增长的网络中，如果新节点连接到度更高的节点，则网络将变换为一个服从幂律分布的无标度网络，即 $P(D)\sim D^{-\gamma}$，这里 $P(D)$ 代表网络中有多少节点具有度 D 的概率。

在 t=0 的初始时刻，假设网络中有 n_0 个节点。如果每个时刻在新加入节点和网络中现有的高度数节点之间添加 e 条边，则在 t 个时间单元之后，网络中的总边数将为 $2et$。在增长网络中基于偏好原则添加一些节点之后，该网络的标度指数 γ 可以采用下述方式进行计算。

第 i 个节点的概率变化的速率 $\Pi(Di)$ 可以看作是一个在时间上连续逼近的函数。因此，对于特定的节点 i，其度变化的速率可以表示为

$$\frac{\partial D_i}{\partial t}=A\cdot\prod(D_i)=A\cdot\frac{D_i}{\sum_{j=1}^{n_0+t-1}D_j} \tag{5.5.1}$$

在公式（5.5.1）中，$\sum_j D_j = 2et$，其中网络中链路数量的变化速率为 e。因此常数项的值可以计算为 $A=e$，则公式（5.5.1）可以表示为

$$\frac{\partial D_i}{\partial t} = \frac{D_i}{2t} \quad (5.5.2)$$

若在时刻 t_i 以连接度 $D_i(t_i) = e$ 将节点 i 添加到网络中，则公式（5.5.2）的解如下所示：

$$D_i(t) = e\left(\frac{t}{t_i}\right)^{0.5} \quad (5.5.3)$$

据此，通过公式（5.5.3），节点 i 的节点连接性概率小于 D，并可以计算为

199 $$P(D_i < D) = P\left(t_i > \frac{e^2 t}{D^2}\right) \quad (5.5.4)$$

假设新节点加入到网络中的时刻在时间段上服从均匀分布，则 t_i 的概率密度可以表示为

$$P_i(t_i) = \frac{1}{n_0 + t} \quad (5.5.5)$$

将公式（5.5.5）代入公式（5.5.4），

$$P\left(t_i > \frac{e^2 t}{D^2}\right) = 1 - P\left(t_i < \frac{e^2 t}{D^2}\right) = 1 - \frac{e^2 t}{D^2 (e_0 + t)} \quad (5.5.6)$$

因此，可以得到的概率函数 $P(D)$ 如下所示：

$$P(D) = \frac{\partial p(D_i(t) < D)}{\partial D} = \frac{2e^2 t}{e_0 + t} \cdot \frac{1}{D^3} \quad (5.5.7)$$

由公式（5.5.7）可以发现，$P(D) \sim D^{-3}$，因此根据 BA 方法，可以得到这里标度指数 $\gamma=3$ [116]。

5.5.2　观察和讨论

BA 网络演化模型通过将网络增长和新链路的偏好连接相结合，以研究自然和技术网络等现实世界网络的演进情况。随着时间的推移，假设通过引入新节点来实现网络模型的增长。在现实世界的演进网络中，新节点会随着时间的发展而不断引入。上述情况的一些例子包括：不断添加到出版物库中的新研究文章，加入 Facebook 和 Twitter 等在线社交网络中的新用户，以及链接到因特网中的新创建 Web 页面。

偏好连接模仿了每个人都试图与一些有影响力的实体建立联系这一事实，并且该事实在现实世界中具有许多例子，例如，在发布一个新的在线广告页面时，营销团队总是试图将其置于流行的搜索引擎中，例如谷歌、必应和雅虎等；新的研究论文一般都会引用特定研究领域的核心文章。BA 模型有效反映了在网络演进分析建模中的一些真实世界特征。

5.6　基于适应度建模的无标度网络创建

在上一节中，我们讨论了基于增长和偏好连接的网络演进（或称之为 BA 模型）。现实世界的网络随着时间的推移而不断演进，而 BA 模型则能够对这一网络演进过程进行有效的近似描述。在 BA 模型中，当新节点加入网络时，其倾向于与网络中具有最多连接的节点建立连接。随着节点在网络中生成时间的增加，它将变得越来越具有权威性并吸引更多的链

路，从而使其成为网络中的中心节点。因此，根据 BA 模型，在一个不断演进的网络中，旧 200
节点能够获得更多的连接，形成富者愈富的现象。

相比之下，在许多现实世界的网络中，一些相对较新的节点在短时间内能够获得大量的连接并迅速成为中心节点。在现实世界的网络中可以找到很多这方面的例子，例如，一篇研究论文短时间内被许多新的论文引用，一个人突然在社交网络中变得非常受欢迎，一个新产品得到了客户的大量好评，以及一个网页在网络用户中变得非常受欢迎。然而，传统的基于 BA 模型的方法无法解释这种新节点到中心节点的迅速演进现象，而基于竞争的多尺度建模 [99] 能够对此给出合理的解释。在该框架中，节点根据其在网络中的适应度可以获得更多的连接。因此，新连接的增长和偏好连接是由节点的适应度所驱动的，从而形成了适者愈富的现象。

5.6.1 基于适应度的网络模型

为了将竞争引入到网络演进中，可以为网络中的每个节点设置一个适应度评分 η。节点的 η 刻画了它在网络中与新加入节点的连接能力。相对于那些具有较低 η 值的节点，具有较高 η 值的节点更有可能获得新的连接。通过节点的这种能力或适应度即可将竞争引入到网络中。公式（5.6.1）给出了节点适应度的定量度量。

$$\Pi(D_i)=\frac{\eta_i D_i}{\sum_j \eta_j D_j} \tag{5.6.1}$$

公式（5.6.1）通过 D_i（节点 i 的度）和对应的 η_i 描述了节点 i 在网络中吸引新连接的概率。新节点加入网络时具有一个特定的 η 值，且该值可以通过特定的分布函数计算得到。在本节的分析中，假设节点的 η 不随时间而变化。

根据基于适应度的连接概率，连通性分布模型可以表示如下：

$$\frac{\partial D_i}{\partial t}=e\cdot\frac{\eta_i D_i}{\sum_j \eta_j D_j} \tag{5.6.2}$$

在公式（5.6.2）中，e 是网络中每个新加入节点可以添加的连接总数。从公式还可以看到，如果所有节点的 η 值相同，则该公式与 BA 网络演进模型类似。

公式（5.6.2）的解取决于每个节点的 η 值。因此，一个一般的解可以表示为

$$D_i(t)=e\left(\frac{t}{t_i}\right)^{\theta(\eta_i)} \tag{5.6.3}$$ 201

其中，$\theta(\eta)$ 满足 $0<\theta(\eta)<1$ 的约束。为了计算网络中某个节点具有 D 条连接的概率，幂律指数 γ 可以通过 $\gamma=1+1/\theta$ 计算得到。然而，网络的 θ 表示节点适应度 η 的函数，因此是一个变化的量。在此情况下，需要采用累积概率的方式计算网络的实际连接概率 $P(D)$。有关基于适应度的网络演进模型中的分布概率问题，建议读者参考文献 [99]。

5.6.2 观察和讨论

基于适应度的模型解释了网络中每个节点都具有与其他节点建立连接的能力。在许多现实世界网络中，一些节点会随着时间的推移变得非常有影响力。连接能力或适应度在基于竞争的多尺度场景中具有重要作用，在该场景中，那些具有较高能力的节点可以吸引网络中的新连接。此外，该模型还为每个新加入节点分配了一个服从特定分布的适应度评分，故而在

刻画网络演进的过程中，为新节点分配适应度评分的分布函数同样十分重要。例如，如果基于指数衰减分布函数 [99] 为新加入节点分配适应度评分，则网络的演进将服从幂律和对数行为复杂组合的扩展指数分布。

5.7 基于可变内在适应度的无标度网络创建

基于增长和偏好连接的网络演进需要网络中节点度的信息，而在上一节中讨论的基于适应度的网络演进模型还需要全局信息来为新加入的节点创建连接。然而，在大规模网络中可能并没有办法始终收集网络的度信息。本节讨论了一种新的无标度网络演进模型，在该模型中，一个网络可以在不需要基于节点度进行偏好连接的情况下逐渐演变为无标度网络。

在这一策略中，新加入节点并不具有网络中其他节点的度等全局信息。在将节点加入网络的同时也为该节点设置了一个适应度，然而，由于新加入节点并不知道其他节点的度信息，难以直接应用基于适应度的偏好连接策略来为其找出可以建立连接的节点。相反，节点对之间会在互惠的基础上相互建立连接，这些互惠源于诸如友谊、科学合作、社交互动或权威性之类的某些内在特征。可以认为这种演进模型是一种好者愈富的现象，在创建链路时采用节点对之间相互协商而非基于随机决策的方法，随着时间的推移网络将逐渐转变为无标度
202 网络。

5.7.1 基于可变内在适应度的网络模型

在基于可变内在适应度的网络演进模型 [100] 中，为新节点分配一个源于其分布空间内的适应度值。这里适应度值可以表示诸如节点的影响力、中心性或等级等内在行为。新节点基于某个概率 p 从网络中选择另一个节点。然而，这一概率 p 与随机网络中的链路添加概率完全不同，后者的概率值具有均匀分布的特性。在这种基于内在适应度的模型中，概率 p 取决于节点对之间的互惠，因此 p 并非在网络中服从均匀分布。

以下是不同节点度的一般表达式：

$$D(i) = N\int_0^{\infty} f(i, j)\rho(j)\mathrm{d}j = NF(i) \tag{5.7.1}$$

这里 $f(i, j)$ 代表节点对 (i, j) 之间相互连接的概率，$\rho(j)$ 为第 j 个节点适应度的分布空间，$F(i)$ 表示节点 i 的累积分布函数。因此，在一个 N 节点网络中，概率分布 $P(D)$ 可以表示为：

$$P(D) = \rho\left[F^{-1}\left(\frac{D}{N}\right)\right]\frac{\mathrm{d}}{\mathrm{d}D}F^{-1}\left(\frac{D}{N}\right) \tag{5.7.2}$$

分布概率的特征取决于网络的 ρ 值，如果从幂律分布空间中选择节点的适应度值，则可以更容易地实现无标度网络。然而一些观察结果显示，非幂律分布的适应度函数也能够将网络变换为无标度网络 [100]。

5.7.2 观察和讨论

许多现实世界的网络都符合基于内在适应度的网络演进。例如，在发送电子邮件时，发送者可能并不知道接收者的度或其他统计参数，然而，发送者可以基于一些特定的决策步骤发送电子邮件，包括接收者是否需要接收电子邮件以及接收者在网络中的重要程度等。可以看出，许多现实世界的网络在进行建立新连接的决策时并不需要诸如度概率之类的全局信息。因此，基于内在节点适应度的模型解释了网络如何能够完全基于节点的本地信息而演进。

5.8 基于优化的无标度网络创建

在前面的章节中，我们发现基于偏好连接的网络演进模型寻找更高的度概率。也就是说，当将一个新节点添加到一个不断演进的网络中时，该节点连接到网络中那些具有更多连接的节点的机会更大。同样，在基于适应度的网络演进中，偏好连接策略将影响节点的适应度。这里，节点的适应度取决于新连接随着时间推移的调整情况。此外，在另一种无标度网络的演进模型中，两个节点基于它们的适应度和互惠情况而相互连接。 203

在本节中，我们将讨论基于网络优化的模型，该模型同样可以将网络变换为无标度网络。这一无标度网络生成模型[101]主要基于流行度和相似度这两个基本指标乘积的优化值。流行度类似于吸引力，可以被认为是偏好连接的潜在动力[39]。判断节点流行度的一种方式是按照节点的加入时间，如果诸如节点适应度中心性之类的参数在决定节点影响方面并不起作用，则加入网络时间较久的节点具有更高的机会变得流行并在网络中吸引更多的连接。但是，如 5.5 节所述，流行度类似于基于偏好连接的 BA 网络演进模型。

另一方面，相似度反映了网络中具有类似兴趣的群体。因此，当新节点加入网络时，节点更希望与那些具有类似特征的节点建立连接，而不是简单地在网络中寻找流行节点建立连接。例如，当一个人试图结交新朋友时，他并不会盲目地去找一个具有较高人气的人，而是寻找与他具有相似兴趣的人，这一现象在社会科学中被称为同质性（homophily）。这一特殊的相似性特征可以在许多现实世界的网络中观察到：在个人主页中设置外部链接时，人们除了会加入诸如 Google 或 Facebook 等热门网页的链接，还会加入那些与自己具有相似专业背景的网页。因此，相似性在网络演进过程中具有关键作用。

为了对相似性进行分析建模，假设节点随机分布在半径为 r 的圆中[101]，并且节点根据其生成时间进行编号。也就是说，在 $t = k$ 时节点 k 加入网络。网络中的相似性程度利用角距离（如余弦距离等）进行度量，则网络演进模型可以通过以下步骤描述。

1）在 t=0 时刻，网络为空。

2）在时刻 $t \geqslant 1$，节点 t 加入到网络中，并被放置在圆的 θ_t 位置（见图 5.16c）。

3）新节点与网络中 e 个能够最小化 $m\theta_{mt}$ 值的已有节点 m 建立连接，$m<t$，这里 θ_{mt} 为节点 m 和 t 之间的角距离。

图 5.16 给出了如何利用相似度和流行度的乘积将网络演进为无标度网络。在该图中，每个节点均以其加入时间来标识，因此节点 1 在网络中第一个出现，其他节点的情况类似。图中还给出了径向流行度和角相似度。图 5.16a 描述了节点 2 与 3 之间的角距离大于节点 1 与 3 之间角距离的场景，因此新节点 3 将与节点 2 建立连接。图 5.16b 给出了另一个类似的场景，其中节点 3 与节点 1 建立连接。图 5.16c 给出了一个节点的径向覆盖区域。只有当一个新节点位于现有节点的径向区域时，才考虑角相似度并决定是否在相应节点对之间创建连接。 204

5.8.1 观察和讨论

对网络进行网络优化是许多自然和技术网络演进的关键所在。例如，为了通过一个在线网站销售图书，需要在搜索引擎中合理地呈现该网站，以便在客户搜索图书销售网站来购买书籍时能够始终将我们的网站显示出来。这种情况下，为了使我们的在线图书销售网站受欢迎，可以将它与一些流行的在线书商排列在一起，如 Kindle、Infibeam、Bookadda、Snapdeal、Flipkart 和 Amazon 等。反之，如果将网站与一些非图书销售的在线商城排列在一起，即便这些在线商城本身非常流行，但对提升图书销售网站的关注度可能也并无帮助。这就解释了为什么在任何一个给定的领域，相似度与流行度均密切相关。因此，基于流行度和相似度乘积的网络优化模型从本质上反映了许多现实世界网络的演进特征。

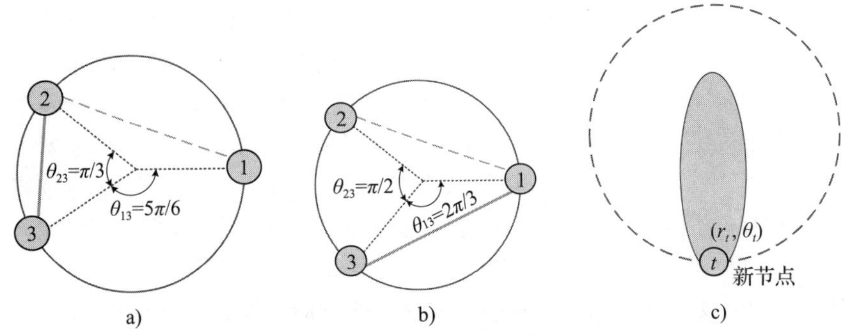

图 5.16　用于描述基于优化的无标度网络创建示例场景，可以在流行度和相似度乘积的基础上进行优化。这里流行度代表径向流行度（如 r），相似度则表示角相似度（θ），因此将基于 $r_1 \times \theta_{st}$ 的乘积进行优化操作，其中 (s, t) 代表现有节点（s）和新节点（t）形成的节点对。在本例中节点编号代表节点的加入时间。a）在这一场景下，$2\theta_{23} > 1\theta_{13}$，因此将在节点 2 和 3 之间添加新链路。需要注意的是，这里是将节点 1 和 2 作为新加入的节点 3（t）的源节点（s）。b）由于 $2\theta_{23} > 1\theta_{13}$，因此在节点 1 和 3 之间添加一
205 条新链路。c）给出了节点 t 的极坐标 r_t=ln t

5.9　基于指数 1 的无标度网络创建

到目前为止，所讨论的大多数无标度网络演进模型都未考虑具有极重尾度分布的网络。然而，在现实世界中，有许多网络服从具有较低标度指数的无标度特征。只有少数模型对这种网络的演进进行了研究。

5.9.1　通过重连创建无标度网络

在这种网络演进模型中，只基于本地信息重连网络中的链路。此外，通过这种重连方法进行无标度网络演进时仅考虑固定规模的连通网络，且只是基于一些具体的策略对现有的链路进行重连。这里将对两种能够实现通过指数 1 进行无标度网络创建的重连模型进行讨论，并且假设将重连策略应用于具有高节点平均度的网络。

1. 基于链路的重连方法

基于链路的重连方法通过如下方式对链路进行重连[102]。首先，随机选择网络中的一条链路，找出该链路每个端节点的 1 跳邻居，随后从这些邻居中随机选择一个邻居节点 N，并将节点 N 与相应端节点之间的链路重连为节点 N 与链路另一个端节点的链路。持续这一重连过程直至所有可能的链路均被重连。需要注意的是，在这一方法中，一条已经重连的链路将不会被进一步重连。算法 5.1 给出了这一重连过程。

算法 5.1 基于链路的重连方法进行无标度网络创建

要求：

$\mathcal{G} = (\mathcal{V}, \mathcal{E})$——具有节点集 $\mathcal{V}$ 和边集 $\mathcal{E}$ 的网络图。
(u, v)——节点 u 和 v 之间的链路。

1: **while** 网络未饱和 **do**
2: 均匀随机地选择一条链路 (u, v)
3: 找出节点 u 和 v 所有的 1 跳邻居
4: **if** u 和 v 具有共同的邻居 **then**
5: **go to** 1
6: **else**
7: 随机选择节点 u 或 v 的一个邻居
8: 重连所选择的邻居到链路 (u, v) 的另一端点
9: **end if**
10: **end while** 206

在算法 5.1 中，首先随机选择一条链路，然后找出该链路两个端节点的所有 1 跳邻居（第 2～3 行）。如果两个端节点具有相同的邻居，则算法 5.1 重新搜索另一条先前未重连的随机链路。否则，其中一个邻居节点将与所选链接的另一个端节点进行重连（第 4～8 行）。这一重连过程将一直持续到网络达到饱和状态，这里网络饱和（network saturation）意味着网络中已经不存在可以进一步重连的链路。

2. 基于节点的重连方法

基于节点的重连方法是基于链路的重连方法的一个变体 [102]。在这种重连方法中，首先在连通网络中随机选择一个节点 u，随后找出该节点 u 全部的 1 跳邻居，在此基础上从所有的 1 跳邻居节点中随机选择一个节点 v。进一步地，找出节点 u 经过所选择的 1 跳邻居节点 v 的所有 2 跳邻居，并将节点 u 和 v 之间的链路重连为节点 u 与选择的某个 2 跳邻居之间的链路，重复该重连过程直到达到网络饱和。算法 5.2 具体描述了这一重连方法。

算法 5.2 基于节点的重连方法进行无标度网络创建

要求：

$\mathcal{G} = (\mathcal{V}, \mathcal{E})$ ——具有节点集 $\mathcal{V}$ 和边集 $\mathcal{E}$ 的网络图。
(u, v) ——节点 u 和 v 之间的链路。

1: **while** 网络未饱和 **do**
2: 均匀随机地选择一个节点 u
3: 随机选择节点 u 的一个 1 跳邻居节点 v
4: 找出节点 u 经过节点 v 的所有 2 跳邻居节点
5: **if** 不存在这样的邻居 **then**
6: **go to** 1
7: **else**
8: 随机选择节点 v 的一个 1 跳邻居
9: 重连链路 (u, v) 为从 u 到所选择的邻居节点
10: **end if**
11: **end while**

算法 5.2 按照如下方式工作。首先在网络中选择一个随机节点（假设为节点 u），找出其所有的 1 跳邻居，并从中随机选择一个节点 v（第 2～3 行）。随后，找出节点 u 经过节点 v

的所有 2 跳邻居节点（第 4 行）。如果不存在这样的邻居，算法 5.2 将重新对一个新的节点执行上述操作过程，否则在所有 2 跳邻居中随机选择一个，并将节点 u 和 v 之间的链路重连为
207 节点 u 到所选择节点的链路（第 5～9 行）。持续执行这一重连过程直至网络达到饱和状态。

5.9.2　观察和讨论

本节中所讨论的两种重连网络模型（基于链路的方法和基于节点的方法）主要设计应用于有限规模的任意网络环境中。相比之下，其他无标度网络演进模型假设网络为一个不断增长的网络（其中节点随时间在不断增加）。然而，重连模型成功地展示了无标度网络的演进 [102]。在应用重连模型时唯一需要考虑的约束就是网络节点的平均度应该比较大，而现实世界中许多自然或者技术等网络均能够满足该要求。

5.10　基于贪心全局决策的无标度网络创建

现实世界的复杂网络（例如计算机网络、因特网和生物代谢网络等）既不是完全正则的，也不是完全随机的 [6, 101]，因此，网络呈现出较高的 APL 值，进而导致网络中的端到端时延增加并影响整体网络性能。在现有网络中存在少量 LL 的情况下即可降低 APL 以及端到端通信时延，表明网络可以受益于小世界特征。接下来将讨论一种基于贪心全局决策的 LL 添加技术，可以将正则网络转化为无标度网络。

5.10.1　贪心全局 LL 添加

贪心全局 LL 添加算法能够在节点对之间添加一条 LL，以便优化某一种或者一组网络测度，进而也可以提高整体网络性能。这种贪心全局 LL 添加策略能够优化网络的 APL 值 [74]。算法 5.3 给出了一种贪心全局 LL 添加策略（也可以称为基于优化的 LL 添加策略）。

在算法 5.3 中，在第一步时贪心策略需要从 LL 的 $N(N-1)$ 个可能添加的位置中选择一个，其时间复杂度为 $O(N^2)$。在该步骤中，LL 将被添加到能够最小化网络 APL 值的位置。对于每一个这样的节点对，均需要计算网络中所有节点对之间的最短路径耗费，其时间复杂度为 $O(N^2 \log N)$，因此总的复杂度为 $O(N^2 \times N^2 \log N)$。重复该 LL 添加过程直至将 k 条 LL 均添加到网络中，故而用于添加 k 条 LL 的算法时间复杂度不超过 $O(k \times N^4 \log N)$。

然而，算法 5.3 并非为一个完全优化的算法，其原因在于如果算法找到不止一种 LL 添加的可能性，它只是从中随机选择一种来添加 LL（参见第 4 行）。由于算法并未考虑通过遍历所有可能的组合来找出 APL 的最优值，因此将其作为近似最优的方法。这里未考虑最优 LL 添加策略的一个主要原因就在于其时间复杂度相对太高。若采用最优 LL 添加策略，在一个 N 节点网络中添加 k 条 LL 的时间复杂度为 $O(N^{2k+2} \log N)$，具体可以参见 4.7.1 节中最
208 优 LL 添加的时间复杂度分析。

算法 5.3　贪心全局 LL 添加算法

要求：

$\mathcal{G} = (\mathcal{V}, \mathcal{E})$——具有节点集 $\mathcal{V}$ 和边集 $\mathcal{E}$ 的网络图。

k——计划在 $\mathcal{G}$ 中添加的远程链路（LL）的数量。

初始化：k, $|\mathcal{V}| = N$

1: **for** $i = 1 \rightarrow k$ **do**

2: 　检查在图 $\mathcal{G}$ 的 N 个节点间创建第 i 条 LL 的所有可能位置

```
    if 存在多于 1 个具有最小 APL 值的 LL 可能位置 then // 检查 LL 的多个可能添加位置
        随机选择具有最小 APL 值的一个节点对
    end if
    在所选择的能够获得最小 APL 的节点对之间添加第 i 条 LL
    更新网络图 G
end for
```

在图 5.17 所示的一个 40 节点网络中，所有新添加的 LL 都表示为双向虚线。贪心全局 LL 添加策略在网络中找到节点 8 和 32 来添加第一条 LL（LL_1），实质上就是从节点 1～N 中选择第 0.2N 和 0.8N 个节点添加 LL_1，并且研究发现，即便网络规模变大，这一 LL_1 的位置同样有效。在图 5.17b 中，在节点 20（节点 8 和 32 的中间节点）和节点 32 之间以贪心策略添加 LL_2，这里节点 32 为 LL_1 和 LL_2 的共同节点。

○ 节点　——或------ 普通链路（NL）　◄-i-► 第i条远程链路（LL_i）

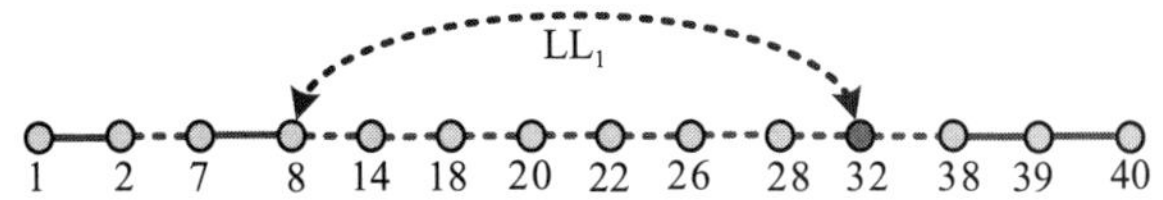

a) 在一个40节点的串行拓扑网络中添加LL_1之后APL＝8.41，HND=3

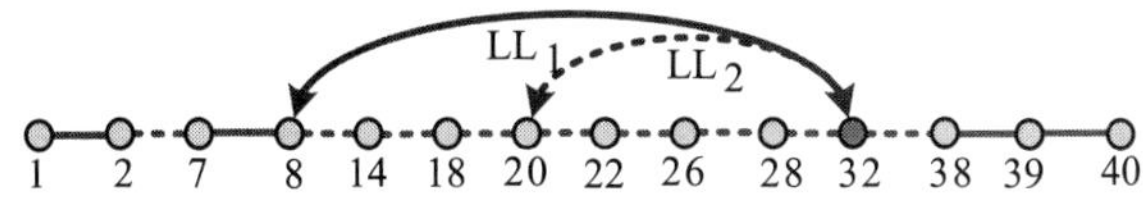

b) 添加LL_2之后APL＝6.75，HND=4

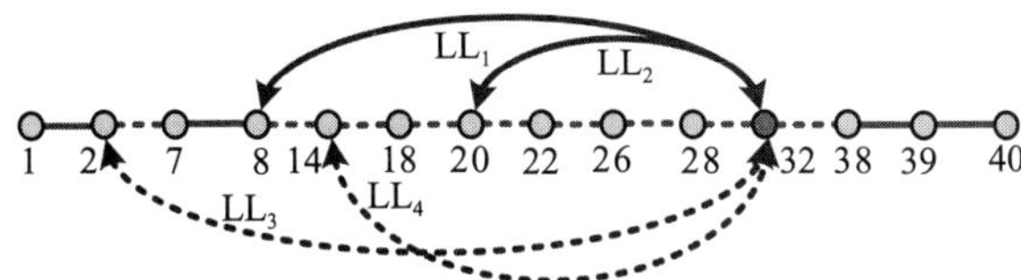

c) 添加LL_3和LL_4之后APL＝5.46，HND=6

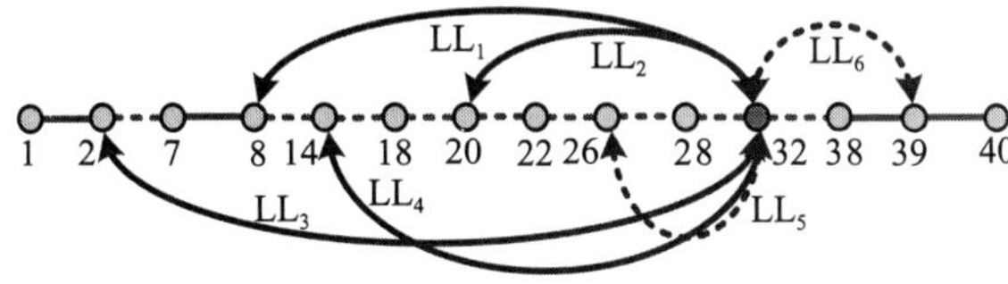

d) 添加LL_5和LL_6之后APL＝4.14，HND=8

图 5.17　在一个 40 节点的线性拓扑网络中采用贪心全局 LL 添加策略添加 6 条 LL 的例子。每条新添加的 LL 均通过双向虚线箭头表示，且给出了每幅图的平均路径长度 APL 和最高节点度 HND。a）贪心全局 LL 添加策略找到节点 2 和 32，分别为从 1 往 N 数的第 0.2N 个和第 0.8N 个节点（这里 N=40），随后在这两个节点之间添加第一条 LL。b）第二条 LL（LL_2）连接了节点 20 与 32，节点 32 为 LL_1 和 LL_2 的共同节点。c）第三条与第四条 LL（LL_3 与 LL_4）同样选择节点 32 作为其一个端点。d）类似地，第五条与第六条 LL 也将节点 32 作为其一个端点，因此节点 32 逐渐成为中心节点

由上述描述可以看出，新添加的 LL 倾向于连接到 LL_1 所连接的初始节点之一，从而使得基于贪心全局决策的 LL 添加呈现出典型的 LRA（Long-Ranged link Affinity，远程链路亲和性）特征，并且随着网络中 LL 数量的增加，这种 LRA 特征始终存在。图 5.17c 给出了 4 条顺序添加的 LL，对于每一次的 LL 添加（如图 5.17b 中的 LL_3 与 LL_4），贪心方法均从网络中大量的链路中选择一条 LL 来连接相应的节点。当使用贪心 LL 添加方法向网络中添加 6 条以上 LL 之后（见图 5.17d），节点 32 就形成了中心节点，从而网络逐渐转化为了无标度网络。因此可以发现，当采用贪心全局决策方法向网络中添加多条 LL 时，通过在网络中形成中心节点而使得小世界网络逐渐变换为无标度网络 [74]。

贪心全局 LL 添加后节点的度分布

图 5.18 显示了分别在 10、20、30、40 和 50 个节点的网络中采用贪心全局 LL 添加策略后节点的度分布情况。该图给出了 $P(D)$ 相对于 $\log(D)$ 的值，其中 D 表示网络中节点的连接数量，亦即节点的度，$P(D)$ 表示网络中度为 D 的节点的比例。从图中可以看出，通过执行贪心全局 LL 添加策略，节点的度分布曲线服从标度指数 $\gamma \simeq 1.8$ 的幂律分布（$P(k) \sim D^{-\gamma}$，$\gamma \in \mathbb{R}$ [39]）。在每次仿真中，均会出现一个具有很多连接的中心节点，使得网络最终变化为无标度网络。

209~210 因此，在贪心全局决策中，网络中特定节点的 LRA 值会有所增加 [74]，而更高的 LRA 值又会在网络中形成中心节点，从而使得网络逐渐转化为无标度网络。

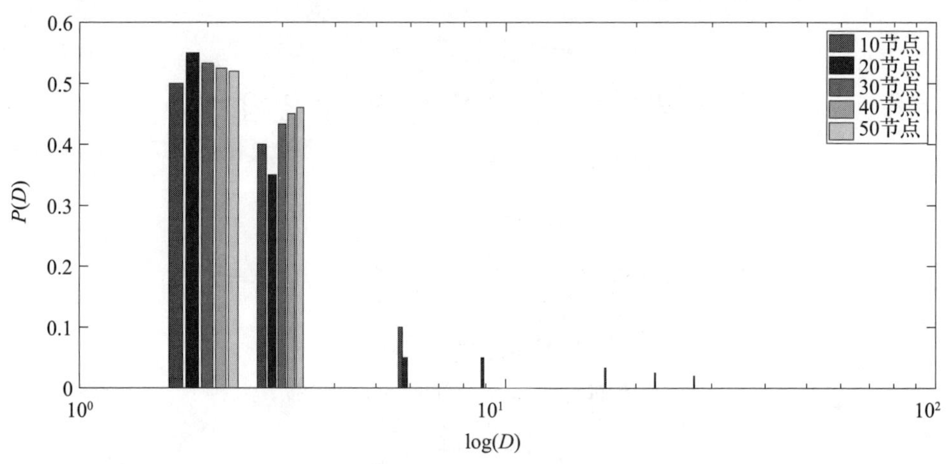

图 5.18　贪心全局 LL 添加方法得到的节点度分布。该分布曲线的坐标为半对数坐标，且其标度指数 $\gamma \approx 1.8$

5.10.2　基于贪心全局决策的无标度网络中的一些观察

通过采用贪心全局决策方法在线性拓扑网络中添加一些 LL，即可将该网络逐渐转化为一个无标度网络。这里每条新添加的 LL 在选择连接节点时都会从所有源 - 目的节点对中选择能够得到最优距离的节点。在添加 LL 之后，网络中的某个节点开始成为具有最大点介数中心性的节点 [27]，并且随着越来越多的 LL 与其相连接，该节点逐渐呈现出富者愈富的原则。因此，随着 LL 数量的进一步增长，可以看到由于网络中的 LRA，贪心全局 LL 添加策略将一些网络节点转换为了网络中的中心节点 [74]。

表 5.2 给出了图 5.17 中所提及的网络节点的介数中心性的值。从表 5.2 可以看出，在基

于贪心全局决策的 LL 添加作用下，节点 32 演进为中心节点，其原因在于每个新添加的 LL 都更倾向于与具有更高介数中心性的节点（这里是节点 32）相连接。因此，贪心全局决策方法在节点 32 处形成了明显的 LRA，并且逐渐将正则网络转化为了无标度网络。

表 5.2 给出了在采用算法 5.3 的贪心全局 LL 添加算法为图 5.17a 所示的线性拓扑网络添加新的边之后相关节点的介数中心性（BC）值。这里只包括那些在添加 LL 之后其 BC 值相应增加的节点（图 5.17 中对应节点的值）

贪心全局 LL 添加的结果

总节点数 =40，

新添加的 LL 数目 =6，

（每一条 LL 所连接的节点对都已用粗体表示）

节点 / LL_i	1	2	8	11	12	14	16	18	20	22	26	27	28	32	37	38	39	40
LL_1	0	0.05	**0.51**	0.26	0.24	0.20	0.16	0.12	0.09	0.12	0.20	0.22	0.24	**0.53**	0.15	0.10	0.05	0
LL_2	0	0.05	0.46	0.11	0.08	0.03	0.07	0.15	**0.37**	0.14	0.02	0.05	0.09	**0.66**	0.15	0.10	0.05	0
LL_3	0	**0.15**	0.30	0.11	0.07	0.03	0.08	0.15	0.38	0.14	0.02	0.05	0.09	**0.70**	0.15	0.10	0.05	0
LL_4	0	0.16	0.22	0.01	0.03	**0.21**	0.03	0.03	0.30	0.13	0.02	0.05	0.09	**0.76**	0.15	0.10	0.05	0
LL_5	0	0.16	0.22	0.01	0.03	0.21	0.03	0.03	0.21	0.03	**0.20**	0.05	0.01	**0.79**	0.15	0.10	0.05	0
LL_6	0	0.16	0.22	0.01	0.03	0.21	0.03	0.03	0.21	0.03	0.20	0.03	0.01	**0.80**	0.03	0.07	**0.16**	0

在许多例子中均可以看到，贪心是使得现实世界网络具有无标度属性的可能原因之一。例如，在 5.3 节所述的空中交通网络中，少数机场具有与其他机场的大量连接线路（即形成 211~212
了中心节点），以便能够以最少的时间从一个地点到达另一个地点。枢纽机场的位置完全基于贪心决策的方法形成，从而将空中交通网络转变为了无标度网络。

商业供应链管理网络、作者引用网络和电话交换网络也是现实世界中可能通过贪心决策机制将网络演进为无标度网络的例子。

5.11 确定性的无标度网络创建

前面章节分别讨论了在增长和固定规模的网络环境下无标度网络的演进。在增长网络情况下，可以利用多种统计现象（例如偏好连接、节点适应度或某些参数的优化）将新加入的节点连接到现有网络。相比之下，在固定大小网络内进行基于贪心全局决策的链路添加时，可以在优化某些参数（例如 APL）的基础上添加新链路。然而，这些网络演进模型本质上是随机的，其中新节点 / 链路基于一些特定的标准随机连接到现有网络。

本节将通过确定性网络创建方法来实现无标度网络的演进。在确定性网络创建中，新加入的节点与现有网络的连接由一些固定的规则或模式进行控制。因此，在节点对之间创建一条新链路将具有完全的确定性。下文将具体讨论一种确定性无标度网络的创建方法。

5.11.1 确定性无标度网络模型

如图 5.19 所示的确定性无标度网络创建方法将得到一个幂律指数 $\gamma = \frac{\ln 3}{\ln 2}$ [117-118]，确定性无标度网络创建的详细方法如下所示：

1）如图 5.19a 所示，在 t=0 时，网络中只有 1 个节点，称该节点为根节点（rootnode）。

2）在 t=1 时，另外两个节点与根节点相连接，如图 5.19b 所示。这里新加入的节点称为叶节点（leafnode）。

3）在 t=2 时，在 t=1 时间内形成的两个 3- 节点单元加入到图 5.19b 的现有网络中，其加入规则如下：叶节点应当始终与根节点相连（在图 5.19c 中只给出了 4 个叶节点）。

4）在 t=3 时，在 t=2 时间内形成的两个 9- 节点单元加入到网络中，如图 5.19d 所示，其中 8 个叶节点连接到根节点。

5）类似地，在 t=n 时持续上述迭代步骤，每次将两个 3^{n-1}- 节点单元加入到系统中，并

213 且 2^n 个叶节点将直接连接到根节点。

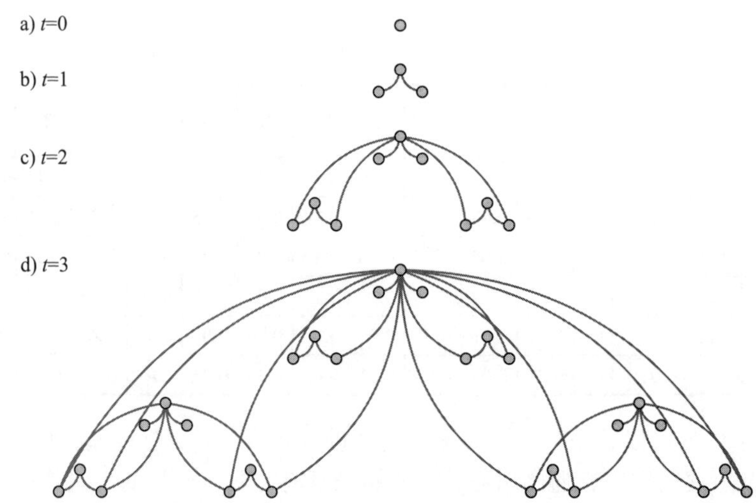

图 5.19　确定性无标度网络创建模型。a）在 t=0 时，网络中只有一个节点，称之为根节点。b）在 t=1 时，另外两个节点加入网络，并与根节点相连。c）在 t=2 时，在步骤 2 创建的 3- 节点单元作为一个整体使用，并将这两个单元连接到现有网络中。d）类似地，在 t=3 时，将两个在步骤 3 创建的节点单元连接到网络中

在这一方法所创建的无标度网络中，根节点（即在 t = 0 时加入网络的节点）成为具有最大连接的中心节点。具有最高度的根节点称为根中心节点（root hub node）。此外，在 t = i 时，在将两个 3^{i-1}- 节点单元引入网络的过程中又创建了另外两个中心节点。通过在根中心节点和 2^i 个叶节点之间创建连接，即可将节点单元连接到现有网络。在确定性无标度网络创建方法的这一步骤中，新引入的中心节点被称为叶中心节点（leafhubnode）。

因此，在第 i 步，根中心节点的度为 $2^{i+1}-2$。在 t=i+1 的下一轮迭代中，叶中心节点的两个拷贝将出现在网络中。然而，因为在后续的迭代步骤中，将始终在根中心节点和叶节点之间添加链路，新添加节点单元的叶中心节点的节点度将不会再增加。

5.11.2　对确定性无标度网络创建的一些观察

214 确定性无标度网络创建方法采用了分层模型，其中根中心节点具有最多数量的连接。进一步地，在 t=n 时网络中共有 $2\times3^{n-i-1}$ 个叶中心节点，这里 i 代表迭代步骤，而根中心节点的度变为 $2^{i+1}-2$。网络的标度指数变化为 $\gamma=\dfrac{\ln 3}{\ln 2}$。然而，叶中心节点的度分布服从 $\gamma_{\text{leaf-hub}}=\ln\left(\dfrac{3}{2}\right)$ 的指数分布。

从确定性模型还可以看到，根中心节点具有网络的全局信息，其原因是在新的链路添加规则中，在每一次迭代时所有叶节点都会连接到根中心节点。此外还可以看出，当使用确定性无标度网络模型时，网络的 ACC 值为 0。

5.12 开放性研究问题

在无标度网络中还存在大量需要进一步研究的开放性问题，我们将其中一些开放性研究问题列举如下。

- 无标度网络形成过程的通用推理：目前存在不少无标度网络的演化模型，但尚未提出能够对现实世界无标度网络的形成原因进行统一解释的通用理论。实际上，其中一个开放性问题就是现有网络中新加入的节点如何获得诸如节点的度分布概率之类的全局信息。因此，设计一个通用的方法来理解许多现实世界网络的无标度性质是当前一个重要的开放性研究问题。
- 确定中心节点的最佳位置：在无标度网络中，存在部分具有大量连接的节点，称之为中心节点。但是，如何确定中心节点的最佳位置仍然是一个开放性的问题。通过确定最佳中心节点的位置可以设计更高效的网络模型。诸如文献 [74] 等一些研究工作已经能够确定线性拓扑网络中的中心节点位置，但是，对于那些非一维的网络，目前尚没有理论来计算最佳中心节点的位置。研究找出给定网络的中心节点的最佳位置仍是一个十分有趣的工作。
- 小世界网络和无标度网络的判别：小世界网络[64]的典型特征是具有较低的 APL 值（在 N 节点网络中其量级为 $\log N$）和中等到高的 ACC 值。另一方面，无标度网络也表现出小世界特征，其 APL 值在 N 节点网络中的量级为 $\log\log N$，因此，无标度网络也被称为*超小世界网络*。判断无标度网络的两个关键要素就是存在中心节点和度分布服从幂律分布，而小世界网络的度分布服从泊松分布。然而，在从小世界网络
向无标度网络的转化过程中，并不存在明确的一个分界点，尤其是从什么位置点开 215
始小世界网络逐渐转化为了无标度网络仍然未知。因此，判别由小世界网络向无标度网络的转换仍是一个开放性问题。
- 设计高效的路由协议：许多现实世界的无标度网络的规模都很大，而在这些大规模网络中进行数据路由是一个很大的挑战。现有的集中式和分布式路由协议难以在远程节点对之间高效地传输数据。目前，在一些大规模现实世界网络中开始将集中式和分布式路由协议组合起来使用。然而，当前并没有哪一种特定的路由协议可以应用于现实世界的无标度网络。因此，一个主要的开放性研究问题就是为大规模现实世界的无标度网络设计高效的路由协议。
- 设计基于本地信息的中心性测度：中心性测度[27]可以用于判别网络中有影响的节点，对于认识网络结构和动态性非常重要。为了判别网络中有影响的节点，大多数中心性测度指标需要使用全局信息。但是，在大规模网络（如无标度网络）中检索全局信息是一项十分繁琐的任务。因此，设计基于本地信息的高效中心性测度是另一个有趣的开放性研究问题。
- 社区发现：许多现实世界的无标度网络中存在多个社区（详情请参阅第 3 章）。社区描述了现实世界网络的动态性。因此，设计能够有效发现社区的新算法是另一个开放性的研究领域。

- 无标度网络中的度相关性研究：在大规模现实世界网络中，度相关性在新关系的创建和社区的形成中起着重要作用。现实世界的无标度网络呈现出异配混合特征，其中度数较高的节点（即中心节点）与度数较低的节点建立连接。在许多现实世界网络中也可以观察到同配混合特性，表现为度相似的节点之间建立连接。深入研究度相关性对于理解和有效区分现实世界的无标度网络与非无标度网络具有至关重要的作用。

5.13 小结

216 本章介绍了一种非常重要且无处不在的复杂网络形式：无标度网络。无标度网络的关键特征包括：中心节点的存在、超小世界属性、小网络直径、幂律度分布，以及基于邻接矩阵和拉普拉斯矩阵的谱分布。本章详细讨论了无标度特征、无标度网络的各种现实例子、一系列现有的无标度网络形成和演化模型，以及在无标度网络更广泛的领域中一些开放性的研究
217 问题。

练习题

1. 综述研究文献并找出本章未讨论的一些现实世界无标度网络的例子。
2. 除了本章所讨论的数据集之外，找到一种公开可用的数据集（例如，https://snap.stanford.edu/data/），计算其度分布、APL 和 ACC，并判断网络是否表现出无标度特征。
3. 针对下述场景推导出其标度指数。在 t=0 时有 n_0 个节点，平均度数为 2，在 t=1 时一个新节点加入网络，并与网络中 $k(\leqslant n_0)$ 个节点相连接。新加入的节点在构建这 k 条链路时，选择与那些度较低的节点建立连接。当节点加入到网络中较长一段时间之后（即 $t \gg 1$），计算标度指数的表达式。
4. 假设新节点加入网络并与 k 个现有节点连接，若 $k \gg 1$，则演进网络的标度指数将如何变化？通过仿真方式验证你的观察。
5. 无标度网络具有幂律分布特征，并可以通过计算概率密度函数来计算标度指数。现在，假设一个网络服从 $P(f)=Cf^{-\alpha}$ 形式的幂律度分布，其中 $P(f)$ 表示网络中节点的度为 f 的概率，C 为归一化常量，α 是标度指数。且所有网络节点的度都是最小值为 $f_{\min}$ 的正实数。证明网络的度分布可以表示为 $P(f)=(\alpha-1)f_{\min}^{\alpha-1}f^{-\alpha}$。
6. 考虑一个具有指数分布的 N 节点网络，其分布函数可以表示为 $P(f)=Ce^{-\alpha f}$，其中 $P(f)$ 表示节点的度为 f 的概率，C 为归一化常量，α 是标度指数。如果 $f_{\min}$ 是网络中节点度的最小值，$f_{\max}$ 为中心节点的最大可能的度，证明 $f_{\max}=f_{\min}+\dfrac{\ln N}{\alpha}$。
7. 编写一个计算机程序实现基于适应度的网络演进模型。计算程序的时间复杂度。根据需要做出合理的假设。
8. 基于适应度的模型 [99] 与基于可变内在适应度的模型 [100] 的基本区别是什么？根据分析计算的标度指数来区分这两种模型。将上述演进模型与基于偏好连接的模型进行对比分析。
9. 描述你判别网络中流行节点的步骤。流行度是否为将随机网络转化为无标度网络的关键属性？解释
218 你所得到的答案。
10. 以网络为对象对相似度进行定义。为什么相似度评分在现实世界网络中很重要？若两个网络节点具有类似的相似度得分，可以从中推断出什么？仅依靠相似度是否可以将随机网络转换为无标度网络？对你的结论进行讨论。

11. 分别单独研究流行度和相似度得分，并证明仅凭借这两个特征中的任意一个都不能保证无标度网络的形成。
12. 为什么实现一个标度指数为 1 的无标度网络时需要高平均节点度的假设？对此进行解释。
13. 考虑如下情况：在一个固定规模的网络（即节点 N 不随时间变化）中，在每个时刻 t 添加一条新链路，并且在添加链路时按照如下方法进行：在每个时刻 t，在相应节点对之间添加一条能够最优化网络的平均路径长度的链路。这一链路添加策略本质上是一种贪心策略，找出现实世界中其他采用贪心思想进行网络演进的策略。
Ⓒ14. 编写一个计算机程序，在 N 节点线性拓扑网络中基于贪心策略添加三条新链路（参见图 5.17a）。需要注意的是，在添加每条链路后，基于贪心全局决策的链路添加方法都能够达到最优化网络平均路径长度的目标。此外，网络中不应该存在自循环或并行边（无论是否添加了新链路）。
★15. 设计一个解析模型来描述基于贪心全局决策的无标度网络演进情况。该演进模型所包含的场景如下：网络的节点规模固定，通过不断添加新的链路而实现网络增长。
16. 证明确定性无标度网络的标度指数为 5.11 节所讨论的 $\frac{\ln 3}{\ln 2}$。
17. 证明在 5.11 节所讨论的确定性无标度网络模型中，其叶中心节点的扩展特性具有指数特征。
Ⓒ18. 考虑 5.11 节中的确定性无标度网络模型，在该模型中新的链路用于互连根中心节点和新加入的叶节点。修改该网络模型，使得在每一步迭代中，所有节点（包括叶节点和非叶节点）均与根中心节点建立连接。编写一个计算机程序以实现该确定性无标度网络模型，并画图表示网络的度分布。需要注意的是，这里程序的用户输入只有迭代总数这一参数。
19. 考虑练习题 18 中所讨论的修改版确定性无标度网络模型，并计算如下参数：
   a）该确定性无标度网络模型的标度指数。
   b）叶中心节点的扩展特性。
20. 针对下述场景设计一个确定性网络演进模型：在 t=0 时刻，根中心节点加入网络；在 t=1 时刻，N−1 个叶节点加入网络；在 t=2 时刻，两个在 t=1 时刻形成的子网单元加入网络，随后在叶节点和根中心节点之间添加链路。持续上述过程直至 t=n。计算该网络模型的标度指数，并将其表示为 N 的函数。 219～220

小世界无线 mesh 网络

当应用于无线多跳中继网络时，小世界特征的概念提供了许多优点，可以最小化端到端跳数距离以及报文传输时延。无线 mesh 网络（WMN）是多跳中继网络中的一种，它在民用以及军事通信网络中具有很多应用，具有以下几方面优势：多跳中继、易于网络部署和重配置、低运营成本，以及提高了网络的稳健性和鲁棒性。小世界的特征包含了显著的性能优势，例如较低的平均路径长度（APL）、数据传输中较低的端到端时延、网络中更好的负载均衡，以及更高的服务质量。本章介绍了小世界无线 mesh 网络（SWWMN）的特点，并详细讨论了 SWWMN 环境中现有的小世界创建策略。本章还对现有的小世界模型及其在现有 SWWMN 中的适用性进行了比较研究。本章最后还讨论了一系列开放性研究问题。

6.1 引言

WMN[17] 是分布式无线网络，它使用无线作为媒介，通过多跳中继实现局域或整个 Mesh 网络中的通信。WMN 通常有三种典型节点类型：mesh 路由器、mesh 客户端以及网关 mesh 路由器。图 6.1 是一个典型的 WMN，具有所有的节点类型。在一个 WMN 中，mesh 路由器是静态节点或者是移动性有限的节点；因此，可以将路由器节点作为接入点。Mesh 路由器在 WMN 中执行所有路由功能以及网络维护操作。

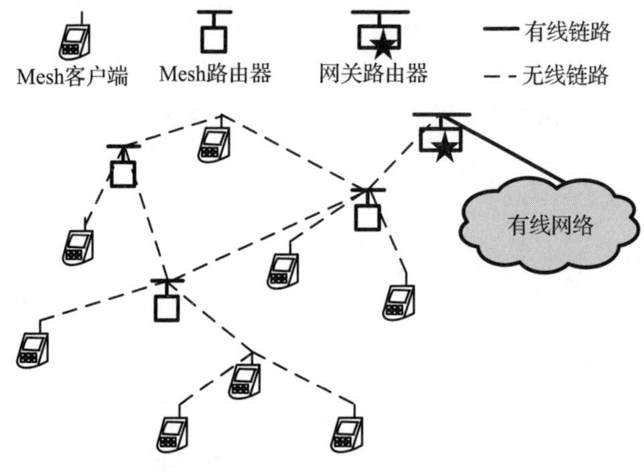

图 6.1 一个无线 mesh 网络的例子

另一方面，mesh 客户端作为终端用户设备，在 WMN 中通常是移动的。任何具有无线多跳中继能力的电子设备（例如笔记本电脑、平板电脑、个人电子助理）均可以作为一个 mesh 客户端。一个 mesh 客户端可以通过各种多跳中继与其他 mesh 客户端或者 mesh 路由器进行连接。网关 mesh 路由器有一个骨干有线接口，并通过该接口与其他有线或现有的无线网络相连。

Mesh 路由器配备了基于相同或不同无线接入技术 [17] 的无线网络电台。除了用于网关或者中继器的路由功能之外，mesh 路由器还具有运行 mesh 网络的其他功能的能力。mesh 路由器多跳中继的能力使得它们能够有效覆盖更广阔的地理区域。因此，在功耗相同的情况下，相较于传统的单跳无线路由器，mesh 路由器可以为更大的区域提供服务。为了与现有的骨干有线基础设施 / 互联网通信，mesh 路由器通过网关 mesh 路由器进行路由。

WMN 主要有三种架构：基础设施 / 骨干 WMN、客户端 WMN 以及混合 WMN。基础设施 / 骨干 WMN 通过一个网关 mesh 路由器形成骨干 mesh 网络。网关路由器有助于基础设施 WMN 连接到互联网，并且帮助 mesh 客户端与现有的无线和有线网络进行通信。客户端 WMN 由 mesh 客户端之间的多跳中继形成。客户端 WMN 中的 mesh 客户端之间可以直接进行通信，而不需要通过 mesh 路由器。因此，自配置、网络维护和网络路由中的所有任务都由网络中的 mesh 客户端执行。客户端 WMN 中的节点需要同时执行 mesh 客户端的角色以及 mesh 路由器的角色，这增加了客户端 WMN 中 mesh 节点的功能复杂性。另一方面，混合 WMN 包含了基础设施 WMN 以及客户端 WMN。因此，混合 WMN 由两层 WMN 组成。在下层中，报文通过 mesh 客户端之间的多跳中继进行传输，从而形成客户端 WMN。上层由一个基础设施 WMN 组成，可以帮助下层的 mesh 节点与互联网或有线 / 无线网络连接。Mesh 客户端可以通过和网关 mesh 路由器的多跳中继与互联网通信。图 6.2 给出了混合 WMN 的架构。221～222

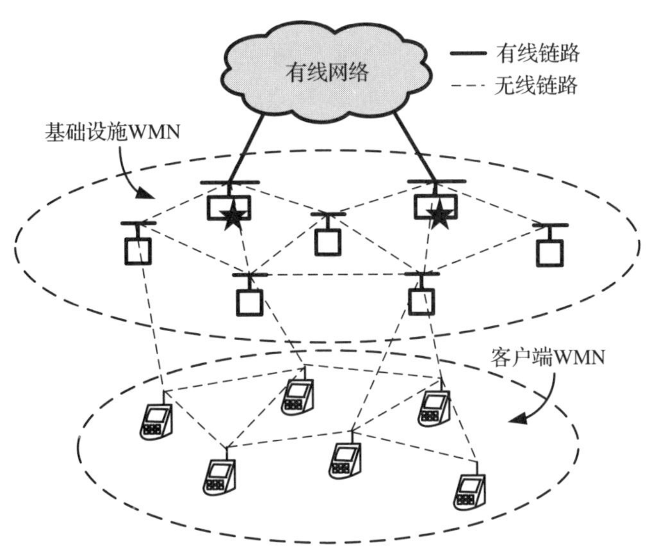

图 6.2　混合无线 mesh 网络的架构

移动自组织网络（MANET）是另一种无基础设施的多跳中继网络类型 [12]。这里，移动节点需要执行自配置以及所有的路由功能以在网络中中继分组。此外，网络拓扑以及连接依赖于 MANET 中节点的移动。因此在 MANET 中，端到端的网络连接可能并非始终可靠。然而，WMN 是基于基础设施的网络，其上部署了部分移动或者固定的基于拓扑的多跳中继。因此，WMN 中端到端网络的连通性比 MANET 有所提升，并且显著降低了对网络的移动性影响。

通过最小化源节点（SN）和目的节点（DN）之间的平均端到端跳数距离（EHD），可以增加现实世界 WMN 中的端到端吞吐率。在无线环境中，跳数距离是网络节点之间空间距离的函数。因此，网络中两个节点之间的距离可能会不断变化。如果可以最小化 SN-DN 对的

EHD，同样可以降低网络中端到端传输时延。此外，网络可靠性、服务数量以及网络吞吐率也可以获得提升。一种在现实世界 WMN 中最小化 EHD 的方法就是结合小世界特征。

6.1.1　小世界特征

223 1967 年，Stanley Milgram 在他的社会心理学实验中首次发现了小世界特征 [64]。实验表明，大量人群可以通过极少数的熟人（例如 5 到 9，中位数为 6）连接起来，通常称为六度分隔理论。实验得出的结论在几个研究领域被证明是有益的。

Watts 和 Strogatz 首先观察了科学研究中不同网络的小世界特征，例如，秀丽线虫细菌的神经网络、美国西部的电网网络以及电影演员的合作图谱 [6]。对于现实世界网络的研究表明，小世界网络可以通过低到中等的平均聚类系数（ACC）以及低平均路径长度（APL）来刻画。ACC 是相互连接的邻居节点比例在全网范围内的平均值。APL 是通过对所有源节点和目的节点之间的路径长度取平均值而得到的。2.4 节对 ACC 和 APL 进行了详细的讨论。

6.1.2　小世界无线 mesh 网络

在 WMN 中，mesh 节点（即 mesh 客户端及 mesh 路由器）通过无线多跳中继互连。WMN 中的传输功率是一个重要参数，因为在 mesh 节点中分配过高的传输功率会对邻居节点造成严重干扰，同时网络吞吐率也会下降。因此，mesh 节点通过最小化传输功率来最小化网络干扰带来的影响。然而，WMN 中 APL 的值通常很高。

一个具有 n 个 mesh 节点的 WMN 吞吐率为 $\lambda(n)$，其中 $\lambda(n) \leqslant nWr(n)/\bar{L}$。这里，$r(n)$ 是每个 WMN 路由器的无线电通信范围，W 是以 bps 为单位的传输速率，$\bar{L}$ 是以 EHD 平均值表示的 APL。因此，通过提高传输速率、扩大路由节点的传输范围或者降低 WMN 的 APL 值，可以提高网络吞吐率。然而，增大运行带宽（即提高 W）代价昂贵。此外，增加每个节点的 $r(n)$ 也并非合适的解决方案，因为这需要更大的功率并且会对网络带来更多的干扰。因此，对于提高 WMN 吞吐率，降低 $\bar{L}$ 值是一种更实用的方法。

因此，为了实现低 APL 值，必须降低 WMN 上 SN 和 DN 之间的平均 EHD。通过在现有网络中的远程节点对（即非邻居节点）之间实现少量的远程链路（LL），可以降低 SN 和 DN 之间的 EHD。SWWMN 可以通过重新连接现有链路或在 WMN 中添加新的 LL 来形成。在下面的内容中，讨论了一系列 LL 的创建策略以降低 APL 值。

6.2　小世界无线 mesh 网络的分类

小世界特征的实现在现实世界的 WMN 中提供了较低的 APL。因此，可以实现网络吞
224 吐率方面的性能提升以及更低的端到端传输时延。

另一方面，通过在网络的所有节点间分配流量负载，可以实现网络流量的公平性。在 WMN 中，网络中心的节点具有较高的流量负载。然而，由于 WMN 中的空间流量分布，位于网络边缘的 mesh 节点将面临较小的流量拥塞。通过在 WMN 的远程节点对之间创建 LL，流量负载可以均匀地分布在 WMN 节点之上。因此，SWWMN 中网络操作的流量公平性也会得到改善。

WMN 中现有的实现小世界特征的模型大致可以分为两类：持久和非持久 LL 创建策略。通过在 WMN 中创建持久 LL 实现小世界特征是最小化现实世界 WMN 中 APL 值的一种手段。持久 LL 一旦建立，在报文传输过程中其位置不会改变。然而，在 SWWMN 中，非持

久 LL 的位置会发生改变。图 6.3 给出了实现 SWWMN 的现有模型的分类图。

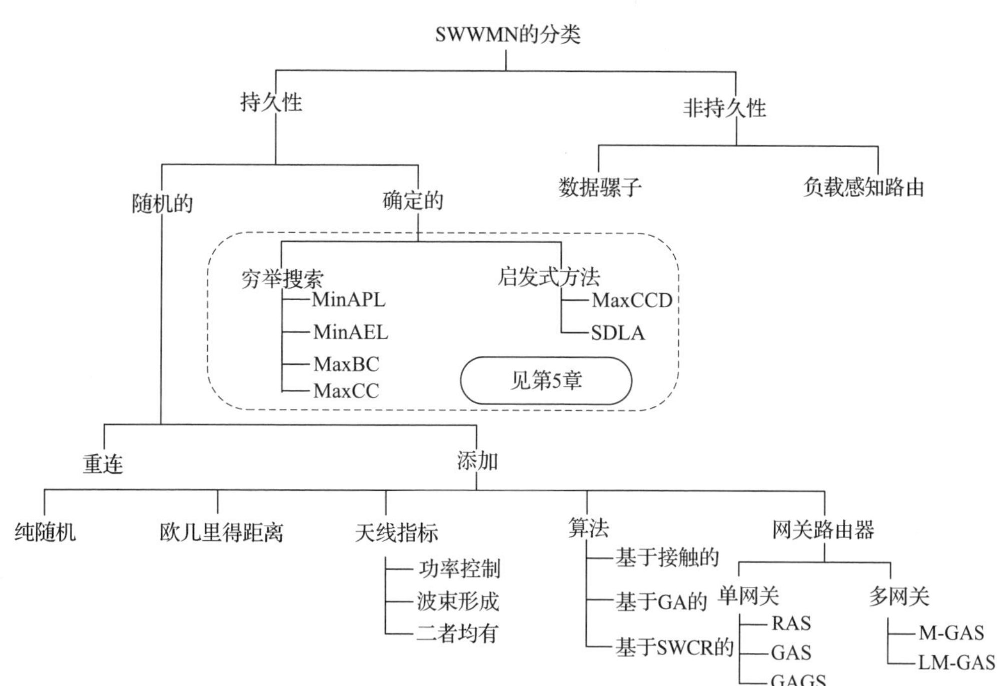

图 6.3　小世界无线 mesh 网络（SWWMN）中分类的主要方法

进一步地，创建持久 LL 可以细分为随机 LL 的创建和确定性 LL 的创建。在持久随机 LL 创建策略中，LL 的创建是为了将一个正则网络基于某种随机决策或策略转换成一个小世界网络。LL 可以通过随机重连现有普通链路（NL）[6, 94]，或在网络中以随机或者确定性的方式添加一些 LL 进行创建。SWWMN 中的随机 LL 添加策略包括纯随机添加 [68]、基于接触的 LL 添加 [94]、基于欧几里得距离的 LL 添加 [69]、基于天线度量 [119-121]，或基于网关 mesh 路由器 [95, 122] 等。此外，通过实现遗传算法 [123] 或协作路由 [124] 也可以进行随机 LL 添加。

当设计持久的确定性 LL 创建时，还可以在正则网络中确定性地创建 LL 以优化某些网络特征。一些确定性的 LL 添加策略包括：最小化 APL（MinAPL）、最小化平均边长（MinAEL）、最大化介数中心性（MaxBC）、最大化接近中心性（MaxCC）、最大化接近中心性差异（MaxCCD）以及顺序确定性 LL 添加（SDLA）[72, 77]。

在非持久 LL 创建方面，本章将讨论基于数据骡子 [125] 和负载感知的非持久 LL 创建技术 [126]。

6.3　随机 LL 的创建

在随机 LL 创建中，通过在正则网络中基于纯概率或基于某个测度（如欧几里得距离）创建一组 LL，以实现正则网络到一个小世界网络的转换。随机 LL 创建可以进一步细化为 225~226
NL 的重新连接以及新 LL 的添加。

6.3.1　通过重连普通链路创建随机 LL

重连是一种创建持久 LL 的过程，其中现有的一些 NL 被重新连接到其他一些节点。因此，在进行重连时，可以基于一个概率 p 对现有正则网格中少量的 NL 进行重新连接，其中

$0 \leqslant p \leqslant 1$ [6]。

对 NL 的重新连接是将正则网络转变成小世界网络的方法之一。在重连过程中，一个正则网络（概率 p=0）可以转变为一个完全随机网络（p=1）。在从正则网络向完全随机网络的转换过程当中，从 $0 < p < 1$ 可以观察到小世界特征。这种情况如图 6.4 所示。

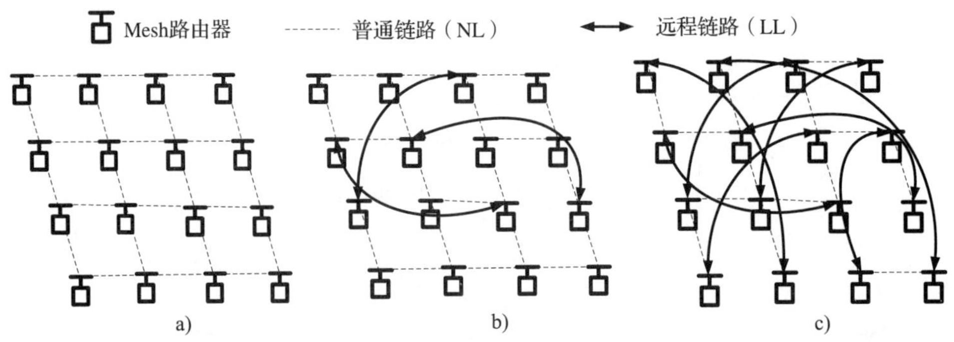

图 6.4　在一个正则网格中重连：a）具有重连概率 $p = 0$ 的正则网格网络；b）网格转变成一个具有重连概率 $0 < p < 1$ 的小世界网络；c）$p = 1$ 时，小世界网络转变成一个随机网络

图 6.4a 为由 mesh 路由器连接的 WMN 网格，其中利用 NL 连接组成一个正则网络（重连概率 p=0）。因此，网络的平均邻居度适中，而 APL 值较大，如图 6.4a 所示。现在，少量的 NL 可以被移除，并以概率 $0 < p < 1$ 重新连接至某些远程节点作为 LL（图 6.4b 中的双向实线）。因此，随着网络中远程节点间的端到端距离降低，WMN 中的 APL 值也对应降低。在这个过程中，通过重新连接少量的现有 NL，可以获得较低的 APL 值。然而，相对于正则网络来说，ACC 值几乎维持不变。因此，正则网络中的小世界特征可以通过将现有 NL 重新连接至远程节点来实现。然而，在一个 WMN 中，当 NL 以重连概率 p=1 进行连接时，如图 6.4c 所示，正则网格变成了一个具有低 APL 值的随机网络。然而，由于在随机网络中邻居节点可能并不会被连接，网络的 ACC 值也会降低。因此，如图 6.4b 所示，为了实现一个
227 SWWMN，创建有限数量的 LL 就足够了。

在多跳无线网络设置中，同样可以实现重连策略 [94]。无线网络是具有高度集群拓扑的空间网络。在此模型中，随机选择一个节点，随后断开与其中某个邻居节点的连接，以重新连接至网络中另一个随机节点。因此，这里随机重连策略与先前讨论的策略类似。可以看到，通过重新连接 0.2% 至 20% 的 NL，无线多跳网络的 APL 值会显著降低。然而由于网络中 LL 趋于饱和，进一步的重连并不会以同样的速率降低网络的 APL 值。

基于重连的 SWWMN 的优缺点

基于重连的 LL 创建策略具有以下几点优势：重连仅需要本地信息来重新连接现有 NL，因此可以减少信息开销；对一个具有 N 个节点的网络进行重连，时间复杂度仅为 $O(1)$。

然而，在 WMN 中重连也会带来许多困难。在无线环境中重连需要一些额外的信息以控制天线的方向，从原先的方向（即，原先 NL 连接节点的方向）指向建立 LL 的新节点的方向。此外，一个典型 WMN 中的 NL 是由全向天线所创建。因此，当网络中仅存在全向天线时，很难在指定方向通过重新连接一个现有 NL 来创建 LL。

6.3.2　通过添加新的链路创建随机 LL

在广播环境的无线网络中，重连现有的链路相对比较困难，对此，小世界特征还可以通

过在现有正则网络中添加一些新的 LL 来实现。这个策略中，LL 添加的过程不会改变现有的 NL，而是优先添加一些 LL。现有大多数小世界网络的模型都是基于在正则网络中添加新的 LL 的概念[68-69, 94-95, 119-124]。通过添加 LL 来实现小世界网络的技术又可以分类为几种策略。下面将具体介绍各种类型的 LL 添加策略。

6.4 基于纯随机链路添加的小世界

纯随机 LL 添加是指在远程节点对中，依据一定的概率 p 添加新 LL 的方法[68]。由前述讨论中可以发现，重连策略包括从一个 NL 中移除一个端点，然后重新连接至另一个网络中的远程节点以创建 LL。随着重新连接网络中的 NL，这种持久 LL 的创建不断发生相变[6]⊖。 228
然而，在纯随机 LL 添加策略中，当添加新 LL 时并没有移除现有网络中的 NL。因此，此策略中不会发生相变，因为已经存在的 NL 并不会从网络中移除。此外，与对现有 NL 进行重连相比，纯随机添加的技术运算开销相对较低。

基于 SWWMN 的纯随机链路添加的优缺点

纯随机 LL 添加策略的优势是策略实现并不复杂。然而这种策略的缺点在于无法确定性地降低网络的 APL。

6.5 基于欧氏距离的小世界

基于测量的格子距离（如欧几里得距离）同样可以创建 LL。基于欧氏距离的 LL 添加模型也被称为 Kleinberg 模型，因为该模型最初由 Jon Kleinberg[69] 提出。欧氏距离或者曼哈顿距离为坐标的绝对值差，可以通过两点之间的网格状路径来测量。添加 LL 的概率可以由表达式 $d(u,v)^{-\alpha}/\sum_{v\neq u} d(u,v)^{-\alpha}$ 得到，其中 $d(u, v)$ 为节点 u 和 v 之间的欧氏距离（见图 6.5），并将该值对网络中所有节点距离（一个节点对的最小距离≥2）取平均，以获得在两个节点间添加 LL 的归一化概率。这里 α 是聚类系数， 229
其取值为网络的维数（例如，对一个一维网络，α 取 1）。我们可以发现，对于一个二维网络，α 取 2 时具有最低的 APL[79]。

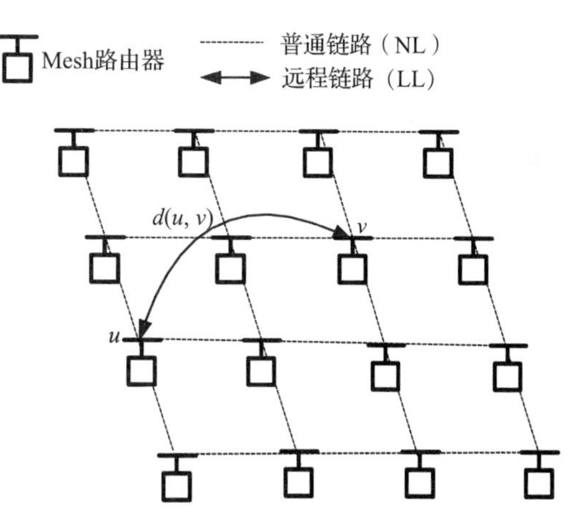

图 6.5 一个以概率 $d(u,v)^{-\alpha}/\sum_{v\neq u} d(u,v)^{-\alpha}$ 添加新 LL 的二维网格网络

基于欧氏距离的 SWWMN 的优缺点

基于欧氏距离的 LL 添加策略或 Kleinberg 模型[69] 的优点如下。LL 添加的概率基于较少的参数，例如节点对之间的欧氏距离和网络的聚类系数 α。由于它基于一种分布式的算法（关于分布式算法的详细讨论可见 4.10.1 节），因此在实现时并不需要全局信息。

然而，SWWMN 中 Kleinberg 模型也存在一些缺点。地理或是欧几里得信息在网络创建过程中至关重要，然而在很多现实情况下无法获得该信息。在这种情形下，该模型仅具有理

⊖ 在物理世界中，发生相变指当物体从固体变为液体，然后变为气态等时。类似地，在具有重连的网络中，发生相变指随着重连概率 p 的增加，正则网络逐渐转变为小世界网络，然后转变为任意随机网络等。

论意义。此外，在移动网络中，节点之间的距离会动态变化，因此不能准确地估计链路添加概率。如果节点在 WMN 环境中移动性较低或是静止状态，则可以在添加 LL 之前检索其位置信息。然而对于高移动性的 WMN，实现 Kleinberg 模型的小世界网络具有挑战性。

6.6 基于天线度量的小世界网络的实现

WMN 中的 mesh 节点（即，mesh 客户端和 mesh 路由器）通过无线接口进行通信。天线元件可以用作无线电环境中的收发器，在一个 WMN 中的节点之间传输数据分组。Mesh 节点在天线元件的辐射方向上发送数据分组。

天线元件两个重要的指标是传输功率和波束形成器。通过控制 WMN 天线的传输功率，或者改变波束形成器的方向或范围，可以在 SWWMN 中建立新的远程链路。下面讨论了一组通过控制天线度量来创建 LL 的模型。

6.6.1 基于传输功率的 LL 添加

通过提高 WMN 中一些节点的传输功率，可以使其与远程节点进行通信。通过扩大发送节点的传输范围，可以在现有的无线网络中创建 LL。然而，传输范围的扩大也会导致
230 WMN 中干扰的增加。因此，需要高度定向的天线来降低网络中的干扰。

可以通过部署非均匀的概率洪泛技术来最小化无线多跳网络中的 APL 值 [119]。假设一些无线节点是网络中的*强节点*。强节点均具有两个不同通信范围的无线电收发器。将强节点中一个收发器的传输功率增加到另一个收发器的两倍，并将其专门用于网络中长距离通信。假定一个 LL 上强节点覆盖的距离是网络中普通无线节点的两倍。普通节点具有两个接收器（用于同时从其他普通节点和强节点接收数据）和一个发射器。此外，可以为强节点分配比网络中普通节点更高的数据传输概率。

基于传输功率的 SWWMN 的优点和缺点

基于非均匀概率洪泛策略的优点在于：APL 的值可以随着强节点数目的增加而降低；与之相对应，网络时延也随之降低。

这种方法的主要缺点是网络部署具有更高的成本，以及概率消息洪泛算法中较大的消息负载。

6.6.2 基于随机波束形成的 LL 添加

SWWMN 也可以利用分布式算法部署一个随机波束形成策略来实现 [121]。在随机波束形成的过程中，射频能量被天线元件集中于无线环境中的特定辐射方向上，以形成一个主要的波。因此，利用波束形成器，使用与全向天线相同的功率可以实现无线网络中的长距离通信。可以基于概率 p 选择一些随机节点，并为其配备远程定向天线。

定向波束形成器能够覆盖指定空间方向。由于定向波束汇聚在一个特定的通信方向上，相较于将波束分散至附近所有方向上的全向天线，定向波束能够覆盖更远的距离。因此，定向天线可用于 SWWMN 中的远程传输。在随机波束形成 [121] 中，可以通过在一些随机选择的节点中实现定向波束形成器来有效降低 APL。图 6.6 描述了该 LL 实现策略。

在随机波束形成策略中，假定节点间通过全向收发器连接。此外，具有定向天线的随机节点同样配备有用于接收的全向天线。

在随机波束形成器中提出了一种称为*无线流介数*（WFB）的测度，以获得随机化算法更

好的性能。其中，选择随机节点用于 LL 添加。WFB 度量了无线网络中在节点对之间构建通信链路时节点的存在性。WFB 与介数中心性（BC）均在 3.3.1 节中有介绍，高介数值表示节点存在于网络中的大多数路径中。图 6.7 给出了一个 WFB 示例。由于图 6.7 中的节点 A 存在于大多数节点对之间建立的通信路径中，因此可以将节点 A 视为能够降低 APL 的 LL 创建节点之一。但是，节点 B 和节点 C 在网络中的大多数通信路径中并不存在。因此它们在图 6.7 的网络中的 WFB 值要低于节点 A。 231

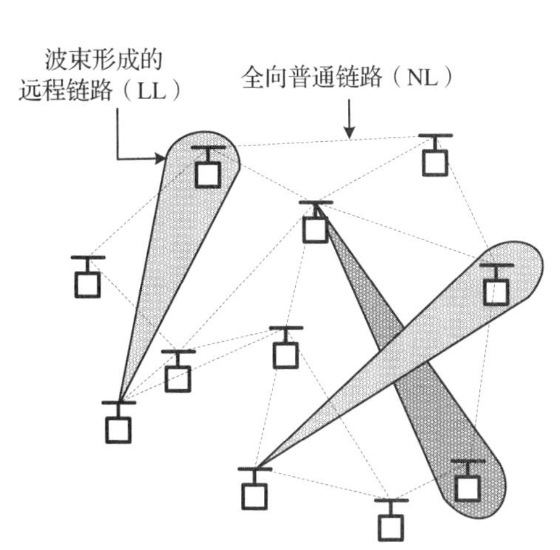

图 6.6　通过定向波束创建远程链路

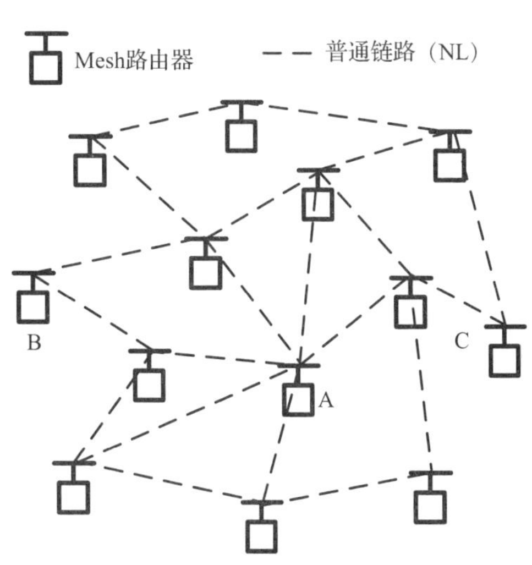

图 6.7　无线流量介数的一个例子 232

对网络中 WFB 的度量可以精确测量流介数中心性（FBC），该值刻画了通过中心节点（例如图 6.7 中的节点 A）的分组传输速率。因此，当新的 LL 与具有较高 WFB 值的中心节点相连接时，可以大大降低 APL 值。

基于随机波束形成的 SWWMN 的优缺点

随机波束形成策略的主要优点如下。与 NL 具有相同的功率，具有流量信息的波束形成有助于网络中的远程通信。通过引入 WFB 来识别出中心节点，有效降低了远程节点之间数据传输的路径总长度。

随机波束形成策略也带来一些困难。利用波束形成器作为 LL 的情况下，如何降低网络中干扰的机制并未明确阐明。随机波束形成策略并未考虑需要将数据分组传输至一个主要波束覆盖范围之外的节点的情况。

6.6.3　基于传输功率和波束形成的 LL 添加

定向波束形成以及传输功率控制是另一种可以在 WMN 环境中实现小世界的方法 [120]。在该策略中，利用迫零波束形成（ZFB）进行天线的功率控制，以实现小世界的无线网络。迫零或零控是一种空间信号处理技术，多根发射天线可以通过该技术减轻无线网络环境中干扰的不良影响。

假设在定向波束形成策略中，信号传输通道遵循基于路径损耗指数 η 的幂律模型，表示为 $P_r = P_t d^{-\eta}$，其中 P_t 和 P_r 分别为距离 d 的传输功率和接收功率 [120]。另外，假设每个节点均具有相同数量的邻居节点，节点之间距离相同。此外，假定多层网络中每个无线节点的物理载体感知范围是传输范围的两倍。

为实现功率控制算法，多层网络被分成几个大六边形，然后再次被分成七个小六边形。当中心节点为第 d 层发送分组时，所有（d–1）层（假设所有层之间均为单位距离）通过感知第 d 层的分组传输来避免任何通信。因此，对于更长的感知范围（以及传输范围），更多的无线节点通过载波感知维持不活跃的状态，并且网络中心节点的传输机会（TXOP）降
233 低[120]。因而，尽管降低了 EHD，整个网络的端到端吞吐率也降低。

为实现更高的端到端吞吐率，可以假设多层网格的中心节点配备有多根定向天线。此外，可以观察到，当功率控制和 ZFB 同时使用时，网络的端到端吞吐率会有所增加。中心节点使用双向天线，其能力将由于 ZFB 而得到显著提高[120]。此外，中心节点可以通过接收传输信号的加权平均来抵消传输过程中的时延。

基于传输功率和波束形成的 SWWMN 的优缺点

同时基于传输功率和波束形成的 LL 创建的优势是可以将上述所讨论的网络实现为多层中继网络。然而，该策略的主要缺点有：大多数流量集中在中心节点，因此网络中负载均衡成为问题；同时，由于 TXOP 设置，很多节点保持不活跃状态，从而降低了网络的端到端吞吐率。

6.7 创建小世界无线 mesh 网络的算法机制

在 SWWMN 中存在一些基于下述算法的创建策略：基于接触的 LL 添加策略[94]，基于遗传算法的 LL 添加策略[123]，基于协同路由的 LL 添加策略[124]。下面将依次讨论每种 LL 添加策略。

6.7.1 基于接触的 LL 添加

基于接触的方法可以用于在无线多跳网络中发现远程节点以创建 LL。在这里，接触意味着一个节点通过向邻居节点查询资源，以便在网络中创建到达远程 DN 的一些捷径。并且在创建捷径过程中，可以采用以概率 p 重连现有的 NL 或在无线网络中添加新的 LL 等方式[94]。

通常情况下，为了在无线介质中创建 LL，可以在每个无线路由器节点中增强现有全向天线的传输范围或提高接收器的灵敏度。在基于接触的 SWWMN 中，每个路由器节点具有两个无线电传输设备：一个无线电设备具有较低的传输范围，用于与最近一跳的路由器节点通信；另一个具有较大的传输范围，支持在网络中与远程节点创建一个 LL。

在基于接触的方法当中，通过以概率 p 向远程节点重连一条随机 LL 的方式来创建 LL，或者在基于端到端距离为 d 的节点对之间随机添加一个 LL，其中 d 介于 $[2, r]$ 跳，r 的最
234 大值可以是 SWWMN 的直径（D）。由仿真观测结果可见，在不同的网络拓扑（例如标准、随机、网格、偏态等网络拓扑）上，（通过重连或添加）创建具有指定直径（r/D 在 25% 至 40%）的小部分 LL，就可以降低网络的 APL，同时 ACC 的值与原网络几乎相同[94]。

基于接触的 SWWMN 的优缺点

基于接触的 LL 创建策略的优点在于基于重连或添加的 LL 创建策略降低了网络的 APL。然而，这种方法的缺点是在 SWWMN 中实现基于重连的 LL 非常困难。

6.7.2 基于遗传算法的 LL 添加

通过实现基于遗传算法（GA）的策略，同样可以识别 LL 连接位置以及其最佳长度，进

而最小化 APL 值。GA 可用于确定网络中 LL 的可能位置，该方法的核心在于从网格网络中选取的、用于添加 LL 的随机节点集合。选中的随机节点配备有两个具有不同无线电传输范围的收发器。一个收发器被用作 NL 进行邻居节点的通信，另一个被用作 LL 收发器以将数据分组传输至远程节点。通过仿真实验可以发现，当 LL 连接在两个 EHD 不小于 6 跳的 mesh 节点之间时，可以显著降低网络的 APL[123]。

基于遗传算法的 SWWMN 的优缺点

基于遗传算法的 LL 创建的优点是通过这种方法可以确定 LL 的数量和长度。然而，其缺点就是没有考虑在无线介质中创建 LL 时的干扰问题。

6.7.3 基于小世界协同路由的 LL 添加

基于协同路由协议的 LL 添加也可用于创建 SWWMN[124]。协同通信或协同多样性是一种数据传输机制，其中协同节点将数据分组中继至 DN 的最近节点。因此，中继节点必须配备有多个发送器以发送自己的数据并且中继其邻居节点的数据。在基于小世界的协同路由（SWCR）中，协同节点用于在 SN 和 DN 之间创建 LL 以降低自组织网络的 APL，并保持 ACC 几乎不变。图 6.8 展示了实现小世界网络特性的协同多样性方案示意图。

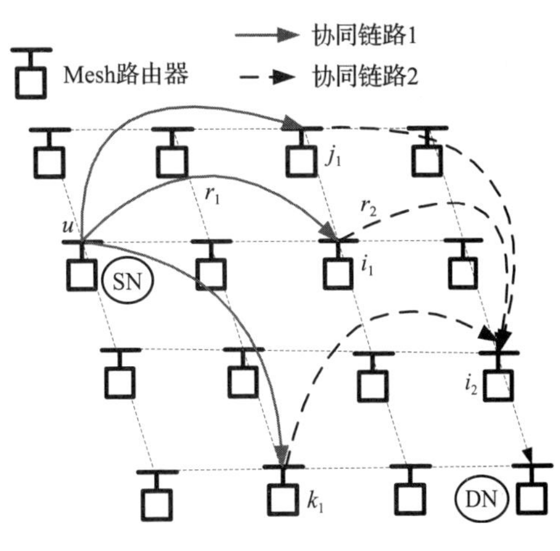

图 6.8 基于协同通信的小世界

在 SWCR 中，EHD 由贪心路由机制进行度量，该机制在 DN 的拓扑信息基础上进行工作。在图 6.8 中，i_1、j_1、k_1 是 LL 连接节点，它们通过节点 i_2 将 SN（这里为 u）的数据分组中继至 DN。由于 SN 和 i_1 之间的协同链路 r_1 具有最短欧氏距离，第一条 LL 将添加在 u 和 i_1 之间。这里，LL 是基于 235 Kleinberg 模型所给出的关系创建的[79]。i_1 和 i_2 之间的链路 r_2 是由 i_1 基于可用拓扑信息和贪心路由算法所创建的协同链路。

基于 SWCR 的小世界 WMN 方法同时实现了物理链路和逻辑链路。进而，能够大大降低 APL 的值。可以发现，SWCR 模型能够使得 APL 的值接近于 $O[N\log N/(Mq)]$，其中 N 为网络中节点的数量，q 为值介于 $1<q<\log N$ 的参数，M 为协同路由器节点的数目。当一个 SN-DN 对之间的 EHD 变为 $O[(\log N^2)/q]$ 时，APL 具有最小值。

在 WMN 中，协同节点的选择需要网络拓扑和能够作为 WMN 中协同节点的 mesh 路由器位置的先验信息。基于 SWCR 的路由中每个节点都将所有捷径上节点的位置信息存储于路由表中，然后基于其拓扑信息，网络中的节点将进行选路操作。然而，WMN 中路由节点的位置几乎是静态的，因此在 WMN 中实现协同路由可以获得更低的 APL。

基于 SWCR 的 SWWMN 的优缺点

基于 SWCR 的 LL 创建优点是，通过引入逻辑和物理 LL，可以切实改善网络的 APL。这种方法的缺点在于需要全局信息来确定用于创建 LL 的协同节点。 236

6.8 以网关路由器为中心的小世界网络形成

典型的 WMN 包括移动客户端节点、mesh 路由器节点以及单个或多个网关路由器节点。WMN 中的客户端节点之间以多跳方式通过固定的 mesh 路由器进行通信。而 mesh 路由器在网关路由器的帮助下与因特网或基础设施网络通信。在以网关路由器为中心的方法中，少数无线路由器配备有远程无线电接口，以实现 WMN 中的小世界特性。然而，LL 添加策略考虑了网关 –APL（G-APL）以确定网络中 LL 的位置。由于大多数 WMN 部署中的 WMN 节点都通过 WMN 网关进行通信，因此使用略微不同的 APL 变种 G-APL（该度量描述了 WMN 路由器和网关之间的平均跳数长度，详细介绍参见 2.4.3 节）来评估算法的性能。由于网关路由器负责与因特网或其他基于基础设施的无线网络进行连接，在无线网络中可以通过引入一些 WMN 路由器之间的远程链路来降低 WMN 路由器和 WMN 网关之间的 EHD。注意，网关路由器不包含在 LL 添加之中，这是由于网关处的 LL 添加会将整个网络转换为 WLAN 集合而非 SWWMN。因此，SWWMN 中客户端节点到因特网的实际 APL 值为 (G-APL+1) 跳。

基于 WMN 中存在的网关路由器数量，LL 添加策略可以分为以下两种：基于单网关路由器的 LL 添加策略以及基于多网关路由器的 LL 添加策略。

6.8.1　基于单网关路由器的 LL 添加

WMN 中基于单网关路由器的 LL 添加策略依托于无线网络受限的小世界体系结构模型（C-SWAMN）。C-SWAMN 体系结构考虑了一些关键约束，例如 NL 和 LL 的传输范围限制（R_S，R_L），以及每个节点的 LL 数量限制（K_{LL}），因此该体系结构可以表示为 C-SWAWM（R_S，R_L，K_{LL}）。图 6.9 展示了一个 SWWMN 的示例，其中所有的 LL 均通过 C-SWAMN 方法添加。

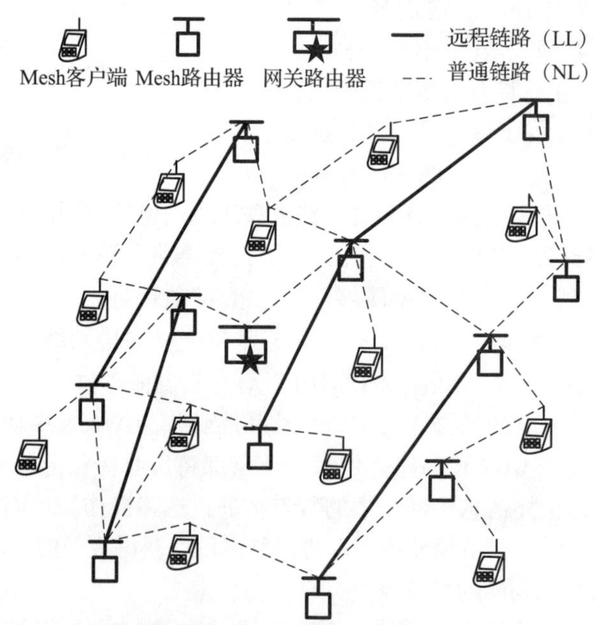

图 6.9　基于单网关路由器的 SWWMN 创建

在具有单网关路由器的 SWWMN 中，LL 可以基于以下三种策略来添加[95]：随机 LL 添加策略（RAS）、网关感知的 LL 添加策略（GAS），以及网关感知的贪心 LL 添加策略（GAGS）。

1. 基于随机 LL 添加策略的 SWWMN

RAS 随机选取一对 WMN 路由器节点（例如 p 和 q）用于在网络中添加一条 LL。并且，在 p 和 q 之间添加 LL 之前，RAS 会基于 R_S、R_L 以及 K_{LL} 等参数检查基本约束情况。注意，节点 p 和 q 之间的欧氏距离需介于 R_S 和 R_L 之间，并且这两个节点都应该具有至少一个未分配的远程无线电设备以容纳一条 LL。算法 6.1 给出了结合 RAS 的 LL 添加方法。

算法 6.1　随机 LL 添加策略（RAS）

要求：

$\mathcal{G}=(\mathcal{V}_1, \mathcal{V}_1, \mathcal{G}_R, \mathcal{E})$ ——具有 $\mathcal{E}$ 条链路的无线 mesh 网络的图形化表示。

$\mathcal{V}_1$——$\mathcal{G}$ 中 mesh 路由器的数目。

$\mathcal{V}_2$——$\mathcal{G}$ 中 mesh 客户端的数目。

G_R——$\mathcal{G}$ 中网关 mesh 路由器的数目。

N_{LL}——$\mathcal{G}$ 中添加的远程链路的总数目。

R_S——短程天线的最大范围。

R_L——远程天线的最大范围。

K_{LL}——$\mathcal{V}_1$ 中每个节点可以设置的 LL 的最大数目。

$K_{LL}(i, j)$ ——节点 i 和 j 之间的 K_{LL}。

$\mathrm{ED}(i, j)$ ——节点 i 和 j 之间的欧氏距离。

初始化：R_S, R_L, K_{LL}

```
1: for i = 1 → N_LL do
2:    随机选择两个节点 p_i 和 q_i ∀ p_i, q_i ∈ V_1
3:    if R_S ≤ ED_(p_i, q_i) ≤ R_L & K_LL(p_i, q_i) ≠ 0 then
4:       在 p_i 和 q_i 之间添加第 i 条 LL
5:       为 p_i 和 q_i 降低 K_LL
6:    else
7:       go to 2
8:    end if
9:    更新网络图 G
10: end for
```

为了在 WMN 中添加第 i 条 LL，算法 6.1 随机选择了一个路由器节点对，然后检查所需的约束条件（第 2～3 行）。若两个路由器节点均满足约束，那么在它们之间添加第 i 条 LL，同时它们的 K_{LL} 值减 1（第 4～5 行）。另一方面，如果在选定路由器节点之间无法创建 LL，算法会再随机搜索另一对路由器节点以添加第 i 条 LL（第 6～8 行）。该 LL 添加过程将持续到在 WMN 中添加了 N_{LL} 条 LL 为止。

2. RAS 的时间复杂度

利用 RAS 在一个 SWWMN 中添加 N_{LL} 条 LL 的时间复杂度可以计算如下：假设有 N 个固定的路由器节点可以用于在 SWWMN 中添加 N_{LL} 条 LL，为了在网络中添加一条 LL，算法 6.1 在 $O(1)$ 时间内随机选择一对节点（第 2 行）。算法的剩余部分（第 3～9 行）同样可以在 $O(1)$ 时间内执行。因此，RAS 添加 N_{LL} 条 LL 的时间复杂度为 $O(N_{LL})$。

3. 基于网关感知 LL 添加策略的 SWWMN

GAS 可以优化 SWWMN 的 G-APL。GAS 利用 RAS 中采用的技术（见 6.8.1 节），并包括一个额外的限制 $|d(i)-d(j)|\geqslant\Delta_h$。这里 $d(i)$ 表示节点 i 与 WMN 中的网关路由器的距离。

Δ_h 是一个最小值为 2 的可调节参数，反映了网关路由器和被选择用于添加新的 LL 的节点对之间的最小最短跳数。GAS 算法持续为 SWWMN 添加 LL，直至达到 LL 的数目上限（N_{LL}），
237～239 或者根据网络控制参数 R_L、K_{LL} 和 Δ_h，网络达到具有 N_{sat} 条 LL 的饱和状态。算法 6.2 描述了基于 GAS 的单网关路由器感知的 LL 添加策略。

算法 6.2　网关感知的 LL 添加策略（GAS）

要求：

$\mathcal{G}=(\mathcal{V}_1, \mathcal{V}_2, G_R, \mathcal{E})$——具有 $\mathcal{E}$ 条链路的无线 mesh 网络的图形化表示。
$\mathcal{V}_1$——$\mathcal{G}$ 中 mesh 路由器的数目。
$\mathcal{V}_2$——$\mathcal{G}$ 中 mesh 客户端的数目。
G_R——$\mathcal{G}$ 中网关 mesh 路由器的数目。
N_{LL}——$\mathcal{G}$ 中添加的远程链路的总数目。
R_S——短程天线的最大范围。
R_L——远程天线的最大范围。
K_{LL}——$\mathcal{V}_1$ 中每个节点可以设置的 LL 的最大数目。
$K_{LL}(i, j)$——节点 i 和 j 之间的 K_{LL}。
$ED(i, j)$——节点 i 和 j 之间的欧氏距离。
$d(i)$——G_R 中节点 i 和一个网关路由器之间的最短路径距离。
Δ_h——网关路由器和 LL 连接节点对之间最小路径差异。
N_{sat}——当 $\mathcal{G}$ 中不存在更多可能的 LL 添加时的 LL 数量。

初始化：R_S, R_L, K_{LL}

1: **for** $i = 1 \rightarrow N_{LL}$ **do**
2:　随机选择两个节点 p_i 和 q_i，$\forall\ p_i, q_i \in \mathcal{V}_1$
3:　if $R_S \leqslant ED_{(p_i,q_i)} \leqslant R_L$ & $K_{LL(p_i,q_i)} \neq 0$ & $|d(p_i)-d(q_i)| \geqslant \Delta_h$ then　//Min $(\Delta_h)=2$
4:　　在 p_i 和 q_i 之间添加第 i 条 LL
5:　　为 p_i 和 q_i 更新 K_{LL} 值
6:　**else**
7:　　**go to** 2
8:　**end if**
9:　更新网络图 $\mathcal{G}$
10:　**if** $\mathcal{G}$ 达到 N_{sat} **then**　// 根据 R_L、K_{LL} 和 Δ_h 可知是否达到饱和
11:　　**go to** 13
12:　**end if**
13: **end for**

根据算法 6.2，SWWMN 中的 LL 添加执行过程如下。首先随机选取两个路由器节点，例如 p 和 q，以添加第 i 条 LL（第 2 行）。然而，节点 p 和 q 需要满足所有的约束条件（第 3 行）。如果所有的约束均能够满足，则添加第 i 条 LL，同时更新节点相应的 K_{LL} 值（第 4～5 行）。在每次 LL 添加之后，算法 6.2 需要检查网络是否达到 N_{sat} 状态（第 10 行），这里 N_{sat} 是网络饱和时 LL 的数量，且饱和的含义是额外添加更多的 LL 并不会引起 APL 的显著下降。例如，$K_{LL}=2$ 时，在一个 20×20 的网格中，N_{sat} 接近于 90。因此，如果达到 N_{sat} 的值，GAS 算法终止。

4. GAS 的时间复杂度

240 SWWMN 中利用 GAS 添加 N_{LL} 条 LL 的时间复杂度计算如下。为在具有 N 个固定路由器节点的 WMN 中添加一条 LL，算法 6.2 在 $O(1)$ 时间内随机选择一个路由器节点对（第 2

行）。算法的其余部分（第 3～12 行）同样可以在 $O(1)$ 时间内执行。因此利用 GAS 可以在 $O(N_{LL})$ 的时间内添加 N_{LL} 条 LL。

5. 基于网关感知的贪心 LL 添加策略的 SWWMN

GAGS 首先计算所有可能添加 LL 的节点对之间的 Δ_h 值，然后优先在具有最高 Δ_h 值的节点对之间添加 LL，以便更快地到达网关路由器。然而，如果在 GAGS 中 LL 的数量达到 N_{sat} 值，则将 Δ_h 逐渐减 1 直至达到 Δ_h 的最小值（例如，Δ_h 值为 2）。因此，可以在 SWWMN 中添加 N_{LL} 条 LL 以获得最小的 G-APL。需要注意的是，网关感知的 LL 添加将以放射性的方式从 WMN 的边界到靠近网关的位置（并非网关的准确位置）添加 LL。算法 6.3 给出了 GAGS 的 LL 添加策略。

算法 6.3　网关感知的贪心 LL 添加策略（GAGS）

要求：

$\mathcal{G}=(\mathcal{V}_1, \mathcal{V}_2, G_R, \mathcal{E})$ ——具有 $\mathcal{E}$ 条链路的无线 mesh 网络的图形化表示。
$\mathcal{V}_1$——$\mathcal{G}$ 中 mesh 路由器的数目。
$\mathcal{V}_2$——$\mathcal{G}$ 中 mesh 客户端的数目。
G_R——$\mathcal{G}$ 中网关 mesh 路由器的数目。
N_{LL}——$\mathcal{G}$ 中添加的远程链路的总数目。
R_S——短程天线的最大范围。
R_L——远程天线的最大范围。
K_{LL}——$\mathcal{V}_1$ 中每个节点可以设置的 LL 的最大数目。
$K_{LL}(i, j)$ ——节点 i 和 j 之间的 K_{LL}。
$ED(i, j)$ ——节点 i 和 j 之间的欧氏距离。
$d(i)$——G_R 中节点 i 和一个网关路由器之间的最短路径距离。
Δ_h——网关路由器和 LL 连接节点对之间最小路径差异。
N_{sat}——当 $\mathcal{G}$ 中不存在更多可能的 LL 添加时的 LL 数量。

初始化：R_S, R_L, K_{LL}

```
1: for i = 1 → N_LL do
2:    为所有可能的 LL 连接可能性计算 Δ_h
3:    为具有最高 Δ_h 的节点对之间添加第 i 个 LL
4:    为节点对更新 K_LL 值
5:    更新网络图 G
6:    if G 达到 N_sat then
7:       将 Δ_h 值增加 1
8:       if Δ_h < 2 then
9:          go to 12
10:      end if
11:   end if
12: end for
```

为了添加第 i 条 LL，算法 6.3 找出了所有可能的 LL 添加位置，并计算相应的 Δ_h 值。然后，将第 i 条 LL 添加在具有最高 Δ_h 的路由器节点对之间，同时更新路由器节点相应的 K_{LL} 值（第 2～5 行）。完成 LL 添加之后，算法进一步检查 SWWMN 是否达到其 N_{sat} 值。如果网络达到了 N_{sat}，为了继续添加 LL 直至数量达到 N_{LL}，算法 6.3 以步长 1 逐渐降低 Δ_h 的值直至其达到最小值 2（第 6～9 行）。否则，如果 Δ_h 达到 2，则算法终止。

6. GAGS 的时间复杂度

在一个具有 N 个路由器节点的 SWWMN 中利用 GAGS 添加一条 LL，需要：在 $O(N^2)$ 时间内依据相应的 Δ_h，穷举搜索所有可能的 LL 添加节点对；在 $O(1)$ 时间内选择具有最高 Δ_h 值的节点对。算法的其他部分也可以在 $O(1)$ 时间内执行完成。因此 SWWMN 中利用 GAGS 添加 N_{LL} 条 LL 的时间复杂度为 $O(N_{\text{LL}} \times N^2)$。

7. 基于单网关路由器的 SWWMN 的优缺点

基于单网关路由器的 LL 添加优点如下：通过添加一些 LL，可以降低 SWWMN 的整体 G-APL；基于 GAGS 的方法在改善网络性能方面最为有效。基于单网关路由器的 LL 添加主要缺点包括：诸如 RAS、GAS 和 GAGS 等 LL 创建策略仅依赖于单个网关路由器，这并不足以提升大型 SWWMN 网络的性能；基于单网关路由器的 LL 添加策略设计 SWWMN 的理论最优值仍不可达。

6.8.2　基于多网关路由器的 LL 添加

为克服基于单网关路由器 LL 添加的缺点，可以在 WMN 中实现基于多网关路由器的 LL 添加。在该模型中，一个大型的 WMN 可以分为域内和域间 WMN，且一条 LL 可以添加
241~242 在域内路由器节点或域间路由器节点之间。在第一种情况下，两个路由器节点需要在同一区域内，然而在域间 LL 添加情况下，两个路由器节点需要在不同的区域内[122]。

SWAWN 模型被用于设计基于多网关路由器的 LL 添加策略。可以基于两种策略在多网关路由器的 SWWMN 中添加 LL[122]：多网关感知的 LL 添加策略（M-GAS）和负载均衡的多网关感知 LL 添加策略（LM-GAS）。

1. 基于多网关感知 LL 添加策略的 SWWMN

在 M-GAS 中，一个 WMN 被分为多个可以独立地执行网络操作的区域。然而，由于这些区域中网关路由器之间的流量很高，WMN 中特定区域的网络流量会变得非常拥塞。通过将流量负载从重负载网关路由器区域重定向至轻负载网关路由器区域，M-GAS 有助于实现负载均衡。一些从重负载区域内随机选择的 mesh 路由器通过域间 LL，可以将数据分组定向至邻近的轻负载区域网关中随机选择的路由器节点。因此，整个 WMN 中的流量负载能够在全网中分布得更加均匀。

M-GAS 中域间 LL 添加策略如图 6.10 所示。图 6.10 中的粗虚线表示域间 LL，用于在域内和域间网关路由器之间均匀分配网络负载。

M-GAS 的执行过程类似于基于单网关路由器的 SWWMN 中 LL 添加策略 GAS（见 6.8.1 节）。二者之间唯一的区别在于 LL 的添加位置，即域内和域间路由器节点的选择。在域内 LL 创建中，M-GAS 的过程与基于 GAS 的 LL 添加完全相同。然而，当考虑域间 LL 添加时，对 Δ_h 值的估计将会出现一些细微偏差。M-GAS 中在度量用于创建域间 LL 的 Δ_h 时，节点 i 的最短跳数距离（即 $d(i)$）是根据网络中最近的网关路由器节点计算得到。因此利用基于 M-GAS 的 LL 添加策略添加 N_{LL} 条 LL 的时间复杂度为 $O(N_{\text{LL}})$。

2. 基于负载均衡多网关感知 LL 添加策略的 SWWMN

在 LM-GAS 中，当考虑基于多网关路由器的 LL 添加时，可以显著提升流量的均衡性。LM-GAS 在创建域间 LL 时考虑了每个网关路由器的流量负载。图 6.11 显示了一个示例，其中通过考虑网关路由器节点的流量负载来创建 LL。

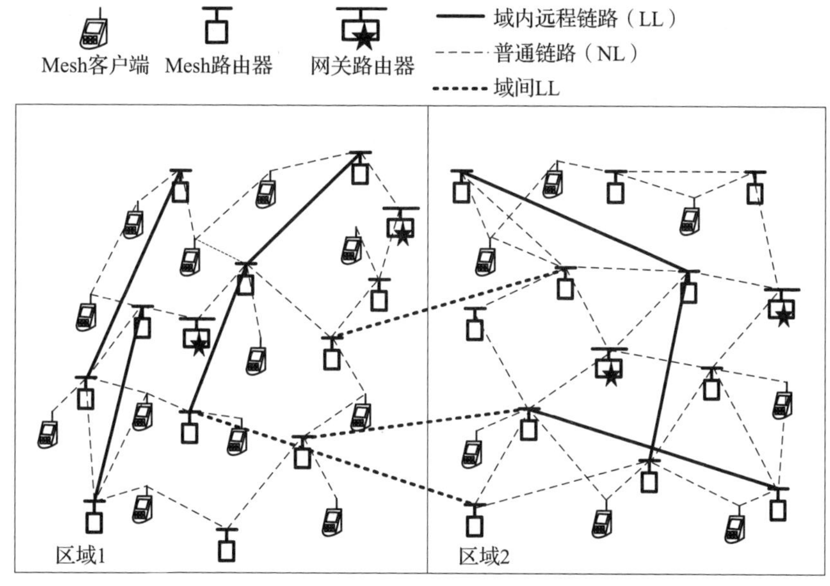

图 6.10　负载均衡的多网关感知的 LL 添加策略 [122]

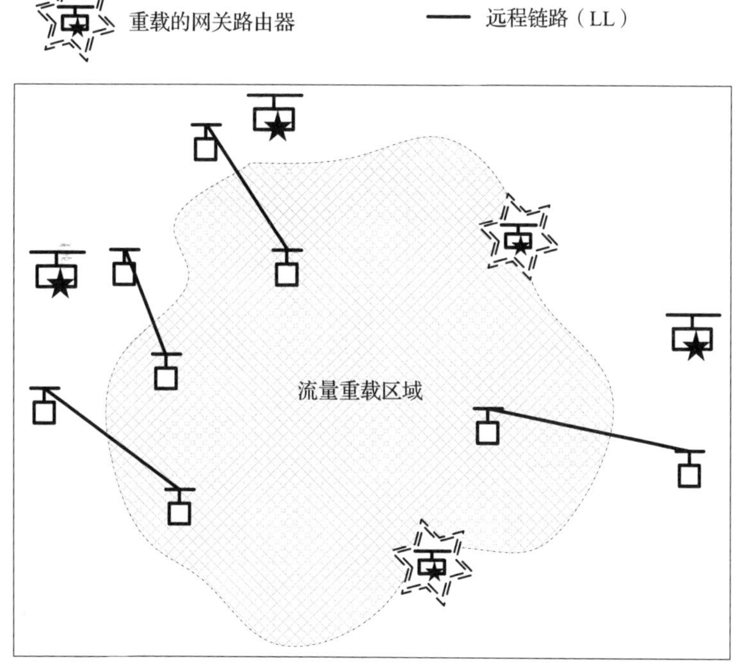

图 6.11　负载均衡的多网关感知的 LL 添加策略 [122]

为了在 LL 创建期间整合 WMN 的网关流量，LM-GAS 引入了一个额外的参数 Δ_h，该参数刻画了 LL 所连接的路由器节点对所对应的最近网关路由器之间流量负载的最小差值。因此，为了在节点 i 和 j 之间添加一条 LL，需要满足一个额外的约束条件 $|T_r[G(i)]-T_r[G(j)]|\geqslant \Delta n$ [122]。需要注意的是，$T_r[G(i)]$ 表示最靠近路由器节点 i 的网关路由器 243 ~ 244

的流量负载。LM-GAS 一直向 SWWMN 中添加 LL 直至达到 LL 最大数目的限制（N_{LL}），或者网络根据一些网络控制参数 R_{L}、K_{LL} 和 Δ_h 的定义而达到饱和（N_{sat}）。算法 6.4 给出了基于 LM-GAS 的多网关感知 LL 添加策略。

算法 6.4　负载均衡的多网关感知的 LL 添加策略（LM-GAS）

要求：

$\mathcal{G}=(\mathcal{V}_1, \mathcal{V}_2, G_{\mathrm{R}}, \mathcal{E})$——具有 $\mathcal{E}$ 条链路的无线 mesh 网络的图形化表示。

$\mathcal{V}_1$——$\mathcal{G}$ 中 mesh 路由器的数目。

$\mathcal{V}_2$——$\mathcal{G}$ 中 mesh 客户端的数目。

G_{R}——$\mathcal{G}$ 中网关 mesh 路由器的数目。

N_{LL}——$\mathcal{G}$ 中添加的远程链路的总数目。

R_{S}——短程天线的最大范围。

R_{L}——远程天线的最大范围。

K_{LL}——$\mathcal{V}_1$ 中每个节点可以设置的 LL 的最大数目。

$K_{\mathrm{LL}}(i,j)$——节点 i 和 j 之间的 K_{LL}。

$ED(i,j)$——节点 i 和 j 之间的欧氏距离。

$d(i)$——G_{R} 中节点 i 和一个网关路由器之间的最短路径距离。

$T_r[G(i)]$——与节点 i 相连的网关路由器的网关流量负载。

Δ_h——网关路由器和域间 LL 连接节点之间的最小路径差值。

Δ_n——域间 LL 连接节点对流量负载的最小差值。

N_{sat}——当 $\mathcal{G}$ 中不存在更多可能的 LL 添加时的链路数量。

初始化：$R_{\mathrm{S}}, R_{\mathrm{L}}, K_{\mathrm{LL}}, \Delta_h, \Delta_n$

1: **for** $i=1 \to N_{\mathrm{LL}}$ **do**

2: 　**if** 域内 LL **then**

3: 　　随机选择两个节点 p_i 和 q_i，$\forall\ p_i, q_i \in \mathcal{V}_1$

4: 　　**if** $R_{\mathrm{S}} \leqslant ED_{(p_i,q_i)} \leqslant R_{\mathrm{L}}\ \&\ K_{\mathrm{LL}(p_i,q_i)} \neq 0\ \&\ |d(p_i)-d(q_i)| \geqslant \Delta_h$ **then** 　//Min $(\Delta_h)=2$

5: 　　　在 p_i 和 q_i 之间添加第 i 条 LL

6: 　　　为 p_i 和 q_i 更新 K_{LL}

7: 　　**end if**

8: 　**else if** 域间 LL **then**

9: 　　随机选择两个节点：p_i 和 q_i，$\forall\ p_i, q_i \in \mathcal{V}_1$

10: 　　**if** $R_{\mathrm{S}} \leqslant \mathrm{ED}_{(p_i,q_i)} \leqslant R_{\mathrm{L}}\ \&\ K_{\mathrm{LL}(p_i,q_i)} \neq 0\ \&\ |d(p_i)-d(q_i)| \geqslant \Delta_h\ \&\ |T_r[G(p_i)]-T_r[G(q_i)]| \geqslant \Delta_n$ **then**

11: 　　　在 p_i 和 q_i 之间添加第 i 条 LL

12: 　　　为 p_i 和 q_i 更新 K_{LL}

13: 　　**end if**

14: 　**end if**

15: 　更新网络图 $\mathcal{G}$

16: 　**if** $\mathcal{G}$ 达到 N_{sat} **then** 　　　　// 根据 R_{L}、K_{LL} 和 Δ_h 可知是否达到饱和

17: 　　　**go to** 19

18: 　　**end if**

19: **end for**

LM-GAS 综合考虑了域内和域间的 LL 添加。域内 LL 添加类似于基于 GAS 的 LL 添加（见 6.8.1 节），其中 LL 被添加在一个随机选择的能够满足约束条件的路由器节点对之间（算法 6.4 的第 4 行）。另一方面，如算法 6.4 第 10 行所示，为了添加一条域间 LL，除了一些必

要的约束外，还需判断一个额外的参数 Δ_n。此外，每添加一条 LL 之后，算法都会检查网络是否达到 N_{sat} 值（第 16 行），并且在网络达到饱和的情况下算法会停止执行。

3. LM-GAS 的时间复杂度

LM-GAS 的时间复杂度计算如下。首先，可以在 $O(1)$ 时间内随机选择能够进行 LL 添加的路由器节点对，而判断 LL 是域内还是域间也需要耗费 $O(1)$ 时间。检查所有需要的参数同样可以在 $O(1)$ 时间内执行。因此，在一个基于 LM-GAS 的 LL 添加策略中添加 N_{LL} 条 LL 需要的时间为 $O(N_{LL})$。

4. 基于多网关路由器的 SWWMN 的优缺点

基于多网关路由器的 LL 添加的优点有：基于多网关的 LL 添加能够改善 G-APL 的性能；当在 SWWMN 中引入新的 LL 时，LM-GAS 考虑了负载均衡的因素。然而，该方法的主要缺点在于它在选择将 LL 添加在域间还是域内路由器节点之间所存在的困难性。

5. 与基于网关路由器的 LL 添加策略对比

表 6.1 对比了 RAS、GAS、GAGS、M-GAS 和 LM-GAS 将 WMN 转变为 SWWMN 时不同的 LL 添加策略。所有的策略均实现于单网关路由器节点（RAS、GAS 和 GAGS）或者多网关路由器节点（M-GAS 和 LM-GAS）。该表对比了所有受约束的 LL 添加策略以及在网络中添加一条 LL 的时间复杂度。 245~246

表 6.1 本表对比了随机 LL 添加策略（RAS）、网关感知 LL 添加策略（GAS）、网关感知贪心 LL 添加策略（GAGS）、多网关感知 LL 添加策略（M-GAS）以及负载均衡的多网关感知 LL 添加策略（LM-GAS），这些策略均用于生成基于单网关或多网关路由器的小世界无线 mesh 网络（SWWMN）。注意，每种策略的时间复杂度表示在一个具有 N 个路由器节点的 WMN 中创建 N_{LL} 条 LL 所需要的总时间

策略	主要特征	时间复杂度
RAS	随机添加 LL，其中 $R_S \leqslant ED_{(p,q)} \leqslant R_L$ 并且 $K_{LL(p,q)} \neq 0$	$O(N_{LL})$
GAS	随机添加 LL，其中 $R_S \leqslant ED_{(p,q)} \leqslant R_L$, $K_{LL(p,q)} \neq 0$，并且 $\lvert d(p)-d(q)\rvert \geqslant \Delta_h$	$O(N_{LL})$
GAGS	基于 Δ_h 的最高值贪心地添加 LL	$O(N_{LL} \times N^2)$
M-GAS	利用域内和域间链路创建 LL，类似于 GAS	$O(N_{LL})$
LM-GAS	具有最低 Δ_n 值的域间 LL 负载感知的 LL 添中	$O(N_{LL})$

6.9 创建确定性的小世界无线 mesh 网络

从前面的内容可以看出，在正则网络中添加 LL 时，所有策略均涉及一些随机性。因此，上述策略并不能够确保在网络中添加一些 LL 后具有最佳的网络性能。仅仅在 SWWMN 中以随机持久的方式添加 LL 时，并不能从平均网络时延、端到端传输时延或网络吞吐率等方面实现网络性能的最优化。与之不同，确定性的 LL 添加策略能够在正则网络中创建 LL 以优化特定的网络性能，进而有助于网络更好地运行。在后面部分中，我们将详细讨论各种确定性的 LL 创建策略。

6.9.1 基于穷举搜索的确定性 LL 添加

在基于穷举搜索的确定性 LL 添加中，向网络中添加 LL 的目的是为了优化诸如 APL、平均边长度（AEL）、BC 和接近中心性（CC）等网络特征。当在网络中寻找 LL 连接节点对时，确定性策略将穷举搜索网络中所有的可能性。因此，搜索用于 LL 的最佳节点对的时间复杂度很高。有关基于穷举搜索的确定性 LL 添加的相关细节请参见 4.7 节。

6.9.2 基于启发式方法的确定性 LL 添加

诸如 MinAPL、MaxBC 和 MaxCC 等许多确定性的 LL 添加策略均具有很高的时间复杂度（详见 4.7 节）。当网络需要快速部署时，难以应用这类时间复杂度较高的方法。然而，基
247 于启发式的持久确定性 LL 添加策略可以在克服高时间复杂度的同时，准确有效地在网络中添加一组确定性的 LL。多数情况下，可以通过一些穷举搜索算法获得网络架构和 LL 添加模式，并在此基础上设计相应的启发式算法。MaxCCD 和 SDLA 这两种基于启发式的方法可以用于创建确定性的 SWWMN，详见 4.9 节。

6.10 创建非持久小世界无线 mesh 网络

与持久 LL 创建策略不同，在无线网络的运行中，非持久小世界无线网络中不会创建稳定的 LL。因此，在非持久无线网络中，LL 创建于从 SN 到 DN 的数据分组传输期间。然而，该策略在创建能够抵达 DN 的 LL 过程中需要一些关于 DN 和移动节点的位置先验信息。本节讨论了 SWWMN 环境中的以下两种策略：基于数据骡子的策略；基于负载感知的非持久 LL 创建策略。

6.10.1 基于数据骡子的 LL 创建

在基于数据骡子或基于移动路由器节点的 LL 创建策略中，移动路由器用于将数据分组从源传送到某个远程目的节点 [125]。如果骡子的方向与网络中的 DN 相匹配，则数据分组被装载到骡子中。

在图 6.12 中，由于数据骡子 A 的运动方向是朝向 DN 的方向，SN 的数据被装载到 A。数据骡子 A 将数据携带到移动节点 T，然后再将数据分组交付给 DN。在这一过程中，SN 并未向数据骡子 B 传送数据分组，因为该数据骡子的运动方向并不在 DN 的方向上。

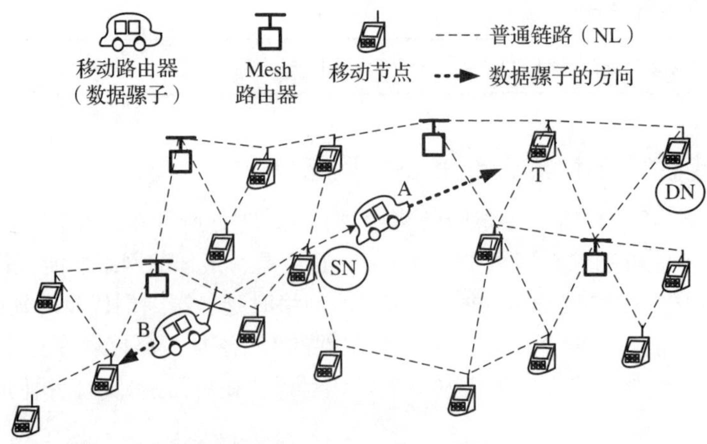

248 图 6.12 基于数据骡子的非持久新链路添加中的数据装载

数据分组可以以主动模式或者被动模式转发给骡子。在主动转发中，预先知道 DN 的信息，因此可以控制数据骡子的动作。与之相反，被动转发主要处理未知 DN 信息的情况。在

被动转发模式中，主要采用机会传输的方式。机会传输进一步可以细分为三类：不转发，所有均转发，选择性洪泛。对于不转发来说，数据骡子只从 SN 中接收数据分组并缓存，直至从 DN 处获得清除信息。在所有均转发的情况下，移动节点与和它联系的所有节点交换数据分组。因此，该场景具有最大数据传输速率，但随之而来的就是网络中大量的数据分组洪泛。另一方面，选择性洪泛基于贪心路由机制和地理路由协议。在选择性洪泛中，数据骡子将数据分组转发至更加靠近 DN 的节点。在基于数据骡子的方法中，LL 的长度是从 SN 到 DN 的数据骡子所覆盖的距离。

在固定性的 SWWMN 中无法使用数据骡子的策略。然而，WMN 中的路由器节点位于网络中的固定位置。因此，需要在移动 mesh 路由器中实现基于数据骡子的 LL 添加策略，这一要求在 WMN 中十分具有挑战性。

基于数据骡子的 SWWMN 的优缺点

基于数据骡子的 LL 添加策略的优点有：基于数据骡子的策略可以应用于时延容忍网络环境中，其中数据分组需要被传送至远程存储设备或另一个距离较远的路由器节点；在网络中传输数据时不需要物理部署 LL。

然而，SWWMN 中实现数据骡子的主要缺点在于：通过识别 DN 的实际方向来建立基于数据骡子的 LL 具有较高的复杂性。

6.10.2 负载感知的 LL 创建

负载感知非持久 LL（NPLL）部署一组用于在 WMN 中创建 LL 的智能路由器（SR），并且这些节点可能在一段时间之后变换其位置[126]。SR 是一个具有智能天线的无线 mesh 路由器，能够形成高度定向的波束，然后自适应地改变波束方向以在 SWWMN 中形成 NPLL。在特定的时间段内，NPLL 能够在 SR 之间创建，并用于在一组 SN 和 DN 之间交换数据分组。为了创建一条 NPLL，SR 节点对之间必须满足临界距离的约束，如图 6.13 所示。需要注意的是，一个 SR 节点对之间的临界距离代表了网络中两个 SR 节点之间的 EHD。 249

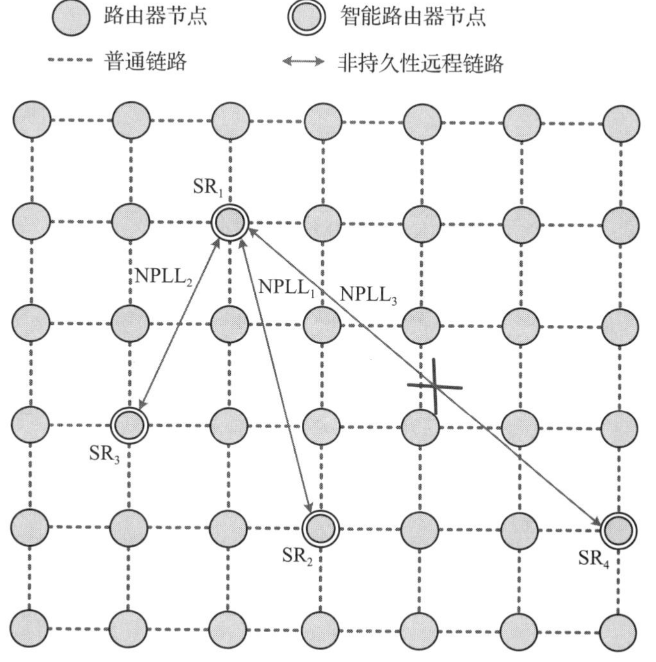

图 6.13 SWWMN 中通过智能路由器创建非持久链路

图 6.13 解释了 SWWMN 中的 NPLL 创建策略，其中 NPLL 的临界距离设置为 2≤EHD≤6。在该图中，SR_1-SR_2 以及 SR_1-SR_3 之间的 EHD 分别为 3 跳和 4 跳，满足网络的临界距离约束，因此 SR_1 可以与 SR_2（图 6.13 中的 $NPLL_1$）或者 SR_2（图 6.13 中的 $NPLL_2$）在规定的时间间隔内创建 NPLL。然而，由于 SR_1 和 SR_4 之间的 EHD 为 7，不在创建 NPLL 的临界距离范围之内，故而不能在这两个节点之间创建 $NPLL_3$。

NPLL 只能在 SR 节点对之间建立，并可以用于在远程 SN 和 DN 之间进行数据传输。由于 NPLL 的代价通常很高，可以为其指定一个合理的边权重，以便有效控制对 NPLL 的使用。然而，只要未达到最大传输负载，NPLL 就一直可以用于数据传输。一旦达到最大传输负载，则禁止将其用于 SWWMN 中后续数据的传输，此后必须通过现有的 NL 和其他 NPLL 来进行数据传输。图 6.14 展示了一种负载均衡的实现机制，以便在全部 NPLL 之间更好地分配流量负载。

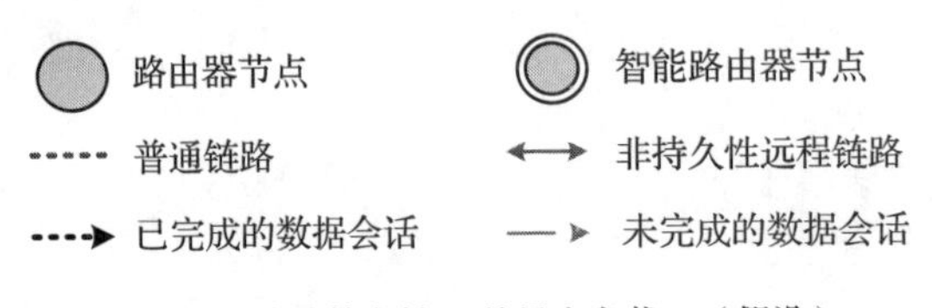

每个非持久性LL的最大负载=2（假设）

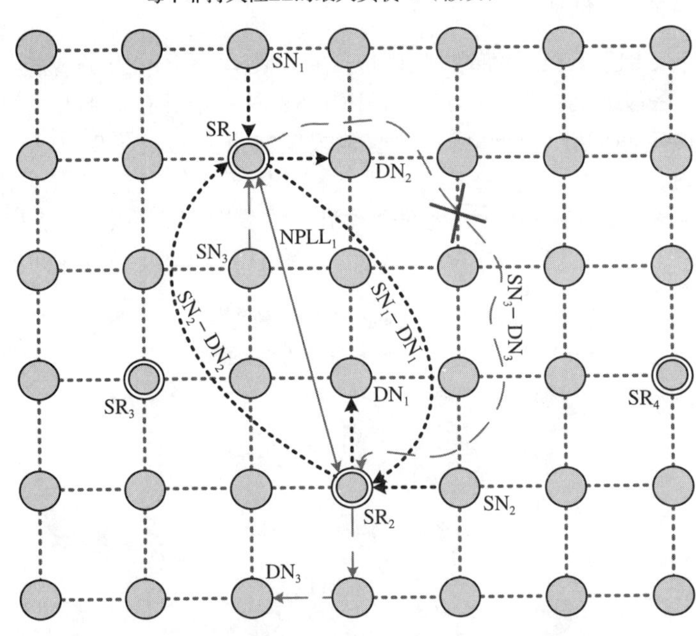

图 6.14　SWWMN 中非持久 LL 的负载均衡策略

在图 6.14 中，假设 NPLL 可以处理的最大负载为 2 个数据单元。当前 SR_1 与 SR_2 之间的 $NPLL_1$ 用于 SN_1 和 DN_1 之间的数据传输。因此，该 NPLL 首先被用于在 SWWMN 中建立最短路径。进一步地，为了在 SN_2 和 DN_2 之间进行数据传输，需要再次将 $NPLL_1$ 部署在 SN_2 和 DN_2 之间的最短路径中。对于从 SN_3 到 DN_3 的数据传输，同样可以通过 $NPLL_1$ 来建立最短路径。然而，由于网络中每条 NPLL 的最大负载设置为 2，$NPLL_1$ 已经达到了其数据传输的最大限制。因此，该 NPLL 不能再用于 SN_2 和 DN_3 之间的数据传输，如图 6.14 所示。

此外，在创建 NPLL 期间，如果多条 NPLL 存在部分重叠或分配在相同的方向，则会造成干扰。在这种场景中，多条相互干扰的 NPLL 共享所分配的 NPLL 带宽。例如，如果在 SWWMN 中两条 NPLL 相互重叠，则分配给每条重叠 NPLL 的频谱将降为一半。

NPLL 的优缺点

负载感知 LL 创建的优点如下：可以根据需求改变 NPLL 的方向，以便进行高效的数据 250~251
传输；NPLL 中的负载均衡能够使得 SWWMN 中的流量具有公平性。

然而，NPLL 创建中的主要缺点在于：NPLL 和 NL 之间存在干扰；智能天线在实时应用中的波束控制问题。

6.11　小世界无线 mesh 网络中的非持久路由

本节描述了一种负载感知的非持久小世界 LL 路由（LNPR）算法，该算法在 SWWMN 中以贪心方式搜索能够将数据从 SN 传送到 DN 且不会造成 NPLL 严重过载的最短路径。LNPR 同时还具有负载均衡技术，从而在 SWWMN 中的 NL 和 NPLL 之间进行更好的流量分配 [126]。

在应用 LNPR 算法之前，需要在 SWWMN 中部署少量的双向 NPLL。为了以受限的方式使用 NPLL，需要通过算法 6.5 为每条 NPLL 确定并分配一个合理的边权。如果一条 NPLL 满足 SWWMN 中 SR 节点对之间的 EHD 的下限和上限（第 4～6 行），那么就可以创建该 NPLL。需要注意的是，NPLL 的数量是有限的，其上界为 $NPLL_{max}$，代表 SWWMN 中 NPLL 的最大可能数量。为某条 NPLL 进行边权分配的方法如下：

- 在不添加第 i 条 NPLL 的情况下计算网络的 APL。
- 添加第 i 条 NPLL，然后再次计算网络的 APL。
- 计算 $NPLL_{EdgeWeight}(i)=\left(\dfrac{APL}{APL(i)}\right)\times SF$，并将其分配给第 i 条 NPLL，其中 $APL(i)$ 是添加第 i 条 NPLL 之后的 APL，SF 是一个大于或等于 1 的比例系数（第 7～8 行）。

算法 6.5 基于网络中 NL 的路径差异在 SR 节点对之间部署 NPLL。在 SN 和 DN 之间经过的路径表示为通过 SWWMN 中的 NL 的端到端跳数距离（$EHD_{NL}(SN, DN)$）。

算法 6.5　确定性边权的 NPLL

要求：

$\mathcal{G}=(\mathcal{N},\mathcal{E})$——具有 $\mathcal{N}$ 个节点和 $\mathcal{E}$ 条链路的无线 mesh 网络的图形化表示。

SN——$\mathcal{G}$ 中的源节点。

DN——$\mathcal{G}$ 中的目的节点。

SR——$\mathcal{G}$ 中的智能路由器节点。

NL——$\mathcal{G}$ 中的普通链路。

NPLL——$\mathcal{G}$ 中的非持久性双向远程链路。

$NPLL_{max}$——$\mathcal{G}$ 中可能 NPLL 的最大数目。

EHD——SN 和 DN 之间的端到端跳数距离（包含 NL 和 NPLL）。

$EHD_{NL}(SN, DN)$——SN 和 DN 间仅通过 NL 的 EHD。

SR_{total}——$\mathcal{G}$ 中 SR 节点的总数目。

$LowerLimit_{NPLL}$——$EHD_{NL}(SN, DN)$ 的下界。

$UpperLimit_{NPLL}$——$EHD_{NL}(SN, DN)$ 的上界。

SF——比例因子。

APL——$\mathcal{G}$ 中没有 NPLL 时的平均路径长度。

APL(i)——具有 i 条 NPLL 的 $\mathcal{G}$ 的 APL。

$NPLL_{EdgeWeight}(i)$——$\mathcal{G}$ 中第 i 条 NPLL 的边权。

初始化：$NPLL_{max}$, $LowerLimit_{NPLL}$, $UpperLimit_{NPLL}$

1: $k \leftarrow 0$
2: **for** $i = 1 \rightarrow (SR_{total} - 1)$ **do**
3: 　**for** $j = i + 1 \rightarrow SR_{total}$ **do**
4: 　　**if** $LowerLimit_{NPLL} \leqslant EHD_{NL}(i, j) \leqslant UpperLimit_{NPLL}$ **then**
5: 　　　$k \leftarrow k + 1$
6: 　　　　在第 i 和第 j 个节点对之间创建第 k 条 NPLL
7: 　　　　$NPLL_{EdgeWeight}(k) = \left(\dfrac{APL}{APL(k)}\right) \times SF$
8: 　　　　为第 k 条 LL 分配 $NPLL_{EdgeWeight}(k)$
9: 　　　　**if** $k > NPLL_{max}$ **then**
10: 　　　　　**go to** 14
11: 　　　**end if**
12: 　　**end if**
13: 　**end for**
14: **end for**

为了确定 NPLL 的边权，需要计算在仅有 NL 情况下与新添加 NPLL 之后网络 APL 的比值。因此，如算法 6.5 的第 7 行所述，SWWMN 中 NPLL 的边权定义为部署 NPLL 前后网络 APL 的比值。据此，那些能够有效降低 WMN 中 APL 的 NPLL 将会配有较高的边权。

通过计算 $NPLL_{EdgeWeight}$ 测度，能够在 SWWMN 中为更加重要的 NPLL 分配更大的边权值。因此，可以在不出现严重过载的情况下，有效利用 NPLL 在 SWWMN 的 SN 和 DN 间创建路径。然而，由于每条 NPLL 的边权非常小，可以考虑通过比例系数测度（SF）来相应提高网络中每条 NPLL 的权重。

6.11.1　负载感知的非持久小世界路由

252~253 为了评估具有 LNPR 的一些随机选择的 SN-DN 对之间的端到端路径距离，在算法 6.6 中，采用贪心方法来测量最短路径（第 6 行）。为了引入负载均衡策略，LNPL 算法通过以下步骤（第 7～15 行）在网络中均匀分配负载。

- 检查 SN-DN 对之间最短路径中的每条连接链路（包括 NL 和 NPLL），以确定其是否达到最大可能负载值。
- 若链路达到其最大负载，在后续的数据传输会话中禁用该条链路。
- 若最短路径搜索并未达到最大值（算法 6.6 中的 ($RecursiveCall_{max}$)，在 SN-DN 之间搜索另一条最短路径。

若利用 LNPR 实现负载均衡之后，在 SN-DN 对之间找到了一条最短路径，则在网络中开始数据传输会话（第 17～19 行）。下面将讨论基于 LNPR 的方法的性能。

算法 6.6　负载感知的非持久小世界路由（LNPR）

要求：

$\mathcal{G}=(\mathcal{N},\mathcal{E})$ —— 具有 N 个节点和 $\mathcal{E}$ 条链路的无线 mesh 网络的图表示。

SN —— $\mathcal{G}$ 中的源节点。

DN —— $\mathcal{G}$ 中的目的节点。

SR —— $\mathcal{G}$ 中的智能路由器节点。

NL —— $\mathcal{G}$ 中的普通链路。

NPLL —— $\mathcal{G}$ 中的非持久双向远程链路 (LL)。

$\text{NPLL}_{\text{EdgeWeight}}(i)$ —— $\mathcal{G}$ 中第 i 条 NPLL 的边权重。

ConnectionLink(i) —— $\mathcal{G}$ 中某个节点对之间的第 i 条链路 (NL 或 NPLL)。

$\text{RecursiveCall}_{\max}$ ——在 $\mathcal{G}$ 中找到一条最短路径的递归次数上限。

$\text{MaxLoad}_{\text{NL}}$ ——NL 能够处理的最大流量负载。

$\text{MaxLoad}_{\text{NPLL}}$ —— NPLL 能够处理的最大流量负载。

初始化：$\text{RecursiveCall}_{\max}$、$\text{MaxLoad}_{\text{NL}}$ 以及 $\text{MaxLoad}_{\text{NPLL}}$

```
1: 为 G 中所有的 NPLL 分配权重 NPLL_EdgeWeight（见算法 6.5）
2: Random_SN-DN ← 在 G 中随机选择的 SN-DN 对的数量
3: for i = 1 → Random_SN-DN do
4:    Count ← 0                                  // 为了记录 RecursiveCall_max
5:    while Count ≤ RecursiveCall_max do
6:      Path_Shortest ← G 中 SN_i 和 DN_i 之间的最短路径
7:      for j = 1 → (Path_Shortest−1) do         // 实现负载均衡
8:        if ConnectionLink( j ) ← (MaxLoad_NL || MaxLoad_NPLL) then
9:          在后续的数据传输会话中禁用第 j 条链路
10:         Count ← Count + 1
11:         if Count >RecursiveCall_max then
12:           go to 16                           // 不存在额外的最短路径
13:         end if
14:       end if
15:     end for
16:   end while
17:   if 在 G 中找到 SN_i 和 DN_i 之间的路径 then
18:     通过 Path_Shortest 在 SN_i 和 DN_i 之间传输数据
19:   end if
20: end for
```

6.11.2　LNPR 算法的性能评估

在一个具有 100 个 mesh 路由器节点的 10 × 10 方形网格拓扑中对 LNPR 算法的性能进行实验 [126]。在网络中随机部署 SR 节点（WMN 中节点总数的 5%）用于创建 NPLL。在网格 WMN 中随机选取节点作为 SN 和 DN 节点对。这里对 LNPR 算法的性能进行了简要讨论。

1. 呼叫阻塞概率的观察

呼叫阻塞概率（Call Blocking Probability, CBP）作为一种测度，用于确定网络中阻塞呼叫的概率在整个数据传输会话过程中的平均值。如果在几次尝试后，NL 超过了加权 $\text{MaxLoad}_{\text{NL}}$ 值，或 NPLL 超过了加权 $\text{MaxLoad}_{\text{NPLL}}$ 值，则可确定该呼叫在 SWWMN 中被丢弃（算法 6.6）。因此，在计算 SWWMN 中的 CBP 时，采用数据传输过程中总阻塞呼叫数与总呼叫数的比值。图 6.15 显示，当 SF 的值取 3 时，对于不同的 SN-DN 对，相较于不使用

LNPR，在采用 LNPR 的情况下 CBP 下降了 58%（50 个 SN-DN 对）至 95%（30 个 SN-DN 对）。这里 SF 表示基于链路在 SWWMN 中的影响为其分配的边权值。

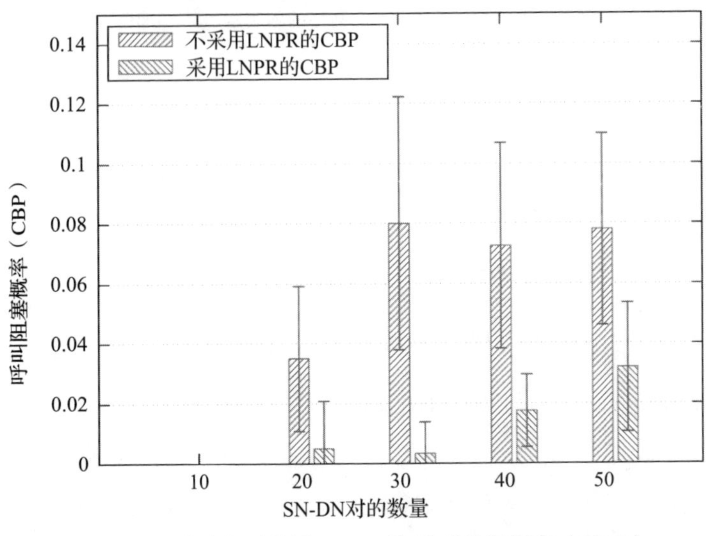

254~255 图 6.15　采用或不采用 LNPR 的呼叫阻塞概率（SF=3）

2. 负载均衡的观察

图 6.16 描述了在 SF=3 的情况下，是否采用 LNPR 时最大负载的变化情况，这里 SF 的值设置为 3 是因为该值为模拟情况下 SF 的最佳值。此外，无论是否采用 LNPR，NPLL 的最大负载均相同，而当 SN-DN 节点对从 20 增加到 50 时，对于不同的 SN-DN 对，与未采用 LNPR 情况下的最大负载相比，在采用 LNPR 的情况下最大负载减少范围从 23%（20 个 SN-DN 对）到 70%（50 个 SN-DN 对）。可见当 SF=3 时，采用 LNPR 的最大负载远低于未采用 LNPR 的情况。

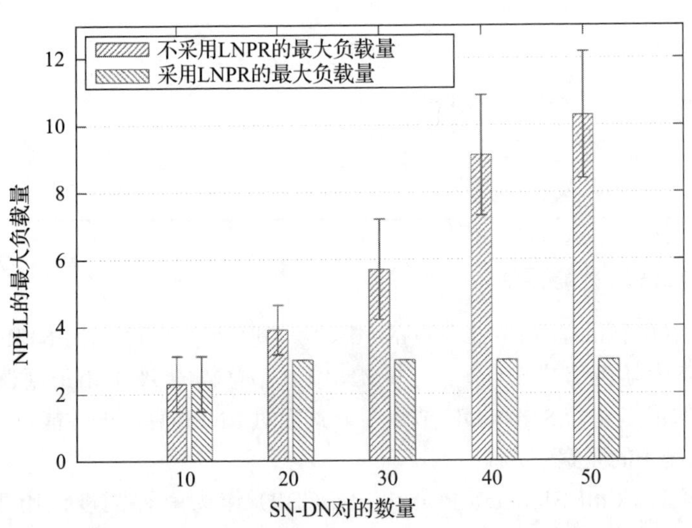

图 6.16　采用和不采用 LNPR 的 NPLL 的最大负载量（SF=3）

3. 平均传输路径长度的观察

平均传输路径长度（Average Transmission Path Length, APTL）是在规定时间内 WMN

的数据传输会话中 SN 和 DN 之间的平均 EHD。ATPL 给出了 SWWMN 中在 NPLL 的帮助下路径长度的降低情况。ATPL 给出了一组数据会话中传输路径长度的度量方法，而 APL 则被定义为全网络的平均路径长度。图 6.17 显示了各种不同情况下 ATPL 的观测情况。

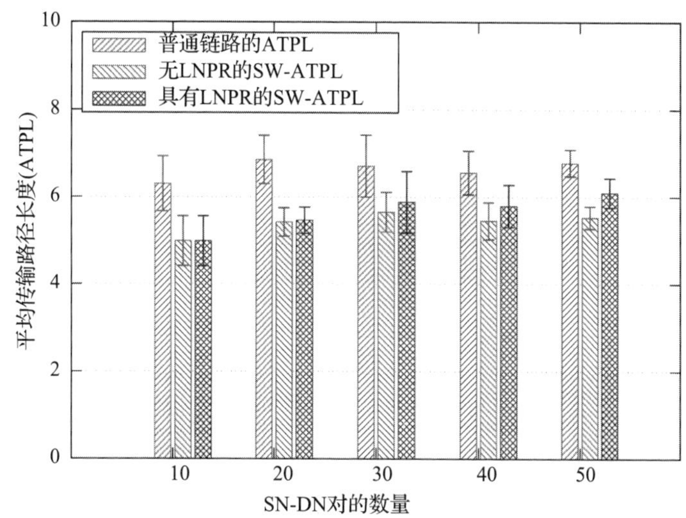

图 6.17 普通链路的 ATPL、无 LNPR 的 SW-ATPL 以及具有 LNPR 的 SW-ATPL 的观测情况

对于分别从 10 到 50 个 SN-DN 节点对的数据传输，图 6.17 给出了不同情况下 ATPL 的值，这些情况包括 NL（普通 ATPL）、无 LNPR 的小世界 ATPL 以及具有 LNPR 的小世界 ATPL。由图 6.7 可以看出，与普通 ATPL 相比，在网络中实现了 NPLL 之后能够显著降 256
低 ATPL 的值。由图 6.17 还可以看出，与网络中仅有 NL 相比，具有不同 SN-DN 节点对的 NPLL 能够将 ATPL 降低 15%（30 个 SN-DN 对）至 20%（10 个 SN-DN 对）。

由图 6.17 还可以观察到，当采用 LNPR 时，ATPL 的值稍稍有所上升。进一步地，由图 6.17 可见，当 SN-DN 节点对的规模从 10 增加到 50 时，与采用 NPLL 的 SWWMN 相比，采用 LNPR 方法时 APTL 值只是稍稍上升了 0.7%（20 个 SN-DN 对）至 9%（50 个 SN-DN 对）。

因此，应用 LNPR 算法可以实现流量负载的有效分布，其效能可以通过 NPLL 之间的最大负载和最小网络呼叫阻塞概率反映出来。

4. 基于 LNPR 的 SWWMN 的优缺点

基于 LNPR 的 LL 创建优点有：基于 LNPR 的方法考虑了 SWWMN 中每条现有链路的最大承载能力；LNPR 还改善了网络的呼叫阻塞概率。然而，实现基于 LNPR 方法时面临的主要挑战在于如何部署 NPLL，在网络中创建 NPLL 需要精确的波束控制器来实现定向天线。

6.12 现有解决方案的定性比较

表 6.2 总结了现有 SWWMN 的创建方法。此外，它还给出了 LL 创建的基础以及小世界概念实现的原因。 257

由表 6.2 可以看到，多数现有的 LL 创建策略（如重连或 LL 添加）基于持久的 LL 部署。由于现实中 WMN 的 mesh 客户端是移动的，实现基于数据骡子的非持久 LL 非常困难。

而且，基于数据骡子的策略需要关于 DN 以及移动数据骡子在无线网络中的位置等额外信息 [125]。另一方面，非持久 LL 同样可以基于波束控制技术来创建。本章所讨论的非持久创建方法之一是基于 LNPR 策略的，并且还考虑了 SWWMN 中的负载均衡 [126]。此外还可以看到，在基于 LNPR 的 LL 添加中 CBP 测度有所改进。然而，在 SWWMN 中实现这种策略仍旧是一项具有挑战性的工作。

表 6.2 现有小世界网络模型的定量对比

LL 的属性	创建策略	小世界创建的基础	主要目标	WMN 的适用性
持久性 LL	随机创建	随机重连 [6]	降低 APL	最复杂
		纯随机添加 [68]	计算度量形式以及网络关键区域的单个关键指数	中等
		欧几里得距离 [69]	SN 和 DN 之间的最短路径	中等
		基于 [2, r] 跳 [94]	基于接触的分布式算法	中等
		遗传算法 [123]	寻找所需 LL 的最小数目	中等
		不均匀概率性的洪泛 [119]	更短的路径	简单
		功率控制和波束形成 [120]	端到端吞吐率的提升	简单
		基于单网关路由 [95]	降低 G-APL	中等
		基于多网关路由 [122]	获得负载均衡	中等
		随机化的波束形成 [121]	分布式算法设计	中等
		基于协同通信 [124]	更短的路径长度	
	确定性的创建	基于 MinAPL[72]	最小化平均路径长度	中等
		基于 MinAEL[72]	最小化平均边长	简单
		基于 MaxBC[72]	最大化网络介数中心性	中等
		基于 MaxCC[72]	最大化网络紧密度中心性	中等
		基于 MaxCCD[72]	最小化平均网络时延	简单
		顺序确定的 LL 添加 (SDLA)[77]	最小化平均网络时延	简单
非持久性 LL	随机创建	基于数据骡子 [125]	更短的路径	复杂
		负载感知的链路添加 [126]	更短的路径	复杂
258	路由算法	LNPR[126]	更短的路径	复杂

在 WMN 中对现有 NL 进行重连仍非常难以实现。为了在 WMN 中实现重连的概念，现有网络中天线波束的方向必须转变以连接到另一个远程节点。因此，天线元件必须执行两个连续的操作，从而能够在 WMN 中成功地将 NL 重连为 LL。首先，天线波束需要改变在现有网络中的方向，然后必须提高传输功率以与某个远程节点进行连接。此操作需要网络的先验信息，并且还需要应用一些自适应控制以在特定方向上旋转天线。因此，在 WMN 中对现有 NL 进行重连实现起来非常复杂 [6, 94]。

大多数现有小世界创建模型都试图通过创建快捷路径来降低 APL 值，以便最小化网络节点对之间的 EHD。在纯随机链路添加策略中，小世界特征降低了有限规模的尺度指标和网络关键区域的关键指数 [68]。通过提高传输功率和部署定向波束形成器来提升 SWWMN 的单跳吞吐率，进而提升端到端吞吐率 [119-121]。

另一方面，基于 GA 的 LL 添加策略利用遗传算法最小化需要添加的 LL 数量 [123]。还可以部署协作路由器节点来最小化 SWWMN 中的 EHD[124]。此外，在单网关和多网关路由器场景下设计高效的 SWWMN 时，基于 C-SWAWN 的协议非常有益 [95, 122]。基于 LM-GAS 策略的 LL 部署解决了 WMN 环境中负载均衡的关键问题。

通过确定性决策的方式添加新 LL 同样可以形成小世界特征 [72, 77]。可以 MinAPL、MinAEL、MaxBC 和 MaxCC 等各种不同策略确定性地添加 LL。所有这些策略都是基于穷举搜索方法的，因此需要很长时间来确定网络中 LL 的连接位置。但是，当需要降低添加 LL 的时间复杂度且不影响整体网络性能时，也可以使用诸如 MaxCCD 和 SDLA 之类的启发式方法。表 6.2 给出了现有小世界创建方法及其在 SWWMN 环境中适用性的比较研究。 259

6.13 开放性研究问题

在 SWWMN 的环境中存在许多开放性的研究问题。下面讨论一些此类的开放性研究问题。

- 降低端到端时延：因为 WMN 支持从 SN 到 DN 数据分组的多跳中继，传输过程中的端到端时延是一个非常关键的参数。通过在现有 WMN 中添加少量 LL 就可以降低 EHD。因此，降低传输中的端到端时延仍然是 WMN 的关键设计目标。此外，WMN 的吞吐率受到数据分组从源到其目的节点传输时延的影响。因此，随着无线网络中端到端时延的增加，数据分组传输速率将会降低。因此，SWWMN 中端到端时延的优化是一个开放性研究问题。此外，在异构物理传输链路情况下，设计能够最小化端到端时延的 SWWMN 是另一个开放性的问题。
- NL 和 LL 的带内操作：在 SWWMN 中，LL 由高度定向的天线所创建，且与 WMN 中的 NL 工作在不同的频段。因此，LL 使用带外操作来创建 SWWMN。然而，这种通过带外操作在 WMN 中实现小世界特征的方式导致了带宽这一宝贵资源利用的低效性。此外，这一通过额外带宽来实现 LL 的要求也比较难以满足。因此，SWWMN 中带外操作方式无法完全满足提升网络容量的终极目标。

一种解决方案是将 LL 和 NL 实现在相同频段内。然而，NL 和 LL 同时在频段内进行操作可能为数据分组传输过程引入严重的干扰，这会影响到信干噪比（Signal to Interference and Noise Ratio, SINR）。由于 SINR 与网络吞吐率成正比，WMN 的网络容量将会受到影响。因此需要进行一些权衡以实现 SWWMN 中吞吐率最大化的期望目标。因此，基于带内 LL 的 SWWMN 设计仍然是一个开放性研究领域。

- SWWMN 中的路由协议：mesh 节点之间的数据分组路由是 SWWMN 中另一个关键性的设计问题。现有的路由协议仅关注通过 NL 进行选路，而用于建立 SWWMN 的协作路由概念是一种解决方案，在该方案中，可以利用协作链路进行选路 [124]。此外，通过智能路由器节点实现的负载感知的非持久 LL 创建是另一种可能的方法 [126]。目前，WMN 通常使用一些修改后的 MANET 路由协议。然而，这些协议在 SWWMN 环境中大多无法获得较优的性能。因此，SWWMN 中优化路由算法的设计是另一个开放性问题。 260
- 基于认知无线电的 SWWMN ：认知无线电（CR）在 SWWMN 环境中是另一个开放

性领域。WMN 工作于非常拥挤的 ISM（工业、科学和医疗）频段。因此，在创建 LL 以形成一个 SWWMN 的过程中，很难在 ISM 频段中分配更多的带宽资源。CR 是一种可选方案，它可以在不影响许可用户正常操作的情况下，尽可能地使用那些许可的未使用频段。

CR 的主要目的是找到可用频段中的空白区域（即未使用区域），并为未经许可的用户借用该频段。因此，基于 CR 的 SWWMN 可以使用借用的频段在网络中创建 LL。

- LNPR 中的自适应波束控制：LNPR 是一种可在 SWWMN 中部署的负载均衡路由协议。然而，在 LNPR 中，SR 到其他可达 SR 的波束控制主要基于流量需求和调度策略。目前还没有能够根据实际需求将波束定向到指定 SR 节点的技术。因此，在 LNPR 策略环境中开发自适应波束控制技术是另一个开放性研究问题。
- SWWMN 中的负载均衡：在 SWWMN 中，LL 充当数据传输的高速公路。因此，大多数 LL 承载了大量的流量。此外，由于它们的多跳中继特征，位于网络中心区域的 mesh 路由器节点面临大量的流量。因此，为避免 LL 以及中心路由器节点中的流量不平衡，需要为 SWWMN 研发优化的负载均衡策略。优化负载均衡策略的研发是另一个开放性研究问题。

6.14 小结

本章讨论了用于提高传统 WMN 性能的 SWWMN 技术。典型的 WMN 由 mesh 客户端、mesh 路由器和 mesh 网关路由器组成。Mesh 客户端可以是连接 mesh 路由器的任意移动设备。Mesh 路由器固定于 WMN 中，并且通过网关路由器以多跳的方式连接到因特网或其他基础设施网络。在静态 mesh 路由器节点之间添加一些 LL，通过最小化网络中的端到端跳数距离可以显著改善整体网络的性能。在本章中，将 SWWMN 中不同的 LL 创建策略分为两个主要类别：持久 LL 创建和非持久 LL 创建。在持久 LL 创建策略中，LL 的位置并不随着时间而改变，可以进一步将其分为随机创建一些 LL 来形成 SWWMN，以及通过确定性的
261 方法创建小世界网络。还可以看到，相对于重连方法，在 WMN 中添加新 LL 的方法可部署性更强。在非持久 LL 创建策略中，LL 可能随着时间改变位置，因此需要关于网络节点位置的先验信息以在网络中部署 LL。本章充分讨论了现有网络中创建 LL 的主要目标及其在 WMN 环境中的适用性。本章还定性地比较了 SWWMN 中的现有 LL 创建策略及其实现复杂
262 度，并在最后给出 SWWMN 中的一些开放性研究问题。

练习题

1. 综述关于无线 mesh 网络的相关文献，并找出可能降低无线 mesh 网络性能的原因。
2. 编写程序以模拟具有 N 个节点和 M 条链路的无线 mesh 网络，其中 $M > N$。每个节点具有一个 2D 平面中的坐标信息 (x, y)。随机添加 k 条 LL 并估算 APL、ACC 和 AND 的下降量。考虑稍微不同的链接添加方法，其在一个随机选择的节点和网络中一个中心节点之间添加 k 条链路。可以选择中心节点作为网络中具有接近中心性的节点。你对这两种情况下的 APL 值有何看法？
3. 重连是一种小世界网络创建策略。其中，网络中现有链路的一端被移除并连接到网络中另一个远程节点。然而，重连策略在无线多跳中继网络中具有一些挑战。确定并列出 WMN 中链路重连面临的挑战，这里 WMN 是一种多跳中继网络。
4. 考虑具有一个 20 个节点的环状拓扑网络。网络中的每个节点邻接度为 4。以重连概率 $p \in \{0.02,$

0.05, 0.10, 0.5, 1} 应用 Watts-Strogatz 重连策略。计算每种情况下的 APL、ACC 和 AND。对于具有不同 p 值的网络结构，你有何观察结论？

5. 编写程序，仿真 Kleinberg 的 2D 网格模型（具有充足的大小，例如 10 000 个节点），需要根据节点之间的欧几里得距离添加 5 条 LL。实验需在以下几种情况下进行：$\alpha=1$，$\alpha=2$，$\alpha=3$，其中 α 为聚类系数。对观察结果进行讨论。

★6. 现有的基于欧氏距离的 LL 添加策略（即 Kleinberg 模型）在创建 LL 时并未考虑移动节点。设计一种基于欧氏距离的 LL 添加算法以适用于 SWWMN 中的移动 mesh 节点。

7. 考虑一个未加权的无向无线网络，如图 6.18 所示。确定具有最高无线流量的节点。这对具有高 WFB 的节点资源有何影响？

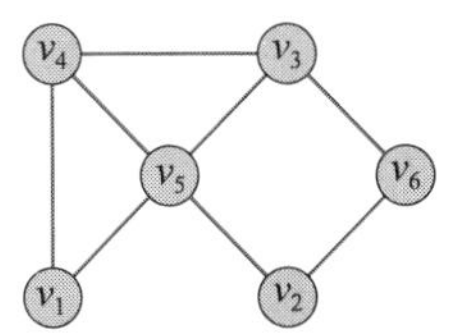

图 6.18　练习题 7 中的一个网络示例　263

8. 编写程序，使用一个网关路由器创建一个小世界的网络拓扑。通过改变 Δ 参数，添加 k 条 LL，其中 $k \geqslant 5$。找出不同 Δ 值下，所获的 G-APL 值的影响。绘制 G-APL 和 Δ 对应的图。

★9. 如何修改 GAGS 算法，以获得最佳的 Δ_h？

10. 考虑一个沿高速公路部署的线性拓扑无线 mesh 网络。然而，由于网络的稀疏性，网络的端到端跳数距离很高。因此，网络中的时延很高，进而降低了网络的整体性能。然而，一些 LL 可以改善这种情况。通过将 20 个 mesh 路由器节点部署为线性拓扑网络来模拟这种情况。添加 3 个确定性 LL，可以优化网络 APL（即基于 MinAPL 的 LL 添加策略）。对你的程序添加 LL 时消耗的时间进行评价。进一步地，利用 SDLA 算法添加相同数目的 LL，并将 APL 与 MinAPL 进行比较。还需对执行 SDLA 所花费的时间进行评价。

11. 找出可以观察到数据骡子的现实世界场景，如社交网络、生物网络或科技网络。

12. LNPR 算法可用于所有类型的网络吗？考虑具有一些桥接链路的网络，通过移除这些边可以将网络分割。提出一种基于桥接链路改善网络中 LNPR 工作的机制。

13. 估算以下算法的时间复杂度：基于数据骡子的 LL 添加算法和基于 SWCR 的 LL 添加算法。

14. LNPR 负载均衡的含义是什么？设计一种计算机程序，在 10×10 网格网络中添加 k 条 LL（其中，$k \geqslant 1$）。注意，LL 添加并不考虑负载均衡。在考虑 CBP 和 ATPL 时，观察算法性能。比较结合负载均衡的结果。做出合理假设。

★15. 修改 LNPR 算法，使其在网络中存在一组桥接链路时仍可以实现。此处，桥接链路指链路的一端必须连接到一个悬挂节点。　264

16. 考虑 WMN 中一个 5 个节点串行的拓扑，如图 6.19 所示。注意，每个节点都是 mesh 路由器，除了在图中可以观察到的路径之外，网络中不存在替代路由器节点。在以下场景中估算网络吞吐率：两个 mesh 路由器之间的双向连接链路未加权，每个 mesh 路由器的无线传输范围约为 100 米，数据传输速率可以假设为 0.1Mbps。

图 6.19　练习题 16 的一个网络示例　265～266

第 7 章

Complex Networks: A Networking and Signal Processing Perspective

小世界无线传感器网络

第 6 章讨论了小世界无线 mesh 网络（SWWMN）的形成和分类。本章将讨论另一种类型的多跳中继网络——小世界无线传感器网络（SWWSN），在讨论的过程中复杂网络的概念将非常有用。无线传感器网络（WSN）是计算机网络中能够应用小世界网络特性来帮助优化网络性能的一个领域。端到端时延、吞吐率、网络健壮性和应用相关的设计是 SWWSN 为我们带来的好处。本章将对 SWWSN 及其优点进行简要介绍，首先对 SWWSN 的现有设计方法进行分类讨论，之后对一些开放性的研究问题进行讨论。

7.1 引言

无线传感器网络（WSN）是一种低功耗、低成本、能量受限的多跳无线中继网络，其密集部署在特定区域中，用于对许多重要的物理参数进行监测。具体需要监测的参数取决于部署传感器网络的应用。比如，在一个用于农业项目的传感器网络中，监测的典型物理参数包括：温度、压力、湿度、水分含量、污染水平以及空气或陆地中存在的各种化学物质。另一个例子是在自然或受保护的环境中，WSN 需要具有定位、监测和跟踪野生动物的功能。无线传感器网络的其他应用包括：军事监视、栖息地监测、病人健康状况监测、地质调查和智能家居应用。WSN 节点状态取决于应用的性质或环境，可以是静态的，也可以是动态的。图 7.1 给出了一个 WSN 的示例，在该图中描述了 WSN 节点和基站（BS）[⊖]之间的连通性
267 情况。

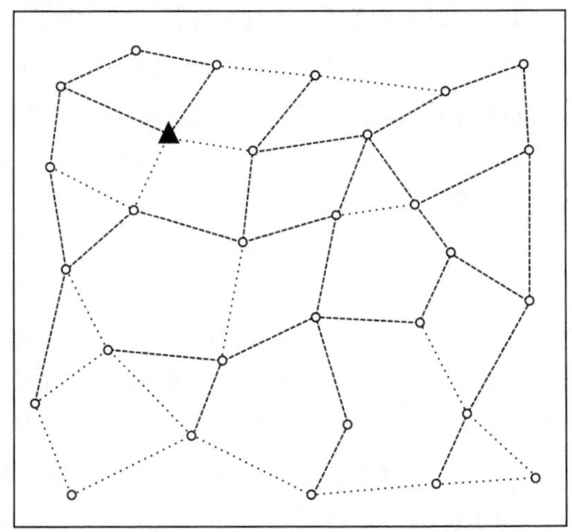

▲基站汇聚节点） ○无线传感器节点 ……无线链路

图 7.1 一个无线传感器网络的例子

WSN 节点由以下几部分组成：一个包含数个传感器的小型电子设备，用于监测感兴趣的物理参数；一个短距离无线电收发器，用于发送和接收监测信息；一个数据处理模块，用于处理监测数据；一组网络协议栈，用于协调多个传感器节点之间的通信；以及一个电源。随着微机电系统（MEMS）的发展，传感器节点的价格更加低廉，体积更加小巧，甚至可以作为一次性装置使用。并且，由于设备成本低廉，通过密集部署传感器节点监测整个区域变得切实可行。在一些地形复杂的应用场景中，可以通过从飞机或无人飞行器（UAV）等空中平台上部署传感器节点来监测感兴趣的参数。在这种情况下，WSN 节点需要具有自组织、
268 自配置、分布式路由、高效节能、高健壮性等通信功能的网络协议栈。

⊖ 基站也称为汇聚节点（SiN）或监测站（MS）。在本书中上，我们交替使用这些术语。

BS 用以实现 WSN 节点与外界的连接。也就是说，BS 接收由传感器节点监测和转发的数据，对数据进行处理，然后发送至用户供进一步应用。因此，在大多数 WSN 中，BS 几乎是静态的，或者它们也可以是那些具有更好的计算能力、通信能力和能量以及具有最小移动性或没有移动性的节点。图 7.1 给出的 WSN 由多个节点和一个 BS 组成，事实上，一个现实世界的 WSN 中可能有多个 BS。

由于 WSN 节点通常能量受限，因此设计高效节能的无线传感器网络极具挑战性。此外，基于多跳中继与 BS 通信的节点，比那些仅负责监测和处理数据的节点消耗更多的能量。另一个主要问题是，在一个大型 WSN 中，边缘传感器节点所发送的数据分组到达 BS 的平均路径长度（APLB）相当大。大多数 WSN 节点的无线收发器传输范围很有限，因此，来自远距离 WSN 节点的通信分组需要经过多跳才能到达 BS。为了获得更好的网络性能，需要降低从 WSN 节点到 BS 的 APLB。

可以通过将 WSN 转换为 SWWSN 来降低网络的 APLB 值，进而改善网络性能。将 WSN 转换为 SWWSN 的一个常用技术就是添加一些远程链路（LL）⊖。值得一提的是，即便在 WSN 节点和 BS 都处于静止状态时，添加 LL 也并非总是可行的。

7.2 小世界无线 mesh 网络和小世界无线传感器网络

对传感器节点而言，与进行原始数据处理相比，从一个节点到另一个节点的分组传输所消耗的能量更多。传感器节点距离 BS 越远，将分组传输到 BS 需要的中继节点就越多。由于中继传输涉及网络中的许多节点，因此通过降低 WSN 的 APLB，可以延长网络中许多节点的寿命。将普通 WSN 转变为 SWWSN 有助于改善诸如 WSN 的能源效率等各种性能参数。

有人认为，创建 SWWSN 的策略与第 6 章讨论的创建 SWWMN 的策略几乎相同。然而，因 WSN 运行在不同的工作环境中，SWWSN 涉及的应用场景也不同。SWWMN 与 SWWSN 之间的主要区别有：节点的移动性，传输流量特征，节点密度，资源约束，以及 LL 添加策略。 269

在 SWWMN 中，无线 mesh 路由器几乎是静态的或具有很小的移动性，它们负责网络中的路径查找、将数据分组路由到指定目的地，以及监视和维持网络连通性等。另一方面，mesh 客户端（如手机、笔记本电脑、PDA 以及类似的用户设备）本质上是移动的，并且是数据分组的发起者或接收者。因此，SWWMN 可以被视为一个局部移动网络。相比之下，SWWSN 中部署的传感器节点是固定的，这些节点通过多跳无线网络与固定的 BS 进行通信。因此，SWWSN 可以被认为是一种没有移动性或移动非常受限的静态网络。

SWWMN 的用户流量主要分布在客户端设备之间以及客户端设备到因特网网关之间。并且，这些流量通常是由用户通信生成的流量，比如 Web 访问数据、语音和视频流量。在许多 WMN 部署应用中，在使用网络之前可以安装 mesh 路由器。在这种情况下，在网络的固定的无线 mesh 路由器之间添加少量 LL，很容易就能够设计和部署 SWWMN。SWWMN 主要应用于宽带社区网络、高速公路通信网络、民用通信网络、灾难响应网络和战术通信网络，这些网络在规模上包括数十到数百个节点不等。

在 SWWSN 中，流量从微型传感器节点流向 BS 或汇聚节点，而并不希望流量在某个

⊖ 注意，LL 也称为快捷链路或新链路。在本书中，我们交替使用这些术语。

传感器节点处终止。在 SWWMN 中通过所有节点对之间的路径计算网络的 APL 值，而在 SWWSN 中 APLB 只是用于计算网络中传感器节点和 BS 之间的最短路径长度。值得注意的是，在 WSN 中流量是从传感器节点流向 BS。此外，由 WSN 节点生成的流量通常由监测数据构成，与 WMN 节点发起的用户流量相比，这些流量规模相对非常小。

此外，在 SWWSN 的工作区域中，可能会密集部署了数千个微型 WSN 节点，通过执行不同类型的传感和监测任务来收集有价值的数据。因此，与 SWWMN 相比，SWWSN 的节点密度（每单位面积的节点数）通常较高。在收集所有数据后，WSN 节点对原始数据进行预处理然后将数据传输到 BS，BS 进行进一步处理并将数据转发到因特网上的数据库。与 SWWSN 相比，SWWMN 的节点密度较低。在 SWWSN 中，高节点密度需要有效的带宽和流量管理操作。因此，节点密度也被视为创建 SWWSN 的参数之一。

WMN 和 WSN 之间最重要的一个区别是，与 WMN 节点相比，WSN 节点的可用资源非常有限。WSN 节点的处理功率（几十 KHz 到几十 MHz）、内存资源（几 KB 到几 MB）、传输范围（几米到几十米）、数据传输速率（几十 Kbps 到几百 Kbps）和电源能量（3V 电池、能量收集源，甚至是从周围环境中收集的废弃能量）均非常有限。另一方面，WMN 路由器
270 的能力要好于 WSN 节点几个数量级。例如，WMN 路由器可能具有几百 MHz 到 1GHz 甚至 3GHz 的处理器，几十 MB 至 GB 的存储器资源，传输范围从几百米到几十千米不等，数据速率从几十 Mbps 至几百 Mbps，电源容量范围为 12V、6 安培小时的电池，直至可以利用电力线无限制供电。

因此，正如 WSN 节点的工作环境以及监测的数据类型与 WMN 的不同，SWWSN 的 LL 添加策略与 SWWMN 也不同。

7.3　为何选择小世界无线传感器网络

在开始研究 SWWSN 的设计、开发和部署之前，对 SWWSN 相对传统 WSN 的优点进行合理评价非常重要。与传统 WSN 相比，SWWSN 的主要优点如下：

- 通过 SWWSN 可以降低到基站的平均路径长度（APLB）。在图 7.2a 中，节点 S_1 和 S_2 的 APLB 为 1，而节点 S_4 和 S_5 的 APLB 分别为 3 和 4，因此整个网络的 APLB 为 2.2 跳。在图 7.2b 中，在 BS 和节点 S_3 之间添加了一条 LL。最终，除 S_1 和 S_2 外，所有节点到 BS 的路径长度均被降低。此时可以发现网络的 APLB 减少到了 1.6 跳。因此，网络变小了大约 0.6 跳！
- 通过 SWWSN 可以降低数据分组传输中的端到端时延。同样是图 7.2 的示例，对于给定的网络 APLB 值（以跳数为单位），平均端到端时延可以计算为：

$$D = \text{APLB} \times (D_p + D_{\text{MAC}}) \tag{7.3.1}$$

其中 D 表示节点到 BS 的平均时延，D_q 表示每跳的平均排队时延，D_{MAC} 表示由于链路层的媒体访问控制以及传输带来的每跳平均时延。对于 SWWSN，在给定 D_q 和 D_{MAC} 的情况下，降低 APLB 有助于获得更低的 D 值。因此，在许多实际系统中，精心设计 SWWSN 可以获得更好的端到端时延性能。

- 可以降低大部分节点将数据分组从 WSN 节点传输到 BS 时的能耗。图 7.3a 所示的网络拓扑由一个 BS 和 N 个 WSN 节点组成。假设从传感器节点到 BS 之间存在 N 条流，则这 N 条流的传输总次数 T_{WSN} 可以计算为：

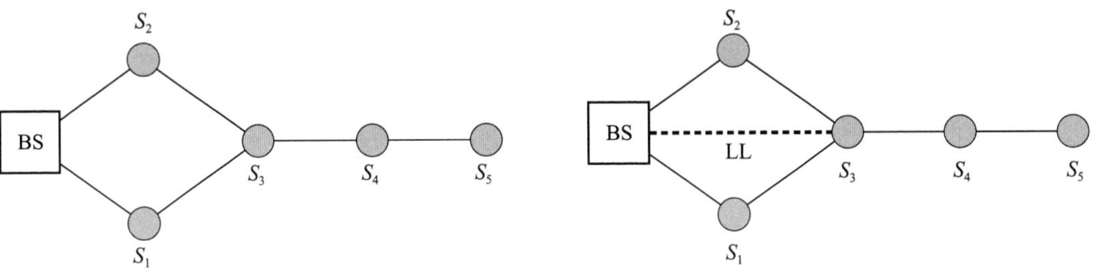

图 7.2 SWWSN 变换和 APLB 降低的例子

$$T_{\mathrm{WSN}}=\sum_{i=1}^{N}i=\frac{N(N+1)}{2} \tag{7.3.2}$$

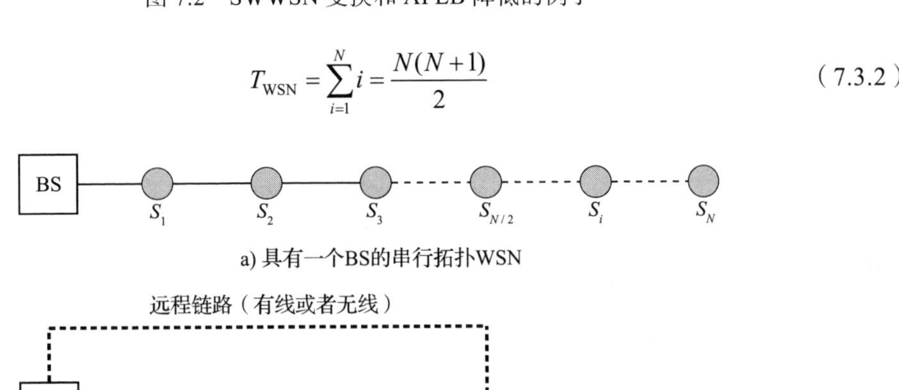

图 7.3 SWWSN 的能量高效性 271~272

若 E_{WSN} 表示 WSN 中节点消耗的总能量，该值与传感器节点的传输总次数成正比，则 E_{WSN} 可以计算为：

$$E_{\mathrm{ESN}}=kT_{\mathrm{WSN}}=k\times\frac{N(N+1)}{2} \tag{7.3.3}$$

其中 k 表示每次传输所消耗能量的一个比例常数。当在节点 $S_{N/2}$ 和 BS 之间添加一条 LL 时，传感器节点的网络能耗会有所降低。这里 LL 可以是有线或无线链路。与无线链路相比，有线链路消耗的传输功率更少。假设 LL 传输消耗的能量可以忽略不计，当从 $S_{N/2}$ 到 S_N 的节点通过 LL 与 BS 进行通信时，这些流的传输总次数为：

$$T_{N/2-N}=\sum_{i=0}^{N/2}(i+1) \tag{7.3.4}$$

在公式中加 1 是考虑了为到达 BS 而在 LL 上进行的 1 次传输。同样，假设从 S_1 到 $S_{N/2}$ 的节点通过 WSN 中的普通链路与 BS 进行通信，则这些流的传输次数为：

$$T_{1-N/2}=\sum_{i=0}^{N/2-1}i \tag{7.3.5}$$

因此，添加 LL 后，网络中的传输总数（即 T_{SWWSN}）可以计算为：

$$T_{\mathrm{SWWSN}}=T_{1-N/2}+T_{N/2-N}=2\left(\sum_{i=0}^{\frac{N}{2}-1}i\right)+\frac{N}{2}+\frac{N}{2}+1 \tag{7.3.6}$$

SWWSN 的能量消耗可以计算为：

$$E_{\text{SWWSN}} \approx k \times \left(2 \times \sum_{i=0}^{\frac{N}{2}-1} i + \frac{N}{2}\right) + \left(\frac{N}{2}+1\right) E_{\text{LL}} \tag{7.3.7}$$

对公式（7.3.7）进行简化，E_{SWWSN} 可以表示为

$$E_{\text{SWWSN}} \approx k \times \frac{N^2}{4} + LL\text{消耗的能量} \tag{7.3.8}$$

注意，公式（7.3.8）没有详细说明 LL 的能量消耗。若 LL 传输所需的能量为 E_{LL}，则 SWWSN 的能量消耗可以计算为：

273 $$E_{\text{SWWSN}} \approx k \times \frac{N^2}{4} + \left(\frac{N}{2}+1\right) E_{\text{LL}} \tag{7.3.9}$$

通过公式（7.3.3）和公式（7.3.9），将 WSN 转换为 SWWSN 节约的能耗 E_S 可以计算为：

$$E_S = E_{\text{WSN}} - E_{\text{SWWSN}} \tag{7.3.10}$$

即：

$$E_S \approx k \times \frac{N(N+1)}{2} - \left[k \times \frac{N^2}{4} + \left(\frac{N}{2}+1\right) E_{\text{LL}}\right] \tag{7.3.11}$$

简化公式（7.3.11），则有：

$$E_S \approx \frac{kN(N+2)}{4} - \left(\frac{N}{2}+1\right) E_{\text{LL}} \tag{7.3.12}$$

因此，当 $E_{\text{LL}} \times \left(\frac{N}{2}+1\right) < \frac{kN(N+2)}{4}$ 时，将 WSN 转换为 SWWSN 可以实现能量节省。在这种情况下，精心设计和实现 LL 不仅可以降低 APLB，而且还可节省能量消耗。

- 将 WSN 转变为 SWWSN 提高了网络中大多数节点的寿命。在图 7.3 所示的 SWWSN 中，通过公式（7.3.3）到公式（7.3.9）可知，网络中的平均传输能量消耗较低（例子如下所示）。由于能耗较低，进而延长了节点的平均寿命。

示例

在图 7.3 所示的网络中，$N = 10$ 且 E_{LL} 可以忽略不计。则原始 WSN 中消耗的能量 $E_{\text{WSN}} = k \times \frac{N(N+1)}{2} = k \times 55$。另一方面，转换为 SWWSN 之后消耗的能量 $E_{\text{SWWSN}} = \frac{kN(N+2)}{4} = 30k$。由此可知，平均能耗降低到 54%。即，SWWSN 的平均能量消耗几乎只有 WSN 的一半。较低的能耗可延长网络中节点的寿命。

- SWWSN 增强了端到端流量的性能，例如网络中 WSN 节点和 BS 之间的吞吐量和时延。在网络中，吞吐量与端到端时延成反比。可以发现，SWWSN 通过降低 APLB 可以减少平均端到端时延，从而实现更高的吞吐量和更低的时延。
- 通过 SWWSN 可以提高大规模 WSN 的可扩展性。可扩展性是指 WSN 确保网络性能
274 与节点数量无关的能力。通过 SWWSN，网络可以减少带宽、能量以及其他方面的

资源消耗。由于资源消耗较低，网络的可扩展性可以得到改善。

- 在稀疏的部署环境中，采用 SWWSN 方法更便于 WSN 的设计与部署。稀疏的部署环境区域较大，节点密度低。在这样稀疏的区域中，使用短距离无线电确保多跳无线连通性很困难。然而，利用一些具有 LL 工作能力的节点，可以建立高效的稀疏 WSN。
- 在许多部署中，WSN 可能并不遵循以泊松点过程为特征的节点分布、以 Erdös-Rényi（ER）随机过程为特征的邻居度分布或者无标度网络特征。因此，WSN 中节点的邻居度关系取决于因无线电传输范围受限而带来的传输局限性。故节点的度分布、连通性和其他网络参数的评估需要考虑到传输范围的受限性和部署环境的传播特性。

7.4 将 WSN 转换为 SWWSN 面临的挑战

为了获得 7.3 节所述的 SWWSN 的优势，我们面临诸多挑战。本节将详细讨论将 WSN 转换为 SWWSN 的一些主要挑战。

- 大多数 WSN 节点只有一个无线接口，但将 WSN 转变为 SWWSN 时，需要一些高级传感器（H-sensor）节点，它们具有至少两个无线电接口，一个接口在短传输范围内工作，另一个接口在较长的传输范围内工作。制造具有多个接口的低功率设备代价比较昂贵，因此网络节点的成本会很高。
- WSN 的处理器和内存等计算资源十分有限。因此，将 WSN 转换为 SWWSN 至少需要一些节点具有更多的资源。比如，LL 节点可能面临更高的流量，需要更大的缓冲区和更强的处理能力。在不考虑计算机资源需求的情况下，LL 节点可能导致性能瓶颈。
- WSN 中的节点具有非常有限的传输范围和较强的能量约束。因此，将 WSN 转变为 SWWSN 时，需要一些与 LL 连接的节点能够以更高的传输范围工作。与传输范围更短的普通链路相比，这种 LL 将会消耗更多的能量。

  为实现通信范围 R 所需的传输功率 P_t 与 $R^{-\beta}$ 成正比，其中 β 是路径损失指数。
  考虑这样一种情况，将 P_t 提升至 P_t' 以获得 k 倍于原来的传输范围 R'，即 $R'=kR$。因 275
  此，在相同的环境参数和路径损失指数的情况下，可以得到：

$$P_t' = P_t \times \left(\frac{R'}{R}\right)^{\beta} = P_t \times \left(\frac{kR}{R}\right)^{\beta} \tag{7.4.1}$$

$$P_t' = P_t \times k^{\beta}$$

  注意，根据 k 的取值不同，所需的传输功率可能会很高。如此高的功率需求导致可行的设计方案非常有限，或者采用新解决方案——用高度定向的天线创建 LL。

示例

为了实现比标准 WSN 链路长四倍的 LL 传输范围，当 β 是 2 时，所需的传输功率大约是标准链路的 16 倍。由于 WSN 是严重能量受限的，创建 LL 是一个非常具有挑战性的问题，并且 WSN 节点需要基于额外电源的特殊设计来形成 LL。

注意，LL 的创建也可以使用有线链路或光学点对点链路，与无线 LL 相比，这些链路需要的传输能量相对较低。

- 有线LL适用于传输能量存在问题的SWWSN部署场景中。然而，有线LL也带来了一些新的挑战。第一，使用有线LL时要求节点具有有线网络接口，例如RJ45或RJ11接口等，而添加额外的网络接口将增加传感器节点的成本和物理尺寸。有线LL的另一个问题是需要在网络环境中部署长距离电缆。对于覆盖大型工作区域的网络，需要与该区域规模相类似长度的电缆。在这种情况下，需要额外的有线网络中继器来确保通过电缆的通信质量。此外，与无线LL相比，在大型工作区域中进行电缆的物理部署是一项非常艰巨的任务。一旦部署，在基于有线LL的SWWSN中，网络的重新配置也是一项非常繁琐的任务。
- 由于只有有限的节点具备LL能力，一些简单的设计方法（例如随机选择节点创建LL）无法在WSN中使用。因此，在SWWSN的许多部署环境中需要复杂的设计方案。
- 由于使用无线传输的LL之间可能存在干扰，SWWSN还必须处理复杂的信道分配问题。信道分配算法需要考虑LL的物理层特征以及普通链路（NL）。例如，针对全向
276 LL的信道分配算法可能无法有效地用于基于定向天线的LL信道分配。
- 应用部署相关的SWWSN设计至关重要。创建LL需要考虑WSN中存在的流量模式，这种模式与社交网络、WMN以及因特网等网络形式截然不同。在WSN中，流量流向为从WSN节点到BS或从BS到传感器节点。即，BS充当了所有端到端通信流的源节点或汇聚节点。在一些采用数据融合或信息融合的WSN中，融合数据可以最终被BS处理。在SWWSN中，LL的添加过程需要考虑网络中的数据流。

  根据应用的部署情况，网络的拓扑也会受到影响。例如，基于线性拓扑的SWWSN与基于任意拓扑的SWWSN相比，其设计方法也不相同。
- SWWSN的设计必须非常谨慎，以避免发生布雷斯悖论[127]。布雷斯悖论指的是在网络中添加新链路可能导致网络性能下降的情形。例如，在道路网络中，创建新的道路可以降低APL；然而，若许多司机都选择走近路，则可能导致拥堵和较长的等待时间，致使整体出行时间增加。在SWWSN中，无线信道的使用尤其具有挑战性。例如，当LL和NL共享频谱时，频谱重叠可能导致更多的冲突，进而导致带宽浪费。

7.5 SWWSN的远程链路类型

SWWSN设计面临的最大挑战之一是创建LL。由于LL是SWWSN非常昂贵的资源，应该认真规划它们的用途。为SWWSN创建LL通常考虑以下技术可行性：有线LL；基于全向天线的无线LL；基于定向天线的无线LL；以及基于卫星的LL。

有线链路可用于在各种SWWSN中创建LL。有线LL可以通过创建远程电缆与SWWSN节点进行连接，如带有中继器的以太网电缆（例如，RJ45）或者带有合适的调制解调器的电话线（例如RJ11）。

277 创建LL的另一种技术选择是使用全向无线链路。这种类型的LL可以通过两种方式实现：通过增加无线电接口的传输功率来提升其通信范围；或使用另外一种无线通信网络（例如蜂窝网络）来创建LL。现有的全向无线电收发器可以通过更高增益的功率放大器增强通信范围，从而满足LL的要求。或者，对于低传输范围SWWSN，可用蜂窝网络无线电实现给定SWWSN节点之间的LL通信。全向无线LL的主要优点是构建LL时具有较小的复

杂性，因此使得 SWWSN 的设计复杂性也较小。全向 LL 的主要缺点是在不同 LL 之间以及 LL 和 NL 之间可能发生强干扰。

除了基于全向无线网络的 LL，另一种通常用于 LL 创建的方式是使用基于定向天线的点对点无线电链路。与全向无线 LL 相比，定向 LL 在设计和部署阶段可能面临更多的复杂性；然而，其主要优点是减少了 LL 引起的干扰。

最后，基于卫星的通信链路也可用于在 SWWSN 中创建 LL。使用低数据速率的分组交换卫星链路可作为提供 LL 的商业服务。许多典型技术在市场上可商购。

铱星 9602 是一种可用于 SWWSN 设计和部署的调制解调器 [128]，该调制解调器的一些技术规格如下：1）外形尺寸非常小（41mm × 45mm × 13mm），重量仅有 30 克。

2）频带为 1616～1626.5MHz 时分双工（TDD）方法和 TDMA / FDMA 复用方法。

3）功耗如下：平均空闲电流 45mA，峰值空闲电流 195mA，峰值发射电流 1.5A，平均发射电流 190mA，峰值接收电流为 195mA，平均接收电流为 45mA，用于报文传输的平均电流 190mA，短突发数据（SBD）消息传输的平均功率 1.0W。

这一调制解调器可以与 SWWSN 节点相连接，进而通过铱星 M2M 卫星服务获得 LL 功能。由 SWWSN 节点生成的大小为 340 字节的 SBD 报文和由 SWWSN 节点接收的大小为 270 字节的报文可以提供小于 1 分钟统一全球时延的 LL 连通性㊀。与铱星 9602 调制解调器类似，铱星 9603 调制解调器 [129] 以及当前计划的铱星边缘设备 [130] 也可用于在 SWWSN 中创建 LL。

7.6 将 WSN 转换为 SWWSN 的方法

将 WSN 转换为 SWWSN 的方法多种多样，图 7.4 对现有的 SWWSN 创建方法进行了分类展示，在后面各个小节中我们将分别对每一种方法进行详细介绍。 278

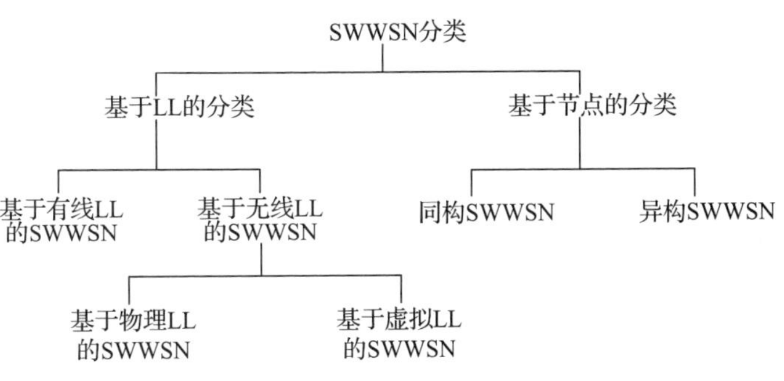

图 7.4 SWWSN 形成方法的分类

7.6.1 现有方法的分类

现有创建 SWWSN 的方法可以分为两个主要类别：基于 LL 的分类和基于节点的分类。基于 LL 的分类可以划分为两类 SWWSN：有线 LL 和无线 LL。类似地，基于节点的分类也可以划分为两类 SWWSN：同构 SWWSN 和异构 SWWSN。

基于链路类型创建 SWWSN 的方法可以进一步分为两类：基于有线 LL 的方法和基于无线 LL 的方法。在具有固定传感器的大型传感器场地中可以部署一些有线基础设施，在该情

㊀ 关于铱星 9602 的详细技术讨论请参见文献 [128]。

况下基于有线 LL 的方法是创建 SWWSN 的可靠方法。而在不存在有线 LL 的 WSN 中，或者在移动传感器的情况下，无线 LL 是唯一可行的解决方案。基于无线 LL 的方法也可以进一步分为两类：异构 SWWSN 和同构 SWWSN。在异构 SWWSN 中，某些 WSN 节点相对于其他 WSN 节点具有更强地建立 LL 的能力，而在同构 SWWSN 中，每个 WSN 节点都具有建立 LL 的能力。基于无线 LL 的另一种分类方式是根据在 SWWSN 中所形成 LL 的类型：物理的或虚拟的。例如，在某些 SWWSN 中可以形成物理无线 LL，而在另一些网络中则可能形成虚拟无线 LL。形成基于虚拟 LL 的 SWWSN 的一个例子就是通过 UAV 来创建临时的周期性或非周期性 LL，以便创建用于收集数据的主干信道或 LL。在本章后面部分将详细介绍将 WSN 转换为 SWWSN 的现有方法。

7.6.2　性能评估测度

279 由于 SWWSN 不同于 SWWMN 以及其他类型的复杂网络，因此在对它们的性能进行评估时需要不同的测度。下面给出了一些在评估 SWWSN 性能方面有用的测度。

1. APLB 比率

APLB 是与 SWWSN 性能评估相关的指标之一，其定义等价于 APL。若 WSN 仅包括一个 BS，则 APLB 定义为从每个 WSN 节点到该 BS 的 APL。否则，若 WSN 由多个 BS 组成，则使用从每个 WSN 节点到其最近的 BS 的 APL 来计算 APLB。具体而言，APLB 可以计算如下：

$$\text{APLB} = \frac{\sum_{i \in S} d(i, \text{BS})}{N} \tag{7.6.1}$$

其中 S 代表网络中所有节点的集合，N 为节点数量，$d(i, \text{BS})$ 为从节点 i 到其最近 BS 的最短路径长度。

APLB 比率定义为 SWWSN 与所对应没有 LL 情况下的 WSN 的 APLB 比值。例如，可以将 APLB 比率称为 APLB 降低因子，其计算表达式为 $\frac{\text{APLB}_{\text{SWWSN}}}{\text{APLS}_{\text{WSN}}}$，该值描述了将网络转换为 SWWSN 而使得 APLB 降低的比例。进一步，数值 $1-\frac{\text{APLB}_{\text{SWWSN}}}{\text{ABLS}_{\text{WSN}}}$ 则表示了由于将 WSN 转换为 SWWSN 而导致 APLB 的降低量。

为了对具有特定参数（例如 LL 的数量或 LL 的长度）的 SWWSN 进行性能评估，可以使用 APLB 参数的一些额外表示形式。例如，APLBSWWSN(k) 指在添加 k 条 LL 之后所对应 SWWSN 的 APLB 估计值，此种情况下的 APLB 比率可以表示为

$$\text{APLB}_{\text{ratio}} = \frac{\text{APLB}(k)}{\text{APLB}(0)} \tag{7.6.2}$$

其中 APLB(k) 和 APLB(0) 分别表示具有 k 条和 0 条 LL 的 WSN 网络的 APLB。

示例

若一个 N 节点 WSN 的 APLB 为 $N/2$，且将其转化为 SWWSN 后 APLB 值降低为 $N/4$，则 APLB 降低因子为 $\frac{N/4}{N/2}=0.5$，也就是说，由于将网络转化为了 SWWSN，APLB 降低了 50%。

---

2. ACC 比率

ACC 比率是能够用于评估具有其他关键参数（例如 LL 的数量和 LL 的长度）的 SWWSN 性能的另一个重要参数，它被定义为 SWWSN 与原始 WSN 的 ACC 的比率。例如，若 280
ACC(k) 代表添加 k 条 LL 之后 SWWSN 的 ACC 值，则 ACC 比率可以表示为

$$\text{ACCratio}=\frac{\text{ACC}(k)}{\text{ACC}(0)} \tag{7.6.3}$$

3. LL 饱和度

当在 SWWSN 中添加少量 LL 时，APLB 比率就会变得非常大。但是当不断增加网络中的 LL 数量时，APLB 比率呈现收益递减的特性。也就是说，当 LL 的数量增加时，APLB 的降低量在不断减少。LL 饱和度为一个数值 N_{Sat}，当添加到给定网络中的 LL 的数量超过该数值时，所带来的性能提升可忽略不计。换句话说，网络中的 LL 已经饱和，无法再通过添加 LL 进一步显著降低 APLB 的值。

导致 LL 饱和的可能原因主要有两种。首先，添加 LL 时的约束条件可能导致无法再添加新的 LL。例如，在 7.6.10 节中讨论的基于禁止距离的 SWWSN 中，在添加一条新的 LL 时，需要考虑现有 LL 的位置以及由禁止距离参数所禁止的节点。因此，在添加非常少量的 LL 之后，该策略可能就无法再添加新的 LL。在这种情况下，由于 LL 添加策略的约束特性，WSN 中的 LL 已经饱和。N_{Sat} 值可能取决于网络中节点的数量、LL 添加策略以及 LL 的特性。

其次，添加新的 LL 所带来的性能改善可以忽略不计，因此就不存在进一步添加 LL 的理由。在具有大量节点且 LL 添加策略并不进行强制约束的网络中，持续向网络中添加 LL 可能并不能帮助提升网络性能。在这种情况下，可以通过实验确定 LL 添加所带来的性能优势，进而找出 LL 饱和点。

7.6.3 将正则拓扑 WSN 转换为 SWWSN

在一些特定的 WSN 应用中，其网络拓扑可以看作一个正则拓扑，例如线性拓扑、环形拓扑、2 维网格拓扑、3 维网格拓扑或者其他任何类似的正则网络拓扑等。在这种情况下，将 WSN 转换为 SWWSN 可以为网络带来性能方面的优势。下面将给出一些具体的案例。

1. 线性拓扑的转换

图 7.5a 给出了具有 1 个 BS 的串行 WSN 拓扑，网络中的链路和边共同形成了位于节点 S_1 和 S_N 之间的线性拓扑。所有源于节点 S_N 的通信都会被节点 S_{N-1} 转发至 S_1，并最终交付给
BS。因此，网络的 APLB 可以计算为 $\text{APLB}=\frac{\sum_{i=1}^{N} i}{N}\approx\frac{N}{2}$。对于一个具有很多节点的大规模网 281
络，APLB 的值可能会很大，进而导致网络存在高时延和低吞吐率的特征。将该网络转化为 SWWSN 将能够提升网络的性能。

图 7.5b 显示通过在节点 $S_{N/2}$ 与 BS 之间添加 1 条 LL，即可将串行 WSN 拓扑转化为 SWWSN。假设该 LL 是一条有线或者无线链路，随后从网络节点到 BS 的 APLB 可以在考虑如下几种场景流量的基础上进行计算。

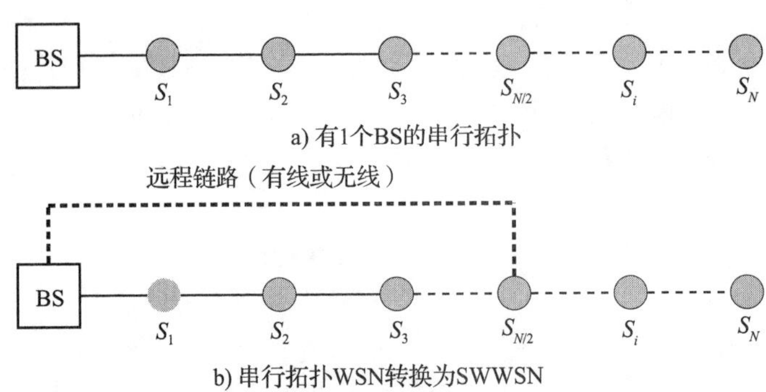

a) 有1个BS的串行拓扑

b) 串行拓扑WSN转换为SWWSN

图 7.5　线性拓扑 WSN 转换为 SWWSN 的示例

1）位于 $S_{N/2}$ 到 S_N 之间的节点都将使用该 LL 与 BS 进行通信。

2）位于 $S_{N/4}$ 到 $S_{N/2}$ 之间的节点都将使用该 LL 与 BS 进行通信。

3）位于 S_1 到 $S_{N/4}$ 之间的节点都将使用原来的线性拓扑 WSN 与 BS 进行通信。

因此，整个网络的 APLB 可以通过对上述 3 个网段的 APLB 值取平均得到。

由位于 $S_{N/2}$ 到 S_N 之间的节点所组成的网段的 APLB 值可以采用如下方式计算：

$$\mathrm{APLB}_{N/2-N}=\frac{\sum_{i=1}^{N/2} i}{N/2}\approx\frac{N}{4} \tag{7.6.4}$$

类似地，由位于 S_1 到 $S_{N/4}$ 之间的节点所组成的网段的 APLB 值可以采用如下方式计算：

$$\mathrm{APLB}_{1-N/4}=\frac{\sum_{i=1}^{N/4} i}{N/4}\approx\frac{N}{8} \tag{7.6.5}$$

最后，由位于 $S_{N/4}$ 到 $S_{N/2}$ 之间的节点所组成的网段的 APLB 值可以采用如下方式计算：

$$\mathrm{APLB}_{N/4-N/2}=\frac{\sum_{i=1}^{N/4} i}{N/4}\approx\frac{N}{8} \tag{7.6.6}$$

282 因此，如前所述，整个网络的 APLB 可以根据这 3 个网段的 APLB 平均值得到，约为 $N/5$。也就是说，通过在节点 $S_{N/2}$ 与 BS 之间添加一条 LL，网络的 APLB 值可以降低为 $\frac{3N}{16}\approx 0.19N$，略低于 N/5。在线性拓扑 WSN 中添加更多的 LL 将进一步改善 APLB 的值。因此，将线性拓扑 WSN 转化为 SWWSN 能够改善网络的 APLB，进而优化网络的时延和吞吐率性能。

2. 环形拓扑的转换

与线性拓扑的 WSN 类似，环形拓扑 WSN 是另一个可以转化为 SWWSN 的正则拓扑网络。环形拓扑网络的优点之一就是，相对于线性拓扑 WSN，环形拓扑 WSN 具有更好的冗余性和健壮性。例如，在线性拓扑 WSN 中，单个节点或链路的故障可能会导致一系列节点无法通信。而在环形拓扑网络中，单个节点或链路的故障并不会影响网络中节点与 BS 通信的能力。

图 7.6a 给出了一个具有 N 个节点和单个 BS 的环形拓扑 WSN。节点 S_1 到 S_N 组成一个环形拓扑结构，其中每个 WSN 节点具有两个邻居。可以通过如下方式计算该拓扑的 APLB：$S_{N/2}$ 是与 BS 距离最远的节点，因此网络可以划分为两个部分：由节点 S_1 到 $S_{N/2}$ 组成的网段

和由节点 $S_{N/2+1}$ 到 S_N 组成的网段。取决于 N 是偶数还是奇数，两个网段中节点的数量相同或者相差一。在后面的讨论中我们忽略这一有差别的情况，假设环形网络的每个网段都具有完全相同数量的节点，从而使得两个网段具有相同的 APLB 值。因此在每个网段中，最远节点与 BS 的距离为 $N/2$ 跳，而网段的 APLB 值可以计算如下：

$$\text{APLB}_{1-N/2} = \text{APLB}_{N/2-N} = \frac{\sum_{i=1}^{N/2} i}{N/2} \approx \frac{N}{4} \tag{7.6.7}$$

也就是说，环形拓扑 WSN 的 APLB 值约为 $N/4$。

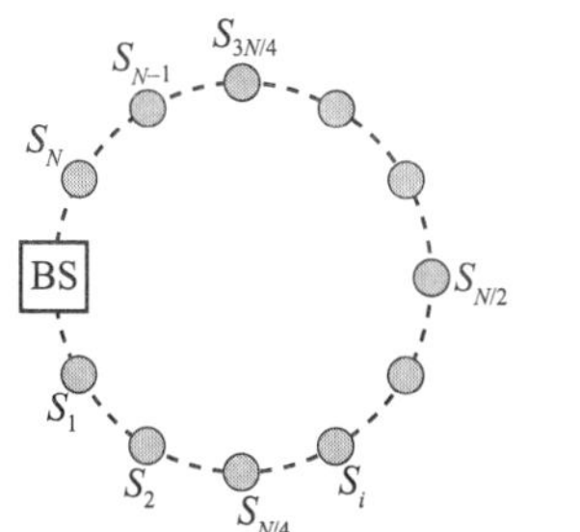

a) 单BS的环形拓扑WSN

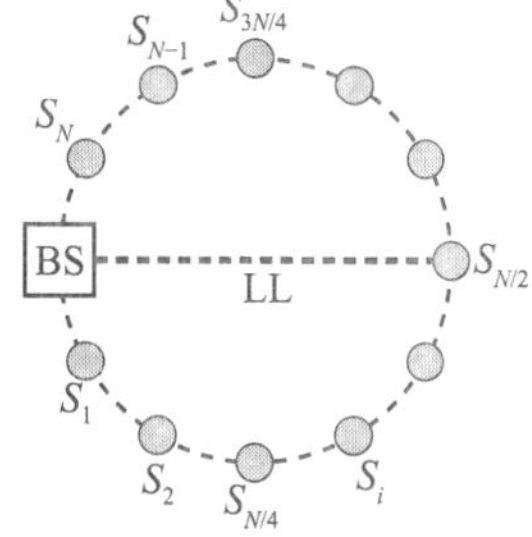

b) 将环形拓扑WSN转换为SWWSN

图 7.6 将环形拓扑 WSN 转换为 SWWSN 的例子

图 7.6b 给出了在节点 $S_{N/2}$ 和 BS 之间添加了一条 LL 之后的环形拓扑 WSN，该 LL 的添加使得网络转换为了 SWWSN。

除了降低网络的 APLB 之外，该条 LL 的添加还提升了网络的冗余性和健壮性。为了计算该网络的 APLB，我们可以将网络划分为四个网段进行考虑：节点 S_1 到 $S_{N/4}$，节点 $S_{N/4}$ 到 $S_{N/2}$，节点 $S_{N/2}$ 到 $S_{3N/4}$，以及节点 $S_{3N/4}$ 到 S_N，其中第一与第四网段中的节点直接与 BS 进行通信，而第二与第三网段中的节点则通过 LL 与 BS 进行通信。每个网段的 APLB 均约等于 $N/8$，因此整个网络的 APLB 也约等于 $N/8$。

可以在网络中添加更多的 LL 以进一步提高 SWWSN 的 APLB 性能。但是，LL 的添加应当具有一定的策略，以便获得最大的收益。图 7.7 给出了具有两条 LL 的环形拓扑 SWWSN。在图 7.7a 和图 7.7b 中，分别以两种不同的方式添加 LL。与图 7.6b 所示的情况相比，按照图 7.7a 方式所添加的两条 LL 并没有带来任何额外的收益。

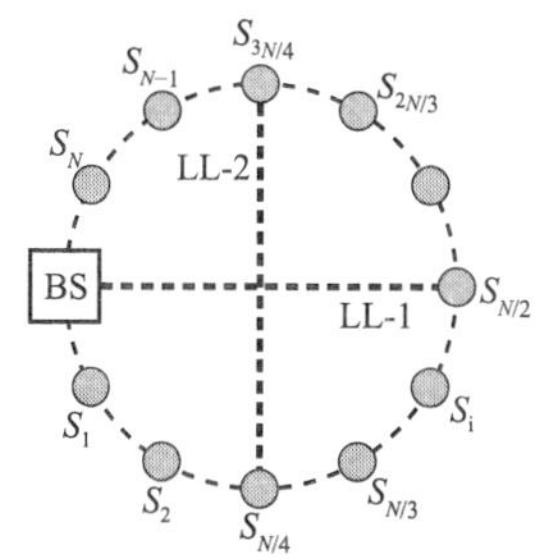

a) 具有两条LL的SWWSN拓扑

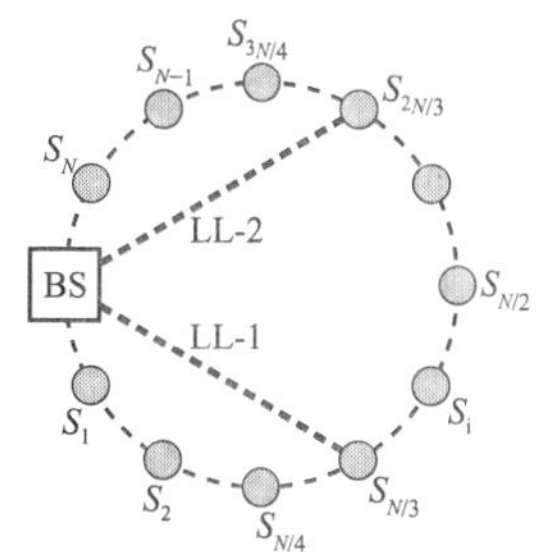

b) 具有两条LL的另一种形式的SWWSN

图 7.7 具有两条 LL 的环形拓扑 SWWSN 的例子 283~284

图 7.7a 中的拓扑的 APLB 值约为 $N/4$，添加的第二条 LL（LL-2）并没有带来额外的收益。另一方面，图 7.7b 同样具有两条 LL：LL-1 和 LL-2，它们分别连接了 BS 节点与 $S_{N/3}$ 节

点，以及 BS 节点与 $S_{3N/4}$ 节点。相比于图 7.7a，图 7.7b 中两条 LL 的组织方式使得 APLB 得到了进一步降低。具体而言，由于添加了这两条 LL，整个网络的 APLB 降低为约 $N/12$。

3. 网格拓扑的转换

与线性拓扑和环形拓扑的 SWWSN 相类似，网格拓扑是另一种可以轻松转换为 SWWSN 的典型正则拓扑。图 7.8 给出了一个以 6×6 方式组织的 36 个节点的网格拓扑，其 APLB 值可以采用如下方式进行计算。在图 7.8a 中：4 个节点到 BS 的距离为一跳，8 个节点到 BS 的距离为两跳，12 个节点到 BS 的距离为三跳，8 个节点到 BS 的距离为四跳，4 个节点到 BS 的距离为五跳。因此网络的 APLB 值为 3。如图 7.8b 所示，通过将该网络转换为 SWWSN，并将 BS 与距离其最远的 4 个节点相连，则新的 APLB 可以计算如下：由于添加了 4 条 LL，网络中与 BS 的距离为一跳、两跳和三跳的节点数分别为 8、16 和 12，故而网络的 APLB 值为 2.11 跳。因此，相对于未添加 LL 的网格拓扑网络，APLB 的比率为 0.703。

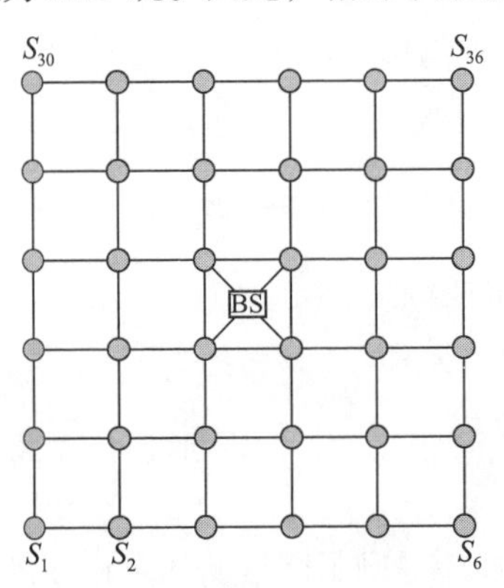

a) 具有1个BS的36节点网络拓扑WSN

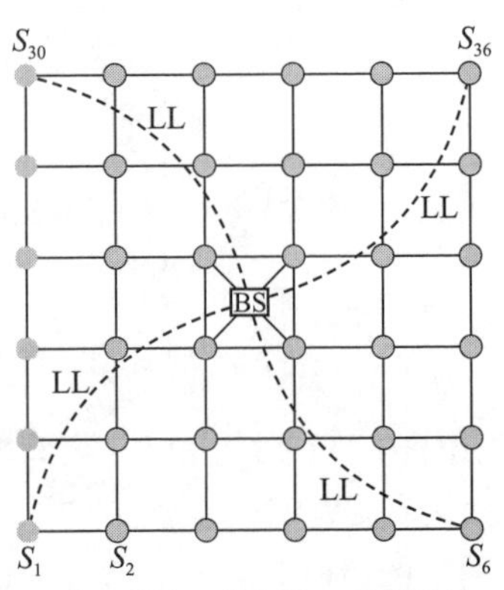

b) 将36节点网络拓扑WSN转换为具有4条LL的SWWSN

285 图 7.8　网格拓扑 SWWSN 的例子

7.6.4　随机模型异构 SWWSN

随机模型异构小世界无线传感器网络（RM-SWWSN）是为异构 WSN 创建 SWWSN 的最简单方法之一。异构 WSN 中的节点具有不同的计算和通信能力。最简单的异构无线传感器网络（HWSN）包括两种类型的节点：高性能传感器（H 传感器）节点和低性能传感器（L 传感器）节点。H 传感器具有更好的计算和通信资源，且该传感器包括多个无线电接口，其中至少有一个接口支持远距离通信。L 传感器具有非常有限的计算和通信资源，且其无线电接口仅支持短距离通信操作。图 7.9 给出了一个 RM-SWWSN 的例子，其中只显示了在 H 传感器之间所形成的 LL 情况。需要注意的是，RM-SWWSN 模型只能够适用于 HWSN。RM-SWWSN 中的关键方法就是在 H 传感器之间以概率 p 形成一组随机 LL，以降低整个网络的

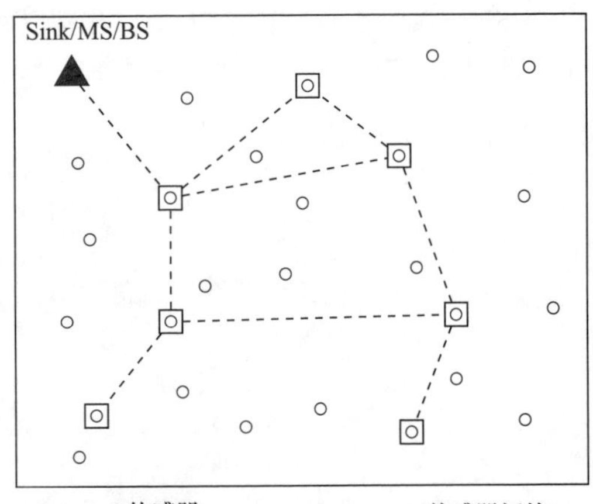

图 7.9　通过 RM-SWWSN 创建 SWWSN 的例子

APLB 值。由于所添加的随机 LL 降低了 H 传感器所组成网络的 APL，并且所有的 L 传感器的通信数据能够通过 H 传感器快速到达 BS，因此网络的 APLB 值得到了降低。

RM-SWWSN 的优缺点

RM-SWWSN 的主要优点包括：与非 SWWSN 相比降低了网络的 APLB；该方法非常简单，并且易于在 HWSN 中实现。 286

RM-SWWSN 方法的主要缺点在于：用于创建 LL 的 H 传感器是随机选择的，并未考虑网络中的特定流量模式，从而导致 APLB 的降低效果有限；以及 LL 之间的干扰可能会导致链路性能的下降，进而使得该模型改进在整个网络性能方面的效果有限。

7.6.5 基于 Newman-Watts 模型的 SWWSN

Newman-Watts 小世界无线传感器网络（NW-SWWSN）[131] 是 RM-SWWSN 模型的一种变体，也适用于具有 L 传感器和 H 传感器的异构 WSN。这里，使用概率值 $p(0<p<1)$ 来确定是否在两个 H 传感器节点之间添加 LL，其具体方式类似于小世界网络中的纯随机 LL 添加模型（详见 4.5.2 节）。p 的值通常非常小，例如，在一个大规模的 WSN 中该值可能是 0.01，其计算公式如下所示：

$$p = \frac{p_h}{d(i,j)^r} \tag{7.6.8}$$

其中 $d(i, j)$ 为 WSN 节点 i 和 j 之间的欧几里得距离，p_h 是在 SWWSN 创建过程中所考虑的最大 LL 添加概率，r 是用于控制 LL 添加的结构参数。公式（7.6.8）的分母描述了两个节点之间以跳数描述的欧氏距离，当 $r=4$ 且 $p_h=1$ 时，该值将对 p 产生重大影响。当 $r=2$ 时，我们可以得到一个类似于 Kleinberg 模型的 LL 添加概率（参见 4.5.3 节）。

一旦确定了链路添加概率，LL 添加还要面临 H 传感器的传输范围所带来的硬约束。也就是说，如果满足下述条件，则丢弃本次 LL 添加所选的 H 传感器对。

$$Tx_{\text{range}}(i,j) < E(i,j) \tag{7.6.9}$$

其中 $Tx_{\text{range}}(i,j)$ 和 $E(i, j)$ 分别代表 H 传感器的传输范围和 H 传感器 i 和 j 之间的欧几里得距离。因此可以看出，由于通信范围的约束，在网络中添加 LL 的实际概率要低于在公式（7.6.8）中计算的 p 值。实验发现，使用 NW-SWWSN 模型时，实现有效的小世界特征所需的 H 传感器数量约为总节点数目的 15%。

NW-SWWSN 的优缺点

NW-SWWSN 具有许多优点，包括：更好的 APLB，更低的端到端时延，以及更高的聚类系数。然而，该模型同样还存在一些缺点，包括：较高的能量消耗和难以确定 p 的最优值。 287

7.6.6 基于 Kleinberg 模型的 SWWSN

基于 Kleinberg 模型的 SWWSN 在很多方面与 NW-SWWSN 类似，但两者最主要的区别在于 Kleinberg 模型额外考虑了 LL 的能效 [131]。根据 Kleinberg 模型，WSN 中 H 传感器之间的 LL 连接需要基于 4.5.3 节所述的 Kleinberg 小世界网络模型来确定。在两个 H 传感器节点之间形成 LL 的概率 p 可以利用公式（7.6.8）计算获得，在该公式中 p_h 代表最大概率值，d_{ij} 为节点 i 和 j 之间的欧几里得距离，而 r 则是表示网络维度的结构参数。例如，在一个典型的三维网络中，创建 LL 的最大概率值如下：$p_h = 1$ 且 $r = 3$。类似地，在一个二维网络中该值为：$p_h = 0.1$ 且 $r = 2$。

需要注意的是，这里 LL 具有传输范围上限及下限的约束。传输范围的下限设置为略高于 L 传感器节点传输范围的一个值，进行这一设置的主要原因在于 H 传感器是资源昂贵的节点，因此，若将其值设置为与 L 传感器节点的传输范围相同则无助于实现小世界属性。另一方面，LL 的最大传输范围受限于 H 传感器中 LL 接口的通信范围。尽管 LL 的最大和最小传输范围是一个确定值，但是通过功率控制方法可以进一步优化通信的能量效率。

在基于 Kleinberg 模型的 SWWSN 中，通过交换携带有位置信息的消息或者通过提取发射功率和接收信号强度，可以在每一条 LL 上实现 LL 功率控制。每个 H 传感器端点向 LL 的另一端点发送 Hello 消息，并在该消息中封装其位置信息。通过交换位置信息，可以根据该信息合理降低传输功率并保持 LL 的连通性。也就是说，将发射功率限制为能够保持 LL 的连通性所需的最小功率。然而，并非所有 H 传感器节点都具有位置信息收集能力，对于那些并不具有位置信息收集能力的 H 传感器节点，可以使用接收信号强度指示（RSSI）信息来进行功率控制。

由模拟实验结果可以看到，在一个分布于 1000m × 1000m 区域的 2000 个节点的 WSN 中，且每个节点平均具有 15 个邻居的情况下，通过构建基于 Kleinberg 模型的 SWWSN 可以将 APL 值降低 45%。在该实验中，L 传感器节点的传输范围设置为 60 米，而 H 传感器节点的最大 LL 传输范围为 300 米。当 $p_h = 1$ 且 $r = 2$ 的情况下，为实现有效的小世界特征所需 H 传感器的数量约为 26%。

基于 Kleinberg 模型的 SWWSN 的优缺点

基于 Kleinberg 模型的 SWWSN 的一个优点就是，相对于 NW-SWWSN 模型，基于该模
288 型的网络中存在大量能够有效降低网络的 APL 值的 H 传感器节点。此外，这一模型的另一个优点是能耗较低。由于形成较长距离 LL 的概率相对较低，因此 Kleinberg 模型具有更小的能量消耗。

与 NW-SWWSN 相比，Kleinberg SWWSN 的主要缺点包括：网络的 APL 值较高；网络的端到端时延较高。这里端到端时延较高的原因之一就是，在 Kleinberg 模型中，两个节点间添加 LL 的概率随着其距离的增加而降低。此外，Kleinberg 模型使用大量的 H 传感器节点，并利用一定数量的 H 传感器来获得相对较低的延迟。

7.6.7 基于有向随机模型的 SWWSN

基于有向随机模型的小世界无线传感器网络（DRM-SWWSN）同样需要一个异构传感器网络（HSN）环境来创建 SWWSN[132-133]。HSN 中具有 H 传感器和 L 传感器等不同能力的传感器节点。H 传感器具有多个无线接口，因此能够在多个信道上进行通信，并且 H 传感器还具有形成 LL 的能力，而 L 传感器只能在较短的范围内通信。该方法的另一个名称是用于创建 SWWSN 的面向 sink 节点的有向增强模型（DAS）。

用于创建 SWWSN 的 DRM 使用如下四个步骤来将网络转换为 SWWSN。

- 步骤一：创建 H 传感器邻居表（NT）。
- 步骤二：选择 H 传感器邻居来创建一个有向邻居表（DNT）。
- 步骤三：创建有向随机 LL。
- 步骤四：为创建的 LL 进行无干扰信道分配。

后续部分对上述步骤进行了详细的解释。

- **步骤一：创建 H 传感器 NT。**在此步骤中，为网络中每个 H 传感器 i 创建一个 H 传感器邻居表（如图 7.10 所示）。每个 H 传感器节点通过 H 传感器接口发送包含其 NodeId 和地理位置的 Hello 消息。当某个 H 传感器节点接收到这样的 Hello 消息时，它将创建一个包含 NodeId 和其邻域 H 传感器位置信息的 NT。由于这里传感器节点的移动并不频繁，因此并不需要周期性地频繁传输 Hello 消息。但是，如果发生网络重新配置或节点故障等事件，则需要重新创建 NT。  289

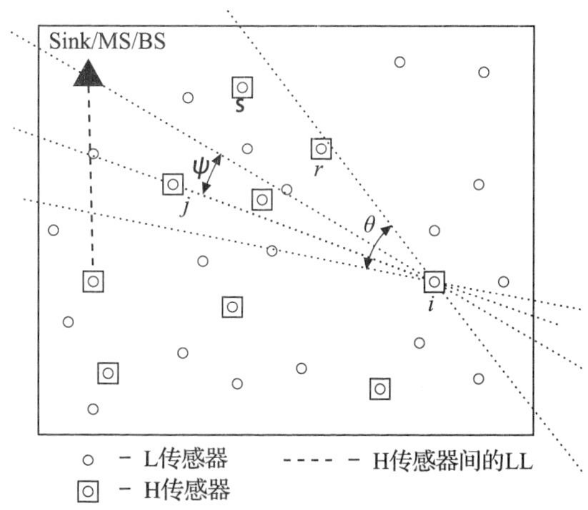

图 7.10　在 DRM-SWWSN 模型中确定有向 LL

- **步骤二：选择 H 传感器邻居来创建一个有向邻居表（DNT）。**在此步骤中，将为网络中的每个 H 传感器 i 创建对应的 DNT（图 7.10）。也就是说，将基于它们的地理位置是否位于节点到 BS 的方向上，从每个节点的 NT 中选择一个 H 传感器节点子集组成其 DNT。算法 7.1 用于寻找构建 DNT 的节点。

算法 7.1　在 DRM-SWWSN 中为 H 传感器创建有向邻居表的算法

要求：

NT——给定 H 传感器的邻居表。

计算由 H 传感器 i 和 BS 所形成的直线 $Y=aX+b$ 的参数

找出形成夹角 θ 并以直线 $Y=aX+b$ 为其角平分线的两条线

for 每一个 H 传感器 $i \in$ NT **do**

计算节点 i 与 BS 所形成的直线 $Y_i = a_i X + b_i$ 的参数

计算由 H 传感器 i 所形成直线的夹角 $\psi_i = \dfrac{a_i - a}{1 + a_i a}$ 正切值

end for

$\text{DNT} = \forall_i \in NT$，其中 $\tan\psi_i < \tan\dfrac{\theta}{2}$ // 选择所有位于夹角 $\tan(\theta/2)$ 之间的 H 传感器邻居组成 DNT

- **步骤三：创建有向随机 LL。**在这一步骤中，将与 DNT 中的节点创建一些随机的 LL。每个 H 传感器节点以概率 p 在其 DNT 中选择一个 H 传感器节点，并发送 CREATE_LL 分组以与该节点创建一条 LL。被请求的节点可以发送 ACK_CONFIRM 分组或 NACK_CONFIRM 分组来响应该 LL 创建请求。概率 p 则基于 Kleinberg 小世界模型来确定，其计算公式为

$$p = \frac{1}{D(i,j)^{\gamma}} \tag{7.6.10}$$

其中 $D(i,j)$ 代表两个 H 传感器节点 i 和 j 之间的距离（见图 7.10），γ 为比例因子，这里将其设置为 2。概率 p 的计算公式使得距离越长的 LL 创建概率越低。在收到一个 LL 创建的请求分组之后，如果节点可以创建 LL，则发送一个 ACK_CONFIRM 数据分组。另一方面，如果在接收到 CREATE_LL 分组时被请求节点已经具有一些 LL，导致无法再接受新的请求时，该节点将发送 NACK_CONFIRM 分组。在 ACK_CONFIRM 响应的情况下，两个节点将进一步在它们之间形成 LL。而在 NACK_CONFIRM 响应的情况下，H 传感器节点将启动新的 CREATE_LL 来尝试与其 DNT 中另一个随机选择的节点形成 LL。

上述随机选择 DNT 中的节点来创建 LL 的过程将一直持续到该 H 传感器节点找到一个节点来建立 LL。此外，也存在一种极端情况下的可能性，H 传感器节点无法从其 DNT 成员中找到一个节点建立 LL。对此，DRM-SWWSN 方法支持通过 RECOVERY_LL 过程来强制与一个 DNT 成员建立 LL。在 RECOVERY_LL 过程中，H 传感器可以向其 DNT 成员发送 FORCE_CREATE_LL 消息，接收者随后将断开其现有 LL（如果存在）来与请求者强制创建一条 LL。

- **步骤四：为创建的 LL 进行无干扰信道分配。**该步骤主要负责为 LL 分配信道。DRM-SWWSN 方法利用干扰图或冲突图的方法为 LL 分配信道。在这种冲突图方法中，图 $\mathcal{G}'$ 被建模为 $\mathcal{G}'=(\mathcal{V}',\mathcal{E}')$，其中 LL 集合被建模为一组节点 $\mathcal{V}'$，而 $\mathcal{G}'$ 中的边定义为 LL 之间的干扰概率。也就是说，如果两条 LL 之间存在干扰，则在图 $\mathcal{G}'$ 的边集 $\mathcal{E}'$ 中将具有一条对应的边。在为 LL 分配信道的过程中，保证其不会与使用相同信道的其他 LL 产生干扰。并且这里的信道分配由 BS 以集中方式执行，并通知网络中的每个 H 传感器。

290~291 **DRM-SWWSN 的优缺点**

DRM-SWWSN 的主要优点如下：由于在创建 LL 时考虑了与 BS 之间的方向性，DRM-SWWSN 对 APLB 的改进要远远优于传统的非 SWWSN 和 RM-SWWSN；在信道分配过程中考虑了 LL 之间的干扰，从而提高了网络的性能。

DRM-SWWSN 同时也具有一些缺点，包括：由于需要为每个 H 传感器节点计算 DNT，从而导致该机制的复杂性较高；集中式的信道分配要求较高的计算和信息交换，进而产生了额外的复杂性；强制 LL 创建会触发网络中的 LL 发生连环式调整，并且不能保证每个 H 传感器节点至少有一条 LL。

7.6.8　基于可变速率自适应调制的 SWWSN

基于可变速率自适应调制的 SWWSN（VRAM-SWWSN）在部署传感器网络时，网络中的节点具有至少一种支持速率自适应的专用无线电[134]。这一速率自适应功能够使特定传感器节点组成的子网通过降低数据速率来提高传输距离（见图 7.11）。VRAM-SWWSN 方法在创建 SWWSN 时具有以下步骤：

- **步骤一：**获取 WSN 的拓扑，并计算网络中所有传感器节点的介数中心性（BC）。
- **步骤二：**通过选择具有较高 BC 值的一组 WSN 节点，形成传感器节点的一个有限子集 LLNodeSet。

- **步骤三**：以步骤二中 LLNodeSet 内的节点作为 LL 节点，并调整其无线接口的调制速率。
- **步骤四**：将 LL 节点所形成的网络作为骨干网络，进而获得小世界网络的优势。

在**步骤一**中，BS 负责收集传感器节点的网络拓扑。由于拓扑结构规模可能很大，难以由单个传感器节点收集和使用网络拓扑信息，因此由 BS 来收集网络拓扑信息并以集中式的方法对其进行后续处理。

一旦获得 WSN 的拓扑以后，在**步骤二**中，BS 计算网络中所有传感器节点的 BC 值（见图 7.11）。对于一个给定的节点 X，其 BC 值可以通过计算在网络中所有“源 – 目的”节点对的最短路径中包含节点 X 的比例获得。关于 BC 的详细计算方法请参见 3.2.6 节。

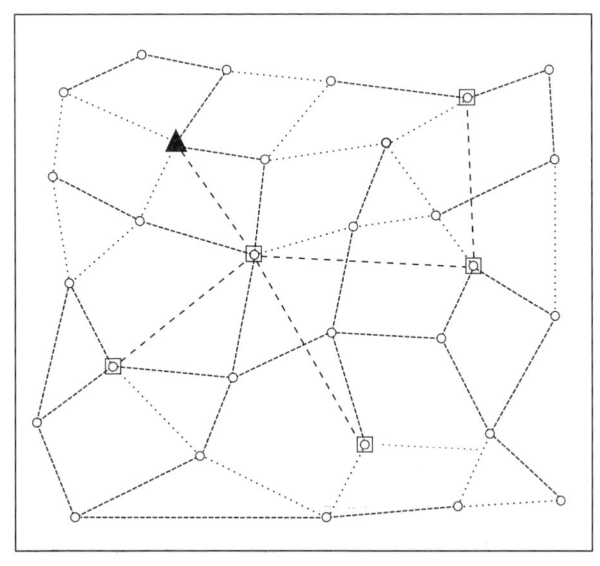

图 7.11　由 VRAM 模型创建的 SWWSN 例子，其中选取了约 15% 的高 BC 值传感器节点（5 个节点）用于创建基于 VRAM 的 LL

在创建 LL 时，需要找出部分节点形成集合 LLNodeSet，而 LLNodeSet 中节点的准确数目是一个设计参数，可以由网络工程师根据网络拓扑、节点数量和网络所需的可靠性 / 健壮性等来确定该参数。经验表明可以选择 WSN 节点数的 10% 加入 LLNodeSet 来创建 LL。

在计算 BC 值时既可以利用 3.2.6 节中讨论的传统方法，又可以使用 VRAM-SWWSN 中所提出的简化近似方法（邻居避免游走（Neighbor-Avoiding Walk，NAW））。在 NAW 中，假定游走节点从 BS 开始并访问 WSN 中的节点。在节点访问过程中，游走节点在决定下一个访问节点时避免先前访问过的节点以及先前访问过节点的邻居。这种方法能够有效地计算 BC 值，其代价就是在计算 BC 值时会引入一定的误差。

在**步骤三**中，一旦根据 WSN 中的 BC 值选择了 LLNodeSet 的成员，就可以控制它们通 292
过调整调制速率来形成 LL，以实现更大范围的连通性（见图 7.11）。例如，工作于 64 星座 ~293
图正交幅度调制（64QAM）的无线接口可以按需调整为 16QAM，以便在发射功率和环境条件不变的情况下提高传输范围。16QAM 无线接口的近似传输范围可以根据如下公式获得：

$$R_{16} = 1.366 \times R_{64} \tag{7.6.11}$$

其中 R_{16} 和 R_{64} 分别代表在同样的发射功率和环境条件下，分别采用16QAM和采用64QAM情况下的传输距离。可以看出，通过将调制速率从64QAM调整为16QAM，可以增加大约36%的传输范围，继续降低调制速率将能够进一步增加传输范围。

VRAM-SWWSN 的优缺点

VRAM-SWWSN方法的主要优点是：基于BC值选择用于创建LL的传感器节点，而具有较高BC值的节点由于位于许多最短路径中，故而可能承载更高的流量；在给定的传输功率下，可以通过速率自适应变化来调整LL的传输范围。

VRAM-SWWSN方法的缺点包括：在一个 N 节点的WSN中，计算节点BC值的时间复杂度约为 $O(N^2 \log N)$，对于一个大规模的WSN而言，上述时间复杂度难以承受；使用NAW方法将会得到一些次优的BC估计值；使用具有速率自适应能力的无线接口增加了传感器节点的成本。

7.6.9　基于度的LL添加创建SWWSN

与前述用于将WSN变换为SWWSN的LL添加技术不同，基于度的LL添加技术主要利用网络中WSN节点的某些特定拓扑特征。传感器节点的度或邻居度定义为传感器节点的邻居总数。基于度的LL添加技术核心思想就是：找出具有高邻居度的H传感器节点，并在它们之间形成LL，这里所选择的H传感器之间的距离必须位于LL的传输范围内。由于具有高邻居度的节点可以与多个L传感器通信，因此为度数较高的节点添加LL可以使更多数量的L传感器受益。与在H传感器中随机添加LL相比，基于度的LL添加在具有低同配性的网络中更加有益。图7.12给出了一个具有少量H传感器节点和大量L传感器节点的WSN例子。H传感器节点 H_1、H_2、H_3 和 H_4 的邻居度分别为5、5、5和4，因此在H传感器 H_3 和 H_2 之间添加第一条LL，在 H_1 和 H_4 之间添加第二条LL。也就是说，在H传感器节点中，选择在具有最高
294 邻居度的两个节点之间添加LL。如果存在多个具有相同邻居度的H传感器节点，则可以在这些具有相同度的H传感器之间随机添加LL。在本例中，仅添加了两条LL。文献[135]给出了基于度的LL添加创建SWWSN的一种变化版本。

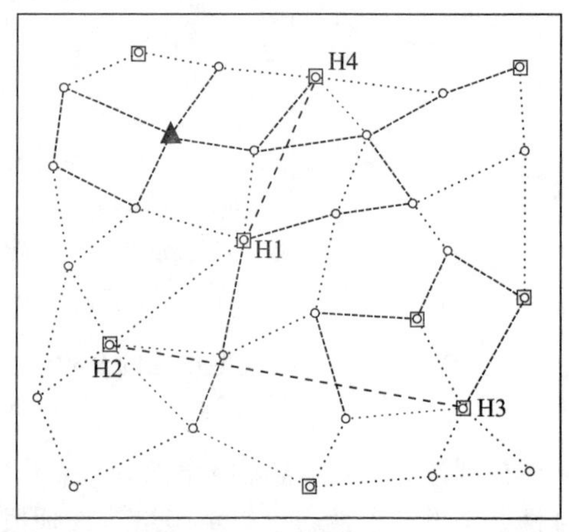

图7.12　通过基于度的LL添加创建SWWSN的例子，其中选择具有最高邻居度的H传感器节点添加LL

基于度的LL创建SWWSN优缺点

基于度的LL添加技术的主要优点包括：在低同配网络中，新创建LL的影响优于随机LL添加方法；L传感器节点可以访问这些添加的LL，从而改善网络的APL。

基于度的LL添加的主要缺点包括：在高同配网络中，所添加的LL在降低网络APL方面可能并不显著，其原因在于度较高的节点可能密集地位于网络中某些特定区域，这种情况
295 下，在这些密集节点之间添加许多LL可能并不会明显改善网络的APLB；在具有许多度较

离的节点的网络中，该方案退化成为一个随机 LL 添加方法，从而变得不再有效。

7.6.10　基于禁止距离的 LL 添加创建 SWWSN

在基于禁止距离的 SWWSN（ID-SWWSN）方法中，LL 添加包括一个防止多条 LL 被添加到同一邻域的特定条件。在先前描述的方法中，存在将多条 LL 添加到同一邻域中节点的可能性，其结果就是额外所添加的 LL 对降低 APLB 值的贡献并不大。在诸如基于度的 SWWSN 构建方法中，这种可能性相对还很高，致使每条 LL 对降低网络 APL 的贡献并未充分发挥出来。在 ID-SWWSN 中，在网络中添加的两条 LL 之间必须保持一个特定的距离。也就是说，如果在一个 WSN 节点对之间存在一条 LL，则在该节点对中每个节点的特定距离内（称之为禁止距离）不能添加新的 LL。例如，对于图 7.13 所示的 WSN 拓扑，其中节点 H_2 和 H_3 之间存在一条 LL。因此，由于 H_1 在节点 H_2 的禁止距离内，因此不能在节点 H_1 和 H_4 之间添加新的 LL。禁止距离在图中标记为以节点为中心的圆。在剩余的 H 传感器节点中，可以选择在 H_5 和 H_6 之间添加下一条 LL。

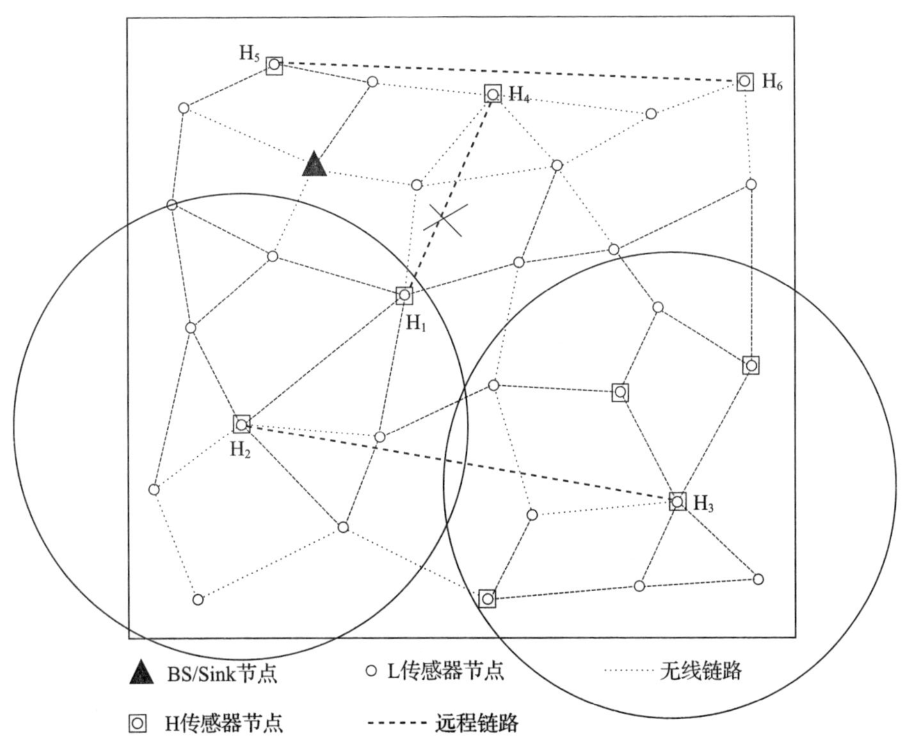

图 7.13　通过基于禁止距离的 LL 添加方法所创建的 SWWSN 例子，其中在任何两条 LL 之间都存在一个需要保持的最小距离

基于禁止距离的 SWWSN 优缺点

禁止距离的主要优点是：有助于在整个 WSN 中分配 LL，从而在访问 LL 方面带来更好的网络公平性；禁止距离还能够进一步避免在网络中添加的大部分 LL 都被集中到中心节点。

ID-SWWSN 的缺点包括：为了估计禁止距离，需要获得节点之间的地理距离或全局网络拓扑；在中小规模的 SWWSN 中，禁止距离可能会使得可以添加的 LL 的数量十分有限；此外，无法准确得知禁止距离的最佳值。

7.6.11 同构 SWWSN

与前述模型不同，同构 SWWSN（HgSWWSN）创建模型假设所有的 WSN 节点都是同构的（其功能具有相似性）。此外，还假设所有的 WSN 节点都能够动态调整传输功率以形成 LL。根据同构 SWWSN 方法来创建 SWWSN 的步骤如下：

- **步骤一**：在 WSN 节点和 BS 之间构建一个窄搜索空间。
- **步骤二**：找出可在窄搜索空间内形成 LL 的 WSN 节点。
- **步骤三**：轮流使得窄搜索空间内的节点承担构建 LL 节点的角色，以便均匀地消耗节点能量。

在**步骤一**中，通过计算在 WSN 节点和 BS 之间形成的直线，可以为 WSN 节点和 BS 确定一个窄的物理空间。以图 7.14 中标记为 i 的节点为例，可以通过使用节点 i 和 BS 的位置坐标来计算该直线，如图 7.14 中的 Line-1 所示。BS 的位置信息可以通过周期性的分组更新被 WSN 中的节点接收到，或者可以将其视为具有坐标（0,0）的原点。Line-1 可以表示为 $y=m\times x$。因此 Line-1 的梯度就是 $m=\frac{y_i}{x_i}$，其中 x_i 与 y_i 分别代表 Line-1 在任意点 i 处的 x 和 y 坐标。图 7.14 还给出了两条与 Line-1 平行且距离为 D 的直线 Line-2 和 Line-3，在网络内 Line-2 和 Line-3 之间的区域即为窄搜索空间。图 7.14 给出了在节点 i 和 BS 之间窄空间区域的形成。

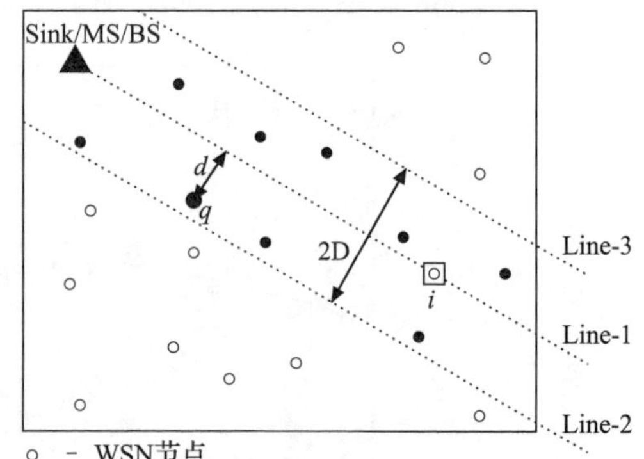

图 7.14 由 HgSWWSN 模型创建的 SWWSN 示例

在**步骤二**中，通过一种高效的方法找出位于窄搜索空间内的 WSN 节点子集。由于每个节点能够使用本地信息、其本地位置坐标以及 Line-1 的坐标信息来判断自己是否位于窄搜索空间内，因此该方法具有很高的效率。对于一个位于坐标 (x_k, y_k) 且仅知道直线 Line-1 的方程信息的 WSN 节点 k 而言，其可以计算从自身到 Line-1 的距离 $d=\frac{|y_k-mx_k|}{1+m^2}$。节点 k 同样还会检查是否 $d<D$，以确定其是否位于窄搜索区域内。由于节点不需要传输大量的位置信息分组，这一确定节点是否位于窄搜索区域内的方法对通信带宽的要求非常低。

296～297

步骤三主要负责在窄搜索空间内创建 LL 或选择节点作为 LL 的端点。可以基于簇首选举方法，通过端点 LL 添加概率参数 p 选择节点作为 LL 端点 [136]，并且 LL 端点的选择仅在特定的时间段内完成。例如，可以在概率时间区间 T_k 内选择 WSN 节点 k 作为 LL 端点并承担 LL 的角色，其中

$$T_k=\frac{p}{1-p\times\left(R\bmod\left(\frac{1}{p}\right)\right)} \tag{7.6.12}$$

这里 R 代表总的操作次数，该关系作用于在过去 $1/p$ 轮中尚未形成 LL 的节点，否则节点在当前时隙中将不再创建 LL。此外，需要注意的是，选择作为 LL 端点的 WSN 节点仅在与 T_k 成正比的一个时间区间内有效。这种分布式的 LL 添加和删除方法确保每个 WSN 节点都能

298

够参与到 LL 的创建过程中，并能够在一个有限的时间内以较高的传输功率运行。

考虑一个 LL 添加概率 $p=0.25$ 的例子，在第 25 轮时，可以计算得到时隙值正比于 0.33 单位时间。也就是说，节点可以在 0.33 单位时间内作为 LL 节点。如果将概率值修改为 $p=0.1$，则同样在第 25 轮时，形成 LL 的时隙长度约为 0.2 单位时间。

因此，在任意给定时间内，如果在窄搜索空间内存在 N 个节点，则区间内的 LL 端点数目约为 $T_k \times N$。这些 LL 端点将其无线发射功率调整为一个较高的值，从而创建一些必要的 LL 形成快捷路径。在这一轮结束后，另一些节点将会被作为 LL 端点。利用公式（7.6.12），可以以完全分布式的方法选择节点作为 LL 端点。

HgSWWSN 优缺点

HgSWWSN 的优点包括：由于不需要很多的消息交换，找出用于创建 LL 的节点子集非常简单；每一条 LL 只是运行较短的一段时间，因此可以均衡地维护各个节点的资源消耗。

这一方法的主要缺点是：该机制中每个节点都需要参与创建 LL，进而导致节点成本的增加；此外，无法获知 p 的最佳值。

7.7 基于有线 LL 的 SWWSN

当前一种创建 SWWSN 的方法就是在少量 WSN 节点之间添加一些有线 LL 来强化网络 [137]，并且这一强化技术有助于最小化 SWWSN 的 APLB。

使用有线 LL 的 SWWSN 网络模型需要考虑按照特定的方式部署 LL，以便有效利用 LL 进行分组路由。有线 LL 的一端通常部署在距离 WSN 中 BS 更近（通常是一跳）的位置，而另一端则部署在一个圆心为 BS 的虚拟圆上，且该虚拟圆的半径即为有线 LL 的长度。位于该虚拟圆上的 LL 端点可以大致等距部署，以便均匀利用各条有线 LL。另外需要注意的是，该虚拟圆可能并未完全包含在 WSN 区域中，如图 7.15 所示。在该图中，由 p、q 和 r 标记的点是虚拟圆上有线 LL 的端点，而这些 LL 的另一端点与 LL 中心（即 BS）的距离为一跳。

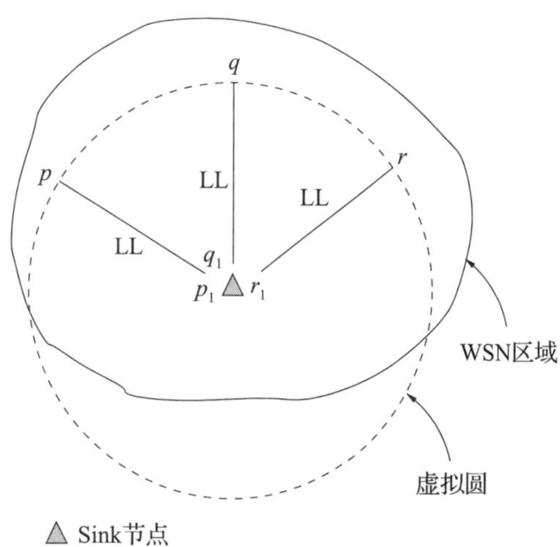

图 7.15 基于有线 LL 的 SWWSN 例子

图 7.16 显示了有线 SWWSN 中的路由方法。假设在节点 w_1 和 w_2 之间添加了一条新的 LL，随后可以分别在使用 LL 和不使用 LL 情况下，计算 WSN 节点 A 到 BS 的路由耗费。在不使用 LL 的情况下，节点 A 到 BS 之间的路径耗费是 $d(A, \text{BS})$。在使用 LL 的情况下，路径耗费为 $\text{Cost}(A, w_1)+\text{Cost}(\text{LL})+\text{Cost}(w_2, \text{BS})$。在计算 APLB 时所采用的路径耗费即为这两者之间的最小值。因此，节点 A 和 BS 之间的路径耗费为 299

$$\text{PathCost}(A, \text{BS}) = \text{Min}\left[d(A, \text{BS}), \text{Cost}(A, w_1) + \text{Cost}(\text{LL}) + \text{Cost}(w_2, \text{BS})\right] \quad (7.7.1)$$

在 LL 直接与 BS 相连接的情况下，经过 LL 的路径耗费可以表示为 $\text{Cost}(A, w_1)+\text{Cost}(\text{LL})$。

由模拟分析结果可以看出，在 BS 位于网络中心位置的情况下，该方法可以将 APLB 的值降低 70%。

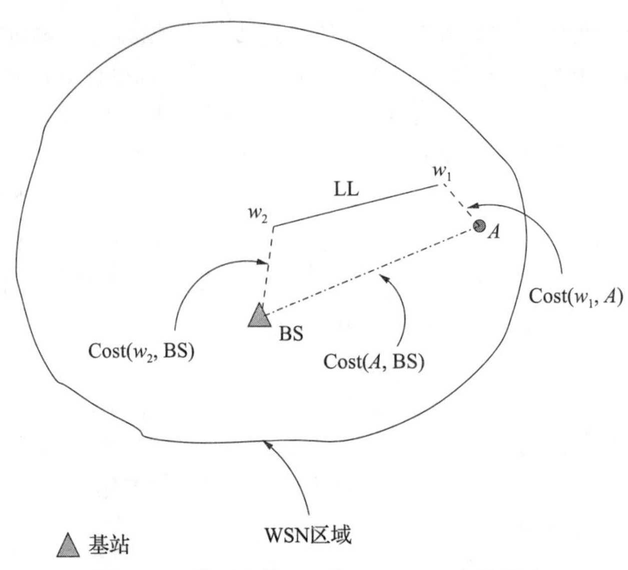

图 7.16　基于有线 LL 的 SWWSN 中的路由

基于有线 LL 的 SWWSN 优缺点

有线 LL 可以用于增强网络能力，从而使得一个大规模的 WSN 能够稳定健壮地工作，并能够提升网络容量，但这一方法只能应用于固定的 WSN。在无法使用无线链路的情况下，这一方法是设计和部署 SWWSN 的最合适方法之一。

这种方法的主要缺点是：方法中所使用的有线 LL 需要耗费大量的时间进行规划和部署；较长距离的有线 LL 可能需要额外的中继设备和电源等；有线链路的成本可能很高，进而使得 WSN 网络部署费用高昂；以及该方法不适用于具有移动性的 WSN。

7.8　开放性研究问题

SWWSN 中存在许多开放性的研究问题，这里对其中一些进行简要讨论。

- 在 SWWSN 中，WSN 节点的硬件资源限制是形成 LL 的最大挑战之一。由于 WSN 节点具有有限的电池电量，并且通信范围小，计算能力有限，因此通过增加传输功率来实现 LL 非常具有挑战性。一种值得研究的解决方法就是探讨建立分布式 LL 的可能性。在分布式 LL 中，将多个 WSN 节点的短距离无线通信进行同步操作，进而建立一条满足 LL 要求的远程通信链路。这一部署方式可以看作是建立一条短时间的动态 LL，用于将分组从网络的一部分转发到另一部分。
- SWWSN 中另一个开放性研究问题就是，通过使用比 WSN 节点更强大的移动中继节点（数据骡子）来形成动态 LL。例如，由 UAV 形成的数据骡子可以创建一条类似于 LL 的飞行轨迹。另一种创建动态 LL 的可能方式就是使用 UAV 中资源丰富的无线电收发器。在 SWWSN 环境中使用数据骡子作为 LL 是一个非常有趣的研究领域。
- 无线传感器网络中的数据融合是数据处理的一种特殊方式，通过数据融合，能够有效减少需要传输的总数据量，同时还可以保留那些需要监测的信息。在传统的无线传感器网络中已经具有许多关于数据融合技术的研究，而在 SWWSN 的背景下，可以研究在存在 LL 的情况下如何通过数据融合来改善网络性能。出于提升数据有效性和节约带宽资源的考虑，在具有 LL 的节点上使用数据融合技术尤其有意义。

- 与 SWWSN 中的数据融合类似，在具有 LL 的 SWWSN 中，另一个有趣的开放性问题就是网络编码的应用。网络编码是近年来新提出的一种网络技术，该技术通过使用代数算法在全网范围内对原始数据进行编解码，从而可以提高吞吐量，降低时延，并增强网络的健壮性。虽然在传统的有线和无线网络中已经有许多关于网络编码的工作，但是在 SWWSN 中由于存在 LL，与 LL 相连的节点相对于其他节点聚合数据的能力更强，因此可以结合这一特征为 SWWSN 开发新的网络编码算法。
- 在线性拓扑的 SWWSN 中，目前仅研究了在添加 1～2 条 LL 时的最优能量高效 LL 添加方法，如何针对该网络设计一个添加 k 条 LL 的通用算法仍是一个开放性的研究问题。
- 与上述开放性问题类似，目前仅针对线性拓扑的 SWWSN（本质上是一个 1D 网络）研究了最优能量高效的 LL 添加算法，在 2D 或 3D 网络的情况下，针对如下场景的最优能量高效 LL 添加算法仍然是一个开放性的研究问题：2D 和 3D 正则网格网络；2D 和 3D 任意拓扑网络。另一个有趣的开放性问题就是判断和识别 2D 和 3D SWWSN 中的锚点。 302
- 尽管当前存在一些 SWWMN 的路由协议，但它们不满足 SWWSN 高效运行的要求。因此，路由协议是开展 SWWSN 研究的另一个重要内容，特别是需要研究如何在存在 LL、支持在 LL 上进行网络编码以及支持数据融合等情况下设计高效路由协议。
- 在 SWWSN 中，LL 承载了来自于许多 WSN 节点的聚合流量，故而 LL 可能会面临更高的流量负载。因此，通过采用链路级的分组聚合以及数据压缩技术可以有效利用 LL 带宽。
- 压缩感知是一种避免在 WSN 中出现冗余的方法，从而提高了 WSN 中资源管理的效率。因此，当将 WSN 转换为 SWWSN 时，压缩感知在确定 LL 的位置时非常有用，可以综合考虑压缩感知技术以及能量使用效率来设计新的 LL 添加策略。
- 当我们考虑基于软件无线电（SDR）的无线通信接口时，SWWSN 中将会出现一系列有趣的开放性研究问题。SDR 支持无线电的可编程性，从而可以修改调制技术、传输范围、数据速率以及能量消耗等。尽管当前的 SDR 需要消耗大量的计算和能量资源，但随着 SDR 技术的发展，下一步该技术也可能应用于诸如 WSN 等这类资源受限的网络中。当在传感器节点中使用 SDR 时，每个传感器节点都具有创建 LL 的能力，从而使得网络中存在大量具有 LL 能力的潜在节点。在进行远程传输的过程中，信道间干扰是一个需要解决的重要问题，这种干扰将严重降低网络的可用容量。对此，可以利用 SDR 的可编程性来管理干扰。这种基于 SDR 的 SWWSN 环境带来了大量的开放性研究问题，包括：构建可变传输范围 LL 的可能性，以及可变传输范围 LL 所带来的影响；LL 的最佳数量及其传输范围分布；干扰感知的 LL 应用算法；以及具有可变传输范围的 LL 在网络中的最佳部署位置研究。
- 众所周知，布雷斯悖论 [127] 描述了这样一种场景：在网络中添加新的链路可能会恶化网络的性能。例如，当在一个已经拥堵的路网中新增一条道路来优化通行时间、降低交通拥堵情况时，如果所有用户都喜欢采用这条新的道路，则新道路的添加可能进一步恶化通行时间和交通拥堵。在这一方向存在以下开放性问题：SWWSN 中存在布雷斯悖论的可能性和前提条件；避免在 SWWSN 中出现布雷斯悖论的边权重设置的要求；设计能够避免在 SWWSN 中出现布雷斯悖论的路由协议。 303

- 无线 LL 和普通链路之间的干扰问题同样是 SWWSN 中的一个重要问题。现有模型在研究 LL 与普通链路之间干扰的影响方面仍存在不足。这方面的开放性研究问题包括建立准确的 SWWSN 模拟或分析模型，对下述两种情况下的干扰问题进行研究：LL 和普通链路共用同一信道；LL 和普通链路使用不同的信道。此外，如何设计能够最小化 LL 和正常链路之间干扰的信道分配或传输调度算法也是一个有趣的开放性研究问题。

7.9　小结

本章讨论了一种通过在 WSN 中应用小世界特征来对其性能进行改进的 SWWSN 技术。WSN 由大量具有无线接口的小型传感器设备组成，这些传感器设备部署在一个区域中以监测和传输感兴趣的物理参数，并且所监测到的数据以多跳无线中继的方式经由多个 WSN 节点传输到 BS。无线传感器网络在从农业到战场环境监测等许多领域都有应用。将 WSN 转换为 SWWSN 能够带来许多好处，例如提升网络的吞吐量、降低网络时延、改进网络的可扩展性和健壮性等。由于传感器网络中资源受限的现实约束，在设计 SWWSN 过程中也面临一系列的挑战。本章对现有将 WSN 转换为 SWWSN 的策略进行了分类和详细介绍，并在
304 结尾部分讨论了一系列开放性的研究问题。

练习题

1. 对 WSN 节点的技术规范进行综述，并针对以下项目建立一个对比表：节点的形状参数；节点在传输、接收、睡眠和空闲模式下的能耗情况；传输范围；数据速率；无线电接口数目以及其他一些技术规范。判断哪些传感器具有能够形成 LL 的无线电收发器。通过一个简表描述那些能够用于创建 SWWSN 的 WSN 节点。
2. 在 SWWSN 中，低功率传感器节点通常以传输范围为 10 米的发射功率进行通信。假设网络部署区域中地形的路径损耗指数为 2.2，为了增加特定传感器节点的传输范围以形成 LL，可以将射频（RF）放大器连接到发射器的输出端。若 LL 所需的传输范围约为 40 米，计算由于使用 RF 放大器而使得发射功率功耗增加的百分比。
3. 编写一个计算机程序模拟将位于 1 平方公里区域内的 WSN 转换为 SWWSN 的随机模型。假设传感器有两个网络接口，一个用于短距离传输（10 米），另一个用于长距离传输（50 米）。WSN 节点在区域内服从正态分布。并假设基于传感器节点之间的欧几里得距离和 LL 传输范围来确定是否在 WSN 节点之间添加 LL。假设所监测到的数据业务流需要从 WSN 节点发送至位于整个 WSN 区域中角落位置的 BS。基于至少 10 次不同的 WSN 随机位置和链路生成对观测结果进行平均，在此基础上计算以下内容：
   (a) 网络中形成的 LL 平均数量。
   (b) 网络中与 LL 的距离为 1 跳的 WSN 节点平均数量。
   (c) 分别在存在和不存在 LL 情况下从 WSN 节点到 BS 节点的平均路径长度。
4. 对于一个 N 节点的线性拓扑 WSN，考虑通过在 BS 节点与位于网络 $N/2$ 处的节点之间添加一条 LL 来将其转换为 SWWSN。在进行转换操作之后，网络的 APLB 降低至小于 $N/5$。尽管这里将 LL 添加到了 WSN 的中间位置，但对网络 APLB 的降低比例远远超过了原始值的 1/2，分析这里 APLB 非线性下降的可能原因是什么？
5. 在图 7.5 所示的线性拓扑 SWWSN 中，当 LL 连接 BS 和位于 $0.6N$ 的 WSN 节点时，计算 LL 需要承

载的流量负载。假设 SWWSN 节点使用基于最短路径路由的路由协议，并且每个传感器节点的流量约为 k 比特/秒。 305

6. 对于上述问题，计算将网络转换为 SWWSN 之后而导致的 APLB 降低因子。当在 SWWSN 的 $0.3N$ 位置和 BS 之间添加另一条 LL 时，对 APLB 将产生什么样的影响？
7. 在仅有一条 LL 的线性拓扑 SWWSN 中，证明在 BS 和网络 0.6 比例处的节点之间添加 LL 是能够最小化网络 APLB 的最佳 LL 添加。
8. 编写一个计算机程序来模拟具有 1000 个以上节点的大规模线性拓扑 SWWSN，其中节点间的距离服从均匀分布（例如 20 米）。模拟在所有节点对之间添加 LL 的情况，以便找出能够获得最低 APLB 的 LL 位置。分别标记出顺序添加 1、2、5 以及 10 条 LL 的位置，使得每一步均能够最小化网络的 APLB。进一步地，将 LL 的传输距离限制为 100 米，考虑这种情况下顺序添加 1、2、5 以及 10 条 LL 的位置。观察 LL 传输距离约束所带来的影响。
9. 编写一个计算机程序来模拟一个非常大的网格拓扑网络（大约 1024 个节点）。当 BS 位于网格拓扑的一个角落时，在此模拟拓扑中找出能够添加 LL 的节点，使得在添加相应的 LL 后能够最小化网络的 APLB。观察所找出节点的位置，进一步重复上述实验过程来添加第二条 LL。
10. 考虑一个具有 N_L 个 L 传感器和 N_H 个 H 传感器的基于随机模型的 SWWSN，其中在 H 传感器之间添加 LL 的概率为 p，则网络中可以存在的 LL 的平均数量是多少？通过 LL 连接 H 传感器形成连通子图的概率是多少？
11. 在 NW-SWWSN 中，H 传感器节点的远程发射器的传输范围约为 250 米，最高 LL 添加概率设置为 0.8，对于两个距离为 20 米的节点，在结构参数分别为 2 和 3 的情况下，计算相应的 LL 添加概率 p，进一步计算在两个距离为 300 米的节点间添加 LL 的概率。
12. 针对一个 DRM-SWWSN，其中 N 个节点均匀分布在 Am^2 区域中，假设所有节点都具有 H 传感器功能。对于一个 $\theta=30$ 度的有向角，计算在给定概率 $p=0.2$ 的情况下 DNT 中的平均成员数量。如果在 DNT 中成员数量非常少会有什么影响？
13. 在 VRAM-SWWSN 中，假设使用 64QAM 的调制速率时，无线电接口的正常传输距离为 100 米。为了创建 LL，以动态方式将速率调整为以下两种级别的较低调制速率：(a) 32QAM 和 (b) 8 QAM。假设路径损耗指数为 2，并且节点的传输功率固定。当以两种较低的速率运行时，分别计算对应 LL 的传输范围。提出一种使用这两种 LL 传输范围的建议，以便实现在 SWWSN 中的能量高效性。 306
14. 针对一个基于度的 SWWSN 集中式算法，估计其在 N 个节点的传感器网络中添加 k 条 LL 的渐近时间复杂度，进一步对比分析基于度的 SWWSN 与 ID-SWWSN 的时间复杂度，后者中禁止距离等于正常链路长度的两倍。
15. 对于 HgSWWSN，假设其中用于创建 LL 的节点所在的窄搜索空间被设置为 1km × 0.1km，在整个传感器网络区域内传感器节点的密度约为每平方公里 500 个传感器。如果一个 WSN 节点创建 LL 的概率约为 0.1，则计算以下内容：(a) 给定节点在第一轮操作中启动其 LL 的时间比例；(b) 在窄搜索空间中具有 LL 的 WSN 节点的数量。
16. 在一个半径为 1000 米的基于有线 LL 的 WSN 中，计算最小化网络 APLB 的 LL 的最优长度 L，这里假设所有的 LL 具有固定长度，并且部署在以 BS 为圆心、L 为半径的圆上。
17. 模拟一个网络形状为半径 R 米的圆形且 BS 位于网络中心的 SWWSN 环境，假设在网络中添加一个端点位于圆心 BS、长度为 L 的大量有线 LL。节点均匀分布在整个网络区域中。
    (a) 分别计算在使用和不使用 LL 的情况下 APLB 的值，并画图分析 APLB 变化相对于添加的 LL 数量的情况。

(b) 将 BS 放置在网络边缘位置，重复问题 a。

(c) 模拟和设计一个用于确定最优 LL 长度的经验模型，其中 LL 的长度可在一定范围内随机变化。

18. 通过至少五种不同的实际应用场景对无线传感器网络进行文献综述，根据是否适合变换为 SWWSN 对这些应用场景进行分类，进一步确定本章讨论的技术中最适合这些场景的变换机制。

★19. 考虑具有 N 个节点的任意拓扑 SWWSN，每个节点具有一个固定的传输距离 t_x，设计一种在网络中添加 LL 的算法，以便可以同时优化能耗和端到端时延。根据需要，对 LL 的传输范围进行适当假设。

20. 使用一种广泛应用的网络模拟器（如 NS2 等）为 SWWSN 建立模拟模型，该模型中共有 N 个节点，
其中 M 个节点具有 LL 功能。进一步为 SWWSN 设计合适的路由协议，假设普通链路和 LL 使用相
307~308 同或不同的传输信道，与普通链路使用的全向无线电相比，LL 使用定向无线电。利用该仿真模型
进行实验，以便获取 LL 与普通链路共享同一信道情况下的影响信息。

复杂网络的谱

复杂网络结构矩阵的特征值和特征向量揭示了网络拓扑及其整体行为的信息。这些结构矩阵可以是表示复杂网络的图的邻接矩阵、权重矩阵、拉普拉斯矩阵或随机游走矩阵等。研究这些结构矩阵的谱或特征分解，可以得到相关网络的有趣信息。例如，拉普拉斯矩阵的特征分解有助于识别社交网络中的社区（聚类）。此外，各种复杂网络模型的谱密度遵循特定分布模式，因此可以用于网络分类。此外，网络的结构矩阵的特征值提供的频率解释，对于分析定义在网络上的数据是有用的。本章讨论与图相关的各种矩阵的特征值和特征向量，或间接处理复杂网络的特征值和特征向量。

8.1 引言

图谱对应图结构矩阵的特征值的集合。这些矩阵包括但不限于邻接矩阵、拉普拉斯矩阵、归一化拉普拉斯矩阵和随机游走矩阵。图谱高度依赖于矩阵的形式，因此，根据所选择的结构矩阵，我们可以为图定义不同的谱。图谱已广泛用于图论中，以表征图的属性并提取图的结构信息。图谱的一个有趣特性是它对图的标记具有不变性，也就是说，无论图的顶点如何被索引，图谱都是唯一的。因此，图谱可以用作图的替代表示。

大多数真实世界网络非常庞大，包含数千个节点。对于这样的网络，适合研究它们的谱密度⊖而不是特征值集合。研究表明复杂网络的谱密度（邻接矩阵及拉普拉斯矩阵）遵循特定分布模式。例如，Erdös-Rényi（ER）随机图的谱密度遵循半圆定律[138-139]。但是，无标度网络的谱密度具有三角形的形状和幂律长尾特性[140-141]。而小世界网络的谱的分布由几个尖峰组成[140]。研究各种复杂网络模型的谱分布不仅为网络分类提供了手段，而且揭示了网络的各种拓扑特征。例如，通过估计谱密度的矩，可以计算子图数量[142]。 309

矩阵的谱分布可以采用多种方法来表示。其中，一种表示特征值分布的简单方法是采用指定分组数的直方图或相对频率绘制区间 $[\lambda_{\min},\lambda_{\max}]$ 内的特征值分布，其中 $\lambda_{\min}$ 是结构矩阵的最小的特征值，$\lambda_{\max}$ 是最大的特征值。第二种表示谱分布的方法是采用光滑的核 $g(\lambda,\lambda_i)$ 对脉冲序列（狄拉克 δ 求和）$\sum_{i=0}^{N-1}\delta(\lambda-\lambda_i)$ 进行卷积并绘制谱密度函数。

$$\rho(\lambda)=g(\lambda,\lambda_i) \tag{8.1.1}$$

光滑核可以采用高斯分布或 Cauchy-Lorentz 分布。使用具有固定方差 σ^2 的高斯核时，谱分布可以表示为

$$\rho(\lambda)=\frac{1}{\sqrt{2\pi\sigma^2}}\sum_{i=0}^{N-1}\exp\left(-\frac{(\lambda-\lambda_i)^2}{2\sigma^2}\right) \tag{8.1.2}$$

方差 σ^2 值小时强调细节，而值大时则更加突出全局特征。

⊖ 谱密度的详细讨论见附录 A.6。

在本章中，我们讨论不同图的邻接矩阵和拉普拉斯矩阵的谱，以及邻接矩阵和拉普拉斯矩阵的特征值的各种界限。还讨论随机网络、小世界网络和无标度网络等复杂网络模型的图谱。此外，着重强调离散傅里叶变换（DFT）与环形图的邻接矩阵和拉普拉斯矩阵的特征分解之间的联系。

8.2 图的谱

N 节点的图 $\mathcal{G}$ 可以使用诸如邻接矩阵、拉普拉斯矩阵和随机游走矩阵等各种结构矩阵来
310 描述。图的结构矩阵的（N 个）特征值的集合被称为图的谱。图的谱不依赖于顶点的标记或索引。根据图的顶点的索引不同，邻接矩阵可能不是唯一的，然而谱保持不变。

示例

图 8.1 显示了不同顶点索引的 3 节点路径图及其对应的邻接矩阵和拉普拉斯矩阵。对于所有三种情况，邻接矩阵谱是 $\{-\sqrt{2},0,\sqrt{2}\}$ 并且拉普拉斯矩阵谱是 $\{0,1,3\}$ $\{0,1,3\}$。

1—2—3 $\quad \boldsymbol{A}=\begin{bmatrix}0&1&0\\1&0&1\\0&1&0\end{bmatrix} \quad \boldsymbol{L}=\begin{bmatrix}1&-1&0\\-1&2&-1\\0&-1&1\end{bmatrix}$

1—3—2 $\quad \boldsymbol{A}=\begin{bmatrix}0&0&1\\0&0&1\\1&1&0\end{bmatrix} \quad \boldsymbol{L}=\begin{bmatrix}1&0&-1\\0&1&-1\\-1&-1&2\end{bmatrix}$

2—1—3 $\quad \boldsymbol{A}=\begin{bmatrix}0&1&1\\1&0&0\\1&0&0\end{bmatrix} \quad \boldsymbol{L}=\begin{bmatrix}2&-1&-1\\-1&1&0\\-1&0&1\end{bmatrix}$

图 8.1 不同的顶点索引的 3 节点路径图及其对应的邻接矩阵和拉普拉斯矩阵。对于所有这三种情况，图谱（邻接矩阵以及拉普拉斯矩阵）保持不变

尽管图的谱可以揭示图的许多特征，但是图的结构不能从图谱中唯一地确定。我们可能有两个或更多具有相同谱的不同的图。具有相同谱的图被称为同谱图或者等谱图。例如，如图 8.2 所示，图 $\mathcal{G}_1$ 和 $\mathcal{G}_2$ 是邻接矩阵的同谱图，因为两个图的邻接矩阵的特征值都是 $\{-2,0,0,0,2\}$。但是，请注意，两个图的邻接矩阵的特征向量是不同的。为了生成成对的同谱图，Seidel 切换是一种流行
311 的技术。在文献 [143-144] 中详细讨论了图谱的表征。

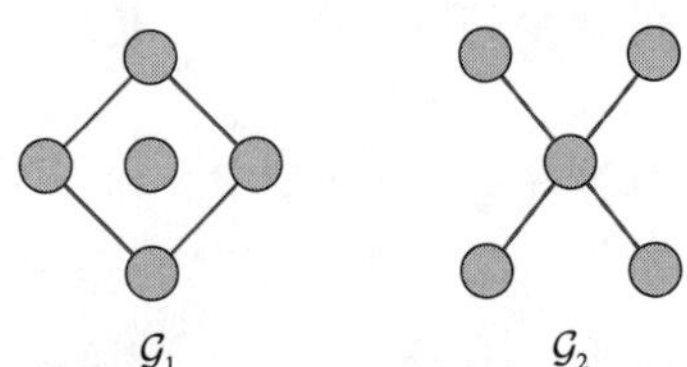

图 8.2 关于邻接矩阵的同谱图

有时研究图的结构矩阵的特征向量也是有益的。在第 9 章中，我们将看到图的拉普拉斯矩阵的特征向量作为图谐波，用来对定义在图上的信号的频率进行分析。

此外，图的拉普拉斯矩阵的特征向量也用于图的聚类（见 8.5.5 节）。图 8.3 显示了 3 节点路径图的邻接矩阵的所有特征向量，图 8.4 显示了拉普拉斯矩阵的特征向量。请注意，所有特征向量都已标准化为具有单位 ℓ_2 范数。

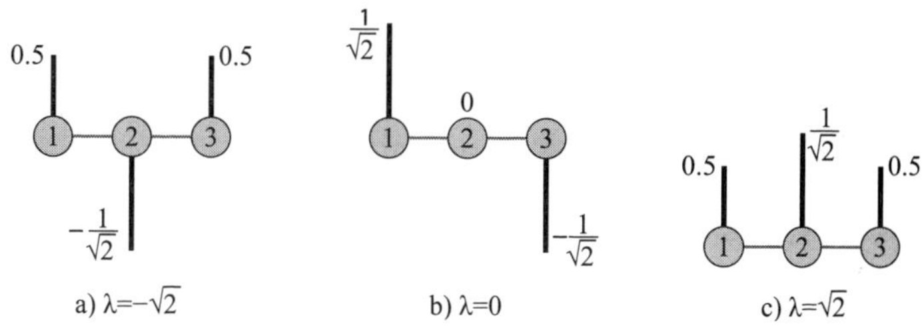

图 8.3　3 节点路径图邻接矩阵的特征向量

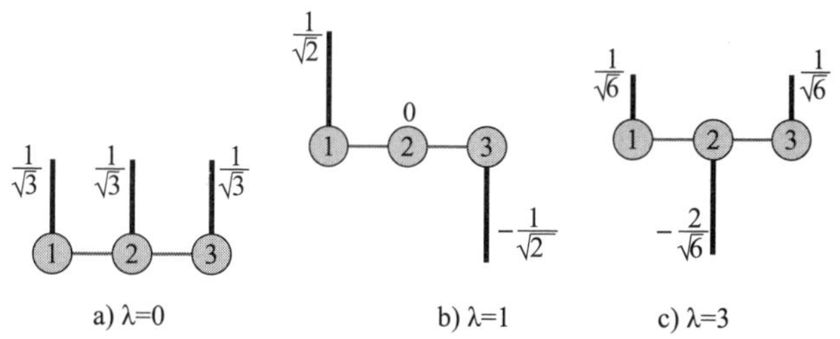

图 8.4　3 节点路径图拉普拉斯矩阵的特征向量

8.3　图的邻接矩阵谱

图的邻接矩阵谱是图的邻接矩阵的特征值的集合。对于无向图，邻接矩阵 $\boldsymbol{A}$ 是对称的，因此，它具有 N 个实数特征值。令 $\mu_0 \leqslant \mu_1 \leqslant \cdots \leqslant \mu_{N-1}$ 是 $\boldsymbol{A}$ 的特征值。$\boldsymbol{A}$ 的特征值的绝对值之和称为图的势能。无向图的邻接矩阵的特征值和特征向量的一些基本性质如下：

- 邻接矩阵的所有特征值都是实数。
- 特征值之和为零，即 $\sum_{i=0}^{N-1} \mu_i = \mathrm{tr}(\boldsymbol{A}) = 0$。
- 特征值的平方和等于图中存在的边数的两倍，即 $\sum_{i=0}^{N-1} \mu_i^2 = 2|\varepsilon|$。
- 每个特征值的几何重数和代数重数是相同的。 312
- 由于邻接矩阵是非负的，因此它服从 Perron-Frobenius 定理，即具有最大绝对值的特征值（总为正）的重数为 1，即它具有 1×1 大小的约当块。而且，相应的特征向量将是非负的。如果图是连通的，则最大特征值具有的重数为 1。
- 特征向量形成一组完整的正交基。

8.3.1　特征值的边界

图的邻接矩阵 $\boldsymbol{A}$ 最大的特征值 μ_{N-1} 的约束为

$$\max\left[\bar{d}, \sqrt{d_{\max}}\right] \leqslant \mu_{N-1} \leqslant d_{\max} \tag{8.3.1}$$

其中 $\bar{d}$ 是图中度的平均值，$d_{\max}$ 是图中度的最大值。

色数的界限

如果 $\gamma(\mathcal{G})$ 是图 $\mathcal{G}$ 的色数，那么

$$\gamma(\mathcal{G}) \leqslant (1+\mu_{N-1}) \tag{8.3.2}$$

并且

$$\gamma(\mathcal{G}) \geqslant 1-\frac{\mu_{N-1}}{\mu_0} \tag{8.3.3}$$

其中 μ_0 和 $\mu_{N\text{-}1}$ 分别是图 $\mathcal{G}$ 的邻接矩阵 $\boldsymbol{A}$ 的最小和最大特征值。

8.3.2　特殊图的邻接矩阵谱

在本节中，给出了特殊图的邻接矩阵谱，如路径图、环图、星形图、完全图和二分图。由于其特殊的拓扑特征，研究它们的谱特性可以帮助人们识别和关联各种谱特征和相关的拓扑特征。可以在第 2 章中找到这些图类型的定义。

1. 路径图

对于一个具有 N 个节点的路径图，其邻接矩阵具有 N 个不同的特征值：$2\cos\left(\frac{\pi k}{N+1}\right)$，其中 $k=1,2,\cdots,N$。

2. 循环（环）图

对于一个具有 N 个节点的循环图，其邻接矩阵具有 N 个不同的特征值：第 n 个联合复

313 根，即 $\mathrm{e}^{\frac{2\pi kj}{N}}$，其中 $k=0, 1, \cdots, N\text{-}1$。

3. 星形图

对于一个具有 N 个节点的星形图，其邻接矩阵具有 3 个不同的特征值：$-\sqrt{N-1}$，0（重数为 $N-2$），$\sqrt{N-1}$。

4. 完全图

对于一个具有 N 个节点的完全图，其邻接矩阵具有 2 个不同的特征值：-1（重数为 $N-1$）和 $N-1$。

5. 二分图

对于二分图 $\mathcal{G}$，其邻接矩阵的谱关于零对称；也就是说，对于每个特征值 μ_i，$-\mu_i$ 也是图 $\mathcal{G}$的特征值。图 8.5a 展示了一个二分图，其相应的邻接矩阵谱如图 8.5b 所示。注意，谱是关于零特征值对称的。

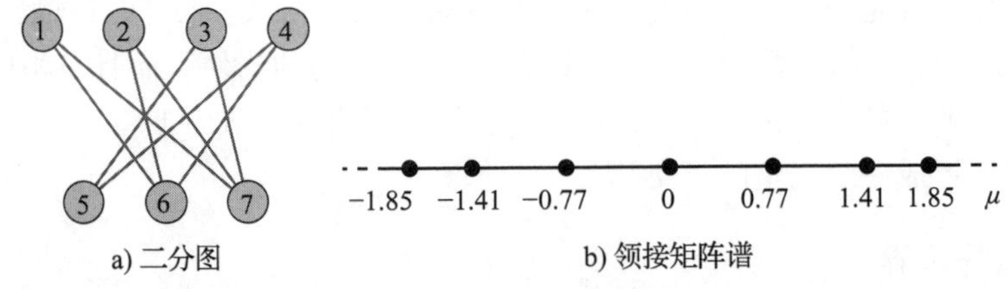

a) 二分图　　b) 领接矩阵谱

图 8.5　二分图及其邻接矩阵谱

定理 8.1　图 $\mathcal{G}$ 为二分图，当且仅当其邻接矩阵谱关于零对称。

证明　如果 $\mathcal{G}$ 是二分的，那么邻接矩阵就形如

$$\boldsymbol{A}=\begin{bmatrix}\boldsymbol{0} & \boldsymbol{B}\\ \boldsymbol{B}^{\mathrm{T}} & \boldsymbol{0}\end{bmatrix}$$

314 现在假设 μ 是一个特征值，$\boldsymbol{v}=\begin{bmatrix}\boldsymbol{a}\\ \boldsymbol{b}\end{bmatrix}$是对应的特征向量。因此，我们有

$$A\begin{bmatrix} a \\ b \end{bmatrix} = \mu\begin{bmatrix} a \\ b \end{bmatrix} \Rightarrow \begin{bmatrix} 0 & B \\ B^{\mathrm{T}} & 0 \end{bmatrix}\begin{bmatrix} a \\ b \end{bmatrix} = \mu\begin{bmatrix} a \\ b \end{bmatrix} \Rightarrow Bb = \mu a \text{且} B^{\mathrm{T}} a = \mu b$$

对于向量 $v' = \begin{bmatrix} a \\ -b \end{bmatrix}$，我们有

$$Av' = \begin{bmatrix} 0 & B \\ B^{\mathrm{T}} & 0 \end{bmatrix}\begin{bmatrix} a \\ -b \end{bmatrix} = \begin{bmatrix} -Bb \\ B^{\mathrm{T}} a \end{bmatrix} = \begin{bmatrix} -\mu a \\ \mu b \end{bmatrix} = -\mu\begin{bmatrix} a \\ -b \end{bmatrix} = (-\mu) v'$$

因此，$-\mu$ 也是 A 的特征值。为了完成证明，反向也需要证明，这留给读者作为练习。

6. 有向环图

对于一个具有 N 个节点的有向图，其邻接矩阵具有 N 个不同的特征值：$\mathrm{e}^{\frac{-2\pi kj}{N}}$，其中 $k = 0, 1, \cdots, N-1$。

有向环图对我们来说特别重要，因为它是对应于离散时间周期信号的图。有向环图的邻接矩阵的特征分解提供了图傅里叶变换（GFT）的思想，将在下一章中讨论。有向环图的邻接矩阵的特征向量与经典 DFT 矩阵的列相同。该 $N \times N$ 的 DFT 的矩阵为：

$$\mathrm{DFT}_N = \begin{bmatrix} 1 & 1 & 1 & 1 & \cdots & 1 \\ 1 & \mathrm{e}^{-\frac{2\pi j}{N}} & \mathrm{e}^{-\frac{2\pi j}{N}2} & \mathrm{e}^{-\frac{2\pi j}{N}3} & \cdots & \mathrm{e}^{-\frac{2\pi j}{N}(N-1)} \\ 1 & \mathrm{e}^{-\frac{2\pi j}{N}2} & \mathrm{e}^{-\frac{2\pi j}{N}4} & \mathrm{e}^{-\frac{2\pi j}{N}6} & & \mathrm{e}^{-\frac{2\pi j}{N}2(N-1)} \\ 1 & \mathrm{e}^{-\frac{2\pi j}{N}3} & \mathrm{e}^{-\frac{2\pi j}{N}6} & \mathrm{e}^{-\frac{2\pi j}{N}9} & & \mathrm{e}^{-\frac{2\pi j}{N}3(N-1)} \\ \vdots & \vdots & & & \ddots & \vdots \\ 1 & \mathrm{e}^{-\frac{2\pi j}{N}(N-1)} & \mathrm{e}^{-\frac{2\pi j}{N}2(N-1)} & \mathrm{e}^{-\frac{2\pi j}{N}3(N-1)} & \cdots & \mathrm{e}^{-\frac{2\pi j}{N}(N-1)(N-1)} \end{bmatrix} \tag{8.3.4}$$

N 节点有向环图可以对角化为：

$$A = \mathrm{DFT}_N^{-1} \begin{Bmatrix} \mathrm{e}^{-\frac{2\pi 0}{N}j} & & & \\ & \mathrm{e}^{-\frac{2\pi 1}{N}j} & & \\ & & \ddots & \\ & & & \mathrm{e}^{-\frac{2\pi (N-1)}{N}j} \end{Bmatrix} \mathrm{DFT}_N \tag{8.3.5}$$

315

图 8.6 显示了有向环图及其邻接矩阵。邻接矩阵的特征值是 $1, 0.31-0.95\mathrm{j}, -0.81-0.59\mathrm{j}, -0.81+0.95\mathrm{j}$，$0.31-0.95\mathrm{j}$。对于 5 节点的有向环图，可以得到

$$A = \begin{bmatrix} 0 & 0 & 0 & 0 & 1 \\ 1 & 0 & 0 & 0 & 0 \\ 0 & 1 & 0 & 0 & 0 \\ 0 & 0 & 1 & 0 & 0 \\ 0 & 0 & 0 & 1 & 0 \end{bmatrix}$$

$$
= \mathrm{DFT}_5^{-1} \begin{bmatrix} 1 & 0 & 0 & 0 & 0 \\ 0 & 0.31-0.95\mathrm{j} & 0 & 0 & 0 \\ 0 & 0 & -0.81-0.59\mathrm{j} & 0 & 0 \\ 0 & 0 & 0 & -0.81+0.59\mathrm{j} & 0 \\ 0 & 0 & 0 & 0 & 0.31+0.95\mathrm{j} \end{bmatrix} \mathrm{DFT}_5 \qquad (8.3.6)
$$

其中

$$
\mathbf{DFT}_5 = \begin{bmatrix} 1 & 1 & 1 & 1 & 1 \\ 1 & 0.31-0.95\mathrm{j} & -0.81-0.59\mathrm{j} & -0.81+0.58\mathrm{j} & 0.31+0.95\mathrm{j} \\ 1 & -0.81-0.59\mathrm{j} & 0.31+0.95\mathrm{j} & 0.31-0.95\mathrm{j} & -0.81+0.59\mathrm{j} \\ 1 & -0.81+0.59\mathrm{j} & 0.31-0.95\mathrm{j} & 0.31+0.95\mathrm{j} & -0.81-0.59\mathrm{j} \\ 1 & 0.31+0.95\mathrm{j} & -0.81+0.59\mathrm{j} & -0.81-0.59\mathrm{j} & 0.31-0.95\mathrm{j} \end{bmatrix}
$$

注意，公式（8.3.6）中对角矩阵中的对角元素就是 5 节点环图的邻接矩阵的特征值。有向环图的邻接矩阵的特征值对应于 DFT 的离散频率。此外，我们将在第 10 章中看到权重矩阵的特征向量（未加权图的邻接矩阵）可用于定义 GFT。

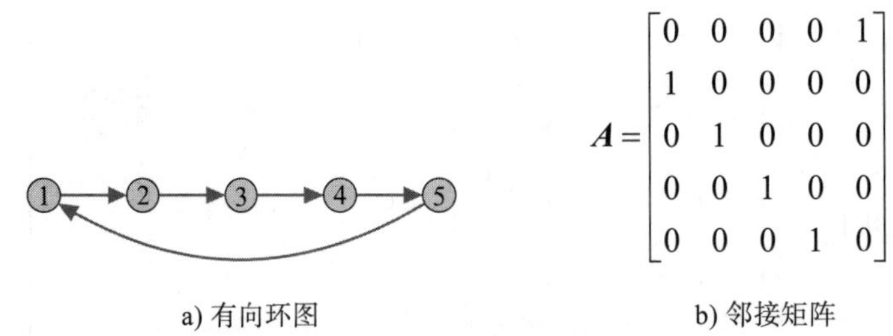

图 8.6　有向环图及其邻接矩阵

8.4　复杂网络的邻接矩阵谱

如 8.1 节所述，对于节点数超过几千的大型网络，谱的数值计算（特征值）会消耗大量
316 的时间和内存。对于这样的网络，使用谱密度（分布）函数表征谱的特征。

获得此密度的最直接方法是计算矩阵的所有特征值；然而，对于大型网络而言，这种方法通常是昂贵且浪费的。文献 [145] 中的替代方法允许我们以低得多的成本估计谱密度函数。对这些方法的讨论超出了本书的范围。

网络邻接矩阵的谱密度揭示了其拓扑特征。无向网络的邻接矩阵是对称的，因此其所有特征值都是实数。还可以将谱密度视为概率密度分布，其测量了在实线上的某点附近找到特征值的可能性。

随机网络的 ER 模型生成一个不相关图，因为两个顶点之间的边存在或不存在与任何其他边的存在或不存在无关，所以可以认为每个边具有独立的概率。根据 Wigner 定律 [146-148]，对于这种不相关的随机网络的谱密度可以用半圆函数近似。但是，大多数真实世界网络是相关的，并被建模为小世界或无标度网络（第 4 章和第 5 章）。小世界网络具有复杂的谱密度，通常由几个尖峰组成，无标度网络由一个像三角形一样的谱密度构成，并带有幂律长尾 [139-141]。因此，考虑到谱密度函数的模式，可以对网络进行分类。此外，还可以从网络的谱密度函数中提取各种结构特性。现在，我们将详细讨论每种网络类型的谱密度。

8.4.1 随机网络

正如附录 A.7 中所讨论的那样，对于 $N\times N$ 的不相关的随机对称矩阵 M，若每个元素（随机变量）的平均值为零（$E[m_{ij}]=0$），非对角线元素的方差为 $\sigma^2(E[m_{ij}^2]=\sigma^2)$ 并且具有有限的高阶矩，那么，当 $N\to\infty$ 时，$\boldsymbol{M}$ 的谱密度服从半圆分布，如下所示：

$$\rho(\lambda)=\begin{cases}\dfrac{\sqrt{4N\sigma^2-\lambda^2}}{2\pi N\sigma^2}, & |\lambda|<2\sqrt{N}\sigma\\ 0, & 其他\end{cases} \tag{8.4.1}$$

上述结论称为 Wigner 定律。

Wigner 定律用于表征 ER 随机网络的谱密度。对于没有自环的 ER 随机网络，其邻接矩阵的非对角元素 $a_{ij}(i\neq j)$ 是一个双值的离散随机变量（0 的概率为 $(1-p)$，1 的概率为 p）。因此，每个元素 a_{ij} 的均值为

$$m=E[a_{ij}]=0\,(a_{ij}为0的概率)+1\,(a_{ij}为1的概率)=0(1-p)+1(p)=p \tag{8.4.2}$$ 317

方差为

$$\sigma^2=E[(a_{ij}-E[a_{ij}])^2]=(0-p)^2(1-p)+(1-p)^2(p)=p(1-p) \tag{8.4.3}$$

观察到邻接矩阵的非对角线元素的平均值是非零的，因此，违反了 Wigner 定律的条件。然而，对于正平均值，进行适当重新缩放时，谱密度遵循半圆分布 [138,140]。只有最大的特征值 μ_{N-1} 与特征值块分离，并且服从以 $(N-1)m+\sigma^2/m=(N-1)p+p(p-1)/p=Np$ 为均值且以 $2\sigma^2=2p(p-1)$ 为方差的正态分布 [138]。

图 8.7 显示了使用 ER 模型（边概率为 0.01）所生成的 1000 个节点的随机网络的谱密度。图中所示的谱分布在 100 次实验中取平均值。该图是具有 100 个箱的直方图。在该图中，除了半圆形特征值块之外，还可以观察到与大部分特征值分离的小峰。

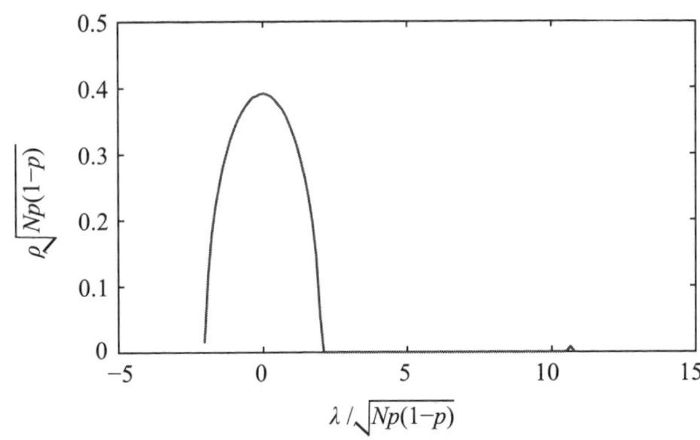

图 8.7 平均 100 次实验得到的 1000 个节点的 ER 网络的谱分布 $(p=0.1)$。箱数为 100

8.4.2 随机正则网络

这里我们讨论 N 节点 $d-$正则随机图特征值的分布，这些图是从所有的 N 节点 $d-$正则图中随机均匀选择出来的。如果 d 是固定的，而 N 趋近无穷大，那么谱密度的形式为：

$$\rho(\lambda)=\begin{cases}\dfrac{d\sqrt{4(d-1)-\lambda^2}}{2\pi(d^2-\lambda^2)}, & |\lambda|<2\sqrt{d-1}\\ 0, & 其他\end{cases} \tag{8.4.4}$$

上述分布称为 McKay 定律[149]。图 8.8 显示了具有不同 d 值的 d- 正则图的随机经验谱
318 分布。

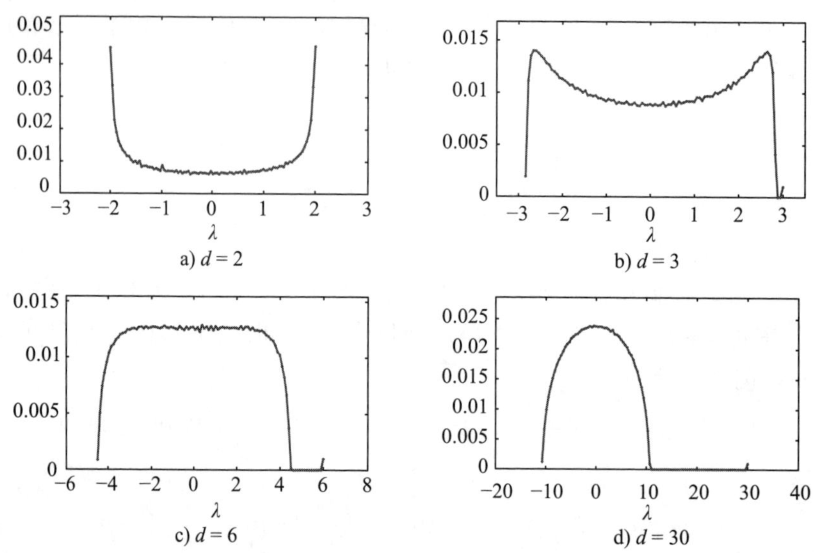

a) $d=2$　b) $d=3$　c) $d=6$　d) $d=30$

图 8.8　具有不同 d 值的随机 d – 正则图的谱分布。网络规模为 1000 个节点，是由平均 100 次实验得到的分布。箱数为 100

此外，证明了当 $d \to \infty$ 和 $d \leqslant N/2$ 时，随机 d – 正则图的谱分布服从半圆定律[150]。然而，要注意的是，当 d 足够大时也能实现半圆分布，这一点很重要。图 8.8d 显示了 $d=30$ 时的谱分布，从图中可以看出半圆形的谱分布。

8.4.3　小世界网络

小世界网络的邻接矩阵谱包含多个尖峰。在小世界网络 Watts-Strogatz（WS）模型或者重连模型中，k – 正则网络中已经存在的普通链路（NL）会以确定的概率 p_r 连接网络中的其他节点，其中 $0 \leqslant p_r \leqslant 1$ [6]。有关重连模型的详细信息，请参见 4.5.1 节。随着重连链路数量的增加，网络的小世界性也增加，网络趋于随机。随着重连概率的增加，谱分布中的尖峰变得模糊，并且谱分布趋于半圆形分布。

对于零重连概率 $p_r=0$，小世界图是正则的，也是周期性的，因为每个节点都连接到其 k – 最近的节点。由于这种高度有序的结构，其谱包含许多奇点。这种网络的谱分布如图 8.9a 所示。该图中，网络是 20- 正则的并且总共有 1000 个节点。可以观察到当 $p_r=$ 时谱分布中的几个尖峰。

当重连概率增加时，网络的正则性降低，因此奇点变得模糊，并且谱分布变得更趋于平
319 滑。从图 8.9b～图 8.9h 中可以观察到，随着重连概率的增加，奇点变得模糊。

当重连概率 $p_r=1$ 时，网络遵循半圆分布，如图 8.9h 所示。这是因为当 $p_r=1$ 时，正则网络的每个链路都重新连接，网络变得完全随机。

8.4.4　无标度网络

无标度网络邻接矩阵谱不服从半圆定律。考虑无标度网络的 Barabási-Albert（BA）模型。根据 BA 模型生成网络，在 $t=0$ 时，网络中有 m_0 个节点。在每个时间点 t，网络中引入一个

新的节点并且向现有的网络中添加 m 个连接。有关BA模型的详细信息请参见5.5节。图8.10展示了使用BA模型生成的无标度网络的谱分布。网络规模为1000个节点，这是由平均100次实验得到的分布。通常，对于每种情况，大部分谱分布具有三角形形状。而且，具有幂律长尾。对于小的 m_0 值，在零特征值处有一个尖峰。随着 m_0 增加，峰值的锐度减小。值得注意的是，由于幂律衰减缓慢，谱的两侧都显示出长尾。

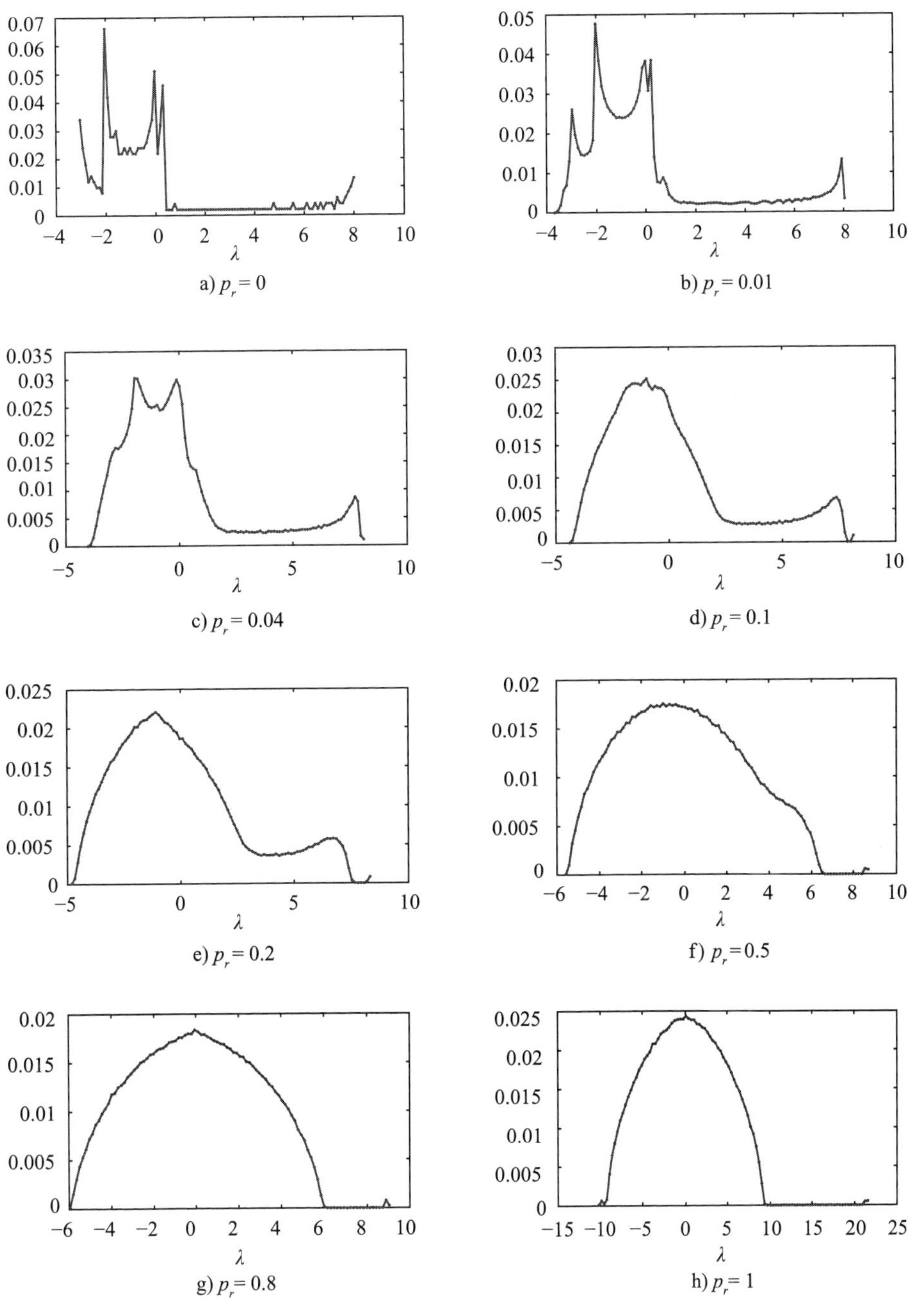

图8.9　不同重连概率 p_r 下的小世界网络模型。以20-正则图开始使用Watts-Strogatz模型生成的小世界网络图。网络规模为1000个节点，是由平均100次实验得到的分布。箱数为100

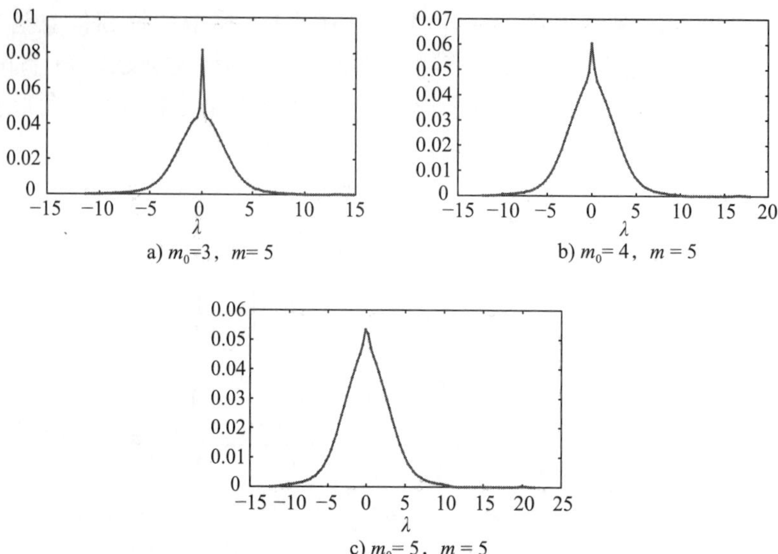

320~321 图 8.10　使用BA模型生成的无标度网络的谱分布。网络规模为1000个节点，是由平均100次实验得到的分布。箱数为100

8.5　图的拉普拉斯谱

图的拉普拉斯矩阵的谱可用于复杂网络分析的若干应用中。图的大量拓扑属性可以从其图拉普拉斯谱中推断出来。例如，图拉普拉斯矩阵的特征值和特征向量可以用于复杂网络数据的频率分析（关于该主题的详细讨论将在随后的章节中提供）。拉普拉斯谱也用于测量网络之间的差异性（或相似性）。此外，拉普拉斯谱可用于检测复杂网络中的社区结构[48]。因此，研究图拉普拉斯算子的特征值和特征向量的性质是有价值的。拉普拉斯矩阵 $\boldsymbol{L}$ 的特征值表示为 $\lambda_0, \lambda_1, \cdots, \lambda_{N-1}$，相应的特征向量分别为 $\boldsymbol{u}_0, \boldsymbol{u}_1, \cdots, \boldsymbol{u}_{N-1}$。假设 $\lambda_0 \leqslant \lambda_1 \leqslant \ldots \leqslant \lambda_{N-1}$。

无向图的邻接矩阵的特征值和特征向量的一些基本性质如下：

1）拉普拉斯矩阵的所有特征值都是非负实数。

2）它总是具有零特征值。

3）如果图是非连通的，则谱由连通子图的特征值集合的并集组成。

命题 8.1　对于连通图，$\lambda_0 = 0$ 并且相应的特征向量在图的所有节点上是恒定的。

证明　根据拉普拉斯算子的定义，每行的总和为零，因此

$$\boldsymbol{L1} = \boldsymbol{0} = 0(\boldsymbol{1})$$

其中 $\boldsymbol{1}$ 是所有元素都为单位值的 N 维向量。$\boldsymbol{0}$ 是零向量。从上面的论证，我们可以说对应于零特征值的特征向量是 $\boldsymbol{u}_0 = \boldsymbol{1}$。

命题 8.2　对于具有 N 个顶点的连通图，$\sum_j u_i(j) = 0$，对于所有的 $i = 1, 2, \cdots, N-1$ 成立，其中 $\boldsymbol{u}_i$ 是图的拉普拉斯矩阵 $\boldsymbol{L}$ 中对应于特征值 λ_i 的特征向量。

证明　图的拉普拉斯矩阵是对称的，因此，特征向量是正交的。由特征向量 $\boldsymbol{u}_i$ 正交
322 与 $\boldsymbol{u}_0 = 1$，有 $\langle \boldsymbol{u}_i, \boldsymbol{u}_0 \rangle = 0$。因此，可以得到 $\sum_j u_i(j) = 0$，对于 $i = 1, 2, \cdots, N-1$ 成立。

8.5.1 拉普拉斯算子特征值的界

我们给出了图拉普拉斯算子的最大和最小特征值的一些重要的上界和下界。这些边界在表征图的结构方面非常有用。

图拉普拉斯矩阵的第二最小的特征值 λ_1 的上界为：

$$\lambda_1 \leqslant N \tag{8.5.1}$$

在上面的不等式中，如果是完全图则等式成立。而且，由 Gershgorin 定理（见附录 A.8），可以发现最大特征值的上界

$$\lambda_{N-1} \leqslant 2d_{\max} \tag{8.5.2}$$

其中 $d_{\max}$ 是图的最大的度。在文献 [151] 中，上述最大特征值的上界有所改善

$$\lambda_{N-1} \leqslant \max\{d_i + d_j \mid (i,j) \in \mathcal{E}\} \tag{8.5.3}$$

其中 d_i 代表节点 i 的度。

1. 关于顶点和边连接的界

对于 N 节点的非完全图 $\mathcal{G}$，λ_1 的上界满足：

$$\lambda_1 \leqslant v(\mathcal{G}) \leqslant e(\mathcal{G}) \tag{8.5.4}$$

其中 $v(\mathcal{G})$ 和 $e(\mathcal{G})$ 分别是图的顶点和边连通性 [152]。

此外，λ_1 的下界的约束为：

$$\lambda_1 \geqslant e(\mathcal{G})2\left(1-\cos\left(\frac{\pi}{N}\right)\right) \tag{8.5.5}$$

注意，对于 N 节点路径图，$\lambda_1 = 2\left(1-\cos\left(\frac{\pi}{N}\right)\right)$。因为对于连通图，$e(\mathcal{G}) \geqslant 1$，从上面连通图的不等式中可以得到 λ_1 是路径图的最小值。随着图的连通性增加，λ_1 也增加。因此，λ_1 包含了关于图的连通性的信息。有关此主题的更多信息将在本章后面讨论。

2. 关于最大割问题的界

对于有 N 节点的图 $\mathcal{G}$，图 $\mathcal{G}$ 的最大割 $\mathrm{mc}(\mathcal{G})$ 的边界为：

$$\mathrm{mc}(\mathcal{G}) \leqslant \frac{1}{4}\lambda_{N-1}N \tag{8.5.6}$$

其中 λ_{N-1} 是拉普拉斯图的最大的特征值 [153]。计算图的最大割是一个 NP 难题，因此，上述边界非常有用。 323

8.5.2 归一化拉普拉斯算子特征值的界

N 个节点的连通图 $\mathcal{G}$ 的归一化拉普拉斯矩阵 $\boldsymbol{L}^{\text{norm}}$ 的最小特征值 λ_1 和最大特征值 λ_{N-1} 受下列不等式约束：

$$\lambda_1 \leqslant \frac{N}{N-1} \tag{8.5.7}$$

并且

$$\lambda_{N-1} \geqslant \frac{N}{N-1} \tag{8.5.8}$$

如果图是非连通的，那么 $\lambda_1 \leqslant 1$。此外，对于每个图，满足 $\lambda_{N-1} \leqslant 2$ 对于二分图，满足 $\lambda_{N-1} = 2$。

1. 关于直径的界

图 $\mathcal{G}$ 的直径 $D(\mathcal{G})$ 的上界的约束为：

$$D(\mathcal{G}) \leqslant \left\lceil \frac{\log(N-1)}{\log\left(\frac{\lambda_{N-1}+\lambda_1}{\lambda_{N-1}-\lambda_1}\right)} \right\rceil \tag{8.5.9}$$

其中 $\lceil . \rceil$ 代表向上取整函数。图的直径是重要的结构参数。例如，它可用于估计通信网络中的最大延迟。已知网络的拉普拉斯谱情况下，就可以找出图直径的上界。

2. 关于 Cheeger 常数的约束：Cheeger 不等式

对于连通图 $\mathcal{G}$，归一化图拉普拉斯算子第二最小特征值 λ_1 的边界如下：

$$2h_{\mathcal{G}} \geqslant \lambda_1 > \frac{h_{\mathcal{G}}^2}{2} \tag{8.5.10}$$

其中 $h_{\mathcal{G}}$ 是图的 Cheeger 常量（参见 2.7.1 节）。进一步地，一种改进的边界为 $\lambda_1 > 1-\sqrt{1-h_{\mathcal{G}}^2}$。

8.5.3　矩阵树定理

图的生成树是由图的所有顶点组成的树形子图。使用连通图的拉普拉斯算子的谱，可以
324 计算生成树的数量。这由矩阵树定理给出，如下所述。

定理 8.2　对于有 N 个节点的图 $\mathcal{G}$，其生成树的数量由如下公式给出：

$$\frac{\lambda_1\lambda_2\cdots\lambda_{N-1}}{N}$$

其中 $0=\lambda_0 \leqslant \lambda_1 \leqslant \cdots \leqslant \lambda_{N-1}$ 是图的拉普拉斯矩阵 $\boldsymbol{L}$ 的特征值。

8.5.4　拉普拉斯谱和图的连通性

图是连通的；也就是说，总是可以找到将一个顶点连接到另一个顶点的路径，当且仅当最小的特征值 $\lambda_0=0$ 的重数为 1。而且，图的第二最小的拉普拉斯特征值 λ_1 也是图谱中包含的重要信息。它也被称为图的谱间隙或者代数连通性 [152]。对应于代数连通性的特征向量也称为 Fiedler 向量。λ_1 的值与图的连通性有关，较大的 λ_1 通常与难以断开的图有关。而且，代数连通性是非减的；也就是说，向图中添加更多边不会降低代数连通性（请参阅本章练习题 4）。

利用谱二分法进行社区检测

拉普拉斯算子的特征值和特征向量可用于检测网络中的社区。对应于第二最小特征值的特征向量，即 Fiedler 向量，根据特征向量中的对应元素的符号将图分成两个社区。要将网络划分为多个社区，可以重复使用该二分法。

考虑一个可以完美分割成 k 个社区数量的网络；也就是说，边只存在社区内，在社区之间不存在边。对于这样的网络，拉普拉斯算子将是如下的分块对角矩阵：

$$\boldsymbol{L}=\begin{bmatrix} \boldsymbol{L}_1 & & & \\ & \boldsymbol{L}_2 & & \\ & & \ddots & \\ & & & \boldsymbol{L}_k \end{bmatrix} \tag{8.5.11}$$

每个对角线上的块是对应的该社区分量的拉普拉斯矩阵，因此零特征值的重数为 k。例如，考虑图 8.11 中所示的网络，该网络由两个完美分离的社区组成。 325

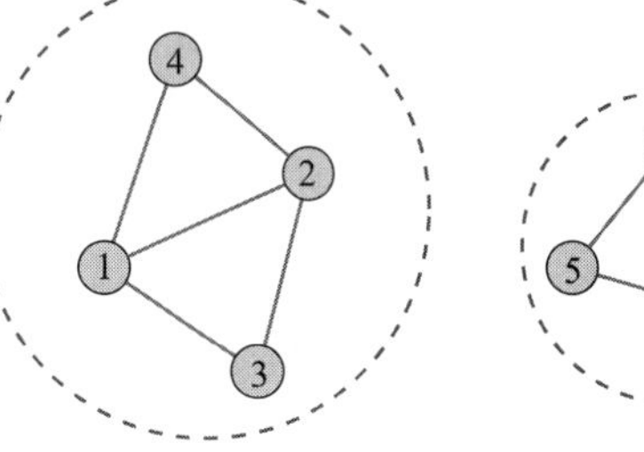

图 8.11 有两个社区的网络

该网络的拉普拉斯算子具有零特征值，重数为 2，并且相应的退化特征向量是

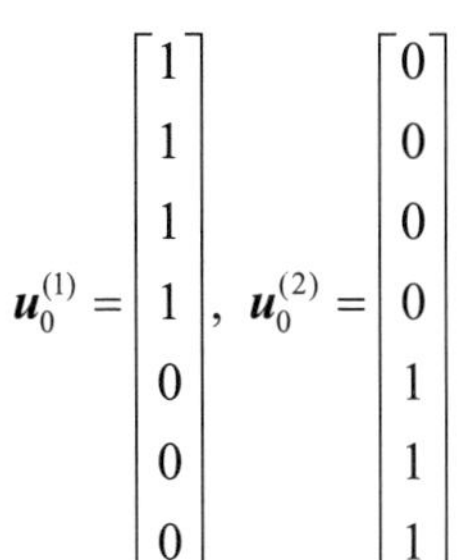

$$\boldsymbol{u}_0^{(1)} = \begin{bmatrix} 1 \\ 1 \\ 1 \\ 1 \\ 0 \\ 0 \\ 0 \end{bmatrix}, \quad \boldsymbol{u}_0^{(2)} = \begin{bmatrix} 0 \\ 0 \\ 0 \\ 0 \\ 1 \\ 1 \\ 1 \end{bmatrix} \tag{8.5.12}$$

观察退化特征向量中的非零元素：退化特征向量中的非零元素对应的顶点形成一个社区。现在考虑网络没有完全分离的社区的情况；也就是说，社区之间存在很少的边。在这样的网络中，拉普拉斯算子不再是分块对角矩阵，并且存在 $k-1$ 个特征值略大于零。而且，第二最小的特征值 λ_1 可以用来衡量分裂性：较小的值对应于更好的分裂性。

让我们考虑一个更简单的二分图：网络中只有两个社区，但它们并没有很好地分开。图 8.12 显示了两个这样的网络。第二个网络（图 8.12b）比第一个网络（图 8.12a）有更多的社区之间的边。

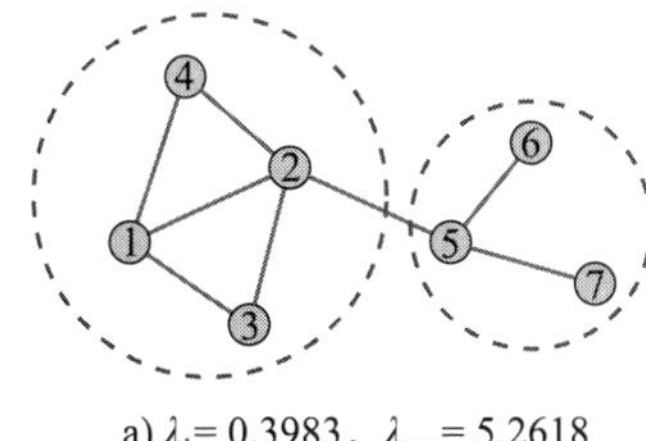

a) λ_1= 0.3983，$\lambda_{\max}$= 5.2618

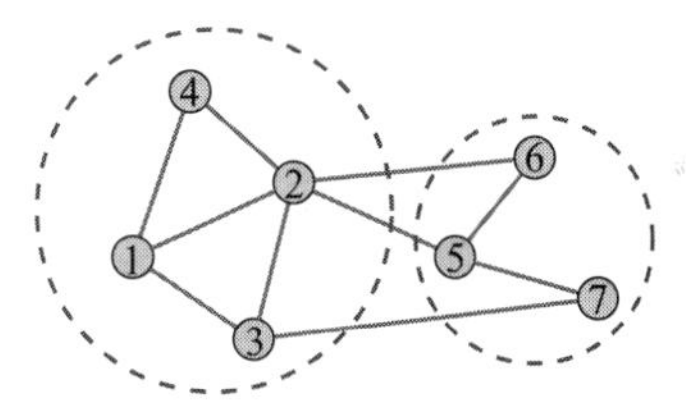

b) λ_1= 1.1887，$\lambda_{\max}$= 6.1518

图 8.12 在网络中的社区之间添加边 326

因此，对于第二个网络而言，λ_1 比第一个网络要大。相应的特征向量分别是

$$\boldsymbol{u}_1 = \begin{bmatrix} 0.3560 \\ 0.2142 \\ 0.3560 \\ 0.3560 \\ -0.2966 \\ -0.4929 \\ -0.4929 \end{bmatrix} \quad 和 \quad \boldsymbol{u}_1 = \begin{bmatrix} 0.4112 \\ 0.0855 \\ 0.0472 \\ 0.6122 \\ -0.3808 \\ -0.3640 \\ -0.4112 \end{bmatrix} \tag{8.5.13}$$

观察两个网络的特征向量元素的符号，可以很容易地将网络一分为二。

虽然谱二分法很快，但主要缺点是它仅限于网络的二等分。通过反复的二分法可以实现更多社区的划分；但是，这可能会给出不令人满意的结果。此外，一般而言，预先不知道社区的数量。

8.5.5 谱图聚类

图拉普拉斯算子的特征向量也可以用于图节点的聚类，并且该方法被广泛地称为谱图聚类 [154-155]。谱聚类是机器学习社区使用的最流行的现代聚类算法之一。它已经广泛用于通过从数据点创建相似性图，然后利用相似性图的拉普拉斯矩阵的特征向量来聚类数据点。谱聚类优于传统的聚类算法，如 k– 均值算法等。在复杂网络领域，谱图聚类可用于社区检测。

根据使用拉普拉斯算子（非标准化或标准化）的图的形式，存在多种版本的谱聚类算法。算法 8.1 描述了使用图的非归一化拉普拉斯矩阵 $\boldsymbol{L}=\boldsymbol{D}-\boldsymbol{W}$ 的谱聚类方法：假设我们想要将图划分为 k 个聚类。为此，首先计算图拉普拉斯矩阵的前 k 个特征向量形成的矩阵 $\boldsymbol{U}_k\in\mathbb{R}^{N\times k}$，其中每一列均为特征向量。$\boldsymbol{U}_k$ 中每行为 $\mathbb{R}^k$ 中的一个点，使用 k – 均值方法或者其他聚类方法，这 N 点可以被分为 k 个聚类。因此，算法得到 k 个聚类。

算法 8.1　谱图聚类算法

计算图的拉普拉斯矩阵 $\boldsymbol{L}=\boldsymbol{D}-\boldsymbol{W}$。
计算 $\boldsymbol{L}$ 的前 k 个特征向量 $\boldsymbol{u}_0, \boldsymbol{u}_1, \cdots, \boldsymbol{u}_{k\text{-}1}$。
创建矩阵 $\boldsymbol{U}_k=[\boldsymbol{u}_0\,|\,\boldsymbol{u}_1\,|\cdots\boldsymbol{u}_{k-1}]$，其中的列为 $\boldsymbol{L}$ 的 k 个特征向量。
令 $\boldsymbol{z}_i\in\mathbb{R}^k$ 为 $\boldsymbol{U}_k$ 的第 i 行。
使用 k– 均值或者其他聚类方法将 N 个节点 $\{\boldsymbol{z}_i\}_{i=1,2,\cdots,N}$ ）聚集成 k 个聚类。
当且仅当点 $\boldsymbol{z}_i$ 属于聚类 j 的情况下，将节点 v_i 分配给类 j。

如图 8.13 所示，该图被聚集成四个聚类（一个圆圈内的节点集属于同一个聚类）。图拉普拉斯算子的前四个特征向量如图 8.14 所示。这些特征向量构成了 $\boldsymbol{U}_k=[\boldsymbol{u}_0,\boldsymbol{u}_1,\boldsymbol{u}_2,\boldsymbol{u}_3]\in\mathbb{R}^{14\times4}$。在 $\boldsymbol{U}_k$ 的 14 行中的每一行 $\boldsymbol{z}_j\in\mathbb{R}^4$ 被视为一个点，使用 k – 均值方法将所有 14 个点聚集成四个聚类。生成的聚类与图 8.13 中使用圆圈所示的聚类相同。仔细观察特征向量的图，它解释了图谱聚类算法的工作原理。

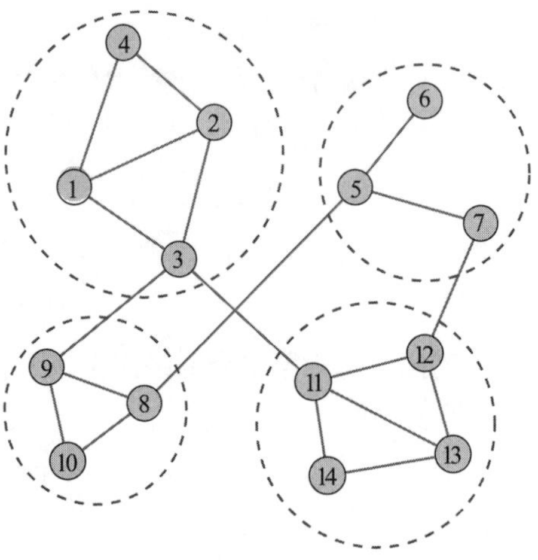

图 8.13　具有四个聚类的示例图

观察每个节点处的特征向量的符号（正或负）。$\boldsymbol{u}_1$ 的符号（见图 8.14b）清楚地将图分为两部分：节点 1 到 4 以及其余部分。接下来，如图 8.14c 所示，特征向量 $\boldsymbol{u}_2$ 将其余节点划分为两部分，并根据符号将节点 11 到 14 标识为一个聚类。使用 $\boldsymbol{u}_1$ 和 $\boldsymbol{u}_2$，我们可以识别两个聚类：节点 1 到 4 和节点 11 到 14。最后，如图 8.14d 所示，特征向量的符号 $\boldsymbol{u}_3$ 在其余节点（5 到 10）处产生另外两个聚类：节点 5 到 7 和节点 8 到 10。

327～328

8.5.6 特殊图的拉普拉斯谱

这里给出了一些如路径图、环图、完全图和二分图等特殊图的特征值。

1. 路径图

对于有 N 个节点的路径图，其拉普拉斯矩阵有 N 个不同的特征值 $2-2\cos\left(\dfrac{\pi k}{N}\right)$，其中

$k=0,1,\cdots,N-1$。注意，$\lambda_1=2\left(1-\cos\left(\frac{\pi}{N}\right)\right)$，是连通图中的最小值。

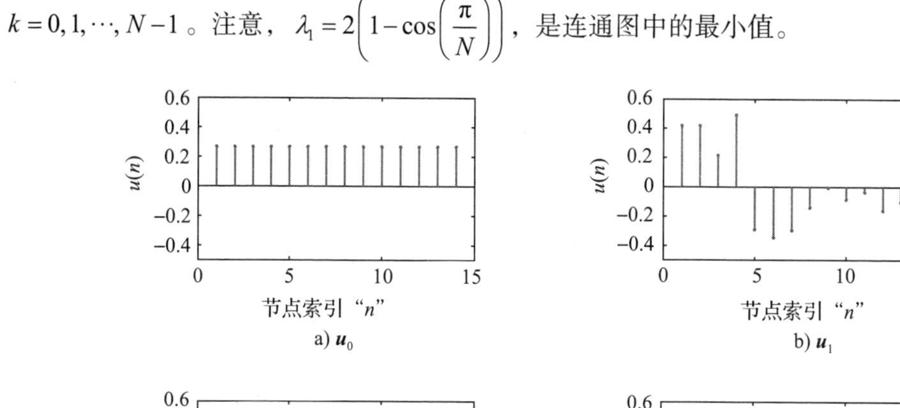

a) $\boldsymbol{u}_0$　　b) $\boldsymbol{u}_1$

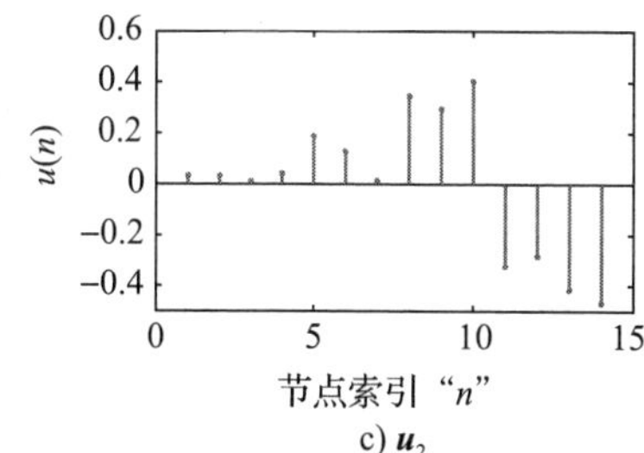

c) $\boldsymbol{u}_2$

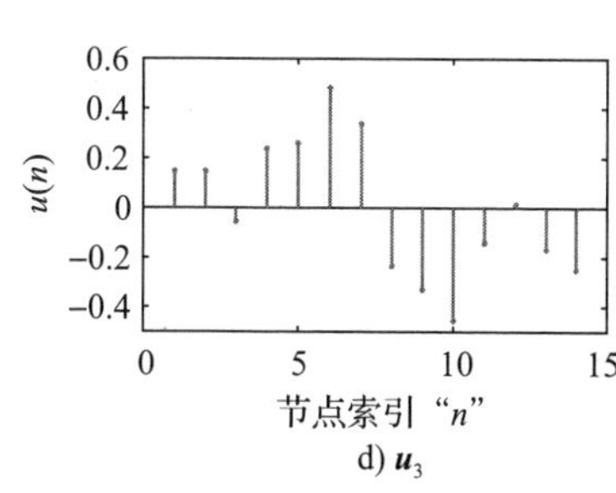

d) $\boldsymbol{u}_3$

图 8.14　图 8.13 的前四个拉普拉斯特征向量

在下一章中介绍的拉普拉斯算子的特征向量可以用于图的信号处理。图 8.15 显示了 10 节点路径图（线性图）的一些特征向量。注意，特征向量的变化随着相应特征值的增加而增加。

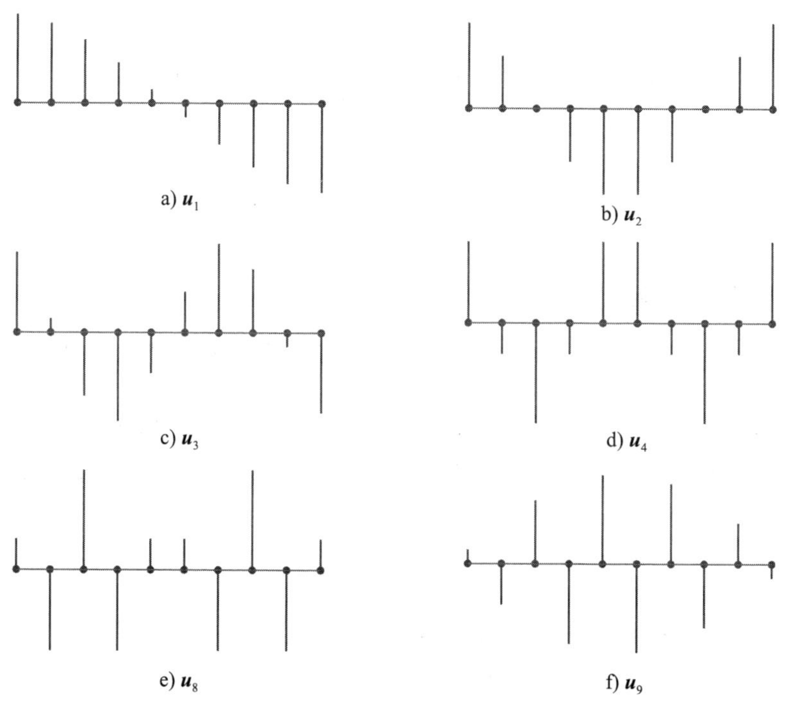

a) $\boldsymbol{u}_1$　　b) $\boldsymbol{u}_2$

c) $\boldsymbol{u}_3$　　d) $\boldsymbol{u}_4$

e) $\boldsymbol{u}_8$　　f) $\boldsymbol{u}_9$

图 8.15　10- 节点路径图的拉普拉斯特征向量

归一化的图拉普拉斯矩阵有 N 个不同的特征值：$1-\cos\left(\frac{\pi k}{N}\right)$，其中 $k=0,1,\cdots,N-1$。

2. 循环图

对于带有 N 个顶点的循环图，图拉普拉斯具有 N 不同的特征值：$2-2\cos\left(\frac{2\pi k}{N}\right)$，其中 $k=0,1,\cdots,N-1$。此外，特征向量的一种可能选择可以是由公式（8.3.4）给出的 DFT 矩阵的列。有关 DFT 的详细信息，请参阅 9.2.1 节。

归一化的图拉普拉斯矩阵有 N 个不同的特征值：$1-\cos\left(\frac{2\pi k}{N}\right)$，其中 $k=0,1,\cdots,N-1$。

3. 星形图

对于有 N 个节点的星形图，归一化的图拉普拉斯矩阵有三个不同的特征值：0，1（重数为 $N-2$），2。

4. 完全图

对于有 N 个节点的完全图，拉普拉斯矩阵有两个不同的特征值：0 和 N（重数为 $N-1$）。

归一化的拉普拉斯矩阵具有两个不同的特征值：0 和 $N/(N-1)$（重数为 $N-1$）。

5. 二分图

329~330 对于二分图，归一化拉普拉斯矩阵的谱是关于 1 对称的；也就是说，对于每个特征值 λ_i，$2-\lambda_i$ 也是一个特征值。

图 8.16a 展示了一个二分图，其相应的拉普拉斯谱如图 8.16b 所示。请注意，谱是关于单位特征值对称的。

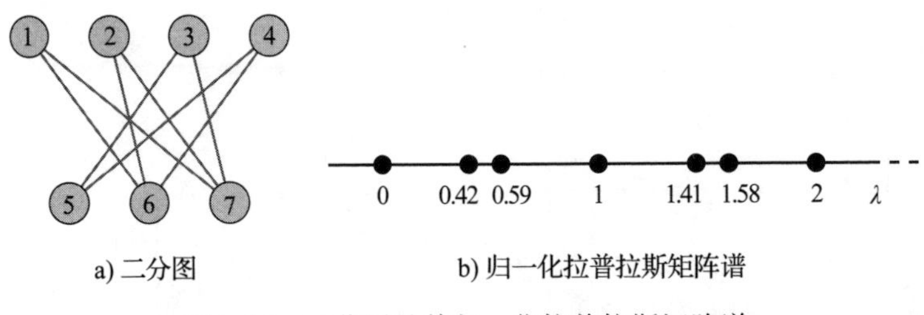

a) 二分图　　b) 归一化拉普拉斯矩阵谱

图 8.16　二分图及其归一化拉普拉斯矩阵谱

8.6　复杂网络的拉普拉斯谱

本节讨论各种复杂网络模型的拉普拉斯矩阵的谱分布，包括随机网络、随机正则网络、小世界网络和无标度网络。将观察到对于大多数情况，拉普拉斯谱与邻接矩阵谱的形状相同。唯一的区别是在拉普拉斯谱的情况下，分布的大部分朝向大的特征值聚集，而在邻接谱的情况下，其向较小的特征值聚集。对于无标度网络，拉普拉斯矩阵谱和邻接矩阵谱具有不同的形状。

8.6.1　随机网络

图 8.17 显示了使用 ER 模型（边概率为 0.2）所生成的 1000 个节点的随机网络的谱密度。图中所示的谱分布在 100 次实验中取平均值。

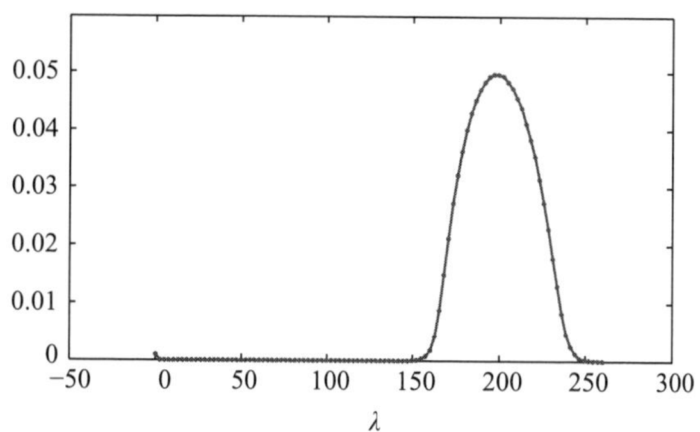

图 8.17　平均 100 次实验得到的 1000 节点的 ER 网络的谱分布 ($p = 0.2$)。箱数为 100 　331

大部分谱分布位于大特征值，接近半圆分布。此外，观察到零特征值处的小峰值，这是由于图拉普拉斯算子总是存在零特征值。

8.6.2　随机正则网络

回想一下 8.4.2 节，随机正则网络的邻接矩阵谱由 McKay 定律给出（公式（8.4.4）），当 d 变大时，分布变成半圆形。注意，大部分谱是关于零特征值对称的。图 8.18 显示了具有不同 d 值的随机正则网络的谱分布。拉普拉斯谱也具有与邻接矩阵谱相同的形状，只是大部分特征值朝向大的特征值集中。此外，从图 8.18d 可以看出，当 d 变大时，随着大部分特征值向较大的值集中，拉普拉斯谱变为半圆形。

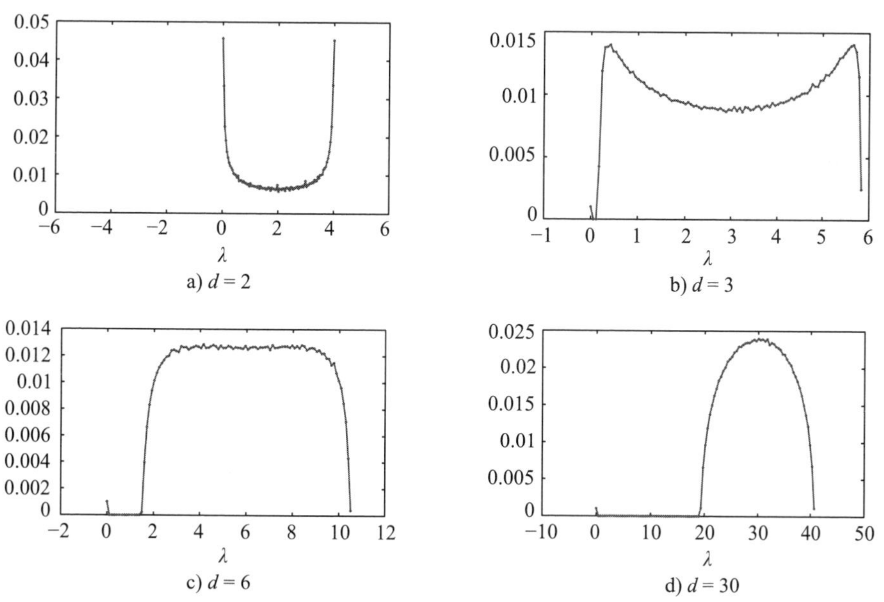

图 8.18　具有不同 d 值的随机 d – 正则网络的（拉普拉斯）谱分布。网络规模为 1000 个节点，平均 100 次实验得到的分布。箱数为 100

8.6.3　小世界网络

小世界网络的拉普拉斯谱遵循与 8.4.3 节中讨论的邻接矩阵谱相同的模式。

唯一的区别是拉普拉斯谱分布大部分朝向大的特征值聚集，而在邻接矩阵，其向较小的特征值聚集。

图 8.19a～图 8.19h 显示了使用 WS 模型在不同的重连概率下生成的小世界模型的拉普拉斯谱。以 20- 正则图开始使用 Watts-Strogatz 模型生成小世界网络。对于小的重连概率，由于高度的规律性，该谱具有很多的峰值。随着重连概率的增加，网络倾向于随机网络，因此，谱趋于遵循半圆分布。

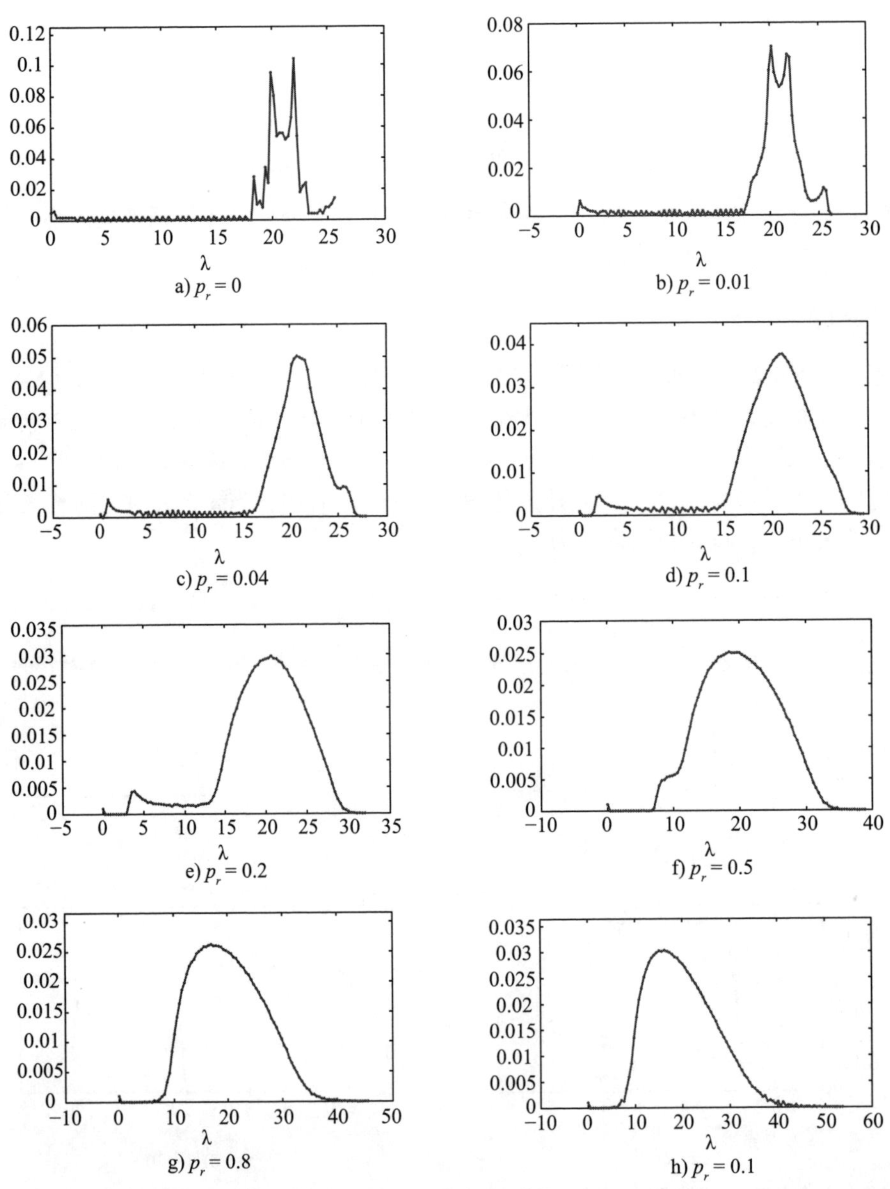

332～333 图 8.19　不同重连概率 p_r 下的小世界网络模型（拉普拉斯）谱分布。以 20- 正则图开始使用 Watts-Strogatz 模型生成小世界网络。网络规模为 1000 个节点，平均 100 次实验得到的分布。箱数为 100

8.6.4　无标度网络

图 8.20 显示了使用 BA 模型生成的多种无标度网络的谱分布。对于每种情况，该分布

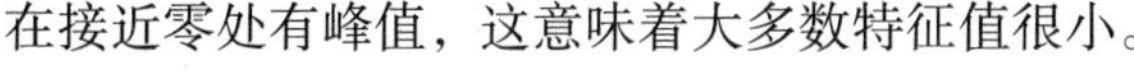

在接近零处有峰值，这意味着大多数特征值很小。

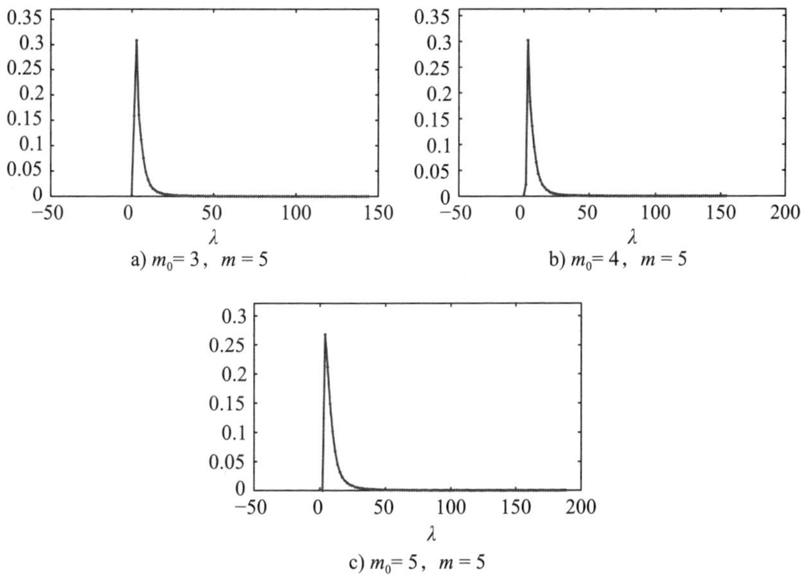

a) $m_0=3$，$m=5$

b) $m_0=4$，$m=5$

c) $m_0=5$，$m=5$

图 8.20　使用 BA 模型生成的无标度网络的（拉普拉斯）谱分布。网络规模为 1000 个节点，平均 100 次实验得到的分布。箱数为 100。这里 m_0 是网络初始时的节点数，m 是每个时间步中在新添加的节点与网络中现有节点之间添加的边数 334

8.7　使用谱密度进行网络分类

在 8.4 和 8.6 节分别讨论了各种复杂网络模型的邻接谱和拉普拉斯谱，包括随机网络、小世界网络和无标度网络。表 8.1 总结了不同复杂网络模型的邻接谱和拉普拉斯谱。网络的谱分布的形状可用于对网络进行分类。

表 8.1　各种网络模型的谱密度

网络类型	邻接谱	拉普拉斯谱
随机 d-正则	• 遵循 McKay 定律，分布的大部分是关于零特征值对称的 • 当 d 变大时，大部分特征值向较大的值集中，邻接谱变为半圆形	• 与邻接矩阵谱类似，除了大部分特征值朝向大的值集中 • 当 d 变大时，大部分特征值向较大的值集中，拉普拉斯谱变为半圆形
ER	• 遵循半圆分布，大部分在零特征值附近	• 遵循半圆分布，大部分趋于较大的特征值
小世界	• 对于较小的重连概率 p_r，分布由奇点组成 • 随着 p_r 趋近于 1，分布趋于变为半圆形	• 对于较小的重连概率 p_r，分布由奇点组成 • 随着 p_r 趋近于 1，分布趋于变为半圆形
无标度	• 分布的大部分构成三角形分布并具有幂律长尾	• 在小特征值处有尖峰

8.8　开放性研究问题

- 对于随机网络，谱密度遵循半圆定律。然而，对于小世界网络和无标度网络的谱密度却没有这类简单的特性。虽然很多真实世界网络模型（如 WS 小世界模型和 BA 无标度模型）的结构特征是众所周知的，关于其谱特性的分析仍然是一个悬而未决的问题。

- 关于添加边或顶点对图谱的影响知之甚少。通过改变网络拓扑来研究图谱的变化是一个开放的研究领域。
- 尽管已经很深入地研究了无向网络的谱，但关于有向图的谱知之甚少。
- 使用谱密度建模网络演化是一个开放的研究领域。可以在文献 [156-157] 中找到在这
335 方面的一些初步工作。

8.9 小结

本章介绍了复杂网络和特殊网络的邻接谱和拉普拉斯谱。特征值和特征向量的集合提供了关于网络结构的有用信息。例如，可以从图谱中推导出连通性、直径边界、等周常数和网络的社区结构。此外，拉普拉斯矩阵和邻接矩阵的特征值提供频率解释，用于后续章节中讨论的图信号处理理论。

本章还讨论了包括随机网络、小世界网络和无标度网络这些复杂网络模型的图谱的模
336 式。发现谱密度可以作为网络分类的手段。

练习题

1. 解释为什么图的谱与顶点标记无关。
2. 证明以下内容：
   (a) 无向图的拉普拉斯算子具有非负特征值。
   (b) 无向图的归一化拉普拉斯算子的特征值位于区间 [0, 2] 内。
3. 找到图 8.21 中图的邻接谱和拉普拉斯谱。

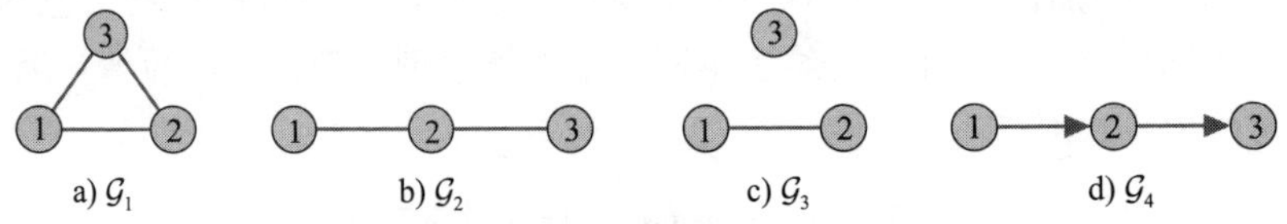

图 8.21　示例图（练习题 3 和 4）

4. 考虑图 8.21 中的图 $\mathcal{G}_2$ 和 $\mathcal{G}_3$。根据图的邻接谱和拉普拉斯谱，可以对图的连通性得出什么结论？
5. (a) 使用图拉普拉斯算子的特征分解，识别图 8.22 中的三个社区。
   (b) 假设节点 4 和 6 之间有额外的边，重复 a 部分。

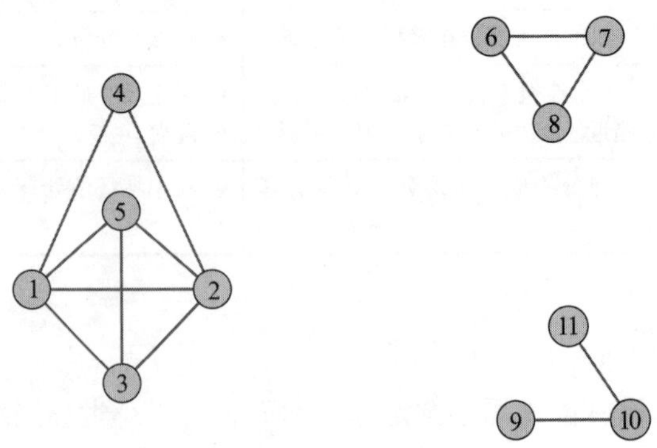

337 图 8.22　图 $\mathcal{G}$（练习题 5）

6. 10– 节点图的拉普拉斯矩阵是

$$\boldsymbol{L}_1=\begin{bmatrix}2&-1&0&\cdots&\cdots&0&-1\\-1&2&-1&&&0&0\\0&-1&2&&&0&0\\\vdots&&&\ddots&&&\vdots\\0&0&0&&\ddots&2&-1\\-1&0&0&&&-1&2\end{bmatrix},\ \boldsymbol{L}_2=\begin{bmatrix}9&-1&-1&\cdots&\cdots&-1&-1\\-1&1&0&&&0&0\\0&-1&2&&&0&0\\\vdots&&&\ddots&&&\vdots\\-1&0&0&&\ddots&1&0\\-1&0&0&&&0&1\end{bmatrix}$$

$$\boldsymbol{L}_3=\begin{bmatrix}9&-1&-1&\cdots&\cdots&-1&-1\\-1&9&-1&&&-1&-1\\-1&-1&9&&&-1&-1\\\vdots&&&\ddots&&&\vdots\\-1&-1&-1&&\ddots&9&-1\\-1&-1&-1&&&-1&9\end{bmatrix},\ \boldsymbol{L}_4=\begin{bmatrix}1&-1&0&\cdots&\cdots&0&0\\-1&2&-1&&&0&0\\0&-1&2&&&0&0\\\vdots&&&\ddots&&&\vdots\\0&0&0&&\ddots&2&-1\\0&0&0&&&-1&1\end{bmatrix}$$

列出图的邻接矩阵和拉普拉斯矩阵的特征值。并绘制相应的图。

7. 令 $\mathcal{G}=\mathcal{G}_1\otimes\mathcal{G}_2$ 是图 $\mathcal{G}_1$ 和 $\mathcal{G}_2$ 的克罗内克积。关于 $\mathcal{G}$ 的邻接矩阵和拉普拉斯矩阵的特征值和特征向量的结论有哪些？

   如果 $\mathcal{G}=\mathcal{G}_1\otimes\mathcal{G}_2$ 是图 $\mathcal{G}_1$ 和 $\mathcal{G}_2$ 的强积，又有什么结论？

8. 令 $\mathcal{G}=\mathcal{G}_1\times\mathcal{G}_2$ 是图 $\mathcal{G}_1$ 和 $\mathcal{G}_2$ 的笛卡儿积。

   (a) 将 $\mathcal{G}$ 的拉普拉斯算子的特征值表示为 $\mathcal{G}_1$ 和 $\mathcal{G}_2$ 的拉普拉斯算子的特征值的表达式。

   (b) 使用上述结果，找出 4 节点星形图和 3 节点完全图的笛卡儿乘积的拉普拉斯特征值。

   提示：$\boldsymbol{L}=\boldsymbol{L}_1\otimes\boldsymbol{I}_{N_1}+\boldsymbol{I}_{N_2}\otimes\boldsymbol{L}_2$。

9. 证明，图中步长为 k 的封闭游走的总和为 $\mu_0^k+\mu_1^k+\cdots+\mu_{N-1}^k$，其中 $\mu_0,\mu_1,\cdots,\mu_{N-1}$ 是图邻接矩阵的特征值。

10. 生成具有 1000 个节点的随机传感器网络。比较图的转换矩阵谱与邻接矩阵谱。

11. 证明：向量 **1**（所有元素均为 1 的向量）是与邻接矩阵特征值 k 对应的特征向量，当且仅当图是 k– 正则图。

12. 证明：图 $\mathcal{G}$ 是正则的（度为 $\mu_{\max}$），当且仅当 $N\mu_{\max}=\mu_0^2+\mu_1^2+\cdots+\mu_{N-1}^2$。这里，$\mu_0,\mu_1,\cdots,\mu_{N-1}$ 是图邻接矩阵 $\boldsymbol{A}$ 的特征值，并且 $\mu_{\max}$ 是最大的特征值。

    提示：使用公式（8.3.1）作为正则图。

13. 证明 338

$$\sum_{i=0}^{N-1}d_i^2=2|\mathcal{E}|+\sum_{i=0}^{N-1}\lambda_i^2=\sum_{i=0}^{N-1}\mu_i^2+\sum_{i=0}^{N-1}\lambda_i^2$$

    其中 d_i 是节点 i 的度并且 $|\mathcal{E}|$ 是图中边的数量（μ_i 和 λ_j 分别是邻接矩阵和拉普拉斯矩阵的特征值）。

14. 给出一些关于拉普拉斯矩阵的相关谱的例子。

15. 生成三个 ER 图：图 $\mathcal{G}_1$ 具有 100 个节点且边概率为 0.08，图 $\mathcal{G}_2$ 具有 150 个节点且边概率为 0.07，以及图 $\mathcal{G}_3$ 具有 200 个节点且边概率为 0.05。确保三个图都是连通的。现在向这三个图中添加 10 个附加边以创建单连通图 $\mathcal{G}$。编写谱聚类方法程序以在图 $\mathcal{G}$ 中找到三个聚类。标记识别的聚类并对比找到的聚类是否与 $\mathcal{G}_1$、$\mathcal{G}_2$ 和 $\mathcal{G}_3$ 相同。

16. 对于 R – 正则图，确定其邻接矩阵特征值与拉普拉斯矩阵特征值之间的关系。

17. 绘制以下网络的邻接矩阵的谱密度：US Air-97 和 CPAN[109]。有关这些网络的详细信息，请参见 5.3 节。根据网络谱密度的形状评论网络的类型。

18. 绘制以下网络的邻接矩阵的谱密度：疾病网络 [67] 和电网 [6]。有关这些网络的详细信息，请参见 4.4 节。根据网络谱密度的形状评论网络的类型。

19. 重复练习题 17 和 18，求解对应的拉普拉斯矩阵的谱密度问题。

20. 如果我们可以在图中标记节点，使得图的拉普拉斯矩阵是循环的，那么这样的图被称为移位不变图 [158]。移位不变图的拉普拉斯矩阵的特征向量与 DFT 矩阵的列相同。移位不变图的一个例子是环形图。绘制另外两个移位不变图并验证相应拉普拉斯矩阵的特征向量与 DFT 矩阵的列相同。并评论移位不变图的拉普拉斯算子的特征值。

21. (a) 从一个 30×30 格子网络开始，使用纯随机方法以 0.05 的概率添加新链接以生成小世界网络。绘制该网络邻接矩阵及拉普拉斯矩阵的谱密度。谱密度图应在 1000 次实验中取平均值。

(b) 从一个 900 节点 6- 正则网络开始，使用纯随机方法以 0.05 的概率添加新链接以生成小世界网络。绘制该网络邻接矩阵及拉普拉斯矩阵的谱密度。谱密度图应在 1000 次实验中取平均值。将这些图与 a 部分中的图进行比较。

339 ~ 340

复杂网络上的信号处理

前面的章节讨论了各种复杂网络模型和方法来探索复杂网络本身的结构。本章讨论定义在复杂网络上的数据的分析和处理。大型复杂网络中的每个单独节点都会生成大量数据。在复杂网络上定义的数据被视为一组标量值，称为由网络结构支持的图信号。图信号可能来自各种场景，例如社交网络中的信息扩散、大脑中的功能活动、道路网络中的车流以及传感器网络中的温度或压力。另外，在计算机图形学中，由多边形网格描述的任何几何形状上定义的数据可以表示为图信号。与时间序列或图像不同，这些信号具有复杂和不规则的结构，需要新的处理技术，进而导致新兴的领域——图信号处理。

与经典信号处理中处理时间序列和图像信号的情况下的常规结构相反，图的复杂和不规则结构给图信号的分析和处理提出了巨大挑战。幸运的是，最近所发展起来的重要的概念和工具（包括图的采样和插值、基于图的变换和图的滤波器）扩展了经典的信号处理理论，丰富了图信号处理领域。这些工具已被用于解决各种问题，如图上的信号恢复、聚类和社区检测、图信号去噪和半有监督的图分类。本章概述了在图信号处理领域现有的概念和工具。本章最后列出了图信号处理领域的开放性研究问题。

9.1 图信号处理简介

图信号是定义在任意图的顶点上的数据值。图 9.1 显示了一个示例图信号，其中垂直向 341
上的黑线表示正值，向下的黑线表示负值。

图的顶点表示实体，任意两个顶点之间的成对关系表示为边。图信号基于与实体相关联的一些观察值为每个顶点分配标量值。例如，可以将地理区域内的温度、运输网络中枢纽的交通容量或社交网络中的人类行为定义为图信号。图信号处理（GSP）涉及定义在图上的信号的建模、表示和处理。图信号处理扩展了经典信号处理中已经成熟的概念和工具。

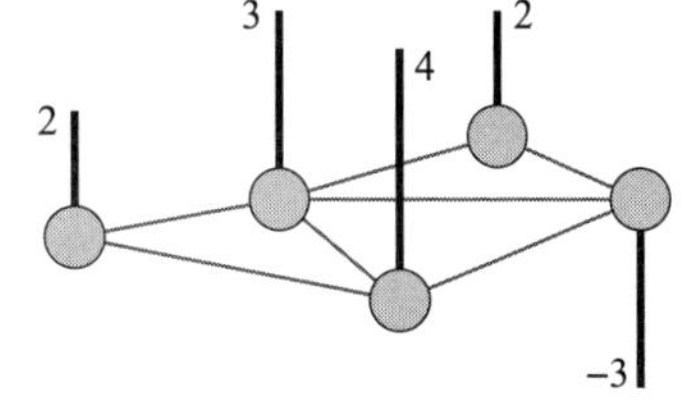

图 9.1 一个示例图信号

在经典信号处理[159-160]中，我们处理离散时间信号或图像信号。图 9.2a 展示了一个离散时间信号的例子。垂直黑线表示在时刻 $t_1, t_2, \cdots, t_N$ 的信号采样的强度。离散时间信号也可以看作是定义在如图 9.2b 所示的规则一维线性图上的信号。在该线性图中，节点对应于时刻，边表示时间相邻关系。换句话说，离散时间信号可以用常规线性图来描述。在经典信号处理中考虑的另一类信号是图像信号。数字图像包含像素的行和列。为每个像素分配强度值以形成图像信号。图像像素点阵可以表示为矩形网格的无向图。图 9.3a 显示了图像信号示例，其支持为如图 9.3b 所示的 2D 矩形网格。在该矩形网格中，节点对应于图像像素，边对应于像素邻接；也就是说，在空间中相邻的像素通过边连接。

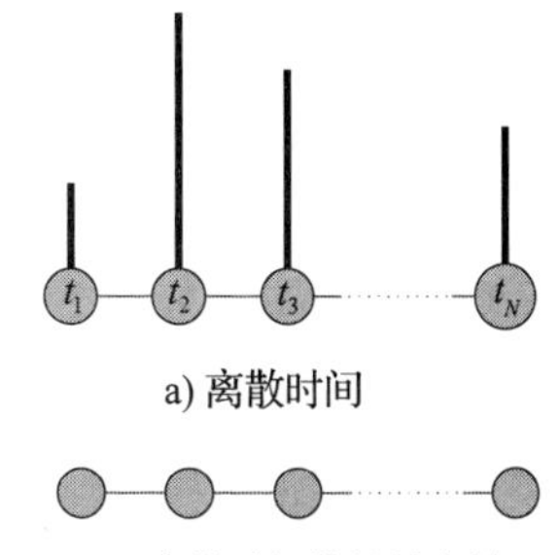

图 9.2 离散时间信号及其支持

a) 图像信号

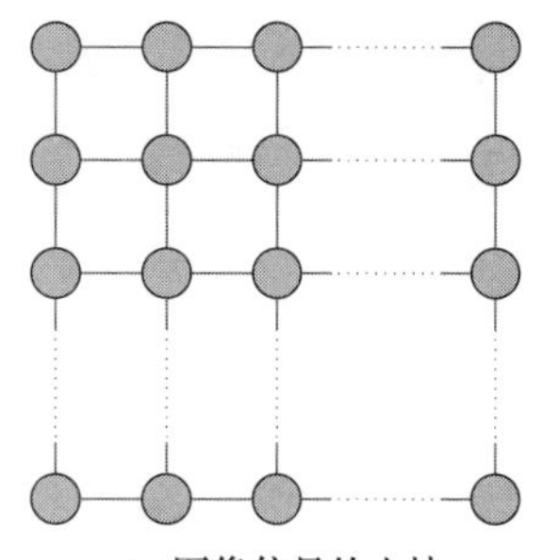

b) 图像信号的支持

图 9.3　示例图像信号及其支持。来源：hannamariah/123RF.com

假设所有的边权重为 1。因此，图像信号可以被视为位于矩形网格上的强度值。

离散时间信号或图像信号的支持本质上是独特和规则的：1D 线性图用于离散时间信号，2D 矩形网格用于图像信号。想象一下以图 9.4 所示结构为支持的信号，其性质非常不规则。对于这样的信号，因为底层结构的不规则性，不能应用诸如傅里叶变换和小波的经典信号处理技术。

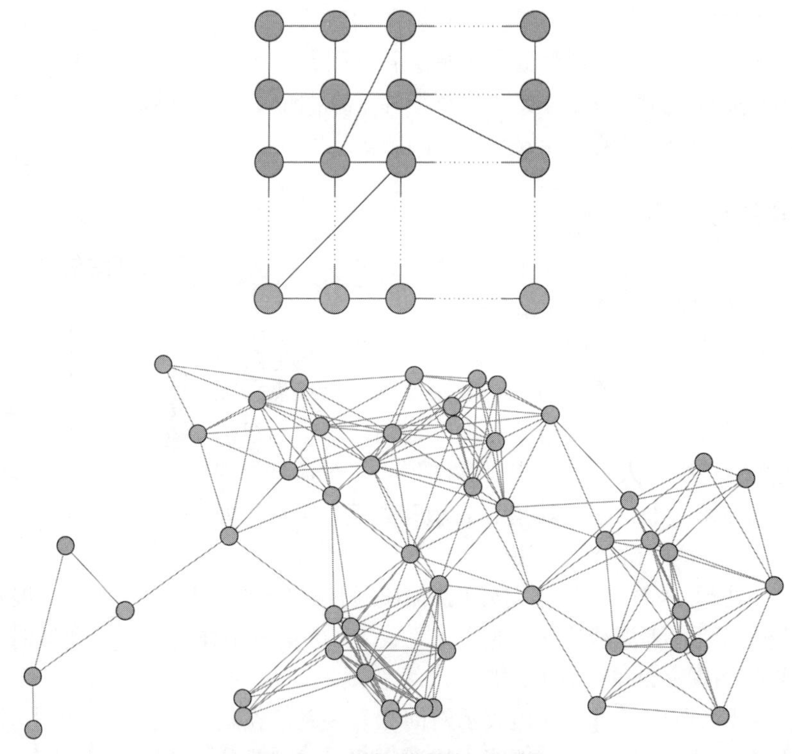

342～343

图 9.4　图信号支持的示例

由这些不规则结构或图支持的信号被称为*图信号*。图信号不规则的支持是发展图信号处理概念的主要挑战。在处理图信号时，许多简单但基本的操作变得极具挑战性。在处理图信号时可能出现以下困难：

1）通过非常简单的平移操作可以看出困难。在经典设置中，平移操作非常简单。例如，要将信号向左平移 5 个单位，信号的所有样本需要提前 5 个单位。该操作如图 9.5a 所示。

在该图中，实线表示原始信号，虚线表示转换信号。但是，如果想要将图 9.5b 所示的图信号进行平移，例如 1 个单位，则不那么直截了当。由于每个节点都连接到多个节点，因此不清楚应该在哪个方向上移动节点处的样本值。例如，节点 5 与节点 2 和节点 4 都有连接。要平移节点 5 处的样本值，是应该向节点 2 还是节点 4 移动？

2）对一个离散时间信号下采样，交替丢弃信号的样本。但是，为了对图 9.1 所示的图信号进行下采样，应丢弃哪些样本？

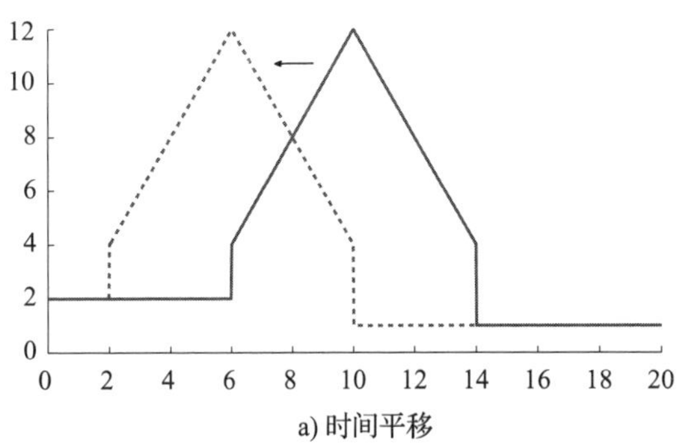

a) 时间平移

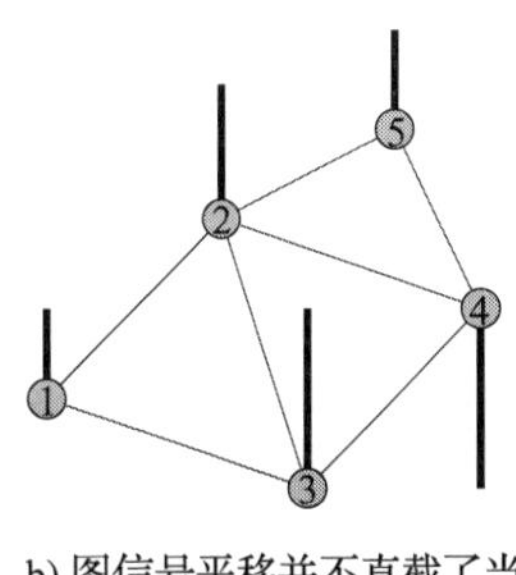

b) 图信号平移并不直截了当

图 9.5　平移操作示意图

图信号处理通过将频谱图理论概念与计算谐波分析相结合来解决这些挑战。图信号处理和经典信号处理基本的相似之处在于都是通过图拉普拉斯矩阵的特征值和特征向量建立起来的，由于其携带图信号的频率概念，导致了传统信号处理技术向图信号的推广。为了对图信号进行频率分析，定义了类似于经典傅里叶变换的图傅里叶变换。图傅里叶变换不仅可用于图信号的频率分析，而且还被证明是多个仍在发展中的概念的核心。例如，图傅里叶变换用于构建允许对图信号进行多尺度分析的图谱小波。此外，通过图傅里叶变换定义了诸如卷积、平移和调制等各种运算。在本章中，我们假设底层的图是无向的并且具有正的边权重。有向图将在第 10 章中讨论。

9.1.1　图信号的数学表示

图可以表示为 $\mathcal{G}=(\mathcal{V},\boldsymbol{W})$，其中 $\mathcal{V}=\{v_0,v_1,\cdots,v_{N-1}\}$ 是一组顶点（或节点），$\boldsymbol{W}$ 是图的权重矩阵，其元素 w_{ij} 表示节点 i 和 j 之间的边的权重（ $w_{ij}=0$ 节点 i 和 j 之间没有边）。图的规模 $N=|\mathcal{V}|$，是图中节点的总数。图信号是定义在图的顶点上的一组值，可以表示为 N 维向量 $\boldsymbol{f}=[f(1),f(2),\cdots,f(N)]^{\mathrm{T}}\in\mathbb{R}^N$，其中 $f(i)$ 是节点 i 上图信号的值。为了在计算机中存储图信号，我们需要底层结构的权重矩阵和信号向量。

9.2　经典信号处理和图信号处理的比较

数十年来的发展使得经典信号处理具备了许多强大的工具和概念。其中一些包括傅里叶变换、滤波、卷积、平移、调制、扩张和窗口傅里叶变换。图信号处理旨在将这些强大的概念扩展到存在于一般的图上的数据。

表 9.1 总结了经典信号处理和图信号处理的重要工具和运算。使用图拉普拉斯矩阵的特征分解，经典情况的频率分析的概念被扩展到图的情况。 344~345

表 9.1　经典信号处理与图信号处理

运算 / 变换	经典信号处理	图信号处理
傅里叶变换	• $\hat{x}(\omega)=\int_{-\infty}^{\infty}x(t)\mathrm{e}^{-\mathrm{j}\omega t}\mathrm{d}t$ • 频率：ω 可以取任何实数值 • 傅里叶基：复指数 $\mathrm{e}^{j\omega t}$	• $\hat{\boldsymbol{f}}(\lambda_\ell)=\sum_{n=1}^{N}\boldsymbol{f}(n)\boldsymbol{u}_\ell^*(n)$ • 频率：图拉普拉斯算子的特征值 (λ_ℓ) • 傅里叶基：图拉普拉斯算子的特征向量 $(\boldsymbol{u}_\ell)$
卷积	• 时域： • $x(t)*y(t)=\int_{-\infty}^{\infty}x(\tau)y(t-\tau)\mathrm{d}t$ • 频域： • $\widehat{x(t)*y}(t)=\hat{x}(\omega)\hat{y}(\omega)$	• 通过图傅里叶变换定义 • $\widehat{\boldsymbol{f}*\boldsymbol{g}}=(\hat{\boldsymbol{f}}\odot\hat{\boldsymbol{g}})$
平移	• 可以使用卷积定义 • $T_\tau x(t)=x(t-\tau)=x(t)*\delta_\tau(t)$	• 使用卷积定义 • $(T_i\boldsymbol{f})(n)=\sqrt{N}(f*\delta_i)(n)=\sqrt{N}\sum_{\ell=0}^{N-1}f(\lambda_\ell)u_\ell^*(i)u_\ell(n)$
调制	• 乘以复指数 • $M_\omega x(t)=\mathrm{e}^{\mathrm{j}\omega t}x(t)$	• 乘以图拉普拉斯矩阵的特征向量 • $(M_k\boldsymbol{f})(n)=\sqrt{N}u_k(n)f(n)$
窗口傅里叶变换	• 通过窗口的平移和调制来定义	• 使用广义平移和调制算子

复指数在经典傅里叶变换中用作扩展基，而在图信号中，图拉普拉斯算子的特征向量用作图信号的扩展基。图信号中的等效变换称为图傅里叶变换（GFT）。

346 两个图信号的卷积通过 GFT 定义。这个类比来自众所周知的经典卷积定理——时域中的卷积等效于频域中的乘法。

经典信号的平移相当于用脉冲卷积信号。类似地，图信号中的平移运算也通过与脉冲的卷积积定义。

在经典信号处理中，将信号调制到特定频率只不过是将信号乘以该频率处的复指数。类似地，图信号中的调制算子是通过图拉普拉斯算子的特征向量的乘法来实现的。

9.2.1　图傅里叶变换与经典离散傅里叶变换的关系

离散时间信号 $\boldsymbol{x}\in\mathbb{C}^N$ 的傅里叶变换为 $\hat{\boldsymbol{x}}=\boldsymbol{T}\boldsymbol{x}$，其中 $\boldsymbol{T}$ 是 DFT 变换矩阵。DFT 矩阵是

$$\boldsymbol{T}=\mathrm{DFT}_N\begin{bmatrix}1 & 1 & 1 & 1 & \cdots & 1\\ 1 & \mathrm{e}^{-\frac{2\pi\mathrm{j}}{N}} & \mathrm{e}^{-\frac{2\pi\mathrm{j}}{N}2} & \mathrm{e}^{-\frac{2\pi\mathrm{j}}{N}3} & \cdots & \mathrm{e}^{-\frac{2\pi\mathrm{j}}{N}(N-1)}\\ 1 & \mathrm{e}^{-\frac{2\pi\mathrm{j}}{N}2} & \mathrm{e}^{-\frac{2\pi\mathrm{j}}{N}4} & \mathrm{e}^{-\frac{2\pi\mathrm{j}}{N}6} & & \mathrm{e}^{-\frac{2\pi\mathrm{j}}{N}2(N-1)}\\ 1 & \mathrm{e}^{-\frac{2\pi\mathrm{j}}{N}3} & \mathrm{e}^{-\frac{2\pi\mathrm{j}}{N}6} & \mathrm{e}^{-\frac{2\pi\mathrm{j}}{N}9} & & \mathrm{e}^{-\frac{2\pi\mathrm{j}}{N}3(N-1)}\\ \vdots & \vdots & & & \ddots & \vdots\\ 1 & \mathrm{e}^{-\frac{2\pi\mathrm{j}}{N}(N-1)} & \mathrm{e}^{-\frac{2\pi\mathrm{j}}{N}2(N-1)} & \mathrm{e}^{-\frac{2\pi\mathrm{j}}{N}3(N-1)} & \cdots & \mathrm{e}^{-\frac{2\pi\mathrm{j}}{N}(N-1)(N-1)}\end{bmatrix} \tag{9.2.1}$$

经典的离散时间周期信号可以看作是在环形图上的图信号，如图 9.6 所示。环形图的拉普拉斯矩阵是循环矩阵（详见附录 A.2.4），可以写成

$$
\boldsymbol{L}=\begin{bmatrix}
2 & -1 & 0 & \cdots & 0 & -1 \\
-1 & 2 & -1 & & 0 & 0 \\
0 & -1 & 2 & & 0 & 0 \\
\vdots & & & \ddots & & \vdots \\
0 & 0 & 0 & & 2 & -1 \\
-1 & 0 & 0 & & -1 & 2
\end{bmatrix} \tag{9.2.2}
$$

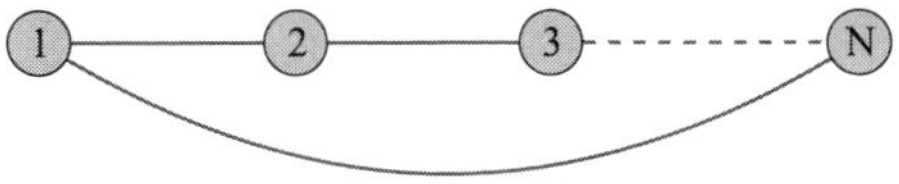

图 9.6　环形图：离散时间信号的支持

N 节点环形图的拉普拉斯算子的特征值是

$$\lambda_{\ell}=2-2\cos\left(\frac{2\pi\ell}{N}\right), \forall \ell=\{0,1,\cdots,N-1\}$$ 347

一种可能的相应（复数）特征向量是[⊖]

$$
u_{\ell}=\frac{1}{\sqrt{N}}\begin{bmatrix}
1 \\
e^{\frac{2\pi j}{N}\ell} \\
e^{\frac{2\pi j}{N}2\ell} \\
\vdots \\
e^{\frac{2\pi j}{N}(N-1)\ell}
\end{bmatrix}, \forall \ell=\{0,1,\cdots,N-1\}
$$

这些特征向量正是公式（9.2.1）给出的 DFT 矩阵的列。因此，经典离散时间傅里叶基是无向环图的拉普拉斯算子的特征向量。

9.3　图拉普拉斯算子

如第 2 章所述，图的拉普拉斯矩阵定义为

$$\boldsymbol{L}=\boldsymbol{D}-\boldsymbol{W} \tag{9.3.1}$$

其中 $\boldsymbol{D}$ 为图的度矩阵，$\boldsymbol{W}$ 是图的权重矩阵。对于图信号 $\boldsymbol{f}\in\mathbb{R}^N$，拉普拉斯算子满足

$$(\boldsymbol{L}\boldsymbol{f})(i)=\sum_{j\in\mathcal{V}_i} w_{ji}[f(i)-f(j)] \tag{9.3.2}$$

其中 $\mathcal{V}_i$ 是与节点 i 直接连接的节点的集合。因此，当由拉普拉斯算子操作时，节点 i 处的图信号的值被替换为该节点及其相邻节点信号值的差的加权和。

9.3.1　图拉普拉斯算子的性质

图拉普拉斯算子具有一些重要的属性，使其在图信号分析中非常有用。下面列出了在图信号处理中使用的拉普拉斯矩阵的性质。注意，假设底层图是带有正边权重的无向图。

1）拉普拉斯矩阵是对称的。

2）拉普拉斯矩阵的特征值和特征向量是实数构成的。拉普拉斯算子的对称性质导致了

⊖　注意，还存在一组不同的实特征向量，例如，MATLAB 等数学软件包计算对称矩阵的实特征向量集。

这种性质。

3）拉普拉斯矩阵是半正定的；也就是说，拉普拉斯算子的所有特征值都大于或等于零。
348 它仅适用于边的权重为正的图形。

4）拉普拉斯矩阵总是具有至少一个零特征值。而且，对于连通图，它只有一个零特征值。该性质是由拉普拉斯矩阵的所有行的和为零这一事实导致的，从而确保至少有一个零特征值。

5）它有一套完全的标准正交特征向量；也就是说，它形成了一个完全的标准正交基。

图拉普拉斯算子的特征值和特征向量提供了分析频域图信号的手段，从而使图拉普拉斯成为图信号处理的基本模块。虽然为了分析图结构，图拉普拉斯算子的特征值和特征向量的性质已经被广泛地研究[161-162]，但图信号处理利用了拉普拉斯矩阵的特征向量的*振荡*来分析图上定义的信号。

使用图拉普拉斯算子对图信号进行频率分析仅限于无向图上的信号。使用图拉普拉斯算子进行频率分析的主要优点是它分析简单，并能得到媲美经典信号处理的精确。另一个使用有向拉普拉斯算子分析有向图上的数据的框架将在第 10 章中讨论。

9.3.2 图谱

图拉普拉斯矩阵的特征值集合称为图谱或者（图的）*拉普拉斯谱*。图拉普拉斯算子 $\boldsymbol{L}$ 是一个实对称矩阵，它有一套完全的标准正交特征向量[163]。$\boldsymbol{L}$ 也是一个半定正矩阵；因此，它具有非负特征值。此外，对于连通图，零特征值的重数为 1。将 $\boldsymbol{L}$ 的特征值和特征向量构成的系统记为 $\{\lambda_\ell, \boldsymbol{u}_\ell\}_{\ell=0}^{N-1}$，其中 λ_ℓ 是 $\boldsymbol{L}$ 的特征值，$\boldsymbol{u}_\ell$ 是相应的特征向量。N 节点图 $\mathcal{G}$ 的图谱表示为 $\sigma(\mathcal{G})=\{\lambda_0,\lambda_1,\cdots,\lambda_{N-1}\}$，其中 $0=\lambda_0\leqslant\lambda_1\leqslant\lambda_2\cdots\leqslant\lambda_{N-1}$。

9.4 量化图信号的变化

在经典信号处理中，*平滑*意味着相邻信号系数具有相似的值。平滑的概念在许多应用中是有用的。一种广泛使用的应用是去噪；为了从损坏的信号中消除噪声，可以通过使用均值滤波器去除噪声来平滑噪声信号。梯度测量和全局方差是经典信号处理中平滑（或变化）的一些常用度量。这些概念可以轻松扩展到图的情况。

349 根据信号值所在的加权图的内在结构来定义图信号的平滑度。图信号关于底层图的结构的平滑度可以使用一些离散微分算子（例如边导数和梯度）来量化。

图信号 $\boldsymbol{f}$ 相对于边 e_{ij}（连接顶点 i 和 j）在顶点 i 处的导数定义为：

$$\left.\frac{\partial \boldsymbol{f}}{\partial e_{ij}}\right|_i=\sqrt{w_{ij}}\left[f(j)-f(i)\right] \tag{9.4.1}$$

图信号 $\boldsymbol{f}$ 在顶点 i 的梯度是包含顶点 i 处所有边的 N 维向量：

$$\nabla_i \boldsymbol{f}=\left\{\left.\frac{\partial \boldsymbol{f}}{\partial e_{ij}}\right|_i\right\}_{j\in v} \tag{9.4.2}$$

注意，节点 i 处的梯度向量中的非零元素的数量是连接到该节点的节点数。

信号 $\boldsymbol{f}$ 在节点 i 的局部方差表示为节点 i 处的梯度向量的 ℓ_2 范数：

$$\|\nabla_i \boldsymbol{f}\|_2=\left[\sum_{j\in\mathcal{V}_i}\left(\frac{\partial f}{\partial e_{ij}}\right)^2\right]^{\frac{1}{2}}=\left[\sum_{j\in\mathcal{V}_i}w_{ij}[f(j)-f(i)]^2\right]^{\frac{1}{2}} \tag{9.4.3}$$

其中 $\mathcal{V}_i$ 是与节点 i 连接的节点的集合。局部方差提供了 $\boldsymbol{f}$ 在顶点 i 附近的局部平滑度的度量，当方差很小时方程 $\boldsymbol{f}$ 在节点 i 的值与节点 i 所有邻节点的值类似。

为了测量全局平滑度，可以采用 $\boldsymbol{f}$ 的离散 p-Dirichlet 形式 $(S_p(\boldsymbol{f}))$，其定义为：

$$S_p(\boldsymbol{f})=\frac{1}{p}\sum_{j\in\mathcal{V}}\|\nabla_i \boldsymbol{f}\|_2^p=\frac{1}{p}\sum_{i\in\mathcal{V}}\left[\sum_{j\in\mathcal{V}_i}w_{ij}[f(j)-f(i)]^2\right]^{\frac{p}{2}} \tag{9.4.4}$$

当 $p=1$ 时，$S_1(\boldsymbol{f})$ 被称为图信号相对于图的*全局方差*。因此，全局方差可写为

$$TV(\boldsymbol{f})=S_1(\boldsymbol{f})=\sum_{i\in\mathcal{V}}\|\nabla_i \boldsymbol{f}\|_2=\sum_{i\in\mathcal{V}}\left[\sum_{j\in\mathcal{V}_i}w_{ij}[f(j)-f(i)]^2\right]^{\frac{1}{2}} \tag{9.4.5}$$

当 $p=2$ 时，我们有

$$S_2(f)=\frac{1}{2}\sum_{i\in\mathcal{V}}\sum_{j\in\mathcal{V}_i}w_{ij}[f(j)-f(i)]^2=\sum_{i,j\in\mathcal{E}}w_{ij}[f(j)-f(i)]^2=\boldsymbol{f}^{\mathrm{T}}\boldsymbol{L}\boldsymbol{f} \tag{9.4.6}$$ 350

因此，$S_2(\boldsymbol{f})$ 也被称为*图拉普拉斯二次型*。当信号 $\boldsymbol{f}$ 具有较大的权重并且直接相连的边的节点具有相似的值时（也就是说，当它平滑时），$S_2(\boldsymbol{f})$ 的值很小。因此，平滑度不仅取决于信号值，还取决于底层图形结构。拉普拉斯二次型或 2-Dirichlet 形式可用于排序图频率（见 9.5.1 节）、图插值⊖和噪声图信号的去噪。和与较高特征值相关联的拉普拉斯特征向量相比，与较低特征值相关联的拉普拉斯特征向量的图拉普拉斯二次型的值较小。

9.5 图傅里叶变换

考虑如图 9.1 所示的图信号 $\boldsymbol{f}=[2,3,2,-3,4]^{\mathrm{T}}$。该信号可以表示为某些图信号的线性组合：

$$\boldsymbol{f}=\begin{bmatrix}2\\3\\2\\-3\\4\end{bmatrix}=(3.58)\begin{bmatrix}0.45\\0.45\\0.45\\0.45\\0.45\end{bmatrix}+(1.03)\begin{bmatrix}0.60\\0.37\\0\\-0.37\\-0.60\end{bmatrix}-(1.80)\begin{bmatrix}0.51\\-0.20\\-0.63\\-0.20\\0.51\end{bmatrix}+(-4.35)\begin{bmatrix}0.37\\-0.60\\0\\0.60\\-0.37\end{bmatrix}+(2.44)\begin{bmatrix}0.20\\-0.51\\0.63\\-0.51\\0.20\end{bmatrix}$$

上述和式中的成分图信号正是图拉普拉斯算子的特征向量。这些图信号称为*图谐波*。这种表示有什么好处？我们从和式中的图谐波系数得到了什么有趣的信息？图拉普拉斯算子的特征向量具有频率概念，并且上述和式中的系数被称为 GFT *系数*。GFT 类似于经典的傅里叶变换，在分析图信号时非常有用。

经典的傅里叶变换可用于离散时间和图像信号的频率分析，它是经典信号处理的核心。它将信号分解为复指数的线性组合，从而提供频率概念。类似于经典傅里叶变换，GFT 将频率概念扩展到非正则图的情况。它为我们提供了一种方法提取在顶点域中不可见的图信号的

⊖ 参见练习题 27。

结构属性，并使之在变换（频率）域中变得明显。在图信号中，频率的概念是从图拉普拉斯矩阵的特征分解中导出的。图拉普拉斯算子的特征值充当图频率，图拉普拉斯算子的特征向
351 量充当图傅里叶基。

注意，经典傅里叶基是固定的，然而，图傅里叶基依赖于网络拓扑并随网络结构变化而变化，这点非常重要。

经典傅里叶变换将信号分解为复指数的线性组合，该复指数被称为傅里叶基。函数 $x(t)$ 的经典傅里叶变换为

$$\hat{x}(\omega)=\int_{-\infty}^{\infty} x(t)\,\mathrm{e}^{-\mathrm{j}\omega t}\mathrm{d}t \tag{9.5.1}$$

其中 ω 是角频率（以弧度 / 秒为单位）。当 ω 的值较大时，复指数 $\mathrm{e}^{\mathrm{j}\omega t}$ 相对于时间 t 振荡得较快，反之亦然。因此，ω 的值较大对应于高频，而 ω 值较小则对应于低频。此外，这些复数振荡函数也是一维拉普拉斯算子 Δ 的特征函数，因为有

$$-\Delta(\mathrm{e}^{\mathrm{j}\omega t})=-\frac{\partial^2}{\partial t^2}\mathrm{e}^{\mathrm{j}\omega t}=(\omega)^2\mathrm{e}^{\mathrm{j}\omega t} \tag{9.5.2}$$

从复指数类比于一维拉普拉斯算子的特征函数的事实中可以得出，图拉普拉斯算子的特征向量可以用作图傅里叶基。因此，图信号 $\boldsymbol{f}$ 的变换 GFT $\hat{\boldsymbol{f}}$ 可以用图信号 $\boldsymbol{f}$ 的图拉普拉斯特征向量的展开式来定义：

$$\hat{f}(\lambda_\ell)=\langle \boldsymbol{f},\boldsymbol{u}_\ell\rangle=\sum_{n=1}^{N} f(n)\,u_\ell^*(n) \tag{9.5.3}$$

其中 $\hat{f}(\lambda_\ell)$ 是 GFT 相对于特征值 λ_ℓ 的系数，$u_\ell^*(n)$ 是 $u_\ell(n)$ 的共轭复数。$\langle \boldsymbol{f}_1,\boldsymbol{f}_2\rangle$ 表示向量 $\boldsymbol{f}_1$ 和 $\boldsymbol{f}_2$ 的内积。图拉普拉斯算子的特征向量充当图谐波这一点与经典傅里叶变换中的复指数类似。逆图傅里叶变换（IGFT）由下式给出：

$$f(n)=\sum_{\ell=0}^{N-1}\hat{f}(\lambda_\ell)\,u_\ell(n) \tag{9.5.4}$$

图信号的 GFT 系数的集合称为图信号的谱。通过公式（9.5.3）中的 GFT 和公式（9.5.4）中的 IGFT 的使用，可等效地在两个不同的域中表示图信号：顶点域和图谱域。GFT 是一种能量保持的变换，并且如果该信号的 GFT 系数的能量主要集中在低通（或高通）特征向量，则认为该信号是低通（或者高通）的。

若以矩阵形式定义 GFT 和 IGFT，考虑矩阵 $\boldsymbol{U}=[\boldsymbol{u}_0\,|\,\boldsymbol{u}_1\,|\cdots|\,\boldsymbol{u}_{N-1}]$，其列是 $\boldsymbol{L}$ 的特征向量。图信号 $\boldsymbol{f}$ 的 GFT 可以表达为

352

$$\hat{\boldsymbol{f}}=\boldsymbol{U}^{\mathrm{T}}\boldsymbol{f} \tag{9.5.5}$$

在变换后的向量 $\boldsymbol{f}=[\hat{f}(\lambda_0)\ \hat{f}(\lambda_1)\cdots\hat{f}(\lambda_{N-1})]^{\mathrm{T}}$ 中，$\hat{f}(\lambda_\ell)=\langle \boldsymbol{f},\boldsymbol{u}_\ell\rangle$ 是对应于特征值 λ_ℓ 的 GFT 系数。此外，IGFT 可以计算为

$$\boldsymbol{f}=\boldsymbol{U}\hat{\boldsymbol{f}} \tag{9.5.6}$$

请考虑图 9.7a 中所示的图信号，作为说明 GFT 的示例。在图 9.7b 中绘制了图频率及相应的 GFT 系数，其中水平轴表示图频率（图拉普拉斯算子的特征值），垂直轴表示 GFT 系数的幅度。作为另一个例子，考虑在明尼苏达州公路网上定义的热度核。如图 9.8a 所示，在图谱域中，热度核表示为 $\hat{g}(\lambda_\ell)=\mathrm{e}^{-2\lambda_\ell}$。热度核的顶点域表示如图 9.8b 所示。

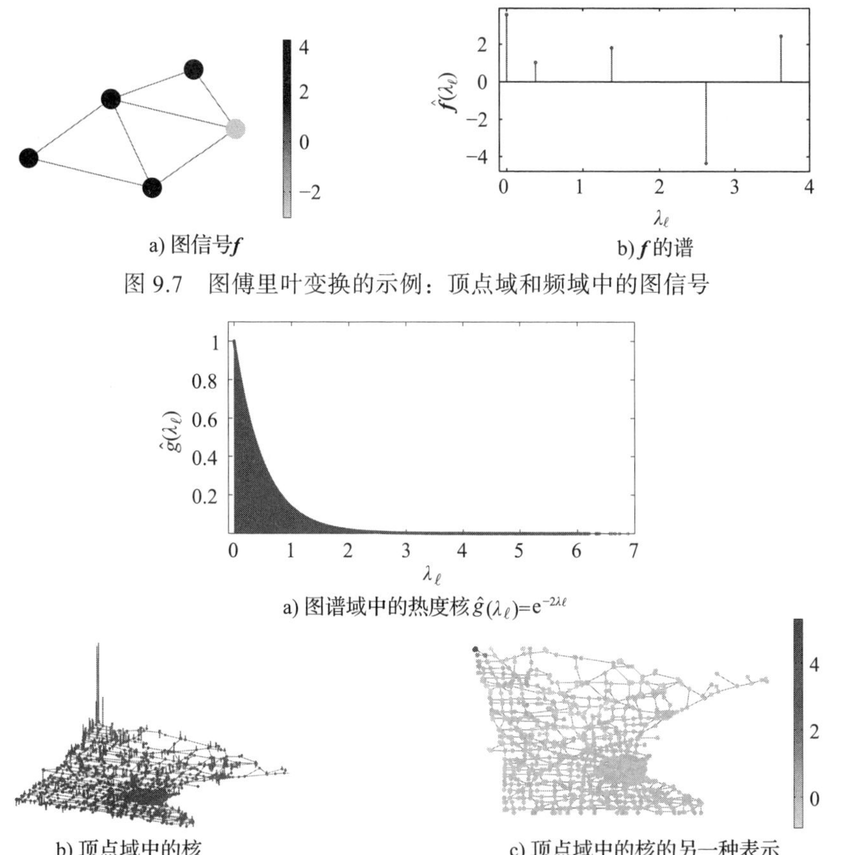

a) 图信号$\boldsymbol{f}$　　b) $\boldsymbol{f}$的谱

图 9.7　图傅里叶变换的示例：顶点域和频域中的图信号

a) 图谱域中的热度核$\hat{g}(\lambda_\ell)=\mathrm{e}^{-2\lambda\ell}$

b) 顶点域中的核　　c) 顶点域中的核的另一种表示

图 9.8　在谱域和顶点域中表示核 353

GFT 给出在图上定义的信号中存在的频率内容。但是，它没有揭示图信号的局部属性。它告诉我们在图信号中存在什么频率分量，但它没有告诉我们在空间中哪里存在这些频率分量。要找出频率内容在空间中哪里存在，可以使用在 9.8 节中讨论的窗口图傅里叶变换（WGFT）。此外，为了同时定位顶点域和谱域中的图信号内容，可以使用第 11 章中讨论的图谱小波变换（SGWT）。

上面定义的 GFT 适用于具有非负边权重的无向图。存在其他适用于具有负数或复数权重的有向图的 GFT 的定义。这些方法将在第 10 章中描述。

9.5.1　频率和频率排序的概念

图拉普拉斯算子的特征值和特征向量提供了频率概念。特征向量充当图的固有振动模式，并且相应的特征值充当相关的图频率。特征值 0 对应于零频率，其相关的特征向量 $\boldsymbol{u}_0$ 是常数，并且每个节点的值均为 $1/\sqrt{N}$ [163]。图 9.7a 所示图的特征值是 $\{0, 0.38, 1.38, 2.62, 3.62\}$，其相应的特征向量矩阵是

$$\boldsymbol{U}=\left[\boldsymbol{u}_0 \cdots \boldsymbol{u}_4\right]=\begin{bmatrix} 0.45 & 0.60 & -0.51 & 0.37 & 0.20 \\ 0.45 & 0.37 & -0.20 & -0.60 & -0.51 \\ 0.45 & 0 & -0.63 & 0 & 0.63 \\ 0.45 & -0.37 & -0.20 & 0.60 & -0.51 \\ 0.45 & -0.60 & 0.51 & -0.37 & 0.20 \end{bmatrix} \tag{9.5.7}$$

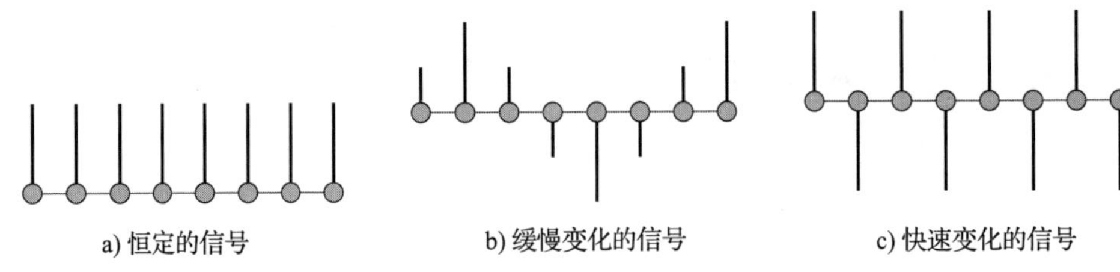

354 图 9.9　具有不同频率的离散时间信号

图拉普拉斯算子的特征向量中的频率概念可以形象地认为是频率和过零点的关系。考虑如图 9.9 所示的离散时间信号。关于每个信号的频率成分可以得出什么结论？第一个信号不随时间变化，换句话说，它没有过零点。如果相邻信号样本值符号不同，则存在一个过零点，即，信号值从负值变为正值，或者从正值变为负值。图 9.9b 所示的信号是缓慢变化的信号。有几个过零点；也就是说，信号主要是低频。但是，图 9.9c 所示的信号变化很快，并且有大量的过零点。它表明信号包含大量的高频。因此，可以认为更多的过零点对应于高频。过零点和频率之间的这种关系也可以扩展到图信号。在图 9.10 中绘制了图的拉普拉斯矩阵的特征向量。图 9.10a 显示对应于零特征值的特征向量。图的每个节点都有一个恒定的值，表示零频率。

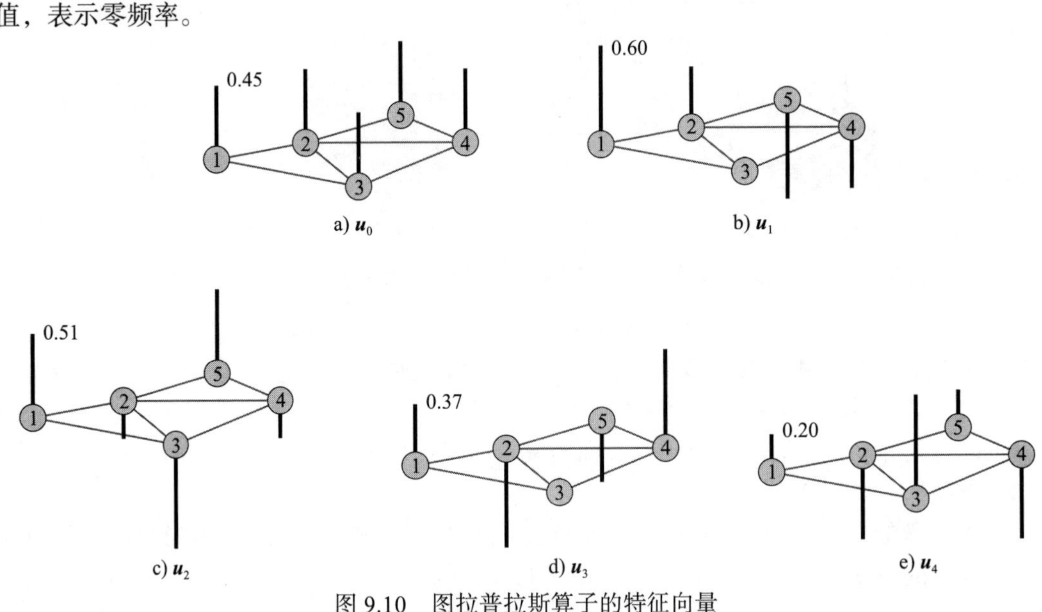

355 图 9.10　图拉普拉斯算子的特征向量

随着特征值的增加，相应特征向量中的过零点增加，这也表明频率增加。然而，通过观察图信号中的过零点，仅可以得到其频率内容的模糊的概念。因此，需要一些参数来量化图信号中的振荡，并随后准确地对图形频率进行排序。比如在上一节中定义的全局方差和 p-Dirichlet 等各种参数都可用于量化图傅里叶基的振荡或变化，以达到频率排序的目的。

一般来说，2-Dirichlet 形式或图拉普拉斯二次型可用于频率排序。图拉普拉斯特征向量的拉普拉斯二次型如表 9.2 所示。特征向量的图拉普拉斯二次型等于相应的特征值，因为 $\boldsymbol{u}_\ell^{\mathrm{T}}\boldsymbol{L}\boldsymbol{u}_\ell=\boldsymbol{u}_\ell^{\mathrm{T}}\lambda_\ell\boldsymbol{u}_\ell=\lambda_\ell$。因此，对应于小特征值的特征向量的图拉普拉斯二次型值也小，反之亦然，从而导致频率的自然顺序——小特征值对应于低频，反之亦然。频率排序的如图 9.11 所示。

表 9.2 如图 9.7 所示的图拉普拉斯特征向量的拉普拉斯二次型

特征向量	特征值	图拉普拉斯二次型
$\boldsymbol{u}_0=[0.45\quad 0.45\quad 0.45\quad 0.45\quad 0.45]^{\mathrm{T}}$	0	0
$\boldsymbol{u}_1=[0.60\quad 0.370\quad -0.37\quad -0.60]^{\mathrm{T}}$	0.38	0.38
$\boldsymbol{u}_2=[-0.51\quad -0.20\quad -0.63\quad -0.20\quad 0.51]^{\mathrm{T}}$	1.38	1.38
$\boldsymbol{u}_3=[0.37\quad -0.60\quad 0\quad 0.60\quad -0.37]^{\mathrm{T}}$	2.62	2.62
$\boldsymbol{u}_4=[0.20\quad -0.51\quad 0.63\quad -0.51\quad 0.20]^{\mathrm{T}}$	3.62	3.62

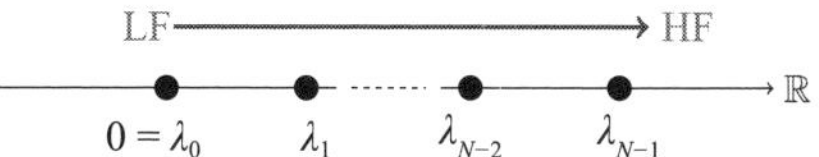

图 9.11 从低频到高频的频率排序。当从零特征值移动到更高的特征值时，特征值对应于更高的频率

从上面的讨论可以得出结论，低频的拉普拉斯矩阵的特征向量相对于图是平滑的——它们在图中变化缓慢。也就是说，如果由大权重的边连接两个顶点，则那些节点处的特征向量的值可能是相似的。当我们从一个节点移动到另一个由大权重的边连接的相邻节点时，对应于较大特征值的特征向量变化得更快。 356

因此，图拉普拉斯矩阵的特征值带有频率概念，其中较小的特征值对应于低频，较大的特征值对应于高频。应注意，图频率是与特定图具体相关的。不能在不同图之间比较频率值。例如，图 $\mathcal{G}_1$ 具有频率 0, 0.1, 0.2, 0.3, 1.2，图 $\mathcal{G}_2$ 具有频率 0, 1.2, 2.6, 2.8, 3。这里，频率值 1.2 对应于 $\mathcal{G}_1$ 的高频但对应于 $\mathcal{G}_2$ 的低频。实际上，由于诸如去除或添加少量边之类的扰动所导致的网络拓扑的微小变化却完全改变了图谱。

示例

本示例说明了在图上定义的脉冲的 GFT。脉冲 δ_i 是除了节点 i 的值为 1，其他节点的值都为零的图信号。换句话说：

$$\delta_i(n)=\begin{cases}1, & n=i\\ 0, & \text{其他}\end{cases} \tag{9.5.8}$$

图信号可以表示为脉冲的线性组合。令 $\boldsymbol{u}_i'=\boldsymbol{U}^{\mathrm{T}}(:,i)$，

$$\boldsymbol{u}_i'=\begin{bmatrix}\boldsymbol{u}_0(i)\\ \boldsymbol{u}_1(i)\\ \boldsymbol{u}_2(i)\\ \vdots\\ \boldsymbol{u}_{N-1}(i)\end{bmatrix} \tag{9.5.9}$$

因此，节点 i 处的脉冲的 GFT 为

$$\widehat{\delta_i}=\boldsymbol{U}^{\mathrm{T}}\delta_i=\boldsymbol{u}_i' \tag{9.5.10}$$

图 9.12 显示了节点 3 处的脉冲。该图的特征向量矩阵是

357

$$U=[u_0\ \ u_1\ \ u_2\ \ u_3]=\begin{bmatrix}0.4472 & 0.4375 & 0.7031 & 0 & 0.3380\\ 0.4472 & 0.2560 & -0.2422 & 0.7071 & -0.4193\\ 0.4472 & 0.2560 & -0.2422 & -0.7071 & -0.4193\\ 0.4472 & -0.1380 & -0.5362 & 0 & 0.7024\\ 0.4472 & -0.8115 & 0.3175 & 0 & -0.2018\end{bmatrix}$$

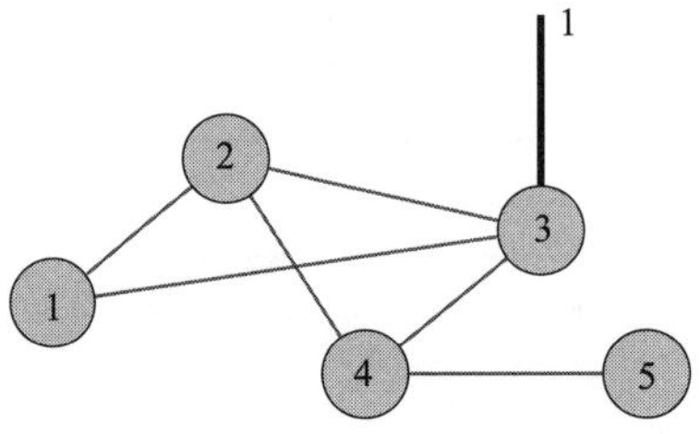

图 9.12　图上的脉冲 (δ_3)

脉冲 δ_3 的 GFT 为

$$\widehat{\delta_3}=u_3'=\begin{bmatrix}0.4472\\ 0.2560\\ -0.2422\\ -0.7071\\ -0.4193\end{bmatrix} \tag{9.5.11}$$

9.5.2　带宽受限的图信号

如果信号的 GFT 系数在图频带 $[0,\omega]$ 外是零，则称该图信号的带宽受限于图频率 $\omega\in\mathbb{R}$。图频率 ω 被称为信号的带宽。因此，对于 ω-带宽的信号 $\boldsymbol{f}$，

$$\hat{f}(\lambda_\ell)=0\qquad\forall\lambda_\ell>\omega \tag{9.5.12}$$

ω-带宽受限信号所构成的空间被称为 Paley-Wiener 空间 [164]。Paley-Wiener 空间是 $\mathbb{R}^N$ 空间的子空间，表示为 $PV_\omega(\mathcal{G})$。

9.5.3　顶点索引的影响

假设我们给出了附加到图的每个顶点的图信号的值。如果只改变顶点的索引（同时保持所有其他参数不变）将会发生什么？图 9.13a 显示了加权图，图 9.13b 显示了在图 9.13a 上定义的图信号。如果仅改变顶点索引，如图 9.13c 所示，信号表示在顶点和频域中如何变化？

首先考虑如图 9.13a 所示的图 $\mathcal{G}_1$。它的拉普拉斯算子和相应的特征向量矩阵是

358

$$L_1=\begin{bmatrix}0.4 & -0.3 & -0.1 & 0\\ -0.3 & 1 & -0.2 & -0.5\\ -0.1 & -0.2 & 1 & -0.7\\ 0 & -0.5 & -0.7 & 1.2\end{bmatrix}\quad U_1=\begin{bmatrix}0.5 & 0.8316 & 0.2185 & 0.1034\\ 0.5 & -0.04494 & -0.7942 & -0.3417\\ 0.5 & -0.3837 & 0.5669 & -0.5305\\ 0.5 & -0.3985 & 0.0088 & 0.7689\end{bmatrix} \tag{9.5.13}$$

图信号 $\boldsymbol{f}_1=[5,2,6,9]^{\mathrm{T}}$（见图 9.13b）可以表示为图拉普拉斯算子的特征向量的线性组合：

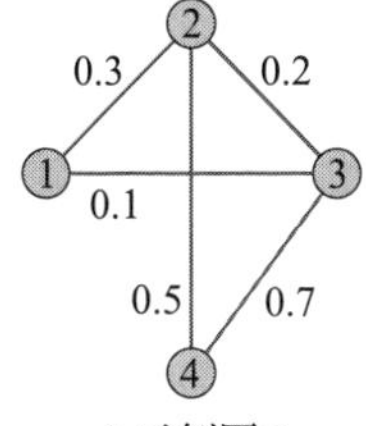

a) 示例图$\mathcal{G}_1$

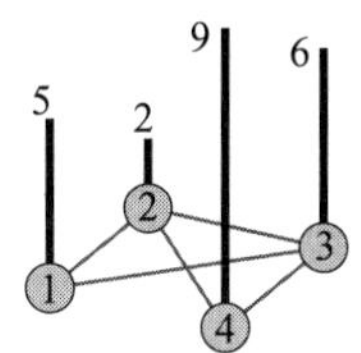

b) 定义在图$\mathcal{G}_1$上的图信号$\boldsymbol{f}_1= [5,2,6,9]^{\mathrm{T}}$

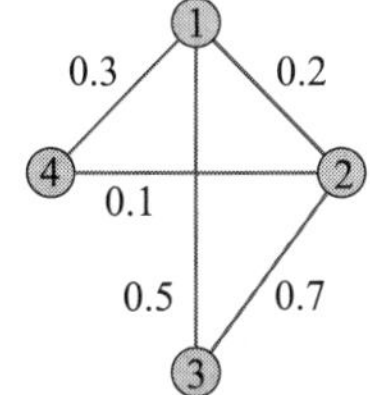

c) 具有不同顶点索引的图$\mathcal{G}_2$

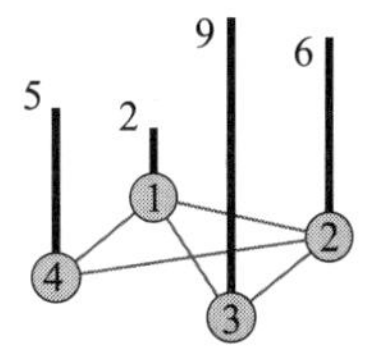

d) 定义在图$\mathcal{G}_2$上的图信号$\boldsymbol{f}_2= [2,6,9,5]^{\mathrm{T}}$

图 9.13　具有不同顶点索引的图

$$\boldsymbol{f}_1=\begin{bmatrix}5\\2\\6\\9\end{bmatrix}=(11)\begin{bmatrix}0.5\\0.5\\0.5\\0.5\end{bmatrix}+(-1.83)\begin{bmatrix}0.8316\\-0.0494\\-0.3837\\-0.3985\end{bmatrix}+(2.98)\begin{bmatrix}0.2185\\-0.7942\\0.5669\\0.0088\end{bmatrix}+(3.57)\begin{bmatrix}0.1034\\-0.3417\\-0.5305\\0.7689\end{bmatrix}$$

因此，$\boldsymbol{f}_1=[11,-1.83,2.98,3.57]^{\mathrm{T}}$。

现在考虑在图 9.13c 中的图 $\mathcal{G}_2$ 除了顶点索引不同，它与原始图（见图 9.13a）相同。该图的拉普拉斯算子和特征向量矩阵是

$$\boldsymbol{L}_2=\begin{bmatrix}1&-0.2&-0.5&-0.3\\-0.2&1&-0.7&-0.1\\-0.5&-0.7&1.2&0\\-0.3&-0.1&0&0.4\end{bmatrix}\quad \boldsymbol{U}_2=\begin{bmatrix}0.5&-0.0494&-0.7942&-0.3417\\0.5&-0.3837&0.5669&-0.5305\\0.5&-0.3985&0.0088&0.7689\\0.5&0.8316&0.2185&0.1034\end{bmatrix}\tag{9.5.14}$$

359

仅改变图信号$\boldsymbol{f}_1$中的顶点索引会导致信号中相应的索引变化。得到的图信号在顶点域中表示为$\boldsymbol{f}_2=[2,6,9,5]^{\mathrm{T}}$，如图 9.13d 所示。它可以写成图拉普拉斯算子的特征向量的线性组合：

$$\boldsymbol{f}_2=\begin{bmatrix}2\\6\\9\\5\end{bmatrix}=(11)\begin{bmatrix}0.5\\0.5\\0.5\\0.5\end{bmatrix}+(-1.83)\begin{bmatrix}-0.0494\\-0.3837\\-0.3985\\0.8316\end{bmatrix}+(2.98)\begin{bmatrix}-0.7942\\0.5669\\0.0088\\0.2185\end{bmatrix}+(3.57)\begin{bmatrix}-0.3417\\-0.5305\\0.7689\\0.1034\end{bmatrix}$$

因此，$\hat{\boldsymbol{f}}_2=[11,-1.83,2.98,3.57]^{\mathrm{T}}$。注意到$\hat{\boldsymbol{f}}_1=\hat{\boldsymbol{f}}_2$，也就是说，即使改变了顶点索引，信号在频域中的表示并不会改变。因此，我们可以得出结论，图中的顶点索引不会影响频域中图信号的表示；它只会导致信号在顶点域中的表示发生相应变化。

在图 9.14 和图 9.15 中绘制了具有不同顶点标记的图的特征向量。观察到尽管索引的顺序根据顶点标记而改变，相对于图形拓扑的特征向量的值保持不变。

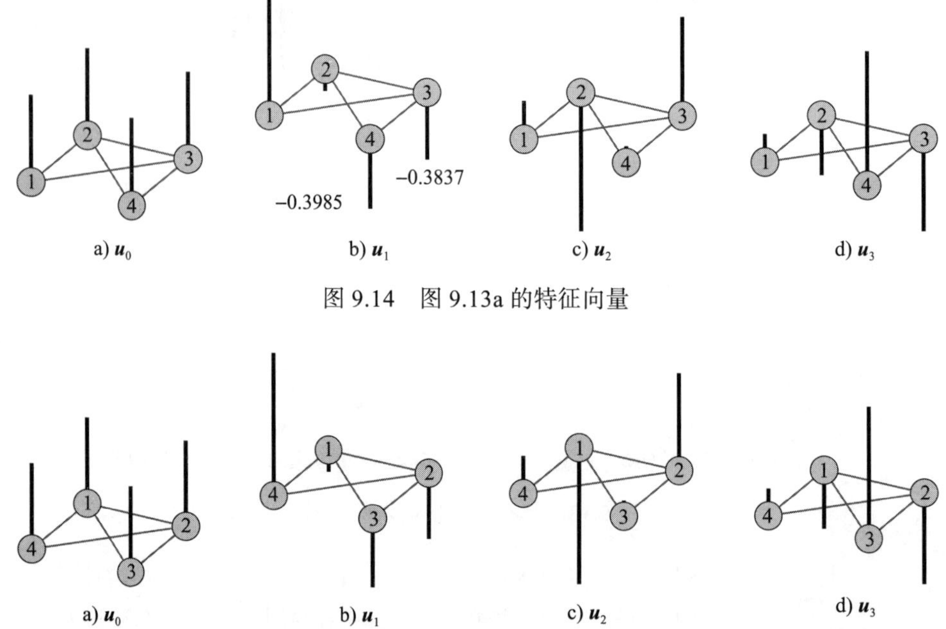

360 图 9.14　图 9.13a 的特征向量

图 9.15　图 9.13c 的特征向量

9.6　图信号的广义算子

在经典信号处理中，诸如滤波、卷积、平移和调制等运算经常用于各种信号处理任务。这些基本算子也已通过 GFT 扩展到图的情况 [165]。在本节中，我们将在图信号的设置中讨论这些基本算子的定义。对于每种算子，首先呈现其经典定义，然后进行类比，以将定义扩展到图的情况。

9.6.1　滤波

当在频域中观察时，滤波操作指的是放大一些频率或衰减一些频率以获得新信号。如图 9.16 所示，图滤波器可以表示为矩阵，其中，信号 $\boldsymbol{f}$ 是滤波器 $\boldsymbol{H}$ 的输入，$\boldsymbol{f}_{\text{out}} = \boldsymbol{Hf}$ 是滤波器的输出。

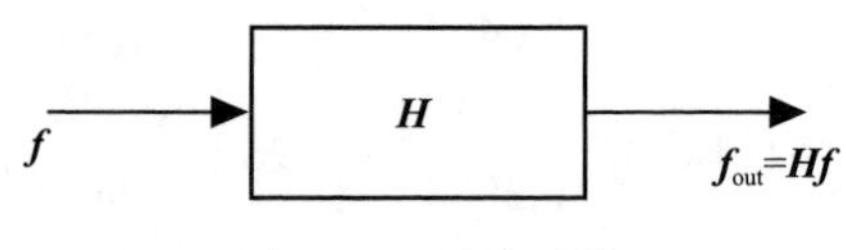

361 图 9.16　图滤波器

1. 谱域滤波器

考虑图信号 $\boldsymbol{f}$ 可以用图谱波来表示：

$$\boldsymbol{f} = \hat{f}(\lambda_0)\boldsymbol{u}_0 + \hat{f}(\lambda_1)\boldsymbol{u}_1 + \cdots + \hat{f}(\lambda_{N-1})\boldsymbol{u}_{N-1} \tag{9.6.1}$$

其中 $\hat{f}(\lambda_0), \hat{f}(\lambda_1), \cdots, \hat{f}(\lambda_{N-1})$ 是 GFT 系数。图滤波器修改（衰减或放大）这些 GFT 系数并产生输出图信号 $\boldsymbol{f}_{\text{out}}$。

$$\boldsymbol{f}_{\text{out}} = \hat{h}(\lambda_0)\hat{f}(\lambda_0)\boldsymbol{u}_0 + \hat{h}(\lambda_1)\hat{f}(\lambda_1)\boldsymbol{u}_1 + \cdots + \hat{h}(\lambda_{N-1})\hat{f}(\lambda_{N-1})\boldsymbol{u}_{N-1} \tag{9.6.2}$$

这里 $\hat{h}(\lambda_0),\hat{h}(\lambda_1),\cdots,\hat{h}(\lambda_{N-1})$ 是频域中的滤波器系数，也称为滤波器的频率响应。因此，输出信号的每个频率分量根据与该频率对应的滤波器系数进行修改：

$$\hat{f}_{\text{out}}(\lambda_\ell) = \hat{f}(\lambda_\ell)\hat{h}(\lambda_\ell) \tag{9.6.3}$$

等价地，在顶点域中上述等式可以写为：

$$f_{\text{out}}(n) = \sum_{\ell=0}^{N-1}\hat{f}(\lambda_\ell)\hat{h}(\lambda_\ell)u_\ell(n) \tag{9.6.4}$$

在矩阵形式中，由公式（9.6.2）提供的滤波操作可以表示为 $\boldsymbol{f}_{\text{out}} = \boldsymbol{H}\boldsymbol{f}$，其中

$$\boldsymbol{H} = \boldsymbol{U}\begin{bmatrix}\hat{h}(\lambda_0) & & 0\\ & \ddots & \\ 0 & & \hat{h}(\lambda_{N-1})\end{bmatrix}\boldsymbol{U}^{\mathrm{T}} \tag{9.6.5}$$

从公式（9.6.5）中可以明显地看出 $\boldsymbol{H}$ 和 $\boldsymbol{L}$ 的特征向量相同，但是 $\boldsymbol{H}$ 的特征值变为 $\hat{h}(\lambda_\ell)$。滤波器 $\boldsymbol{H}$ 具有 N 个参数：$\hat{h}(\lambda_0),\hat{h}(\lambda_1),\cdots,\hat{h}(\lambda_{N-1})$。使用谱域方法进行滤波，通过选择相应的 N 个滤波参数，可以设计具有任意频率响应的滤波器。这里需要注意的一点是在谱域中设计的滤波器 $\boldsymbol{H}$ 不是局部的；也就是说，计算（在空间域中）节点 i 处的滤波输出，可能需要不在节点 i 的固定跳数内的信号值。但是，采用空间域中的多项式滤波器，可以设计局部滤波器。

2. 空间域中的多项式滤波器

由公式（9.6.5）给出的滤波器 $\boldsymbol{H}$ 是在谱域中设计的，具有 N 个参数，并且在空间中不是局部的。

然而，如果我们使用拉普拉斯矩阵 $\boldsymbol{L}$ 中的多项式滤波器，可以实现空间中的局部化，即 362
计算节点 i 处的滤波输出，我们需要距离节点 i 的 K 跳以内的信号值，其中 K 是多项式的阶数。考虑 $K(<N)$ 阶多项式滤波器：

$$\boldsymbol{H} = h(\boldsymbol{L}) = \sum_{k=0}^{K}h_k\boldsymbol{L}^k = h_0\boldsymbol{I} + h_1\boldsymbol{L} + \cdots + h_K\boldsymbol{L}^K \tag{9.6.6}$$

其中 $h_0,h_1,\cdots,h_K\in\mathbb{R}$ 被称为滤波器塞子或者滤波器参数。既然 $(\boldsymbol{L}^K)_{ij}=0$ 对于 $d_{\mathcal{G}}(i,j)>K$ 成立（见练习题 16），其中 $d_{\mathcal{G}}(i,j)$ 是节点 i 和 j 之间的跳数，公式（9.6.6）给出的滤波器 $\boldsymbol{H}$ 在每个节点处都是 $K-$局部的。

我们也可以在谱域中表示多项式滤波器。由于矩阵 $\boldsymbol{L}$ 的 K 次幂的特征分解为 $\boldsymbol{L}^K=\boldsymbol{U}\boldsymbol{\Lambda}^K\boldsymbol{U}^{\mathrm{T}}$，公式（9.6.6）给出的滤波器 $\boldsymbol{H}$ 可以写成

$$\boldsymbol{H} = \sum_{k=0}^{K}h_k\boldsymbol{U}\boldsymbol{\Lambda}^k\boldsymbol{U}^{\mathrm{T}} = \boldsymbol{U}\Big(\sum_{k=0}^{K}h_k\boldsymbol{\Lambda}^k\Big)\boldsymbol{U}^{\mathrm{T}} = \boldsymbol{U}h(\boldsymbol{\Lambda})\boldsymbol{U}^{\mathrm{T}} \tag{9.6.7}$$

其中

$$h(\boldsymbol{\Lambda}) = \begin{bmatrix}h(\lambda_0) & & & 0\\ & h(\lambda_1) & & \\ & & \ddots & \\ 0 & & & h(\lambda_{N-1})\end{bmatrix} \tag{9.6.8}$$

并且

$$h(\lambda_\ell)=\sum_{k=0}^{K}h_k\lambda_\ell^k=h_0+h_1\lambda_\ell+h_2\lambda_\ell^2+\cdots+h_K\lambda_\ell^K \tag{9.6.9}$$

是特征值 λ_ℓ 的 K 阶多项式。

9.6.2 卷积

两个信号 $x(t)$ 和 $h(t)$ 的经典卷积的定义为：

$$y(t)=x(t)*h(t)=\int_{\mathbb{R}}x(\tau)h(t-\tau)\mathrm{d}\tau \tag{9.6.10}$$

上述定义的卷积乘积需要转换其中一个信号。如果试图将上述定义扩展到图信号，则需要转换图信号，这在顶点域中很难定义。在这种情况下，可以使用频域表示。

363 经典卷积定理表明时域中的卷积乘积等效于频域中的乘法。因此，两个信号的卷积乘积相当于两个信号的傅里叶变换乘积的逆傅里叶变换，即

$$y(t)=\int_{\mathbb{R}}\hat{x}(\omega)\hat{h}(\omega)\mathrm{e}^{\mathrm{j}\omega t}\mathrm{d}\omega \tag{9.6.11}$$

以相同的方式，通过利用 GFT，可以定义两个图信号的卷积。类似于公式（9.6.11），两个图信号 $\boldsymbol{f}$，$\boldsymbol{g}\in\mathbb{R}^N$ 的卷积的定义为：

$$(\boldsymbol{f}*\boldsymbol{g})(n)=\sum_{\ell=0}^{N-1}\hat{f}(\lambda_\ell)\,\hat{g}(\lambda_\ell)\,u_\ell(n) \tag{9.6.12}$$

其中 $\hat{\boldsymbol{f}}$ 和 $\hat{\boldsymbol{g}}$ 分别是 $\boldsymbol{f}$ 和 $\boldsymbol{g}$ 的 GFT。很容易注意到图卷积也遵循经典卷积定理；也就是说，顶点域中的卷积等价于图谱域中的元素依次相乘。在矩阵形式中，两个图信号的卷积乘积可以写成

$$\boldsymbol{h}=\boldsymbol{f}*\boldsymbol{g}=\boldsymbol{U}(\hat{\boldsymbol{f}}\odot\hat{\boldsymbol{g}}) \tag{9.6.13}$$

其中矩阵 $\boldsymbol{U}$ 的列是图拉普拉斯算子的特征向量，$\odot$ 表示的是元素的 Hadamard 积。例如，考虑如图 9.17a 和图 9.17b 所示两个图信号 $\boldsymbol{f}$ 和 $\boldsymbol{g}$。在图 9.17c 中绘制了它们的卷积乘积，可以计算为

$$\boldsymbol{h}=\boldsymbol{U}(\hat{\boldsymbol{f}}\odot\hat{\boldsymbol{g}})=\boldsymbol{U}((\boldsymbol{U}^{\mathrm{T}}\boldsymbol{f})\odot(\boldsymbol{U}^{\mathrm{T}}\boldsymbol{g}))$$
$$=\boldsymbol{U}\begin{bmatrix}7.60\\2.65\\-1.60\\-1.41\\-1.27\end{bmatrix}\odot\begin{bmatrix}6.26\\1.39\\0.92\\-1.41\\-0.16\end{bmatrix}=\boldsymbol{U}\begin{bmatrix}47.60\\3.67\\-1.48\\2.00\\0.21\end{bmatrix}=\begin{bmatrix}21.92\\23.92\\21.08\\21.72\\17.80\end{bmatrix}$$

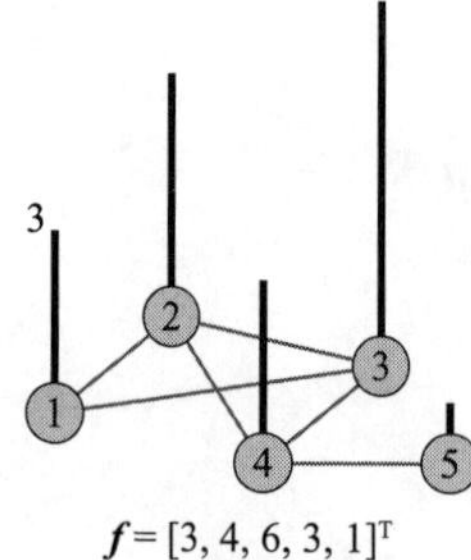

$\boldsymbol{f}=[3,4,6,3,1]^{\mathrm{T}}$
a) 图信号 $\boldsymbol{f}$

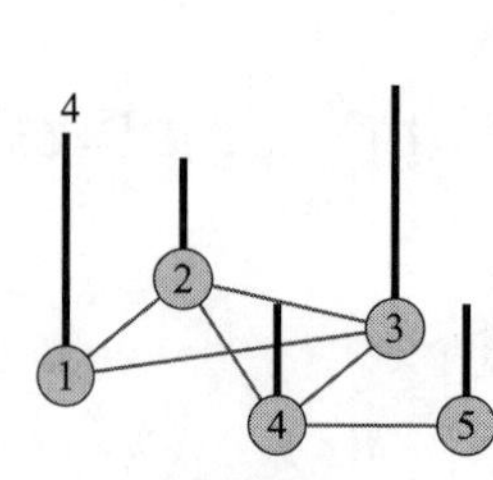

$\boldsymbol{g}=[4,2,4,2,2]^{\mathrm{T}}$
b) 图信号 $\boldsymbol{g}$

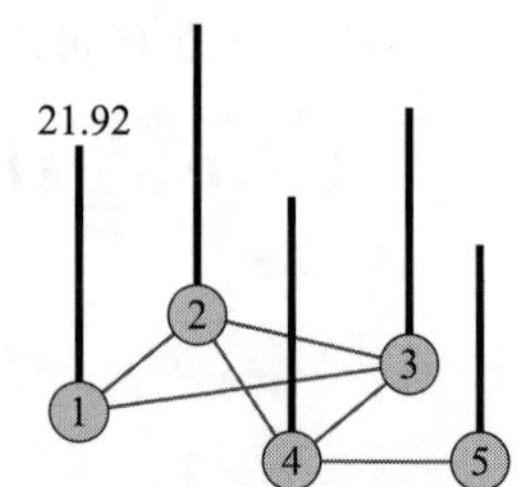

$\boldsymbol{h}=[21.92, 23.92, 21\text{-}08, 21.72, 17.80]^{\mathrm{T}}$
c) 卷积乘积 $\boldsymbol{h}=\boldsymbol{f}*\boldsymbol{g}$

364 图 9.17　图卷积的示例

两个图信号的卷积满足交换律、结合律和分配律的特性（参见练习题 15）。图卷积的定义可用于定义图平移运算。

9.6.3　平移

在 9.1 节中，我们看到平移图信号并不像平移 1D 时间序列那样简单。但是，可以使用上面定义的卷积算子来定义图信号的平移算子。

经典的信号 $x(t)$ 平移时间 τ 可以用在时间 τ 处的脉冲来表示：

$$x(t-\tau)=x(t)*\delta_\tau(t)=\int_{\mathbb{R}}\hat{x}(\omega)\hat{\delta}_\tau(\omega)\mathrm{e}^{\mathrm{j}\omega t}\mathrm{d}\omega=\int_{\mathbb{R}}\hat{x}(\omega)\mathrm{e}^{-\mathrm{j}\omega\tau}\mathrm{e}^{\mathrm{j}\omega t}\mathrm{d}\omega \tag{9.6.14}$$

其中 $\delta_\tau(t)$ 是在时间 τ 处的脉冲，使用公式（9.5.1），其傅里叶变换是 $\hat{\delta}_\tau(\omega)=\mathrm{e}^{-\mathrm{j}\omega\tau}$。

类似地，广义平移算子 T_i 可以通过具有以顶点 i 为中心的脉冲的广义卷积来定义：

$$(T_i\boldsymbol{f})(n)=\sqrt{N}(\boldsymbol{f}*\delta_i)(n)=\sqrt{N}\sum_{\ell=0}^{N-1}\hat{\boldsymbol{f}}(\lambda_\ell)u_\ell^*(i)u_\ell(n) \tag{9.6.15}$$

其中

$$\delta_j(n)=\begin{cases}1, & n=i\\ 0, & 其他\end{cases}$$

在公式（9.6.15）中，$\sqrt{N}$ 是一个归一化常数，以确保平移算子保持图信号的均值。在矩阵形式中，（对于节点 i）平移向量可以写成：

$$T_i\boldsymbol{f}=\sqrt{N}(\boldsymbol{f}*\delta_i)=\sqrt{N}\boldsymbol{U}(\hat{\boldsymbol{f}}\odot\hat{\boldsymbol{\delta}}_i)=\sqrt{N}\boldsymbol{U}(\hat{\boldsymbol{f}}\odot\boldsymbol{u}_i') \tag{9.6.16}$$

其中 $\boldsymbol{u}_i'=\boldsymbol{U}^{\mathrm{T}}(:,i)$ 是 $\boldsymbol{U}^{\mathrm{T}}$ 第 i 列，$\odot$ 表示的是元素的 Hadamard 积。

图 9.18 展示了平移的一个例子。图 9.18a 显示了图信号 $\boldsymbol{f}$，图 9.18b 和图 9.18c 显示了 $\boldsymbol{f}$ 分别向节点 1 和节点 4 平移的版本。另一个平移操作的例子如图 9.19 所示。图 9.19a 显示了传感器网络上的图信号，图 9.19b 显示了平移到带圆圈的节点的图信号。

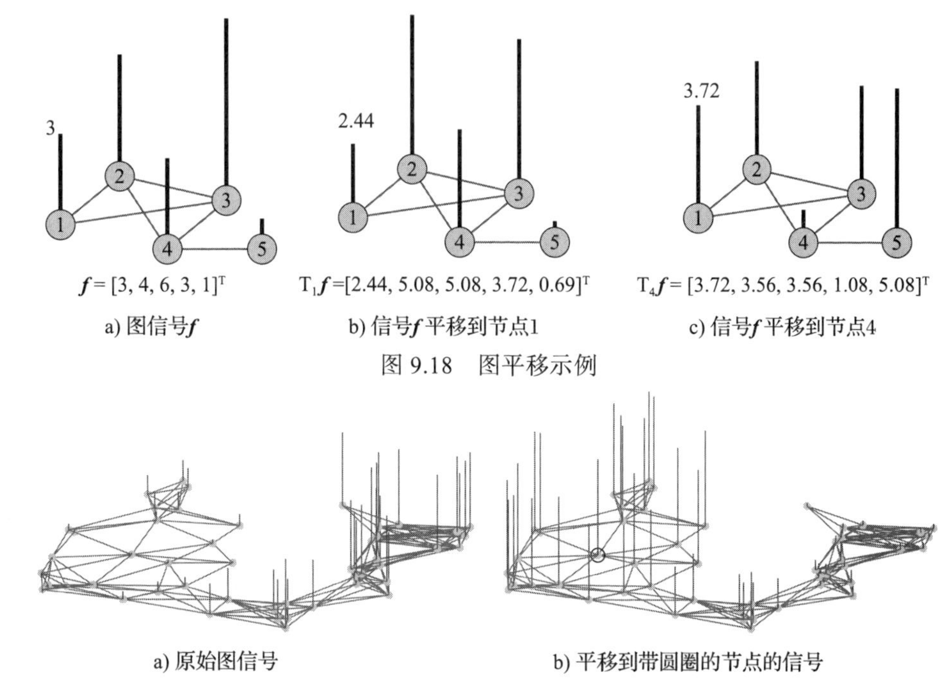

图 9.18　图平移示例

图 9.19　平移算子的示例

平移算子通常被视为在图谱域中操作的带有核的算子。核函数$\hat{f}(.)$可以用来定义图信号$\boldsymbol{f}$在图上的平移操作。将图信号平移到顶点i可以通过将核的第ℓ个成分与$u_\ell^*(i)$相乘，然后再进行反变换（IGFT）得到。

9.8 节讨论广义平移算子用于定义 WGFT。

9.6.4 调制

经典的信号$x(t)$按照频率ω进行调制只是将信号和在频率ω的复指数相乘。也就是说，调制信号为$\mathrm{e}^{\mathrm{j}\omega t}x(t)$。类似地，在图信号中，广义调制算子$M_k$的定义为：

$$(M_k \boldsymbol{f}) = \sqrt{N}\boldsymbol{u}_k \odot \boldsymbol{f} \tag{9.6.17}$$

其中算子$\odot$表示的是元素的 Hadamard 积。

时域中的经典调制等效于频域中的平移，即$\widehat{M_{\omega_0} x}(\omega) = \hat{x}(\omega - \omega_0)$，$\forall \omega \in \mathbb{R}$。另一方面，由于底层图的不规则性质，由公式（9.6.17）定义的广义调制不表示图谱域中的平移。但是，
365 如果$\boldsymbol{g}$处于零频率附近，那么$\widehat{M_k \boldsymbol{g}}$在$\lambda_k$附近。处于零频率附近意味着大部分非零元素在
366 $\lambda_0 = 0$附近。

9.7 应用

GFT 捕获图信号变化的能力使其在许多应用中非常有用。这里讨论一些应用程序。首先，我们通过对节点中心性进行频谱分析，介绍如何使用 GFT 探索各种复杂网络模型的结构[166]。作为第二个例子，我们讨论图傅里叶变换中心性（GFT-C）[167]，其利用 GFT 量化复杂网络中节点的重要性。最后，我们讨论仅仅通过观察数据的频谱，利用 GFT 检测传感器网络中损坏的传感器的应用。

9.7.1 节点中心性的谱分析

研究不同节点中心性的谱特性使人们能够理解各种网络的中心性模式。中心性模式在谱域中变得非常有用。为了详细说明，这里考虑了正则网络、Erdös-Rényi（ER）网络、小世界网络和无标度网络等网络模型。这里考虑的网络是无向的和未加权的。将诸如度中心性（DC）、接近度中心性（CC）和介数中心性（BC）等不同中心性定义为网络上的信号，并观察每个信号的 GFT 系数（谱）。

1. 正则网络

考虑通过随机取 100 个节点生成的 4- 正则图。可以在第 2 章中找到r- 正则图的详细讨论。图 9.20a 中绘制了图的 DC 信号。垂直条表示节点处的信号值。在所有节点处，DC 信号是恒定的，值为 4。如图 9.20b 所示，DC 信号的谱只有一个在零频率处的非零频率分量。

图中的 CC 信号绘制在图 9.20c 中，相应的谱如图 9.20d 所示。CC 信号在 [0.2626, 0.2964] 区间内变化；然而，当我们从一个节点到由边连接的相邻节点时，CC 信号的变化非常小。两个相邻节点的 CC 值差别不大，因为两个相邻节点与网络其余部分的接近程度几乎相同。这种接近度的相似性是 CC 信号谱中没有明显高频率分量的原因。

BC 信号绘制在图 9.20e 中，取值范围为 [0.0142, 0.0358]。当我们从一个节点移动到由边连接的相邻节点时，正则图上的 BC 信号变化非常小。从图 9.20f 可以看出，除了一些非
367 常小的高频成分外，BC 信号的频谱也只有零频率分量。

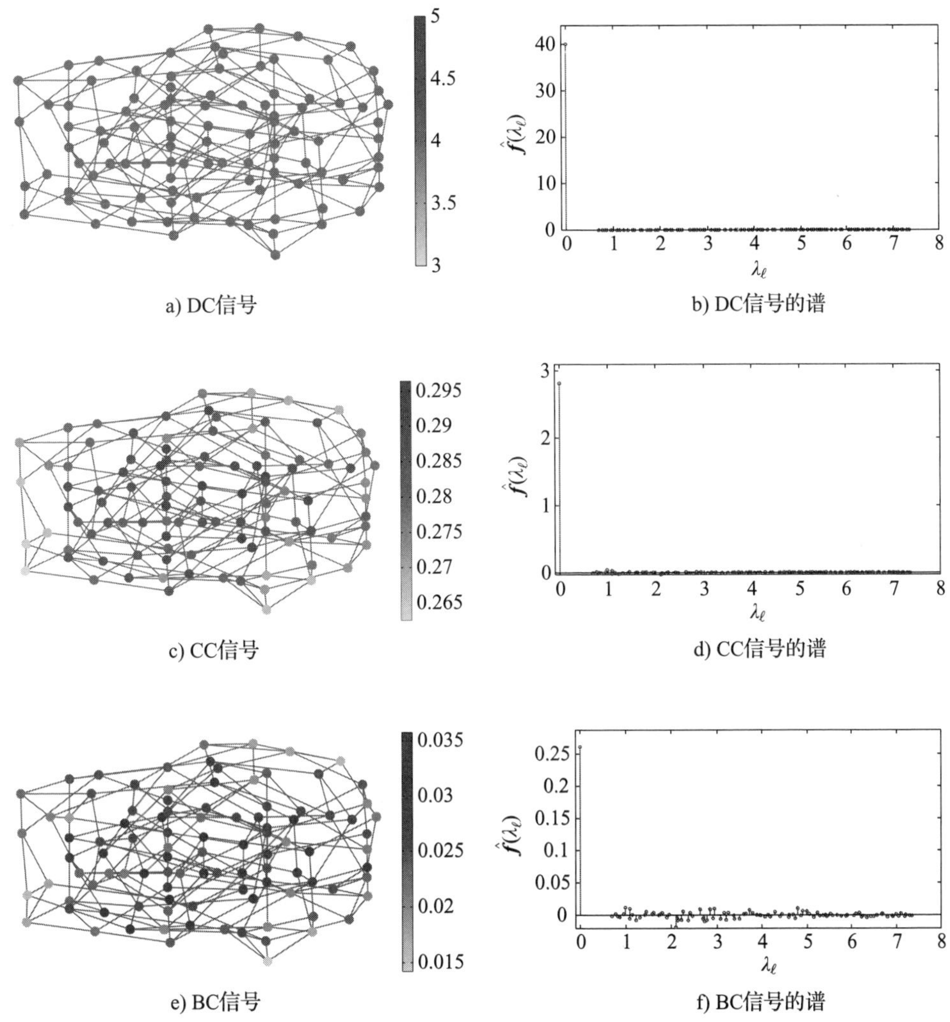

a) DC信号 b) DC信号的谱

c) CC信号 d) CC信号的谱

e) BC信号 f) BC信号的谱

图 9.20 4- 正则图上的中心性信号及其谱（该图引自文献 [166]，© [2016] IEEE，转载已获作者授权）

2. ER 网络

考虑概率为 0.06 的 ER 随机图⊖ [62]。在 ER 图上定义的 DC、CC 和 BC 信号分别绘制在图 9.21a 至图 9.21e 中。DC 信号值位于区间 [1, 13] 中并且在图上是随机分布的，因为在 ER 368
图中，在每对图节点之间以一定的概率（这里概率为 0.06，其贡献了两个相应节点处的 DC 信号值）存在边。

如图 9.21c 所示，CC 信号在区间 [0.2612, 0.4381] 内变化。它在远端节点处具有低值，并且在网络中心的节点处具有高值。当我们从一个节点移动到相邻节点时，CC 信号变化很小。图 9.21e 中所示 BC 信号取值在区间 [0, 0.0749]。与 DC 信号相比，它具有更多的谱变化。

如图 9.21b 至图 9.21f 所示，分别为 DC、CC 和 BC 信号的谱。从图 9.21b 可以看出 ER 图上的 DC 信号谱在低频和高频下具有明显的 GFT 系数。如图 9.21d 所示，CC 信号的频谱

⊖ ER 图的详细特征可以参见第 3 章。

不包含高频分量。如图 9.21f 所示，BC 信号具有比 DC 信号更强的频率分量。

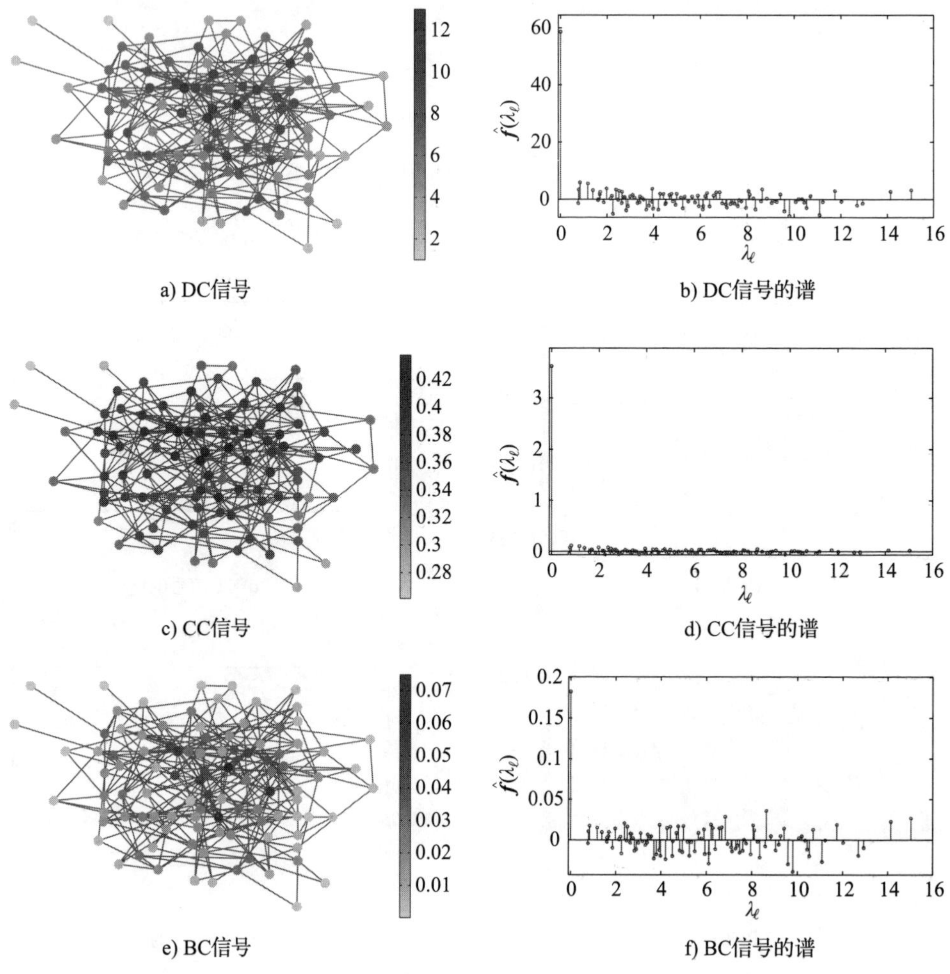

图 9.21　ER 图上的中心性信号及其谱（该图引自文献 [166]，© [2016] IEEE，转载已获作者授权）

369

3. 具有不同边概率的 ER 图

上面的讨论针对具有固定边概率的 ER 图。具有不同边概率的 DC 信号的谱会怎么样？图 9.22 显示了除零频率外的 DC 信号谱中能量含量与边连接概率的变化情况。观察到能量随着概率的增加而增加，$p=0.5$ 时到最大值，然后开始减少。当 $p=0$ 时，能量为零，因为在这种情况下图中没有边；也就是说，DC 信号是零向量。当 $p=1$ 时，能量为零，因为图形变得规则，每个节点连接到网络中的所有其他节点。因为该曲线关于 $p=0.5$ 对称，可以得出结论，此时随机性对于概率 p 和 $(1-p)$ 是相同的，当 $p=0.5$ 时取得最大值。

4. 小世界网络

考虑通过在矩形网格网络中添加一些 LL（总节点的 5%～8%）所生成的小世界网络⊖。在图 9.23a、图 9.23c 和图 9.23e 中分别绘制了 100 节点网络上的 DC、CC 和 BC 信号。如图 9.23a 所示，DC 信号位于区间 [2, 6]。如图 9.23c 所示，CC 信号在 [0.1343, 0.2878] 范围

⊖ 小世界网络的详细特征可以参见第 4 章。

内变化。

能量（除了零频率）
2500
2000
1500
1000
500
0
0
0.2
0.4
0.6
0.8
1
边概率(p)

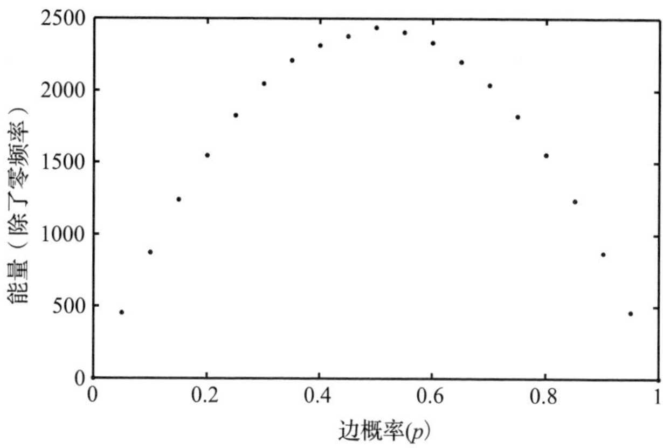

图 9.22 DC 谱中的能量与 ER 网络的边概率关系图每个值在 1000 次实验中取平均值（该图引自文献 [166]，© [2016] IEEE，转载已获作者授权）

a) DC信号
b) DC信号的谱
c) CC信号
d) CC信号的谱
e) BC信号
f) BC信号的谱

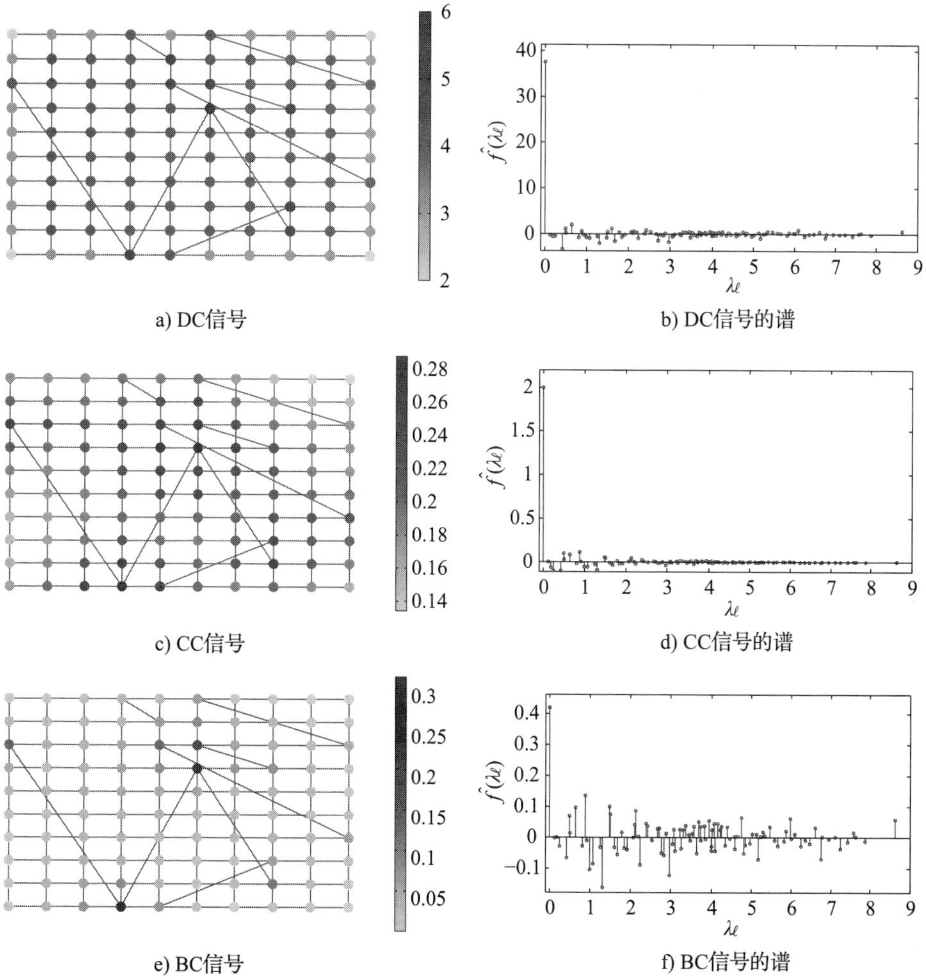

图 9.23 小世界网络上的中心性信号及其谱（该图引自文献 [166]，© [2016] IEEE，转载已获作者授权） 370~371

当我们从一个节点移动到相邻节点时，CC 信号变化很小，因为两个相邻节点与网络其余部分的接近度并没有大的区别。CC 信号在 LL 节点处具有峰值；但是，当我们离开这些节点时，信号值会缓慢下降。如图 9.23e 所示，BC 信号的范围在区间 [0, 0.3148] 内。在小世界网络中 LL 存在于大多数任意两个远程节点之间的最短路径中；因此，对应于 LL 的节点具有高 BC 值。

在图 9.23b、图 9.23d 和图 9.23f 中分别绘制了 DC、CC 和 BC 信号的谱。如图 9.23b 所示，DC 信号谱在低频时具有较小的 GFT 系数值。高频分量在谱中也非常小。小世界图的 CC 信号的谱也位于零频率附近；也就是说，它只含有中低频成分（见图 9.23d）。然而，从图 9.23f 可以看出，小世界网络图上的 BC 信号包含一些强的低频分量和高频分量。当我们从具有高 BC 值的节点移动到除了通过 LL 连接的节点之外的任何其他相邻节点时，BC 值显著变化。BC 值的这些变化导致 BC 信号谱中存在明显的高频分量。比较图 9.23f 和图 9.23b，可以观察到因为与 LL 相对应的节点处的 BC 值比相应节点处的 DC 值更大，所以存在于 BC 信号的谱中的高频分量比存在于 DC 信号的谱中的高频分量更强。

5. 具有不同重连概率的 Watts-Strogatz 网络模型

考虑由 Watts-Strogatz 模型 [6] 产生的小世界网络，然后计算位于谱中非零频率分量的 DC 信号的能量。用不同的重连概率重复实验并计算相应的能量，其曲线如图 9.24 所示。观察重连概率和能量的增加，这表明随着重连概率的增加，网络的随机性增加。

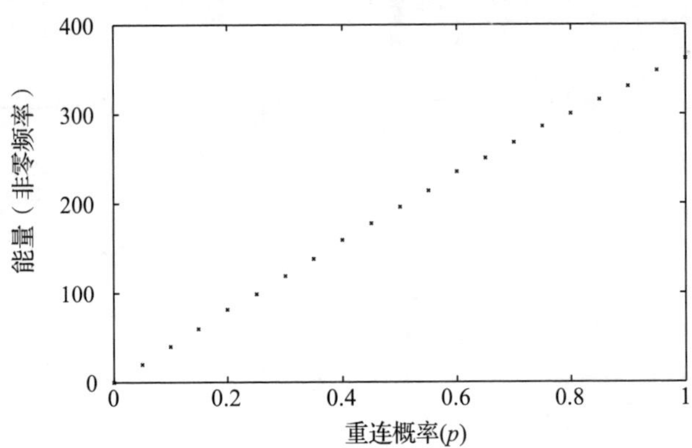

图 9.24　Watts-Strogatz 小世界网络的重连概率与 DC 谱能量。每个值在 1000 次实验中取平均值（该图引自文献 [166]，© [2016] IEEE，转载已获作者授权）

6. 无标度网络

考虑用 Barabási-Albert 模型 [39] 产生 $\gamma=3$ 的无标度网络[⊖]。100 节点的无标度网络上的 DC、CC 和 BC 信号分别如图 9.25a、图 9.25b 和图 9.25c 所示。网络上的 DC 信号在区间 [1, 14] 内变化，如图 9.25a 所示。可以观察到只有少数节点（称为中心节点）在图中具有大的 DC 值，大量节点具有小的 DC 值。当我们从中心节点移动到任何其他相邻节点时，DC 信号值急剧变化。如图 9.25e 所示，BC 信号的范围是 [0，0.6778]。

在中心节点处 BC 信号的值也非常大，并且当我们移动到其他相邻节点时它的变化很大。中心节点处 BC 的值较大是因为中心节点存在于图中的大多数最短路径中。如图 9.25c

⊖　无标度网络的详细特征可以参见第 5 章。

所示，CC 信号在区间 [0.1292, 0.3438] 中变化。它在远端节点处具有较小值，在较为接近网络中心的节点处具有较大值。尽管 CC 信号在中心节点处也具有峰值，但是当我们从中心节点移动到任何其他相邻节点时，它不会快速改变，因为节点与整个图的接近度不会明显改变。

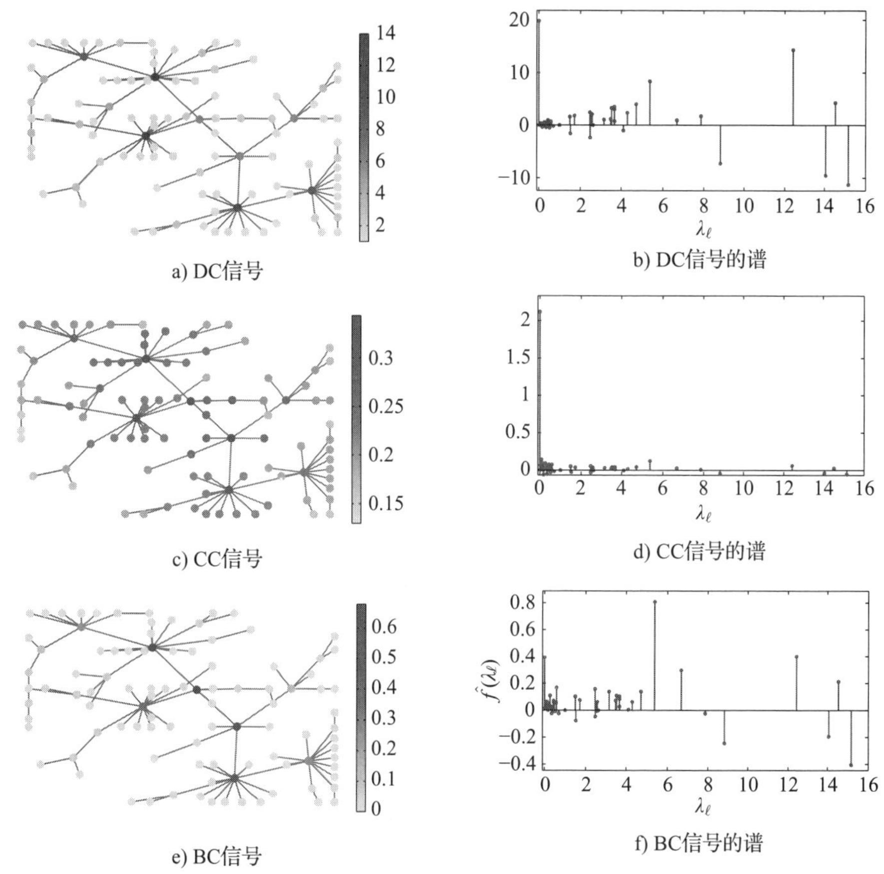

图 9.25 无标度网络上的中心性信号及其谱（该图引自文献 [166]，© [2016] IEEE，转载已获作者授权）

无标度网络上的 DC、CC 和 BC 信号分别绘制在图 9.25b、图 9.25d 和图 9.25f 中。从图 9.25b 中可以看出，无标度网上 DC 信号具有很强的高频分量，因为从中心节点到邻居节点信号值发生了剧烈变化。BC 信号也包含非常强的高频分量，如图 9.25f 所示。但是，如图 9.25d 所示，CC 信号的高频分量非常小，因为当从一个节点移动到另一个节点时信号的变化小。与所有其他图相比，无标度网络上的 DC 和 BC 信号的谱具有更强的高频分量，这也表明无标度网络中存在中心节点。

7. 基于中心性信号谱的网络分类

我们已经看到了在各种网络上测量的中心性的谱模式。给定作为网络信号的节点中心性的谱，可以识别网络的类型。如果网络上的 DC 信号谱只有在零频率处有非零 GFT 系数，则底层网络是 $r-$正则网络，$r=\dfrac{\hat{f}(\lambda_0)}{\sqrt{N}}$，其中 $\hat{f}$ 是 DC 信号 $\boldsymbol{f}$ 的 GFT，N 是网络中的节点总数。

网络上的 DC 或 BC 信号频谱中高频率分量强于低频分量表明底层网络是无标度网络。

372~374 通过 DC 信号谱可以准确地完成无标度网络和正则网络的识别。

如果 DC 信号的谱在所有频率上具有明显的频率分量，则底层网络可能是小世界或 ER 网络。准确地区别这两个网络是困难的。但是，从前面的分析来看，随着小世界性越来越强，在 DC 的谱中高频分量越来越多。此外，即使对于具有高度随机性的随机网络（ER 模型中的边概率为 0.5），其频谱中的高频分量也不像无标度网络那样强。

9.7.2　图傅里叶变换中心性

GFT-C 是一种用于评估复杂网络中每个节点重要性的谱方法 [167]。GFT-C 使用对应于参考节点的重要性信号的 GFT 系数。该方法依赖于对参考节点仔细定义其重要性信号的全局平滑度（或变化）。参考节点的重要性信号是网络中剩余节点个体分别如何看待参考节点的指标。以这样的方式定义重要性信号，即在信号的全局平滑度（或变化）中捕获重要性信息。此外，重要性信号的 GFT 系数用于获得参考节点的全局视图。

第 i 个节点的 GFT−C 是与节点 i 对应的重要性信号的 GFT 系数的加权和。参考节点 i 的重要性信号是网络中的其他节点根据到节点 i 的最低成本所给出的关于参考节点 i 的个体视图的图信号。该重要性信号的平滑度是量化相应节点重要性的关键。GFT 用于捕获重要性信号的全局变化，反过来用于定义 GFT−C。因此，GFT−C 不仅利用局部属性，还利用网络拓扑的全局属性。

1. 重要性信号

重要性信号描述参考节点与其余每个节点的关系。采用从单个节点到参考节点的成本的倒数作为其特征。到达参考节点的成本越高，参考节点的重要性越低，反之亦然。

令在加权网络上对应于参考节点 n 的重要性信号为 $\boldsymbol{f}_n=[f_n(1)\quad f_n(2)\quad\cdots\quad f_n(N)]^{\mathrm{T}}$，其中 $f_n(i)$ 是从节点 i 到节点 n 最短路径的权重之和的倒数。归一化该信号，使得除参考节点外的信号值之和为 1，即 $\sum_{i\neq n}f_n(i)=1$。另外，将参考节点处的信号值视为单位值 $(f_n(n)=1)$。

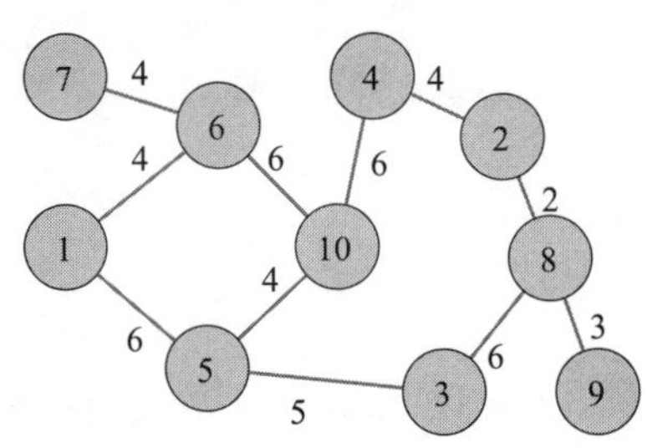

图 9.26　加权图示例

图 9.26 显示了具有 10 个节点的样本加权图。表 9.3 列出了对应于图 9.26 的节点 1 的重要性信号以及中间参数。显然，当到达参考节点的成本降低时，重要性信号的值增加。

表 9.3　参考图 9.26 中节点 1 的重要性信号（该表引自文献 [167]，Copyright(2017)，经 Elsevier 许可）

节点	最短路径	成本	（成本）$^{-1}$	重要性信号
1	—	0	—	1
2	2-8-3-5-1	19	1/19	0.0550
3	3-5-1	11	1/11	0.0950
4	4-10-6-1	16	1/16	0.0653
5	5-1	6	1/6	0.1742
6	6-1	4	1/4	0.2614
7	7-6-1	8	1/8	0.1307
8	8-3-5-1	17	1/17	0.0615
9	9-8-3-5-1	20	1/20	0.0523
10	10-5-1	10	1/10	0.1045

在上面定义的重要性信号的*方差*用于评估参考节点的重要性。还要注意，对于具有高全局重要性的参考节点附近的节点的重要性信号与具有低全局重要性但具有相同 DC 值的参考节点的重要性信号值相比更小。这背后的原因是，除了参考节点之外，重要性信号值的总和是 1，并且重要性信号值与到达参考节点的成本成反比。因此，对于具有高全局重要性的参考节点，其与其余节点都不是很远，它的重要性信号值的分布使得相邻节点的值小。另一方 375~376
面，当参考节点具有低全局重要性时，相邻节点具有高重要性信号值，因为网络中将存在远离参考节点的一些节点。使用 GFT 捕获的重要性信号中的这些变化，用于量化参考节点的重要性。

2. 图傅里叶变换中心性

GFT-C 统一测量参考节点对于其余网络节点的重要性。为定义参考节点的 GFT-C，使用重要性信号的 GFT 系数。

重要性信号的 GFT 称为*重要性谱*。在图 9.27 中，给出了图 9.26 所示网络中几个节点的重要性谱。对应于节点 7 的重要性谱具有明显的高频成分（见图 9.27a），而在节点 10 的重要性谱中存在大量的高频分量（见图 9.27b）。对应于节点 3 的重要性谱中的高频分量具有中等 GFT 系数（见图 9.27c）。从这些观察中可以看出：*重要性信息编码在重要性谱的高频分量中*。这可以从图 9.27 中非常直观地看出，并且如果节点是网络的核心，那么重要性信号是非平滑的，即重要性信号的变化很大。基于这些观察，参考节点的重要性可以使用重要性谱来量化。

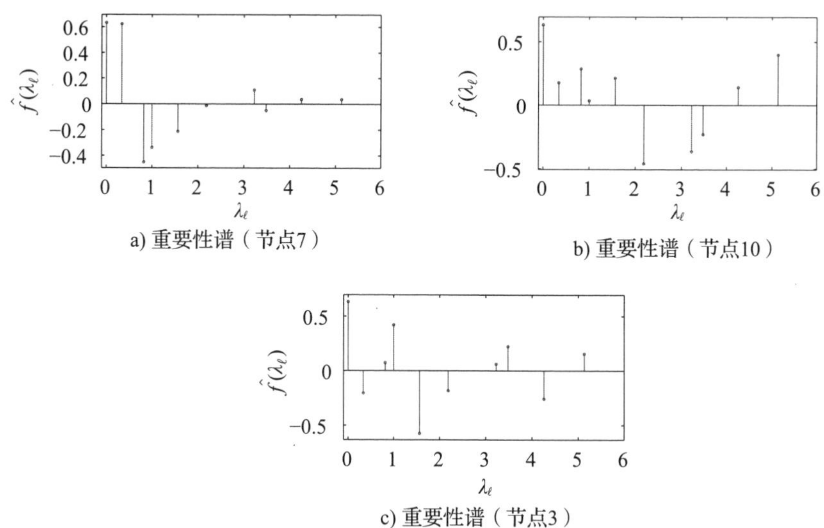

图 9.27　如图 9.26 所示的网络拓扑的重要性谱（该图引自文献 [167]，Copyright(2017)，经 Elsevier 许可） 377

令对应于参考节点 n 的重要性信号的 GFT 为 $\hat{\boldsymbol{f}}=[\hat{f}(\lambda_0)\quad \hat{f}(\lambda_1)\quad \cdots\quad \hat{f}(\lambda_{N-1})]^{\mathrm{T}}$，计算公式为

$$\hat{f}(\lambda_\ell)=\sum_{i=1}^{N} f_n(i)\, u_\ell^*(i) \tag{9.7.1}$$

其中 $f_n(i)$ 是参考节点 n 相对于节点 i 的重要性，$\boldsymbol{u}_\ell$ 是节点处的拉普拉斯算子中与特征值 λ_ℓ 对应的特征向量。令节点 n 的 GFT–C 为 I_n，那么

$$I_n = \sum_{\ell=0}^{N-1} w(\lambda_\ell) \mid \hat{f}_n(\lambda_\ell) \mid \quad (9.7.2)$$

其中 $w(\lambda_\ell)$ 是分配给与频率 λ_ℓ 对应的 GFT 系数的权重。通过以频率（$\boldsymbol{L}$ 的特征值）指数递增的函数进行权重的选择，即 $w(\lambda_\ell)=\mathrm{e}^{(k\lambda_l)}-1$，其中 $k>0$。选择这样的权重确保了：较大权重被分配给重要性谱的高频分量，而较小权重被分配给对应于较低频的频率分量，以及零权重被分配给零频率分量。通过实验发现 $k=0.1$ 效果良好。表 9.4 显示了在图 9.26 所示的网络中使用公式（9.7.2）求出节点的 GFT–C。可以观察到节点 10 具有最高分数并且节点 9 具有最低分数。

表 9.4　如图 9.26 所示的网络中的节点的 GFT–C（该表引自文献 [167]，Copyright(2017)，经 Elsevier 许可）

节点	1	2	3	4	5	6	7	8	9	10
GFT-C	0.099	0.093	0.103	0.106	0.121	0.135	0.044	0.118	0.040	0.141

3. 线性拓扑网络上的 GFT–C 行为

首先，考虑如图 9.28 所示的线性拓扑（路径图）网络。表 9.5 列出了各种中心性分数，观察到远端节点的 GFT-C 分数很低，当我们走向中间节点时，GFT-C 的值增加。除了两个远端节点之外的所有节点具有相同的 DC 分数（为 2），这是不可取的，因此显示出其优于 DC 的优势。BC、CC 和特征向量中心性（EC）也遵循与 GFT-C 相同的模式。

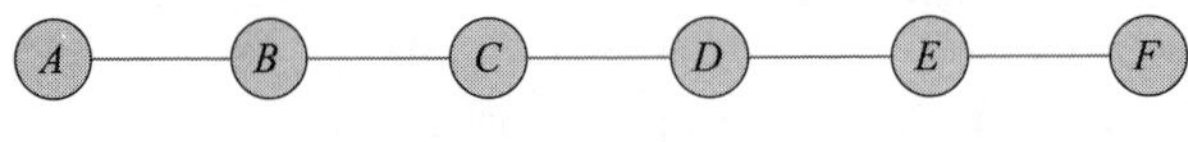

378

图 9.28　路径图

表 9.5　如图 9.28 所示网络中节点的各种中心性分数（该表引自文献 [167]，Copyright (2017)，经 Elsevier 许可）

节点	A	B	C	D	E	F
DC	1	**2**	**2**	**2**	**2**	1
BC	0	0.4	**0.6**	**0.6**	0.4	0
CC	0.333	0.454	**0.555**	**0.555**	0.454	0.333
EC	0.099	0.178	**0.223**	**0.223**	0.178	0.099
GFT-C	0.0936	0.1979	**0.2085**	**0.2085**	0.1979	0.0936

4. 未加权的任意网络上的 GFT-C 行为

如图 9.29 所示，考虑一个未加权的图，其中不止一个社区中存在影响较大的节点。由于 CC 和 BC 测量全局重要性，可以找到节点 t 和 s 是最重要的节点，这可以从图 9.29a 和图 9.29b 中找到。另一方面，虽然节点 p、q 和 u 在各自的社区都很有影响力，它们的 CC 和 BC 得分很小，这意味着 CC 和 BC 无法捕捉局部的影响力。图 9.29c 显示了网络中节点的 EC 分数。我们观察到：在社区内节点 p 和 q 的 EC 分数很高，而网络中其余的节点的 EC 分数非常小。这是由 EC 的性质导致的，它倾向于关注一组都在图的同一区域（或社区）内有影响的节点，并且特别关注最大的社区 [168]。如图 9.29d 所示，我们从中观察到节点 t 和 v 的 DC 值都为 3。然而，这并不是所希望的，因为节点 t 比节点 v 更具有全局影响力。也可以从网络中的具有相同 DC 分数的其他节点中观察到 DC 和 GFT-C 的不同。如图 9.29e 所示，与 DC、CC、BC 和 EC 相比，GFT-C 将网络的局部属性和全局属性都考虑在内，导致了节点 p、q、t 和 u 的高重要性。

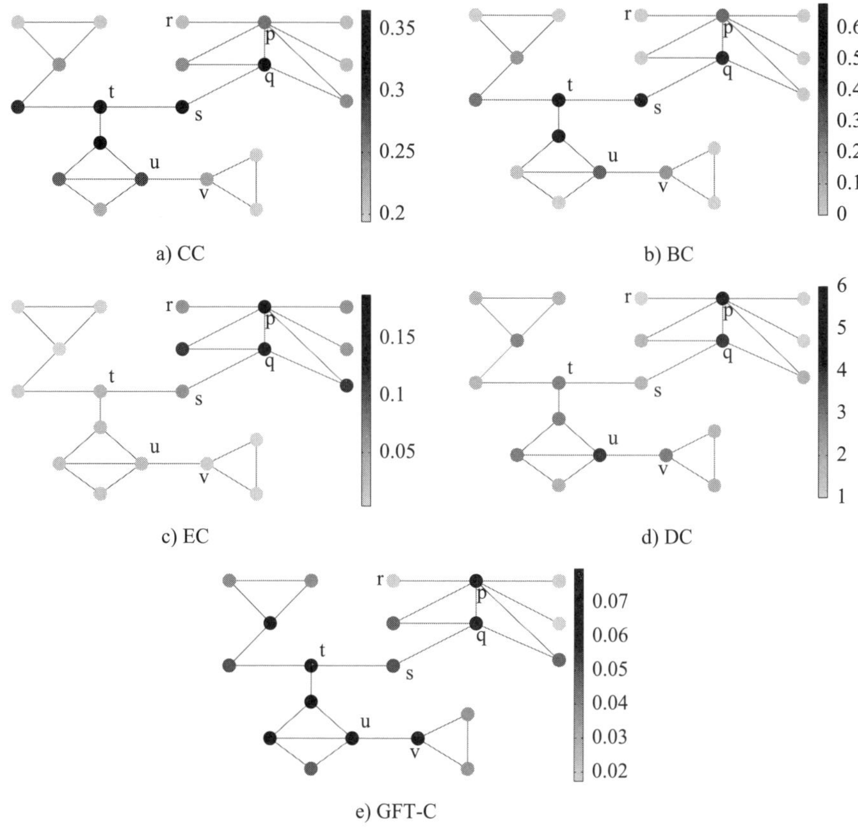

a) CC　b) BC　c) EC　d) DC　e) GFT-C

图 9.29　未加权图的各种中心性度量（该图引自文献 [167]，Copyright(2017)，经 Elsevier 许可）

9.7.3　传感器网络中的故障检测

GFT 和图滤波的另一个示例应用是可以从传感器网络生成的数据中检测网络中的任何传感器的故障。考虑一个温度传感器网络，其中节点代表收集温度的气象站。假设城市（气象站）彼此靠近，因此具有几乎相似的温度。可以将温度测量值视为图信号，通过观察该图信号的 GFT 系数，可以检测任何传感器的故障。观察温度快照（温度图信号）的频谱，若所有传感器测量结果都是正确的，则能量将集中于低频。

然而，来自故障传感器的测量值可能与相邻传感器的测量结果大不相同，并且这种剧烈变化将使得温度快照的谱中出现非常明显的高频分量。因此，如果温度图信号的谱包含高频分量，可以得出结论，至少有一个传感器的测量值出错。但是，请注意，无法通过观察谱定位损坏的传感器的位置。 379～380

9.8　窗口图傅里叶变换

窗口傅里叶变换（WFT）或称短时傅里叶变换是经典信号处理的另一个重要的时间 – 频率分析工具。它在提取信号中在*局部*时域内的频率信息时特别有用。例如，如图 9.30 所示，考虑一个连续时间信号 $x(t)$，其中包含三种不同频率的正弦波：0～1 秒为 3Hz，1～2 秒为 8Hz，2～3 秒为 4Hz。该信号中的频率信息是局部的。如果使用这个信号的傅里叶变换，我们得不到任何关于此频率的时间位置信息。这样的信号经常出现在诸如音频和语音处理、振动分析和雷达探测之类的应用中。以感兴趣的位置为中心使用适当的窗口函数可以实现时间上的定位。如图 9.30b 所示，现在考虑一个持续时间为 1 秒的矩形窗口 $g(t)$。该图还显示了窗口 $g(t)$ 的平移版本。将信号 $x(t)$ 乘以窗口 $g(t)$ 得到了信号 $x(t)$ 从 0 秒到 1 秒的部分，然后，可以使用该窗口化信号的傅里叶变换来提取该持续时间内的频率信息。同样地，将信号 $x(t)$ 乘以平移之后的窗口 $g(t)$，然后使用傅里叶变换来获得信号中的对应时间位置的频率信息。因此，短时傅里叶变换提供了一种信号的时间 – 频率表示手段，通过该方法可以提取信号的时间和频率信息。

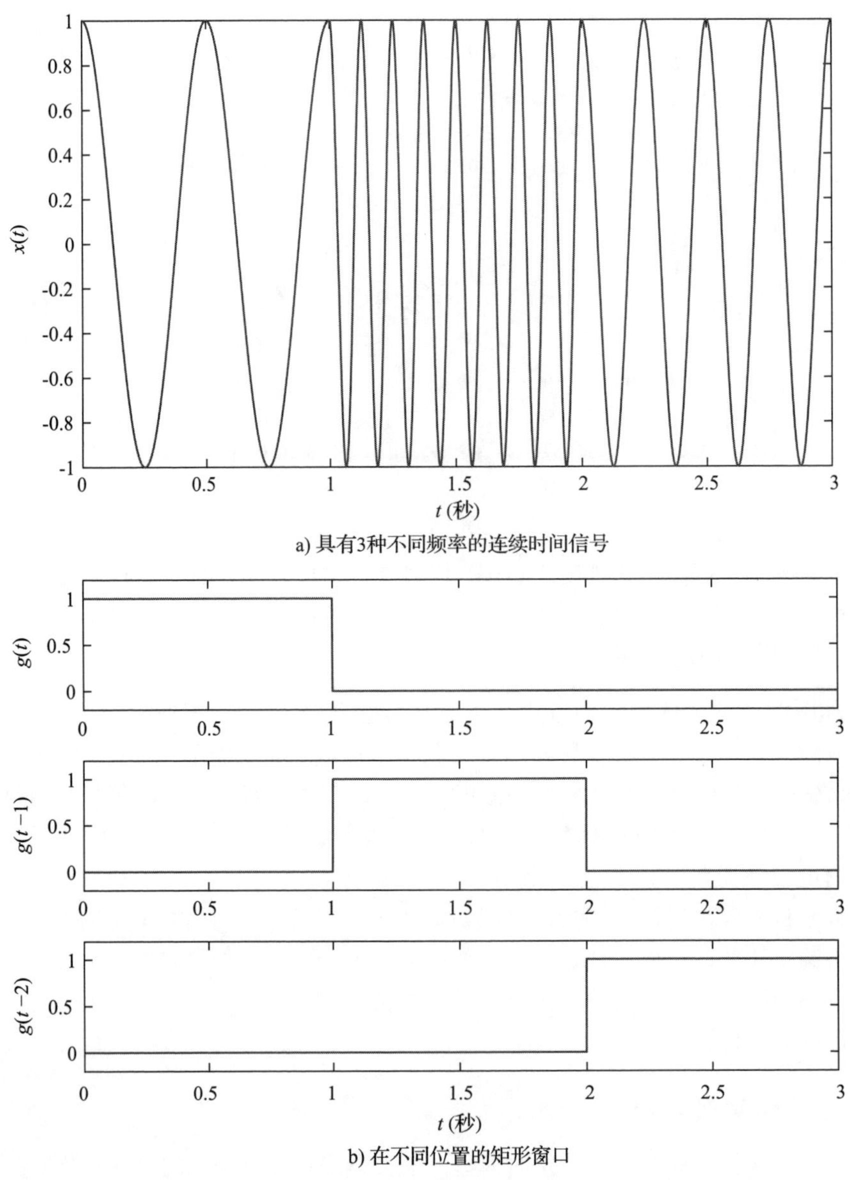

a) 具有3种不同频率的连续时间信号

b) 在不同位置的矩形窗口

图 9.30　具有 3 种不同频率的正弦波连续时间信号和窗口信号

窗口傅里叶分析已经推广到图信号的情况，已类似地定义了 WGFT。如 9.5 节所述，GFT 是一个全局变换——它不能表示任何有关图中的频率内容在哪里存在的信息。通过 WGFT，可以找到图信号中频率内容的局部信息。

经典窗口傅里叶变换由两个算子定义：平移和调制。对于信号 $x(t)$ 和 $t_0 \in \mathbb{R}$，平移操作 T_{t_0} 的定义为：

$$(T_{t_0}x)(t) = x(t - t_0) \tag{9.8.1}$$

平移算子用于沿时间轴移动窗口。此外，对于任意 $\omega \in \mathbb{R}$，调制算子 M_ω 的定义为：

$$(M_\omega x)(t) = \mathrm{e}^{\mathrm{j}\omega t} x(t) \tag{9.8.2}$$

现在令 $g(t)$ 是一个窗口，且 $\| g \|_2 = 1$。那么，窗口傅里叶原子为：

$$g_{t_0,\omega}(t) = (M_\omega T_{t_0} g)(t) = g(t - t_0)\mathrm{e}^{\mathrm{j}\omega t} \tag{9.8.3}$$

经典信号 $x(t)$ 的 WFT 的定义为：

$$Sx(t_0, \omega) = \langle x, g_{t_0,\omega} \rangle = \int_{\infty}^{\infty} x(t)\,[g(t - t_0)]^* \mathrm{e}^{-\mathrm{j}\omega t} \mathrm{d}t \tag{9.8.4}$$

381~382

或者，信号 $x(t)$ 的 WFT 也可以解释为窗口信号的傅里叶变换。窗口信号将信号定位到特定时间。因此，信号的 WFT 是两个变量的扩展：频率和时移。

为了定义 WGFT，使用了 9.6 节中定义的广义平移和调制算子。广义平移算子用于在图上移动窗口，然后将其与图信号相乘以将信号定位到图的特定区域。类似于公式（9.8.3），对于窗口 $\boldsymbol{g} \in \mathbb{R}^N$，窗口图傅里叶原子可以定义为

$$\begin{aligned} \boldsymbol{g}_{i,k} &= M_k T_i \boldsymbol{g} = M_k(\sqrt{N}\boldsymbol{U}(\hat{\boldsymbol{g}} \odot \boldsymbol{u}_i')) \\ &= \sqrt{N}\boldsymbol{u}_k \odot (\sqrt{N}\boldsymbol{U}(\hat{\boldsymbol{g}} \odot \boldsymbol{u}_j')) = N\boldsymbol{u}_k \odot (\boldsymbol{U}(\hat{\boldsymbol{g}} \odot \boldsymbol{u}_i')) \end{aligned} \tag{9.8.5}$$

随后，对应于频率 λ_k 并且以节点 i 为中心的图信号 $\boldsymbol{f} \in \mathbb{R}^N$ 的 WGFT 系数为：

$$S_{i,k}\boldsymbol{f} = \langle \boldsymbol{f}, \boldsymbol{g}_{i,k} \rangle \tag{9.8.6}$$

使用 WGFT 系数，可以在图的各个顶点位置识别图信号的频率内容。与 GFT（全局变换）相反，WGFT 为我们提供了在图中局部地分析图信号的方法。

9.8.1 窗口图傅里叶变换的示例

如图 9.31a 所示，考虑一个具有 48 个节点的随机传感器网络。在平面 [0,1]×[0,1] 随机放置 48 个节点生成网络，利用基于节点之间欧氏距离的有阈值高斯核加权函数分配边的权重：

$$w_{ij} = \begin{cases} \exp\left(-\dfrac{[d(i,j)]^2}{2\sigma_1^2}\right), & d(i,j) \leqslant \sigma_2 \\ 0, & \text{其他} \end{cases} \tag{9.8.7}$$

其中 $d(i,j)$ 是节点 i 和 j 之间的欧氏距离。$\sigma_1 = 0.074$，$\sigma_2 = 0.075$。使用图 9.31b 所示的热度核，可以计算出对应于图频率的图傅里叶原子。图 9.31c 展示了对应于频率 $\lambda_{15} = 4.94$ 并且以顶点 34 为中心的窗口图傅里叶原子 $\boldsymbol{g}_{34,15}$。如图 9.31d 所示，图信号的相应 WGFT 系数为 $S_{34,15}\boldsymbol{f} = \langle \boldsymbol{f}, \boldsymbol{g}_{34,15} \rangle = -0.7101$。

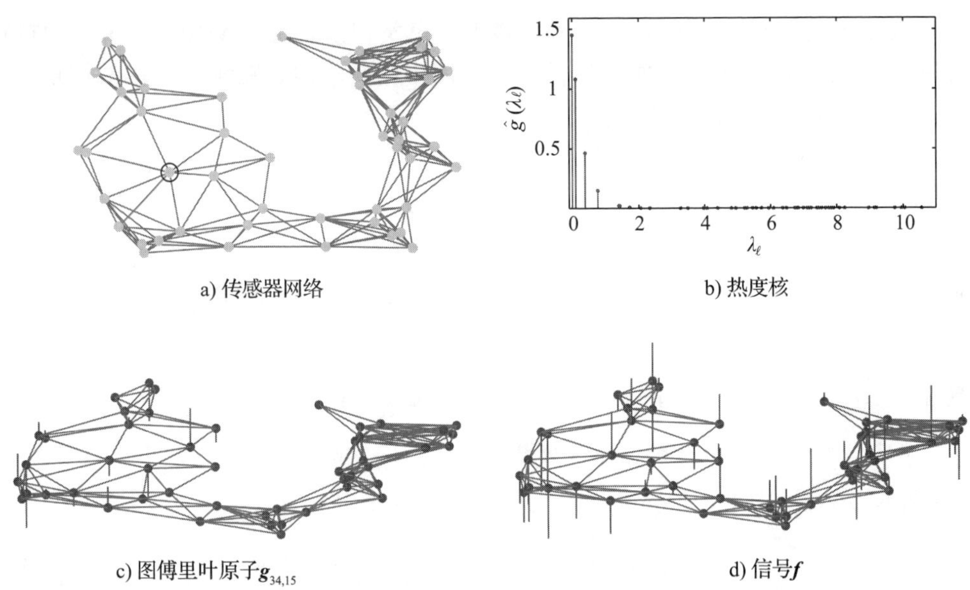

a) 传感器网络　　b) 热度核

c) 图傅里叶原子 $\boldsymbol{g}_{34,15}$　　d) 信号 $\boldsymbol{f}$

图 9.31　窗口图傅里叶变换示例

9.9 开放性研究问题

图信号处理是一个新兴的研究领域。下面列出了该领域的一些主要开放性研究问题。

- 图傅里叶变换与传统图结构参数（如中心性、路径长度和聚类系数）之间的关系尚未得到研究。在图的结构属性和广义算子的属性以及变换系数之间建立关联仍然是图信号处理中的主要问题。
- 统计图信号处理理论尚未完善。可以在文献 [169] 中找到图信号处理的稳态理论的近期发展，其中传统的广义平稳性的概念已经扩展到图信号的情况。
- 本章介绍的概念和技术假设要分析的图信号随时可用。然而，事实并非如此。可能需要根据可用数据对图信号进行建模。对图信号的建模研究很少。在文献 [170] 中可以找到一些成果，其根据一组测量的网络数据估计图的邻接矩阵。
- 从可用数据构造图信号可能得到不同的模型。GFT 是否与用于建模图信号的方法有关？尚未发现分析图的构造如何影响图上信号的各种变换的性质的研究。
- 383~384 GFT 的计算需要图拉普拉斯算子的完全特征分解。对于具有数千个节点的网络，其计算上效率低下。因此，需要开发快速 GFT 算法分析大图。可以在文献 [171-172] 中找到最近在这方面做出的一些工作。
- 发展图信号采样理论是一个重要的研究课题。在文献 [164]，[173-175] 中已经提出了不同的图信号采样理论。然而，需要更简单和通用的采样理论。
- 开发处理动态图的各种工具和概念是一个开放的研究领域。当图的结构随时间变化时，图傅里叶基也随着时间的推移而变化，并且需要计算图的完全特征分解。在动态图上寻找信号的新变换是一个具有挑战性的研究领域。在文献 [176] 中，作者提出了设计自回归移动平均（ARMA）图滤波器的一种方法。

9.10 小结

本章介绍了图信号分析和处理的概念和技术。利用图拉普拉斯算子的特征分解定义了GFT 和 WGFT。GFT 中频率概念和捕获图信号变化的能力使其成为分析复杂网络上定义的数据的非常强大的工具。诸如卷积、平移和调制等各种算子也被推广到图信号的情况。本章还讨论了图信号谱表示的一些应用。本章讨论的图信号处理方法基于图的拉普拉斯算子，并且仅限于具有正实数权重的无向图。但是，如下一章所述，存在其他方法处理有向图。 385

练习题

考虑如图 9.32 所示的图 $\mathcal{G}$。

图拉普拉斯算子的非零特征值是 1.1464, 2.1337, 5.4424, 17.2775。拉普拉斯算子的特征向量矩阵是

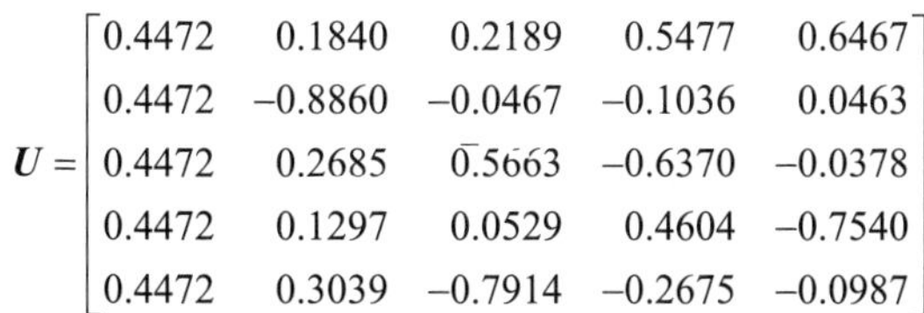

$$
\boldsymbol{U}=\begin{bmatrix}
0.4472 & 0.1840 & 0.2189 & 0.5477 & 0.6467 \\
0.4472 & -0.8860 & -0.0467 & -0.1036 & 0.0463 \\
0.4472 & 0.2685 & 0.5663 & -0.6370 & -0.0378 \\
0.4472 & 0.1297 & 0.0529 & 0.4604 & -0.7540 \\
0.4472 & 0.3039 & -0.7914 & -0.2675 & -0.0987
\end{bmatrix}
$$

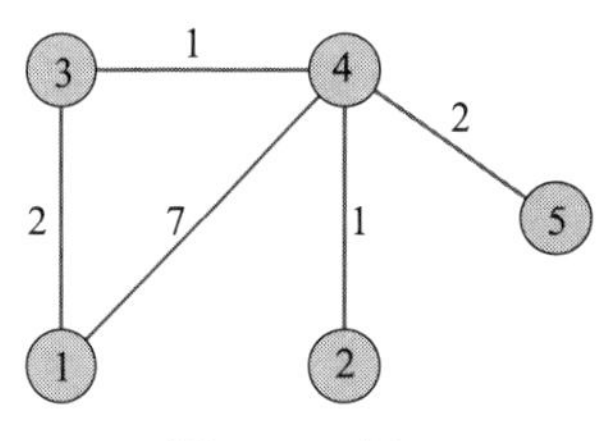

图 9.32　图 $\mathcal{G}$

1. 考虑图 9.32 所示的图。
   (a) 计算图拉普拉斯算子的所有特征向量的拉普拉斯二次型。
   (b) 计算图拉普拉斯算子的所有特征向量的总方差。
   (c) 比较 a 和 b 部分的结果。
2. 对于图 9.33 所示的三个图信号，哪个图信号可能具有最多的高频分量？为什么？(所有图信号都以相同的比例绘制)。

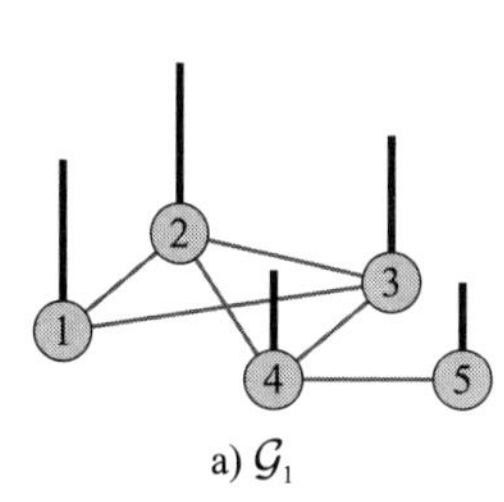

a) $\mathcal{G}_1$

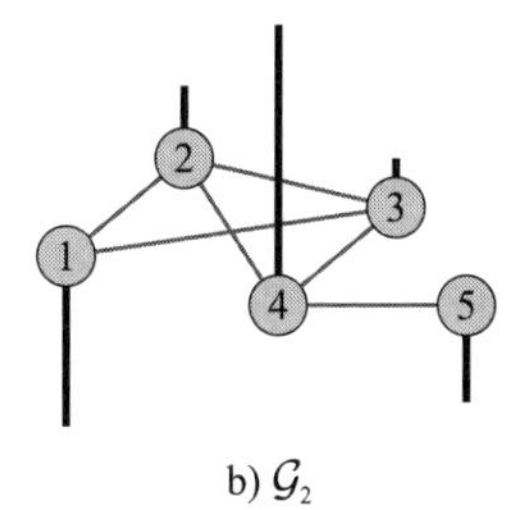

b) $\mathcal{G}_2$

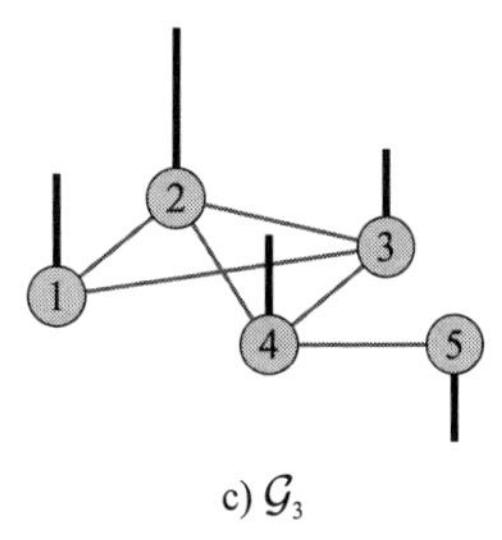

c) $\mathcal{G}_3$

图 9.33　图信号（练习题 2）

3. 用图上定义的脉冲表示无向图的拉普拉斯矩阵。
4. 如图 9.32 所示，将在图 $\mathcal{G}$ 上定义的信号 $\boldsymbol{f}=[3,1,5,-2,1]^{\mathrm{T}}$ 表示为图拉普拉斯算子的特征向量的线性组合。 386
5. 位于网络上的信号中的振荡也可以通过信号值中的过零次数来量化。如果节点 i 和 j 之间存在边，并且节点 i 和 j 处的信号值的符号发生变化，它就算作一个过零点。通过以 0.15 为概率在任意两个节点之间添加无向边，创建具有 300 个节点的无向随机网络。
   (a) 绘制拉普拉斯矩阵相对于对应的特征值的特征向量中过零点的数量。评论你的观察并解释频率排序。
   (b) 对网络的归一化拉普拉斯矩阵重复 a 部分。

6. 考虑有 20 个节点的两个图 $\mathcal{G}_1$ 和 $\mathcal{G}_2$。两个图都有一个共同的拉普拉斯特征值 4.5，它也是图 $\mathcal{G}_2$ 的最大拉普拉斯特征值。是否有可能找到在图 $\mathcal{G}_2$ 上定义的信号具有大于对应于特征值 4.5 的特征向量的 2-Dirichlet 形式的值？是否有可能在图 $\mathcal{G}_1$ 上找到这样的信号值？

7. 如果如图 9.32 所示的图 $\mathcal{G}$ 的所有边权重加倍，它会对以下产生什么影响？

（a）图频率。

（b）图谐波。

（c）图信号的 GFT 系数。

如果所有边权重减半呢？

8. 将如图 9.34 所示的图信号 $\boldsymbol{f}$ 表示为脉冲的线性组合，而后找到信号的 GFT 向量。图的拉普拉斯特征向量矩阵是

$$\boldsymbol{U}=\begin{bmatrix}\boldsymbol{u}_0 & \boldsymbol{u}_1 & \boldsymbol{u}_2 & \boldsymbol{u}_3\end{bmatrix}=\begin{bmatrix}0.4472 & 0.4375 & 0.7031 & 0 & 0.3380\\ 0.4472 & 0.2560 & -0.2422 & 0.7071 & -0.4193\\ 0.4472 & 0.2560 & -0.2422 & -0.7071 & -0.4193\\ 0.4472 & -0.1380 & -0.5362 & 0 & 0.7024\\ 0.4472 & -0.8115 & 0.3175 & 0 & -0.2018\end{bmatrix}$$

387

9. 对于图 9.34 所示的图信号，计算每个节点的梯度向量。图信号的总方差是多少？

10. 针对如图 9.32 所示的图 $\mathcal{G}$，通过交换节点 2 和 4 的顶点标签绘制图 $\mathcal{G}'$。对于新图 $\mathcal{G}'$ 计算并绘制：

（a）图的谐波。

（b）图信号 $\boldsymbol{f}=[3,1,5,-2,1]^{\mathrm{T}}$ 的 GFT 向量。

将结果与图 $\mathcal{G}$ 的结果进行比较。

图 9.34　图 $\mathcal{G}$（练习题 8 和 9）

11. 对于具有频率 $\lambda=\{0,1,2,4,5\}$ 的无向图，其相应的特征向量矩阵为

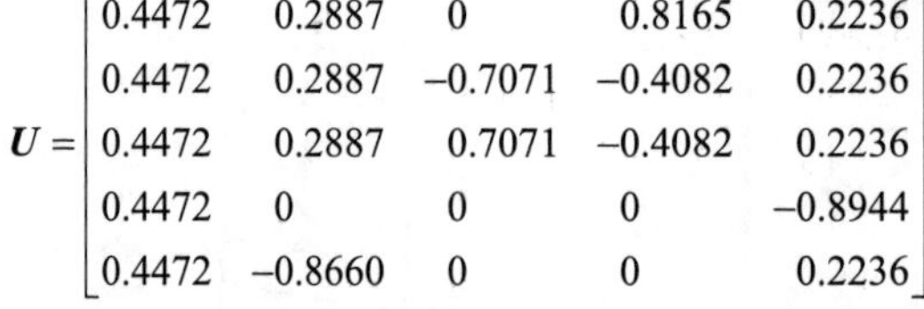

$$\boldsymbol{U}=\begin{bmatrix}0.4472 & 0.2887 & 0 & 0.8165 & 0.2236\\ 0.4472 & 0.2887 & -0.7071 & -0.4082 & 0.2236\\ 0.4472 & 0.2887 & 0.7071 & -0.4082 & 0.2236\\ 0.4472 & 0 & 0 & 0 & -0.8944\\ 0.4472 & -0.8660 & 0 & 0 & 0.2236\end{bmatrix}$$

当用图的拉普拉斯算子操作图信号 $\boldsymbol{f}=[0,1,-2,0,1]^{\mathrm{T}}$ 时，计算结果向量，即找到 $\boldsymbol{Lf}$。

提示：将 $\boldsymbol{f}$ 表示为拉普拉斯特征向量的线性组合。

12. 考虑在图谱域中连续的内核 $2\mathrm{e}^{-5\lambda}$。对应于该内核，绘制结构如图 9.32 所示的图信号。对于获得的图信号，总方差是多少？

对内核 $2\mathrm{e}^{2\lambda}$ 重复相同的操作。该图信号的总方差是多少？将其与之前的结果进行比较。

13. 对于图 9.32，找到一个低通的线性图滤波器矩阵 $\boldsymbol{H}$ 通过最多 3 个频率，并抑制所有高于 3 的频率分量。若滤波器的输入图信号 $\boldsymbol{f}=[1,-4,-6,2,-1]^{\mathrm{T}}$，在图谱域中绘制输出。

14. 计算并绘制定义在如图 9.32 所示的图 $\mathcal{G}$ 上的两个图信号 $\boldsymbol{f}=[1,3,-3,0,8]^{\mathrm{T}}$ 和 $\boldsymbol{g}=[0,1,-2,4,2]^{\mathrm{T}}$ 的卷积。

15. 证实图卷积满足以下属性：

（a）它是可交换的，即 $\boldsymbol{f}\times\boldsymbol{g}=\boldsymbol{g}\times\boldsymbol{f}$。

（b）它是可分配的，即 $\boldsymbol{f}\times(\boldsymbol{g}+\boldsymbol{h})=\boldsymbol{f}\times\boldsymbol{g}+\boldsymbol{f}\times\boldsymbol{h}$。

（c）它是可结合的，即 $\boldsymbol{f}\times(\boldsymbol{g}\times\boldsymbol{h})=(\boldsymbol{f}\times\boldsymbol{g})\times\boldsymbol{h}$。

388　（d）$\boldsymbol{L}(\boldsymbol{f}\times\boldsymbol{g})=\boldsymbol{f}\times(\boldsymbol{Lg})=(\boldsymbol{Lf})\times\boldsymbol{g}$。

16. (a) 证明：算子 $\boldsymbol{L}^K$ 在每个节点是 K 跳局部的，即当 $d_{\mathcal{G}}(i,j)>K$ 时 $(\boldsymbol{L}^K)_{ij}=0$，其中 $\boldsymbol{L}$ 是图 $\mathcal{G}$ 的拉普拉斯矩阵，$d_{\mathcal{G}}(i,j)$ 是节点 i 和 j 的跳距。随后，证明在每个节点处拉普拉斯矩阵 $\boldsymbol{L}$ 的 K 阶多项式也位于节点的 K 跳之内。

(b) 在如图 9.35 所示的图 $\mathcal{G}$ 上定义图信号 $\boldsymbol{f}=[3,0,2,4,0,1,2,3,5]^{\mathrm{T}}$。$a$ 和 b 的边的权重未知。考虑两个多项式滤波器

$$\boldsymbol{H}_1=2\boldsymbol{I}-2\boldsymbol{L} \tag{9.10.1}$$

和

$$\boldsymbol{H}_2=\boldsymbol{I}+3\boldsymbol{L}-\boldsymbol{L}^2 \tag{9.10.2}$$

(i) $\boldsymbol{H}_1$ 和 $\boldsymbol{H}_2$ 中每行的元素总和是多少？

(ii) 对于滤波器 $\boldsymbol{H}_1$，计算节点 1、2 和 3 的滤波输出。不应为了计算单个节点上的输出而计算完整的拉普拉斯矩阵。只需考虑滤波器的相应行。

(iii) 对于滤波器 $\boldsymbol{H}_2$，计算节点 1 和 3 的滤波输出。不应为了计算单个节点上的输出而计算完整的拉普拉斯矩阵。只需考虑滤波器的相应行。

(iv) 对于滤波器 $\boldsymbol{H}_1$，如果节点 6 和 7 处的滤波输出的值分别为 4 和 8，则找到 a 和 b 之间的边的权重。

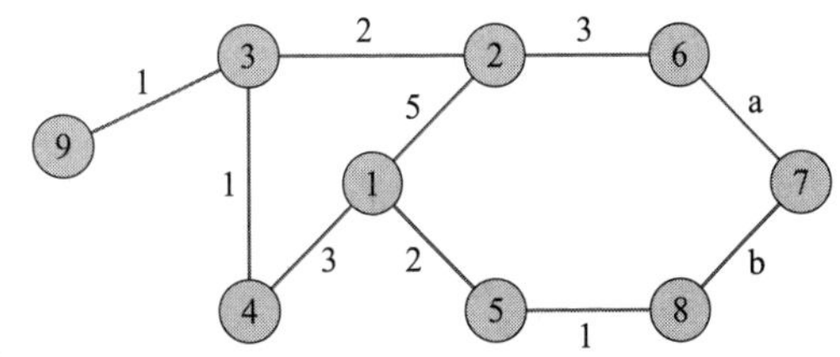

图 9.35　练习题 16b 中的图 $\mathcal{G}$

(v) 记下滤波器 $\boldsymbol{H}_1$ 和 $\boldsymbol{H}_2$ 的谱表示。需要多少参数来表征滤波器？

17. 考虑如图 9.32 所示的图 $\mathcal{G}$。

(a) 当平移节点 2 和节点 4 时，绘制图信号 $\boldsymbol{f}=[-1,6,2,0,3]^{\mathrm{T}}$ 的平移版本。

(b) 当调制节点 1 和 3 时，绘制图信号 $\boldsymbol{f}=[-4,7,10,1,-2]^{\mathrm{T}}$ 的调制版本。

18. 考虑在具有 4 个节点的任意无向连通图上定义的两个图信号 $\boldsymbol{f}=[3,-4,9,2]^{\mathrm{T}}$ 和 $\boldsymbol{g}=[1,0,-6,7]^{\mathrm{T}}$。如果 $\boldsymbol{h}=\boldsymbol{f}*\boldsymbol{g}$，计算 $\sum_{i=1}^{4}h(i)$。 389

19. 考虑在具有 5 个节点的任意无向连通图上定义的图信号 $\boldsymbol{f}=[2,-6,1,-3,8]^{\mathrm{T}}$。计算 $\sum_{i=1}^{5}\boldsymbol{f}_1(i)$ 和 $\sum_{i=1}^{5}\boldsymbol{f}_2(i)$，其中 $\boldsymbol{f}_1=T_1\boldsymbol{f}$ 和 $\boldsymbol{f}_2=T_4\boldsymbol{f}$。

20. 考虑 K 度多项式核在图频域中定义的为

$$\widehat{p_K}(\ell)=\sum_{i=0}^{K}a_i\lambda_\ell^i$$

证明：如果 $d_{\mathcal{G}}(i,j)>K$，则 $T_j\boldsymbol{p}_K(j)=0$。

21. 考虑图信号 $\boldsymbol{f}$，其 GFT 为 $\hat{\boldsymbol{f}}=\delta_0(\lambda_\ell)$，也就是说信号在图谱中位于零频率的附近区域。证明当图信号 $\boldsymbol{f}$ 被调制到频率 λ_k 时，得到的图信号位于频率 λ_k 附近，即 $\widehat{M_k\boldsymbol{f}}=\delta_0(\lambda_\ell-\lambda_k)$。

22. 考虑定义在 N 节点 $r-$正则图上的图信号 $\boldsymbol{h}$。设节点 i 处的信号值为节点 i 的度。回答以下问题：

(a) 计算卷积 $\boldsymbol{h}*\boldsymbol{f}$，其中 $\boldsymbol{f}$ 是图上定义的任意信号。

(b) 证明广义位移算子对于 $\boldsymbol{h}$ 没有影响。

(c) 证明调制到频率 λ_j 时，产生的信号位于频率 λ_j 附近。

C 23. 使用 GSPBox，创建一个 60 节点随机传感器网络并定义图上的信号 $\boldsymbol{f}$ 为

$$\boldsymbol{f}(i)=\begin{cases}10, & i=30\\ 10\mathrm{e}^{-c.d(i,30)}, & \text{其他}\end{cases} \tag{9.10.3}$$

其中 c 是常量，$d(i,j)$ 是节点 i 和 j 之间的距离（可以使用 Dijkstra 最短路径算法）。

（a）绘制该图。

（b）当 $c=0.05$ 时，在顶点域中使用颜色编码以及柱状绘制图信号。计算 GFT 系数，并在频域中绘制信号。评论信号的频率内容。

390 （c）令 $c=0.5, c=1, c=2$ 分别在顶点域和频域绘制图信号。评论当 c 增加时图信号的平滑度的变化。

24. 考虑将归一化拉普拉斯算子 $\boldsymbol{L}^{\text{norm}}$ 的特征向量作为图的傅里叶基。将特征值表示为 $\bar{\lambda}_\ell$，相应的特征向量为 $\bar{\boldsymbol{u}}_\ell$。回答以下问题：

（a）$\bar{\boldsymbol{u}}_0$ 和 u_0 之间的关系是什么。

（b）对于图 9.32 所示的图，写出 $\bar{\boldsymbol{U}}$。

（c）对于在具有度矩阵 $\boldsymbol{D}$=diag[2, 4, 8,10, 3] 的任意连通图上定义的图信号 $\boldsymbol{f}=[9,0,2,-4,5]^{\mathrm{T}}$ 计算 $\hat{\boldsymbol{f}}(0)$。

25. 考虑将归一化拉普拉斯算子的特征向量作为图谐波，请回答以下问题：

（a）当 $c=0.1$ 时绘制练习题 23c 中定义的图信号。通过将归一化拉普拉斯算子的特征向量作为图傅里叶基来计算和绘制 GFT 系数。将结果与以拉普拉斯算子的特征向量作为图傅里叶基的结果进行比较。

（b）绘制平移到节点 6 的图信号。(考虑用归一化拉普拉斯算子作为图傅里叶基定义平移。)

26. 生成三个具有 50 个节点的连通的 ER 图：$\mathcal{G}_1$（边概率为 0.2），$\mathcal{G}_2$（边概率为 0.25），$\mathcal{G}_3$（边概率为 0.3）。定义三个图信号：在 $\mathcal{G}_1$ 上的 $\boldsymbol{f}_1=\boldsymbol{u}_0$，在图 $\mathcal{G}_2$ 上的 $\boldsymbol{f}_2=\boldsymbol{u}_{24}$，在图 $\mathcal{G}_3$ 上的 $\boldsymbol{f}_3=\boldsymbol{u}_{49}$。现在通过添加 6 条附加边连接三个图以形成单连通图 $\mathcal{G}$。考虑将信号 $\boldsymbol{f}=[\boldsymbol{f}_1^{\mathrm{T}}\quad \boldsymbol{f}_2^{\mathrm{T}}\quad \boldsymbol{f}_3^{\mathrm{T}}]^{\mathrm{T}}$ 定义在图 $\mathcal{G}$ 上。

（a）绘制信号 $\boldsymbol{f}$ 的 GFT 系数。它们是否传达了定义在图 $\mathcal{G}_1$、$\mathcal{G}_2$ 和 $\mathcal{G}_3$ 上的信号 f 的局部频率分量的任何信息？请说明理由。

391 （b）绘制并解释图信号 $\boldsymbol{f}$ 的谱图，假设核为 $\hat{\boldsymbol{g}}(\lambda_\ell)=a\mathrm{e}^{-k\lambda_\ell}$。选择恰当的常数 a 和 k 使得 $\|\boldsymbol{g}\|_2=1$。

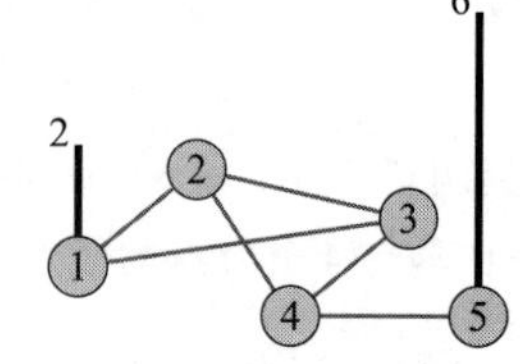

图 9.36　观察到的图信号（练习题 27）

27. 本问题阐明了使用拉普拉斯二次型在图上进行插值。考虑观察到如图 9.36 所示的图信号，其中缺少节点 2、3 和 4 处的信号值。插值的目的是填补缺失值。估计缺失值的标准是最小化相邻顶点之间的信号值的差的平方和，就是图拉普拉斯算子的二次型。因此，插值问题可以写成

$$\underset{f}{\text{minimize}}\sum_{i,j} w_{ij}(f(i)-f(j))^2=\boldsymbol{f}^{\mathrm{T}}\boldsymbol{L}\boldsymbol{f} \tag{9.10.4}$$

$$\text{s.t. } \boldsymbol{M}\boldsymbol{f}=\boldsymbol{y}$$

其中 w_{ij} 是节点 i 和 j 之间边的权重；M 是一个对角掩模矩阵，已知的索引处取值为 1，未知的索引处取值为 0；y 是观察到的图信号，在缺失的索引处为零。例如，如果节点 2、3 和 4 处的值丢失，则掩模矩阵为 $\boldsymbol{M}=\mathrm{diag}\{1,0,0,0,1\}$ 并且观察到的图信号可以写成 $\boldsymbol{y}=[2,0,0,0,6]^{\mathrm{T}}$。通过解决上述优化问题，在观察到的图信号中找到缺失值。

提示：使用拉格朗日乘数法。

28. 在本章中，假设底层图是具有非负边权重的无向图。考虑边权重可为负或正的情况，讨论基于拉普拉斯二次型对图频率及其排序的影响。在这种情况下可能会出现什么问题？

392 29. 存在多个有向图的拉普拉斯矩阵的定义。对有向图的各种拉普拉斯矩阵定义进行调查。

图信号处理方法

前一章介绍了将经典信号处理中如卷积、平移、滤波和调制等操作扩展到复杂网络支持的信号。这些算子通过图傅里叶变换（GFT）定义。通过将（对称）图拉普拉斯矩阵的特征向量视为图谱波来定义 GFT。在这种图信号处理（GSP）方法中，图拉普拉斯算子起了基础性作用。然而，GSP 不限于基于图拉普拉斯算子的方法。存在多种 GSP 方法，其定义 GFT 的方式不同。例如，图上的离散信号处理（DSP_G）采用线性移位不变（LSI）图滤波器的理论定义 GFT，使得图傅里叶基是 LSI 图滤波器的特征函数。旨在对图信号进行频率分析的 GFT 有助于有效处理数据，它仍然是每个 GSP 方法的核心。在本章中，我们将讨论现有的一些 GSP 方法。

10.1 引言

GSP 有两种主要方法：基于拉普拉斯算子的 GSP 和 DSP_G 框架。

在第 9 章中讨论过一种基于拉普拉斯算子的 GSP 方法。在这种方法中，图的拉普拉斯矩阵起着重要作用。（无向）图拉普拉斯算子的特征分解用于定义 GFT，拉普拉斯二次型用于识别低频和高频。通过 GFT 定义了诸如卷积、平移、调制和扩张等基本算子。此外，还定义了窗口图傅里叶变换（WGFT）用于分析图信号中的局部频率分量。WGFT 是通过广义的平移和调制算子来定义的。这种方法的缺点是它仅限于具有正边权重的无向图。

第二种方法 DSP_G 框架 [177-178] 植根于代数信号处理理论。在此框架中，定义了图上移位算子，它起着基础作用。基于移位不变性，发展了 LSI 滤波的概念。线性图滤波器是一种矩阵算子，如果可以按任何顺序进行移位和滤波操作而不改变滤波器输出，则称该滤波器为移位不变的。此外，为了定义 GFT，使用图结构矩阵的特征向量作为图谱波，相应的特征值用作图频率。通过图特征向量的总方差来识别图的高频和低频。在移位算子的帮助下定义总方差。该方法适用于具有实数或复数边权重的无向图和有向图。

10.2 基于拉普拉斯矩阵的图信号处理

基于拉普拉斯算子的方法仅限于分析位于具有非负实数权重的无向图上的图信号。在此框架中，引入了 GFT、WGFT、谱图小波变换（SGWT）以及小波滤波器组等各种变换。在这些变换中，GFT 仍然是核心，因为它提供了图信号的频率解释，因此，从中导出了其他变换。在 GFT 中，图信号表示为图拉普拉斯矩阵 $\boldsymbol{L}$ 的特征向量的线性组合，假设该矩阵是对称的，因此构成了一组完全的、正交的实特征向量。$\boldsymbol{L}$ 的特征向量充当图谱波，相应的（实）特征值充当图频率。数学上，图信号 $\boldsymbol{f}$ 的 GFT 被定义为 $\hat{\boldsymbol{f}}=\boldsymbol{U}^{\mathrm{T}}\boldsymbol{f}$，其中 $\boldsymbol{U}=[\boldsymbol{u}_0\ \ \boldsymbol{u}_1\ \ \cdots\ \ \boldsymbol{u}_{N-1}]$ 是由 $\boldsymbol{L}$ 的特征向量作为列所构成的矩阵。这里，基于二次型进行频率排序，得到自然的结果，也就是说，小特征值对应于低频，反之亦然。另外，逆 GFT 可以计算为 $\boldsymbol{f}=\boldsymbol{U}\hat{\boldsymbol{f}}$。然而，在有向图的情况下，该方法失效，因为图拉普拉斯算子的特征向量不再保持正交，并且不能由变换系数进行信号恢复。

10.3 DSP_G 框架

DSP_G 方法根植于代数信号处理（ASP）理论[179-180]。ASP 理论是一种形式化的代数方法，用于分析由特殊类型的线图和格子图索引的数据。该理论将信号和滤波器表示为代数多项式来推导基本信号处理概念，如移位、滤波、$z-$变换、谱和傅里叶变换。ASP 理论可扩展到多维信号和最近邻图，并应用于信号压缩。DSP_G 框架将 ASP 拓展到任意图上的信号。在本章中，没有详细讨论 ASP 理论；DSP_G 框架是自包含的，可以在没有 ASP 理论细节的情况
394 下理解。另外，为了使解释简单，我们在表示框架时避免使用代数模型。有兴趣的读者可以参考研究论文。

DSP_G 框架建立在图移位算子上。DSP_G 框架下概念之间的关系如图 10.1 所示。LSI 滤波器的概念通过移位算子扩展到图信号的情况。进一步定义 GFT，选择图傅里叶基，使得它们是 LSI 滤波器的特征函数。基于选择的移位算子，可以选择图表示（结构）矩阵，并用其特征分解定义 GFT。图表示矩阵的特征值被视为图频率，相应的特征向量被视为图谐波。为了识别低频和高频，定义了称为总方差（TV）的量，其量化了图信号中的变化。用于图频率排序的图的 TV 的定义中使用了移位算子。基于图表示矩阵的特征向量的 TV 值，可以识别低频和高频。具有低 TV 值的特征向量对应于低频，反之亦然。

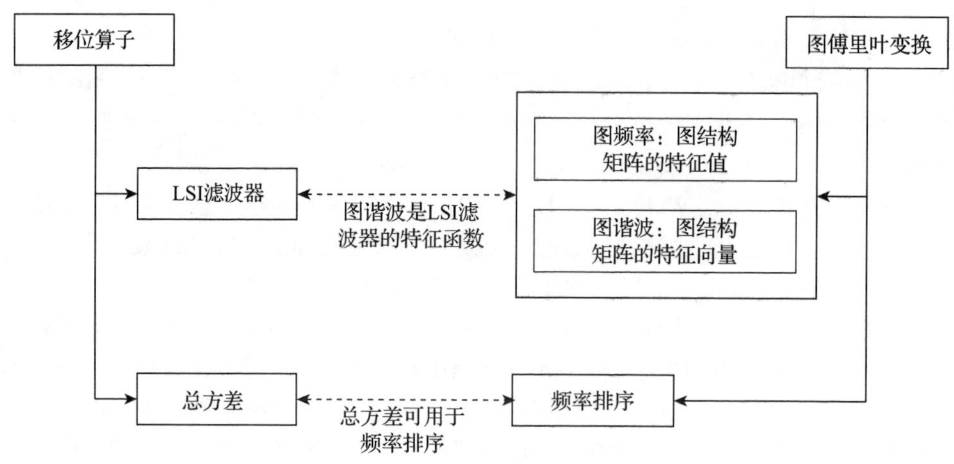

图 10.1　DSP_G 框架下不同概念之间的关系

10.3.1 线性图滤波器和移位不变性

滤波是处理图信号的基本操作。线性图滤波器的特征取决于矩阵 $\boldsymbol{H}\in\mathbb{C}^{N\times N}$，其中 N 是图中的节点数。它是一个以图信号为输入并输出滤波后的图信号的线性系统。滤波器 $\boldsymbol{H}$ 代表线性系统，因为对于标量 a 和 b，滤波器对于输入信号 $\boldsymbol{f}_1$ 和 $\boldsymbol{f}_2$ 的线性组合的输出等于每个信号的输出的线性组合：

395
$$\boldsymbol{H}(a\boldsymbol{f}_1+b\boldsymbol{f}_2)=a\boldsymbol{H}\boldsymbol{f}_1+b\boldsymbol{H}\boldsymbol{f}_2 \tag{10.3.1}$$

图 10.2 显示了一个图滤波器，其中 $\boldsymbol{f}_{\text{in}}$ 是滤波器 $\boldsymbol{H}$ 的输入，$\boldsymbol{f}_{\text{out}}$ 是滤波输出。

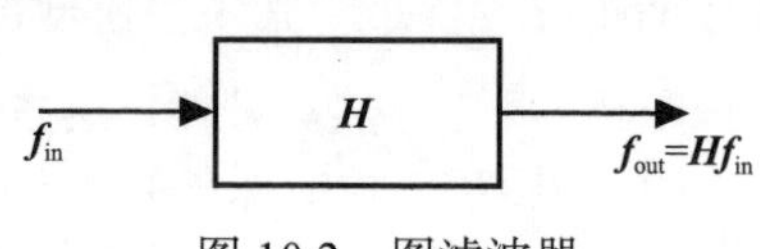

图 10.2　图滤波器

在 DSP_G 中，移位算子 $\boldsymbol{S}$ 是一个基本的线性滤波器。使用移位算子，LSI 滤波器的经典理论可以扩展到图信号。如果可以按任何顺序进行移位和滤波操作而不改变滤波器输出，则线性图滤波器被称为移位不变的。换句话说，如果滤波器 $\boldsymbol{H}$ 对于移位输入的输出等于移位输出，则它是移位不变的。也就是说，滤波器 $\boldsymbol{H}$ 是移位不变的，如果它满足

$$\boldsymbol{S}(\boldsymbol{H}\boldsymbol{f})=\boldsymbol{H}(\boldsymbol{S}\boldsymbol{f}) \tag{10.3.2}$$

因此，对于移位不变滤波器，移位算子和滤波器矩阵可以交换，即

$$\boldsymbol{SH}=\boldsymbol{HS} \tag{10.3.3}$$

请注意，并非每个线性滤波器都可以是移位不变的。

LSI 滤波器的特征函数

如果 LSI 图滤波器的输出仅是输入的缩放版本，则输入称为 LSI 滤波器的*特征函数*。考虑图信号 $\boldsymbol{f}_{\text{in}}$ 作为 LSI 滤波器 $\boldsymbol{H}$ 的输入。如果滤波器的输出只是输入的缩放版本，即 $\boldsymbol{f}_{\text{out}}=\boldsymbol{H}\boldsymbol{f}_{\text{in}}=\alpha\boldsymbol{f}_{\text{in}}$，其中 α 为标量，则输入是滤波器的特征函数。

如果 LSI 滤波器的输入表示为其特征函数的线性组合，则输出也可以表示为相同特征函数的线性组合。因此，将图信号表示为 LSI 滤波器的特征函数的线性组合给处理任务提供了很大的方便。以 LSI 图滤波器的特征函数作为基来定义 GFT。

移位算子是 DSP_G 的基本构建模块。移位算子有两种流行的选择。一种选择是图的权重矩阵 $\boldsymbol{W}$。将权重矩阵作为移位算子，通过权重矩阵中的多项式得到 LSI 图滤波器。结果是，权重矩阵的特征向量成为 LSI 滤波器的特征函数，并且可以用作图傅里叶基。因此，权重矩阵本身可用作图表示矩阵。第二种选择涉及有向拉普拉斯矩阵 $\boldsymbol{L}$（见 10.5.1 节），则 LSI 图滤波器是有向拉普拉斯矩阵中的多项式。因此，有向拉普拉斯矩阵可用作图表示矩阵，其特征分解可用于定义 GFT。下面将提出基于这两种移位算子的 DSP_G 框架。 396

10.4 基于权重矩阵的 DSP_G 框架

如前所述，DSP_G 框架建立在移位算子的基础之上。现在我们详细说明当使用图的权重矩阵 $\boldsymbol{W}$ 作为移位算子时的 LSI 滤波、GFT 和总方差的概念。

10.4.1 移位算子

在经典 DSP 中，移位算子是将离散时间信号延迟一个样本。如图 10.3a 所示，考虑一个有限持续时间的离散时间周期信号（周期为 5 个样本）$\boldsymbol{x}=[9\ 7\ 5\ 0\ 6]^{\mathrm{T}}$。相应的图（即信号的支持）如图 10.3b 所示。这个 5 节点图的权重矩阵⊖如下：

$$\boldsymbol{W}=\begin{bmatrix}0&0&0&0&1\\1&0&0&0&0\\0&1&0&0&0\\0&0&1&0&0\\0&0&0&1&0\end{bmatrix} \tag{10.4.1}$$

如图 10.3c 所示，将信号 $\boldsymbol{x}$ 向右移动一个单位得到信号 $\boldsymbol{x}=[6\ 9\ 7\ 5\ 0]^{\mathrm{T}}$。该信号的移位版本也可以如下得到：

⊖ 对于有向图，权重矩阵的元素 w_{ij} 表示从节点 j 指向节点 i 的边的权重（详见 2.3.1 节）。

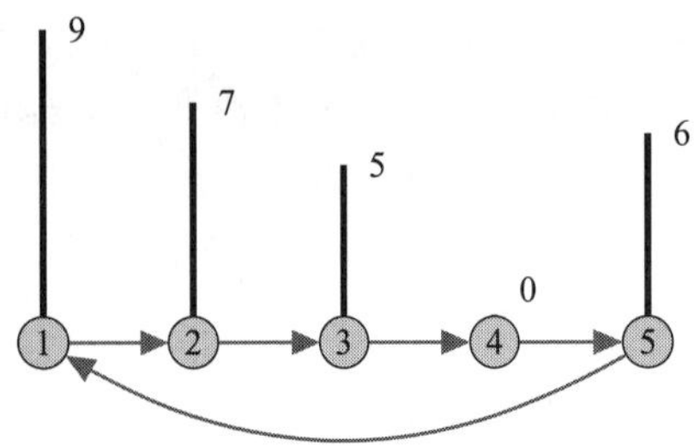

a) 具有5个样本周期的离散时间周期信号

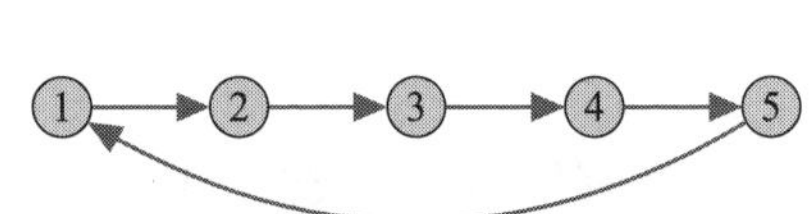

b) 5个节点的有向环图

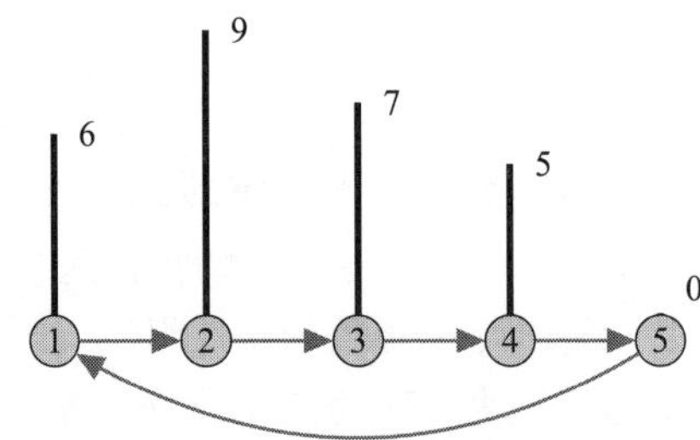

c) 移位信号（右移一个样本）

397 图 10.3　离散时间信号移位示意图

$$\boldsymbol{x} = \boldsymbol{S}\boldsymbol{x} = \boldsymbol{W}\boldsymbol{x} = \begin{bmatrix} 0 & 0 & 0 & 0 & 1 \\ 1 & 0 & 0 & 0 & 0 \\ 0 & 1 & 0 & 0 & 0 \\ 0 & 0 & 1 & 0 & 0 \\ 0 & 0 & 0 & 1 & 0 \end{bmatrix} \begin{bmatrix} 9 \\ 7 \\ 5 \\ 0 \\ 6 \end{bmatrix} = \begin{bmatrix} 6 \\ 9 \\ 7 \\ 5 \\ 0 \end{bmatrix}$$

其中 $\boldsymbol{S} = \boldsymbol{W}$ 是移位算子（矩阵）。

有限的周期时间序列中的移位概念可以扩展到任意图，类似地，图的权重矩阵可以用作图信号的移位算子。因此，图信号 $\boldsymbol{f}$ 的移位版本可以计算为

$$\tilde{\boldsymbol{f}} = \boldsymbol{S}\boldsymbol{f} = \boldsymbol{W}\boldsymbol{f} \tag{10.4.2}$$

其中 $\boldsymbol{W}$ 是图的权重矩阵。移位算子是基本图滤波器，其位于顶点 i 的输出值是 i 的相邻节点处的输入信号值的线性组合。此外，接下来我们将看到 LSI 滤波器是移位算子中的多项式，或者在这种情况下，是权重矩阵中的多项式。

10.4.2　线性移位不变图滤波器

如果可以按任何顺序进行移位和滤波操作而不改变滤波器输出，则线性图滤波器被称为移位不变的。将权重矩阵作为移位算子，若线性滤波器 $\boldsymbol{H}$ 是移位不变的，则它应满足

$$\boldsymbol{W}(\boldsymbol{H}\boldsymbol{f}) = \boldsymbol{H}(\boldsymbol{W}\boldsymbol{f}) \tag{10.4.3}$$

定理 10.1 给出了线性滤波器移位不变的条件。

定理 10.1　图滤波器 $\boldsymbol{H}$ 如果满足以下条件，则为线性移位不变的（LSI）：

1）权重矩阵的每个不同特征值的几何重数为 1。

2）图滤波器 $\boldsymbol{H}$ 是由 $\boldsymbol{W}$ 构成的多项式，即 $\boldsymbol{H}$ 可写成

$$H = h(W) = \sum_{m=0}^{M-1} h_m W^m = h_0 I + h_1 W + \cdots + h_{M-1} W^{M-1} \tag{10.4.4}$$

其中 $h_0, h_1, \cdots, h_{M-1} \in \mathbb{C}$ 被称为滤波器塞子。

证明 如果 W 和 H 可交换，则由公式（10.4.3）所给出的移位不变条件就可以满足，即 $WH = HW$。当 H 是由 W 构成的多项式时是正确的，因为 W 的特征多项式和最小多项式相等，或者说每个不同特征值的几何重数是 1 ⊖。 398

将 W 乘以非负常量并不会改变图滤波器的属性。因此，可以将图移位操作归一化而不会带来额外的复杂性。归一化图移位矩阵可以定义为

$$W^{\text{norm}} = \frac{1}{|\sigma_{\max}|} W \tag{10.4.5}$$

其中 $\sigma_{\max}$ 是 W 中幅值最大的特征值。

10.4.3 总方差

图信号的 TV 是相对于图的信号值中的总振荡幅度的度量。在 DSP_G 中，为了对频率进行排序，定义了关于图的信号的 TV。

在经典信号处理中，TV 已被用于解决许多问题，特别是用于解决逆问题的正则化技术中。基于 TV 的正则化技术在图像处理应用中非常有用，如图像去噪、恢复和反褶积 [181-183]。

对于时间序列和图像信号，TV 被定义为导数的 ℓ_1 范数⊜。将此定义扩展到图的情况，信号 f 关于 $\mathcal{G}$ 的 TV 可以定义为

$$\text{TV}_{\mathcal{G}}(f) = \sum_{i=1}^{N} |\nabla_i(f)| \tag{10.4.6}$$

其中 $\nabla_i(f)$ 是图信号 f 在节点 i 处的导数。类似于经典信号处理，其中离散时间信号 x 在时刻 m 的导数定义为 $\nabla_m(x) = x(m) - x(m-1)$，图信号 f 在节点 i 处的导数定义为节点 i 的原始图信号 f 和它的移位版本之间的差：

$$\nabla_i(f) = (f - \tilde{f})(i) \tag{10.4.7}$$ 399

其中 $\tilde{f} = Wf$ 是移位的图信号。从公式（10.4.2）、公式（10.4.6）和公式（10.4.7）可以得到 f 相对于图 $\mathcal{G}$ 的总方差为：

$$\text{TV}_{\mathcal{G}}(f) = \sum_{i=1}^{N} |f(i) - \tilde{f}(i)| = \| f - \tilde{f} \|_1 = \| f - W^{\text{norm}} f \|_1 \tag{10.4.8}$$

其中 W^{norm} 是归一化的移位算子。注意，高 TV 值表示相对于底层图，信号值中的振荡是较大的，反之亦然。

示例

考虑图 10.4a 所示的有向图，它支持图信号 $f = [1\ \ 0\ \ 3\ \ 1\ \ -2]^{\text{T}}$。移位的图信号是

⊖ 如果与每个特征值相关联的特征空间的维数是 1，则矩阵的特征多项式和最小多项式是相等的。换句话说，如果存在与每个特征值相关联的唯一约当块，则它成立。

⊜ 关于范数的详细情况参见附录 A。

$$\tilde{\boldsymbol{f}} = \boldsymbol{W}^{\text{norm}} \boldsymbol{f} = \frac{1}{4.07} \begin{bmatrix} 0 & 0 & 0 & 0 & 3 \\ 1 & 0 & 2 & 0 & 0 \\ 0 & 0 & 0 & 3 & 0 \\ 2 & 4 & 0 & 0 & 1 \\ 3 & 3 & 0 & 0 & 0 \end{bmatrix} \begin{bmatrix} 1 \\ 0 \\ 3 \\ 1 \\ -2 \end{bmatrix} = \begin{bmatrix} -1.47 \\ 1.72 \\ 0.74 \\ 0 \\ 0.74 \end{bmatrix}$$

图信号f关于底层图的总方差可以计算为

$$\text{TV}_{\mathcal{G}}(\boldsymbol{f}) = \| \boldsymbol{f} - \tilde{\boldsymbol{f}} \|_1 = 10.19$$

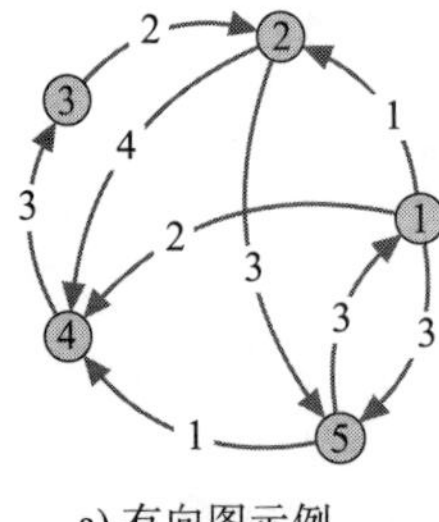

a) 有向图示例

$$W = \begin{bmatrix} 0 & 0 & 0 & 0 & 3 \\ 1 & 0 & 2 & 0 & 0 \\ 0 & 0 & 0 & 3 & 0 \\ 2 & 4 & 0 & 0 & 1 \\ 3 & 3 & 0 & 0 & 0 \end{bmatrix}$$

b) 权重矩阵

图 10.4　总方差示例：有向图及其权重矩阵

10.4.4　图傅里叶变换

400 在基于拉普拉斯算子的方法中，GFT 通过（对称）拉普拉斯矩阵的特征分解来定义。拉普拉斯矩阵的特征值被视为图频率，拉普拉斯算子的特征向量被用作图傅里叶基。

这个类比来自经典的傅里叶变换，因为复指数充当了 1D 拉普拉斯算子的特征函数。而且，拉普拉斯算子的特征向量（或者换句话说，图拉普拉斯算子的特征函数）被视为图傅里叶基。此外，图频率是基于拉普拉斯算子的二次型排序的，这导致了一个固有的频率顺序，即小特征值为低频，反之亦然。但是，在基于拉普拉斯算子的方法中，GFT 仅限于具有正边权重的无向图。

在 $\text{DSP}_{\mathcal{G}}$ 中，GFT 是通过 LSI 滤波的概念定义的。基于经典傅里叶基对于 LSI 滤波是不变的这个事实，可以用经典傅里叶变换进行类比。因此，为了定义 GFT，我们可以使用对 LSI 图滤波器不变的基。从定理 10.1 可以看出，LSI 滤波器是移位算子（图的权重矩阵）的多项式。因此，图的权重矩阵的特征向量是 LSI 滤波器的特征函数，并且可以用作图傅里叶基。此外，相应的特征值充当图频率。

假设图的权重矩阵 $\boldsymbol{W}$ 是对角化的[⊖]。令 $\boldsymbol{V} = [\boldsymbol{v}_0 \ \cdots \ \boldsymbol{v}_{N-1}] \in \mathbb{C}^{N \times N}$ 是以 $\boldsymbol{W}$ 的特征向量作为列的矩阵，$\boldsymbol{\Sigma} \in \mathbb{C}^{N \times N}$ 是 $\boldsymbol{W}$ 中相应的特征值 $\sigma_0, \sigma_1, \cdots, \sigma_{N-1}$ 所构成的对角矩阵。因此，$\boldsymbol{W}$ 的特征分解为

$$\boldsymbol{W} = \boldsymbol{V} \boldsymbol{\Sigma} \boldsymbol{V}^{-1} \tag{10.4.9}$$

图变换用图傅里叶基（即 $\boldsymbol{W}$ 的特征向量）分解图信号。因此图信号 $\boldsymbol{f}$ 的 GFT 被定义为

$$\hat{\boldsymbol{f}} = \boldsymbol{V}^{-1} \boldsymbol{f} \tag{10.4.10}$$

$\hat{f}(n)$ 的值表示有多少相对于频率 σ_n 的频率分量存在于信号 $\boldsymbol{f}$ 中。

逆图傅里叶变换（IGFT），即从其图傅里叶变换系数重建信号，由下式给出：

⊖ 当 $\boldsymbol{W}$ 不可对角化时，可以使用其约当分解。

$$f = V\hat{f} \tag{10.4.11}$$

在 $\mathrm{DSP}_{\mathcal{G}}$ 中定义的 GFT 是一个可逆变换，但它不遵循 Parseval 定理，该定理表明空间域中的信号能量等于频域中的能量。 401

频率排序

在定义了 GFT 之后，需要对图频率进行排序以识别图的低频和高频。为此，使用了 10.4.3 节中定义的 TV。基于 $\boldsymbol{W}$ 的特征向量的 TV 值对图频率进行排序。对应于具有小 TV 的特征向量的特征值被称为低频，反之亦然。定理 10.2 建立了频率排序。

定理 10.2 令 $\boldsymbol{v}_i$ 和 $\boldsymbol{v}_j$ 分别是对应于图 $\mathcal{G}$ 的权重矩阵 $\boldsymbol{W}$ 的两个不同的复特征值 $\sigma_i, \sigma_j \in \mathbb{C}$ 的特征向量。若在复频率平面上特征值 σ_i 比 σ_j 距离 $|\sigma_{\max}|$ 的值更近，即 $||\sigma_{\max}|-\sigma_i|<||\sigma_{\max}|-\sigma_j|$，那么，相对于图 $\mathcal{G}$，这些特征向量满足

$$\mathrm{TV}_{\mathcal{G}}(\boldsymbol{v}_i) < \mathrm{TV}_{\mathcal{G}}(\boldsymbol{v}_j)$$

证明 根据公式（10.4.8），我们可以将 $\mathrm{TV}_{\mathcal{G}}(\boldsymbol{v}_i) < \mathrm{TV}_{\mathcal{G}}(\boldsymbol{v}_j)$ 表达为

$$\begin{aligned}
\mathrm{TV}_{\mathcal{G}}(\boldsymbol{v}_i) - \mathrm{TV}_{\mathcal{G}}(\boldsymbol{v}_j) &= \| \boldsymbol{v}_i - \boldsymbol{W}^{\mathrm{norm}} \boldsymbol{v}_i \|_1 - \| \boldsymbol{v}_j - \boldsymbol{W}^{\mathrm{norm}} \boldsymbol{v}_j \|_1 \\
&= \| \boldsymbol{v}_i - \frac{\boldsymbol{W}}{|\sigma_{\max}|} \boldsymbol{v}_i \|_1 - \| \boldsymbol{v}_j - \frac{\boldsymbol{W}}{|\sigma_{\max}|} \boldsymbol{v}_j \|_1 \\
&= \| \boldsymbol{v}_i - \frac{\sigma_i}{|\sigma_{\max}|} \boldsymbol{v}_i \|_1 - \| \boldsymbol{v}_j - \frac{\sigma_j}{|\sigma_{\max}|} \boldsymbol{v}_j \|_1 \\
&= \left|1 - \frac{\sigma_i}{|\sigma_{\max}|}\right| \| \boldsymbol{v}_i \|_1 - \left|1 - \frac{\sigma_j}{|\sigma_{\max}|}\right| \| \boldsymbol{v}_j \|_1
\end{aligned}$$

对于非零矩阵 $\boldsymbol{W}$，$\sigma_{\max} \neq 0$。考虑到 $\boldsymbol{W}$ 的所有特征向量具有相同的 ℓ_1 范数。如果 $||\sigma_{\max}|-\sigma_i|<||\sigma_{\max}|-\sigma_j|$，从上面的表达式可以得出结论：

$$\mathrm{TV}_{\mathcal{G}}(\boldsymbol{v}_i) < \mathrm{TV}_{\mathcal{G}}(\boldsymbol{v}_j) \tag{10.4.12}$$

具有复数谱的权重矩阵的频率排序如图 10.5 所示。在复频率平面中，从具有最大绝对值的特征值开始，特征值的绝对值越小，频率越高。  402

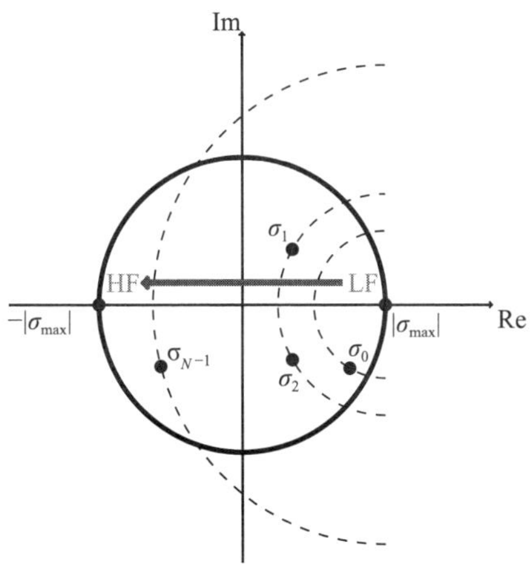

图 10.5 从低频到高频的频率排序。在复频率平面中，从具有最大绝对值的特征值开始，特征值越小，频率越高，因为相应特征向量的 TV 值会增加

示例

考虑图 10.6a 所示的有向图。其权重矩阵的特征分解是 $\boldsymbol{W}=\boldsymbol{V}\boldsymbol{\Sigma}\boldsymbol{V}^{-1}$，其中 $\boldsymbol{V}$ 和 $\boldsymbol{\Sigma}$ 为

$$\boldsymbol{V}=\begin{bmatrix}0.36 & -0.56 & 0.26+0.18\mathrm{j} & 0.26-0.18\mathrm{j} & -0.75\\ 0.30 & 0.44 & -0.21-0.45\mathrm{j} & -0.21+0.45\mathrm{j} & 0.25\\ 0.44 & 0.59 & 0.55 & 0.55 & 0.06\\ 0.59 & 0.27 & -0.28+0.43\mathrm{j} & -0.28-0.43\mathrm{j} & 0.05\\ 0.49 & -0.26 & 0.27+0.11\mathrm{j} & 0.27-0.11\mathrm{j} & 0.6\end{bmatrix} \tag{10.4.13}$$

$$\boldsymbol{\Sigma}=\begin{bmatrix}4.07 & 0 & 0 & 0 & 0\\ 0 & 1.39 & 0 & 0 & 0\\ 0 & 0 & -1.51+2.35\mathrm{j} & 0 & 0\\ 0 & 0 & 0 & -1.51-2.35\mathrm{j} & 0\\ 0 & 0 & 0 & 0 & -2.44\end{bmatrix} \tag{10.4.14}$$

观察图谱中存在两个复频率：$-1.51\pm2.35\mathrm{j}$，其中，j 是虚数单位。从频率排序定理可以看出 $\sigma_{\max}=4.07$ 是最低图频率，而 $\sigma=-2.44$ 是最高图频率。在矩阵 $\boldsymbol{V}$ 中，图傅里叶基从低
403 频到高频排序，其中第一列对应于最低频率。

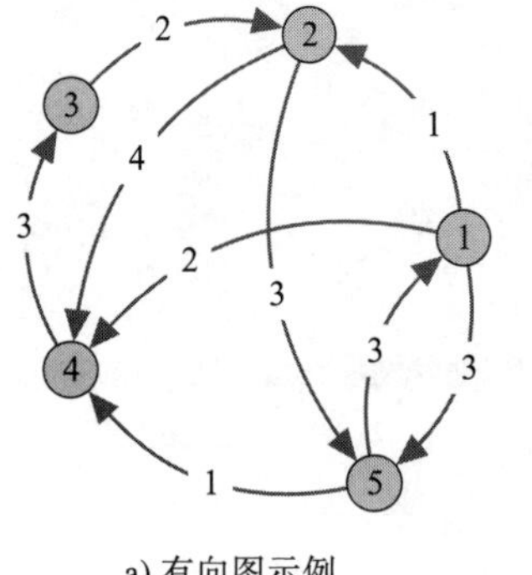

a) 有向图示例

$$\boldsymbol{W}=\begin{bmatrix}0 & 0 & 0 & 0 & 3\\ 1 & 0 & 2 & 0 & 0\\ 0 & 0 & 0 & 3 & 0\\ 2 & 4 & 0 & 0 & 1\\ 3 & 3 & 0 & 0 & 0\end{bmatrix}$$

b) 权重矩阵

图 10.6　有向图及其权重矩阵

考虑由图 10.6a 所示的图支持的图信号 $\boldsymbol{f}=[1\ \ 0\ \ 3\ \ 1\ \ -2]^{\mathrm{T}}$。其 GFT 可以计算为

$$\hat{\boldsymbol{f}}=\boldsymbol{V}^{-1}\boldsymbol{f}=\begin{bmatrix}0.75\\ 2.60\\ 1.15-0.45\mathrm{j}\\ 1.15+0.45\mathrm{j}\\ -1.93\end{bmatrix} \tag{10.4.15}$$

虽然基于权重矩阵的 DSP_G 也适用于具有负数或复数边权重的有向图，但它不符合自然的频率的直觉。具有最大绝对值的特征值 $\sigma_{\max}$ 充当最低频率，当在复频率平面中远离该特征值时，频率增加。可见，频率顺序不是自然的，并且也存在频率排序的开销。而且，频率的解释不直观——例如，通常情况下，一个恒定图信号可以在谱域中同时产生低频分量和高频分量。

10.4.5　线性移位不变图滤波器的频率响应

在 10.4.2 节中，我们讨论了 LSI 图滤波器，它是权重矩阵 $\boldsymbol{W}$ 的多项式。但是，仅在顶

点域中讨论了该滤波器。在本节中，讨论 LSI 图滤波器的频域表示。

由公式（10.4.4）和公式（10.4.9），LSI 图滤波器 $\boldsymbol{H}$ 的输出可写成

$$\boldsymbol{f}_{\text{out}} = h(\boldsymbol{W})\boldsymbol{f}_{\text{in}} = h(\boldsymbol{V\Sigma V}^{-1})\boldsymbol{f}_{\text{in}} = \boldsymbol{V}h(\boldsymbol{\Sigma})\boldsymbol{V}^{-1}\boldsymbol{f}_{\text{in}} = \boldsymbol{V}\begin{bmatrix} h(\sigma_0) & & 0 \\ & \ddots & \\ 0 & & h(\sigma_{N-1}) \end{bmatrix}\boldsymbol{V}^{-1}\boldsymbol{f}_{\text{in}} \quad (10.4.16)$$ 404

其中

$$h(\sigma_\ell) = \sum_{m=0}^{M-1} h_m \sigma_\ell^m \quad (10.4.17)$$

被称为滤波器对于频率 σ_ℓ 的响应。给定滤波器的频率响应，找到滤波器系数，称为图滤波器的设计问题。

10.5 基于有向拉普拉斯算子的 DSP$_G$ 框架

如前所述，移位算子的选择是 DSP$_G$ 框架的关键。有向拉普拉斯算子也可用于推导移位算子，因此，LSI 图滤波器称为有向拉普拉斯算子的多项式 [184]。随后，使用有向拉普拉斯算子作为图结构矩阵，其特征分解被认为是图傅里叶基。最后，对照基于权重矩阵的 DSP$_G$，比较频率排序及其解释的差异。

10.5.1 有向拉普拉斯算子

有向拉普拉斯算子是 DSP$_G$ 框架的基础。用于无向图的图拉普拉斯算子的定义（即差分算子 $\boldsymbol{L} = \boldsymbol{D} - \boldsymbol{W}$）可以很容易地扩展到有向图。但是，在有向图的情况下，图的权重矩阵 $\boldsymbol{W}$ 不对称。另外，顶点的度有两种定义：入度和出度。节点 i 的入度为 $d_i^{\text{in}} = \sum_{j=1}^{N} w_{ij}$。也就是说，节点的入度是节点的入边的权重的总和。另一方面，节点 i 的出度为 $d_i^{\text{out}} = \sum_{j=1}^{N} w_{ji}$，即节点的出边的权重的总和。对于图 10.7a 所示的有向图中的节点 4，入度为 7（4+2+1）而出度为 3。另请注意，图的权重矩阵中 w_{ij} 表示从节点 j 到节点 i 的边的权重。在图 10.7 中，从节点 1 到节点 4 的有向边的权重是 2，因此，$w_{41} = 2$。

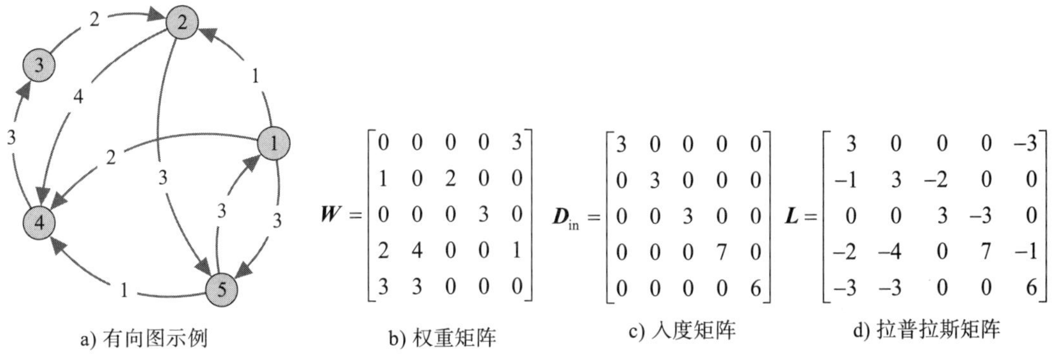

a) 有向图示例　b) 权重矩阵　c) 入度矩阵　d) 拉普拉斯矩阵

图 10.7　有向图和相应的矩阵

有向图的有向拉普拉斯矩阵 $\boldsymbol{L}$ 定义为

$$\boldsymbol{L} = \boldsymbol{D}_{\text{in}} - \boldsymbol{W} \quad (10.5.1)$$

其中 $\boldsymbol{D}_{\text{in}}=\text{diag}(\{d_i^{\text{in}}\}_{i=1}^N)$ 是对角入度矩阵，其对角元素是相应节点的入度数值。

图 10.7a 展示了有向图，其相应矩阵如图 10.7b ～图 10.7d 所示。显然，有向图的拉普拉斯算子不对称。然而，它展示了一些重要的性质：每行的总和为零，因此，$\lambda=0$ 肯定是一个特征值；对于具有正边权重的图，其特征值的实部是非负的。拉普拉斯矩阵的这些性质使得图信号的频率分析简单直观。

对于有向图，还存在一些图拉普拉斯算子（归一化以及组合）的其他定义。然而，如上所述，选择合适的有向拉普拉斯算子可使分析简单且直接。

10.5.2　移位算子

有向拉普拉斯矩阵也可用于导出移位算子。与 10.4.1 节中的讨论类似，确认对应于离散
405~406 时间周期信号的图结构中的移位算子，然后扩展到任意图。

有限持续时间周期离散时间信号可以被认为是位于图 10.8 所示的有向循环图上的图信号。实际上，图 10.8 是周期为五个样本的周期时间序列的支持。图的有向拉普拉斯矩阵是

$$\boldsymbol{L}=\begin{bmatrix}1&0&0&0&-1\\-1&1&0&0&0\\0&-1&1&0&0\\0&0&-1&1&0\\0&0&0&-1&1\end{bmatrix}\tag{10.5.2}$$

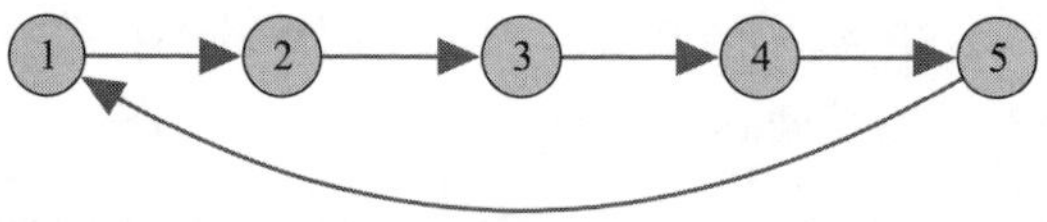

图 10.8　五个节点的有向循环（环）图。该图是有限持续时间周期（周期为 5）离散时间信号的底层结构。所有边权重都为 1

考虑图 10.8 上定义的有限持续时间周期离散信号 $\boldsymbol{x}=[9\ \ 7\ \ 1\ \ 0\ \ 6]^{\mathrm{T}}$。将信号 $\boldsymbol{x}$ 向右移动一个单位得到信号 $\boldsymbol{x}=[6\ \ 9\ \ 7\ \ 1\ \ 0]^{\mathrm{T}}$。该信号的移位版本也可如下得到：

$$\tilde{\boldsymbol{x}}=\boldsymbol{S}\boldsymbol{x}=(\boldsymbol{I}-\boldsymbol{L})\boldsymbol{x}=\begin{bmatrix}0&0&0&0&1\\1&0&0&0&0\\0&1&0&0&0\\0&0&1&0&0\\0&0&0&1&0\end{bmatrix}\begin{bmatrix}9\\7\\1\\0\\6\end{bmatrix}=\begin{bmatrix}6\\9\\7\\1\\0\end{bmatrix}$$

其中 $\boldsymbol{S}=(\boldsymbol{I}-\boldsymbol{L})$ 被视为移位算子（矩阵）。

这种移位概念可以扩展到任意图，因此可以使用 $\boldsymbol{S}=(\boldsymbol{I}-\boldsymbol{L})$ 作为图信号的移位算子。因此，移位的图信号 $\boldsymbol{f}$ 可以计算为

$$\tilde{\boldsymbol{f}}=\boldsymbol{S}\boldsymbol{f}=(\boldsymbol{I}-\boldsymbol{L})\boldsymbol{f}\tag{10.5.3}$$

回想一下，移位操作也可以使用权重矩阵来实现（见 10.4 节）。但是，将 $\boldsymbol{S}=(\boldsymbol{I}-\boldsymbol{L})$ 作为移位算子可以更好、更简单地对图信号进行频率分析，这将在以下小节进行阐明。

10.5.3　线性移位不变图滤波器

在上一节中证明了当权重矩阵 $\boldsymbol{W}$ 被选作移位算子时，LSI 图滤波器是 $\boldsymbol{W}$ 的多项式。但

是，当将 $\boldsymbol{I}-\boldsymbol{L}$ 选作移位算子，LSI 图滤波器是有向拉普拉斯算子 $\boldsymbol{L}$ 而不是 $\boldsymbol{W}$ 的多项式。用定理 10.3 证明该结论。 407

定理 10.3 图滤波器 $\boldsymbol{H}$ 如果满足以下条件，则为 LSI：

1）图拉普拉斯算子的每个不同特征值的几何重数为 1。

2）图滤波器 H 是 L 的多项式，即 H 可以写成

$$\boldsymbol{H}=h(\boldsymbol{L})=\sum_{m=0}^{M-1}h_m\boldsymbol{L}^m=h_0\boldsymbol{I}+h_1\boldsymbol{L}+\cdots+h_{M-1}\boldsymbol{L}^{M-1} \tag{10.5.4}$$

其中 $h_0,h_1,\cdots,h_{M-1}\in\mathbb{C}$ 被称为滤波器塞子。

证明 由公式（10.5.3），移位算子是 $\boldsymbol{S}=\boldsymbol{I}-\boldsymbol{L}$。然后，若滤波器 $\boldsymbol{H}$ 是 LSI，必须满足以下条件：

$$\boldsymbol{S}(\boldsymbol{H}\boldsymbol{f})=\boldsymbol{H}(\boldsymbol{S}\boldsymbol{f})$$

或者

$$(\boldsymbol{I}-\boldsymbol{L})(\boldsymbol{H}\boldsymbol{f})=\boldsymbol{H}((\boldsymbol{I}-\boldsymbol{L})\boldsymbol{f})$$

或者

$$\boldsymbol{L}\boldsymbol{H}=\boldsymbol{H}\boldsymbol{L}$$

换句话说，如果是矩阵 $\boldsymbol{L}$ 和 $\boldsymbol{H}$ 是可交换的，则滤波器是 LSI。当 $\boldsymbol{H}$ 是由 $\boldsymbol{L}$ 构成的多项式时成立，因为 $\boldsymbol{L}$ 的特征多项式和最小多项式相等，或者说每个不同特征值的几何重数是 1⊖。

考虑一个 2- 塞子的图滤波器，将 $h_0=1$ 和 $h_1=-1$ 代入公式（10.5.4）得到 $\boldsymbol{H}=\boldsymbol{S}=\boldsymbol{I}-\boldsymbol{L}$，这是 10.5.2 节中讨论的移位算子。因此，移位算子是一阶 LSI 滤波器。此外，图傅里叶基（即 $\boldsymbol{L}$ 的约当特征向量）是由公式（10.5.4）描述的 LSI 滤波器的特征函数。

10.5.4 总方差

如前所述，图信号的 TV 是相对于图的信号值中的总振荡幅度的度量。对于时间序列和图像信号，TV 被定义为信号导数的 ℓ_1 范数。该定义扩展到图信号的情况，得到图信号 $\boldsymbol{f}$ 关于图 $\mathcal{G}$ 的 TV 为

$$\mathrm{TV}_{\mathcal{G}}(f)=\sum_{i=1}^{N}|\nabla_i(\boldsymbol{f})| \tag{10.5.5}$$ 408

其中 $\nabla_i(\boldsymbol{f})$ 是图信号 $\boldsymbol{f}$ 在节点 i 处的导数。类似于经典信号处理，其中离散时间信号 $\boldsymbol{x}$ 在时刻 m 的导数定义为 $\nabla_m(\boldsymbol{x})=x(m)-x(m-1)$，图信号 $\boldsymbol{f}$ 在节点 i 处的导数可以定义为节点 i 的原始图信号 $\boldsymbol{f}$ 和它的移位版本之间的差：

$$\nabla_i(\boldsymbol{f})=(\boldsymbol{f}-\tilde{\boldsymbol{f}})(i) \tag{10.5.6}$$

根据公式（10.5.3）、公式（10.5.5）和公式（10.5.6），我们有

$$\mathrm{TV}_{\mathcal{G}}(\boldsymbol{f})=\sum_{i=1}^{N}|f(i)-\tilde{f}(i)|=\|\boldsymbol{f}-\tilde{\boldsymbol{f}}\|_1=\|\boldsymbol{L}\boldsymbol{f}\|_1 \tag{10.5.7}$$

⊖ 如果与每个特征值相关联的特征空间的维数是 1，则矩阵的特征多项式和最小多项式是相等的。等价地，如果存在与每个特征值相关联的唯一约当块，则它成立。

观察节点 i 的 $\boldsymbol{Lf}$ 值是 $\boldsymbol{f}$ 在节点 i 和其相邻节点的值之间的差的加权（由相应的边权重加权）和。换句话说，$(\boldsymbol{Lf})(i)=\nabla_i(\boldsymbol{f})$ 提供了当从节点 i 移动到它的相邻节点时信号值变化的度量。因此，$\boldsymbol{Lf}$ 的 ℓ_1 范数可以理解为 $\boldsymbol{f}$ 中局部变化的绝对值之和。相比较而言，这个 TV 的定义很直观，因为根据 DSP_G 中的定义，恒定图信号的 TV 具有非零值。由公式（10.5.7）给出的 TV 将用于估计图傅里叶基的方差，并识别图的低频和高频。

10.5.5　基于有向拉普拉斯算子的图傅里叶变换

类似傅里叶方法的图信号分析提供了一种在频率（谱）域中分析结构化数据的方法。在经典傅里叶变换中，复指数被视为傅里叶基。从复指数是 1D 拉普拉斯算子的特征函数的角度看，现有的基于拉普拉斯算子定义的 GFT 是从经典傅里叶变换类比中得来的。因此，类似地，图（对称）拉普拉斯算子的特征向量被用作图谐波。另一方面，DSP_G 从 LSI 滤波的角度进行类比。在 DSP_G 中，LSI 图滤波器是图权重矩阵 $\boldsymbol{W}$ 的多项式，因此 $\boldsymbol{W}$ 的特征向量成为 LSI 图滤波器的特征函数。类似于复指数在经典信号处理中对 LSI 滤波不变的事实，$\boldsymbol{W}$ 特征向量用作图傅里叶基。

如前所述，DSP_G 在复指数（经典傅里叶基）是线性时不变（LTI）滤波器的特征函数的意义上，从 LSI 滤波的角度进行类比。现在 LSI 图滤波器是有向拉普拉斯矩阵 $\boldsymbol{L}$ 的多项式（定理 10.3），$\boldsymbol{L}$ 的特征向量可以用作图傅里叶基，因为它们是 LSI 图滤波器的特征函数。使用约当分解，图拉普拉斯分解为

409
$$\boldsymbol{L}=\boldsymbol{VJV}^{-1} \tag{10.5.8}$$

其中 $\boldsymbol{J}$ 称为约当矩阵，是一个类似于 $\boldsymbol{L}$ 的块对角矩阵，并且 $\boldsymbol{L}$ 的约当特征向量是 $\boldsymbol{V}$ 的列。现在，图信号 $\boldsymbol{f}$ 的 GFT 可以定义为

$$\hat{\boldsymbol{f}}=\boldsymbol{V}^{-1}\boldsymbol{f} \tag{10.5.9}$$

这里，$\boldsymbol{V}$ 被视为图傅里叶矩阵，其列构成图傅里叶基。IGFT 可以计算为

$$\boldsymbol{f}=\boldsymbol{V}\hat{\boldsymbol{f}} \tag{10.5.10}$$

在 GFT 的这个定义中，图拉普拉斯算子的特征值充当图频率，相应的约当特征向量充当图谐波。具有小绝对值的特征值对应于低频，反之亦然。本节稍后将提供此证明（参见定理 10.4）。这样，频率顺序是自然的。

现在，我们讨论两种特殊情况：当有向拉普拉斯矩阵可对角化时；无向图。

1. 可对角化的拉普拉斯矩阵

当有向拉普拉斯算子可对角化时，公式（10.5.8）可以化简为

$$\boldsymbol{L}=\boldsymbol{V\Lambda V}^{-1} \tag{10.5.11}$$

这里，$\boldsymbol{\Lambda}\in\mathbb{C}^{N\times N}$ 是包含 $\boldsymbol{L}$ 的特征值 $\lambda_0,\lambda_1,\cdots,\lambda_{N-1}$ 的对角矩阵，$\boldsymbol{V}=[\boldsymbol{v}_0,\boldsymbol{v}_1,\cdots,\boldsymbol{v}_{N-1}]\in\mathbb{C}^{N\times N}$ 是以 $\boldsymbol{L}$ 的对应特征向量作为列的矩阵。注意，对于具有非负实数边权重的图，图谱位于复频率平面的右半部分（包括虚轴）。

2. 无向图

对于具有实数权重的无向图，有向拉普拉斯矩阵 $\boldsymbol{L}$ 是实对称的。结果，$\boldsymbol{L}$ 的特征值是实数，并且 $\boldsymbol{L}$ 具有一组正交的特征向量。因此，无向图的拉普拉斯矩阵的约当形式可以写成

$$\boldsymbol{L}=\boldsymbol{V\Lambda V}^{\mathrm{T}} \tag{10.5.12}$$

其中 $\boldsymbol{V}^{\mathrm{T}}=\boldsymbol{V}^{-1}$，因为 $\boldsymbol{L}$ 的特征向量在无向情况下是正交的。因此，信号 $\boldsymbol{f}$ 的 GFT 可以记为

$\hat{\boldsymbol{f}}=\boldsymbol{V}^{\mathrm{T}}\boldsymbol{f}$并且其逆可以计算为$\boldsymbol{f}=\boldsymbol{V}\hat{\boldsymbol{f}}$。注意，在权重矩阵是实数的情况下，图谱位于复频率平面的实轴上。此外，如果权重是实数且非负，则图谱位于实轴的非负半部。这种情况等同于基于（对称）拉普拉斯算子的 GFT 定义，其中仅考虑具有非负实数权重的无向图。因此，基于有向拉普拉斯算子的 GFT 定义是基于（对称）拉普拉斯算子的方法和 DSP_G 的统一。 410

3. 频率排序

在基于有向拉普拉斯算子定义 GFT 之后，需要识别哪些特征值对应于低频或高频。由公式（10.5.7）给出的 TV 的定义用于量化图谱波中的振荡并随后对频率进行排序。类似于经典信号处理，若对应的适当特征向量方差较小，则特征值被标记为低频，反之亦然。频率排序由定理 10.4 所建立。

定理 10.4 令 $\boldsymbol{v}_i$ 和 $\boldsymbol{v}_j$ 是图 $\mathcal{G}$ 的拉普拉斯矩阵 $\boldsymbol{L}$ 对应于两个不同的复特征值 $\lambda_i,\lambda_j\in\mathbb{C}$ 的特征向量。如果 $|\lambda_i|>|\lambda_j|$，那么这些特征向量相对于图 $\mathcal{G}$ 的 TV 满足

$$\mathrm{TV}_{\mathcal{G}}(\boldsymbol{v}_i)>\mathrm{TV}_{\mathcal{G}}(\boldsymbol{v}_j) \tag{10.5.13}$$

证明 令 $\boldsymbol{v}_r$ 是图 $\mathcal{G}$ 的拉普拉斯矩阵 $\boldsymbol{L}$ 的与特征值 λ_r 对应的适当特征向量，则 $\boldsymbol{L}\boldsymbol{v}_r=\lambda_r\boldsymbol{v}_r$。现在，使用公式（10.5.7），相对于图 $\mathcal{G}$ 的 $\boldsymbol{v}_r$ 的 TV 可以计算为

$$\mathrm{TV}_{\mathcal{G}}(\boldsymbol{v}_r)=\|\boldsymbol{L}\boldsymbol{v}\|_1=\|\lambda_r\boldsymbol{v}_r\|_1=|\lambda_r|(\|\boldsymbol{v}_r\|_1)$$

如果所有的特征向量缩放到具有相同 ℓ_1 范数，然后从上面的分析可以得到

$$\mathrm{TV}_{\mathcal{G}}(\boldsymbol{v}_r)\propto|\lambda_r| \tag{10.5.14}$$

图 10.9 显示了复频率平面中频率排序的可视化，其中 $\lambda_0=0$ 对应于零频率，并且当远离原点时，特征值对应于较高频率。注意，适当特征向量的 TV 与相应特征值的绝对值成正比。因此，对应于具有相等绝对值的特征值的所有适当的特征向量将具有相同的 TV。例如，在图 10.9a 和图 10.9b 中，对应于特征值 λ_1、λ_2、λ_3 的特征向量的 TV 值是相等。结果，不同的特征值有时可能产生完全相同的 TV。因此，有时频率排序不是唯一的。但是，如果所有特征值都是实数，则能保证频率排序是唯一的。图 10.9c 显示了具有实数边权重的无向图的情况下的排序。在这种情况下，有向拉普拉斯算子是对称的，因此图频率是实数。此外，如果无向图具有实数和非负边权重，则有向拉普拉斯算子将是对称的和半正定矩阵。这种情况的频率排序可视化如图 10.9d 所示。 411

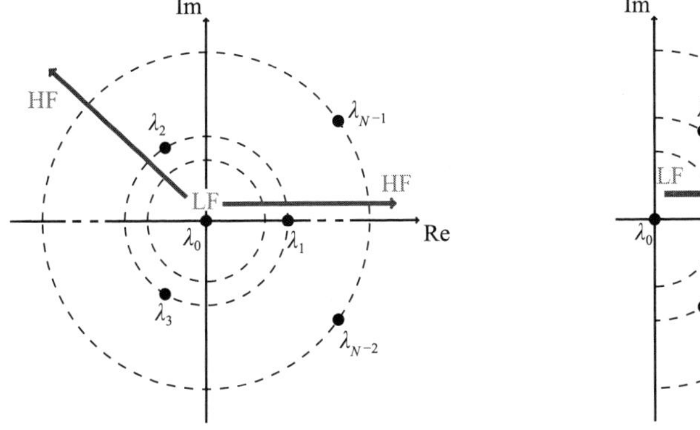

a) 具有正或负边权重的图的排序　　b) 具有正边权重的图的排序

图 10.9　从低频到高频的频率排序。当离开复频率平面中的原点（零频率）时，特征值对应于更高的频率，因为相应的特征向量的 TV 增加

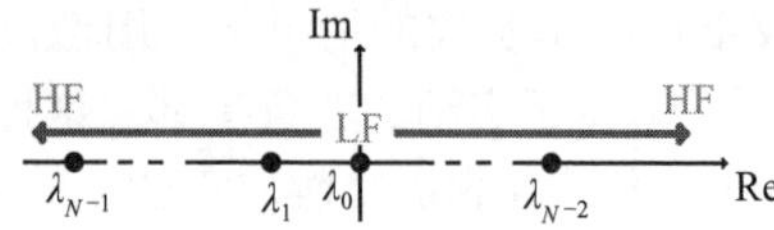

c) 具有实数边权重的无向图的排序

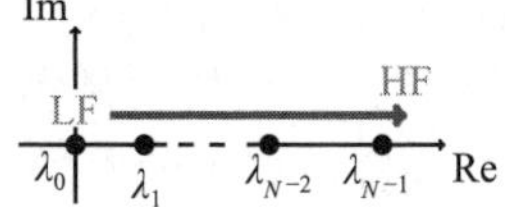

d) 具有实数和非负边权重的无向图的排序

图 10.9 （续）

示例

让我们考虑一个有向图，如图 10.10a 所示。执行拉普拉斯矩阵的约当分解，则傅里叶矩阵 $\boldsymbol{V}$ 和约当矩阵 $\boldsymbol{J}$ 如下：

$$\boldsymbol{V}=\begin{bmatrix} 0.447 & 0.680 & -0.232-0.134\mathrm{j} & -0.232+0.134\mathrm{j} & -0.535 \\ 0.447 & -0.502 & 0.232+0.312\mathrm{j} & 0.232-0.312\mathrm{j} & 0.080 \\ 0.447 & -0.502 & -0.502-0.201\mathrm{j} & -0.502+0.201\mathrm{j} & 0.080 \\ 0.447 & -0.108 & 0.618-0.089\mathrm{j} & 0.618+0.089\mathrm{j} & -0.125 \\ 0.447 & 0.146 & 0.309 & 0.309 & 0.828 \end{bmatrix}$$

$$\boldsymbol{J}=\begin{bmatrix} 0 & 0 & 0 & 0 & 0 \\ 0 & 2.354 & 0 & 0 & 0 \\ 0 & 0 & 6.000-1.732\mathrm{j} & 0 & 0 \\ 0 & 0 & 0 & 6.000+1.732\mathrm{j} & 0 \\ 0 & 0 & 0 & 0 & 7.646 \end{bmatrix}$$

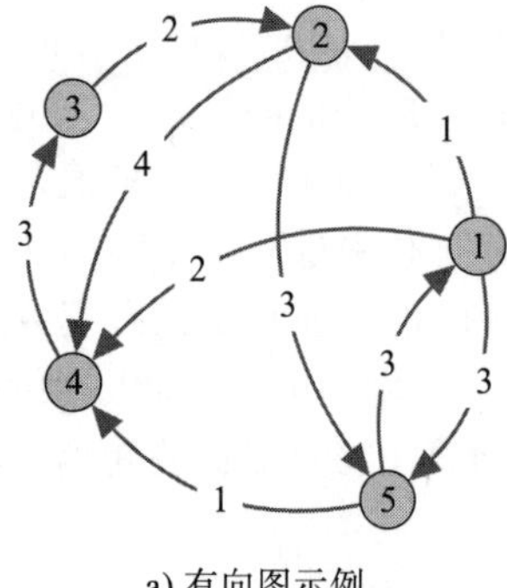

a) 有向图示例

$$\boldsymbol{L}=\begin{bmatrix} 3 & 0 & 0 & 0 & -3 \\ -1 & 3 & -2 & 0 & 0 \\ 0 & 0 & 3 & -3 & 0 \\ -2 & -4 & 0 & 7 & -1 \\ -3 & -3 & 0 & 0 & 6 \end{bmatrix}$$

b) 有向拉普拉斯矩阵

图 10.10　有向图及其权重矩阵

$\boldsymbol{J}$ 中的对角元素是拉普拉斯矩阵的特征值，并构成图谱。特征值 $\lambda=7.646$ 对应于图的最高频率。还要注意，对应频率 $\lambda=6-1.732\mathrm{j}$ 和 $\lambda=6+1.732\mathrm{j}$ 的特征向量的 TV 是相同的，因为两个频率具有相同的绝对值。图 10.11 绘制了图信号 $\boldsymbol{f}=[0.12\ \ 0.38\ \ 0.81\ \ 0.24\ \ 0.88]^{\mathrm{T}}$ 的 GFT 系数的大小。

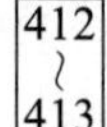
412~413

---

4. 零频率的概念

对应于零特征值的约当特征向量为 $\boldsymbol{v}_0=\frac{1}{\sqrt{N}}[1\ 1\ \cdots\ 1]^{\mathrm{T}}$。因此，对于恒定的图信号的 GFT 将只有一个零频率处的非零系数（特征值）。例如，考虑在图 10.10a 上一个恒定的图信号 $\boldsymbol{f}=[1\ 1\ 1\ 1\ 1]^{\mathrm{T}}$。信号的 GFT 是 $\hat{\boldsymbol{f}}=[\sqrt{5}\ \ 0\ \ 0\ \ 0\ \ 0]^{\mathrm{T}}$，其幅度如图 10.12 所示。

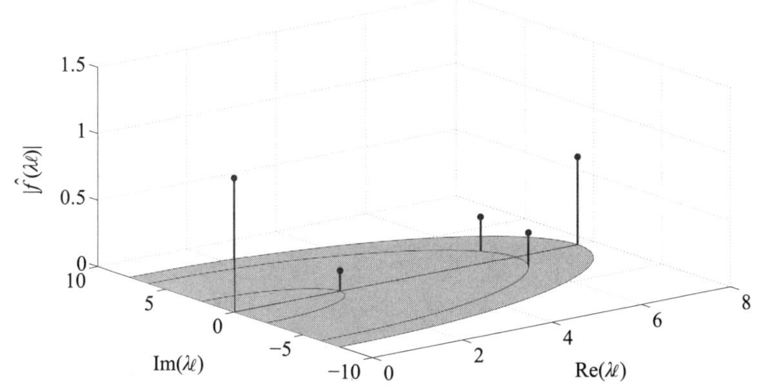

图 10.11　图 10.10a 上定义的图信号 $\boldsymbol{f}=[0.12\ \ 0.38\ \ 0.81\ \ 0.24\ \ 0.88]^{\mathrm{T}}$ 的幅度谱

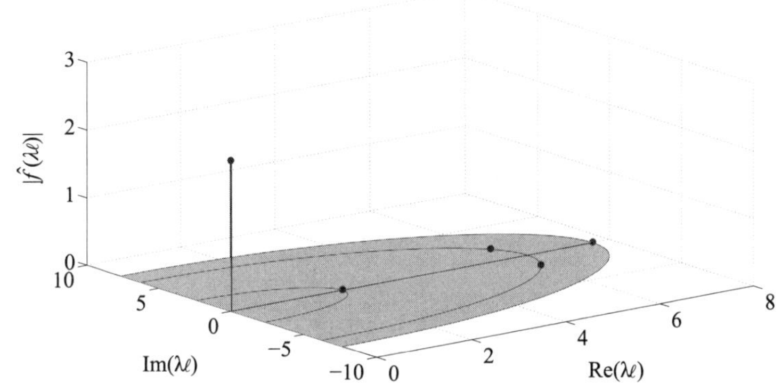

图 10.12　在图 10.10a 上定义的恒定信号 $\boldsymbol{f}=[1\ 1\ 1\ 1\ 1]^{\mathrm{T}}$ 的幅度谱

可以观察到恒定图信号的频谱中仅存在零频率分量。这与以下直觉一致：当从一个节点行进到由有向边连接的另一个节点时，恒定图信号的变化为零。相反，DSP_G 中定义的 GFT 没有给出这种基本的直觉。

这里值得一提的重要一点是，即使使用二次型（2-Dirichlet 形式）代替 TV，也可以实现如定理 10.4 所示相同的频率顺序。信号 $\boldsymbol{f}$ 的 p-Dirichlet 形式的定义为：

$$S_p(\boldsymbol{f})=\frac{1}{p}\sum_{i=1}^{N}|\nabla_i(\boldsymbol{f})|^p \tag{10.5.15}$$

把 $p=2$ 代入上面的等式中，我们得到 2-Dirichlet 形式：

$$S_2(\boldsymbol{f})=\frac{1}{2}\sum_{i=1}^{M}|\nabla_i(\boldsymbol{f})|^2 \tag{10.5.16}$$

使用公式（10.5.6）替换 $\nabla_i(\boldsymbol{f})$，得到：

$$S_2(\boldsymbol{f})=\frac{1}{2}\sum_{i=1}^{M}|f(i)-f(i)|^2=\frac{1}{2}\|\boldsymbol{f}-\tilde{\boldsymbol{f}}\|_2^2=\frac{1}{2}\|\boldsymbol{L}\boldsymbol{f}\|_2^2 \tag{10.5.17}$$ 414

现在，使用上面的等式，对应于频率 λ_r 的适当的特征向量的二次型可以计算为：$S_2(\boldsymbol{v}_r)=\frac{1}{2}\|\boldsymbol{L}\boldsymbol{v}_r\|_2^2=\frac{1}{2}\|\lambda_r\boldsymbol{v}_r\|_2^2=\frac{1}{2}|\lambda_r|^2\|\boldsymbol{v}_r\|_2^2$。因此，如果所有特征向量都被缩放为具有相同的 ℓ_2 范数，那么

$$S_2(\boldsymbol{v}_r) \propto |\lambda_r|^2 \tag{10.5.18}$$

换句话说，图谱波的 2 - Dirichlet 形式与相应频率幅度的平方成比例，因此，基于二次形式的频率排序与定理 10.4 给出的排序相同。

从上面的讨论可以看出，基于有向拉普拉斯算子的 GFT 提供了自然的频率直觉。因此，它允许将 SGWT 扩展为有向图。SGWT 将在第 11 章中讨论。

10.5.6　线性移位不变图滤波器的频率响应

可以通过 GFT 在频域中表征滤波。假设公式（10.5.11）中的 $\boldsymbol{L}$ 可以对角化。根据公式（10.5.4），输入的图信号 $\boldsymbol{f}_{\text{in}}$ 的 LSI 图滤波器输出 $\boldsymbol{f}_{\text{out}}$ 为

$$\boldsymbol{f}_{\text{out}} = h(\boldsymbol{L})\boldsymbol{f}_{\text{in}} = h(\mathbf{V\Lambda V}^{-1})\boldsymbol{f}_{\text{in}} = Vh(\Lambda)V^{-1}\boldsymbol{f}_{\text{in}} \tag{10.5.19}$$

其中 $h(\Lambda) = \text{diag}\{h(\lambda_0), h(\lambda_1), \cdots, h(\lambda_{N-1})\}$ 且 $h(\lambda_\ell) = \sum_{m=0}^{M-1} h_m \lambda_\ell^m$。现在，根据 GFT 的定义和公式（10.5.19），它满足

$$\hat{\boldsymbol{f}}_{\text{out}} = h(\Lambda)\hat{\boldsymbol{f}}_{\text{in}} \tag{10.5.20}$$

换句话说，公式（10.5.20）表明在频域中的滤波器输出等于输入信号的频谱和 $h(\Lambda)$ 对角元素的逐个相乘。这里，$h(\Lambda)$ 被称为 LSI 图滤波器的频率响应。图谱域中的这种乘法是对经典卷积定理[⊖]在图信号情况下的推广。

10.6　图信号处理方法的比较

表 10.1 比较了两种 GSP 方法的各种特征。基于拉普拉斯算子的方法仅限于无向图，而 DSP_G 适用于有向图。此外，DSP_G 提供了类似于传统信号处理中的 LSI 理论。DSP_G 框架的关键是移位算子的选择。根据移位算子的选择的不同，图的结构矩阵可以是权重矩阵或有向拉普拉斯矩阵。在 DSP_G 框架下，如果使用有向拉普拉斯矩阵作为图表示矩阵，则频率解释
415 和排序是自然的。

表 10.1　图信号处理框架的比较

	基于拉普拉斯算子的 GSP	DSP_G 框架	
		基于权重矩阵	基于有向拉普拉斯算子
适用性	无向图	有向图和无向图	有向图和无向图
频率	拉普拉斯矩阵的特征值（实数）	权重矩阵的特征值（复数）	有向拉普拉斯矩阵的特征值（复数）
谐波	拉普拉斯矩阵的特征向量（实数）	权重矩阵的约当特征向量（复数）	有向拉普拉斯矩阵的约当特征向量（复数）
频率排序	拉普拉斯二次型（自然）	总方差（非自然）	总方差（自然）
移位算子	未定义	权重矩阵 $\boldsymbol{W}$	源自有向拉普拉斯矩阵（$\boldsymbol{I}-\boldsymbol{L}$）
LSI 滤波器	不适用	适用	适用

⊖　经典卷积定理表明在时域中的卷积等价于在频域中的乘法。

10.7 开放性研究问题

- 为稀疏表示的图信号设计字典是一个活跃的研究领域。字典学习已经在图像处理、计算机视觉和机器学习中得到广泛研究。字典学习的任务是找到训练数据的稀疏表示，并作为线性组合的基本构建块或原子。在图信号的情况下，字典学习中的挑战是字典应该具有适应特定信号数据的能力，它应该以高效的计算方式实现，并且它应该将不规则的图结构结合到字典的原子中。可以在文献 [185-186] 中找到这方面的一些工作。
- 在所有上述方法中定义的傅里叶变换需要权重矩阵或有向拉普拉斯矩阵的完全特征分解，其计算代价非常高。开发用于计算变换的快速算法将有助于更快和更有效地计算变换。可以在文献 [171-172] 中找到最近在这方面做出的一些工作。 416
- 权重矩阵或有向拉普拉斯矩阵的特征分解不再形成正交基，因此，信号能量不会在图傅里叶域中保持不变。开发有向图的正交图傅里叶基是一个值得探索的有趣领域。最近在这方面的工作可以在文献 [187-188] 中找到。
- 开发用于设计图滤波器的各种技术是一个活跃的研究领域。图滤波器设计的任务是找到矩阵多项式的系数来实现所需的图频率响应。但是，这不总是能完美地实现。设计越来越精确的图滤波器是一个悬而未决的问题。这方面的工作包括文献 [176, 189, 190]。
- 推导出更接近经典移位算子的新移位算子是一个有趣的研究领域。在文献 [191] 中，作者提出了一套与传统信号处理相似的、满足能量守恒特性的移位算子。本章练习题 20 基于他们提出的移位算子。此外，在文献 [192] 中，作者引入了一个等距移位算子，该矩阵的特征值来自图拉普拉斯矩阵，它也满足了能量守恒特性。
- 在文献 [164, 173-175] 中已经提出了用于图信号的采样理论的不同方法。但是，对于开发复杂网络上定义的数据的简单通用的采样理论是开放的研究领域。
- 开发多速率信号处理工具（如 DSP_G 框架下的滤波器组和小波）是一个活跃的研究领域。在文献 [193] 中完美重建了 2– 信道小波滤波器组。然而，这种方法基于无向图拉普拉斯算子，并且仅限于无向图。可以在文献 [194-195] 中找到开发 M – 信道滤波器组这个方向最近的一些工作。
- 现有理论中使用的有向拉普拉斯算子来自入度矩阵。然而，有向拉普拉斯算子也可以定义为 $\boldsymbol{L}=\boldsymbol{D}_{\text{out}}-\boldsymbol{W}$，并且基于此可以开发出等效理论。
- 复杂网络生成的数据非常庞大。位于如此巨大图上的数据的压缩技术是一个开放的研究领域。另外，开发面向特定应用的变换是一个活跃的领域。

10.8 小结

本章介绍了现有的图信号处理方法：基于拉普拉斯算子的方法和 DSP_G 框架。基于拉普拉斯的框架仅限于具有正边权重的无向图。而 DSP_G 则可同样适用于具有复数边权的有向图。

DSP_G 框架依赖于移位算子，基于该移位算子定义了诸如移位不变性、总方差和 GFT 之类的概念。提出了基于权重矩阵和有向拉普拉斯算子的两种流行移位算子。基于这些移位算子，对 DSP_G 框架进行了详细讨论。然而，可以导出其他合适的移位算子并选择相应的图结构矩阵。 417~418

练习题

考虑如图 10.13 所示的图 $\mathcal{G}$。

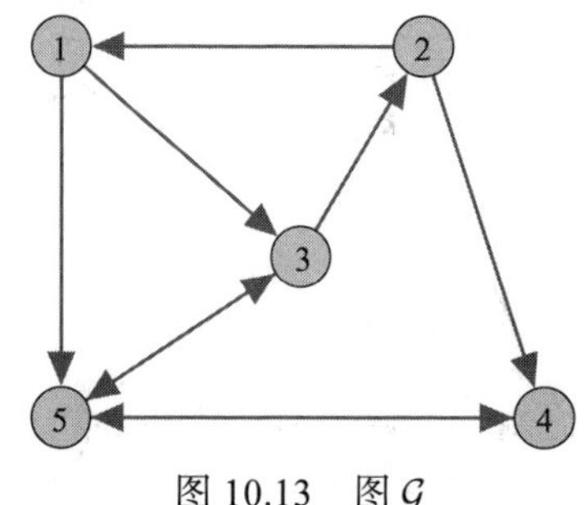

图 10.13 图 $\mathcal{G}$

1. 对于如图 10.13 所示的图 $\mathcal{G}$，使用基于权重矩阵的方法计算以下内容：
   (a) 图信号 $\boldsymbol{f}=[2,-3,1,8,0]^{\mathrm{T}}$ 的移位版本。
   (b) 所有特征向量的总方差。
   (c) 从低频到高频排序的 GFT 系数。
2. 考虑权重矩阵的特征值作为图频率，从低频到高频对下列特征值进行排序。还要评论图的边的方向性和（正、实或复）权重性质。
3. 考虑如图 10.14 所示的五节点有向环图。使用（a）权重矩阵，（b）有向拉普拉斯入度矩阵，（c）有向图的拉普拉斯出度矩阵，并将信号向左移一步，识别其矩阵算子。也就是说，对于信号 $[1,2,3,4,5]^{\mathrm{T}}$，移位的版本应该是 $[2,3,4,5,1]^{\mathrm{T}}$。

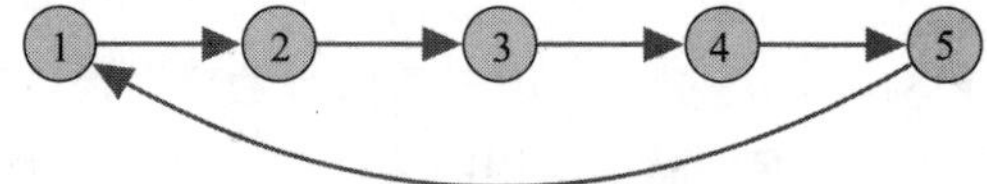

419 图 10.14 带有五个节点的有向环图

4. 使用基于有向拉普拉斯算子方法重复练习题 1。
5. 如果给定的是有向拉普拉斯矩阵特征值，重复练习题 2。
6. 位于网络上的信号中的振荡也可以通过信号值中的过零次数来量化。如果节点 i 到节点 j 有有向边，并且节点 i 和 j 处的信号值的符号发生变化，则它被算作一个过零点。通过以 0.15 为概率在任意两个节点之间添加有向边，创建具有 300 个节点的有向随机网络。
   (a) 分别绘制在拉普拉斯入度矩阵的特征向量的实部和虚部中过零点的数量，与相对于相应特征值的幅度大小。评论你的观察并解释频率排序。
   (b) 对网络的权重矩阵重复 a 部分。
7. 通过使用归一化权重矩阵导出图的移位算子 $\boldsymbol{P}=\boldsymbol{D}^{-1/2}\boldsymbol{W}\boldsymbol{D}^{-1/2}$（类似于离散时间信号的情况）。随后，重新定义总方差和 GFT。
8. 对于有向环图上面的 N 节点图信号，考虑权重矩阵作为移位算子，回答如下问题：
   (a) 写下图傅里叶基的 TV 的表达式。
   (b) 识别和排序图频率。
   (c) 将结果与 DFT 中的传统频率进行比较。
9. 证明与笛卡儿积图相关联的 GFT 由其因子图的 GFT 的矩阵克罗内克积给出（使用权重矩阵作为移

位算子)。并评论笛卡儿积图的谱。

验证图 10.15 中给出的两个图的笛卡儿积的结果。你可以为图上定义的信号选择任何值。

提示：有关积图的定义，请参阅 2.5.9 节。 420

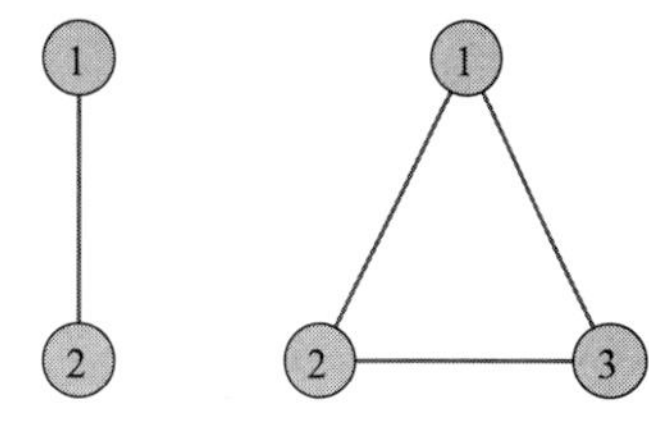

图 10.15　练习题 9 的图

10. 考虑在图 10.13 上定义的图信号 $\boldsymbol{f}=[3,-2,0,1,6]^{\mathrm{T}}$。如图 10.16 所示，对于以下情况，级联的 LSI 图滤波器的输出 $\boldsymbol{f}_1$ 和 $\boldsymbol{f}_2$：

(a) $\boldsymbol{H}_1=3\boldsymbol{I}-2\boldsymbol{W}+\boldsymbol{W}^2$ 和 $\boldsymbol{H}_2=\boldsymbol{I}+4\boldsymbol{W}$。

(b) $\boldsymbol{H}_1=3\boldsymbol{I}-2\boldsymbol{L}+\boldsymbol{L}^2$ 和 $\boldsymbol{H}_2=\boldsymbol{I}+4\boldsymbol{L}$。

使用顶点域和频域方法查找输出图信号并验证结果。此外，绘制滤波器的频率响应。对于级联的两个过滤器 $\boldsymbol{H}_1$ 和 $\boldsymbol{H}_2$，能找到等效的滤波器 $\boldsymbol{H}$ 吗?

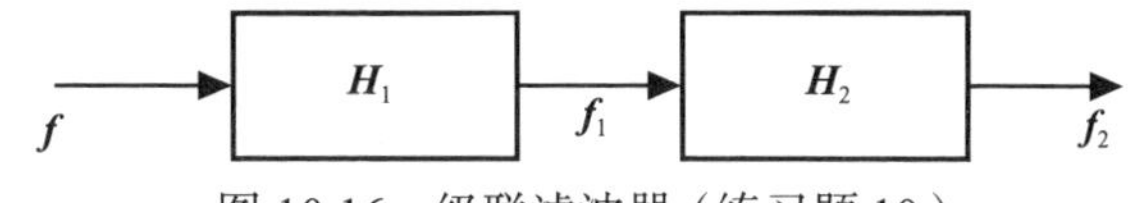

图 10.16　级联滤波器（练习题 10）

11. 本问题是关于使用最小二乘法设计 LSI 图滤波器。可以通过不同频率 σ_ℓ 的频率响应 $h(\sigma_\ell)$ 来定义 LSI 图滤波器，其中 $\ell=0,1,\cdots,N-1$。在基于权重矩阵 DSP_G 的框架中，LSI 图滤波器是（在权重矩阵中）度数 M 的多项式。用频率响应 $h(\sigma_\ell)=b_\ell$，构建 LSI 滤波器，需要求解一个具有 N 个线性方程的系统，其中包含 $M+1$ 个未知数 $h_0,h_1,\cdots,h_M$：

$$\begin{gathered}h_0+h_1\sigma_0+\cdots+h_L\sigma_0^M=b_0\\h_0+h_1\sigma_1+\cdots+h_L\sigma_1^M=b_1\\\vdots\\h_0+h_1\sigma_{N-1}+\cdots+h_L\sigma_{N-1}^M=b_{N-1}\end{gathered}\tag{10.8.1}$$

一般来说，$N>M+1$。因此，线性方程组是超定的，没有解。在这种情况下，可以找到最小方差意义下的近似解。使用最小二乘法设计图 10.17 的具有以下规格的滤波器。

(a) 二阶低通滤波器，只通过最小的两个频率。

(a) 二阶高通滤波器，只通过最大的两个频率。

(c) 仅通过两个频率分量 λ_2 和 λ_3 的带通滤波器。 421

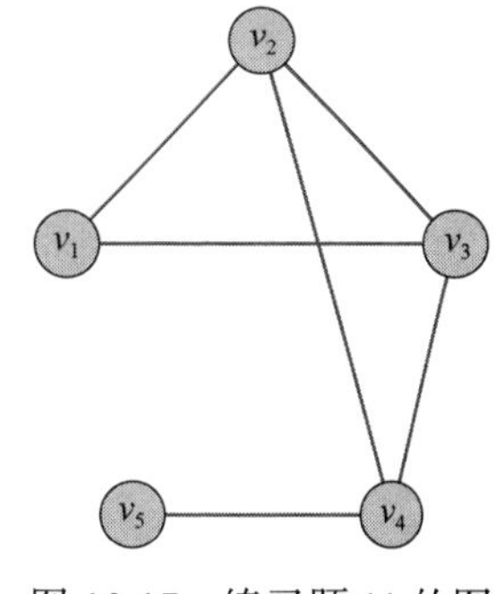

图 10.17　练习题 11 的图

12. 本问题说明了 GFT 在传感器故障检测中的应用。需要首先创建异常数据，然后使用 GFT 验证数据中的异常。使用 GSPBox（参见附录 G 中有关 GSPBox 的更多信息），请创建 50 节点随机传感器网络并在图上定义信号 $\boldsymbol{f}$。

$$\boldsymbol{f}(i)=\begin{cases}10, & i=30\\10\mathrm{e}^{-c.d(i,30)}, & \text{其他}\end{cases}\tag{10.8.2}$$

其中 c 是常量，$d(i,j)$ 是节点 i 和 j 之间的距离（可以使用 Dijkstra 最短路径算法）。该信号可认为是地理区域中的温度值，如果传感器被密集地放置，则温度值的变化不大。

(a) 对于 $c=0.1$，绘制图信号及其光谱。现在假设传感器 31 和 42 是异常的并且显示温度值为零。

(b) 绘制这种异常数据的频谱。我们能否得出结论，传感器网络生成的数据是异常的?

(c) 使用 GFT，我们能否找到异常传感器的位置? 解释为什么能或者为什么不能。

13. (a) 证明：算子 $\boldsymbol{L}^K$ 在每个节点的 K 跳之内，即对于 $d_{\mathcal{G}}(i,j)>K$，$(\boldsymbol{L}^K)_{ij}=0$，其中 $\boldsymbol{L}$ 是图 $\mathcal{G}$ 的入度

有向拉普拉斯矩阵，$d_{\mathcal{G}}(i,j)$ 是节点 j 到节点 i 的跳数。换句话说，要计算节点 i 处的 $\boldsymbol{L}^K\boldsymbol{f}$，我们只需要与节点 i 相距 K 跳以内的节点的信号值。随后，证明有向拉普拉斯矩阵 $\boldsymbol{L}$ 的 K 阶多项式也位于节点的 K 跳之内。

（b）如图 10.18 所示，在图 $\mathcal{G}$ 上定义的信号 $\boldsymbol{f}=[3,0,2,4,0,1,2,3,5]^{\mathrm{T}}$。边的权重 a 和 b 是未知的。考虑两个多项式滤波器

422

$$\boldsymbol{H}_1=3\boldsymbol{I}-2\boldsymbol{L} \tag{10.8.3}$$

和

$$\boldsymbol{H}_2=\boldsymbol{I}+3\boldsymbol{L}-\boldsymbol{L}^2 \tag{10.8.4}$$

其中 L 是有向拉普拉斯矩阵（入度）。

（i）$\boldsymbol{H}_1$ 和 $\boldsymbol{H}_2$ 中每行的元素总和是多少？

（ii）用于滤波器 $\boldsymbol{H}_1$，计算节点 1 和 2 的滤波输出。不必为了求出单个节点的输出计算完整的滤波器矩阵。仅需找到滤波器的相应行。

（iii）对于滤波器 $\boldsymbol{H}_2$，计算节点 1 和 3 的滤波输出。不必为了求出单个节点的输出计算完整的滤波器矩阵。仅需找到滤波器的相应行。

（iv）对于滤波器 $\boldsymbol{H}_1$，如果节点 6 和 7 处的滤波输出的值分别为 5 和 18，则找到边权重 a 和 b。

（v）记下滤波器的谱表示 $\boldsymbol{H}_1$ 和 $\boldsymbol{H}_2$。需要多少参数来表征滤波器？

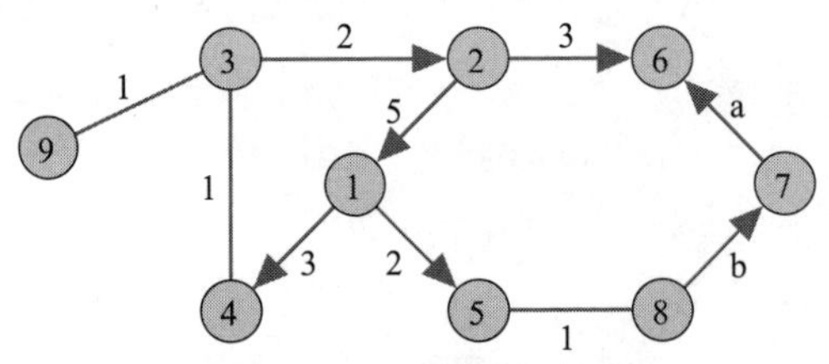

图 10.18　练习题 13 的图 $\mathcal{G}$

14. 本问题是关于通过正则化对图信号去噪。通常测量会被噪声破坏，图信号去噪的任务是从噪声测量中恢复真实的图信号。考虑具有噪声的图信号测量：

$$\boldsymbol{y}=\boldsymbol{f}+\boldsymbol{n}$$

其中 $\boldsymbol{f}$ 是真实的图信号，$\boldsymbol{n}$ 是噪声信号。信号恢复的目的是从嘈杂的测量 $\boldsymbol{y}$ 中恢复信号 $\boldsymbol{f}$。在经典信号处理中，离散时间信号和数字图像通过正则化去噪，其中正则化通常强制执行平滑。类似地，图信号去噪任务可以表示为以下优化问题：

423

$$\tilde{\boldsymbol{f}}=\arg\min_{\boldsymbol{f}}\frac{1}{2}\|\boldsymbol{y}-\boldsymbol{f}\|_2^2+\gamma\mathcal{S}_2(\boldsymbol{f}) \tag{10.8.5}$$

其中 $\mathcal{S}_2(\boldsymbol{f})$ 是由公式（10.5.16）给出的 2-Dirichlet 形式，γ 是正则化常数。在目标函数中，第一项最小化真实信号和测量之间的误差，第二项是强制执行平滑。正则化参数 γ 可以调整控制目标函数的两个项。

对于基于权重矩阵和拉普拉斯矩阵的框架，找到去噪信号 $\tilde{\boldsymbol{f}}$ 的闭合表达式。请注意，在每个框架中只有表达式 $\mathcal{S}_2(\boldsymbol{f})$ 是不同的。

提示：求 $\boldsymbol{f}$ 的导数并等于零。

15. 考虑练习题 12 中当 $c=0.15$ 时用公式（10.8.2）生成的信号。通过增加具有标准偏差 σ 的零均值高斯噪声，创建有噪声的测量 $\boldsymbol{y}=\boldsymbol{f}+\boldsymbol{n}$。现在使用练习题 14 的结果在下列情况下找到去噪信号并计算无噪声信号和去噪信号之间的均方根误差（RMSE）：

（a）$\sigma=1$，（b）$\sigma=5$，（c）$\sigma=10$。

对于 $\gamma=0.01, 0.1, 1, 10$，求解 a、b、c。根据不同噪声方差值 σ^2 和正则化常数 γ 评价你的结论。

16. 本问题是关于通过总方差正则化来修复图信号。信号修复是从可用的噪声测量中估计丢失信号值的过程。假设观察到的图信号是 $\boldsymbol{y}=[\boldsymbol{y}_1 \quad \boldsymbol{y}_2]^{\mathrm{T}}$，其中 $\boldsymbol{y}_1\in\mathbb{R}^{M\times 1}$ 已知，$\boldsymbol{y}_2=0\in\mathbb{R}^{(N-M)\times 1}$ 缺失或未知。现在有两种可能的情况：信号的已知部分 $\boldsymbol{y}_1$ 可能是有噪声或无噪声的。

（a）考虑 $\boldsymbol{y}_1$ 是有噪声的，即 $\boldsymbol{y}_1=\boldsymbol{f}_1+\boldsymbol{n}_1$，其中 $\boldsymbol{f}_1$ 是真实的信号，$\boldsymbol{n}_1$ 是噪声。修复问题是从可用的噪声测量 $\boldsymbol{y}_1$ 中找到原始信号 $\boldsymbol{f}=[\boldsymbol{f}_1 \quad \boldsymbol{f}_2]^{\mathrm{T}}$。通过解决以下无约束最小化问题可以恢复真实信号。

$$\tilde{\boldsymbol{f}}=\arg\min_{\boldsymbol{f}}\frac{1}{2}\|\boldsymbol{y}_1-\boldsymbol{f}_1\|_2^2+\gamma\mathcal{S}_2(\boldsymbol{f}) \tag{10.8.6}$$

其中 $\mathcal{S}_2(\boldsymbol{f})$ 是由公式（10.5.16）给出的 2-Dirichlet 形式，γ 是正则化常数。在目标函数中，第一项最小化真实信号与已知节点处的测量值之间的误差，第二项是强制执行平滑。对于基于权重矩阵和拉普拉斯矩阵的框架，找到修复信号 $\tilde{\boldsymbol{f}}$ 的闭合形式的解。请注意，在每个框架中只有表达式 $\mathcal{S}_2(\boldsymbol{f})$ 是不同的。 424

（b）考虑干净的（无噪声的）测量 $\boldsymbol{y}_1$，修复问题可以写成

$$\tilde{\boldsymbol{f}}=\arg\min_{\boldsymbol{f}}\gamma\mathcal{S}_2(\boldsymbol{f}) \quad \text{s.t. } \boldsymbol{y}_1=\boldsymbol{f}_1 \tag{10.8.7}$$

对于基于权重矩阵和拉普拉斯矩阵的框架，找到修复信号 $\tilde{\boldsymbol{f}}$ 的闭合形式的解。请注意，在每个框架中只有表达式 $\mathcal{S}_2(\boldsymbol{f})$ 是不同的。

提示：使用拉格朗日乘数法。

17. 考虑当 $c=0.1$ 时用练习题 12 中的公式（10.8.2）生成的信号 $\boldsymbol{f}$。通过具有标准偏差 σ 的零均值高斯噪声，创建有噪声的测量值 $\boldsymbol{y}=\boldsymbol{f}+\boldsymbol{n}$。保留信号 $\boldsymbol{y}$ 在节点 1 到 44 处的值，并使节点 45 到 50 处的信号值为零。现在的目标是从缺少 5 个信号值的 $\boldsymbol{y}$ 恢复真实的信号 $\boldsymbol{f}$。使用练习题 16 的结果，找到修复的信号并计算以下情况的 RMSE：

（a）$\sigma=0$（无噪声的情况），（b）$\sigma=1$，（c）$\sigma=5$。

对于 $\gamma=0.01, 0.1, 1, 10$，求解 a、b、c。根据不同噪声方差值 σ^2 和正则化常数 γ 评价你的结论。

18. 图信号被称为 $K-$带限 $(K<N)$，如果 GFT 系数的前 K 个值是非零的，其余值为零。生成在图 10.13 上定义的 2- 带限和 3- 带限信号。

19. 本问题说明使用 GFT 压缩图信号。假设信号是平滑的，我们只能存储前 K 个 GFT 系数 $(K<N)$，从而在频域压缩信号。为了从存储的 GFT 系数中恢复信号，我们通过考虑将后 $(N-K)$ 个 GFT 系数置为零来执行逆 GFT。因此，恢复信号近似为 $K-$带限信号。对于足够平滑的信号，我们可以实现好的压缩程度。

考虑用练习题 12 中的公式（10.8.2）生成当 $c=0.05$ 时的信号 $\boldsymbol{f}$。现在采取前 K 个 GFT 系数恢复信号并计算 RMSE，其中：（a）$K=20$，（b）$K=30$，（c）$K=40$，（d）$K=45$。

对于 $c=0.1, 0.2, 1, 5$ 的信号重复 a～d。评论各种值的结果 K 和 c。

20. 除了本章中介绍的，可以有多种移位算子。与经典的移位不同，移位算子 $\boldsymbol{W}$ 和 $(\boldsymbol{I}-\boldsymbol{L})$ 不保持图信号的能量。还存在其他移位算子 [191]，其在频域中保持能量。注意信号 $\boldsymbol{f}$ 的能量是 $\|\boldsymbol{f}\|_2^2$。 425

假设图的权重矩阵是可对角化的，因此可以像公式（10.4.9）那样进行分解。现在考虑矩阵 $\boldsymbol{W}_\theta=\boldsymbol{V}\boldsymbol{\Sigma}_\theta\boldsymbol{V}^{-1}$ 为移位算子。这里，$\boldsymbol{\Sigma}_\theta=\mathrm{diag}\{\sigma_{\theta_0},\sigma_{\theta_1},\cdots,\sigma_{\theta_{N-1}}\}$，其中 $\sigma_{\theta_k}=\mathrm{e}^{\mathrm{j}\theta_k}$ 且 $\theta_k\in[0,2\pi]$ 是任意相位。

（a）将 $\boldsymbol{W}$ 写成 $\boldsymbol{W}_\theta$ 的表达式。

（b）证明移位算子在频域中保持能量，即 $\|\widehat{\boldsymbol{W}_\theta^n \boldsymbol{x}}\|_2^2 = \|\hat{\boldsymbol{x}}\|_2^2$，其中 $\boldsymbol{W}_\theta^n \boldsymbol{x}$ 是信号 $\boldsymbol{x}$ 的 $\boldsymbol{n}$ 步移位操作。

（c）如果 $\sigma_{\theta_k} = \mathrm{e}^{\mathrm{j}2\pi k/N}$，那么证明 $\boldsymbol{W}_\theta^N \boldsymbol{x} = \boldsymbol{x}$，其中 N 是图中顶点的总数。

21. 在 DSP_G 框架中，节点处信号的梯度是标量值。但是，让我们定义节点 i 处的向量梯度 $\nabla_i \boldsymbol{f}$，该梯度向量的第 j 个值为 $(\nabla_i \boldsymbol{f})(j) = \sqrt{w_{ij}}(f(i) - f(j))$。因此，节点 i 处的梯度向量的长度是节点处的入边数。

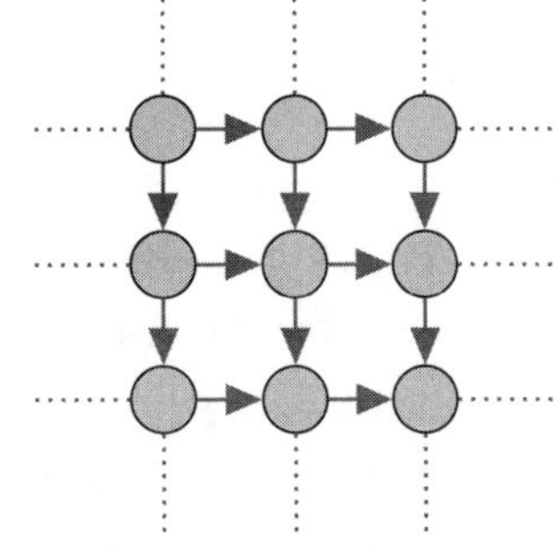

图 10.19　练习题 21 中的图 $\mathcal{G}$

（a）图像信号也可视为位于图 10.19 上的图信号，其中边指向右方和下方。对于任意节点，节点处的向量梯度是什么？

（b）描述图信号 $\boldsymbol{f}$ 在什么条件下 $\|\nabla_i \boldsymbol{f}\|_1 = |(\boldsymbol{L}_{\text{in}} \boldsymbol{f})(i)|$ 能够成立？这里 $\boldsymbol{L}_{\text{in}}$ 是图的有向拉普拉斯（入度）矩阵。

（c）你是否认为定义向量梯度可能是量化图信号中局部变化以及量化全局变化的更好选择？为什么？

426

22. 考虑练习题 21 中的梯度定义，p-Dirichlet 形式可以定义为

$$S_p(\boldsymbol{f}) = \frac{1}{p}\sum_{i=1}^{N} \|\nabla_i(\boldsymbol{f})\|_2^p$$

证明或反驳

$$S_2(\boldsymbol{f}) = \frac{1}{2}(\boldsymbol{f}^{\mathrm{T}} \boldsymbol{L}_{\text{in}} \boldsymbol{f} + \boldsymbol{f}^{\mathrm{T}} \boldsymbol{L}_{\text{out}} \boldsymbol{f})$$

其中 $\boldsymbol{L}_{\text{in}}$ 是入度拉普拉斯矩阵，$\boldsymbol{L}_{\text{out}}$ 是出度拉普拉斯矩阵。

23. 基于有向拉普拉斯算子的 DSP_G 框架重复练习题 11。

24. （a）考虑频域中的滤波器 $h(\lambda_\ell) = a + m\lambda_\ell$，其中 λ_ℓ 是图的（入度）有向拉普拉斯矩阵。你能用有向拉普拉斯矩阵表示滤波器矩阵吗？如果是，根据以下情况找到滤波器矩阵 H：（i）$a = 0.5$ 和 $m = 1$；（ii）$a = 2$ 和 $m = -1$。同时绘制滤波器的频率响应，如图 10.13 所示。

427～428

（b）考虑图滤波器 $\boldsymbol{H} = 0.4\boldsymbol{I} + \boldsymbol{L} + 3\boldsymbol{L}^2$。确定滤波器 $\boldsymbol{H}$ 是否是 LSI？绘制如图 10.13 所示的滤波器的频率响应。

第 11 章

Complex Networks: A Networking and Signal Processing Perspective

复杂网络的多尺度分析

在前两章中，我们讨论了使用图傅里叶变换（GFT）进行复杂网络数据的频率分析。作为全局变换，GFT 具有捕获图信号中全局变化的能力；但是，它无法确定局部的情况。在经典信号处理中，小波变换已广泛用于从数据中提取局部和全局信息。小波能够同时在时域和频域定位信号内容，使我们能够从不同尺度提取数据中的信息。同样，对网络数据进行像小波似的变换为我们提供了一种分析各种规模网络数据的方法。为了分析在复杂网络上定义的数据，已经开发了各种方法以设计局部的多尺度变换。本章介绍这些用于复杂网络数据的多尺度分析技术。

11.1 引言

多尺度变换为我们提供了一种在不同尺度（分辨率水平）分析数据的方法。在经典信号处理中，多尺度变换在许多应用中非常有用，例如压缩、去噪、离散时间信号和图像中的瞬态点识别。小波在多分辨率技术中最受欢迎。JPEG 2000[196] 是一种非常流行的小波压缩图像用法，它使用小波变换进行数据压缩。因此，多尺度技术在分析网络数据方面也可能是非常出色的。

第 10 章中定义的 GFT 是分析复杂网络上定义的数据的强大工具。然而，作为全局变换，它也有一定的局限性和缺点。例如，它对网络结构的变化高度敏感，因为网络拓扑中的微小变化（添加或删除少数节点或边）可能导致图拉普拉斯算子的特征值和特征向量非常不同。此外，GFT 未能提供任何有关网络拓扑中特定的频率分量在*哪里*的信息。虽然窗口图傅里叶变换能回答在网络拓扑中*哪里*存在特定的频率分量，它不能在频域中定位信号内容。

在经典信号处理中，各种技术可用于信号的小波分析。对于连续时间信号，通过平移和缩放单个*母*小波来构造不同尺度的小波。还存在*第二代小波* [197]，它们不一定由某个单一函数的移位或扩张组成。然而，小波在一定范围内的尺度和位置被定位和索引，具有零积分，并且在它们的定义中具有一些共同的特征。而且，对于离散时间信号，可以通过滤波器组 [199] 或基于提升的方案 [200] 来实现离散小波变换 [198]。 429

在过去十年中，已经开发了各种对复杂网络数据进行局部多尺度分析的技术。这些技术包括 Crovella-Kolaczyk 小波变换（CKWT）[201]、随机变换 [202]、基于提升的小波 [203-205]、谱图小波变换（SGWT）[206]、双通道小波滤波器组 [193] 和扩散小波 [207]。这些方法从不同的经典多分辨率方案中类比得来。例如，SGWT 类比于经典连续时间小波变换，而基于提升的小波和双通道小波滤波器组类比于经典离散时间小波变换。虽然经典连续小波是时不变的，但由于底层图是不规则的结构，图小波不是空间不变的。

与经典小波变换类似，图小波变换旨在定位顶点域和谱域中的图信号内容。如前所述，图信号的平移和缩放不是简单的操作。因此，经典小波变换概念中通过平移和缩放单个*母*小波来构造小波，不能直接拓展到图信号的情况中。而且，双通道小波滤波器组需要对图信号进行下采样，这不是一个简单的操作。但是，使用 GFT 可以克服这些困难。在下一节中，将介绍各种现有用于在图上设计小波的技术。

11.2　复杂网络数据的多尺度变换

存在多种用于复杂网络数据的多尺度分析技术。可以在顶点域和谱域中设计多尺度变换。在顶点域设计中，使用了诸如跳距等空间特征。另一方面，在谱域设计中，利用诸如图
430 谱的低频和高频特征来定义多个尺度。图 11.1 显示了两类复杂网络数据的不同的多尺度转换。在顶点域设计中，探索了复杂网络的空间特征，而在谱域设计中，使用了一种网络矩阵的特征分解。

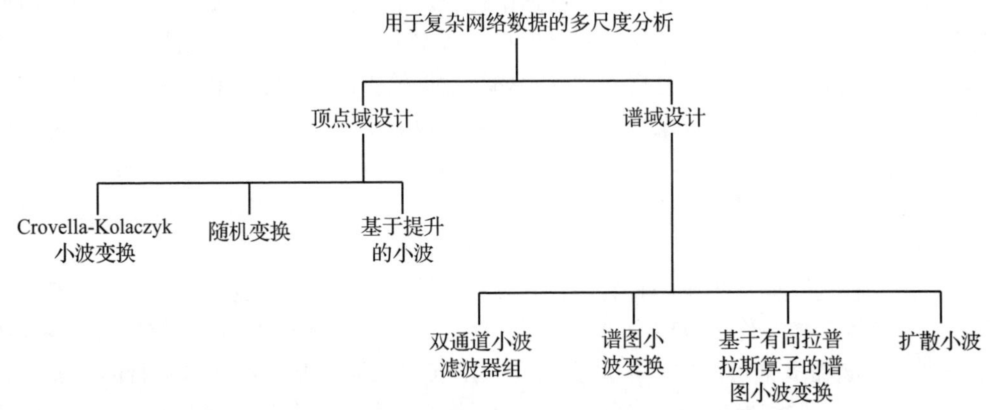

图 11.1　定义在复杂网络上的数据的多尺度变换的分类

11.2.1　顶点域设计

顶点域设计的图小波利用图的空间特征来构建多尺度的小波。空间特征可以是图中节点的连通性或两个节点之间的最短距离。CKWT[201]、随机变换 [202]、基于提升的小波 [203-205] 和树小波 [208-209] 属于这类小波设计。

在 CKWT 中，小波是基于 k– 跳距离构建的，即以节点 i 为中心的小波在节点 j 上的值仅取决于节点 i 和 j 之间的最短路径距离。CKWT 是为未加权的图设计的，但没有逆变换。

文献 [202] 提出了随机变换，用来在多个分辨率上分析传感器网络数据。

基于提升的小波变换 [203-205] 将图的节点分为两组：偶节点和奇节点。然后，与标准提升方法一样，使用一个成对的奇偶节点上的数据用来预测 / 更新另一个。通过构造，这些变换是可逆的；也就是说，可以从变换系数中恢复图信号。

11.2.2　谱域设计

在谱域内设计的多尺度变换利用谱的特性（图矩阵的特征值和特征向量）导出多尺度小
431 波。这类小波设计的例子包括 SGWT[206]、双通道小波滤波器组 [193] 和扩散小波 [207]。

类比于连续小波变换得到 SGWT 的定义，其中不同尺度的小波是通过平移和扩张母小波得到的。另一方面，双通道小波滤波器组类似于经典的离散小波变换。扩散小波是正交的，并使用扩散作为多尺度分析的缩放工具。在扩散小波中，基于扩散算子的幂的压缩表示构造小波。与扩散小波相比，SGWT 更接近于经典连续小波变换，提供了高度冗余的变换，并且可以更精细地控制小波尺度的选择。此外，存在用于 SGWT 计算的快速算法。

11.3 Crovella-Kolaczyk 小波变换

2002 年，Crovella 和 Kolaczyk 开发了用于计算机网络中的空间流量分析的图小波[201]。他们的工作是将传统小波变换推广到图信号的最初尝试之一。CKWT 是顶点域设计图小波的一个例子。它仅利用单个网络度量、最短路径距离或几何距离来计算网络上的小波。CKWT 发展背后的动机是形成网络中流量的高度概括的视图。CKWT 可用于深入了解链路故障的全局网络流量响应以及定位网络中故障事件的范围。

11.3.1 CK 小波

以节点 i 为中心的 Crovella-Kolaczyk (CK) 的 j 阶小波是一个 $N\times1$ 向量 $\boldsymbol{\psi}_{ji}^{\mathrm{CKWT}}$。此外，所有 j 阶的小波（以所有 N 个节点为中心）可以统一表示成 $N\times N$ 的矩阵 $\boldsymbol{\Psi}_{j}^{\mathrm{CKWT}}=[\boldsymbol{\psi}_{j1}^{\mathrm{CKWT}},\boldsymbol{\psi}_{j2}^{\mathrm{CKWT}},\cdots,\boldsymbol{\psi}_{jN}^{\mathrm{CKWT}}]$，其中每列是一个以相应的顶点为中心的 j 阶的小波。

我们定义 $\mathcal{N}(i,h)$ 是所有节点 $j\in\mathcal{V}$ 中与节点 i 的距离在 h 跳以内的节点的集合，即 $d_{\mathcal{G}}(i,j)\leqslant h$。此外，令 $\partial\mathcal{N}(i,h)$ 代表所有节点 $j\in\mathcal{V}$ 中与节点 i 相距 h 跳的节点的集合，即 $d_{\mathcal{G}}(i,j)=h$。节点集 $\partial\mathcal{N}(i,h)$ 可以认为是以节点 i 为中心的 h 跳的环。例如，在图 11.3 中，$\partial\mathcal{N}(1,2)$ 是以节点 1 为中心的 2 跳的环，包括节点 5、6、7 和 8。

以节点 i 为中心的 j 阶小波 $\boldsymbol{\psi}_{ji}^{\mathrm{CKWT}}$ 被定义为：

$$\psi_{ji}^{\mathrm{CKWT}}(k)=\frac{a_{jh}}{|\partial\mathcal{N}(i,h)|},\forall k\in\partial\mathcal{N}(i,h) \tag{11.3.1}$$

对于常量 $\{a_{jh}\}_{h=0,1,\cdots,j}$ 满足 $\sum_{h=0}^{j}a_{jh}=0$。并且，$a_{jh}=0$ 对于 $h>j$ 成立。因此 j 阶的小波 $\boldsymbol{\psi}_{ji}^{\mathrm{CKWT}}$ 是被以节点 i 为中心的 j 跳的环所支持的。 432

根据公式（11.3.1），我们可以观察到小波在以节点 i 为中心的 h 跳环内是恒定的，并于依赖于到中心节点的距离 h。

计算系数 a_{jh}

为了计算系数 a_{jh}，需要使用一个由单位区间 [0,1) 支持的连续时间小波 $\psi(t)$。这个连续时间小波函数必须为零均值，即 $\int_0^1\psi(t)\mathrm{d}t=0$。如图 11.2 所示，这种小波函数的例子包括 Mexican-hat 小波和 Haar 小波。Mexican-hat 小波被截断到时间间隔 [−4, 4]，然后将其缩放到时间间隔 [0,1]。此外，进行归一化以满足零均值和单位范数的标准。图 11.2b 所示的 Haar 小波已经满足要求的标准。一旦我们有了在区间 [0,1] 上的连续时间小波 $\psi(t)$，系数 a_{jh} 可以计算为在同样长度的子区间上小波 $\psi(t)$ 的平均值：

$$a_{jh}=(j+1)\int_{I_{jh}}\psi(t)\mathrm{d}t \tag{11.3.2}$$

其中 $I_{jh}=[h/(j+1),(h+1)/(j+1)]$ 是在 [0, 1] 上的等长子区间。

11.3.2 小波变换

上面定义的小波可用于表示变换域中的图信号。这些变换系数可用于更细致地分析图信号。图信号 $\boldsymbol{f}$ 在节点 i 的 j 阶 CKWT 如下：

$$W_f^{\mathrm{CKWT}}(j,i)=\langle\boldsymbol{f},\boldsymbol{\psi}_{ji}^{\mathrm{CKWT}}\rangle=\boldsymbol{f}^{\mathrm{T}}\boldsymbol{\psi}_{ji}^{\mathrm{CKWT}} \tag{11.3.3}$$

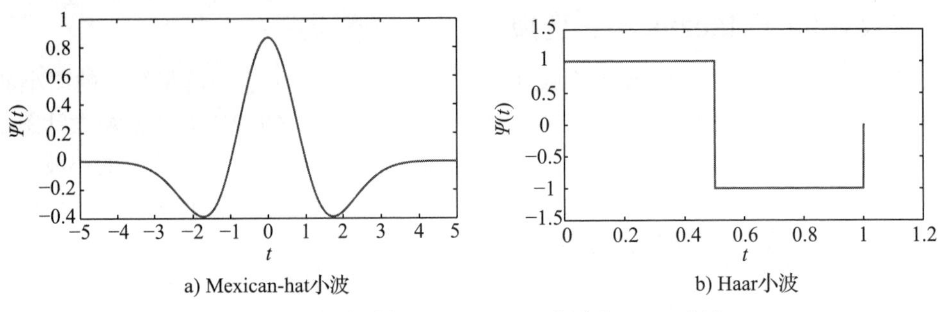

图 11.2　连续时间 Mexican-hat 小波和 Haar 小波

433 可以利用图信号在不同尺度的系数来提取有用信息，例如，定位到特定节点的图信号的扩展。

11.3.3　小波的性质

这里列出了 CKWT 方法中小波的性质。

1）CK 小波具有零均值，即 $\sum_{k=1}^{N}\psi_{ji}^{\text{CKWT}}(k)=0$，其中 ψ_{ji}^{CKWT} 是在节点 i 的 j 阶小波。

2）以节点 i 为中心的 j 阶 CK 小波 $(\boldsymbol{\psi}_{ji}^{\text{CKWT}})$ 在距离中心等距的节点处具有相等的值。也就是说，若 $d_{\mathcal{G}}(i,k)=d_{\mathcal{G}}(i,l)\leqslant j$，$\psi_{ji}^{\text{CKWT}}(k)=\psi_{ji}^{\text{CKWT}}(l)$。这种对称性可以通过图 11.3 可视化。以节点 1 为中心的小波在节点 2、3 和 4 处具有相等的值，其距中心节点 1 的距离为 1 跳。此外，小波在节点 5、6、7 和 8 处具有相等的值，其距中心节点的距离为 2 跳。

3）以节点 i 为中心的 j 阶 CK 小波 $(\boldsymbol{\psi}_{ji}^{\text{CKWT}})$ 在距离中心 j 跳之外的节点处的值为零。也就是说，若 $d_{\mathcal{G}}(i,k)>j$，$\psi_{ji}^{\text{CKWT}}(k)=0$。

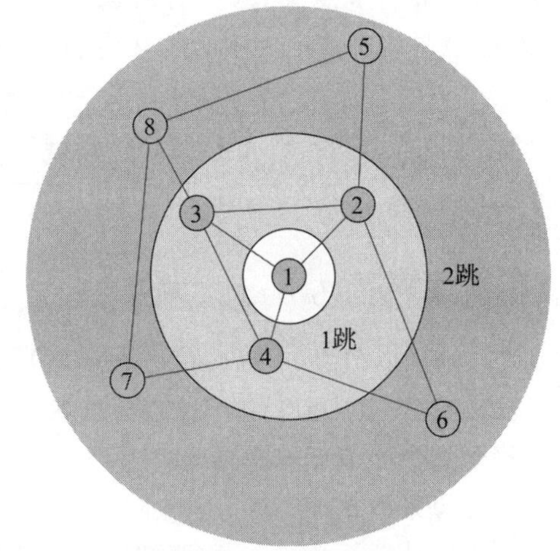

图 11.3　CKWT 方法中图小波对称性的图解

11.3.4　示例

考虑图 11.3 所示的网络。如图 11.2b 所示，假设 Haar 小波为 $\psi(t)$，表 11.1 给出了对于
434 不同的 j 和 h 时的系数 a_{jh}。

表 11.1　对于图 11.3 所示的网络计算系数 a_{jh}（假设 $\psi(t)$ 为 Haar 小波）

j	h	I_{jh}	a_{jh}
1	0	$\left[0,\frac{1}{2}\right]$	1
	1	$\left[\frac{1}{2},1\right]$	−1
2	0	$\left[0,\frac{1}{3}\right]$	1
	1	$\left[\frac{1}{3},\frac{2}{3}\right]$	0
	2	$\left[\frac{2}{3},1\right]$	−1

计算完系数 a_{jh} 的值，我们可以使用公式（11.3.1）计算以所需节点为中心的小波。例如，以节点 1 为中心的 $j=1,2$ 的 CK 小波为

$$\psi_{11}^{\mathrm{CKWT}}=\begin{bmatrix}1\\-1/3\\-1/3\\-1/3\\0\\0\\0\\0\end{bmatrix},\qquad \psi_{21}^{\mathrm{CKWT}}=\begin{bmatrix}1\\0\\0\\0\\-1/4\\-1/4\\-1/4\\-1/4\end{bmatrix}$$

11.3.5 优点和缺点

CKWT 是最早在图上提供多尺度分析的方法之一。CK 小波易于实现。小波关于中心节点是对称的，并且具有零均值。但是，CKWT 仅限于无向且未加权的图。它在顶点域中设计，不像经典小波变换中有顶点 - 频率的解释。此外，CKWT 不可逆，因此不能用于压缩和去噪等应用。

11.4 随机变换

Wang 和 Ramachandran [202] 提出了用于传感器网络数据的多分辨率表示的随机变换。在他们的框架下，提出了两个基，允许我们根据邻域跳数大小在不同分辨率下计算平均值或检测异常。 435

该框架受到经典的小波函数由平均值和差值组成的启发。多分辨率分析通过在网络上具有有限支持的基函数来执行。这些函数可以缩放到不同的分辨率，对应于不同大小的邻域。

该框架下的两个不同基函数是加权平均基函数和加权差基函数。以节点 i 为中心的 h 阶加权平均基函数表示为 $\boldsymbol{\psi}_{hi}$。它计算节点 i 的 h 跳邻居的加权平均，并赋予节点 i 处的值更大的权重。令 $\mathcal{N}(i,h)$ 是所有节点 $j\in\mathcal{V}$ 中与节点 i 距离在 h 跳以内的节点的集合，即 $d_{\mathcal{G}}(i,j)\leqslant h$。定义节点 i 的 h 跳的度为 $d_{i,h}=|\mathcal{N}(i,h)|$，以节点 i 为中心的 h 阶加权平均基函数表示为

$$\psi_{hi}(j)=\begin{cases}\dfrac{a}{d_{i,h}}, & j\in\mathcal{N}(i,h)\setminus i\\[2ex](1-a)+\dfrac{a}{d_{i,h}}, & j=i\\[2ex]0, & \text{其他}\end{cases}\tag{11.4.1}$$

其中 $0<a<\dfrac{1}{2}$ 是常量，$\mathcal{N}(i,h)\setminus i$ 代表除 i 节点以外 $\mathcal{N}(i,h)$ 中的节点的集合。

以节点 i 为中心的 j 阶加权差基函数表示为 $\boldsymbol{\phi}_{hi}$。它计算节点 i 和其 h 跳邻居的加权差。它由下式给出：

$$\phi_{hi}(j)=\begin{cases}-\dfrac{b}{d_{i,h}}, & j\in\mathcal{N}(i,h)\setminus i\\(1+b)-\dfrac{b}{d_{i,h}}, & j=i\\0, & \text{其他}\end{cases}\tag{11.4.2}$$

其中 $b>0$ 为常量。

h 阶加权平均基的集合可以表示为矩阵 $\boldsymbol{\Psi}_h=[\boldsymbol{\psi}_{h1},\boldsymbol{\psi}_{h2},\cdots,\boldsymbol{\psi}_{hN}]$，$h$ 阶加权差基函数的集合可以表示为矩阵 $\boldsymbol{\Phi}_h=[\boldsymbol{\phi}_{h1},\boldsymbol{\phi}_{h2},\cdots,\boldsymbol{\phi}_{hN}]$。值得注意的是，对于任何非负整数的 $h\in\mathbb{N}$ 基于图的加权均值（或者是加权差）函数的集合 $\{\boldsymbol{\psi}_{h1},\boldsymbol{\psi}_{h2},\cdots,\boldsymbol{\psi}_{hN}\}$（或者 $\{\boldsymbol{\phi}_{h1},\boldsymbol{\phi}_{h2},\cdots,\boldsymbol{\phi}_{hN}\}$）构成了在任何有限图上的信号 $\mathbb{R}^N$ 的基。

通过改变阶数 h，我们可以在图上计算不同支持的基函数，随后这些基函数可以分析多分辨率的数据，如传感器网络数据。直观地讲，这种方法定义了由两种类型的线性滤波器组成的双通道小波滤波器组：近似滤波器（由公式（11.4.1）给出）和细节滤波器（由公式（11.4.2）
436 给出）。

11.4.1 优点和缺点

在这种方法中定义的变换基非常容易计算。但是，这种方法仅限于未加权的无向图。此外，这些变换被过采样并产生两倍于输入的输出。

11.5 基于提升的小波

基于提升的小波变换[203-205]通过将节点分成两组不相交的集合（偶节点集和奇节点集）构造的。然后，使用偶数数据预测奇数数据，随后，使用预测的奇数数据更新偶数数据。图 11.4 展示了一个基于一步提升的变换的框图，其中 $\boldsymbol{f}^{\mathrm{e}}$ 和 $\boldsymbol{f}^{\mathrm{o}}$ 分别是输入图信号 $\boldsymbol{f}$ 的偶数部分和奇数部分。$\boldsymbol{P}_{\mathcal{G}}$ 是预测滤波器，$\boldsymbol{U}_{\mathcal{G}}$ 是更新滤波器。预测和更新滤波器都是依赖于应用程序的，并且是从图的邻接矩阵导出的。

在标准提升中，离散时间信号首先被分成两个序列：偶数序列和奇数序列。同样，为了将基于提升的变换应用到任意图信号，我们需要将图的节点集 $\mathcal{V}$ 分割为偶数节点集和奇数节点集。然而，由于图的不规则性，将图分割成两个簇非常具有挑战性。

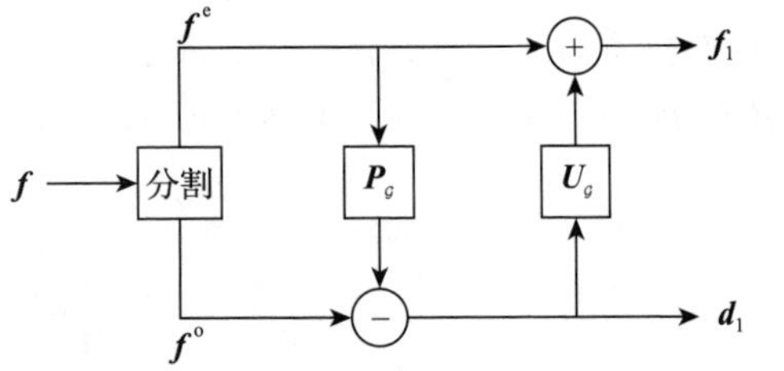

$\boldsymbol{f}^{\mathrm{e}}:n\times 1$　　$\boldsymbol{f}^{\mathrm{o}}:m\times 1$　　$\boldsymbol{P}_{\mathcal{G}}:m\times n$　　$\boldsymbol{U}_{\mathcal{G}}:n\times m$

图 11.4 基于提升的变换的框图

11.5.1 将图拆分为偶数节点和奇数节点

将图分成两个不相交的节点集必须最小化冲突数量（即，图中具有相同奇偶性的直接邻居的百分比）。图的分割是最小化冲突数量的图着色问题（两种颜色）。为此，可以使用保守的固定概率（CFP）着色算法。CFP 着色算法解决了相应的两色图着色问题（2-GCP）以尽
437 量减少冲突。

考虑算法的结果为 m 个奇数节点和 n 个偶数节点，其中 $m+n=N$。图信号 $\boldsymbol{f}$ 和图 $\mathcal{G}$ 的邻接矩阵可以排列如下：

$$\boldsymbol{f}=\begin{bmatrix}\boldsymbol{f}^{\mathrm{o}}\\ \boldsymbol{f}^{\mathrm{e}}\end{bmatrix}\quad \text{并且}\ \tilde{\boldsymbol{A}}=\begin{bmatrix}\boldsymbol{S}^{\mathrm{o}} & \boldsymbol{P}\\ \boldsymbol{Up} & \boldsymbol{S}^{\mathrm{e}}\end{bmatrix} \tag{11.5.1}$$

其中，子矩阵$\boldsymbol{S}^{\mathrm{o}}$是包含奇数节点的子图的邻接矩阵，$\boldsymbol{S}^{\mathrm{e}}$是包含偶数节点的子图的邻接矩阵。这些矩阵包含具有冲突的边，因为它们连接相同奇偶性的节点。块矩阵 $\boldsymbol{P}$ 和 $\boldsymbol{Up}$ 包含没有冲突的边。矩阵 $\boldsymbol{P}$ 和 $\boldsymbol{Up}$ 分别用于设计预测滤波器和更新滤波器以进行提升变换。注意，好的奇偶分割图应该最小化矩阵$\boldsymbol{S}^{\mathrm{o}}$和$\boldsymbol{S}^{\mathrm{e}}$中存在的边信息（从而最大限度地减少冲突的数量）。

11.5.2　基于提升的变换

在将节点分成偶数集和奇数集之后，执行预测和更新步骤。提升操作的框图如图 11.4 所示。使用根据公式（11.5.1）中的矩阵 $\boldsymbol{P}$ 设计的预测滤波器 $\boldsymbol{P}_{\mathcal{G}}$ 从偶数数据预测奇数数据，随后，根据预测的奇数数据，使用根据公式（11.5.1）中的矩阵 $\boldsymbol{Up}$ 设计的更新滤波器 $\boldsymbol{U}_{\mathcal{G}}$ 更新偶数数据。

对于输入图信号 $\boldsymbol{f}$，基于提升的变换输出两个向量 $\boldsymbol{f}_1$ 和 $\boldsymbol{d}_1$。向量 $\boldsymbol{f}_1$ 类似于标准提升变换的近似序列，向量 $\boldsymbol{d}_1$ 类似于标准提升变换的细节序列。基于提升的图的小波变换可以使用以下等式进行：

$$\boldsymbol{d}_1=\boldsymbol{f}^{\mathrm{o}}-\boldsymbol{P}_{\mathcal{G}}\boldsymbol{f}^{\mathrm{e}} \tag{11.5.2}$$

$$\boldsymbol{f}_1=\boldsymbol{f}^{\mathrm{e}}+\boldsymbol{U}_{\mathcal{G}}\boldsymbol{d}_1 \tag{11.5.3}$$

其中 $\boldsymbol{P}_{\mathcal{G}}$ 是预测滤波器，$\boldsymbol{U}_{\mathcal{G}}$ 是更新滤波器。预测滤波器矩阵 $\boldsymbol{P}_{\mathcal{G}}$ 是根据公式（11.5.1）中的矩阵 $\boldsymbol{P}$ 得到的，即通过将每行乘以预测权重得到。同样，更新滤波器矩阵 $\boldsymbol{U}_{\mathcal{G}}$ 通过将矩阵 $\boldsymbol{Up}$ 每行乘以更新权重得到。

基于提升的变换是可逆的。可以使用以下等式计算逆变换：

$$\boldsymbol{f}^{\mathrm{e}}=\boldsymbol{f}_1-\boldsymbol{U}_{\mathcal{G}}\boldsymbol{d}_1 \tag{11.5.4}$$

$$\boldsymbol{f}^{\mathrm{o}}=\boldsymbol{d}_1+\boldsymbol{P}_{\mathcal{G}}\boldsymbol{f}^{\mathrm{e}} \tag{11.5.5}$$

根据具体应用，我们可以在更新的偶数节点集上执行多个提升操作。从阶数 $j=1$ 开始，一步提升得到偶数节点集 $\mathcal{U}_1$ 和奇数节点集 $\mathcal{P}_1$。 438

在两步提升中，再次在偶数节点 $\mathcal{U}_1$ 执行提升操作得到偶数节点集 $\mathcal{U}_2$ 和奇数节点集 $\mathcal{P}_2$。

11.6　双通道图小波滤波器组

双通道图小波滤波器组 [193] 类似于经典离散小波变换的滤波器组的实现。设计双通道小波滤波器组属于谱域设计范畴，因为它涉及图拉普拉斯矩阵的谱分解。类似于经典的双通道滤波器组（见附录 B.4），图上的双通道小波滤波器组将图信号分解为低通（平滑）图信号分量和高通（细节）图信号分量，从而将图信号分解成多个分辨率。

如第 8 章（8.5.6 节）所述，二分图表现出谱折叠现象，允许人们设计完美重建的小波图滤波器组，称为二分图的图正交镜像滤波器组（图 QMF）。而且，对于任意图，双通道滤波器组沿着原始图的一系列二分子图级联构造。在讨论双通道图小波滤波器组时，采用拉普拉斯算子的归一化形式 $\boldsymbol{L}^{\mathrm{norm}}=\boldsymbol{D}^{-\frac{1}{2}}\boldsymbol{L}\boldsymbol{D}^{\frac{1}{2}}$。可以在第 2 章中找到关于归一化拉普拉斯算子的详细讨论。

双通道图滤波器由下采样器和上采样器组成。因此，首先我们讨论图中的下采样和上采样操作。

11.6.1　图中的下采样和上采样

下采样和上采样块是双通道图小波滤波器组中的基础。在附录 B.3.1 中讨论了离散时间信号的下采样和上采样操作。经典的下采样器交替地丢弃采样，而上采样器在两个采样之间插入零。但是，在图信号的情况下，这些操作并不简单：对于图信号，无法解释交替样本。因此，需要不同的方法来定义图信号的下采样和上采样的操作。

要对图信号进行下采样，首先我们需要找到一组节点 $\mathcal{H}$，然后丢弃原始图信号在这组节点处的样本。图 11.5 展示了图信号的

439 下采样器。

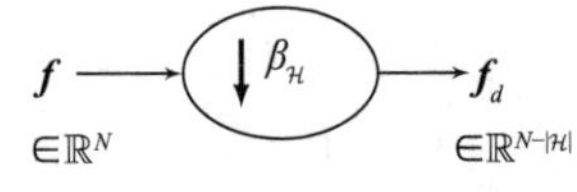

图 11.5　图信号的下采样器

其特点是采用下采样函数 $\beta_{\mathcal{H}}$，其中 $\mathcal{H}\subset\mathcal{V}$ 是被下采样操作丢弃的节点集。下采样器的输出图信号 $\boldsymbol{f}_d\in\mathbb{R}^{N-|\mathcal{H}|}$ 保留了节点集 $\mathcal{H}^c=\mathcal{V}-\mathcal{H}$ 中原始图信号的值。下采样函数 $\beta_{\mathcal{H}}$ 的定义为：

$$\beta_{\mathcal{H}}(n)=\begin{cases}1, & n\in\mathcal{H}\\ -1, & n\notin\mathcal{H}\end{cases} \tag{11.6.1}$$

图 11.6 展示了上采样器，其特点在于 $\beta_{\mathcal{H}}$。通过在节点集 $\mathcal{H}$ 处插入零，上采样器将下采样的图信号 $\boldsymbol{f}_d\in\mathbb{R}^{N-|\mathcal{H}|}$ 投影到原来的 $\mathbb{R}^N$。

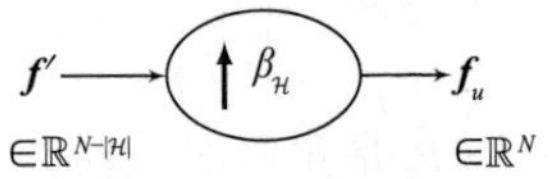

图 11.6　图信号的上采样器

图 11.7 显示了由下采样器和上采样器组成的级联块。这种级联结构在图滤波器组中很常见。总的来说，它执行先下采样再上采样（DU）操作。定义下采样矩阵 $\boldsymbol{J}_{\beta_{\mathcal{H}}}=\mathrm{diag}\{\beta_{\mathcal{H}}(n)\}$。以图信号 $\boldsymbol{f}$ 作为级联块的输入，DU 输出由下式给出：

$$\boldsymbol{f}_{\mathrm{du}}=\frac{1}{2}(\boldsymbol{I}_N+\boldsymbol{J}_{\beta_{\mathcal{H}}})\boldsymbol{f} \tag{11.6.2}$$

其中 I_N 是 $N\times N$ 单位矩阵，且

$$\boldsymbol{f}_{\mathrm{du}}(n)=\frac{1}{2}(1+\beta_{\mathcal{H}}(n))f(n) \tag{11.6.3}$$

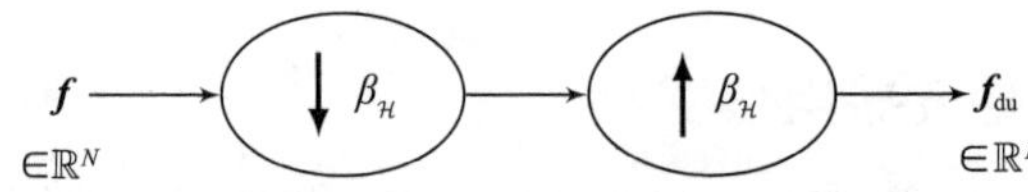

图 11.7　级联的下采样器和上采样器

1. 谱域中的 DU 操作

440 令 $\boldsymbol{u}_0,\boldsymbol{u}_1,\cdots,\boldsymbol{u}_{N-1}$ 是图 $\mathcal{G}$ 的（归一化）拉普拉斯矩阵的特征向量，$\lambda_0,\lambda_1,\cdots,\lambda_{N-1}$ 是相应的特征值。因此，使用公式（11.6.2），DU 图信号的 GFT 系数可以计算为

$$\hat{f}_{\mathrm{du}}(\lambda_\ell)=\langle\boldsymbol{u}_\ell,\boldsymbol{f}_{\mathrm{du}}\rangle=\frac{1}{2}(\langle\boldsymbol{u}_\ell,\boldsymbol{f}\rangle+\langle\boldsymbol{u}_\ell,\boldsymbol{J}_{\beta_{\mathcal{H}}}\boldsymbol{f}\rangle) \tag{11.6.4}$$

因为 $\boldsymbol{J}_{\beta_{\mathcal{H}}}$ 是对角矩阵，$\langle\boldsymbol{u}_\ell,\boldsymbol{J}_{\beta_{\mathcal{H}}}\boldsymbol{f}\rangle=\langle\boldsymbol{J}_{\beta_{\mathcal{H}}}\boldsymbol{u}_\ell,\boldsymbol{f}\rangle$。因此，公式（11.6.4）可以写成

$$\hat{f}_{\mathrm{du}}(\lambda_\ell)=\frac{1}{2}(\langle\boldsymbol{u}_\ell,\boldsymbol{f}\rangle+\langle\boldsymbol{J}_{\beta_{\mathcal{H}}}\boldsymbol{u}_\ell,\boldsymbol{f}\rangle) \tag{11.6.5}$$

观察到公式（11.6.5）中的第一项是输入图信号在相应频率 λ_ℓ 处的 GFT 系数，而第二项是形变分量。让我们将频率 λ_ℓ 的形变谐波表示为 $\boldsymbol{u}_\ell^d = \boldsymbol{J}_{\beta_\mathcal{H}} \boldsymbol{u}_\ell$。因此，公式（11.6.5）中的第二项可以称为形变谱系数，即输入图信号在形变特征向量（谐波）$\boldsymbol{u}_\ell^d$ 上的投影。现在，DU 图信号的 GFT 系数可写为

$$\hat{f}_{\mathrm{du}}(\lambda_\ell) = \frac{1}{2}(\hat{f}(\lambda_\ell) + \hat{f}^d(\lambda_\ell)) \tag{11.6.6}$$

其中 $\hat{f}(\lambda_\ell) = \boldsymbol{f}^{\mathrm{T}} \boldsymbol{u}_\ell^d$ 是频率 λ_ℓ 处的形变谱系数。

DU 图信号的谱可以写成简单的形式：

$$\hat{\boldsymbol{f}}_{\mathrm{du}} = \frac{1}{2}(\boldsymbol{f} + \boldsymbol{f}^d) \tag{11.6.7}$$

其中

$$\hat{\boldsymbol{f}}^d = (\boldsymbol{U}^d)^{\mathrm{T}} \boldsymbol{f} \tag{11.6.8}$$

是信号 $\boldsymbol{f}$ 的形变谱。注意，$\boldsymbol{U}^d = \boldsymbol{J}_{\beta_\mathcal{H}} \boldsymbol{U}$ 是形变图傅里叶基。

例 11.6.1

本示例说明了 DU 操作。考虑图 11.8a 中所示的二分图。图 11.8b 展示了归一化图的拉普拉斯算子的特征值。考虑在图上定义的信号 $\boldsymbol{f} = [-2, 3, -2, 5, 1, -3, 1]^{\mathrm{T}}$。假设通过丢弃一组节点来对信号进行下采样 $\mathcal{H} = \{5, 6, 7\}$。因此，DU 操作的下采样矩阵为 $\boldsymbol{J}_{\beta_\mathcal{H}} = \mathrm{diag}\{1, 1, 1, 1, -1, -1, -1\}$，并且 DU 信号变为 $\boldsymbol{f}_{\mathrm{du}} = [-2, 3, -2, 5, 0, 0, 0]^{\mathrm{T}}$。 441

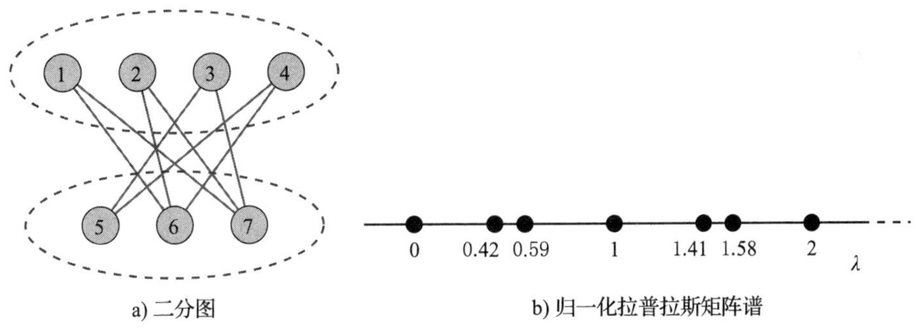

图 11.8 二分图及其归一化拉普拉斯矩阵谱

该矩阵包含了由图的形变傅里叶基 $\boldsymbol{U}^d = \boldsymbol{J}_{\beta_\mathcal{H}} \boldsymbol{U}$ 作为列的图傅里叶基 $\boldsymbol{U}$：

$$\boldsymbol{U} = \begin{bmatrix} 0.3536 & 0.3536 & 0 & 0.7071 & 0 & 0.3536 & 0.3536 \\ 0.3536 & 0.3536 & 0 & -0.7071 & 0 & 0.3536 & 0.3536 \\ 0.3536 & -0.3536 & -0.5000 & 0 & -0.5000 & -0.3536 & 0.3536 \\ 0.3536 & -0.3536 & 0.5000 & 0 & 0.5000 & -0.3536 & 0.3536 \\ 0.3536 & -0.6124 & 0 & 0 & 0 & 0.6124 & -0.3536 \\ 0.4330 & 0.2500 & 0.5000 & 0 & -0.5000 & -0.2500 & -0.4330 \\ 0.4330 & 0.2500 & -0.5000 & 0 & 0.5000 & -0.2500 & -0.4330 \end{bmatrix}$$

和

$$
\boldsymbol{U}^d = \begin{bmatrix}
0.3536 & 0.3536 & 0 & 0.7071 & 0 & 0.3536 & 0.3536 \\
0.3536 & 0.3536 & 0 & -0.7071 & 0 & 0.3536 & 0.3536 \\
0.3536 & -0.3536 & -0.5000 & 0 & -0.5000 & -0.3536 & 0.3536 \\
0.3536 & -0.3536 & 0.5000 & 0 & 0.5000 & -0.3536 & 0.3536 \\
-0.3536 & 0.6124 & 0 & 0 & 0 & -0.6124 & 0.3536 \\
-0.4330 & -0.2500 & -0.5000 & 0 & 0.5000 & 0.2500 & 0.4330 \\
-0.4330 & -0.2500 & 0.5000 & 0 & -0.5000 & 0.2500 & 0.4330
\end{bmatrix} \tag{11.6.9}
$$

信号$\boldsymbol{f}$的谱以及其DU版本$\boldsymbol{f}_{\text{du}}$的谱分别绘制在图11.9a和图11.9b中。由于底层图是二分图，请注意谱$\hat{\boldsymbol{f}}_{\text{du}}$关于频率$\lambda=1$对称。这种对称性是由一种称为谱折叠的现象引起的，将在接下来描述。

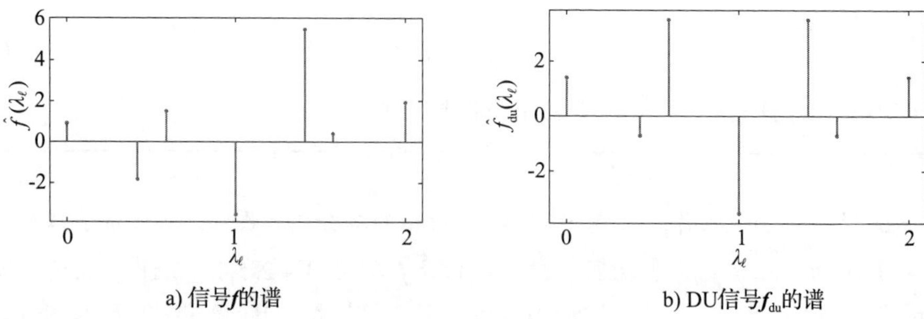

a) 信号f的谱　　b) DU信号f_{du}的谱

442 图11.9　定义在图11.8a所示的二分图上的信号$\boldsymbol{f}$及其DU版本的谱

2. 二分图和谱折叠中的下采样

如第2章所述，二分图$\mathcal{G}$是一个可以分为两个节点子集$\mathcal{H}$和$\mathcal{L}$的图，使得图的每个链接都连接$\mathcal{H}$和$\mathcal{L}$中的节点。二分图中的下采样操作具有谱折叠现象。

正如第8章所讨论的，二分图的归一化拉普拉斯谱关于1对称。这种对称性是造成二分图中谱折叠现象的原因：如果$\boldsymbol{u}_\ell$是$\boldsymbol{L}^{\text{norm}}$中与特征值$\lambda_\ell$相对应的特征向量，而形变特征向量$\boldsymbol{u}_\ell^d=\boldsymbol{J}_\beta\boldsymbol{u}_\ell$是$\boldsymbol{L}^{\text{norm}}$中与特征值$2-\lambda_\ell$相对应的特征向量。请注意这里选择的下采样函数$\beta$要么是$\beta_{\mathcal{H}}$要么是$\beta_{\mathcal{L}}$，如公式（11.6.1）所示。

对于二分图，使用公式（11.6.5）和公式（11.6.6），我们可以得到

$$
\hat{f}_{\text{du}}(\lambda_\ell)=\frac{1}{2}(\hat{f}(\lambda_\ell)+\hat{f}(2-\lambda_\ell)) \tag{11.6.10}
$$

上述等式可以解释为：在谱域中，在二分图上的DU运算的结果是原始图信号的平均值和失真项，该失真项是原始信号关于λ=1的折叠版本。

11.6.2　双通道图小波滤波器组

双通道图滤波器组由以下模块组成：分析图滤波器组、下采样器、上采样器和合成图滤波器组。图11.10展示了双通道图小波滤波器组的框图。分析图滤波器组是有一个共同输入的一组图滤波器$\boldsymbol{H}_0$和$\boldsymbol{H}_1$。它将输入图信号分成子带图信号。滤波器$\boldsymbol{H}_0$是低通滤波器，而$\boldsymbol{H}_1$是高通滤波器。因此，分析图滤波器组将图信号分解成两个子带：低频子带和高频子带。另一方面，合成图滤波器组是一组具有加总输出的图滤波器$\boldsymbol{G}_0$和$\boldsymbol{G}_1$。它结合了多个子带图
443 信号以生成单个输出。

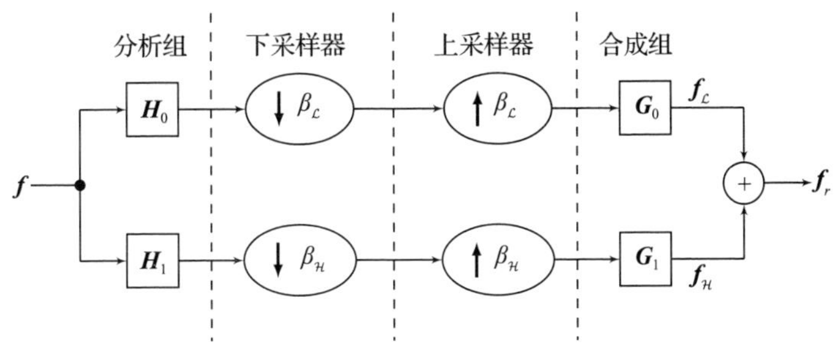

图 11.10　图上的双通道滤波器组

双通道图小波滤波器组将图信号 $(\boldsymbol{f} \in \mathbb{R}^N)$ 分解为低通（平滑）分量 $(\boldsymbol{f}_{\mathcal{L}} \in \mathbb{R}^N)$ 和高通（细节）分量 $(\boldsymbol{f}_{\mathcal{H}} \in \mathbb{R}^N)$。如果低通分量和高通分量之和与输入图信号相同，那么该滤波器组被称为完美重建图滤波器组。根据图 11.10，低通分量和高通分量可以写成：

$$\boldsymbol{f}_L = \left[\frac{1}{2}\boldsymbol{G}_0(\boldsymbol{I}_N + \boldsymbol{J}_{\beta_{\mathcal{L}}})\boldsymbol{H}_0\right]\boldsymbol{f}$$

$$\boldsymbol{f}_{\mathcal{H}} = \left[\frac{1}{2}\boldsymbol{G}_1(\boldsymbol{I}_N + \boldsymbol{J}_{\beta_{\mathcal{H}}})\boldsymbol{H}_1\right]\boldsymbol{f} \tag{11.6.11}$$

重建信号是这两个信号分量之和：

$$\begin{aligned}\boldsymbol{f}_r &= \boldsymbol{f}_{\mathcal{L}} + \boldsymbol{f}_{\mathcal{H}} \\ &= \left[\frac{1}{2}\boldsymbol{G}_0(\boldsymbol{I}_N + \boldsymbol{J}_{\beta_{\mathcal{L}}})\boldsymbol{H}_0 + \frac{1}{2}\boldsymbol{G}_1(\boldsymbol{I}_N + \boldsymbol{I}_{\beta_{\mathcal{H}}})\boldsymbol{H}_1\right]\boldsymbol{f} \\ &= \left[\underbrace{\frac{1}{2}(\boldsymbol{G}_0\boldsymbol{H}_0 + \boldsymbol{G}_1\boldsymbol{H}_1)}_{\text{项1}} + \underbrace{\frac{1}{2}(\boldsymbol{G}_0\boldsymbol{J}_{\beta_{\mathcal{L}}}\boldsymbol{H}_0 + \boldsymbol{G}_1\boldsymbol{J}_{\beta_{\mathcal{H}}}\boldsymbol{H}_1)}_{\text{项2}}\right]\boldsymbol{f}\end{aligned} \tag{11.6.12}$$

在上面的等式中，项 1 是系统没有 DU 操作的等效算子。项 2 是由于 DU 操作得到的失真项。对于完美重建，项 2 应为零，项 1 应为单位矩阵。因此，如果可以完美重建则

$$\boldsymbol{G}_0\boldsymbol{H}_0 + \boldsymbol{G}_1\boldsymbol{H}_1 = c\boldsymbol{I}_N \tag{11.6.13}$$

其中 c 是一个标量常数，并且

$$\boldsymbol{G}_0\boldsymbol{J}_{\beta_{\mathcal{L}}}\boldsymbol{H}_0 + \boldsymbol{G}_1\boldsymbol{J}_{\beta_{\mathcal{H}}}\boldsymbol{H}_1 = 0 \tag{11.6.14}$$

如果是二分图，考虑 $\beta_{\mathcal{L}} = \beta$ 且 $\beta_{\mathcal{H}} = -\beta$。那么，对于二分图，由公式（11.6.14）给出的条件可以重写为

$$\boldsymbol{G}_0\boldsymbol{J}_{\beta}\boldsymbol{H}_0 - \boldsymbol{G}_1\boldsymbol{J}_{\beta}\boldsymbol{H}_1 = 0 \tag{11.6.15}$$ 444

结合上述条件用于设计图 QMF，下面将对此进行描述。

11.6.3　图正交镜像滤波器组

11.6.1 节解释了二分图中的 DU 运算表现出谱折叠现象。利用这种现象，可以设计一个完美的重建滤波器组——图 QMF。结合二分图中的谱折叠现象，完美重建的两个条件（由公式（11.6.13）和公式（11.6.15）给出）可以在谱域中表示为

$$g_0(\lambda_\ell)h_0(\lambda_\ell) + g_1(\lambda_\ell)h_1(\lambda_\ell) = c \tag{11.6.16}$$

并且

$$g_0(\lambda_\ell)h_0(2-\lambda_\ell)-g_1(\lambda_\ell)h_1(2-\lambda_\ell)=0 \tag{11.6.17}$$

这里，g_0、g_1、h_0 和 h_1 分别是与滤波器 $\boldsymbol{G}_0$、$\boldsymbol{G}_1$、$\boldsymbol{H}_0$ 和 $\boldsymbol{H}_1$（在谱域中）相对应的核。对于任意核 $h_0(\lambda_\ell)$，滤波器核的一个可能的选择是 [193]。

$$g_0(\lambda_\ell)=h_0(\lambda_\ell)$$
$$h_1(\lambda_\ell)=h_0(2-\lambda_\ell)$$
$$g_1(\lambda_\ell)=h_1(\lambda_\ell)=h_0(2-\lambda_\ell) \tag{11.6.18}$$

因此，对于具有 $\mathcal{H}$ 和 $\mathcal{L}$ 两个部分的二分图 $\mathcal{G}$，利用如图 11.10 所示的双通道滤波器组中的下采样方程 $\beta=\beta_{\mathcal{H}}$，对于任意核 $h_0(\lambda_\ell)$，由公式（11.6.18）给出的滤波器核能够保证完美重建。

11.6.4　任意图的多维可分小波滤波器组

上面讨论的图 QMF 仅适用于二分图。为了将图 QMF 应用到任意图，需要将图分解为若干个二分子图。随后，可以在每个二分子图上构建图 QMF 生成图上多维可分离的小波滤波器组。使用迭代分解方法将底层图 $\mathcal{G}$ 分解成 K 个二分子图的集合。这些二分子图表示为 $\mathcal{B}_i=(\mathcal{L}_i,\mathcal{H}_i,\mathcal{E}_i)$，其中 $i=1,2,\cdots,K$。在该方法中，在每个迭代阶段 i，二分子图 B_i 覆盖相同的顶点集，$\mathcal{L}_i\cup\mathcal{H}_i=\mathcal{V}$，并且 $\mathcal{E}_i$ 包含 $\mathcal{E}-\bigcap_{k=1}^{i-1}\mathcal{E}_k$ 中所有链接 $\mathcal{L}_i$ 中的顶点和 $\mathcal{H}_i$ 中的顶点的链接。经过这种分解，一个双通道小波滤波器组经过 K 个阶段实现，这样在每个阶段 i，滤波和下
445 采样操作都限制在第 i 次二分图 B_i 的边上。

一旦获得了二分子图集，就可以以级联方式为每个子图实施图 QMF。在每个阶段，滤波操作都是沿着一个维度仅使用属于相应的二分子图的边。这种方法是一种可分离的方法，即在一个阶段中变换的结果在下一个阶段中使用。图 11.11 显示了一个 2D 双通道滤波器组。这里，图被分解为两个二分子图 $\mathcal{B}_1$ 和 $\mathcal{B}_2$。在第一阶段，使用子图 $\mathcal{B}_1$ 中的边，在第二阶段，使用子图 $\mathcal{B}_2$ 中的边。

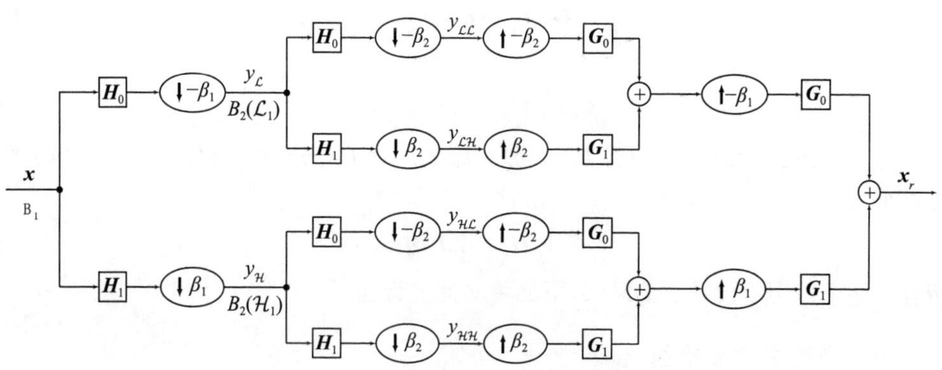

图 11.11　任意图上的双通道滤波器组

11.7　谱图小波变换

谱图小波变换（SGWT）[206] 给出了连续小波变换的精确类比。经典连续小波变换（CWT）通过缩放和平移单个母小波 ψ 来构建不同尺度和位置的小波。在尺度 s 和位置 a 的小波为

$\psi_{s,a}(x)=\frac{1}{s}\psi\left(\frac{x-a}{s}\right)$。通过在傅里叶域中定义缩放操作，小波可以写成⊖：

$$\psi_{s,a}(x)=\frac{1}{2\pi}\int_{-\infty}^{\infty}\mathrm{e}^{\mathrm{j}\omega x}\hat{\psi}(s\omega)\mathrm{e}^{-\mathrm{j}\omega a}\mathrm{d}\omega \tag{11.7.1}$$

注意，将 ψ 缩放 $1/s$ 倍，对应于将 $\hat{\psi}$ 缩放 s 倍，调制项 $\mathrm{e}^{-\mathrm{j}\omega a}$ 来自于小波所在的位置 a。因此，小波可以被解释为缩放和调制带通滤波器 $\hat{\psi}$ 的逆傅里叶变换。

类似于经典连续小波的傅里叶表示，谱图小波是基于在图傅里叶域中定义的核 g 构建的。核 g 类似于带通滤波器，即它满足 $g(0)=0$ 和 $\lim\limits_{x\to\infty}g(x)=0$。 446

在以节点 n 为中心的 t 尺度谱图小波 $\psi_{t,n}$ 通过图的（对称）拉普拉斯矩阵 $\boldsymbol{L}$ 的谱分解来定义

$$\psi_{t,n}(m)=\sum_{\ell=0}^{N-1}u_{\ell}(m)g(t\lambda_{\ell})u_{\ell}^{*}(n) \tag{11.7.2}$$

这里，与公式（11.7.1）描述的经典小波相比，频率 ω 用图的拉普拉斯特征值 λ_{ℓ} 代替。此外，将小波平移（或定位）到节点 n 对应于乘以 $u_{\ell}^{*}(n)$，而不是 $\mathrm{e}^{-\mathrm{j}\omega a}$。此外，$g$ 充当缩放带通滤波器，代替公式（11.7.1）中的 $\hat{\psi}$。这里需要注意的一点是谱小波在尺度上是连续的，但在空间上是离散的。滤波器核函数 g 被定义为正实数 $\mathbb{R}^{+}$ 上的连续函数。并以离散频率值 $(\lambda_{\ell})_{\ell=0,\cdots,N-1}$ 进行采样。在实际场景 中，要有一定数量的尺度，连续尺度参数 t 也被采样；即共考虑 J 个尺度：$\{t_j\}_{j=1,\cdots,J}$。

11.7.1 SGWT 的矩阵形式

令 $\boldsymbol{U}_{(m,:)}$ 表示矩阵 $\boldsymbol{U}$ 的第 m 行，$\boldsymbol{U}_{(:,n)}^{\mathrm{T}}$ 表示矩阵 $\boldsymbol{U}^{\mathrm{T}}$ 的第 n 列，其中 $\boldsymbol{U}$ 是有图拉普拉斯算子的特征向量作为其列的矩阵。可以将公式（11.7.2）等效地写为

$$\boldsymbol{\psi}_{t,n}(m)=\boldsymbol{U}_{(m,:)}\boldsymbol{G}_t\boldsymbol{U}_{(:,n)}^{\mathrm{T}} \tag{11.7.3}$$

其中 $\boldsymbol{G}_t=\mathrm{diag}[g(t\lambda_0),g(t\lambda_1),\cdots,g(t\lambda_{N-1})]$ 是对角矩阵，对角元素为缩放的带通滤波器在图频率采样的值。因此，以节点 n 为中心的 t 尺度小波（列）向量为

$$\boldsymbol{\psi}_{t,n}=\boldsymbol{U}\boldsymbol{G}_t\boldsymbol{U}_{(:,n)}^{\mathrm{T}} \tag{11.7.4}$$

因此，t 尺度的小波基为 N 个小波（每个小波以图的特定节点为中心）的集合，可以写成

$$\boldsymbol{\Psi}_t=[\boldsymbol{\psi}_{t,1}|\boldsymbol{\psi}_{t,2}|\ldots|\boldsymbol{\psi}_{t,N}]=\boldsymbol{U}\boldsymbol{G}_t\boldsymbol{U}^{\mathrm{T}} \tag{11.7.5}$$

现在，图信号 $\boldsymbol{f}$ 的以节点 n 为中心的 t 尺度小波系数可以计算为：

$$W_f(t,n)=\langle\boldsymbol{\psi}_{t,n},\boldsymbol{f}\rangle=\boldsymbol{\psi}_{t,n}^{\mathrm{T}}\boldsymbol{f} \tag{11.7.6}$$

可以使用快速切比雪夫多项式近似算法[206]有效地计算 SGWT，这避免了图拉普拉斯矩阵的完全特征分解。 447

11.7.2 小波生成核

谱图小波需要一个滤波器内核，其缩放版本用于构建各种尺度的小波。一个示例核 g 可以定义为

⊖ 有关连续时间小波的详细信息，请参阅附录 B.6。

$$g(x;\alpha,\beta,x_1,x_2)=\begin{cases}x_1^{-\alpha}x^{\alpha}, & x<x_1\\ p(x), & x_1\leqslant x\leqslant x_1\\ x_2^{\beta}x^{-\beta}, & x>x_2\end{cases}\tag{11.7.7}$$

其中 x 是距离原点（零频率）的距离，α 和 β 是带通滤波器 g 的整数参数，x_1 和 x_2 确定平移区域，$p(x)$ 是确保 g 的连续性的3D立方样条函数。这些参数的一种可能选择是 $\alpha=\beta=2, x_1=1, x_2=2$，$p(x)=-5+11x-6x^2+x^3$。

为了实际使用，总尺度数 J 可以选择对数等间距的离散小波尺度 $t_1,\cdots,t_J$，其中 t_J 为最小尺度。考虑到 $\lambda_{\min}=|\lambda_{\max}|/K$，其中 $\lambda_{\max}$ 是 $\boldsymbol{L}$ 具有最大幅值的特征值，K 是设计参数，设 $t_J=x_2/|\lambda_{\max}|$ 且 $t_1=x_2/\lambda_{\min}$。

图 11.12 展示了带有如下参数的不同尺度的内核：$|\lambda_{\max}|=7.8830,\ \alpha=\beta=2,\ x_1=1,\ x_2=2,\ K=20,\ J=4$。图 11.12a 显示原始内核 $(t=1)$。图 11.12b～图 11.12e 分别显示了 $t=5.0742,\ t=1.8693,\ t=0.6887,\ \ t=0.2537$ 的核函数。可以清楚地观察到，随着尺度 t 的增加，核越来越趋近于低频。

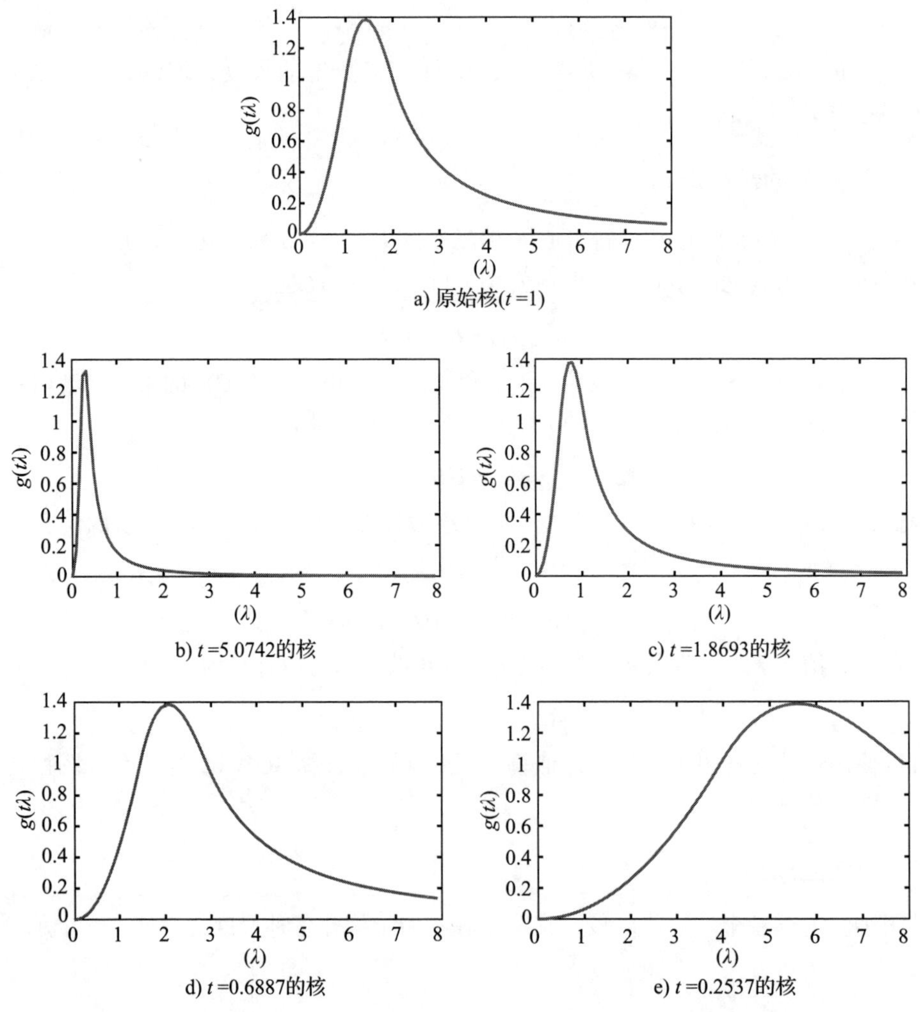

图 11.12　各种尺度的核。随着尺度 t 的增加，内核变得越来越趋近于低频

11.7.3　SGWT 的示例

图 11.13 演示了对于任意网络的多尺度小波。对应于图 11.12 所示的内核，小波如图 11.14 所示。总尺度数$J=4$采用对数等距的离散小波尺度，参数为$\lambda_{\max}=7.8830$，$K=20$，$\lambda_{\min}=\lambda_{\max}/K=0.3942$，$x_1=1$，$x_2=2$，$\alpha=\beta=2$，$t_4=x_2/|\lambda_{\max}|=0.2537$且$t_1=x_2/\lambda_{\min}=5.0742$。可以看出，当尺度比较小（小$t$），滤波器$g(t\lambda)$伸展开，并让高频模式通过，这对于更好地定位非常重要。如图 11.14a 和图 11.14b 所示，相应的小波仅延伸到图中的近邻。但是，对于较大的尺度（大t），滤波器函数被压缩到低频模式，如图 11.12a 和图 11.12b 所示，并且相应的小波分布在图上，如图 11.14c 和图 11.14d 所示。图 11.15 中绘制了如图 11.14 所示的小波的另一种表示。

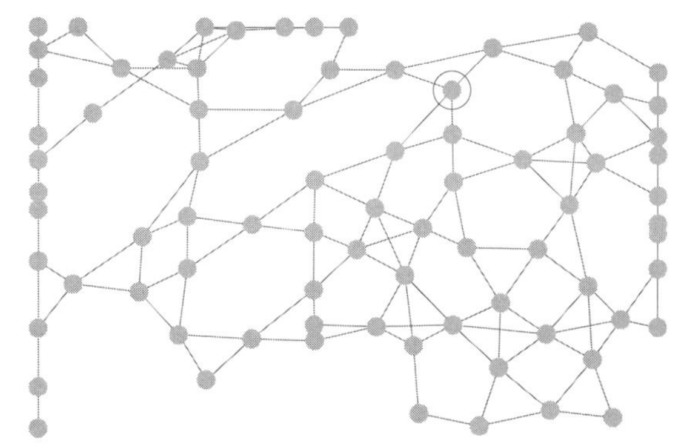

图 11.13　任意网络

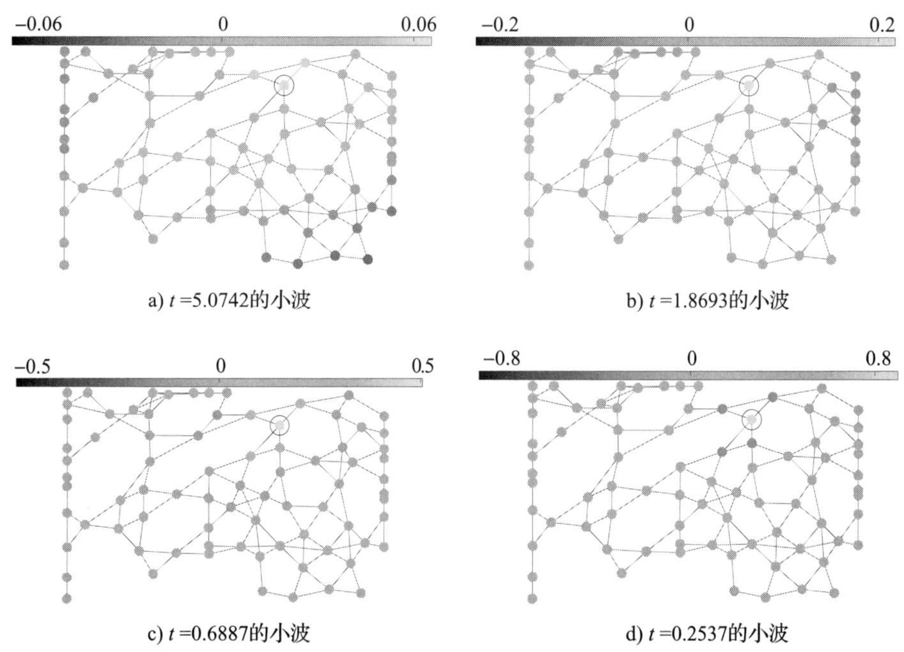

a) t=5.0742的小波　b) t=1.8693的小波

c) t=0.6887的小波　d) t=0.2537的小波

图 11.14　任意网络的各种尺度的小波。小波以带圆圈节点为中心

SGWT 已被用于各种应用，包括移动推理 [210] 和社区发现 [211]。SGWT 还可用于分析网络动态，以捕获和量化变化。

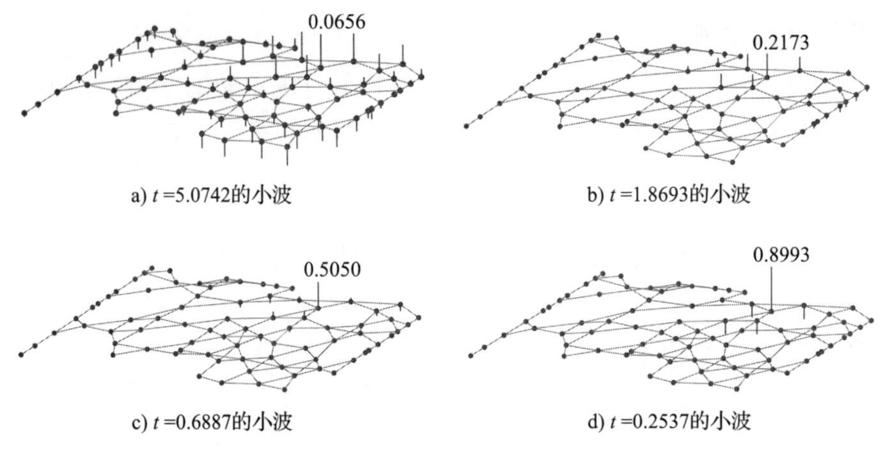

a) t=5.0742的小波　b) t=1.8693的小波

c) t=0.6887的小波　d) t=0.2537的小波

图 11.15　如图 11.14 所示的小波的另一种表示

11.7.4　优点和缺点

SGWT 适用于加权图并且还提供逆变换。它提供了经典小波变换的精确类比，并提供了对尺度更精细的控制。

但是，SGWT 不适用于有向图。此外，SGWT 对网络拓扑非常敏感：网络拓扑的微小变化可以显著改变小波。这是因为图拉普拉斯算子的特征值和特征向量对网络拓扑高度敏感。

11.8　基于有向拉普拉斯算子的谱图小波变换

本节介绍基于有向拉普拉斯算子的 SGWT（SGWT_{DL}），将文献 [206] 中提出的 SGWT 扩
448～450 展到有向图。如 10.5.5 节所述，利用（有向）图拉普拉斯算子的谱分解实现固有频率解释。因此，SGWT 的概念可以很容易地扩展到有向图。这种拓展被称为 SGWT_{DL}。10.5.5 节中介绍的 GFT 用于定义谱域中的缩放。

在 SGWT_{DL} 的定义中，假设图拉普拉斯矩阵是对角化的，如公式（10.5.11）。通过实例证明 SGWT_{DL} 在顶点域和频域中实现局部化的能力。

11.8.1　小波

利用图拉普拉斯（公式（10.5.8））的谱分解，将公式（11.7.5）扩展到有向图，使得在尺度 t 上小波基可写成

$$\boldsymbol{\Psi}_t = [\boldsymbol{\psi}_{t,1} \mid \boldsymbol{\psi}_{t,2} \mid \cdots \mid \boldsymbol{\psi}_{t,N}] = \boldsymbol{V}\begin{bmatrix} g(t\lambda_0) & & & \\ & g(t\lambda_1) & & \\ & & \ddots & \\ & & & g(t\lambda_{N-1}) \end{bmatrix}\boldsymbol{V}^{-1} = \boldsymbol{V}\boldsymbol{G}_t\boldsymbol{V}^{-1} \tag{11.8.1}$$

其中 $\boldsymbol{V}$ 是 10.5.5 节中描述的图傅里叶基，$\boldsymbol{G}_t = \text{diag}[g(t\lambda_0), g(t\lambda_1), \cdots, g(t\lambda_{N-1})]$，并且 $g(t\lambda_\ell)$ 是在（复）频率 λ_ℓ 处生成的 2D 尺度值（实数）。因此，以节点 n 为中心的 t 尺度小波为：

$$\boldsymbol{\psi}_{t,n} = \boldsymbol{\Psi}_t\boldsymbol{\delta}_n = \boldsymbol{V}\boldsymbol{G}_t\boldsymbol{V}^{-1}\boldsymbol{\delta}_n \tag{11.8.2}$$

其中 $\boldsymbol{\delta}_n$ 是只有在第 n 个元素具有单位值而其他元素为零的 N 维列向量。此外，图信号 $\boldsymbol{f}$ 的 t 尺度在节点 n 处的小波为：

$$W_f(t,n)=\langle \boldsymbol{\psi}_{t,n}, \boldsymbol{f}\rangle=\boldsymbol{\psi}_{t,n}^{\mathrm{T}}\boldsymbol{f} \tag{11.8.3}$$ 451

11.8.2 小波生成核

由于有向图的情况下频率的复杂性，小波生成核是复数变量的实函数，而在无向图的情况下是实数变量的实函数。另外，生成核是循环对称函数，因为具有相等绝对值的特征值对应于单个频率。在 11.7 节中讨论过的带通滤波器 g 可以扩展到复频率平面。

$$g(r;\alpha,\beta,r_1,r_2)=\begin{cases} r_1^{-\alpha}r^{\alpha}, & r<r_1 \\ p(r), & r_1\leqslant r\leqslant r_1 \\ r_2^{\beta}r^{-\beta}, & r>r_2 \end{cases} \tag{11.8.4}$$

其中 $r=\sqrt{x^2+y^2}$ 是距离原点（零频率）的距离，α 和 β 是带通滤波器 g 的整数参数，r_1 和 r_2 决定变换区域，$p(r)$ 是 3D 立方样条曲面以确保 g 连续。使用在文献 [206] 中的参数：$\alpha=\beta=2$, $r_1=1$, $r_2=2$, $p(r)=-5+11r-6r^2+r^3$。

总尺度数 J 为了实际需要可以选择对数等间距的离散小波尺度：$t_1,\cdots,t_J$，其中 t_J 是最小的尺度。

考虑 $\lambda_{\min}=|\lambda_{\max}|/K$，其中 $\lambda_{\max}$ 是 $\boldsymbol{L}$ 中幅值最大的特征值，K 是设计参数，小波的尺度可以设为 $t_J=r_2/|\lambda_{\max}|$ 且 $t_1=r_2/\lambda_{\min}$。

如图 11.16 所示，参数为 $|\lambda_{max}|=2.2871$，$\alpha=\beta=2$，$r_1=1$，$r_2=2$，$K=20$，$J=4$ 的不同尺度的内核。选择四个尺度使得它们在 $t_J=x_2/|\lambda_{\max}|$ 和 $t_1=x_2/\lambda_{\min}$ 之间的对数上间隔相等。可以清楚地观察到，随着尺度 t 的增加，核越来越趋近于低频。

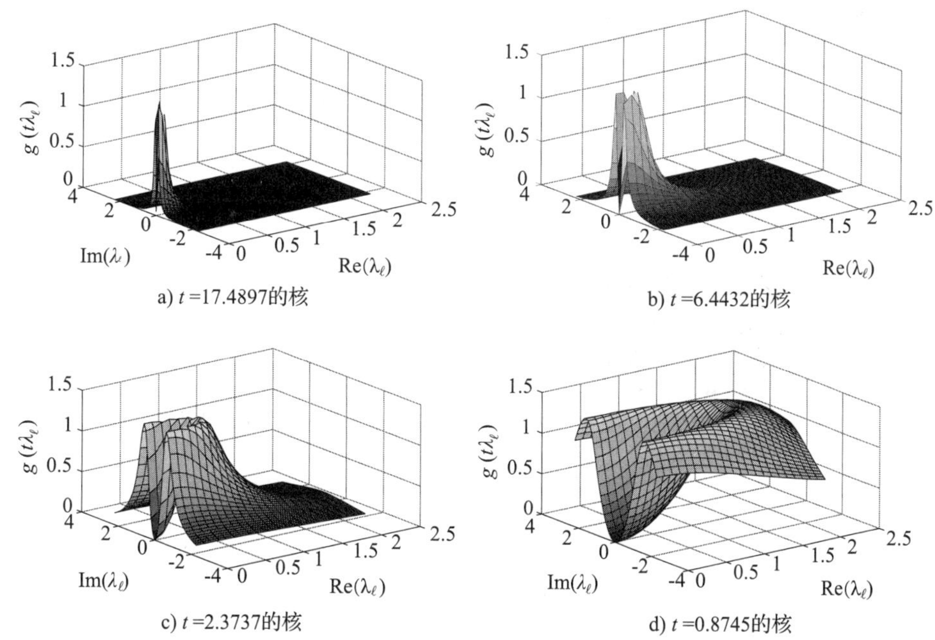

a) t =17.4897的核　b) t =6.4432的核

c) t =2.3737的核　d) t =0.8745的核

图 11.16　不同尺度的核示例。随着尺度 t 的增加，核越来越趋近于低频。为了便于可视化，显示了正实频率半平面

11.8.3 示例

图 11.17 显示了以圆圈节点为中心 20 节点有向图的不同尺度的小波。使用由公式（11.8.4）给出的生成核。可以观察到小波”覆盖范围”随着尺度的减小而减小，因为当尺度比较小时，生成核只允许高频通过。

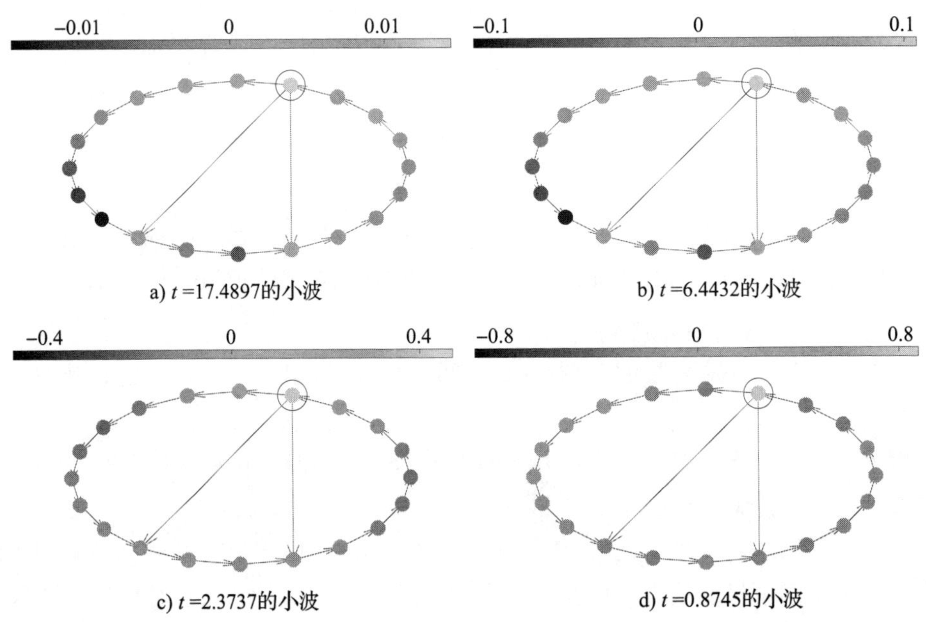

图 11.17　有向环图上的小波。以圆圈节点为中心的不同尺度的小波。随着尺度 t 减少（高频占优势），小波的覆盖范围也减少

作为第二个例子，用无向明尼苏达州公路网构建有向加权图。通过任意地在原始道路网
452~453 络的边上（22 条边）指定方向和分配权重来构建有向图。图 11.18 显示了该有向网络上的小波。可以观察到，随着尺度的减小，小波的覆盖范围也减小。

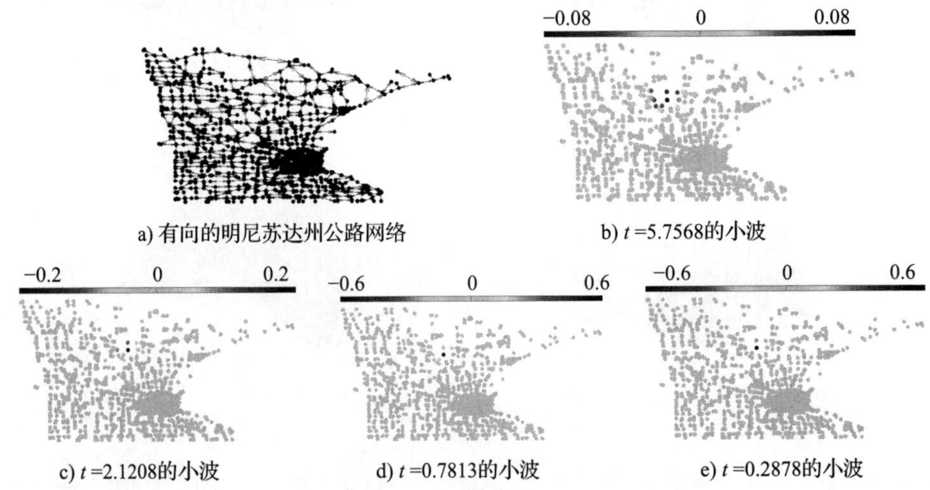

图 11.18　以圆圈节点为中心的不同尺度的小波。随着尺度 t 减少（高频占优势），小波覆盖范围也减少

11.9 扩散小波

图上的扩散小波[207]是基于图的特定的扩散矩阵的幂的压缩表示。扩散矩阵可以是随机游走矩阵或者拉普拉斯矩阵。该框架允许图的压缩，即也产生图的粗略版本。通常，增加扩散算子 $\boldsymbol{T}$ 的幂可以产生低秩矩阵，因此可以进行压缩。

扩散小波不仅可以在复杂网络上产生小波，也可以生成复杂网络的粗略版本，对复杂网络进行多尺度的分析。目前遇到的图（复杂网络）非常大。通常在图中的最小尺度信息都含有噪声。因此，对于具体任务而言，最小尺度的图并不是最具信息量的。通过在不同的尺度压缩网络，可以以合适的方式缩小网络的规模。压缩图意味着生成越来越粗的能在不同的分辨率水平代替原图的图。扩散小波框架提供了压缩图的方法。

在这个方案中的扩散算子 $\boldsymbol{T}$ 是随机游走矩阵 $\boldsymbol{T}=\boldsymbol{D}^{\frac{1}{2}}\boldsymbol{W}\boldsymbol{D}^{-\frac{1}{2}}$，其中 $\boldsymbol{D}$ 是图的度矩阵，$\boldsymbol{W}$ 是图的权重矩阵。注意，采用 $\boldsymbol{T}$ 的二进制的幂。幂 $\boldsymbol{T}^{2^j}$ $(j>0)$ 描述了在不同尺度时的扩散行为。当 $\boldsymbol{T}$ 增加时，谱向零移动，即特征值越来越小。换句话说，$\boldsymbol{T}$ 的高尺度的幂是低阶的，因此，可以通过在合适的基上的有效表示实现压缩。 454

压缩中的一致性的定义为在尺度 j 一步随机游走对应于原始的 2^{j+1} 步随机游走，注意到这点很重要。用于扩散算子 $\boldsymbol{T}$ 的基函数不是特征向量而是由 QR 分解得来的局部的基函数。不用特征向量作为基的原因是因为特征向量是图的全局的，因此，不能提供任何局部的信息。

通过改进的 Gram-Schmidt 正则化（GSM）方法，将对不同分辨率水平的局部的基函数进行适当的正则化和下采样，以转换正交基函数集。通过这种局部的 GSM 方法将基函数（滤波器）正则化为空间域中的局部的块函数，不能保证其创建的滤波器的支持的大小。

11.9.1 优点和缺点

扩散小波的最大的优势是在生成不同尺度的小波的同时也生成图的压缩的（粗略的）版本。此外，基函数是正交的，因此可以允许从变换系数重建信号。

很多应用希望正交变换，例如信号压缩，采用正交过程使得构建该变换变得复杂。此外，扩散算子 $\boldsymbol{T}$ 和产生的小波之间的关系并不明显。

11.10 开放性研究问题

- 大部分多尺度的分析技术仅应用于无向图。开发可以应用于有向图并且计算效率高的新的技术是一个开放性研究问题。
- 双通道的滤波器组只能保证二分图的完美重建。对于任意图，需要能够分解成为一系列可分的二分图。然而，这种分解方法并不唯一，评判哪种方法分解效果更好仍是一个开放性研究问题。
- 在文献 [194-195] 中开发了图上 M 通道的滤波器组。然而，只有满足一定条件的一类图才能够进行完美的重建。开发能够在任意的图上进行完美重建的滤波器组是一个有趣的研究领域。
- 虽然 SGWT 非常类似于经典的连续时间小波变换，该方案中的小波不遵从经典小波的移位不变性。带有移位不变性的图小波可能是一个值得研究的有趣问题。 455
- 没有研究 $\mathrm{SGWT_{DL}}$ 的性质，也没有提出其逆变换。而且，尚未研究边的方向性的影响。

- 本章中介绍的所有多尺度变换仅利用了底层图的结构，并未考虑信号的属性。对于图像和多维常规信号，存在许多考虑信号特性的小波变换 [212]。构建图上的信号自适应小波是一个具有挑战性的研究领域。在这方面的一些工作可以在文献 [213] 中找到。

11.11 小结

本章介绍了在多分辨率（多尺度）下分析复杂网络数据的不同变换。这些技术涉及可以进行多尺度分析的类小波变换。多尺度分析方法在复杂的网络领域中非常有用，就像在经典离散时间信号和图像信号中一样重要。可以在顶点域和谱域中设计多尺度变换。本章详细讨论了例如 CKWT、随机变换和基于提升的小波变换等在顶点域中设计的变换。还介绍了谱域设计中的 SGWT、双通道小波滤波器组和扩散小波。在简单性、适用性和复杂性方面，不同的变换具有其自身的优点和缺点。然而，迄今为止开发的方法仍然不够成熟，无法应对包含数百万个节点的极其庞大的复杂网络，这些节点几乎连续不断地生成数据。根据目前该领
456 域的研究方向，可以期待在不久的将来出现更有效的多分辨率技术。

练习题

考虑如图 11.19 所示的图 $\mathcal{G}$。

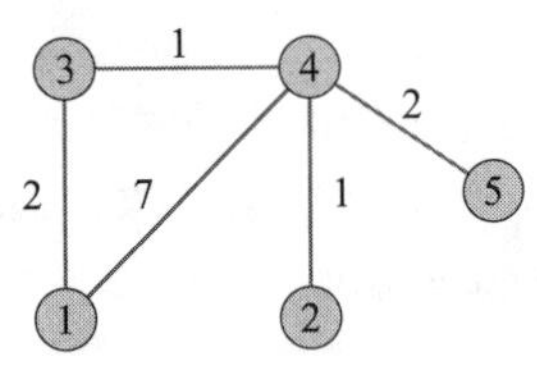

图 11.19　图 $\mathcal{G}$

图拉普拉斯算子的非零特征值是 1.1464，2.1337，5.4424，17.2775。此外，拉普拉斯算子的特征向量矩阵是

$$
\boldsymbol{U}=\begin{bmatrix}
0.4472 & 0.1840 & 0.2189 & 0.5477 & 0.6467\\
0.4472 & -0.8860 & -0.0467 & -0.1036 & 0.0463\\
0.4472 & 0.2685 & 0.5663 & -0.6370 & -0.0378\\
0.4472 & 0.1297 & 0.0529 & 0.4604 & -0.7540\\
0.4472 & 0.3039 & -0.7914 & -0.2675 & 0.0987
\end{bmatrix}
$$

1. 对于图 11.20 所示的图，以所有可能的尺度计算以节点 2 为中心的 CK 小波。假设 Haar 小波为 $\psi(t)$。还要验证 11.3.3 节中列出的 CK 小波的性质。
2. 在例 11.6.1 中，假设丢弃节点 1、2、3 和 4。写下形变图傅里叶基并绘制 DU 信号的谱。
3. 考虑图 11.21a 所示的图。
   (a) 图是二分的吗？如果是，请记下属于图的两个部分的节点并将其表示为 $\mathcal{H}$ 和 $\mathcal{L}$。
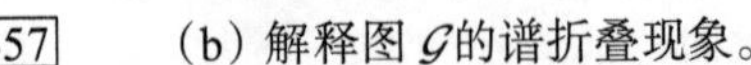
457　(b) 解释图 $\mathcal{G}$ 的谱折叠现象。
   (c) 对于图 11.21b 所示的级联下采样和上采样模块，找到下采样矩阵。

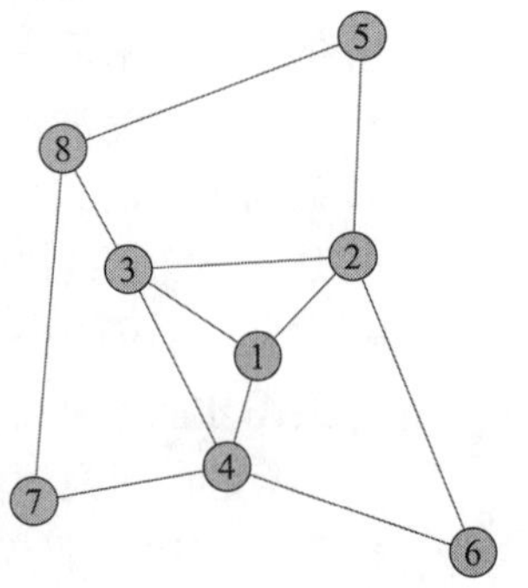

图 11.20　练习题 1 的图

计算输入图信号 $\boldsymbol{f}=[4,-7,1,-2,3]^{\mathrm{T}}$ 的 DU 输出。

(d) 根据输入和形变的谱系数表示输出 DU 图信号的 GFT 系数。

4. 考虑与练习题 3 中相同的图，如果如图 11.22 所示的框图的输出 $\boldsymbol{f}_{out}=[-2,-1,3,9,0]^{\mathrm{T}}$。计算输入信号 $\boldsymbol{f}_{\mathrm{in}}$。

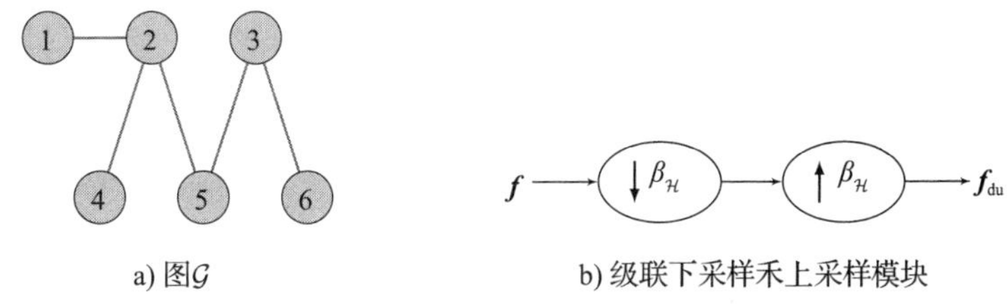

a) 图 $\mathcal{G}$　　b) 级联下采样和上采样模块

图 11.21　图和 DU 模块（练习题 3）

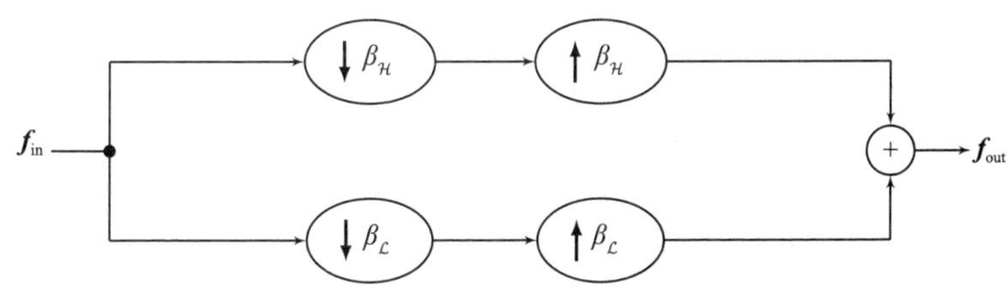

图 11.22　练习题 4 的框图

5. 在图 11.10 中，假设滤波器 $\boldsymbol{H}_0$ 在谱域中的描述为

$$h_0(\lambda)=\begin{cases}\sqrt{c}, & \lambda<1\\ \dfrac{\sqrt{c}}{\sqrt{2}}, & \lambda=1\\ 0, & \lambda>1\end{cases} \tag{11.11.1}$$

假设输入信号 $\boldsymbol{f}$ 的底层结构是一个二分图，在谱域中绘制滤波器 $\boldsymbol{H}_1$、$\boldsymbol{G}_0$ 和 $\boldsymbol{G}_1$ 的核以实现完美的重建。

考虑如图 11.21a 所示的定义在图 $\mathcal{G}$ 上的信号 $\boldsymbol{f}=[-2,1,9,0,4,-5]^{\mathrm{T}}$，找到图 11.10 中每个块输出端的信号，并验证是否实现了完美的重建。 458

6. 对于图 11.19，计算以节点 1 为中心的尺度分别为 t=2，10，40 时的小波。使用公式（11.7.7）给出的核。评论不同尺度的小波。

C 7. 该问题涉及检测传感器网络中的异常节点。使用 GSPBox，创建一个 60 节点随机传感器网络并定义图上的信号 f 为

$$f(i)=\begin{cases}23, & i=40\\ 23\mathrm{e}^{-c.d(i,40)}, & \text{其他}\end{cases} \tag{11.11.2}$$

其中 $c=0.1$ 是一个常数并且 $d(i,j)$ 是节点 i 和 j 之间的距离（可以使用 Dijkstra 算法找到最短路径）。该信号可认为是地理区域中的温度值，因为如果传感器被密集地放置，则温度值的变化不大。现在通过使传感器 18 和 39 的温度值为零来在图信号中引入一些异常。

在第 10 章的练习题 12 中，可以使用 GFT 检测异常；然而，无法定位异常节点。使用 SGWT 从创建的温度数据中查找异常节点。记下该过程的详细步骤并解释为什么有效。

8. 本题是关于量化图信号的覆盖范围。图信号的覆盖范围可以在顶点域以及谱域中定义。在顶点域中，信号 $\boldsymbol{f}$ 在图 $\mathcal{G}$ 上关于节点 v_j 的覆盖范围的定义为：

$$\Delta^2_{\mathcal{G},v_j}(\boldsymbol{f})=\frac{1}{\|\boldsymbol{f}\|^2}\boldsymbol{f}^{\mathrm{T}}\boldsymbol{P}^2_{v_j}\boldsymbol{f} \tag{11.11.3}$$

其中 $\boldsymbol{P}_{v_i}=\mathrm{diag}\{d(v_i,v_1),d(v_i,v_2),\cdots,d(v_i,v_N)\}$ 是对角矩阵，$d(v_i,v_j)$ 是节点 v_i 和节点 v_j 之间的测量距离。而且，整个图的覆盖范围（或简称*图覆盖范围*）是图所有节点的覆盖范围的最小值，即

$$\Delta^2_{\mathcal{G}}(\boldsymbol{f})=\min_{v_i}\frac{1}{\|\boldsymbol{f}\|^2}\boldsymbol{f}^{\mathrm{T}}\boldsymbol{P}^2_{v_i}\boldsymbol{f} \tag{11.11.4}$$

图信号 $\boldsymbol{f}$ 的谱覆盖范围的定义为：

$$\Delta^2_{\mathcal{G}^s}(\boldsymbol{f})=\frac{1}{\|f\|^2}\boldsymbol{f}^{\mathrm{T}}\boldsymbol{L}\boldsymbol{f} \tag{11.11.5}$$

其中 $\boldsymbol{L}$ 是图的拉普拉斯矩阵。根据图覆盖范围和谱覆盖范围的定义，回答以下问题：

(a) 证明

$$\Delta^2_{\mathcal{G}^s}(\boldsymbol{f})=\frac{1}{\|f\|^2}\sum_{\ell=0}^{N-1}\lambda_\ell|\hat{f}(\lambda_\ell)|^2 \tag{11.11.6}$$

其中 $\hat{f}(\lambda_\ell)$ 是在频率 λ_ℓ 处的 GFT 系数。

(b) 写出图拉普拉斯算子的特征向量的谱覆盖范围的表达式。特征向量的覆盖范围之间有什么关系？

(c) 对于图 11.19，找到拉普拉斯矩阵的特征向量的图覆盖范围。你能找到特征向量的图覆盖范围和谱覆盖范围之间的关系吗？

(d) 计算脉冲信号 δ_i 的图覆盖范围和谱覆盖范围。

459~460 9. 根据练习题 8 中的覆盖范围定义，计算练习题 6 中得到的小波的图覆盖范围和谱覆盖范围。评论不同尺度下小波的图和谱的覆盖范围。

附录 A
Complex Networks: A Networking and Signal Processing Perspective

向量和矩阵

A.1 向量和范数

向量是一个实数或复数的数组。我们用小写黑斜体字母 $\boldsymbol{x}$ 表示向量，并假设向量为列向量。例如长度为 n 的向量是

$$\boldsymbol{x}=\begin{bmatrix} x_1 \\ x_2 \\ \vdots \\ x_n \end{bmatrix}$$

向量中的元素个数也称为向量的维数。如果元素 $x_1, x_2, \cdots, x_n$ 是实数，则 $\boldsymbol{x}$ 是 n 维实数向量，并且用 $\boldsymbol{x}\in\mathbb{R}^n$ 表示。另一方面，如果元素是复数，则 $\boldsymbol{x}$ 是 n 维复数向量，并用 $\boldsymbol{x}\in\mathbb{C}^n$ 表示。

人们定义各种范数来度量向量的大小。其中一种度量是 ℓ_p 范数，定义为

$$\|x\|_p=\left[\sum_{i=1}^{n}|x_i|^p\right]^{1/p} \tag{A.1.1}$$

其中，n 是向量的维度。ℓ_1 和 ℓ_2 范数应用广泛：

$$\|x\|_1=\sum_{i=1}^{n}|x_i| \tag{A.1.2}$$

$$\|x\|_2=\left[\sum_{i=1}^{n}|x_i|^2\right]^{1/2} \tag{A.1.3}$$ 461

如果来自向量的集合 $\boldsymbol{v}_1, \boldsymbol{v}_2, \cdots, \boldsymbol{v}_p$ 的任何向量不能表示为该集合中其余向量的线性组合，则称这组向量是线性无关的。换句话说，当且仅当 $c_i=0\forall i$ 时，

$$c_1v_1+c_2v_2+\cdots+c_nv_p=0 \tag{A.1.4}$$

成立，则称该集合是线性无关的。

A.1.1 正交和规范正交向量

两个向量 $\boldsymbol{u}$ 和 v 是正交的，如果它们的积 $\boldsymbol{u}^{\mathrm{T}}\boldsymbol{v}=0$。除正交性以外，如果向量具有单位长度（也就是说，如果 $\|u\|_2=\|\boldsymbol{v}\|_2=1$），那么向量 $\boldsymbol{u}$ 和 $\boldsymbol{v}$ 是规范正交的。例如，向量 $\boldsymbol{u}=\frac{1}{\sqrt{26}}[1\ \ 3\ \ 4]^{\mathrm{T}}$ 和 $\boldsymbol{v}=\frac{1}{\sqrt{10}}[-3\ \ 1\ \ 0]^{\mathrm{T}}$ 是规范正交的。

A.1.2 向量集的线性生成空间

令 $x_1, x_2, \cdots, x_p$ 是 n 维向量的集合。这组向量的线性生成空间是包含这些向量的所有线

性组合的集合。即，

$$\text{span }\{x_1, x_2, \cdots, x_p\} = \{y : y = \alpha_1 x_1 + \alpha_2 x_2 + \cdots + \alpha_p x_p\} \tag{A.1.5}$$

其中 α_1, α_2，…，α_p 为标量。

A.2 矩阵

矩阵是 2 维的实数或者复数数组。一个 $m \times n$ 矩阵包括 m 行和 n 列数字。通常用大写黑斜体字母表示矩阵。例如，

$$\mathbf{A} = \begin{bmatrix} a_{11} & a_{12} & \cdots & a_{1n} \\ a_{21} & a_{22} & \cdots & a_{2n} \\ \vdots & \vdots & & \vdots \\ a_{m1} & a_{m2} & \cdots & a_{mn} \end{bmatrix}$$

其中 a_{ij} 是矩阵在第 i 行和第 j 列的元素。

$m \times n$ 的矩阵 $\boldsymbol{A}$ 的转置 $\boldsymbol{A}^{\mathrm{T}}$ 是一个 $n \times m$ 维的矩阵。它是通过交换矩阵 $\boldsymbol{A}$ 的行和列形成的。换句话说，矩阵 $\boldsymbol{A}$ 的行成为了矩阵 $\boldsymbol{A}^{\mathrm{T}}$ 的列，反之亦然。与矩阵相关的另一个重要数量是其行列式。矩阵 $\boldsymbol{A}$ 的行列式记为 $\det(\boldsymbol{A})$ 或 $|\boldsymbol{A}|$。

A.2.1 矩阵的迹

方阵 $\boldsymbol{A}$ 的迹是其对角元素的和

462

$$\mathrm{tr}(\boldsymbol{A}) = \sum_i a_{ii} \tag{A.2.1}$$

对于两个相容的矩阵 $\boldsymbol{A}$ 和 $\boldsymbol{B}$。

$$\mathrm{tr}(\boldsymbol{AB}) = \mathrm{tr}(\boldsymbol{BA})$$

A.2.2 矩阵与向量相乘

令 $\boldsymbol{A} = [\boldsymbol{a}_1 \mid \boldsymbol{a}_2 \mid \cdots \mid \boldsymbol{a}_n]$ 为一个 $m \times n$ 的矩阵，$\boldsymbol{x}$ 为任意 n 维向量，则积 $\boldsymbol{Ax}$ 是（列）向量，并且是矩阵 $\boldsymbol{A}$ 中的各列的线性组合：

$$\boldsymbol{Ax} = \sum_{i=1}^{n} x_i \boldsymbol{a}_i$$

A.2.3 列空间、零空间和矩阵的秩

考虑构造矩阵 $\boldsymbol{X}$，它将 p 个 n 维向量 $\boldsymbol{x}_1, \boldsymbol{x}_2$，…，$\boldsymbol{x}_p$ 作为各列。其线性生成空间 $\boldsymbol{x}_1, \boldsymbol{x}_2$，…，$\boldsymbol{x}_p$ 被称作矩阵 $\boldsymbol{X}$ 的列空间或者值域。换句话说，对于任意向量 $\boldsymbol{z}$，$\boldsymbol{y}=\boldsymbol{Xz}$ 在矩阵 $\boldsymbol{X} = [\boldsymbol{x}_1 \mid \boldsymbol{x}_2 \mid \cdots \mid \boldsymbol{x}_p]$ 的列空间内。所有满足公式 $\boldsymbol{Ax}=0$ 的向量 $\boldsymbol{x}$ 所构成的集合被称作矩阵 $\boldsymbol{A}$ 的零空间。

矩阵 $\boldsymbol{A}$ 的秩等于其线性独立的列数。它通常表示为 $\mathrm{rank}(\boldsymbol{A})$。矩阵的秩也等于矩阵的列空间的维度。对于 $n \times p (n \leqslant p)$ 的矩阵 $\boldsymbol{A}$，$\mathrm{rank}(\boldsymbol{A}) \leqslant n$。

A.2.4 特殊矩阵

1. 对称和反对称矩阵

如果矩阵 $\boldsymbol{A}$ 满足关系 $\boldsymbol{A}^{\mathrm{T}} = \boldsymbol{A}$，则称之为对称矩阵。另一方面，如果 $\boldsymbol{A}^{\mathrm{T}} = -\boldsymbol{A}$，则称矩阵 $\boldsymbol{A}$ 为反对称矩阵。

2. 埃尔米特矩阵和斜埃尔米特矩阵

如果$\boldsymbol{A}^H=\boldsymbol{A}$，其中$\boldsymbol{A}^H$是$\boldsymbol{A}$的埃尔米特转置或者共轭转置，则含有复数元素的矩阵$\boldsymbol{A}$是埃尔米特矩阵。矩阵$\boldsymbol{A}$的埃尔米特转置通过转置$\boldsymbol{A}$并且对每个元素取其共轭复数得到的，即$a_{ij}^H=a_{ji}^*$。例如，如果

$$\boldsymbol{A}=\begin{Bmatrix}1+2j & 3-j \\ 3 & 9+5j\end{Bmatrix}，\text{那么 } \boldsymbol{A}^H=\begin{Bmatrix}1-2j & 3 \\ 3+j & 9+5j\end{Bmatrix}$$

如果含有复数元素的矩阵$\boldsymbol{A}$满足$\boldsymbol{A}^H=-\boldsymbol{A}$，则称矩阵$\boldsymbol{A}$为斜埃尔米特矩阵。 463

3. 对角矩阵

对角矩阵是除了对角线上的元素之外其余元素均为零的方阵。它通常被表示为$\boldsymbol{A}=\mathrm{diag}\{a_1,a_2,\cdots,a_n\}$，其中$a_1,a_2$，…，$a_n$是矩阵$\boldsymbol{A}$的对角元素。

对角块矩阵通常被记成如下形式

$$\boldsymbol{A}=\begin{bmatrix}\boldsymbol{A}_1 & 0 & 0 & \cdots & 0 \\ 0 & \boldsymbol{A}_2 & 0 & \cdots & 0 \\ \vdots & \vdots & \ddots & & \vdots \\ 0 & 0 & 0 & \cdots & \boldsymbol{A}_n\end{bmatrix}$$

主对角线上的所有矩阵都是具有任意大小的方阵。

4. 正交和酉矩阵

如果实数方阵$\boldsymbol{A}$的所有列都是规范正交的，那么该矩阵就是正交的，也就是说，

$$\boldsymbol{A}^{\mathrm{T}}\boldsymbol{A}=\boldsymbol{I} \tag{A.2.2}$$

正交性可以推广到复数矩阵。如果满足下列条件，则复数方阵$\boldsymbol{A}$被称为正交的：

$$\boldsymbol{A}^H\boldsymbol{A}=\boldsymbol{I} \tag{A.2.3}$$

酉矩阵是可逆的，它们的逆矩阵很容易计算：

$$\boldsymbol{A}^{-1}=\boldsymbol{A}^H$$

5. 循环矩阵

循环矩阵$\boldsymbol{A}$具有如下形式

$$\boldsymbol{A}=\begin{bmatrix}a_1 & a_n & a_{n-1} & \cdots & a_2 \\ a_2 & a_1 & a_n & \cdots & a_3 \\ a_3 & a_2 & a_1 & \ddots & a_4 \\ \vdots & \vdots & \ddots & & \vdots \\ & & & & a_n \\ a_n & a_{n-1} & & \cdots & a_1\end{bmatrix}$$

A.3 特征值和特征向量

考虑$n\times n$方阵$\boldsymbol{A}$，如果$\boldsymbol{v}$是矩阵$\boldsymbol{A}$的特征向量，那么它满足如下方程：

$$\boldsymbol{AV}=\lambda\boldsymbol{v} \tag{A.3.1}$$ 464

其中λ是标量，称为对应于特征向量的特征值。

注意，如果$\boldsymbol{v}$是对于特征值λ的特征向量，那么$k\boldsymbol{v}$也是对应于特征值λ的特征向量，其中k是标量。换句话说，$\boldsymbol{A}$的与特征值λ相对应的特征向量是$\boldsymbol{A}-\lambda\boldsymbol{I}$的零空间中的非零向量。

矩阵的所有特征值之和等于矩阵的迹，$\sum_{i=1}^{n}\lambda_j = \mathrm{tr}(\boldsymbol{A})$，并且，所有特征值的乘积等于矩阵的行列式，$\prod_{i=1}^{n}\lambda_j = \det(\boldsymbol{A})$。

如果矩阵的所有特征值都是非负的，则矩阵称为半正定矩阵。对于半正定矩阵，最大特征值的上限约束为

$$\lambda_{\max} \leqslant \sum_{i=1}^{n}\lambda_j = \mathrm{tr}(\boldsymbol{A}) \tag{A.3.2}$$

如果矩阵的所有特征值都是严格正的，那么矩阵称为正定矩阵。类似地，如果矩阵的所有特征值都是非正的，则矩阵称为半负定矩阵。

对称矩阵的特征值都是实数。而且，可以选择对称矩阵的特征向量使其彼此正交。对于反对称矩阵，其特征值是纯虚数，并且可以选择特征向量使其彼此正交。注意，对于对称矩阵和反对称矩阵，也可以有非正交的特征向量。

A.3.1 特征方程

对于给定的矩阵 $\boldsymbol{A}$，等式 $\det(\boldsymbol{A}-\lambda\boldsymbol{I})=0$ 是以 λ 为自变量的等式，被称为矩阵 $\boldsymbol{A}$ 的特征方程。矩阵特征方程的解也就是矩阵的特征值。多项式 $\det(\boldsymbol{A}-\lambda\boldsymbol{I})$ 被称为矩阵 $\boldsymbol{A}$ 的特征多项式。

A.3.2 特征空间

矩阵 $\boldsymbol{A}$ 相对于特征值 λ 的特征向量是矩阵 $\boldsymbol{A}-\lambda\boldsymbol{I}$ 零空间中的非零向量。矩阵 $\boldsymbol{A}-\lambda\boldsymbol{I}$ 零空间中包含了所有相对于特征值 λ 的特征向量和零向量，因此也被称为矩阵 $\boldsymbol{A}$ 相对于特征值 λ 的特征空间。与特征值 λ 相对应的特征空间通常表示为 $S_A(\lambda)$。

A.3.3 特征值的重数

为特征值 λ 定义了两种类型的重数：几何重数和代数重数。矩阵 $\boldsymbol{A}$ 的特征值 λ 的几何重数是与之相对应的线性无关的特征向量的个数。即对应特征空间 $S_A(\lambda)$ 的维度。

465 另一方面，特征值 λ 的代数重数是其作为特征方程根的重数。

通常，对于特定特征值，可以具有不同的代数和几何重数。然而，几何重数永远不会超过代数重数。

A.4 矩阵对角化

如果矩阵 $\boldsymbol{A}$ 的每个特征值的几何重数等于代数重数，则认为矩阵 $\boldsymbol{A}$ 是可对角化的。换句话说，大小为 N 方阵 $\boldsymbol{A}$ 有 N 个线性无关的特征向量，则可以表示成如下形式：

$$\boldsymbol{A} = \boldsymbol{S}^{-1}\boldsymbol{\Lambda}\boldsymbol{S} \tag{A.4.1}$$

其中 $\boldsymbol{\Lambda}$ 是对角矩阵，$\boldsymbol{S}$ 是非奇异矩阵。如果矩阵 $\boldsymbol{A}$ 的所有特征值都是不同的，那么它肯定是可对角化的。然而，矩阵可对角化并不一定要求所有的特征值都不相同。对角化的必要条件是特征向量线性无关。可以选择矩阵 $\boldsymbol{A}$ 的特征向量作为矩阵 $\boldsymbol{S}$ 的列，那么 $\boldsymbol{\Lambda}$ 中的对角元素即为对应的特征值。对称矩阵总可以用特征分解的方法进行对角化。对称矩阵可以写成如下形式

$$A = U^{\mathrm{T}} \Lambda U \tag{A.4.2}$$

其中矩阵 U 包含 A 中所有的特征向量，Λ 是含有对应特征值的对角矩阵。注意，U 是正交矩阵，即 $U^{-1} = U^{\mathrm{T}}$。

A.5 约当分解

并非所有方阵都是可对角化的。$N \times N$ 的矩阵 L 是可对角化的，当且仅当它的特征空间的维度也是 N。也就是说，所有的特征向量都线性无关。但是，采用约当范式 [214] 可以将任意矩阵 L 分解成如下形式：

$$L = VJV^{-1} \tag{A.5.1}$$

其中，矩阵 V 由特征向量或者广义特征向量组成。J 被称为约当矩阵，是与矩阵 L 类似的对角块矩阵。约当矩阵可以写成：

$$J = \begin{bmatrix} J_{n_1}(\lambda_1) & & \\ & \ddots & \\ & & J_{n_q}(\lambda_q) \end{bmatrix} \tag{A.5.2}$$ 466

其中每一块 $J_{n_i}(\lambda_i)$ 都是一个方阵。$J_{n_i}(\lambda_i)$ 被称为特征值 λ_i 对应的约当块并具有如下形式：

$$J_{n_i}(\lambda_i) = \begin{bmatrix} \lambda_i & 1 & & \\ & \lambda_i & \ddots & \\ & & \ddots & 1 \\ & & & \lambda_i \end{bmatrix} \in \mathbb{C}^{n_i \times n_i} \tag{A.5.3}$$

其中 n_i 是特征值 λ_i 的代数重数。约当矩阵包括 q 个约当块，其中 q 是矩阵 L 中线性无关的特征向量的个数。显然 $n_1 + n_2 + \ldots + n_q = n$。

令 $V = [V_1 V_2 \cdots V_q]$，其中 $V_i \in \mathbb{C}^{n \times n_i}$ 是 V 中与第 i 个约当块 J_i 对应的列。由公式（A.5.1），可知 $LV_i = V_i J_i$。令 $V_i = [v_{i1} v_{i2} \cdots v_{in_i}]$，那么 $Lv_{i1} = \lambda_i v_{i1;}$. 也就是说，V_i 的第一列叫做对应于特征值 λ_i 的“普通特征向量”。对于 $j = 2, 3, \cdots, n_i$，

$$Lv_{ij} = v_{i,j-1} + \lambda v_{i,j} \tag{A.5.4}$$

这里，向量 $v_{i2} v_{i3} \cdots v_{in_i}$ 被称为对应于特征值 λ_i 的广义特征向量。存在 n_i 个线性无关的特征向量与 n_i 重特征值 λ_i 相对应。

注意，对应于给定特征值的约当块的大小是特征值的几何重数，也是对应的特征空间的维度。

A.6 谱密度

$N \times N$ 的埃尔米特矩阵 A 的谱密度的定义为：

$$\rho(\lambda) = \frac{1}{N} \sum_{i=1}^{N} \delta(\lambda - \lambda_i) \tag{A.6.1}$$

其中 λ_1, λ_2，…，λ_N 是矩阵 A 的特征值。δ 是狄拉克函数。当 N 比较大时，谱密度函数接近连续函数。也可以将谱密度函数 $\rho(\lambda)$ 看作是一个概率分布，它给出了在 λ 的无限小领域中找到矩阵 A 的特征值的概率。因此，区间 $[a, b]$ 中的特征值数可以计算为：

467 $$[a,b]\text{中的特征值数} = \int_a^b \sum_i \delta(\lambda-\lambda_i)\mathrm{d}\lambda = \int_a^b N\rho(\lambda)\mathrm{d}\lambda \tag{A.6.2}$$

A.7 维格纳半圆定律

维格纳的半圆定律[146-148]指出了随机对称矩阵的谱（特征值）分布的函数公式。考虑 $N\times N$ 的随机对称矩阵 $\boldsymbol{A}=\{a_{ij}\}_{1\leqslant i,\ j\leqslant N}$ 具有如下性质：

1）a_{ij} 是随机变量并且 $a_{ij}=a_{ji}$。

2）a_{ij}（$i<j$）是独立同分布的（$i.i.d.$）

3）a_{ii} 是独立同分布的。

4）每个随机变量的均值为零，即 $E[a_{ij}]=0$ 对于任意的 i 和 j 都成立。

5）方差 $E[a_{ij}^2]=\sigma^2$，$i\neq j$。

6）a_{ij} 的所有高阶矩都是有限的，对于任意 i 和 j 都成立。

那么，当 $N\to\infty$ 时，矩阵 $\frac{1}{\sqrt{N}}\boldsymbol{A}$ 的谱密度是以零点为中心的半圆分布：

$$\rho(\lambda)=\begin{cases}\dfrac{\sqrt{4\sigma^2-\lambda^2}}{2\pi\sigma^2} & ,|\lambda|<2\sigma \\ 0 & ,\text{其他}\end{cases} \tag{A.7.1}$$

考虑到无论矩阵元素的具体分布是什么，维格纳半圆定律总是成立的，因此该定律具有普遍性。半圆定律如图 A.1 所示，它表明了非对角元素均匀分布在 [−1, 1] 区间上的随机对称矩阵的谱分布。因此，每个元素的均值为零，方差为 $\sigma^2=1/3$。观察到半圆的半径几乎是 $2\sigma=1.155$。还要注意的是，用垂直条表示的这些值（特征值的数量）依赖于区间的大小，并且不符合公式（A.7.1），因为该公式对于非常大的矩阵和无限小的区间是有效的。然而，半圆谱分布在图 A.2 中是明显的，该图显示了对于 1000 节点随机网络的 200 次实验的平均谱密度。

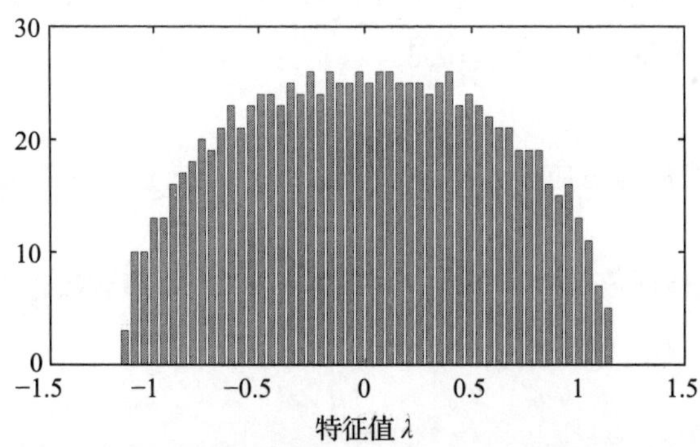

图 A.1　1000×1000 的随机对称矩阵的谱分布。每个非对角线上的元素都是 [−1, 1] 区间上的均匀分布，所有的对角元素都是零。在区间 $[\lambda_{\min},\lambda_{\max}]=[-1.1412, 1.1391]$ 上取间隔
468 数为 50，也就是说区间大小为 0.0456

A.8 Gershgorin 定理

Gershgorin 定理能够定位在复数平面上特殊区域的方阵的特征值。考虑 $N\times N$ 的矩阵 $\boldsymbol{A}=\{a_{ij}\}_{1\leqslant i,\ j\leqslant N}$。令 r_i 代表第 i 行非对角元素绝对值之和，即 $r_i=\sum_{j\neq i}\left|a_{ij}\right|$。令 $D(a_{ii},r_i)$ 是一个封

闭的圆盘（圆的内部及边界）并以 a_{ii} 为中心 r_i 为半径。这种圆盘叫作 Gershgorin 盘。

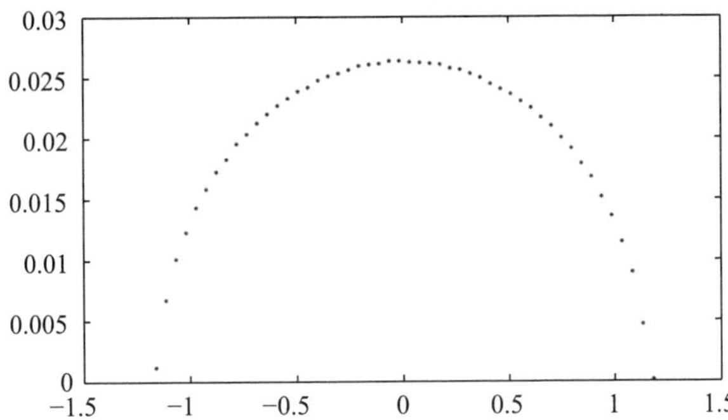

图 A.2　1000×1000 的随机对称矩阵 200 次实验结果平均后得到的谱分布。每个非对角元素都是区间 [−1, 1] 上的均匀分布，所有的对角元素都是零。在区间 $[\lambda_{\min}, \lambda_{\max}] = [-1.1609, 1.1793]$ 上取间隔数为 50，也就是说区间大小为 0.0468

定理 A.1　矩阵 $\boldsymbol{A}$ 的任意特征值至少在一个 Gershgorin 盘 $D(a_{ii}, r_i)$ 中。即，

$$|\lambda - a_{ii}| \leqslant r_i, \forall i \in \{1, 2, \cdots, N\}$$

然而，该定理并不能表明每个盘含有特征值。由 Gershgorin 定理可知，矩阵最大特征值的界推导如下：

$$|\lambda_{\max}| \leqslant \max_i \sum_{j=1}^{N} |a_{ij}| \tag{A.8.1}$$ 469～470

附录 B

经典信号处理

在本附录中，简要回顾了经典信号处理的相关概念和定义。线性时不变（LTI）滤波器、连续时间和离散时间傅立叶变换、离散傅立叶变换等概念是经典信号处理的基础。此外，还有简要讨论连续时间小波变换和滤波器组等多尺度分析技术。

B.1 线性时不变滤波器

如果滤波器（或系统）满足齐次性和叠加性原理，则称其为线性滤波器（或系统）。齐次性条件表明如果输入缩放 α（标量常数）倍，那么输出也按相同的倍数 α 缩放。即 $\alpha y=\mathcal{T}(\alpha x)$，其中 x 是输入，y 是输出，$\mathcal{T}$ 表示系统所做的变换。如果输入延迟导致输出产生了同样的延迟，则滤波器是时不变（平移不变）的，即 $y(t-\tau)=\mathcal{T}(x(t)-\tau)$，其中 τ 是延迟量。滤波器既是线性的又是时不变的，就是线性时不变（LTI）滤波器。

B.1.1 脉冲响应和卷积

LTI 系统可以完全由其脉冲响应来表征，脉冲响应是系统对脉冲输入的响应。一个 LTI 系统对任意输入信号的响应都可以计算为输入和系统脉冲响应的卷积积分。给定输入信号 $x(t)$ 和脉冲响应 $h(t)$，系统输出可以定义为如下卷积积分：

$$y(t)=x(t)*h(t)=\int_{-\infty}^{+\infty}x(\tau)h(t-\tau)\mathrm{d}\tau \tag{B.1.1}$$

B.1.2 特征函数

471 当系统的输出仅是输入的缩放版本时，该输入被称为系统的特征函数。换句话说，如果信号 $\phi(t)$ 是系统的特征函数，则系统输出为 $\eta\phi(t)$，其中 η 是复数常量。

B.2 傅里叶变换

傅里叶变换是用于经典信号的频率分析的工具。傅里叶变换将信号表示为复指数的线性和（即，积分）的形式。

B.2.1 连续时间傅里叶变换

信号 $x(t)$ 的连续时间傅里叶变换（CTFT）的定义为：

$$X(\omega)=\int_{-\infty}^{+\infty}x(t)\mathrm{e}^{-j\omega t}\mathrm{d}t \tag{B.2.1}$$

其逆傅里叶变换可以如下计算：

$$x(t)=\int_{-\infty}^{+\infty}X(\omega)\mathrm{e}^{j\omega t}\mathrm{d}\omega \tag{B.2.2}$$

傅里叶变换的基本特性是时域中的卷积对应于频域中的乘法。因此，对于给定的输入 $x(t)$，其输出 $y(t)$ 的傅里叶变换为

$$Y(\omega)=H(\omega)X(\omega) \tag{B.2.3}$$

其中 $H(\omega)$ 是滤波器脉冲响应 $h(t)$ 的傅里叶变换。

B.2.2　离散时间傅里叶变换

信号 $x[n]$ 的离散时间傅里叶变换（DTFT）的定义为：

$$X(\omega)=\sum_{-\infty}^{+\infty}x[n]\mathrm{e}^{-j\omega n} \tag{B.2.4}$$

其逆傅立叶变换可以如下计算：

$$x[n]=\int_0^{2\pi}X(\omega)\mathrm{e}^{j\omega n}\mathrm{d}\omega \tag{B.2.5}$$

注意，其积分区间为 $[0,2\pi]$。这是由于离散时间信号的频域表示是周期性的，周期为 2π。 472

B.2.3　离散傅里叶变换

DTFT 本质上是连续的，为了方便计算机存储，需要对其进行采样。DTFT 的采样版本称为离散傅里叶变换（DFT）。DFT 定义在有限长度信号上。给定长度为 N 的离散时间信号 $x[n]$，DFT 将其变换为 DTFT 频域上的 N 点等间隔采样集合，其数学表达式如下：

$$X[k]=\sum_{n=0}^{N-1}x[n]e^{-j2\pi kn/N} \tag{B.2.6}$$

其中 $k=1\ ,2,\cdots,(N-1)$。

矩阵形式的 N 点 DFT 可表示为

$$\hat{\boldsymbol{x}}=\boldsymbol{T}_N\boldsymbol{x} \tag{B.2.7}$$

其中 $\hat{\boldsymbol{x}}=[X[0],X[1],\cdots,X[N-1]]^{\mathrm{T}}$, $\boldsymbol{x}=[x[0],x[1],\cdots,x[N-1]]^{\mathrm{T}}$，$\boldsymbol{T}_N$ 是变换矩阵或 N 点 DFT 矩阵，即

$$\boldsymbol{T}_N=\mathrm{DFT}_N=\begin{bmatrix} 1 & 1 & 1 & 1 & \cdots & 1 \\ 1 & \mathrm{e}^{-\frac{2\pi j}{N}} & \mathrm{e}^{-\frac{2\pi j}{N}2} & \mathrm{e}^{-\frac{2\pi j}{N}3} & \cdots & \mathrm{e}^{-\frac{2\pi j}{N}(N-1)} \\ 1 & e^{-\frac{2\pi j}{N}2} & \mathrm{e}^{-\frac{2\pi j}{N}4} & \mathrm{e}^{-\frac{2\pi j}{N}6} & & \mathrm{e}^{-\frac{2\pi j}{N}2(N-1)} \\ 1 & \mathrm{e}^{-\frac{2\pi j}{N}3} & \mathrm{e}^{-\frac{2\pi j}{N}6} & \mathrm{e}^{-\frac{2\pi j}{N}9} & & \mathrm{e}^{-\frac{2\pi j}{N}3(N-1)} \\ \vdots & \vdots & & & \ddots & \vdots \\ 1 & \mathrm{e}^{-\frac{2\pi j}{N}(N-1)} & \mathrm{e}^{-\frac{2\pi j}{N}2(N-1)} & \mathrm{e}^{-\frac{2\pi j}{N}3(N-1)} & \cdots & \mathrm{e}^{-\frac{2\pi j}{N}(N-1)(N-1)} \end{bmatrix} \tag{B.2.8}$$

其逆离散傅里叶变换（IDFT）可以如下计算：

$$\boldsymbol{x}=\boldsymbol{T}_N^{-1}\hat{\boldsymbol{x}}=\frac{1}{N}\boldsymbol{T}_N^*\hat{\boldsymbol{x}} \tag{B.2.9}$$

其中 $\boldsymbol{T}_N^*$ 表示矩阵 $\boldsymbol{T}_N$ 的共轭复数矩阵。注意，这里的变换矩阵为正交矩阵，即 $\boldsymbol{T}_N\boldsymbol{T}_N^*=N\boldsymbol{I}_N$，其中 $\boldsymbol{I}_N$ 是 $N\times N$ 的单位矩阵。

需要重点关注的是傅里叶变换提供了信号的高层次的信息。它只提供了当前什么频率出现在信号中的有关信息。它没有提供任何何时存在某些频率分量的有关信息。要局部地分析

473 信号，我们需要使用短时傅里叶变换或小波。

B.3 数字滤波器组

数字滤波器组是具有某些共同特征和个体特征的滤波器的集合，它们具有公共输入点或公共输出点。滤波器组用于执行谱分析和信号合成。有两种类型的滤波器组：分析滤波器组和合成滤波器组。分析滤波器组是一组分析滤波器，其将输入信号分解为多个子带信号，如图 B.1a 所示。另一方面，合成滤波器组是一组滤波器，其组合多个信号以输出重建信号，如图 B.1b 所示。下采样器和上采样器是滤波器组的基本构建块，将在下一节中介绍。

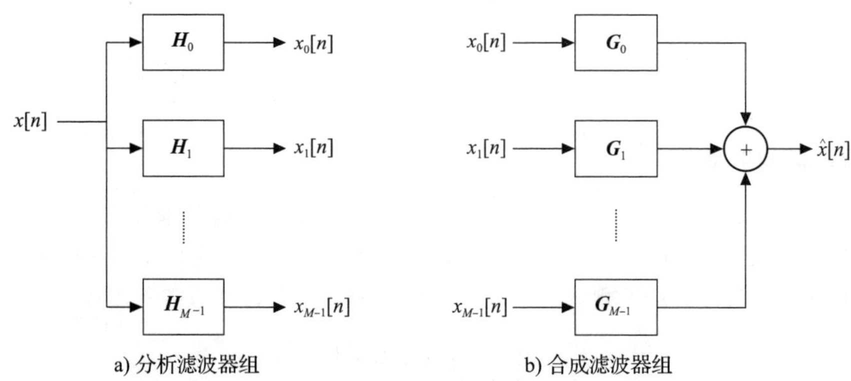

图 B.1　M 通道分析和合成滤波器组

B.3.1 下采样器和上采样器

因子为 2 的下采样器将在序列中每隔一个样本就丢掉一个样本。例如，考虑序列 $x[n]=\{3, 5, 1, 9, 4, 7, 2, 8, \cdots\}$，需要 2 倍的下采样。得到的下采样的序列为 $x_d[n]=\{3, 1, 4, 2, \cdots\}$。下采样模块如图 B.2a 所示。在矩阵形式中，下采样操作可以记为

$$\boldsymbol{x}_d=\boldsymbol{H}_d\boldsymbol{x} \tag{B.3.1}$$

其中矩阵 $\boldsymbol{H}_d$ 给定如下

$$\boldsymbol{H}_d=\begin{bmatrix}1 & 0 & 0 & 0 & 0 & \cdots \\ 0 & 0 & 1 & 0 & 0 & \\ 0 & 0 & 0 & 0 & 1 & \\ \vdots & & & & & \ddots\end{bmatrix} \tag{B.3.2}$$

474

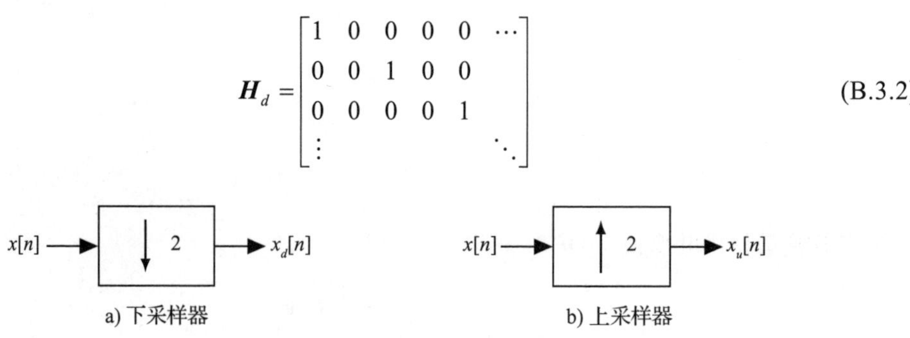

图 B.2　下采样器和上采样器块组

上采样器通过在原始序列的样本之间插入零来扩展原来的离散序列。因此，上采样器抵消了由一个下采样器完成的压缩。例如，当序列 $x[n]=\{3, 5, 1, 9, \cdots\}$ 被 2 倍上采样，得到

的序列为 $x_u[n]=\{3, 0, 5, 0, 1, 0, 9, 0, \cdots\}$。上采样模块如图 B.2b 所示。在矩阵形式中，上采样操作可以记为

$$\boldsymbol{x}_u=\boldsymbol{H}_u\boldsymbol{x} \tag{B.3.3}$$

其中矩阵 $\boldsymbol{H}_u$ 给定如下

$$\boldsymbol{H}_u=\begin{bmatrix} 1 & 0 & 0 & 0 & 0 & \cdots \\ 0 & 0 & 0 & 0 & 0 & \\ 0 & 0 & 1 & 0 & 0 & \\ 0 & 0 & 0 & 0 & 0 & \\ 0 & 0 & 0 & 0 & 1 & \\ \vdots & & & & & \ddots \end{bmatrix} \tag{B.3.4}$$

注意，上采样过程是可逆的，而下采样过程是不可逆的。在双通道滤波器组中，展示了上采样器接连下采样器的级联模块。该模块的组合效果是交替地将样本更改为零。

B.4 双通道滤波器组

考虑如图 B.3 所示的双通道滤波器组。分析滤波器组和合成滤波器组都由高通滤波器和低通滤波器组成。在分析模块中含有两个下采样器，在合成模块中含有两个上采样器。信号 $x[n]$ 首先通过低通和高通滤波器被分解成两个频带，然后，进行下采样和编码以便传输。在接收端，两个通道的信号被解码然后进行上采样。对上采样信号进行滤波并将其相加，以便
提供重建信号 $\hat{x}[n]$。 475

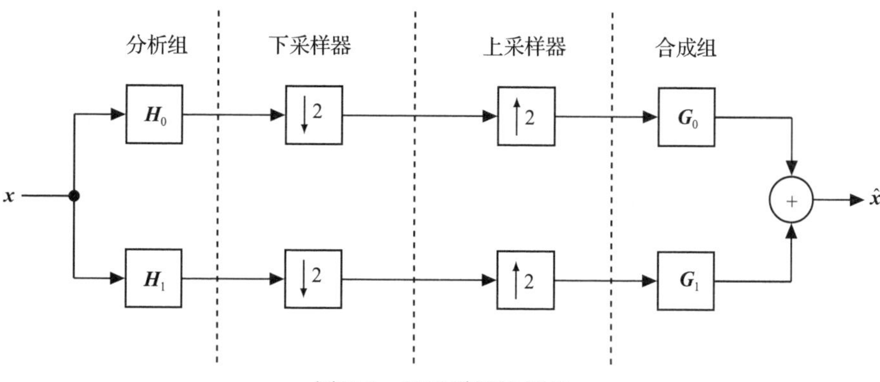

图 B.3 双通道滤波器组

B.5 窗口傅里叶变换

信号 $x(t)$ 的傅里叶变换表明什么频率存在于信号中。但是，并不能表明何时这些频率是存在的。使用窗口傅里叶变换或短时傅里叶变换（STFT），可以找到何时这些频率存在于时域中。为了这个目的，选择一个非零的仅有很短时间的窗口函数。信号 $x(t)$ 与不断平移的窗口函数 $w(t)$ 相乘，然后再计算傅里叶变换。数学上，信号 $x(t)$ 在位置 τ 的窗口傅里叶变换定义如下：

$$X(\tau,\omega)=\int_{-\infty}^{+\infty}x(t)w(t-\tau)\mathrm{e}^{-j\omega t}\mathrm{d}t \tag{B.5.1}$$

其中 $w(t)$ 是持续时间很短的窗口函数并且通常以零为中心。注意，STFT 的结果为信号 $x(t)$

的 2D 表示：第一维度是频率而第二维度是时间（即位移）。窗口的宽度决定了时间和频率分辨率。窄窗口提供更好的时间分辨率；但是，也会导致频率分辨率不佳。另一方面，宽窗口提供更好的频率分辨率，但以时间分辨率差为代价。

B.5.1　谱图

谱图是将信号的能量含量表示为频率和时间的函数的曲线图。对于连续时间信号，STFT 可用于生成谱图。对于信号 $x(t)$，其谱图是 $|X(\tau,\omega)|^2$，即其分别相对于位置（时间）τ 和频率 ω 的 STFT 值的平方。可以选择任意固定长度的窗口，并且通常在不同位置的窗口
476 以固定的重叠量放置。

对于离散时间信号，将样本分成具有一定固定重叠量的多个段，然后计算 DFT。相对于时间和频率绘制 DFT 的平方幅度。

B.6　连续时间小波变换

小波是持续时间短的波状振荡（或信号）。使用小波，可以同时在时域和频域中分析信号。在 STFT 中，需要固定长度的窗口。然而，在小波变换的情况下，窗口的宽度根据频谱分量而变化。

连续小波变换（CWT）是两个变量的函数：位置和比例。给定连续时间信号 $x(t)$，CWT 定义为：

$$X_\psi(\tau,s)=\int x(t)\psi^*(\tau,s)\mathrm{d}t \tag{B.6.1}$$

其中 $\psi(\tau,s)=\frac{1}{\sqrt{s}}\psi\left(\frac{t-\tau}{s}\right)$ 是基小波或母小波的平移和缩放变换函数。这里 τ 是位置（平移）参数，s 是比例参数。比例与频率成反比。低频（高比例）对应于信号的全局信息（通常覆盖整个信号）。而高频（低比例）对应于信号的详细信息。小波分析中的比例参数类似于地
477~478 图中的比例尺。在表示一个地理区域的地图中，如果比例尺很大，则可以得到不详细的全局
地图。如果比例尺很小，则可以获得该区域的详细地图。

锚点位置分析

锚点是在线性拓扑网络中增加远程链路（LL）导致最小平均路径长度（APL）的最佳的点。线性网络中锚点的识别可以用于多种目的。在 4.8 节中，可以找到关于锚点重要性的详细讨论。而且，在 4.8.2 节中给出了第一条 LL 的最佳位置的理论证明。在这里，估计的 S_1、S_2 和 S_3 闭合表达式构成了 4.8.2 节中的总路径和的表达式，如下所示。请注意，再次使用之前提到的一些陈述以使分析清晰。

假设 $\mathcal{G}=(\mathcal{V},\mathcal{E})$ 是一个线性图。令节点 p_1 和 p_2 具有如下特点：如果 p_1 和 p_2 之间增加边，那么图 APL 就被最小化。注意，p_1 或者 p_2 可能是锚点。因此，通过优化图的 APL 方式向线性图中添加边来找出锚点的位置，足以确定需要添加的边（即，识别 p_1 和 p_2）以最小化图的 APL。

节点 p_1 和 p_2 通过考虑密集的线性图来识别。密集线性图是指在单位直径内存在大量节点的图。形式上，密集的线性图可以通过一系列线性图来获得，其中每个线性图都有（1, 2, …, N）个节点，其中 $N\to\infty$。此外，假设节点 i 和 $i+1$ 之间的距离以及添加的节点 p_1 和 p_2 之间的距离为 $\frac{1}{N}$。注意，既然考虑 APL 的优化，以相同的数量缩放图中的所有距离无关紧要。所选择的缩放将产生一个节点在区间 [0, 1] 内连续的极限图。（见图 C.1a）。 479

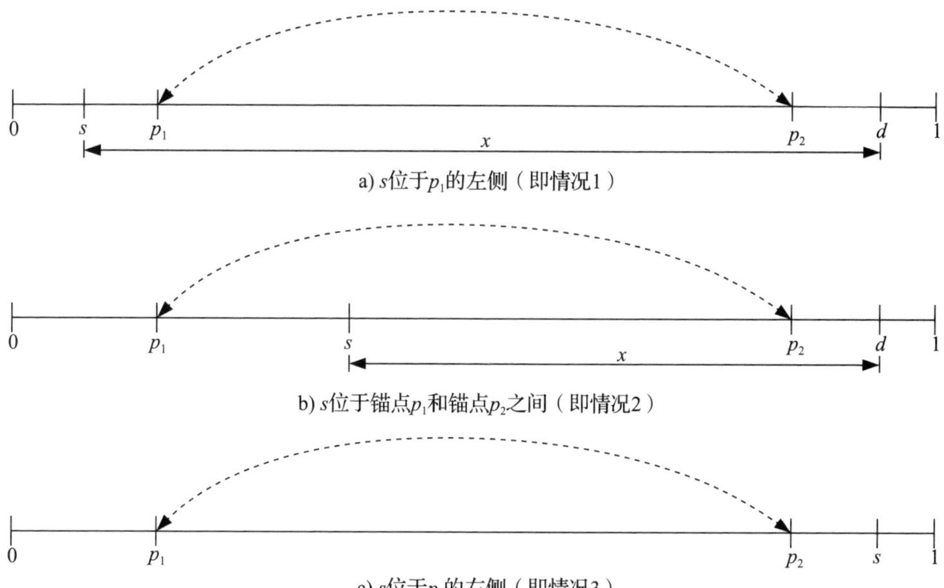

图 C.1　通过限制节点 N 得到的密集线性图，其中节点 $N\to\infty$。APL 针对分数位置 p_1 和 p_2 进行了优化，并添加了两个锚点之间的第一条优化边。最短的路径长度 $p(s,d)$ 根据 $s\in[0,p_1]$ (p_1,p_2)，$[p_2,1]$ 三种情况而有所不同

向该极限图添加单边的问题可以如下表示。假设在极限图中的节点 p_1 和 p_2 之间添加边，

其中$p_1, p_2 \in (0,1)$并且$p_1 < p_2$。对于图 C.1a 中的极限图，假设节点s和d之间的最短路径长度为$p(s,d)$。注意，$p(s,d)$是p_1和p_2的函数。通过改变变量，$p(s,d)$可以写成$p(s,x)$，其中$x = d - s$。则以s为起点（并且只考虑s右侧的d）的所有最短路径的总长度为$\int_{x=0}^{1-s} p(s,x)\mathrm{d}x$。那么，总的路径长度为：

$$\int_{s=0}^{1}\int_{x=0}^{1-s} p(s,x)\,\mathrm{d}x\mathrm{d}s \tag{C.0.1}$$

最小化给定图的 APL 等同于最小化总路径长度。因此，问题是找到p_1^*和p_2^*分别作为p_1和p_2最优点使得公式（C.0.1）的总路径长度最小。

函数$p(s,x)$根据$s \in [0, p_1], (p_1, p_2)$，$[p_2, 1]$而有所不同。因此，公式（C.0.1）可以看作三个积分S_1、S_2和S_3的总和，其中每一项分别代表s处于$[0, p_1]$、(p_1, p_2)或者$[p_2, 1]$，分别讨论：

（1）**情况 1**：当$s \in [0, p_1]$时，存在如下子情况（见图 C.1a）。

480 1）当$s + x \leqslant p_1$, $p(s,x) = x$。

2）当$p_1 < s + x \leqslant p_2$，那么

$$\begin{aligned} p(s,x) &= \min(x, p_1 - s + p_2 - (s + x)) \\ &= \min(x, p_1 + p_2 - 2s - x) \end{aligned}$$

3）当$p_2 < s + x$

$$\begin{aligned} p(s,x) &= p_1 - s + (s + x) - p_2 \\ &= x + p_1 - p_2 \end{aligned}$$

然后可以看出

$$S_1 = \int_0^{p_1}\int_0^{1-s} p(s,x)\mathrm{d}x\mathrm{d}s \tag{C.0.2}$$

其中$\int_0^{1-s} p(s,x)\mathrm{d}x$为

$$\int_0^{p_1-s} x\mathrm{d}x + \int_{p_1-s}^{\frac{p_1+p_2}{2}-s} x\mathrm{d}x + \int_{\frac{p_1+p_2}{2}-s}^{p_2-s} (p_1 + p_2 - 2s - x)\mathrm{d}x + \int_{p_2-s}^{1-s} (x + p_1 - p_2)\mathrm{d}x$$

（2）**情况 2**：当$s \in (p_1, p_2)$时，对于最短路径$p(s,x)$，存在如下子情况（见图 C.1.b）

1）当$s + x \leqslant p_2$，

$$p(s,x) = \min(x, s - p_1 + p_2 - (s + x)) = \min(x, p_2 - p_1 - x)$$

2）当$s + x > p_2$，

$$p(s,x) = \min(x, s - p_1 + (s + x) - p_2) = \min(x, 2s + x - p_1 - p_2)$$

同样，使用公式（C.0.1），可以得到S_2：

$$\int_{p_1}^{p_2}\int_0^{1-s} p(s,x)\mathrm{d}x\mathrm{d}s = \int_{p_1}^{\frac{p_1+p_2}{2}} Y\mathrm{d}s + \int_{\frac{p_1+p_2}{2}}^{p_2}\int_0^{p_2-s} x\mathrm{d}x\mathrm{d}s + \int_{\frac{p_1+p_2}{2}}^{p_2}\int_{p_2-s}^{1-s} x\mathrm{d}x\mathrm{d}s \tag{C.0.3}$$

481 其中$Y = \int_0^{\frac{p_2-p_1}{2}} x\mathrm{d}x + \int_{\frac{p_2-p_1}{2}}^{p_2-s} (p_2 - p_1 - x)\mathrm{d}x$。

（3）**情况 3**：当$s \in [p_2, 1]$（见图 C.1.c，从公式（C.0.1）可以得到

$$S_3 = \int_{p_2}^{1} \int_{0}^{1-s} x \mathrm{d}x \mathrm{d}s \tag{C.0.4}$$

与公式（C.0.2）、公式（C.0.3）和公式（C.0.4）联立，可以得到如下结果：

$$\int_{s=0}^{1} \int_{x=0}^{1-s} p(s,x) \mathrm{d}x \mathrm{d}s = S_1 + S_2 + S_3$$

$$P(f_1, f_2) = \frac{5}{24}(p_2^3 - p_1^3) - \frac{1}{4}(p_2^2 - 3p_1^2) + \frac{3}{8} p_1 p_2 \left(p_2 - p_1 - \frac{4}{3} \right) + \frac{1}{6} \tag{C. 0.5}$$

因此，我们的问题是

$$\text{最小化}\ P(p_1, p_2)\ \text{使得}\ p_1, p_2 \in (0,1)\ ,\ p_1 < p_2 \tag{C.0.6}$$

注意，在约束集中，$P(p_1, p_2)$是严格凸函数（可以证明相对于p_1和p_2的 Hessian 矩阵是正定的），可以在常数时间内求解。

p_1和p_2的最优值（分别是p_1^*和p_2^*）可以从公式（C.0.6）推导出唯一解为 0.2071 和 0.7929。图 C.2 展示了 2D 目标函数$P(p_1, p_2)$的等高线图。因此，从分析推导可以看出，密集线性网络的锚点的分数位置与文献 [74] 中的观察一致。

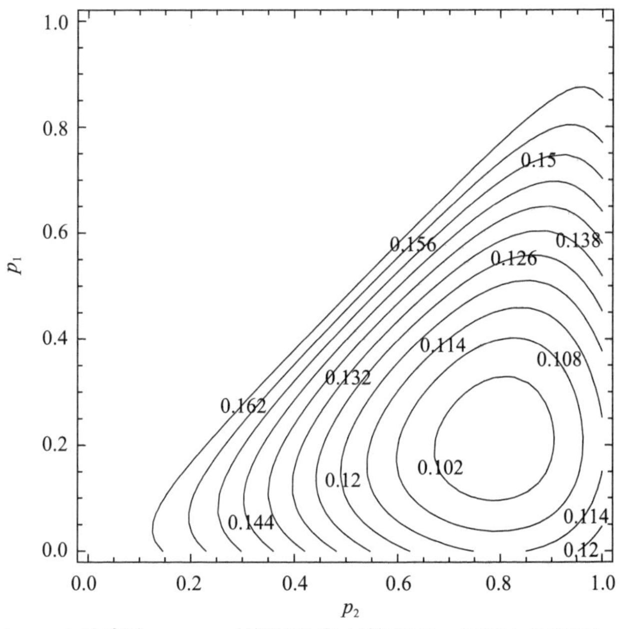

图 C.2　目标函数$P(p_1, p_2)$约束为$p_1 < p_2$（该图引自文献 [76]，©[2016] IEEE，转载已获作者授权） 482~484

函数的渐近行为

渐近函数或表示法被用来表示函数的增长率，在计算、通信、网络、信号处理等许多应用中非常必要。渐进表示法代表了函数增长的特征。它们也被称为阶数表示法或者 Landau 表示法。其最相关的应用之一是估算算法的计算时间复杂度。实际上，对于任何算法所需要的资源（比如执行操作所需要的运算量、内存需求大小以及需要交换的消息数目）都可以表示为一个数学函数。通常，这些函数是以输入大小 (n) 来表示的，输入 (n) 可以是算法需要处理的项目的数量或者网络中节点的数量。一旦所需资源被估计为一个函数，它的增长率可以用渐近表示法来表示。在本附录中，简要介绍三个最广泛使用的表示法：大 $O(O(\cdot))$、大 $\Omega(\Omega(\cdot))$ 和大 $\Theta(\Theta(\cdot))$。

D.1 大 O 表示法

大 O 表示法是常用的渐近表示法之一。O 表示法描述算法的时间复杂度函数增长的上限，该函数可以是一个输入大小的函数或者系统操作所需要的资源的函数。

对于给定的函数 $f(n)$，如果存在一个正实数 $c>0$ 和 n_0，对于所有的值 $n>n_0, f(n)\leqslant cg(n)$，那么可以表示为 $f(n)=O(g(n))$。当 n 变大时，函数 $g(n)$ 可以认为是给定函数 $f(n)$ 的上界。比如，一个网络算法的执行时间函数为 $f(n)=5n^2+3n+34$，可以说是
485 $O(n^2)$ 的。不管输入大小如何，只需要恒定的时间量的算法被认为具有恒定的时间复杂度，表示为 $O(1)$。例如，对于向网络中的所有 n 个移动设备广播消息的蜂窝基站，所需的消息传输次数（通常被称为信息复杂度）是 $O(1)$ 的，因为消息复杂度与网络中存在的移动设备的数量无关。在同样的例子中，当考虑到移动设备的单播传输的数量时，可以发现消息复杂度是 $O(n)$ 的。

图 D.1 是一个大 O 表示法示意图。

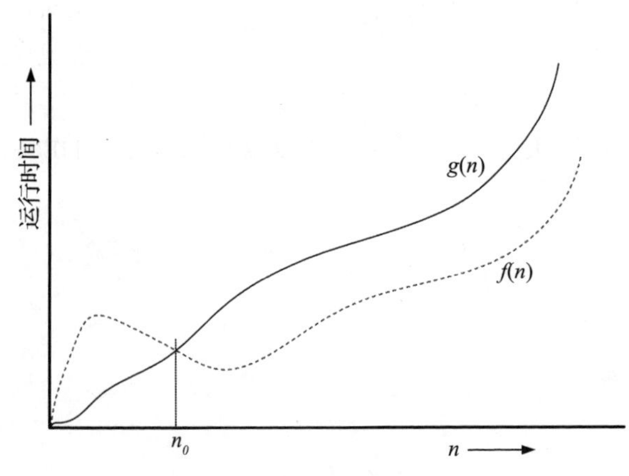

图 D.1 大 O 表示法的图形表示

D.2 大 Ω 表示法

对于给定的函数 $f(n)$，如果存在正实数 $c>0$ 和 n_0，对于所有的值 $n>n_0, f(n)\geqslant cg(n)$，那么它可以表示为 $f(n)=\Omega(g(n))$。函数 $g(n)$ 可以被认为是给定函数 $f(g)$ 的下界。比如，一个网络算法所需的执行时间函数为 $f(n)=5n^2+3n+34$，则可以说是 $\Omega(n^2)$ 或者 $\Omega(n)$ 的。在这两个下界中，更紧的下界是 $\Omega(n^2)$。图 D.2 是一个大 Ω 表示法示意图。

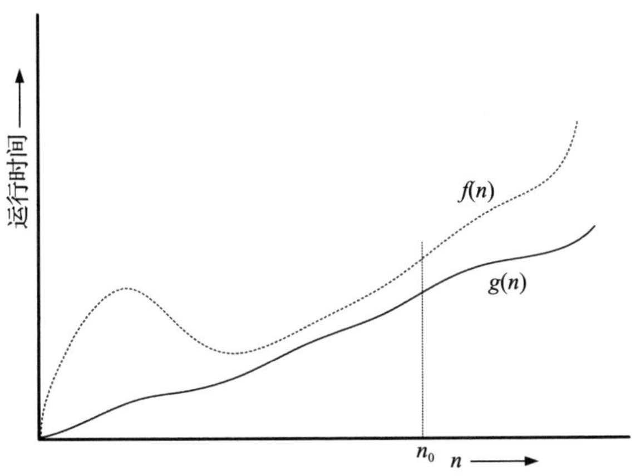

图 D.2　大 Ω 表示法的图形表示

D.3 大 Θ 表示法

给定函数 $f(n)$，如果存在正实数 $c_1, c_2>0$ 和 n_0，并且，对于所有的值 $n>n_0, c_1g(x)\leqslant f(n)\leqslant c_2g(n)$，那么它可以表示为 $f(n)=\Theta(g(n))$。也就是说，可以认为函数 $g(n)$ 既是给定函数 $f(n)$ 的上界又是下界。因此大 Θ 表示法用于表示紧的边界。

图 D.3 是一个大 Θ 表示法示意图。考虑我们在前几节中提到的同样的网络算法的例子，它需要的执行时间为 $f(n)=5n^2+3n+34$。由于算法上界和下界分别是 $O(n^2)$ 和 $\Omega(n^2)$，可以 486
说 $\Theta(n^2)$ 是一个紧界。

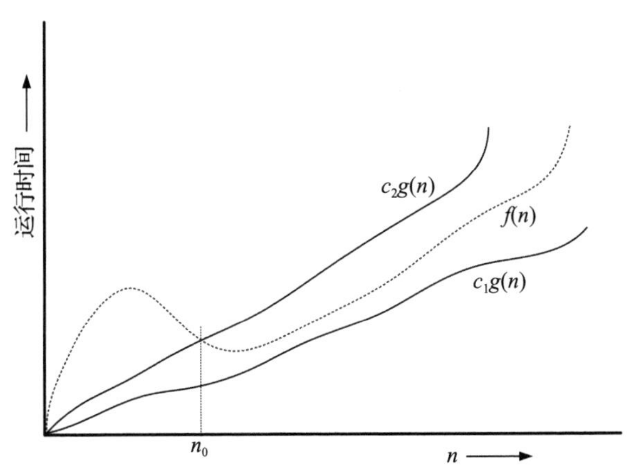

图 D.3　大 Θ 表示法的图形表示

读者可以参考文献 [20] 中关于渐近表示法、算法时间复杂度和算法设计的更多细节。 487~488

附录 E

相关学术课程及项目

本附录提供了世界各地的顶尖大学所开设的相关学术课程、在线课程和项目清单。截至本文撰写之时，课程网站的课程信息和网址（URL）是正确的。然而，其中一些大学有可能修改学术课程或其网络课程，因此，这些信息可能会有变化。建议读者考虑所列课程 / 项目的可能变化。课程或新创建的课程列表上的任何更新都可以通过电子邮件发送给作者，以便本书的未来版本可以合并更新的列表。请注意，该列表按字母顺序排列。

E.1 复杂网络的学术课程

- 2WS12/2MMS60：随机图和复杂网络的信息随机图，数学和计算机科学系，荷兰埃因霍温科技大学。
  URL:http://www.win.tue.nl/～rhofstad/RGCN.html
- 363-0588-00L：复杂网络，系统设计专业，瑞士苏黎世联邦理工学院。
  URL: https://www.sg.ethz.ch/teaching/cn/
- AV 492：复杂网络，航空电子系，印度空间科学与技术研究所（IIST），特里凡得琅，印度喀拉拉邦。
- COMPM042：复杂网络和万维网，伦敦大学学院计算机科学系，布卢姆斯伯里，伦敦，英国。
  URL: http://www.cs.ucl.ac.uk/students/syllabus/undergrad/ m042_complex_networks_and_web/
- CPSC 462/562：图和网络，耶鲁大学计算机科学系，美国康涅狄格州纽黑文。
  489 URL: https://sites.google.com/a/yale.edu/462-562-graphs-and-networks/
- CPSC 662：谱图论，耶鲁大学计算机科学系，美国康涅狄格州纽黑文。
  URL: http://www.cs.yale.edu/homes/spielman/561/
- CR15：复杂网络，计算机科学系，法国里昂高等师范学院。
  URL: http://perso.ens-lyon.fr/marton.karsai/Marton_Karsai/ complexnet.html
- CS 60078：复杂网络，计算机系，印度理工学院科学与工程学院，印度。
  URL: http://www.facweb.iitkgp.ernet.in/ niloy/COURSE/Spring2006/ CNT/
- CS6012：社会网络分析，计算机科学和工程系，印度马德拉斯科技学院，钦奈，印度。
  URL: http://www.cse.iitm.ac.in/academics/cs6012.php
- CS 6850：信息网络结构，计算机科学系，康奈尔大学，伊萨卡，纽约，美国。
  URL: http://www.cs.cornell.edu/courses/cs6850/2017sp/
- CS 765：复杂网络，计算机科学与工程系，内华达大学，里诺，内华达州，美国。
  URL: http://www.cse.unr.edu/～mgunes/cs765/
- CSCI 5352：网络分析与建模，圣达菲研究所，圣达菲，新墨西哥州，美国。

URL: http://tuvalu.santafe.edu/～aaronc/courses/5352/#CourseWork

- EE 599：图信号处理，美国加利福尼亚州洛杉矶南加州大学电气工程系。
  URL: http://biron.usc.edu/wiki/index.php/EE_599_Graph_Signal_ Processing
- EECS 6302.001：复杂网络和系统的动力学，Erik Jonsson 德克萨斯大学达拉斯分校工程与计算机科学学院，美国得克萨斯州理查森。
  URL: https://coursebook.utdallas.edu/eecs6302.001.15s
- ESE 224，信号和信息处理，电气和系统工程系，宾夕法尼亚大学，费城，宾夕法尼亚州，美国。
  URL:https://alliance.seas.upenn.edu/～ese224/wiki/
- ET4389：复杂网络：从自然到人造网络，电气工程、数学和计算机科学系，代尔夫特理工大学，荷兰。
  URL: http://studiegids.tudelft.nl/a101_displayCourse.do?course_id=31684 490
- 经济学 -2040/ 社会学 -2090/ 计算机科学 -2850/ 信息科学 -2040 年：网络，康奈尔大学，伊萨卡，纽约州，美国。
  URL: https://courses.cit.cornell.edu/info2040_2014fa/
- Esam395：复杂的网络导论，工程科学和应用数学系，西北大学，埃文斯顿，美国伊利诺伊。
  URL: http://rocs.northwestern.edu/Courses/F11-395/Home.html
- HY-383：复杂网络动力学，计算机科学系，希腊加洛斯大学，希腊克里特岛。
  URL: http://www.csd.uoc.gr/～hy383/
- M375T/M396C：复杂的网络专题，统计学和数据科学系，得克萨斯大学，奥斯汀，得克萨斯州，美国。
  URL: http://www.ma.utexas.edu/users/rav/ComplexNetworks/
- MSE 337；谱图理论和算法应用，管理科学和工程系，斯坦福大学，斯坦福，加利福尼亚州，美国。
  URL: http://web.stanford.edu/class/msande337/
- MTH 6142，复杂网络，伦敦玛丽皇后学院，伦敦，英国。
  URL: http://qmplus.qmul.ac.uk/course/view.php?id=2482
- NETS 112，网络生活，计算机和信息科学系，宾夕法尼亚大学，费城，宾夕法尼亚州，美国。
  URL: http://www.cis.upenn.edu/～mkearns/teaching/NetworkedLife/
- PHYS 5116：复杂网络，复杂网络研究中心，东北大学，波士顿，马萨诸塞州，美国。
  URL: https://www.barabasilab.com/course
- 复杂网络的结构和动力学，计算机科学与软件工程系，Aquincum 理工学院，匈牙利布达佩斯。
  URL: http://www.ait-budapest.com/structure-and-dynamics-of-complex- networks
- W3233，社会系统中的网络和复杂性，社会学系，哥伦比亚大学，纽约，美国。
  URL: http://www.columbia.edu/itc/sociology/watts/w3233/

E.2　关于复杂网络的在线课程

- 复杂网络：理论和应用，印度西孟加拉邦 Kharagpur，Kharagpur，印度理工学院计算机科学与工程系 Animesh Mukherjee 教授。
491 URL: http://nptel.ac.in/courses/106105154/
- 密歇根大学信息学院 Daniel Romero 的“ Python 与社交网络分析“ Coursera 在线课程。
URL: https://www.coursera.org/learn/python-social-network-analysis
- 普林斯顿大学电气工程系克里斯托弗·布林顿和孟明蒙的“ Networks Illustrated: Principles without Calculus” Coursera 在线课程。
URL: https://www.coursera.org/learn/networks-illustrated
- 斯坦福大学经济系马修·杰克逊“社会和经济网络”Coursera 在线课程。
URL: https://www.coursera.org/learn/social-economic-networks

E.3　关于复杂网络的选择性学术项目

本节提供了各大学学术和研究项目按字母顺序排列的列表。

- 针对生物网络的计算和数学（COMBINE）项目，马里兰大学，学院公园，MD，美国。
URL: http://www.combine.umd.edu/
- 复杂网络和系统研究生课程，美国印第安纳州布洛明顿大学国际文科与计算机学院。
URL: http://www.soic.indiana.edu/graduate/degrees/informatics/ complex-systems/index.html
- IGERT 计划，加州大学圣巴巴拉分校，圣巴巴拉，加利福尼亚州，美国。
URL: https://networkscience.igert.ucsb.edu/
- 英国伦敦国王学院数学系复杂系统建模专业硕士项目。
URL: http://www.kcl.ac.uk/nms/depts/mathematics/study/current/ handbook/progs/pg/msc-complexsystemsmodelling.aspx
- 应用统计与网络分析硕士课程，应用网络研究国际实验室，高等生态经济学学院，莫斯科，俄罗斯。
URL: https://www.hse.ru/en/ma/sna/
- Ph.D. 网络科学博士认证课程，中欧大学网络科学中心（CNS），匈牙利布达佩斯。
URL: https://cns.ceu.edu/node/39041
- 网络科学博士项目，网络科学研究所，东北大学，波士顿，马萨诸塞州，美国。
492 URL: http://www.networkscienceinstitute.org/phd

相关期刊和会议

本附录提供了复杂网络领域中按字母顺序排列的顶级期刊和会议列表。由于有大量的期刊和会议，此列表只提供选定的短名单。即使在编制此列表时进行了彻底检查，期刊的标题、会议名称和 URL 也可能会发生变化。建议读者在使用此处提供的信息时考虑此类更改。此外，还请读者通过电子邮件将任何可能包含在本书未来版本中的顶级期刊 / 会议发送给作者。

F.1 复杂网络领域中的顶级期刊列表

- *ACM Transactions on Sensor Networks.*
  URL: http://tosn.acm.org/
- *Cambridge Journal of Network Science.*
  URL: http://journals.cambridge.org/action/displayJournal?jid=NWS
- *Communications of the ACM.*
  URL: http://cacm.acm.org/
- *Elsevier Physica A.*
  URL: http://www.journals.elsevier.com/physica-a-statistical-mechanics- and-its-applications/
- *Elsevier Social Networks.*
  URL: http://www.journals.elsevier.com/social-networks/
- *IEEE/ACM Transactions on Networking.*
  URL: http://ieeexplore.ieee.org/xpl/RecentIssue.jsp?punumber=90
- *IEEE Communications Letters.*
  URL: http://www.comsoc.org/cl
- *IEEE Communications Magazine.*
  URL: http://ieeexplore.ieee.org/xpl/aboutJournal.jsp?punumber=35
- *IEEE Journal on Selected Areas in Communications.*
  URL: http://ieeexplore.ieee.org/xpl/aboutJournal.jsp?punumber=49
- *IEEE Network.*
  URL: http://www.comsoc.org/netmag
- *IEEE Sensors Journal.*
  URL: http://www.ieee-sensors.org/journals
- *IEEE Sensors Letters.*
  URL: http://ieeexplore.ieee.org/xpl/aboutJournal.jsp?punumber=7782634
- *IEEE Signal Processing Letters.*
  URL: http://www.signalprocessingsociety.org/publications/periodicals/letters/
- *IEEE Signal Processing Magazine.*

URL: http://ieeexplore.ieee.org/xpl/RecentIssue.jsp?punumber=79

- *IEEE Transactions on Network Science and Engineering.*
  URL: http://www.computer.org/web/tnse
- *IEEE Transactionson Parallel and Distributed Systems.*
  URL:https://www.computer.org/web/tpds
- *IEEE Transactions on Signal Processing.*
  URL: http://ieeexplore.ieee.org/xpl/RecentIssue.jsp?punumber=78
- *IEEE Transactions on Signal and Information Processing on Networks.*
  URL: http://www.signal-processingsociety.org/publications/periodicals/tsipn/
- *Internet Research.*
  URL: http://www.emeraldinsight.com/loi/intr
- *Journal of Network and Computer Applications.*
  URL: https://www.journals.elsevier.com/journal-of-network-and- computer-applications/
- *Journal of The Franklin Institute.*
  URL: https://www.journals.elsevier.com/journal-of-the-franklin-institute
- *Journal of the Association for Information Science and Technology.*
  URL: http://onlinelibrary.wiley.com/journal/10.1002/(ISSN)2330-1643
- *Nature Journal.*
  494 URL: http://www.nature.com/nature/index.html
- *Oxford Journal of Complex Networks.*
  URL: http://comnet.oxfordjournals.org/
- *Physical Review E.*
  URL: http://journals.aps.org/pre/
- *Physical Review Letters.*
  URL: http://journals.aps.org/prl/
- *Science Journal.*
  URL: http://www.sciencemag.org/journals
- *Springer Applied Network Science.*
  URL: http://appliednetsci.springeropen.com/
- *Wiley Network.*
  URL: http://onlinelibrary.wiley.com/journal/10.1002/(ISSN)1097-0037

F.2 复杂网络领域中的顶级会议列表

- ACM Conference on Embedded Networked Sensor Systems(SenSys).
- ACM Conference on Information and Knowledge Management(CIKM).
- ACM SIGCOMMConference.
- ACM SIGKDD Conference on Knowledge Discovery and DataMining.
- ACM SIGMODConference.
- ACM SIGMOD Conference on Principles of DB Systems(PODS).
- ACM SIGPLAN Symposium on Principles and Practice of Parallel Program- ming (PPoPP).

- ACM Symposium on Parallelism in Algorithms and Architectures(SPAA).
- ACM Symposium on Principles of Distributed Computing(PODC).
- Computational Complexity Conference(CCC).
- Conference on Complex Systems(CCS).
- Conference on Innovative Data Systems Research(CIDR).
- IEEE Consumer Communications & Networking Conference(CCNC).
- IEEE Global Communications Conference(GLOBECOM).
- IEEE International Conference on Advanced Networks and Telecommuni- cations Systems (ANTS).
- IEEE International Conference on Communications(ICC). 495
- IEEE International Conference on Communications in China(ICCC).
- IEEE International Conference on Computer Communications(INFOCOM).
- IEEE International Conference on Distributed Computing Systems(ICDCS).
- IEEE International Conference on Sensing, Communication and Networking (SECON).
- IEEE Latin-American Conference on Communications(LATINCOM).
- International Colloquium on Structural Information and Communication Complexity (SIROCCO).
- International Conference on Communication Systems & Networks (COMSNETS).
- International Conference on Data Engineering(ICDE).
- International Conference on Database Theory(ICDT).
- International Conference on Distributed Computing and Networking (ICDCN).
- International Conference on Information Systems(ICIS).
- International Conference on Signal Processing and Communications (SPCOM).
- International Conference on Very Large Data Bases(VLDB).
- International School and Conference on Network Science(NetSci).
- International World Wide Web Conference(WWW).
- National Conference on Communications(NCC).
- The annual Pacific-Asia Conference on Knowledge Discovery and Data Mining (PAKDD).

上述为期刊和会议提供的清单并非详尽无遗。以下网页还列出了一些期刊和会议。

- http://academic.research.microsoft.com/RankList?entitytype= 4&topdomainid=2&subdomainid=0
- http://uba.uva.nl/en/disciplines/content/computer-science/information- resources/top-30-journals.html
- http://academic.research.microsoft.com/RankList?entitytype= 4&topDomainID=2&subDomainID=14&..
- http://www3.ntu.edu.sg/home/assourav/crank.htm
- http://www.acm.org/conferences
- http://www.wikicfp.com/cfp/
- https://www.ieee.org/conferences_events/index.html 496~498
- http://www.wi2.fau.de/_fileuploads/research/generic/ranking/ index.html

附录 G

相关数据集和可视化工具

数据集在复杂网络的研究中起着重要作用。目前关于复杂网络的特征和行为的许多现有知识都是通过分析真实世界的数据集获得的。为了分析数据集，需要专门的图形可视化和分析工具。虽然构建数据集和开发可视化工具是一项艰巨的任务，但收集现有数据集和可视化工具可以帮助人们在进行复杂的网络分析方面取得快速进展。为了帮助读者试验现实世界的数据集，我们提供按字母顺序排列的数据集和用于复杂网络分析和可视化的工具列表。请注意，列出的许多数据集和工具都属于公共领域；然而，其中一些数据集和工具可能会受版权或许可限制保护。读者需要遵循使用的所有要求来使用这些数据集。虽然作者注意验证这些数据集、可视化工具及其网站，但无需任何通知其供应商仍可能会对其进行更改。我们鼓励读者提交类似的数据集和可视化和分析工具的格式，这些是有用的并可能包含在本书的未来版本中。

G.1 相关数据集仓库

- 美国新罕布什尔州汉诺威达特茅斯（CRAWDAD）存档的无线数据的社区资源。
  URL: http://www.crawdad.org/
- 在美国密歇根州密歇根大学安娜堡分校的网络数据集。
  URL: http://www-personal.umich.edu/～mejn/netdata/
- 美国马里兰州巴尔的摩的约翰霍普金斯大学的 Open Connectome 项目。
  499 URL: http://www.openconnectomeproject.org/
- Pajek 数据集。
  URL: http://vlado.fmf.uni-lj.si/pub/networks/data/
- 美国亚利桑那州坦佩亚利桑那州立大学社会计算数据库。
  URL: http://socialcomputing.asu.edu/pages/datasets
- 以色列贝尔谢巴 Ben-Gurion 大学社交网络安全研究小组。
  URL: http://proj.ise.bgu.ac.il/sns/datasets.html
- 美国，加利福尼亚州，斯坦福大学，斯坦福大型网络数据集。
  URL: https://snap.stanford.edu/data/
- 由德国科布伦茨 - 兰道大学网络科学与技术研究所提供的科布伦茨网络集（KONECT）。
  URL: http://konect.uni-koblenz.de/
- 美国加利福尼亚州加利福尼亚大学欧文分校的 UCI 网络数据存储库。
  URL: https://networkdata.ics.uci.edu/index.php

G.2 相关图可视化和分析工具

- Cytoscape.

URL: http://www.cytoscape.org/

- GSPBox.
  URL: https://lts2.epfl.ch/gsp/
- GUESS.
  URL: http://graphexploration.cond.org/
- Gephi.
  URL: https://gephi.github.io/
- GraSP.
  URL: https://hal.inria.fr/hal-01424804
- GraphChi.
  URL: https://github.com/GraphChi
- GraphViz.
  URL: http://www.graphviz.org/
- MatlabBGL
  URL: http://dgleich.github.io/matlab-bgl/
- Network Workbench.
  URL: http://nwb.cns.iu.edu/
- NetworkX.
  URL: https://networkx.github.io/
- Pajek.
  URL: http://mrvar.fdv.uni-lj.si/pajek/
- Stanford Network Analysis Project (SNAP).
  URL: http://snap.stanford.edu/
- UCINET. 500
  URL: https://sites.google.com/site/ucinetsoftware/home ≀ 502

附录 H

Complex Networks: A Networking and Signal Processing Perspective

相关研究组

以下清单按字母顺序列出了复杂网络更广泛领域的各种研究组。虽然作者对在复杂网络研究的新兴领域中的主要研究组以及网站 URL 有足够的关注，但一些研究组可能仍未被列入此列表。我们鼓励读者通知我们一些未列入的研究组，以便本书的未来版本可收入。

- 意大利，都灵，科学交流中心，Alain Barrat 的科学研究所研究组。
  URL: http://www.cpt.univ-mrs.fr/～barrat/index.html
- 美国，伊利诺伊州，埃万斯顿，西北大学，阿玛拉尔实验室。
  URL: https://amaral.northwestern.edu/
- 美国，加利福尼亚州，加州大学洛杉矶分校，大数据和复杂网络组。
  URL: http://big-data.ee.ucla.edu/
- 美国，佐治亚州，波士顿，东北大学，复杂网络研究中心。
  URL: http://www.barabasilab.com/
- 美国，印第安纳州，布洛明顿，印第安纳大学，复杂网络和系统研究中心。
  URL: http://cnets.indiana.edu/
- 美国，密歇根州，密歇根大学安娜堡分校，复杂系统研究中心（CSCS）。
  URL: http://lsa.umich.edu/cscs
- 美国，马萨诸塞州，剑桥，麻省理工学院媒体实验室，协作学习研究组。
  URL: https://www.media.mit.edu/groups/collective-learning/overview/
- 意大利，罗马，罗马萨皮恩扎大学，复杂网络和信号处理研究组。
  503 URL: http://infocom.uniroma1.it/sergio/
- 美国，印第安纳州，圣母大学，复杂网络（科恩）实验室。
  URL:http://www3.nd.edu/～cone/index.html
- 印度，西孟加拉邦，卡哈拉普尔理工学院，复杂网络研究研究组。
  URL: http://www.cnergres.iitkgp.ac.in/
- 新加坡，高性能计算研究所，复杂系统组（CxSy Group）。
  URL: https://www.a-star.edu.sg/ihpc/Research/Computing-Science-CS/ Complex-Systems-Group- CxSy-Group/Overview.aspx
- 印度，中央邦，印度理工学院印多尔分校，复杂系统实验室。
  URL: http://people.iiti.ac.in/～sarika/
- 美国，纽约州，微软研究实验室，计算社会科学。
  URL: https://www.microsoft.com/en-us/research/group/computational- social-science/
- 美国，纽约州，微软研究实验室，计算社会科学研究组。
  URL: http://research.microsoft.com/en-us/groups/cssnyc/
- 加拿大，魁北克，蒙特利尔，麦吉尔大学，计算机网络研究组。
  URL: http://networks.ece.mcgill.ca/

- 英国，格拉斯哥斯特拉斯，克莱德大学，埃斯特拉达实验室。
  URL: http://www.estradalab.org
- 美国，加利福尼亚州，圣地亚哥，加州大学圣地亚哥分校，Fan Chung Graham 小组。
  URL: http://math.ucsd.edu/～fan/
- 意大利，卢卡，IMT 高级研究学院，Guido Caldarelli 研究组。
  URL: https://www.imtlucca.it/guido.caldarelli
- 印度，钦奈，印度马德拉斯技术学院，高性能计算和网络实验室。
  URL: http://www.cse.iitm.ac.in/～murthy/
- 俄罗斯，莫斯科，高等经济学学校，应用网络研究国际实验室。
  URL: https://anr.hse.ru/en/ 504
- 美国，宾夕法尼亚州，匹兹堡，卡内基 – 梅隆大学，Jelena Kovačević 研究组。
  URL: http://jelena.ece.cmu.edu/research/index.html
- 美国，纽约州，伊萨卡，康奈尔大学，Jon Kleinberg 研究组。
  URL:http://www.cs.cornell.edu/home/kleinber/
- 美国，宾夕法尼亚州，匹兹堡，卡内基 – 梅隆大学，José M. F. Moura 研究组。
  URL: https://users.ece.cmu.edu/～moura/algesignal.html
- 美国，加利福尼亚州，斯坦福大学，Jure Leskovec 研究组。
  URL: http://cs.stanford.edu/people/jure/index.html
- 美国，南卡罗来纳州，哥伦比亚，南卡罗来纳大学，Linyuan Lu 研究组。
  URL: http://people.math.sc.edu/lu/
- 美国，加利福尼亚州，斯坦福大学，Matthew O. Jackson 研究组。
  URL: https://web.stanford.edu/～jacksonm/
- 美国，马萨诸塞州，波士顿，东北大学，网络科学研究所。
  URL: https:// www.network-scienceinstitute.org/
- 美国，马萨诸塞州，剑桥，新英格兰复杂系统研究所。
  URL: http://necsi.edu/
- 美国，宾夕法尼亚州立大学大学公园分校，Réka Albert 研究组。
  URL: https://www.ralbert.me/
- 瑞士，洛桑联邦综合技术学院，信号处理实验室（LTS2 和 LTS4）。
  URL: https://lts2.epfl.ch/ and http://lts4.epfl.ch/
- 美国，宾夕法尼亚州，费城，宾夕法尼亚州大学，信号处理和网络研究组。
  URL: https://alliance.seas.upenn.edu/～aribeiro/wiki/
- 美国，加利福尼亚州，洛杉矶，南加州大学，信号转换、分析和压缩小组。
  URL: http://biron.usc.edu/wiki/index.php/CompressionGroup
- 美国，纽约州，伊萨卡，康奈尔大学，Steven Strogatz 研究组。
  URL: http://www.math.cornell.edu/m/People/Faculty/strogatz
- 印度，喀拉拉邦，特里凡得琅，印度空间科学和技术研究所，系统和网络实验室。
  URL: https://www.iist.ac.in/avionics/bsmanoj
- 美国，新墨西哥州，圣达菲，国立圣达菲研究所的各种研究组。
  URL: https://santafe.edu/

- 美国，宾夕法尼亚州，费城，宾夕法尼亚州大学，沃伦网络和数据科学中心。
  URL: http://warrencenter.upenn.edu/

H.1 其他重要资源

- http://www.network-science.org/
- http://www.netscisociety.net/
- http://www.cnn.group.cam.ac.uk/Resources
- 505 ~ http://www.cxnets.org/
- 506 http://www.sociopatterns.org/

符　　号

下表总结了本书中使用的符号。

符号	含义
x	标量
$\boldsymbol{x}$	向量
$\boldsymbol{X}$	矩阵
$\boldsymbol{X}^{\mathrm{T}}$	矩阵 $\boldsymbol{X}$ 的转置
$\boldsymbol{X}^{H}$	矩阵 $\boldsymbol{X}$ 的 Hermitian 转置
$\boldsymbol{I}$	单位矩阵
$\lvert x \rvert$	x 的绝对值
x^*	x 的复共轭
$\lVert x \rVert_p$	向量 $\boldsymbol{x}$ 的 $\mathcal{L}_{p-}$ 范数
$\langle \boldsymbol{x}, \boldsymbol{y} \rangle$	向量 $\boldsymbol{x}$ 和 $\boldsymbol{y}$ 的内积
$\mathbb{R}$	实数集
$\mathbb{Z}^+$	不包含零的整数集合
$\mathbb{C}$	复数集合
$\mathbb{R}^n$	长度为 n 的实数向量
$\mathbb{C}^n$	长度为 n 的复数向量
$\mathbb{R}^{m\times n}$	$m \times n$ 的实数矩阵
$\mathbb{C}^{m\times n}$	$m \times n$ 的复数矩阵
$\mathcal{G}$	任意图
$\mathcal{V}$	图的顶点集
$\mathcal{E}$	图的边集
$\boldsymbol{A}$	邻接矩阵
$\boldsymbol{C}$	关联矩阵
$\boldsymbol{D}$	度矩阵
$\boldsymbol{L}$	拉普拉斯算子矩阵
$\boldsymbol{W}$	权重矩阵
w_{ij}	节点 j 到 i 的边的权重
E	图中边的总数量
$\lvert\mathcal{E}\rvert$	图中边的总数量
$\lvert\mathcal{V}\rvert$	图中顶点的总数量
N	网络中的节点总数
d_i	节点 i 的度
$\bar{d}$	图的平均度

$d_{\max}$	图的最大度
$d(i,j)$	节点 i 和 j 之间的几何距离
$\bar{\mathcal{G}}$	图 $\mathcal{G}$ 的补
$L(\mathcal{G})$	图 $\mathcal{G}$ 的线图
$D(\mathcal{G})$	图 $\mathcal{G}$ 的直径
$\boldsymbol{L}^{\text{norm}}$	归一化拉普拉斯矩阵
$\boldsymbol{L}_{\text{in}}$	入度拉普拉斯矩阵
$\boldsymbol{L}_{\text{out}}$	出度拉普拉斯矩阵
$\boldsymbol{D}_{\text{in}}$	入度矩阵
$\boldsymbol{D}_{\text{out}}$	出度矩阵
$\boldsymbol{f}$	图信号向量
$f(i)$	节点 i 处的标量图信号值
λ_ℓ	拉普拉斯矩阵的特征值
$\boldsymbol{u}_\ell$	拉普拉斯矩阵的特征向量
$\hat{\boldsymbol{f}}$	图信号 $\boldsymbol{f}$ 的 GFT 向量
$\hat{\boldsymbol{f}}(\lambda_\ell)$	频率 λ_ℓ 处的 GFT 系数
$\tilde{\boldsymbol{f}}$	图信号 $\boldsymbol{f}$ 的位移版本
$\tilde{\nabla}_i(\boldsymbol{f})$	图信号 $\boldsymbol{f}$ 在顶点 i 处的导数
$S_p(\boldsymbol{f})$	图信号 $\boldsymbol{f}$ 的 p-Dirichlet 形式
$\text{TV}(\boldsymbol{f})$	图信号 $\boldsymbol{f}$ 的总方差
$\boldsymbol{f}^{\text{T}}\boldsymbol{L}\boldsymbol{f}$	图信号 $\boldsymbol{f}$ 拉普拉斯二次型
$\boldsymbol{J}$	约当矩阵
$\boldsymbol{V}$	以图结构矩阵的特征向量作为列的矩阵
$\boldsymbol{U}$	以拉普拉斯矩阵的特征向量作为列的矩阵
$\boldsymbol{S}$	移位算子
$\boldsymbol{H}$	图滤波矩阵
$h(\boldsymbol{L})$	$\boldsymbol{L}$ 的多项式
$\boldsymbol{\psi}_{t,n}$	以节点 n 为中心的 t 尺度小波向量
$W_f(t,n)$	图信号 $\boldsymbol{f}$ 在节点 n 处的 t 尺度 SGWT
$\text{DC}(i)$	节点 i 的度中心性
$\text{CC}(i)$	节点 i 的接近中心性
$g_{jk}(i)$	从节点 i 出发经过节点 j 到节点 k 的所有最短路径的数量
g_{jk}	从节点 j 出发到节点 k 的所有最短路径的总数量
$\text{BC}(i)$	节点 i 的介数中心性
$\text{EC}(i)$	节点 i 的特征向量中心性
$\otimes$	克罗内克积
$\odot$	元素的 Hadamard 算子
$\times$	笛卡儿积
$\boxtimes$	Strong 积

$O(\bullet)$	大 O 增长函数
T_i	平移算子（对节点 i）
M_k	调制算子（对频率 λ_k）
$\rho(\lambda)$	谱密度（分布）函数
//	算法中的注释行
j	复数的虚数表示，其中 $\mathrm{j}=\sqrt{-1}$

缩　略　语

ACC	Average ClusteringCoefficient（平均聚类系数）
ACES	Average flow Capacity Enhancement using Small-world characteristics（基于小世界特征的平均流容量增强）
AND	Average Neighbor Degree（平均邻居度）
ANeD	Average Network Delay（平均网络延迟）
ANFC	Average Network Flow Capacity（平均网络流容量）
APL	Average Path Length（平均路径长度）
APLB	Average Path Length to Base Station（到基站的平均路径长度）
APSP	All Pair Shortest Path（所有对最短路径）
ASP	Algebraic Signal Processing（代数信号处理）
ATPL	Average Transmission Path Length（平均传输路径长度）
BA model	Barabási-Albert model（BA 模型）
BC	Betweenness Centrality（介数中心性）
BGP	Border Gateway Protocol（边界网关协议）
BS	Base Station（基站）
CBP	Call Blocking Probability（呼叫阻塞概率）
CC	Closeness Centrality（接近中心性）
C-SWAWN	Constrained Small-World Architecture for Wireless Network（无线网络的受限小世界架构）
CKWT	Crovella and Kolaczyk WaveletTransform（Crovella-Kolaczyk 小波变换）
CLT	Central Limit Theorem（中心极限定理）
CR	Cognitive Radio（认知无线电）
CWT	Continuous Wavelet Transform（连续小波变换）
DAG	Directed Acyclic Graph（有向无环图）
DAS	Directed Augmentation towards the Sink（面向 sink 节点的有向增强模型）
DC	Degree Centrality（度中心性）
DFS	Depth-First Search（深度优先搜索）
DFT	Discrete Fourier Transform（离散傅里叶变换）
DN	Destination Node（目的节点）
DNT	Directed Neighbor Table（有向邻居表）
DRM	Directed Random Model（有向随机模型）
DSP	Discrete Signal Processing（离散信号处理）
DSPG	Discrete Signal Processing on Graphs（图上离散信号处理）

DTFT Discrete-Time Fourier Transform（离散时间傅里叶变换）
DU Downsample then Upsample（先下采样再上采样）
DWT Discrete Wavelet Transform（离散小波变换）
EC Eigenvector Centrality（特征向量中心性）
EEE Exploration-Exploitation Expertmethod（探索 – 利用专家方法）
EHD End-to-end Hop Distance（端到端跳距离）
ER Erdös-Renyi
FBC Flow Betweenness Centrality（流介数中心性）
GA Genetic Algorithm（遗传算法）
G-APL Gateway-APL（APL 网关）
GAGS Gateway-aware Greedy LL Addition Strategy（网关感知的贪心 LL 添加策略）
GAS Gateway-aware LL AdditionStrategy（网关感知的 LL 添加策略）
GFT Graph Fourier Transform（图傅里叶变换）
GFT-C Graph Fourier Transform Centrality（GFT 中心性，图傅里叶变换中心性）
GSP Graph Signal Processing（图信号处理）
GWT Graph Wavelet Transform（图小波变换）
H-Sensor High-Sensor（H 型传感器，高传感器）
HgSWWSN Homogeneous Small-World Wireless SensorNetwork（同构 SWWSN，同构小世界无线传感器网络）
HND Highest NodalDegree（最高节点度）
HSN Heterogeneous Sensor Network（异构传感器网络）
HWSN Heterogeneous Wireless Sensor Network（异构无线传感器网络）
ID-SWWSN Inhibition Distance–based Small-World Wireless Sensor Network（基于禁止距离的 SWWSN，基于禁止距离的小世界无线传感器网络）
IGFT Inverse Graph Fourier Transform（逆图傅里叶变换）
LL Long-ranged Link（远程链路）
LM-GAS Load-Balanced M-GAS（负载平衡的 M-GAS）
LNPR Load-aware Non-persistent Small-World LL Routing（负载感知的非持久小世界 LL 路由）
LRA Long-Ranged link Affinity（远程链路亲和力）
L-Sensor Low-Sensor（L 型传感器，低传感器）
LSI Linear Shift Invariant（线性移位不变）
LTI Linear Time Invariant（线性时间不变）
M-GAS Multi-Gateway-Aware LL Addition Strategy（多网关感知的 LL 添加策略）
MANET Mobile Ad hoc Network（移动自组织网络）
MaxBC Maximum Betweenness Centrality（最大介数中心性）
MaxCap Maximum flow Capacity（最大流容量）
MaxCC Maximum Closeness Centrality（最大 CC，最大接近中心性）
MaxCCD Maximum Closeness Centrality Disparity（最大 CC 差异，最大接近

	中心性差异）
MEMS	Micro Electro-Mechanical Systems（微型机电系统）
MinAEL	Minimum Average Edge Length（最小平均边长度）
MinAPL	Minimum Average PathLength（最小平均路径长度）
MS	Monitoring Station（监测站）
MST	Minimum Spanning Tree（最小生成树）
NAW	Neighbor Avoiding Walk（邻居避免游走）
NFC	Network Flow Capacity（网络流容量）
NL	Normal Link（普通链路）
NPLL	Non-Persistent LL（非持久 LL，非持久远程链路）
NT	NeighborTable（邻居表）
NW-SWWSN	Newman-Watts model-based Small-World Wireless Sensor Netwok（Newman-Watts 小世界无线传感器网络）
PL	Path Length（路径长度）
QAM	Quadrature Amplitude Modulation（正交调幅）
QMF	Quadrature Mirror Filter bank（正交镜像滤波器组）
QoS	Quality of Service（服务质量）
RAS	Random LL AdditionStrategy（随机 LL 添加策略）
RM-SWWSN	Random Model Heterogeneous Small-World Wireless Sensor Network（随机模型异构小世界无线传感器网络）
RSSI	Received Signal Strength Indicator（接收信号强度指标）
SBD	Short Burst Data（短突发数据）
SDLA	Sequential Deterministic LL Addition（顺序确定性 LL 添加）
SF	Scaling Factor（缩放因素）
SFN	Scale-Free Network（无标度网络）
SGWT	Spectral Graph Wavelet Transform（谱图小波变换）
SiN	Sink Node（汇聚节点，sink 节点）
SINR	Signal to Interference plus Noise Ratio（信号与干扰加噪声比）
SN	Source Node（源节点）
SR	Smart Router（智能路由器）
STFT	Short-Time Fourier Transform（短时傅里叶变换）
STN	String Topology Network（线性拓扑网络）
SW	Small-World（小世界）
SWCR	Small-World-based Cooperative Routing（基于小世界的协作路由）
SWWMN	Small-World Wireless Mesh Networks（小世界无线 mech（网状）网络）
SWWSN	Small-World Wireless Sensor Network（小世界无线传感器网络）
TDD	Time Division Duplex（时分双工）
TV	Total Variation（总方差）
TXOP	Transmission Opportunity（传输机会）

UAV	Unmanned Aerial Vehicle（无人飞行器）
VRAM-SWWSN	Variable Rate Adaptive Modulation–based Small-World Wireless Sensor Network（基于可变速率自适应调制的 SWWSN）
WFB	Wireless Flow Betweenness（无线流介数）
WFT	Windowed Fourier Transform（窗口傅里叶变换）
WGFT	Windowed Graph Fourier Transform（窗口图傅里叶变换）
WMN	Wireless Mesh Networks（无线 mesh 网络）
WS	Watts-Strogatz model（Watts-Strogatz 模型）
WSN	Wireless Sensor Network（无线传感器网络）
ZFB	Zero-Forcing Beamforming（迫零波束形成）

参考文献

[1] W. W. Zachary, "An information flow model for conflict and fission in small groups," *Journal of Anthropological Research*, vol. 33, no. 4, pp. 452–473, Winter 1977.

[2] A.-L. Barabási, N. Gulbahce, and J. Loscalzo, "Network medicine: A network-based approach to human disease," *Nature Reviews Genetics*, vol. 12, no. 1, pp. 56–68, January 2011.

[3] S. Redner, "How popular is your paper? An empirical study of the citation distribution," *European Physical Journal B—Condensed Matter and Complex Systems*, vol. 4, no. 2, pp. 131–134, July 1998.

[4] ——, "Citation statistics from 110 years of physical review," *Physics Today*, vol. 58, no. 6, pp. 49–54, June 2005.

[5] K.-I. Goh, B. Kahng, and D. Kim, "Universal behavior of load distribution in scale-free networks," *Physical Review Letters*, vol. 87, no. 27, p. 278701, December 2001.

[6] D. J. Watts and S. H. Strogatz, "Collective dynamics of small-world networks," *Nature*, vol. 393, no. 6684, pp. 440–442, June 1998.

[7] P. J. Denning, "Network laws," *Communications of the ACM*, vol. 47, no. 11, pp. 15–20, November 2004.

[8] A.-L. Barabási, "Scale-free networks: A decade and beyond," *Science*, vol. 325, no. 5939, pp. 412–413, July 2009.

[9] G. Caldarelli, *Scale-Free Networks: Complex Webs in Nature and Technology*. Oxford, UK: Oxford University Press, 2007.

[10] R. Albert, H. Jeong, and A.-L. Barabási, "Internet: Diameter of the World-Wide Web," *Nature*, vol. 401, no. 6749, pp. 130–131, September 1999.

[11] C. A. Hidalgo, "Conditions for the emergence of scaling in the inter-event time of uncorrelated and seasonal systems," *Physica A: Statistical Mechanics and Its Applications*, vol. 369, no. 2, pp. 877–883, September 2006.

[12] C. Siva Ram Murthy and B. S. Manoj, *Ad Hoc Wireless Networks: Architectures and Protocols*. Prentice Hall PTR, New Jersey, USA, 2004.

[13] S. Babu and B. S. Manoj, "On the topology of Indian and Western road networks," in *2016 8th International Conference on Communication Systems and Networks (COMSNETS) Intelligent Transportation Systems Workshop*. IEEE, January 2016, pp. 1–6.

[14] J. A. Bondy and U. S. R. Murty, *Graph Theory with Applications*. Elsevier Science Ltd/North-Holland, June 1976.

[15] R. Diestel, *Graph Theory {Graduate Texts in Mathematics; 173}*, 5th ed. Springer International Publishing, 2016.

[16] D. B. West, *Introduction to Graph Theory, Second Edition*. Boston, MA: Prentice Hall, 2001.

[17] I. Akyildiz and X. Wang, *Wireless Mesh Networks*, Vol. 3. New York: Wiley, 2009.

[18] M. P. Viana, E. Strano, P. Bordin, and M. Barthelemy, "The simplicity of planar networks," *Scientific Reports*, vol. 3, p. 3495, December 2013.

[19] P. J. Heawood, "Map-colour theorem," *Proceedings of the London Mathematical Society*, vol. 2, no. 1, pp. 161–175, 1949.

[20] T. H. Cormen, C. E. Leiserson, R. L. Rivest, and C. Stein, *Introduction to Algorithms*. MIT Press, USA, July 2009.

[21] P. Cardieri, "Modeling interference in wireless ad hoc networks," *IEEE Communications Surveys & Tutorials*, vol. 12, no. 4, pp. 551–572, Fourth Quarter 2010.

[22] P. Singh, A. Chakraborty, and B. S. Manoj, "Conflict graph based community detection," in *2016 8th International Conference on Communication Systems and Networks (COMSNETS)*. IEEE, January 2016, pp. 1–7.

[23] W. Tan, M. B. Blake, I. Saleh, and S. Dustdar, "Social-network-sourced big data analytics," *IEEE Internet Computing*, vol. 17, no. 5, pp. 62–69, September 2013.

[24] J. Mei and J. M. F. Moura, "Signal processing on graphs: Causal modeling of big data," *arXiv preprint/doi: 10.1109/TSP.2016.2634543*, 2017. *IEEE Transactions on Signal Processing*, vol. 65, no. 8, pp. 2077–2092, 2017.

[25] X. F. Wang and G. Chen, "Complex networks: Small-world, scale-free and beyond," *IEEE Circuits and Systems Magazine*, vol. 3, no. 1, pp. 6–20, First Quarter 2003.

[26] M. E. J. Newman, "The structure and function of complex networks," *SIAM Review*, vol. 45, no. 2, pp. 167–256, May 2003.

[27] L. C. Freeman, "Centrality in social networks conceptual clarification," *Social Networks*, vol. 1, no. 3, pp. 215–239, 1979.

[28] M. E. J. Newman, "A measure of betweenness centrality based on random walks," *Social Networks*, vol. 27, no. 1, pp. 39–54, January 2005.

[29] P. Bonacich, "Factoring and weighting approaches to status scores and clique identification," *Journal of Mathematical Sociology*, vol. 2, no. 1, pp. 113–120, 1972.

[30] ——, "Power and centrality: A family of measures," *American Journal of Sociology*, vol. 92, no. 5, pp. 1170–1182, March 1987.

[31] ——, "Some unique properties of eigenvector centrality," *Social Networks*, vol. 29, no. 4, pp. 555–564, October 2007.

[32] J. M. Kleinberg, "Authoritative sources in a hyperlinked environment," *Journal of the ACM*, vol. 46, no. 5, pp. 604–632, September 1999.

[33] M. E. J. Newman, "Analysis of weighted networks," *Physical Review E*, vol. 70, no. 5, p. 056131, November 2004.

[34] ——, "Scientific collaboration networks. II. shortest paths, weighted networks, and centrality," *Physical Review E*, vol. 64, no. 1, p. 016132, June 2001.

[35] T. Opsahl, F. Agneessens, and J. Skvoretz, "Node centrality in weighted networks: Generalizing degree and shortest paths," *Social Networks*, vol. 32, no. 3, pp. 245–251, July 2010.

[36] L. Katz, "A new status index derived from sociometric analysis," *Psychometrika*, vol. 18, no. 1, pp. 39–43, March 1953.

[37] E. Estrada and J. A. Rodriguez-Velazquez, "Subgraph centrality in complex networks," *Physical Review E*, vol. 71, no. 5, p. 056103, May 2005.

[38] R. Pastor-Satorras, A. Vázquez, and A. Vespignani, "Dynamical and correlation properties of the Internet," *Physical Review Letters*, vol. 87, no. 25, p. 258701, November 2001.

[39] A.-L. Barabási and R. Albert, "Emergence of scaling in random networks," *Science*, vol. 286, no. 5439, pp. 509–512, October 1999.

[40] R. Pastor-Satorras and C. Castellano, "Distinct types of eigenvector localization in networks," *Scientific Reports*, vol. 6, p. 18847, January 2016.

[41] S. Jalan, A. Kumar, A. Zaikin, and J. Kurths, "Interplay of degree correlations and cluster synchronization," *Physical Review E*, vol. 94, no. 6, p. 062202, December 2016.

[42] M. E. J. Newman, "Mixing patterns in networks," *Physical Review E*, vol. 67, no. 2, p. 026126, February 2003.

[43] A. Tizghadam and A. Leon-Garcia, "Autonomic traffic engineering for network robustness," *IEEE Journal on Selected Areas in Communications*, vol. 28, no. 1, pp. 39–50, January 2010.

[44] D. J. Klein and M. Randić, "Resistance distance," *Journal of Mathematical Chemistry*, vol. 12, no. 1, pp. 81–95, December 1993.

[45] A. Tizghadam and A. Leon-Garcia, "Betweenness centrality and resistance distance in communication networks," *IEEE Network*, vol. 24, no. 6, pp. 10–16, November 2010.

[46] R. B. Bapat, I. Gutmana, and W. Xiao, "A simple method for computing resistance distance," *Zeitschrift für Naturforschung A*, vol. 58, no. 9–10, pp. 494–498, October 2003.

[47] L. Danon, A. Díaz-Guilera, J. Duch, and A. Arenas, "Comparing community structure identification," *Journal of Statistical Mechanics: Theory and Experiment*, vol. 2005, no. 9, p. P09008, September 2005.

[48] M. E. J. Newman, "Detecting community structure in networks," *European Physical Journal B: Condensed Matter and Complex Systems*, vol. 38, no. 2, pp. 321–330, March 2004.

[49] S. Fortunato, V. Latora, and M. Marchiori, "Method to find community structures based on information centrality," *Physical Review E*, vol. 70, no. 5, p. 056104, November 2004.

[50] B. Jinbo, L. Hongbo, and C. Yan, "Community identification based on clustering coefficient," in *2011 6th International Conference on Communications and Networking in China (CHINACOM)*. IEEE, August 2011, pp. 790–793.

[51] M. E. J. Newman, "Fast algorithm for detecting community structure in networks," *Physical Review E*, vol. 69, p. 066133, June 2004.

[52] R. Aldecoa and I. Marín, "Surprise maximization reveals the community structure of complex networks," *Scientific Reports*, vol. 3, p. 1060, January 2013.

[53] P. Cardieri, "Modeling interference in wireless ad hoc networks," *IEEE Communications Surveys & Tutorials*, vol. 12, no. 4, pp. 551–572, Fourth Quarter 2010.

[54] V. D. Blondel, J.-L. Guillaume, R. Lambiotte, and E. Lefebvre, "Fast unfolding of communities in large networks," *Journal of Statistical Mechanics: Theory and Experiment*, vol. 2008, no. 10, p. P10008, October 2008.

[55] R. Aldecoa and I. Marín, "Deciphering network community structure by surprise," *PLoS One*, vol. 6, no. 9, p. e24195, September 2011.

[56] P. Erdös and A. Rényi, "On the evolution of random graphs," *Publications of the Mathematical Institute of the Hungarian Academy of Sciences*, vol. 5, pp. 17–61, 1960.

[57] M. Girvan and M. E. J. Newman, "Community structure in social and biological networks," in *Proceedings of the National Academy of Sciences*, vol. 99, no. 12, pp. 7821–7826, June 2002.

[58] D. E. Knuth, *The Stanford GraphBase: A Platform for Combinatorial Computing*. Addison-Wesley Professional, 1993.

[59] M. E. J. Newman, "Finding community structure in networks using the eigenvectors of matrices," *Physical Review E*, vol. 74, no. 3, p. 036104, September 2006.

[60] P. Singh, A. Chakraborty, and B. S. Manoj, "Complex network entropy," in *Soft Computing Applications in Sensor Networks*, S. Misra and S. K. Pal, Eds. Boca Raton, FL: CRC Press, 2016, pp. 243–263.

[61] J. Wu, Y.-J. Tan, H.-Z. Deng, and D.-Z. Zhu, "Heterogeneity of scale-free networks," *Systems Engineering-Theory & Practice*, vol. 27, no. 5, pp. 101–105, May 2007.

[62] P. Erdös and A. Rényi, "On random graphs I," *Publicationes Mathematicae Debrecen*, vol. 6, pp. 290–297, 1959.

[63] A. Fronczak, P. Fronczak, and J. A. Hołyst, "Average path length in random networks," *Physical Review E*, vol. 70, no. 5, p. 056110, November 2004.

[64] S. Milgram, "The small world problem," *Psychology Today*, vol. 2, no. 1, pp. 60–67, May 1967.

[65] R. Heidler, M. Gamper, A. Herz, and F. Eer, "Relationship patterns in the 19th century: The friendship network in a German boys' school class from 1880 to 1881 revisited," *Social Networks*, vol. 37, pp. 1–13, May 2014.

[66] D. Lusseau, K. Schneider, O. J. Boisseau, P. Haase, E. Slooten, and S. M. Dawson, "The bottlenose dolphin community of doubtful sound features a large proportion of long-lasting associations," *Behavioral Ecology and Sociobiology*, vol. 54, no. 4, pp. 396–405, September 2003.

[67] K.-I. Goh, M. E. Cusick, D. Valle, B. Childs, M. Vidal, and A.-L. Barabási, "The human disease network," in *Proceedings of the National Academy of Sciences*, vol. 104, no. 21, pp. 8685–8690, May 2007.

[68] M. E. J. Newman and D. J. Watts, "Renormalization group analysis of the small-world network model," *Physics Letters A*, vol. 263, no. 4, pp. 341–346, December 1999.

[69] J. M. Kleinberg, "Navigation in a small world," *Nature*, vol. 406, no. 6798, pp. 845–845, August 2000.

[70] N. Deo, *Graph Theory with Applications to Engineering and Computer Science*. New Delhi: Prentice Hall of India, 2004.

[71] J. Edmonds and R. M. Karp, "Theoretical improvements in algorithmic efficiency for network flow problems," *Journal of the ACM*, vol. 19, no. 2, pp. 248–264, April 1972.

[72] N. Gaur, A. Chakraborty, and B. S. Manoj, "Delay optimized small-world networks," *IEEE Communications Letters*, vol. 18, no. 11, pp. 1939–1942, November 2014.

[73] K. Okamoto, W. Chen, and X.-Y. Li, *Ranking of Closeness Centrality for Large-Scale Social Networks*. Lecture Notes in Computer Science, 2008, vol. 5059.

[74] A. Chakraborty and B. S. Manoj, "The reason behind the scale-free world," *IEEE Sensors Journal*, vol. 14, no. 11, pp. 4014–4015, November 2014.

[75] A. Vinel, L. Lan, and N. Lyamin, "Vehicle-to-vehicle communication in C-ACC/platooning scenarios," *IEEE Communications Magazine*, vol. 53, no. 8, pp. 192–197, August 2015.

[76] A. Chakraborty, Vineeth B. S., and B. S. Manoj, "Analytical identification of anchor nodes in a small-world network," *IEEE Communications Letters*, vol. 20, no. 6, pp. 1215–1218, June 2016.

[77] A. Chakraborty and B. S. Manoj, "An efficient heuristics to realize near-optimal small-world networks," in *2015 Twenty-First National Conference on Communications (NCC)*. IEEE, February 2015, pp. 1–5.

[78] R. Steinberg and W. I. Zangwill, "The prevalence of Braess' paradox," *Transportation Science*, vol. 17, no. 3, pp. 301–318, 1983.

[79] J. Kleinberg, "The small-world phenomenon: An algorithmic perspective," in *Proceedings of the Thirty-Second Annual ACM Symposium on Theory of Computing*. ACM, May 2000, pp. 163–170.

[80] M. Draief and A. Ganesh, "Efficient routing in Poisson small-world networks," *Journal of Applied Probability*, vol. 43, no. 3, pp. 678–686, September 2006.

[81] J.-Y. Zeng and W.-J. Hsu, "Optimal routing in a small-world network," *Journal of Computer Science and Technology*, vol. 21, no. 4, pp. 476–481, July 2006.

[82] O. Bakun and G. Konjevod, "Adaptive decentralized routing in small-world networks," in *2010 INFOCOM IEEE Conference on Computer Communications Workshops*. IEEE, March 2010, pp. 1–6.

[83] D. P. D. Farias and N. Megiddo, "Combining expert advice in reactive environments," *Journal of the ACM*, vol. 53, no. 5, pp. 762–799, September 2006.

[84] F. Halim, Y. Wu, and R. H. C. Yap, "Routing in the Watts and Strogatz small-world networks revisited," in *2010 Fourth International Conference on Self-Adaptive and Self-Organizing Systems Workshop (SASOW)*. IEEE, September 2010, pp. 247–250.

[85] R. Costa and J. Barros, "On the capacity of small-world networks," in *2006 IEEE Information Theory Workshop—ITW'06 Punta del Este*. IEEE, March 2006, pp. 302–306.

[86] ——, "Network information flow in small world networks," *arXiv preprint cs/0612099*, 2006.

[87] L. R. Ford Jr. and D. R. Fulkerson, *Flows in Networks*. Princeton, NJ: Princeton University Press, 2010.

[88] D. R. Karger, "Random sampling in cut, flow, and network design problems," *Mathematics of Operations Research*, vol. 24, no. 2, pp. 383–413, May 1999.

[89] R. A. Costa and J. Barros, "Network information flow in navigable small-world networks," in *4th International Symposium on Modeling and Optimization in Mobile, Ad Hoc and Wireless Networks*. IEEE, April 2006, pp. 1–6.

[90] R. W. Yeung, *Information Theory and Network Coding*. New York, NY: Springer., 2008.

[91] C. Fragouli and E. Soljanin, *Network Coding Applications*. Boston, MA: Now Publishers, 2008.

[92] T. Ho and D. Lun, *Network Coding: An Introduction*. Cambridge, UK: Cambridge University Press, 2008.

[93] M. Médard and A. Sprintson, *Network Coding: Fundamentals and Applications*. Cambridge, MA: Academic Press, 2011.

[94] A. Helmy, "Small worlds in wireless networks," *IEEE Communications Letters*, vol. 7, no. 10, pp. 490–492, October 2003.

[95] C. K. Verma, B. R. Tamma, B. S. Manoj, and R. Rao, "A realistic small-world model for wireless mesh networks," *IEEE Communications Letters*, vol. 15, no. 4, pp. 455–457, April 2011.

[96] B. Dorronsoro and P. Bouvry, "Study of different small-world topology generation mechanisms for genetic algorithms," in *IEEE Congress on Evolutionary Computation (CEC)*. IEEE, June 2012, pp. 1–8.

[97] A.-L. Barabási and E. Bonabeau, "Scale-free networks," *Scientific American*, vol. 288, no. 5, pp. 50–59, May 2003.

[98] A.-L. Barabási, "Network science," *Philosophical Transactions of the Royal Society of London A: Mathematical, Physical and Engineering Sciences*, vol. 371, no. 1987, pp. 1–3, February 2013.

[99] G. Bianconi and A.-L. Barabási, "Competition and multiscaling in evolving networks," *Europhysics Letters*, vol. 54, no. 4, pp. 436–442, May 2001.

[100] G. Caldarelli, A. Capocci, P. De Los Rios, and M. A. Munoz, "Scale-free networks from varying vertex intrinsic fitness," *Physical Review Letters*, vol. 89, no. 25, p. 258702, December 2002.

[101] F. Papadopoulos, M. Kitsak, M. Á. Serrano, M. Boguñá, and D. Krioukov, "Popularity versus similarity in growing networks," *Nature*, vol. 489, no. 7417, pp. 537–540, September 2012.

[102] G. Timár, S. N. Dorogovtsev, and J. F. F. Mendes, "Scale-free networks with exponent one," *Physical Review E*, vol. 94, no. 2, p. 022302, August 2016.

[103] M. L. Marx and R. J. Larsen, *Introduction to Mathematical Statistics and Its Applications, Fourth Edition*. Upper Saddle River, NJ: Prentice Hall, 2006.

[104] R. M. Dudley, *Uniform Central Limit Theorems*. New York, NY: Cambridge University Press, 1999.

[105] A. Papoulis and S. U. Pillai, *Probability, Random Variables, and Stochastic Processes, Fourth Edition*. Boston, MA: McGraw-Hill, 2017.

[106] A. L. Barabási and M. Pósfai, *Network Science*. Cambridge, UK: Cambridge University Press, 2016. [Online]. Available: https://books.google.co.in/books?id=iLtGDQAAQBAJ

[107] D. Bu, Y. Zhao, L. Cai, H. Xue, X. Zhu, H. Lu, J. Zhang, et al., "Topological structure analysis of the protein–protein interaction network in budding yeast," *Nucleic Acids Research*, vol. 31, no. 9, pp. 2443–2450, May 2003.

[108] M. E. J. Newman, "A symmetrized snapshot of the structure of the Internet at the level of autonomous systems, reconstructed from BGP tables posted by the University of Oregon route views project," Unpublished, http://www.personal.umich.edu/~mejn/netdata/, 2006.

[109] GitHub Inc., "Gephi datasets," https://github.com/gephi/gephi/wiki/Datasets, accessed: December 7, 2015.

[110] D. A. Smith and D. R. White, "Structure and dynamics of the global economy: Network analysis of international trade 1965–1980," *Social Forces*, vol. 70, no. 4, pp. 857–893, June 1992.

[111] M. E. J. Newman, "Finding community structure in networks using the eigenvectors of matrices," *Physical Review E*, vol. 74, no. 3, p. 036104, September 2006. [Online]. Available: https://link.aps.org/doi/10.1103/PhysRevE.74.036104

[112] M. Girvan and M. E. J. Newman, "Community structure in social and biological networks," in *Proceedings of the National Academy of Sciences*, vol. 99, no. 12, pp. 7821–7826, June 2002.

[113] P. M. Gleiser and L. Danon, "Community structure in jazz," *Advances in Complex Systems*, vol. 6, no. 4, pp. 565–573, December 2003.

[114] L. A. Adamic and N. Glance, "The political blogosphere and the 2004 US election: Divided they blog," in *Proceedings of the 3rd International Workshop on Link Discovery*. ACM, August 2005, pp. 36–43.

[115] A.-L. Barabási, "Luck or reason," *Nature*, vol. 489, no. 7417, pp. 507–508, September 2012.

[116] A.-L. Barabási, R. Albert, and H. Jeong, "Mean-field theory for scale-free random networks," *Physica A: Statistical Mechanics and Its Applications*, vol. 272, no. 1, pp. 173–187, October 1999.

[117] A.-L. Barabási, E. Ravasz, and T. Vicsek, "Deterministic scale-free networks," *Physica A: Statistical Mechanics and Its Applications*, vol. 299, no. 3, pp. 559–564, October 2001.

[118] K. Iguchi and H. Yamada, "Exactly solvable scale-free network model," *Physical Review E*, vol. 71, no. 3, p. 036144, March 2005.

[119] Y.-T. Liu, J. An, and H. Liu, "An uneven probabilistic flooding algorithm for small-world wireless multi-hop networks," in *4th International Conference on Wireless Communications, Networking and Mobile Computing*, 2008. WiCOM'08. IEEE, October 2008, pp. 1–4.

[120] Y. J. Hwang, S.-W. Ko, S. I. Lee, B. I. Cho, and S.-L. Kim, "Wireless small-world networks with beamforming," in *IEEE Region 10 Conference (TENCON) 2009*. IEEE, March 2009, pp. 1–6.

[121] A. Banerjee, R. Agarwal, V. Gauthier, C. K. Yeo, H. Afifi, and F. B.-S. Lee, "A self-organization framework for wireless ad hoc networks as small worlds," *IEEE Transactions on Vehicular Technology*, vol. 61, no. 6, pp. 2659–2673, July 2012.

[122] A. Verma, C. K. Verma, B. R. Tamma, and B. S. Manoj, "New link addition strategies for multi-gateway small world wireless mesh networks," in *4th IEEE International Symposium on Advanced Networks and Telecommunication Systems (ANTS)*. IEEE, December 2010, pp. 31–33.

[123] N. Afifi and K.-S. Chung, "Small world wireless mesh networks," in *IEEE International Conference on Innovations in Information Technology*. IEEE, December 2008, pp. 500–504.

[124] M. Sheng, J. Li, H. Li, and Y. Shi, "Small world based cooperative routing protocol for large scale wireless ad hoc networks," in *2011 IEEE International Conference on Communications (ICC)*. IEEE, June 2011, pp. 1–5.

[125] C.-J. Jiang, C. Chen, J.-W. Chang, R.-H. Jan, and T. C. Chiang, "Construct small worlds in wireless networks using data mules," in *IEEE International Conference on Sensor Networks, Ubiquitous, and Trustworthy Computing 2008 (SUTC'08)*. IEEE, June 2008, pp. 28–35.

[126] N. Gaur, A. Chakraborty, and B. S. Manoj, "Load-aware routing for non-persistent small-world wireless mesh networks," in *Twentieth National Conference on Communications (NCC)*. IEEE, February 2014, pp. 1–6.

[127] D. Braess, A. Nagurney, and T. Wakolbinger, "On a paradox of traffic planning," *Transportation Science*, vol. 39, no. 4, pp. 446–450, November 2005.

[128] Iridium Communications, "Iridium 9602 satellite communication modem," https://www.iridium.com/products/details/iridium-9602, accessed: February 12, 2017.

[129] Iridium Communications, "Iridium 9603 satellite communication modem," https://www.iridium.com/products/details/iridium-9603, accessed: February 12, 2017.

[130] Iridium Communications, "Iridium edge satellite communication modem," https://www.iridium.com/products/details/iridiumedge, accessed: February 12, 2017.

[131] R. P. Araújo, F. S. H. de Souza, J. Ueyama, L. A. Villas, and D. L. Guidoni, "On the analysis of Newman & Watts and Kleinberg small world models in wireless sensor networks," in *2015 IEEE 14th International Symposium on Network Computing and Applications*. IEEE, September 2015, pp. 17–21.

[132] D. L. Guidoni, A. Boukerche, F. S. H. de Souza, R. A. F. Mini, and A. A. F. Loureiro, "A small world model based on multi-interface and multi-channel to design heterogeneous wireless sensor networks," in *IEEE Global Telecommunications Conference (GLOBECOM 2010)*. December 2010, pp. 1–5.

[133] D. L. Guidoni, R. A. F. Mini, and A. A. F. Loureiro, "Applying the small world concepts in the design of heterogeneous wireless sensor networks," *IEEE Communications Letters*, vol. 16, no. 7, pp. 953–955, July 2012.

[134] W. Asif, H. K. Qureshi, and M. Rajarajan, "Variable rate adaptive modulation (VRAM) for introducing small-world model into WSNs," in *47th Annual Conference on Information Sciences and Systems (CISS)*. March 2013, pp. 1–6.

[135] N. Tadayon, A. E. Zonouz, S. Aissa, and L. Xing, "Cost-effective design and evaluation of wireless sensor networks using topology-planning methods in small-world context," *IET Wireless Sensor Systems*, vol. 4, no. 2, pp. 43–53, June 2014.

[136] W. B. Heinzelman, A. P. Chandrakasan, and H. Balakrishnan, "An application-specific protocol architecture for wireless microsensor networks," *IEEE Transactions on wireless communications*, vol. 1, no. 4, pp. 660–670, October 2002.

[137] R. Chitradurga and A. Helmy, "Analysis of wired short cuts in wireless sensor networks," in *Proceedings of the IEEE/ACS International Conference on Pervasive Services (ICPS '04)*. July 2004, pp. 167–176.

[138] Z. Füredi and J. Komlós, "The eigenvalues of random symmetric matrices," *Combinatorica*, vol. 1, no. 3, pp. 233–241, September 1981.

[139] R. Albert and A.-L. Barabási, "Statistical mechanics of complex networks," *Reviews of Modern Physics*, vol. 74, no. 1, pp. 47–97, January 2002.

[140] I. J. Farkas, I. Derényi, A.-L. Barabási, and T. Vicsek, "Spectra of "real-world" graphs: Beyond the semicircle law," *Physical Review E*, vol. 64, no. 2, p. 026704, July 2001.

[141] K.-I. Goh, B. Kahng, and D. Kim, "Spectra and eigenvectors of scale-free networks," *Physical Review E*, vol. 64, no. 5, p. 051903, October 2001.

[142] E. Estrada, *The Structure of Complex Networks: Theory and Applications*. Oxford, UK: Oxford University Press, 2011.

[143] D. M. Cvetković, M. Doob, and H. Sachs, *Spectra of Graphs: Theory and Applications*. Boston, MA: Academic Press, 1980.

[144] A. E. Brouwer and W. H. Haemers, *Spectra of Graphs*. New York, NY: Springer, 2011.

[145] L. Lin, Y. Saad, and C. Yang, "Approximating spectral densities of large matrices," *SIAM Review*, vol. 58, no. 1, pp. 34–65, February 2016.

[146] E. P. Wigner, "Characteristic vectors of bordered matrices with infinite dimensions I," *Annals of Mathematics*, vol. 62, no. 3, pp. 548–564, November 1955.

[147] ——, "Characteristics vectors of bordered matrices with infinite dimensions II," *Annals of Mathematics*, vol. 65, no. 2, pp. 203–207, March 1957.

[148] ——, "On the distribution of the roots of certain symmetric matrices," *Annals of Mathematics*, vol. 67, no. 2, pp. 325–327, March 1958.

[149] B. D. McKay, "The expected eigenvalue distribution of a large regular graph," *Linear Algebra and Its Applications*, vol. 40, pp. 203–216, October 1981.

[150] L. V. Tran, V. H. Vu, and K. Wang, "Sparse random graphs: Eigenvalues and eigenvectors," *Random Structures & Algorithms*, vol. 42, no. 1, pp. 110–134, January 2013.

[151] W. N. Anderson Jr. and T. D. Morley, "Eigenvalues of the laplacian of a graph," *Linear and Multilinear Algebra*, vol. 18, no. 2, pp. 141–145, 1985.

[152] M. Fiedler, "Algebraic connectivity of graphs," *Czechoslovak Mathematical Journal*, vol. 23, no. 2, pp. 298–305, 1973.

[153] B. Mohar and S. Poljak, "Eigenvalues and the max-cut problem," *Czechoslovak Mathematical Journal*, vol. 40, no. 2, pp. 343–352, 1990.

[154] U. V. Luxburg, "A tutorial on spectral clustering," *Statistics and Computing*, vol. 17, no. 4, pp. 395–416, December 2007.

[155] A. Y. Ng, M. I. Jordan, and Y. Weiss, "On spectral clustering: Analysis and an algorithm," in *Advances in Neural Information Processing Systems 14*, T. G. Dietterich, S. Becker, and Z. Ghahramani, Eds. MIT Press, 2002, pp. 849–856.

[156] V. M. Preciado and A. Jadbabaie, "Spectral analysis of dynamically evolving networks with linear preferential attachment," in *47th Annual IEEE Allerton Conference on Communication, Control, and Computing, 2009*. September 2009, pp. 1293–1299.

[157] J. Kunegis, D. Fay, and C. Bauckhage, "Network growth and the spectral evolution model," in *Proceedings of the 19th ACM International Conference on Information and Knowledge Management*. October 2010, pp. 739–748.

[158] L. J. Grady and J. Polimeni, *Discrete Calculus: Applied Analysis on Graphs for Computational Science*. London: Springer, 2010.

[159] A. V. Oppenheim, R. W. Schafer, and J. R. Buck, *Discrete-Time Signal Processing, Second Edition*. Englewood Cliffs, NJ: Prentice Hall, 1989.

[160] J. G. Proakis and D. K. Manolakis, *Digital Signal Processing: Principles, Algorithms, and Applications, Third Edition*. Upper Saddle River, NJ: Prentice Hall, 1996.

[161] B. Mohar, Y. Alavi, G. Chartrand, and O. Oellermann, "The Laplacian spectrum of graphs," *Graph Theory, Combinatorics, and Applications*, vol. 2, pp. 871–898, 1991.

[162] ——, "Some applications of Laplace eigenvalues of graphs," in *Graph Symmetry: Algebraic Methods and Applications*, vol. 497, pp. 227–275, 1997.

[163] F. R. Chung, *Spectral Graph Theory*. Providence, RI: American Mathematical Society, 1997.

[164] A. Anis, A. Gadde, and A. Ortega, "Towards a sampling theorem for signals on arbitrary graphs," in *2014 IEEE International Conference on Acoustics, Speech, and Signal Processing (ICASSP)*. May 2014, pp. 3864–3868.

[165] D. Shuman, S. K. Narang, P. Frossard, A. Ortega, and P. Vandergheynst, "The emerging field of signal processing on graphs: Extending high-dimensional data analysis to networks and other irregular domains," *IEEE Signal Processing Magazine*, vol. 30, no. 3, pp. 83–98, May 2013.

[166] R. Singh, A. Chakraborty, and B. S. Manoj, "On spectral analysis of node centralities," in *2016 IEEE International Conference on Advanced Networks and Telecommunications Systems (ANTS 2016)*, November 2016, pp. 1–5.

[167] ——, "GFT centrality: A new node importance measure for complex networks," *Physica A: Statistical Mechanics and Its Applications*, vol. 487, pp. 185–195, December 2017.

[168] M. U. Ilyas and H. Radha, "A KLT-inspired node centrality for identifying influential neighborhoods in graphs," in *44th Annual Conference on Information Sciences and Systems (CISS)*. March 2010, pp. 1–7.

[169] N. Perraudin and P. Vandergheynst, "Stationary signal processing on graphs," *IEEE Transactions on Signal Processing*, vol. 65, no. 13, pp. 3462–3477, July 2017.

[170] J. Mei and J. M. F. Moura, "Signal processing on graphs: Estimating the structure of a graph," in *2015 IEEE International Conference on Acoustics, Speech, and Signal Processing (ICASSP 2015)*. IEEE, April 2015, pp. 5495–5499.

[171] L. L. Magoarou and R. Gribonval, "Are there approximate fast Fourier transforms on graphs?" in *2016 IEEE International Conference on Acoustics, Speech, and Signal Processing (ICASSP)*. IEEE, March 2016, pp. 4811–4815.

[172] A. Sandryhaila and J. M. F. Moura, "Big data analysis with signal processing on graphs: Representation and processing of massive data sets with irregular structure," *IEEE Signal Processing Magazine*, vol. 31, no. 5, pp. 80–90, September 2014.

[173] S. Chen, R. Varma, A. Sandryhaila, and J. Kovačević, "Discrete signal processing on graphs: Sampling theory," *IEEE Transactions on Signal Processing*, vol. 63, no. 24, pp. 6510–6523, December 2015.

[174] A. G. Marques, S. Segarra, G. Leus, and A. Ribeiro, "Sampling of graph signals with successive local aggregations," *IEEE Transactions on Signal Processing*, vol. 64, no. 7, pp. 1832–1843, April 2016.

[175] M. Tsitsvero, S. Barbarossa, and P. Di Lorenzo, "Signals on graphs: Uncertainty principle and sampling," *IEEE Transactions on Signal Processing*, vol. 64, no. 18, pp. 4845–4860, September 2016.

[176] E. Isufi, A. Loukas, A. Simonetto, and G. Leus, "Autoregressive moving average graph filtering," *IEEE Transactions on Signal Processing*, vol. 65, no. 2, pp. 274–288, January 2017.

[177] A. Sandryhaila and J. M. F. Moura, "Discrete signal processing on graphs," *IEEE Transactions on Signal Processing*, vol. 61, no. 7, pp. 1644–1656, April 2013.

[178] ——, "Discrete signal processing on graphs: Frequency analysis," *IEEE Transactions on Signal Processing*, vol. 62, no. 12, pp. 3042–3054, June 2014.

[179] M. Püschel and J. M. F. Moura, "Algebraic signal processing theory: Foundation and 1-D time," *IEEE Transactions on Signal Processing*, vol. 56, no. 8, pp. 3572–3585, August 2008.

[180] ——, "Algebraic signal processing theory: 1-D space," *IEEE Transactions on Signal Processing*, vol. 56, no. 8, pp. 3586–3599, August 2008.

[181] L. I. Rudin, S. Osher, and E. Fatemi, "Nonlinear total variation based noise removal algorithms," *Physica D: Nonlinear Phenomena*, vol. 60, no. 1, pp. 259–268, November 1992.

[182] T. F. Chan, S. Osher, and J. Shen, "The digital TV filter and nonlinear denoising," *IEEE Transactions on Image Processing*, vol. 10, no. 2, pp. 231–241, February 2001.

[183] A. Beck and M. Teboulle, "Fast gradient-based algorithms for constrained total variation image denoising and deblurring problems," *IEEE Transactions on Image Processing*, vol. 18, no. 11, pp. 2419–2434, November 2009.

[184] R. Singh, A. Chakraborty, and B. S. Manoj, "Graph Fourier transform based on directed laplacian," in *2016 International Conference on Signal Processing and Communications (SPCOM 2016)*, June 2016, pp. 1–5.

[185] D. Thanou, D. I. Shuman, and P. Frossard, "Learning parametric dictionaries for signals on graphs," *IEEE Transactions on Signal Processing*, vol. 62, no. 15, pp. 3849–3862, August 2014.

[186] S. Chen, Y. Yang, J. M. F. Moura, and J. Kovačević, "Signal localization, decomposition and dictionary learning on graphs," *arXiv preprint arXiv:1607.01100*, 2016.

[187] S. Sardellitti, S. Barbarossa, and P. Di Lorenzo, "On the graph Fourier transform for directed graphs," *IEEE Journal of Selected Topics in Signal Processing*, vol. PP, no. 99, pp. 796–811, December 2017.

[188] R. Shafipour, A. Khodabakhsh, G. Mateos, and E. Nikolova, "A digraph Fourier transform with spread frequency components," *arXiv preprint arXiv:1705.10821*, 2017.

[189] S. Segarra, A. G. Marques, and A. Ribeiro, "Distributed linear network operators using graph filters," *arXiv preprint arXiv:1510.03947*, 2015.

[190] X. Shi, H. Feng, M. Zhai, T. Yang, and B. Hu, "Infinite impulse response graph filters in wireless sensor networks," *IEEE Signal Processing Letters*, vol. 22, no. 8, pp. 1113–1117, August 2015.

[191] A. Gavili and X.-P. Zhang, "On the shift operator, graph frequency and optimal filtering in graph signal processing," *IEEE Transactions on Signal Processing*, vol. 65, no. 23, pp. 6303–6318, December 2017.

[192] B. Girault, P. Gonçalves, and É. Fleury, "Translation on graphs: An isometric shift operator," *IEEE Signal Processing Letters*, vol. 22, no. 12, pp. 2416–2420, December 2015.

[193] S. K. Narang and A. Ortega, "Perfect reconstruction two-channel wavelet filter banks for graph structured data," *IEEE Transactions on Signal Processing*, vol. 60, no. 6, pp. 2786–2799, June 2012.

[194] O. Teke and P. P. Vaidyanathan, "Extending classical multirate signal processing theory to graphs, part I: Fundamentals," *IEEE Transactions on Signal Processing*, vol. 65, no. 2, pp. 409–422, January 2017.

[195] O. Teke and P. P. Vaidyanathan, "Extending classical multirate signal processing theory to graphs, part II: M-channel filter banks," *IEEE Transactions on Signal Processing*, vol. 65, no. 2, pp. 423–437, January 2017.

[196] M. W. Marcellin, M. J. Gormish, A. Bilgin, and M. P. Boliek, "An overview of JPEG-2000," in *Proceedings of the Data Compression Conference 2000* (DCC 2000). IEEE, March 2000, pp. 523–541.

[197] W. Sweldens, "The lifting scheme: A construction of second generation wavelets," *SIAM Journal on Mathematical Analysis*, vol. 29, no. 2, pp. 511–546, 1998.

[198] M. Vetterli and J. Kovačevic, *Wavelets and Subband Coding*. Upper Saddle River, NJ: Prentice Hall, 1995.

[199] P. P. Vaidyanathan, *Multirate Systems and Filter Banks*. Delhi, India: Pearson Education India, 1993.

[200] I. Daubechies and W. Sweldens, "Factoring wavelet transforms into lifting steps," *Journal of Fourier Analysis and Applications*, vol. 4, no. 3, pp. 247–269, May 1998.

[201] M. Rovella and E. Kolaczyk, "Graph wavelets for spatial traffic analysis," in *IEEE INFOCOM 2003. Twenty-second Annual Joint Conference of the IEEE Computer and Communications Societies*, vol. 3. IEEE, March 2003, pp. 1848–1857.

[202] W. Wang and K. Ramchandran, "Random multiresolution representations for arbitrary sensor network graphs," in *Proceedings of the 2006 IEEE International Conference on Acoustics, Speech and Signal Processing*, vol. 4. May 2006, pp. 161–164.

[203] G. Shen and A. Ortega, "Optimized distributed 2D transforms for irregularly sampled sensor network grids using wavelet lifting," in *Proceedings of the 2008 IEEE International Conference on Acoustics, Speech and Signal Processing*, March 2008, pp. 2513–2516.

[204] S. K. Narang and A. Ortega, "Lifting based wavelet transforms on graphs," in *Proceedings of APSIPA ASC 2009: Asia-Pacific Signal and Information Processing Association, 2009 Annual Summit and Conference*, October 2009, pp. 441–444.

[205] G. Shen and A. Ortega, "Transform-based distributed data gathering," *IEEE Transactions on Signal Processing*, vol. 58, no. 7, pp. 3802–3815, July 2010.

[206] D. K. Hammond, P. Vandergheynst, and R. Gribonval, "Wavelets on graphs via spectral graph theory," *Applied and Computational Harmonic Analysis*, vol. 30, no. 2, pp. 129–150, March 2011.

[207] R. R. Coifman and M. Maggioni, "Diffusion wavelets," *Applied and Computational Harmonic Analysis*, vol. 21, no. 1, pp. 53–94, July 2006.

[208] M. Gavish, B. Nadler, and R. R. Coifman, "Multiscale wavelets on trees, graphs and high dimensional data: Theory and applications to semi supervised learning," in *Proceedings of the 27th International Conference on Machine Learning (ICML-10)*, June 2010, pp. 367–374.

[209] I. Ram, M. Elad, and I. Cohen, "Generalized tree-based wavelet transform," *IEEE Transactions on Signal Processing*, vol. 59, no. 9, pp. 4199–4209, September 2011.

[210] X. Dong, A. Ortega, P. Frossard, and P. Vandergheynst, "Inference of mobil-

ity patterns via spectral graph wavelets," in *2013 IEEE International Conference on Acoustics, Speech and Signal Processing (ICASSP)*, May 2013, pp. 3118–3122.

[211] N. Tremblay and P. Borgnat, "Graph wavelets for multiscale community mining," *IEEE Transactions on Signal Processing*, vol. 62, no. 20, pp. 5227–5239, October 2014.

[212] M. N. Do and Y. M. Lu, "Multidimensional filter banks and multiscale geometric representations," *Foundations and Trends® in Signal Processing*, vol. 5, no. 3, pp. 157–264, October 2012.

[213] R. Rustamov and L. J. Guibas, "Wavelets on graphs via deep learning," in *Advances in Neural Information Processing Systems 26*, C. J. C. Burges, L. Bottou, M. Welling, Z. Ghahramani, and K. Q. Weinberger, Eds. Curran Associates, Inc., 2013, pp. 998–1006.

[214] R. A. Horn and C. R. Johnson, *Matrix Analysis*, 2nd ed. New York, NY: Cambridge University Press, 2013.

[215] E. W. Dijkstra, "A note on two problems in connexion with graphs," *Numerische Mathematik*, vol. 1, no. 1, pp. 269–271, December 1959.

索　　引

索引中的页码为英文原书页码，与书中页边标注的页码一致。

D

推荐阅读

工程思维（原书第5版）

书号：978-7-111-58330-1 定价：69.00元

作者：[美] 马克 N.霍伦斯坦（Mark N. Horenstein） 译者:宫晓利 张金 赵子平

本书是一本适合所有工程专业背景的读者的工程入门书，以工程思维和能力的培养为核心，介绍了工程师应具备的各种能力，助力读者走上工程师之路。

本书特色

以工程思维和工程设计为主线，从各工程学科及主要专业领域的介绍开始，逐步深入地介绍工程师的技能、工程和设计的概念、常用的工程工具、项目管理、用户体验、工程师的人际交往等内容，帮助读者尽快融入工程师的角色。

作为全美静电协会前主席，本书作者有扎实的工程项目基础和丰富的经验，整个工程思维的脉络在他的笔下被剖析得细致入微，各种类型的工程案例及分析使全书内容饱满、引人入胜，并引发读者的思考。

突出强调工程中的关键理念、常用工作方法和良好的工作习惯，并通过一系列实例和练习培养提升读者的工程素养，将工程思维的培养融入工作的方方面面。

作者简介

马克 N. 霍伦斯坦（Mark N. Horenstein）是美国波士顿大学电气与计算机工程系的教授，美国静电协会前主席。他拥有麻省理工学院和加州大学伯克利分校电气工程专业学位，并常年为大学新生教授工程设计课程。他设计并开发了一套高级工程设计实训课程，使学生可以体验实际的工程项目过程，将所学工程知识学以致用。